油藏数值模拟的理论和矿场实际应用

袁益让　程爱杰　羊丹平　著

科学出版社

北京

内 容 简 介

油藏数值模拟的计算方法是现代计算数学和工业应用数学的重要研究领域，是用计算机模拟地下油藏十分复杂的化学、物理及流体流动的真实过程，以便选出最佳开采方案和监控措施. 本书内容包括油藏数值模拟的基础理论：不可压缩二相渗流、可压缩二相渗流、二相渗流驱动问题、区域分解并行算法、二相渗流的分数步和局部加密网方法. 矿场实际应用部分：二相-聚合物驱数值模拟算法及应用软件，黑油-聚合物驱数值模拟算法及应用软件，黑油-三元复合驱数值模拟算法及应用软件，高温、高盐化学驱油藏数值模拟的方法和应用，以及化学驱采油数值模拟差分方法的数值分析.

本书可作为信息与计算数学、数学与应用数学、计算机软件、计算流体力学、石油勘探与开发、半导体器件、环境与保护、水利和土建等专业的高年级本科生的参考书和研究生的教材，也可供相关领域的教师、科研人员和工程技术人员参考.

图书在版编目(CIP)数据

油藏数值模拟的理论和矿场实际应用/袁益让，程爱杰，羊丹平著. —北京：科学出版社，2016.3

　　ISBN 978-7-03-047516-9

　　I.①油⋯　Ⅱ.①袁⋯②程⋯③羊⋯　Ⅲ.①油藏数值模拟　Ⅳ.①TE319

中国版本图书馆 CIP 数据核字(2016) 第 044306 号

责任编辑：王丽平 / 责任校对：张凤琴
责任印制：肖　兴 / 封面设计：陈　敬

科 学 出 版 社 出版

北京东黄城根北街 16 号
邮政编码：100717
http://www.sciencep.com

北京通州皇家印刷厂 印刷
科学出版社发行　　各地新华书店经销

*

2016 年 5 月第　一　版　　开本：720×1000　1/16
2016 年 5 月第一次印刷　　印张：28 1/2
字数：570 000

定价：168.00 元
(如有印装质量问题，我社负责调换)

前　　言

　　油藏数值模拟的计算方法是现代计算数学和工业应用数学的重要研究领域, 著名数学家、油藏数值模拟创始人 Jr Douglas 等开创了能源数值模拟这一重要领域. 20 世纪 80 年代以来, Jr Douglas, Ewing 和 Wheeler 等对二相渗流驱动问题发表了著名的特征差分法、特征有限元法和交替方向求解法, 并作了理论分析, 奠定了能源数学基础.

　　所谓油藏数值模拟, 就是用计算机来模拟地下油藏十分复杂的化学、物理及流体流动的真实过程, 以便选出最佳的开采方案和监控措施. 对于三次采油新技术, 特别需要注意驱油剂与油、气、水油藏的宏观构造和微观结构的配伍性, 考虑化学剂的用量和能量的消耗. 近年来, 随着计算机计算速度惊人的增长, 油藏数值模拟的使用越来越普遍, 模拟结果越来越真实, 即便对极其复杂的油藏情况, 也获得了巨大的成功, 油藏数值模拟已成为石油开采中不可缺少的重要环节. 当多相流体在多孔介质中流动时, 流体要受到重力、毛细管力和黏滞力的作用, 且在相与相之间可能发生质量交换. 因此, 用数学模型来描述油藏中流体的流动规律, 就必须考虑上述诸力及相间质量交换的影响. 此外, 还应考虑油藏的非均质性和几何形状等. 油藏数值模拟首先将非线性系数项线性化, 从而得到线性代数方程组, 再通过线性代数方程组数值解法, 求得所需的未知量: 压力、达西速度、饱和度、温度、组分等的分布和变化. 在此基础上再进行数值解的收敛性和稳定性分析, 使油藏数值模拟的软件系统建立在坚实的数学和力学基础上.

　　目前国内外行之有效的保持油藏压力的方法是注水开发, 其采收率比靠天然能量的开采方式要高. 我国大庆油田在注水开发上取得了巨大的成绩, 使油田达到高产、稳产. 如何进一步提高注水油藏的原油采收率, 仍然是一个具有战略性的重大课题.

　　油田经注水开采后, 油藏中仍残留大量的原油, 这些油或者被毛细管力束缚住不能流动, 或者由于驱替相和被驱替相之间的不利流度比, 使得注入流波及体积小, 而无法驱动原油. 在注入液中加入某些化学添加剂, 则可大大改善注入液的驱洗油能力. 常用的化学添加剂大都为聚合物、表面活性剂和碱. 聚合物被用来优化驱替相的流速, 以调整与被驱替相之间的流度比, 均匀驱动前缘, 减弱高渗层指进, 提高驱替液的波及效率, 同时增加压力梯度等. 表面活性剂和碱主要用于降低地下各相间的界面张力, 从而将被束缚的油启动.

　　问题的数学模型基于下述的假定: 流体的等温流动、各相间的平衡状态、各组分间没有化学反应以及推广的达西定理等. 据此, 可以建立关于压力函数 $p(x,t)$ 的流动方程和关于饱和度函数组 $\{c_i(x,\ t)\}$ 的对流扩散方程组, 以及相应的边界和初始条件.

多相、多组分、微可压缩混合体的质量平衡方程是一组非线性耦合偏微分方程组, 它的求解是十分复杂和困难的, 涉及许多现代数值方法 (混合元、有限元、有限差分法、数值代数) 的技巧. 一般用隐式求解压力方程, 用显式或隐式求解饱和度方程组. 通过上述求解过程, 能求出诸未知函数, 并给予物理解释. 分析和研究计算机模拟所提供的数值和信息是十分重要的, 它可完善地描述注化学剂驱油的完整过程, 帮助我们更好地理解各种驱油机制和过程. 预测原油采收率、计算产出液中含油的百分比, 以及注入的聚合物、表面活性剂的百分比数, 由此可看出液体中组分变化的情况, 有助于决定何时终止注入. 测出各种参数对原油采收率的影响, 可用于现场试验特性的预测, 优化各种注采开发方案. 化学驱油渗流力学模型的建立、计算机应用软件的研制、数值模拟的实现, 是近年来化学驱油新技术的重要组成部分, 受到了各国石油工程师、数学家的高度重视.

作者在 1970 年应胜利石油管理局地质科学研究院的邀请, 与地质科学院水动力学研究室协作, 开始从事油田开发油水二相渗流驱动问题数值方法和工程应用软件开发研究. 作者在 1985—1988 年访美期间师从 Jr Douglas 教授, 系统地学习和研究油藏数值模拟、分数步方法等领域的理论、应用和软件开发等方面的工作. 并和 Ewing 教授合作, 从事强化 (三次) 采油数值模拟方法和应用软件的研究. 回国后在 1991—1995 年带领课题组承担了 "八五" 国家重点科技项目 (攻关)(85-203-01-087)——聚合物驱软件研究和应用. 研制的聚合物驱软件已在大庆油田聚合物驱油工业性生产区的方案设计和研究中应用. 通过聚合物驱矿场模拟得到聚合物驱一系列重要认识: 聚合物段塞作用、清水保护段塞设置、聚合物用量扩大等, 都在生产中得到应用, 产生巨大的经济效益和社会效益. 随后又继续承担大庆油田石油管理局攻关项目 (DQYJ-1201002-2006-JS-9565)——聚合物驱数学模型解法改进及油藏描述功能完善. 该软件系统还应用于胜利油田孤东小井驱试验区三元复合驱、孤岛中一区试验区聚合物驱、孤岛西区复合驱扩大试验区实施方案优化及孤东八区注活性水试验的可行性研究等多个项目, 均取得很好的效果. 近年又承担大庆石油管理局攻关项目 (DQYJ-1201002-2009-JS-1077)——化学驱模拟器碱驱机理和水平井模型研制及求解方法研究, 并取得重要成果. 在上述科研工作的基础上, 课题组承担了国家科技重大专项 (2008ZX05011-004)——高温、高盐化学驱油藏数值模拟关键技术研究 (数值模拟部分) 和深化分析. 又取得实际矿场应用的重要成果. 在能源数值模拟领域先后承担了国家 "973" 计划、攀登计划 (A、B)、自然科学基金 (数学、力学)、国家教委博士点基金、国家攻关、中国石油天然气公司、中国石油石化公司的攻关等二十多项课题, 从事这一领域的基础理论和应用技术研究.

本书共 9 章, 第 1 章—第 4 章是基础理论部分, 第 5 章—第 9 章是实际矿场应用部分, 是山东大学计算数学学术梯队四十年来在这一领域科研工作的总结.

第 1 章　不可压缩二相渗流问题的数值方法基础. 用高压泵将水强行注入油藏, 使其保持油藏内流体的压力和速度, 驱动原油到采油井底, 称二次采油. 可分为不混溶、不可压缩油水二相驱动问题; 可混溶、不可压缩油水二相驱动问题. 可压缩可混溶的驱动问题, 其数学模型是关于压力的流动方程和关于饱和度的对流 - 扩散方程. 二相渗流驱动问题的数学模型、数值方法、理论分析和工程应用软件是能源数学的基础. 本章研究不可压缩的情况, 重点介绍 20 世纪 80 年代以来, Jr Douglas 学派对二相渗流驱动问题的特征差分方法、特征有限元法、特征混合元法及其理论分析.

第 2 章　可压缩二相渗流问题的数值方法基础. 本章研究可压缩可混溶油水二相渗流驱动问题, 问题关于压力的流动方程是抛物型的, 饱和度方程是对流-扩散型的. 1983 年 Jr Douglas 等首先提出二维可压缩二相渗流的 "微小压缩" 数学模型、数值方法和分析, 开创了现代数值模拟这一领域. 本章重点介绍可压缩可混溶渗流问题的特征有限元方法、特征差分方法、迎风差分方法及其理论分析.

第 3 章　二相渗流驱动问题区域分解并行算法. 区域分解法是并行求解大型偏微分方程组的有效方法, 可将大型计算问题分解为小型问题. 通常用于两种情况: ① 将大型问题转化为小型问题, 实现并行求解, 缩短求解时间. ② 在不同的区域表现不同的数学模型, 从而自然地引入区域分解方法, 实现并行计算. 本章重点介绍二相渗流驱动问题的区域分解特征有限元法、特征差分方法和迎风差分方法及其理论分析.

第 4 章　二相渗流的分数步和局部加密网方法. 对油藏数值模拟, 它是一类非线性高维对流-扩散问题, 其节点数通常数万甚至数百万个, 模拟时间长达数年、数十年, 需要分数步技术解决这类实际问题, 它将高维问题转化为一系列一维问题求解. 在油田开发过程中, 往往在空间和时间上具有很强的局部性质. 局部网格加密方法用来解决这类问题. 本章重点介绍可压缩二相渗流的分数步特征差分方法、迎风分数步差分格式、二相渗流问题局部加密有限差分格式及其数值分析.

第 5 章　在多孔介质中研究二相 (油、水)-注聚合物驱油的渗流力学数值模拟的理论、方法和应用. 基于石油地质、地球化学、计算渗流力学和计算机技术, 首先建立渗流力学模型, 构造上游排序隐式迎风精细分数步差分迭代格式, 分别求解压力方程、饱和度方程和化学物质组分浓度方程, 编制大型工业应用软件, 成功实现网格步长拾米级、10 万节点和模拟时间长达数十年的高精度数值模拟, 并已应用到大庆、胜利等主力油田的矿场采油的实际数值模拟和分析, 产生巨大的经济和社会效益.

第 6 章　研究在多孔介质中黑油 (水、油、气)-注聚合物驱的渗流力学数值模拟算法及应用软件. 首先建立三相 (油、水、气)–聚合物驱渗流力学模型, 提出全隐式解法和隐式压力–显式饱和度解法, 构造上游排序、隐式迎风精细分数步差分迭代格式, 分别求解压力方程、饱和度方程和化学物质组分浓度方程, 编制大型工业应用软件, 成功实现网格步长拾米级、10 万节点和模拟时间长达数十年的高精度数值模拟, 并已应用到大庆、胜利、大港等主力油田的矿场采油的实际数值模拟和分析, 产生巨大的经济和社会效益.

第 7 章 研究在多孔介质中黑油 (水、油、气)–三元 (聚合物、表面活性剂、碱) 复合驱的渗流力学数值模拟算法及应用软件. 首先建立三相 (油、水、气)–三元 (聚合物、表面活性剂、碱) 复合驱渗流力学模型, 提出了全隐式解法和隐式压力和隐式压力–显式饱和度解法, 构造了上游排序、隐式迎风分数步差分迭代格式, 分别求解压力方程、饱和度方程、化学物质组分浓度方程和石油酸浓度方程. 编制了大型工业应用软件, 成功实现了网格步长拾米级、10 万节点和模拟时间长达数十年的高精度数值模拟, 并已应用到大庆、胜利、大港等国家主力油田的矿场采油的实际数值模拟和分析, 产生巨大的经济和社会效益.

第 8 章 研究在多孔介质中高温、高盐化学驱油藏机理的渗流力学数值模拟的理论、方法和应用. 首先建立渗流力学模型, 构造上游排序隐式迎风精细分数步差分迭代格式, 分别求解压力方程、饱和度方程和化学物质组分浓度方程, 编制大型工业应用软件, 成功实现网格步长拾米级、10 万节点和模拟时间长达数十年的高精度数值模拟, 并已应用到胜利等主力油田的矿场采油的实际数值模拟和分析, 产生重要的经济效益和社会效益.

第 9 章 化学驱采油数值模拟差分方法的数值分析. 在第 5 章—第 8 章实际数值模拟的基础上, 本章讨论化学驱采油数值模拟差分方法的理论分析, 使数值模拟软件系统建立在坚实的数学和力学基础上. 本章重点研究强化采油 (微可压) 迎风分数步差分方法和特征分数步差分方法, 强化采油区域分解特征混合元方法及其理论分析.

在能源数值模拟的基础理论方面, 作者曾先后获得 1995 年国家光华科技基金三等奖, 2003 年教育部提名国家科学技术奖 (自然科学) 一等奖——能源数值模拟的理论和应用, 1997 年国家教委科技进步奖 (甲类自然科学) 二等奖——油水资源数值模拟方法及应用. 1993 年国家教委科技进步奖 (甲类自然科学) 二等奖——能源数值模拟的理论、方法和应用. 1988 年国家教委科技进步奖 (甲类自然科学) 二等奖——有限元方法及其在工程技术中的应用, 并于 1993 年由于培养研究生的突出成果——"面向经济建设主战场探索培养高层次数学人才的新途径" 获国家级优秀教学成果一等奖. 在应用技术方面, 先后获得 2010 年国家科技进步奖特等奖 (2010-J-210-0- 1-007)——"大庆油田高含水后期 4000 万吨以上持续稳产高效勘探开发技术". 1995 年获山东省科技进步奖一等奖——"三维盆地模拟系统研究". 2003

年获山东省科技进步奖三等奖——"油资源二次运移聚集并行处理区域化精细数值模拟技术研究". 同时多次获山东大学、胜利石油管理局科技进步奖一等奖.

1953 年美国 Bruce 等发表了《多孔介质中不稳定气体渗流的计算》一文, 为用电子计算机计算油藏渗流问题开辟了一条新路. 60 多年来, 由于大型快速计算机的迅速发展, 现代大规模科学计算方法不断取得进展和逐步完善, 大大促进油藏数值模拟方法的发展和广泛应用. 目前, 黑油、混相和热力采油模型及其软件已投入工业性生产, 化学驱油模型和软件也正日臻完善. 而且这一方法在近二十年已成功应用到油、气藏勘探 (油气资源评估)、核废料污染、海水入侵预测和防治、半导体器件的数值模拟等众多领域, 并取得重要的成果. 可以预期能源数值模拟计算方法在 21 世纪将会出现重大的进展和突破. 在国民经济各部门产生重要的经济效益, 并将进一步推动计算数学和工业与应用数学学科的发展, 在国家现代化建设事业中发挥巨大的作用.

在油藏数值模拟计算方法的理论和应用课题的研究中, 在数学、渗流力学方面我们始终得到 Jr Douglas、Ewing、姜礼尚教授、石钟慈院士、林群院士、符鸿源研究员的指导、帮助和支持! 在计算渗流力学和石油地质方面得到郭尚平院士、汪集晹院士、秦同洛教授和胜利油田总地质师潘元林、胜利油田地科院总地质师王捷的指导、帮助和支持! 并一直得到山东大学, 胜利、大庆、长庆等石油管理局有关领导的大力支持! 特在此表示深深的谢意! 本书在出版过程中曾得到国家科技重大专题课题 (项目编号: ZR2011ZX0511-004,2011ZX05052) 和国家自然科学基金 (项目编号: 11271231) 的部分资助.

在长达四十年的研究过程中, 山东大学先后参加此项攻关课题的还有作者的学生: 王文治教授, 梁栋、芮洪兴、鲁统超、赵卫东、崔明荣、杜宁和李长峰博士等, 大庆和胜利油田先后参加此项工作的有: 孙长明、戚连庆、桓冠仁等高级工程师, 他们都为此付出辛勤的劳动.

限于作者水平, 书中不当之处在所难免, 恳请读者批评指正.

作　者

2014 年 8 月于山东大学 (济南)

目　　录

第1章 不可压缩二相渗流问题的数值方法基础

1.1 引　言

石油是国民经济的资源和能源支柱. 石油开发通常分三个阶段.

(1) 一次采油——依靠天然能量, 特别是依靠地下原油中溶解的气体能量和压力, 自喷原油, 其采收率总是不高的, 为 10%—15%. 其数学模型为一抛物型方程的初边值问题 (图 1.1.1).

(2) 二次采油——主要依靠用高压泵向油藏注水、注气人工补充能量, 维持地层的压力, 将原油驱出. 二次采油其采收率较一次采油要高, 10%—40%; 显然, 即使成功地经二次采油后, 仍有半数的原油残留地下, 其数学模型为多相渗流方程组 (图 1.1.2).

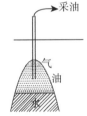

图 1.1.1　一次采油示意图
20 世纪 40 年代以前依靠原始底层的压力和
能量自喷原油

(3) 三次采油——如何采出二次采油后残留于地下数量仍然可观的原油, 这是近代三次采油的任务, 三次采油更有针对性地采取化学 (试剂) 方法、混相驱替法、热力采油法和微生物采油法等人为干预的一种强化采油措施, 实验表明, 采收率可提高为 7%—50%(图 1.1.3).

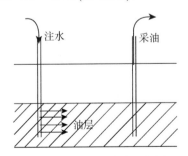

图 1.1.2　二次采油示意图
用高压泵向油藏注水, 维持地层压力,
将原油驱出

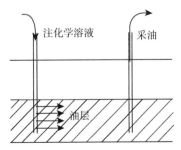

图 1.1.3　三次采油 (化学) 示意图
经二次采油后的油藏依靠物理、化学和
生物方法进行开采

我国开发的油田均进入了二次采油期, 大多数已进入注水开发中后期, 特别是大庆油田和胜利油田, 若继续单纯采用注水开采, 产量每年将减少数百万吨. 稳定石油产量的唯一方法是采用三次采油新技术, 开发尚滞留在地下 50% 以上已探明的储量. 若能平均提高 30% 的采收率, 即相当于再生了同等规模的油田.

1.1.1   油藏数值模拟的物理基础

所谓油藏数值模拟, 就是用电子计算机模拟地下油藏十分复杂的化学、物理及流体流动的真实过程, 以便选出最佳的开采方案和监控措施, 对于三次采油新技术, 特别需要注意驱油剂与地下油、气、水油藏的宏观构造及微观结构的配伍性, 考虑化学药剂的用量和能量的消耗. 近年来, 随着计算机计算速度和能力惊人的增长, 油藏数值模拟的适用性越来越普遍, 模拟结果越来越真实, 即使对极其复杂的油藏情况, 也获得了巨大的成功, 油藏数值模拟已成为石油开采中不可缺少的重要环节.

油藏数值模拟的实现要经过四个主要阶段: 第一, 物理模型的建立, 它能真实地反映油藏内流动的基本现象; 第二, 物理模型的数学形式, 即数学模型的建立, 通常为一组耦合的非线性偏微分方程组的初边值问题; 第三, 当研究并了解数学模型解的存在性、唯一性和正则性之后, 再构造其离散格式, 即所谓数值模型, 并研究它的收敛性和稳定性; 第四, 研制高效的软件程序, 一个有效的工程模拟软件并不是一次可以完成的, 当程序完成后要对各种简化模型问题进行试算, 其数值结果必须与物理采样进行比较, 效果不好就要重新修改校正上述诸过程.

关于数学模型, 当多相流体在多孔介质中流动时, 流体要受到重力、毛细管力及黏滞力的作用, 且在相与相之间可能发生质量交换. 因此用数学模型来描述油藏中流体的流动规律, 就必须考虑上述诸力及相间质量交换的影响, 此外还应考虑油藏的非均质性及几何形状等.

实际描述油藏流体的流动规律:

(1) 有描述油层内流体流动规律的偏微分方程组以及描述流体物理化学性能的状态方程.

(2) 给出定解条件.

建立数学模型是以下述物理原理为基础: 质量守恒原理、能量守恒原理、运动方程和状态方程. 根据这些原理建立数学模型的步骤:

(i) 确定所要求问题的解, 通常需求地层压力 p 和达西速度 u 的分布、多相渗流时饱和度 c 的分布, 这是最重要的.

(ii) 确定未知量和其他物理量之间的关系, 达西定理和流体状态方程是建立渗流数学模型所必需的方程, 在考虑非恒温渗流时还需能量守恒方程.

(iii) 根据物理条件写出定解条件, 定解条件包括区域的几何形态、有关物理参数和系数、描述初始状态条件和区域的边界条件.

油藏数值模型是首先将非线性偏微分方程组的初边值问题转换为有限元格式

或有限差分格式; 其次将非线性系数项线性化, 从而得到线性代数方程组; 最后通过线性代数方程组数值解法, 求得所需的未知量: 压力、达西速度、饱和度、温度、组分等的分布和变化.

经数十年的迅速发展, 目前油藏数值模拟的理论、方法和应用, 已从油田开发发展到油气资源评价, 油田勘探和环境科学等重要领域. 在这里重点介绍二次采油 (二相渗流驱动)、三次采油 (化学驱油) 数值模拟的发展状况, 着重介绍问题的实际背景和数学模型和求解这些问题的重要数值方法、理论分析和矿场实际应用.

1.1.2　二次采油 (二相渗流驱动) 问题

用高压泵将水强行注入油藏, 使其保持油藏内流体的压力和速度, 驱动原油到采油井底, 称为二次采油. 可分为: 不混溶和不可压缩油水、二相驱动问题; 可混溶和不可压缩油水、二相驱动问题; 可压缩相混溶的驱动问题. 其数学模型是关于压力的流动方程和关于饱和度的对流扩散方程. 二相渗流驱动问题的数学模型、数值方法和工程应用软件是能源数学的基础.

对于考虑毛细管力、不混溶、不可压缩的油水二相驱动问题, 具有重要实用价值的是特征差分方法和特征有限元法. 问题的数学模型由流动方程和饱和度方程组成.

这类问题已有许多近代实用的计算方法和工业应用软件, 通常二维问题多采用有限元方法, 三维问题则多采用差分方法. 由于它是能源数学的理解论基础, 这门学科发展很快, 新的数值方法不断涌现, 工业应用软件不断更新.

1.1.3　三次采油 (化学驱油)

油田经注水开采后, 油藏中仍残留大量的原油, 这些油或者被毛细管束缚住不能流动, 或者由于驱替相和被驱替相之间的不利流度比, 使得注入流波及体积小, 而无法驱动原油, 在注入液中加入某些化学添加剂, 则可大大改善注入液的驱洗油能力, 常用的化学添加剂为聚合物、表面活性剂和碱. 聚合物被用来优化驱替相的流速, 以调整与驱替相之相的流度比, 均匀驱动前沿, 减弱高渗层指进, 提高驱替相的波及效率, 同时增加压力梯度等. 表面活性剂和碱主要用于降低各相间的界面张力, 从而将被束缚的油启动 [1-3]. 问题的数学模型是一类耦合系统的初边值问题. 除需寻求流动方程的压力函数和饱和度方程的水相饱和度, 还需寻求对流-扩散方程组的组分浓度函数, 组分是指各种化学剂 (聚合物、表面活性剂、碱及各种离子等).

有了数学模型和计算方法后, 就要建立计算机模型, 也就是将各种数学模型的计算方法编制成计算机程序, 以便计算机进行计算得到所需要的各种结果. 工业性的计算机模型也称计算机软件, 它包含图形和数据的输出、各种数值解法等, 可应用于各种油田开发的实际问题.

由于所要解决的问题是多种多样的, 所以还要根据所要解决的问题进行历史拟合和动态预测. 历史拟合即是用已知的地质、流体性质和实测的生产史输入到计算机, 将计算结果与实际观测和测定的开发指标比较, 若发现两者有较大的差异, 则需修改输入数据, 使计算结果与实测结果一致, 这就是历史拟合. 动态预测是在历史拟合的基础上对未来的开发指标进行计算和预测, 这里实质上需要对反问题进行研究和分析.

1.1.4   油藏数值模拟的发展前景

1953 年美国 Bruce 等发表了《孔隙介质不稳定气体渗流的计算》一文, 为用计算机计算油藏渗流问题开辟了一条新路. 60 年来, 由于大型快速计算机的迅速发展, 现代大规模工程和科学计算方法的逐步完善, 大大促进了油藏数值模拟方法的发展和广泛应用. 目前, 黑油、混相和热力采油模型及其软件已投入工业性生产, 化学驱油模型和软件也正日臻完善. 而且, 这一方法在近二十年已成功应用到油、气藏勘探 (油、气资源评估)、核废料污染、海水入侵预测和防治、半导体器件的数值模拟等众多领域, 并取得了重要的成果. 可以预期, 油藏数值模拟在 21 世纪将会出现重大的进展和突破, 在国民经济各部门产生重要的经济效益, 并将进一步推动计算数学和工业与应用数学学科的发展, 在国家的现代化建设事业中发挥其巨大的作用.

本章共五节. 1.1 节引言. 1.2 节油水二相渗流驱动问题的特征有限元方法. 1.3 节二相渗流驱动问题的特征差分方法. 1.4 节特征混合元方法——可混溶情况. 1.5 节特征混合元方法——不混溶情况.

1.2   油水二相渗流驱动问题的特征有限元方法

1.2.1   数学模型

用高压泵将水强行注入油藏, 使其保持油藏内流体的压力和速度, 驱动原油到采油井底, 称为二次采油. 问题分为不混溶、不可压缩油水二相驱动; 可混溶、不可压缩油水二相驱动; 可压缩相混溶的驱动问题. 其数学模型是关于压力的流动方程和关于饱和度的对流扩散方程. 二相渗流驱动问题的数学模型、数值方法和工程应用软件是能源数学的基础.

多孔介质中油水二相渗流不可压缩、可混溶驱动问题的数学模型 [4-6]:

$$\nabla \cdot u = -\nabla \cdot \left(\frac{k(x)}{\mu(c)} \nabla p \right) = q(x, t), \quad x = \Omega, t \in J = (0, T], \tag{1.2.1a}$$

$$u = -\frac{k(x)}{\mu(c)} \nabla p, \quad x = \Omega, t \in J, \tag{1.2.1b}$$

$$\Phi(x)\frac{\partial c}{\partial t} + u \cdot \nabla c - \nabla \cdot (D\nabla c) = (\bar{c} - c)q, \quad x = \Omega, t \in J, \tag{1.2.2}$$

此处 $p(x,t)$ 是压力函数, Φ 和 k 是岩石的孔隙度和绝对渗透率, $\mu(c)$ 是混合流体的黏度, u 是达西速度, $c(x,t)$ 是流体的相对饱和度, $q(x,t)$ 是产量项, $\bar{c}$ 是注入流体的饱和度, 在生产井 $\bar{c} = c$, $\bar{q} = \max(q, 0)$, 扩散矩阵可表示为下述形式:

$$D(u) = \Phi(x)\left(d_m I + d_l |u| E + d_t |u| E^\perp\right),$$

此和 E 是投影矩阵

$$E = (e_{ij}(u)) = \left(\frac{u_i u_j}{|u|^2}\right), \quad u = (u_1, u_2)^\mathrm{T}$$

和 $E^\perp = I - E$ 是相补投影矩阵. d_m 是分子扩散系数, d_t 是流动方向的弥散系数, d_t 是垂直方向的弥散系数.

多孔介质中油水二相渗流不可压缩、不混溶驱动问题的数学模型[9−11]:

$$\frac{\partial}{\partial t}(\Phi s_o) - \nabla \cdot \left(k(x)\frac{k_{ro}(s_o)}{\mu_o}\nabla p_o\right) = q_o, \quad x \in \Omega, t \in J, \tag{1.2.3a}$$

$$\frac{\partial}{\partial t}(\Phi s_w) - \nabla \cdot \left(k(x)\frac{k_{rw}(s_w)}{\mu_w}\nabla p_w\right) = q_w, \quad x \in \Omega, t \in J, \tag{1.2.3b}$$

此处下标 "o" 和 "w" 分别对应于油相和水相, s_i 是浓度, p_i 是压力, k_{ri} 是相对渗透率, μ_i 是黏度和 q_i 是产量对应于 i-相. 假定水和油充满了岩石的孔隙空间, 也就是 $s_o + s_w = 1$. 因此取 $s = s_o = 1 - s_w$, 则毛细管压力函数有下述关系: $p_c(s) = p_o - p_w$, 此处 p_c 是依赖于浓度 s.

将方程 (1.2.3a)、(1.2.3b) 化为 (1.2.1a)、(1.2.1b)、(1.2.2) 的标准形式. 记 $\lambda(s)\frac{k_{ro}(s)}{\mu_o(s)} + \frac{k_{rw}(s)}{\mu_w(s)}$ 表示二相流体的总迁移率, $\lambda_i(s) = \frac{k_{ri}(s)}{\mu_i \lambda(s)}, i = o, w$, 分别表示相对迁移率. 应用 Chavent 变换[4]

$$p = \frac{p_o + p_w}{2} + \frac{1}{2}\int_o^{p_c} (\lambda_o(p_c^{-1}(\xi)) - \lambda_w(p_c^{-1}(\xi)))\mathrm{d}\xi,$$

将式 (1.2.3a) 和 (1.2.3b) 相加, 则可导出压力方程

$$-\nabla \cdot (k(x)\lambda(s)\nabla p) = q, \quad x \in \Omega, t \in J,$$

此处 $q = q_o + q_w$ 将式 (1.2.3a) 和 (1.2.3b) 相减, 则可得浓度方程:

$$\Phi\frac{\partial s}{\partial t} - \nabla \cdot (k\lambda\lambda_o\lambda_w p_c'\nabla s) - \frac{1}{2}\nabla \cdot (k\lambda(\lambda_o - \lambda_w)\nabla p) = \frac{1}{2}(q_o - q_w).$$

记 $u = -k(x)\lambda(s)\nabla p$. 因为 $\lambda_o - \lambda_w = 2\lambda_o - 1$, 可得

$$\Phi \frac{\partial s}{\partial t} - \nabla \cdot (k\lambda\lambda_o\lambda_w p_c^i \nabla s) + \lambda_o' u \cdot \nabla s = \frac{1}{2}\left\{(q_o - \lambda_o q) - (q_w - \lambda_w q)\right\}.$$

设

$$\begin{cases} q_w = q \text{且} q_o = 0, & q \geqslant 0 (\text{注水井}), \\ q_w = \lambda_w q \text{且} q_o = \lambda_o q, & q < 0 (\text{采油井}), \end{cases}$$

则问题可写为

$$\nabla \cdot u = q, \quad x \in \Omega, \quad t \in J, \tag{1.2.4a}$$

$$\Phi \frac{\partial s}{\partial t} + \lambda_o'(s)u \cdot \nabla s - \nabla \cdot (k(x)(\lambda\lambda_o\lambda_w p_c' \nabla s)) = \begin{cases} -\lambda_o q, & q \geqslant 0, \\ 0, & q < 0. \end{cases} \tag{1.2.4b}$$

初始条件

$$s(x, 0) = s_o(x), \quad x \in \Omega.$$

边界条件通常是不渗透边界条件 (齐次组曼问题) 和狄利克雷边界条件, 对不渗透条件压力函数 p 确定到可以相差一个常数, 因此条件

$$\int_\Omega p \mathrm{d}x = 0, \quad t \in J$$

能够用来确定不定性. 这相容性条件为

$$\int_\Omega q \mathrm{d}x = 0, \quad t \in J.$$

在本章中假定 M 为一般的正常数, ε 为一般小的正数, 在不同处有不同的含义.

1.2.2　特征有限元全离散格式

为简便起见, 设模型问题 $\Omega = [0, 1] \times [0, 1]$, 问题是 Ω-周期的, 且 $D = D(x)$, 设 $\tau(x, t)$ 是特征方向的单位矢量 (图 1.2.1), 使得

$$\begin{aligned} \frac{\partial}{\partial \tau(x,t)} &= \frac{u(x,t)}{\sqrt{|u(x,t)|^2 + \Phi^2(x)}} \frac{\partial}{\partial x} + \frac{\Phi(x)}{\sqrt{|u(x,t)|^2 + \Phi^2(x)}} \frac{\partial}{\partial t} \\ &= \left(|u|^2 + \Phi^2\right)^{-1/2} \left(u_1 \frac{\partial}{\partial x_1} + u_2 \frac{\partial}{\partial x_2} + \Phi \frac{\partial}{\partial t}\right), \end{aligned}$$

则方程 (1.2.2) 可写为

$$\sqrt{|u|^2 + \Phi^2} \frac{\partial c}{\partial \tau(x,t)} - \nabla \cdot (D(x)\nabla c) + \bar{q}(x,t)c = \bar{q}(x,t)\bar{c}(x,t), \quad x \in \Omega, \quad t \in J,$$

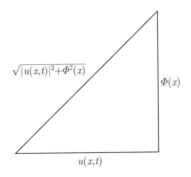

图 1.2.1 特征方向示意图

得到问题 (1.2.1)、(1.2.2) 的变分形式:

$$(a(c)\nabla p, \nabla \varphi) = (q(t), \varphi), \quad \varphi \in H^1(\Omega), t \in J, \tag{1.2.5a}$$

$$\left(\sqrt{|u|^2 + \Phi^2} \frac{\partial c}{\partial \tau}, \chi \right) + (D\nabla c, \nabla \chi) + (\bar{q}(t)c, \chi) = (\bar{q}(t)\bar{c}, \chi), \quad \chi \in H^1, t \in J, \tag{1.2.5b}$$

$$c(0) = c_0, \quad x \in \Omega, t \in J. \tag{1.2.5c}$$

这饱和度函数 c 和压力函数 p 对应的用有限元空间 M_h 和 N_h 来逼近. 假定存在整数 $r \geqslant 2$ 和 $s \geqslant 2$, 以及不依赖于 h 的常数 M, 使得下述逼近性质和逆性质成立:

$$\inf_{\chi \in M_h} \left\{ \|\psi - \chi\| + h\|\psi - \chi\|_1 + h\left(\|\psi - \chi\|_{L^\infty} + h\|\psi - \chi\|_{W^1_\infty} \right) \right\} \leqslant Mh^k \|\psi\|_k,$$
$$\psi \in H^k(\Omega), \quad 2 \leqslant k \leqslant r, \tag{1.2.6a}$$

$$\inf_{\varphi \in N_h} \left\{ \|\psi - \varphi\| + h\|\psi - \varphi\|_1 + h\left(\|\psi - \varphi\|_{L^\infty} + h\|\psi - \varphi\|_{W^1_\infty} \right) \right\} \leqslant Mh^k \|\psi\|_k,$$
$$\psi \in H^k(\Omega), \quad 2 \leqslant k \leqslant s, \tag{1.2.6b}$$

$$\|\chi\|_1 \leqslant Mh^{-1} \|\chi\|, \quad \chi \in M_h, \tag{1.2.6c}$$

$$\|\nabla \varphi\|_{L^\infty} \leqslant Mh^{-1} \|\nabla \varphi\|_{L^\infty}, \quad \varphi \in N_h. \tag{1.2.6d}$$

在理论分析中通常用 Wheeler 技巧 [7,8], 为此引入两个辅助的椭圆投影, 对于 $t \in J$, 定义 $\tilde{p}(t) \in N_h$, 对应于椭圆投影满足下述方程:

$$(a(c(t))\nabla(\tilde{p} - p), \nabla \varphi) = 0, \quad \forall \varphi \in N_h, T \in J, \tag{1.2.7a}$$

$$(\tilde{p} - p, 1) = 0. \tag{1.2.7b}$$

记投影误差 $\theta(t) = p(t) - \tilde{p}(t)$, 下述引理成立.

引理 1.2.1　对于 $1 \leqslant k \leqslant s$ 和 $t \in J$, 则有

$$\|\theta\| + h\|\theta\|_1 \leqslant Mh^k \|p\|_k, \tag{1.2.7c}$$

$$\left\|\frac{\partial\theta}{\partial t}\right\| + h\left\|\frac{\partial\theta}{\partial t}\right\|_1 \leqslant Mh^k \left(\|p\|_k + \left\|\frac{\partial p}{\partial t}\right\|_k\right). \tag{1.2.7d}$$

对于饱和度方程, 定义 $\tilde{c}(t) \in M_k$ 满足

$$(D\nabla(\tilde{c} - c), \nabla\chi) + (\tilde{c} - c, \chi) + (\bar{q}(\tilde{c} - c), \chi) = 0, \quad \forall\chi \in M_h, t \in J, \tag{1.2.8a}$$

记投影误差 $\xi(t) = c(t) - \tilde{c}(t)$, 则有下述引理.

引理 1.2.2　对于 $1 \leqslant k \leqslant r$, 有下述估计式

$$\|\xi\| + h\|\xi\|_1 \leqslant Mh^k \|c\|_k, \tag{1.2.8b}$$

$$\left\|\frac{\partial\xi}{\partial t}\right\| + h\left\|\frac{\partial\xi}{\partial t}\right\|_1 \leqslant Mh^k \left(\|c\|_k + \left\|\frac{\partial c}{\partial t}\right\|_k\right). \tag{1.2.8c}$$

为了引出向后差分特征有限元逼近, 引入下述记号:

Δt_c = 饱和度方程的时间长, Δt_p^o = 压力方程的初始时间步长, Δt_p = 压力方程后来的时间步长, $j = \Delta t_p/\Delta t_c \in \mathbf{Z}^+, j^0 = \Delta t_p^0/\Delta t_c \in \mathbf{Z}^+, t^n = n\Delta t_c, t_m = \Delta t_p^0 + (m-1)\Delta t_p, \psi^n = \psi(t^n), \psi_m = \psi(t_m)$, 对函数 $\psi(x,t), d_t\psi^n = (\psi^{n+1} - \psi^n)/\Delta t_c, d_t\psi_m = (\psi_{m+1} - \psi_m)/\Delta t_p$, 对

$$m > 0, \quad d_1\psi_0 = (\psi_1 - \psi_0)/\Delta t_p^0, \quad \delta\psi^n = (\psi^{n+1} - \psi^n),$$

$$\delta\psi_m = \psi_{m+1} - \psi_m, \quad \delta^2\psi^n = \psi^{n-1} - 2\psi^n + \psi^{n-1},$$

$$\delta^2\psi_m = \psi_{m+1} - 2\psi_m + \psi_{m-1}, \quad m \geqslant 2, \quad \delta^2\psi_1 = \psi_2 - (1 + \Delta t_p/\Delta t_p^0)\psi_1 + \Delta t_p/\Delta t_p^0\psi_0,$$

$$E\psi^n = \begin{cases} \psi_o, & t^n \leqslant t_1, \\ (1 + v/j^0)\psi_1 - v/j^0\psi_0, & t_1 < t^n \leqslant t_2, t^n = t_1 + v\Delta t_c, \\ (1 + v/j)\psi_m - v/j\psi_{m-1}, & t_m < t^n \leqslant t_{m+1}, t^n = t_m + v\Delta t_c, \end{cases}$$

$$J^n = (t^{n-1}, t^n), \quad J_m = (t_{m-1}, t_m).$$

为了逼近 (1.2.5), 应用一个关于 $\frac{\partial c}{\partial \tau}$ 沿着特征方向的向后差商, 特别地, 取

$$\left(\frac{\partial c}{\partial \tau}\right)^{n+1}(x) \approx \frac{C^{n+1}(x) - C^n(\hat{x})}{\Delta t_c\sqrt{1 + |u|^2/\Phi^2}},$$

此处 $\hat{x} = x - \dfrac{EU^{n+1}(x)\Delta t_c}{\Phi(x)}$, $EU^{n+1}(x)$ 近似的逼近达西速度 u^{n+1}, 即是

$$\sqrt{|u|^2 + \Phi^2} \frac{\partial c^{n+1}}{\partial \tau} \approx \Phi \frac{C^{n+1} - \hat{C}^n}{\Delta t_c}.$$

此处 $\hat{C}^n = C^n(\hat{x})$. 由此导出数值格式:

$$C^0 = \tilde{c}^o, \tag{1.2.9a}$$

$$\left(\Phi \frac{C^{n+1} - \hat{C}^n}{\Delta t_c}, \chi\right) + (D\nabla C^{n+1}, \nabla \chi) + (\bar{q}(t^{n+1})C^{n+1}, \chi) = (\bar{q}(t^{n+1})\bar{c}(t^{n+1}), \chi),$$

$$\chi \in M_h, \quad n \geqslant 0, \tag{1.2.9b}$$

$$(a(C_m^*)\nabla P_m, \nabla \varphi) = (q(t_m), \varphi), \quad \varphi \in N_k, m \geqslant 0, \tag{1.2.9c}$$

$$(P_m, 1) = 0, \tag{1.2.9d}$$

此处 $\tilde{c}^0$ 为 $c(0)$ 的椭圆校影或插值, $C^* = \min\{\max\{C, 0\}, 1\}$. 其计算程序是

$$C^0, P_0, C^1, \cdots, C^{J^0}, P_1; C^{J^0+1}, \cdots, C^{J^0+J}, P_2; \cdots.$$

1.2.3　H^1 模误差估计

定理 1.2.1　若 $r \geqslant 3$, 假空间和时间剖分参数满足关系

$$\Delta t_c = o(h), \quad \Delta t_p^0 = O((\Delta t_c)^{2/3}), \quad \Delta t_p = O((\Delta t_c)^{1/2}), \tag{1.2.10}$$

则存在一个常数 M, 对 h 足够小, 有

$$\sup_n \|c^n - C^n\|_{H^1} \leqslant M\{h^{r-1} + h^s + \Delta t_c\}. \tag{1.2.11}$$

证明　记 $\xi = c - \tilde{c}$, $\zeta = C - \tilde{c}$, $\theta = p - \tilde{p}$, $\eta = P - \tilde{p}$. 首先, 考虑压力方程, 从式 (1.2.9c) 减去式 (1.2.7a) 可得

$$(a(C_m^*)\nabla \eta_m, \nabla \varphi) = ([a(c_m) - a(C_m^*)]\nabla \tilde{p}_m, \nabla \varphi), \quad \varphi \in N_h, m \geqslant 0.$$

在上式中选取检验函数 $\varphi = \eta_m$, 有

$$\|\nabla \eta_m\|^2 \leqslant M \|c_m - C_m^*\| \|\nabla \eta_m\| \leqslant M(\|\xi_m\| + \|\zeta_m\|) \|\nabla \eta_m\|$$
$$\leqslant M(\|\xi_m\|^2 + \|\zeta_m\|^2) + \varepsilon \|\nabla \eta_m\|^2,$$

由此推得

$$\|\nabla \eta_m\|^2 \leqslant Mh^{2r-2} + M \|\zeta_m\|^2. \tag{1.2.12}$$

其次估计饱和度方程. 从式 (1.2.9b) 减去式 (1.2.8a) 可得

$$\left(\Phi\frac{\zeta^{n+1}-\zeta^n}{\Delta t_c},\chi\right) + (D\nabla\zeta^{n+1},\nabla\chi)$$

$$= \left(\left[\Phi\frac{\partial c^{n+1}}{\partial t} + u^{n+1}\cdot\nabla c^{n+1}\right] - \Phi\frac{c^{n+1}-\hat{c}^n}{\Delta t_c},\chi\right) + \left(\Phi\frac{\xi^{n+1}-\hat{\xi}^n}{\Delta t_c},\chi\right)$$

$$- [(\xi^{n+1},\chi) + (\bar{q}^{n+1}\zeta^{n+1},\chi)] + \left(\Phi\frac{\hat{\zeta}-\zeta^n}{\Delta t_c},\chi\right)$$

$$= \left(\left[\Phi\frac{\partial c^{n+1}}{\partial t} + EU^{n+1}\cdot\nabla c^{n+1}\right] - \Phi\frac{c^{n+1}-\hat{c}^n}{\Delta t_c},\chi\right) + \left(\Phi\frac{\xi^{n+1}-\xi^n}{\Delta t_c},\chi\right)$$

$$- [(\xi^{n+1},\chi) + (\bar{q}^{n+1}\zeta^{n+1},\chi)] + \left(\Phi\frac{\hat{\zeta}^n-\zeta^n}{\Delta t_c},\chi\right)$$

$$+ \left(\Phi\frac{\xi^n-\hat{\xi}^n}{\Delta t_c},\chi\right) + ([u^{n+1}-EU^{n+1}]\cdot\nabla c^{n+1},\chi),\quad \chi\in M_h,\quad n\geqslant 0, \tag{1.2.13}$$

为了得到关于 ζ 的 H^1 估计, 选取检验函数 $\chi = \zeta^{n+1} - \zeta^n = d_l\zeta^n\cdot\Delta t_c$. 对于固定的 $l\geqslant 1$, 使得 $t^l\leqslant T$, 对 n 求和 $0\leqslant n\leqslant l-1$, 用 $T_1,T_2,\cdots,T_6$ 表示右端结果. 应用不等式 $a(a-b)\geqslant \frac{1}{2}(a^2-b^2)$, 可以得到

$$\sum_{n=0}^{l-1}(\Phi d_l\zeta^n,d_l\zeta^n)\Delta t_c + \sum_{n=0}^{l-1}\frac{1}{2}[(D\nabla\zeta^{n+1},\nabla\zeta^{n+1}) - (D\nabla\zeta^n,\nabla\zeta^n)] \leqslant T_1+T_2+\cdots+T_6.$$

因为 $\zeta^0 = 0$, 上式可简化为

$$\sum_{n=0}^{l-1}(\Phi d_l\zeta^n,d_l\zeta^n)\Delta t_c + \frac{1}{2}(D\nabla\zeta^l,\nabla\zeta^l) \leqslant T_1+T_2+\cdots+T_6. \tag{1.2.14}$$

现在需要依次估计式 (1.2.14) 右端的 $T_1,T_2,\cdots,T_6$. 首先估计 T_1, 有

$$|T_1| \leqslant M\sum_{n=0}^{l-1}\left\|\left(\Phi\frac{\partial c^{n+1}}{\partial t} + EU^{n+1}\cdot\nabla c^{n+1}\right) - \Phi\frac{c^{n+1}-\hat{c}^n}{\Delta t_c}\right\|^2\Delta t_c$$

$$+ \varepsilon\sum_{n=0}^{l-1}\|d_l\zeta^n\|^2\Delta t_c, \tag{1.2.15}$$

记 $\sigma(x) = \sqrt{|EU^{n+1}(x)|^2 + \Phi(x)^2}$, 则 $\Phi\frac{\partial c^n}{\partial t} + EU^{n+1}\cdot\nabla c^{n+1} = \sigma\frac{\partial c^{n+1}}{\partial\tau(x,t)}$, 由类似

于标准向后差分的误差方程可得

$$\frac{\partial c^{n+1}}{\partial \tau} - \frac{\Phi}{\sigma}\frac{c^{n+1}-\hat{c}}{\Delta t_c} = \frac{\Phi}{\sigma\Delta t_c}\int_{(\hat{x},t^n)}^{(x,t^{n+1})}\sqrt{|x(\tau)-\hat{x}|^2 + (t(\tau)-t^n)^2}\frac{\partial^2 c}{\partial \tau^2}\mathrm{d}\tau.$$

引入归纳法假定

$$\|\nabla p_m\|_{L^\infty} \leqslant M, \quad 0 \leqslant m \leqslant k-1, \tag{1.2.16}$$

可以推得 σ 是有界的, 对式 (1.2.16) 乘 σ 和取 $L^2(\Omega)$ 模可得

$$\left\|\sigma\frac{\partial c^{n+1}}{\partial \tau} - \Phi\frac{c^{n+1}-\hat{c}^n}{\Delta t_c}\right\|^2 \leqslant \int_\Omega \left(\frac{\Phi}{\Delta t_c}\right)^2\left(\frac{\sigma\Delta t_c}{\Phi}\right)^2\left|\int_{(\hat{x},t^n)}^{(x,t^{n+1})}\frac{\partial^2 c}{\partial \tau^2}\mathrm{d}\tau\right|^2\mathrm{d}x$$

$$\leqslant \Delta t_c\left\|\frac{\sigma^3}{\Phi}\right\|_{L_\infty}\int_\Omega\int_{(\hat{x},t^n)}^{(x,t^{n+1})}\left|\frac{\partial^2 c}{\partial \tau^2}\right|^2\mathrm{d}\tau\mathrm{d}x$$

$$\leqslant \Delta t_c\left\|\frac{\sigma^4}{\Phi^2}\right\|_{L_\infty}\int_\Omega\int_{t^n}^{t^{n+1}}\left|\frac{\partial^2 c}{\partial \tau^2}(\bar{\tau}\hat{x}+(1-\bar{\tau})x,t)\right|^2\mathrm{d}t\mathrm{d}x.$$

由此可推得

$$|T_1| \leqslant M(\Delta t_c)^2\left\|\frac{\partial^2 c}{\partial \tau^2}\right\|^2_{L^2(L^2)} + \varepsilon\sum_{n=0}^{l-1}\|d_l\zeta^n\|^2\Delta t_c. \tag{1.2.17}$$

下面估计 T_2 和 T_3, 有

$$|T_2| \leqslant M\sum_{n=0}^{l-1}\|d_l\xi^n\|\,\|d_l\zeta^n\|\Delta t_c \leqslant M\sum_{n=0}^{l-1}\left\|\frac{\partial \xi}{\partial t}\right\|^2_{L^2(J^{n+1};L^2)}(\Delta t_c)^{-1}\Delta t_c$$

$$+ \varepsilon\sum_{n=0}^{l-1}\|d_l\zeta^n\|^2\Delta t_c \leqslant Mh^{2r-2} + \varepsilon\sum_{n=0}^{l-1}\|d_l\zeta^n\|^2\Delta t_c, \tag{1.2.18a}$$

$$|T_3| \leqslant M\sum_{n=0}^{l-1}(\|\xi^{n+1}\| + \|\zeta^{n+1}\|)\|d_l\zeta^n\|\Delta t_c$$

$$\leqslant M\left\{h^{2r-2} + \sum_{n=0}^{l-1}\|\zeta^{n+1}\|^2\Delta t_c\right\} + \varepsilon\sum_{n=0}^{l-1}\|d_l\zeta\|^2\Delta t_c, \tag{1.2.18b}$$

现在估计 T_4, 看到

$$|T_4| \leqslant M\sum_{n=0}^{l-1}\left\|\frac{\hat{\zeta}-\zeta^n}{\Delta t_c}\right\|^2\Delta t_c + \varepsilon\sum_{n=0}^{l-1}\|d_l\zeta^n\|^2\Delta t_c$$

$$\leqslant M\sum_{n=0}^{l-1}\sum_{\Im}\left\|\frac{\hat{\zeta}^n-\zeta^n}{\Delta t_c}\right\|^2_{L^2(\Im)}\Delta t_c + \varepsilon\sum_{n=0}^{l-1}\|d_l\zeta^n\|^2\Delta t_c, \tag{1.2.19}$$

此处 $\Im$ 是压力方程关于 Ω 的剖分单元. 为了估计 T_4, 在每个单元 $\Im$ 上估计

$$\left\| (\hat{\xi}^n - \xi^n)/\Delta t_c \right\|_{L^2(\Im)}.$$

$$\left\| \frac{\hat{\zeta}^n - \zeta^n}{\Delta t_c} \right\|_{L^2(\Im)}^2$$

$$= (\Delta t_c)^2 \int_\Im \left| \zeta^n \left(x - \frac{EU^{n+1}(x)}{\Phi(x)} \Delta t_c \right) - \zeta^n(x) \right|^2 \mathrm{d}x$$

$$\leqslant (\Delta t_c)^{-2} \int_\Im \left(\int_{x-EU^{n+1}\Delta t_c/\Phi(x)}^x \left| \frac{\partial \zeta^n}{\partial z}(z) \right| \mathrm{d}z \right)^2 \mathrm{d}x$$

$$= (\Delta t_c)^{-2} \int_\Im \left[\int_0^1 \left| \frac{\partial \zeta^n}{\partial z} \left(x - \frac{EU^{n+1}(x)}{\Phi(x)} \Delta t_c \bar{z} \right) \right| \cdot \left(\frac{|EU^{n+1}(x)|}{\Phi(x)} \Delta t_c \right) \mathrm{d}\bar{z} \right]^2 \mathrm{d}x$$

$$\leqslant (\Delta t_c)^{-2} \int_\Im \left(\frac{|EU^{n+1}(x)|}{\Phi(x)} \Delta t_c \right) \cdot \int_0^l \left| \frac{\partial \zeta^n}{\partial z} \left(x - \frac{EU^{n+1}(x)}{\Phi(x)} \Delta t_c \bar{z} \right) \right|^2 \mathrm{d}\bar{z} \mathrm{d}x$$

$$\leqslant M \int_0^l \int_\Im \left| \nabla \zeta^n \left(x - \frac{EU^{n+1}(x)}{\Phi(x)} \Delta t_c \bar{z} \right) \right|^2 \mathrm{d}x \mathrm{d}\bar{z}. \tag{1.2.20}$$

对于固定 $\bar{z}$, 考虑变换

$$y = f_{\bar{z}}(x) = x - \frac{EU^{n+1}(x)}{\Phi(x)} \Delta t_c \bar{z}, \quad x \in \Im, \tag{1.2.21}$$

假若 $\det(Df_{\bar{z}}) \geqslant \delta > 0$, 有

$$\left\| \frac{\hat{\zeta}^n - \zeta^n}{\Delta t_c} \right\|_{L^2(\Im)}^2 \leqslant M \int_0^l \int_{f_{\bar{z}}(\Im)} |\nabla \zeta^n(y)|^2 \delta^{-1} \mathrm{d}y \mathrm{d}\bar{z},$$

$$\sum_\Im \left\| \frac{\hat{\zeta}^n - \zeta^n}{\Delta t_c} \right\|_{L^2(\Im)}^2 \leqslant M \int_0^l \int_{f_{\bar{z}}(\Omega)} |\nabla \zeta^n(y)|^2 \mathrm{d}y \mathrm{d}\bar{z} \leqslant M \|\nabla \zeta^n\|^2. \tag{1.2.22}$$

再次引入归纳法假定

$$\|C_m\|_{W_\infty^1} \leqslant h^{-1}, \quad 0 \leqslant m \leqslant k-1, \tag{1.2.23}$$

由式 (1.2.16)、(1.2.23) 和 $\Delta t_c = o(h)$, 可得推出 $\det(Df_{\bar{z}}) \geqslant \delta \geqslant 0$ 对于 h 适当小. 由此可得

$$|T_4| \leqslant M \sum_{n=0}^{l-1} \|\nabla \zeta^n\|^2 \Delta t_0 + \varepsilon \sum_{n=0}^{l-1} \|d_l \zeta^n\|^2 \Delta t_c. \tag{1.2.24}$$

类似的估计有

$$|T_5| \leqslant M \sum_{n=0}^{l-1} \|\nabla \zeta^n\|^2 \Delta t_c + \varepsilon \sum_{n=0}^{l-1} \|d_l \zeta^n\|^2 \Delta t_c \leqslant M h^{2r-2} + \varepsilon \sum_{n=0}^{l-1} \|d_l \zeta^n\|^2 \Delta t_c. \quad (1.2.25)$$

对于 T_6 经估算可以得

$$|T_6| \leqslant M \left\{ h^{2r-2} + h^{2s} + (\Delta t_p^0)^3 + (\Delta t_p)^4 + \sum_{n=1}^{l-1} \|\xi^n\|_1^2 \Delta t_c + \sum_{m=1}^{k-1} \|\zeta_m\|^2 \Delta t_p \right\}$$
$$+ \varepsilon \sum_{n=0}^{l-1} \|d_l \zeta^n\|^2 \Delta t_c + \varepsilon \|\zeta^l\|_1^2. \quad (1.2.26)$$

由 (1.2.14)—(1.2.19)、(1.2.24)—(1.2.26) 可得

$$\sum_{n=0}^{l-1} (\Phi d_l \zeta^n, d_l \zeta^n) \Delta t_c + \frac{1}{2} (D \nabla \zeta^l, \nabla \zeta^l)$$
$$\leqslant M \left\{ h^{2r-2} + h^{2s} + (\Delta t_c)^2 + (\Delta t_p^0)^3 + (\Delta t_p)^4 \right.$$
$$+ \sum_{n-1}^{l-1} \|\zeta^n\|_1^2 \Delta t_c + \sum_{m-1}^{l-1} \|\zeta_m\|^2 \Delta t_p \bigg\}$$
$$+ \varepsilon \sum_{n=0}^{l-1} \|d_l \zeta^n\|^2 \Delta t_c + \varepsilon \|\zeta^l\|_1^2. \quad (1.2.27)$$

下一步修改 (1.2.27) 的左端, 用 H^1 全模代替对于 ζ^l 的半模. 在估计式两边加 L^2 模项, 注意到

$$\|\zeta^{n+1}\|^2 - \|\zeta^n\|^2 = (\zeta^{n+1} + \zeta^n, \zeta^{n+1} - \zeta^n)$$
$$= (\zeta^{n+1} - \zeta^n, \zeta^{n+1} - \zeta^n) + 2(\zeta^n, \zeta^{n+1} - \zeta^n)$$
$$= \|d_l \zeta^n\|^2 (\Delta t_c) + 2(\zeta^n, d_l \zeta^n) \Delta t_c. \quad (1.2.28)$$

对式 (1.2.28) 求和 $0 \leqslant n \leqslant l-1$. 当 Δt_c 适当小, 得到

$$\|\zeta^l\|^2 \leqslant \Delta t_c \sum_{n=0}^{l-1} \|d_t \zeta^n\|^2 \Delta t_c + M \sum_{n=0}^{l-1} \|\zeta^n\|^2 \Delta t_c + \varepsilon \sum_{n=0}^{l-1} \|d_t \zeta^n\|^2 \Delta t_c. \quad (1.2.29)$$

将式 (1.2.29) 加到式 (1.2.27) 两边, 经整理可得

$$\sum_{n=0}^{l-1} \|d_t \zeta^n\|^2 \Delta t_c + \|\zeta^l\|_1^2 \leqslant M\{h^{2r-2} + h^{2s} + (\Delta t_c)^2 + (\Delta t_p^0)^3 + (\Delta t_p)^4\}$$

$$+ M \left\{ \sum_{n=1}^{l-1} \|\zeta^n\|_1^2 \Delta t_c + \sum_{m=1}^{l-1} \|\zeta_m\|^2 \Delta t_p \right\}. \quad (1.2.30)$$

应用 Gronwall 引理可得

$$\sum_{n=0}^{l-1} \|d_t \zeta^n\|^2 \Delta t_c + \|\zeta^l\|_1^2 \leqslant M\{h^{2r-2} + h^{2s} + (\Delta t_c)^2 + (\Delta t_p^0)^3 + (\Lambda t_p)^4\}. \quad (1.2.31)$$

组合式 (1.2.12) 和应用式 (1.2.10), 则式 (1.2.11) 成立.

余下需要检验归纳法假定式 (1.2.16) 和式 (1.2.23). 在 $t^l = t_k$ 对式 (1.2.16), 由式 (1.2.31) 应用式 (1.2.6)、式 (1.2.7) 和式 (1.2.12) 有

$$\|\nabla P_k\|_{L^\infty} \leqslant \|\nabla \tilde{p}_k\|_{L^\infty} + \|\nabla \eta_k\|_{L^\infty} \leqslant M + Mh^{-1}\|\nabla \eta_k\| \leqslant M + Mh^{-1}(h^{r-1} + \|\zeta_k\|)$$
$$\leqslant M + M(h^{r-2} + h^{s-1} + h^{-1}\Delta t_c) \leqslant M. \quad (1.2.32)$$

对于 h 足够小, $r \geqslant 3$, 式 (1.2.16) 成立. 最后, 看到

$$\|C_k\|_{W_\infty^1} \leqslant \|\tilde{c}_k\|_{W_\infty^1} + \|\zeta_k\|_{W_\infty^1} \leqslant M + Mh^{-1}\|\zeta_k\|_1$$
$$\leqslant M + M(h^{r-2} + h^{s-1} + h^{-1}\Delta t) \leqslant M. \quad (1.2.33)$$

对于 h 足够小, 定理证毕.

1.2.4　L^2 模误差估计

定理 1.2.2　若 $r \geqslant 3$ 或 $s \geqslant 3$, 假定式 (1.2.10) 满足, 则存在常数 M, 对 h 足够小, 有

$$\sup_n \|c^n - C^n\|_{L^2} \leqslant M\{h^r + h^s + \Delta t_c\}; \quad (1.2.34)$$

如果 $r = s = 2$, 则

$$\sup_n \|c^n - C^n\|_{L^2} \leqslant M\{h^2 |\log h| + \Delta t_c\}. \quad (1.2.35)$$

证明　证明定理 1.2.1 以后, 只需作一些必要的改动即可证明本定理. 由式 (1.2.8) 只需证明

$$\sup_n \|\zeta^n\| \leqslant M\{h^r + h^s + \Delta t_c\}. \quad (1.2.36)$$

类似于式 (1.2.12) 可得

$$\|\nabla \eta_m\|^2 \leqslant M\{h^{2r} + \|\zeta_m\|^2\}. \quad (1.2.37)$$

如果在式 (1.2.13) 中取检验函数 $\chi = \zeta^{n+1}$ 再乘以 Δt_c 关于时间作和, 可得

$$\frac{1}{2}(\Phi\zeta^l, \zeta^l) + \sum_{n=0}^{l-1}(D\nabla\zeta^{n+1}, \nabla\zeta^{n+1})\Delta t_c$$

$$\leqslant \sum_{n=0}^{l-1}\left(\left[\Phi\frac{\partial c^{n+1}}{\partial t} + EU^{n+1}\cdot\nabla c^{n+1}\right] - \Phi\frac{c^{n+1} - \hat{c}^n}{\Delta t_c}, \zeta^{n+1}\right)\Delta t_c$$

$$+ \sum_{n=0}^{l-1}\left(\Phi\frac{\xi^{n+1} - \xi^n}{\Delta t_c}, \zeta^{n+1}\right)\Delta t - \sum_{n=0}^{l-1}[(\xi^{n+1}, \zeta^{n+1})$$

$$+ (\bar{q}^{n+1}\zeta^{n+1}, \zeta^{n+1})]\Delta t_c + \sum_{n=0}^{l-1}\left(\Phi\frac{\hat{\xi}^n - \xi^n}{\Delta t_c}, \zeta^{n+1}\right)\Delta t_c$$

$$+ \sum_{n=0}^{l-1}\left(\Phi\frac{\xi^n - \hat{\xi}^n}{\Delta t_c}, \zeta^{n+1}\right)\Delta t_c + \sum_{n=0}^{l-1}((u^{n+1} - EU^{n+1})\cdot\nabla c^{n+1}, \zeta^{n+1})\Delta t$$

$$=T_1 + T_2 + T_3 + T_4 + T_5 + T_6. \tag{1.2.38}$$

对于 T_1, T_2, T_3 的估计如同定理 1.2.1, 在这里用 $\varepsilon\sum_{n=0}^{l-1}\left\|\zeta^{n+1}\right\|^2\Delta t_c$ 代替

$\varepsilon\sum_{n=0}^{l-1}\|d_l\zeta^n\|^2\Delta t$ 和应用 c 较高的光滑性可用 h^{2r} 代替 h^{2r-2}, 对于 T_4 有

$$|T_4| \leqslant \sum_{n=0}^{l-1}\left\|\nabla\zeta^n\right\|^2\Delta t_c + M\sum_{n=0}^{l-1}\left\|\zeta^{n+1}\right\|^2\Delta t_c. \tag{1.2.39}$$

组合上述估计, 可得

$$|T_1+T_2+T_3+T_4+T_6| \leqslant M\left\{h^{2r} + h^{2s} + (\Delta t_c)^2 + (\Delta t_p^0)^3 + (\Delta t_p)^4 + \sum_{n=0}^{l-1}\left\|\zeta^{n+1}\right\|^2\Delta t_c\right.$$

$$\left. + \sum_{m-1}^{k-1}\|\zeta_m\|^2\Delta t_p\right\} + \varepsilon\sum_{n=0}^{l-1}\left\|\zeta^{n+1}\right\|_1^2\Delta t_c, \tag{1.2.40}$$

下面估计 T_5, 为此, 设

$$\check{x} = x - \frac{Eu^{n+1}(x)}{\Phi(x)}\Delta t_c, \quad \check{\xi}^n(x) = \xi^n(\check{x}).$$

于是有下述估计式

$$|T_5| \leqslant M\sum_{n-0}^{l-1}\left\|\frac{\check{\xi}^n - \hat{\xi}^n}{\Delta t_c}\right\|\left\|\zeta^{n+1}\right\|\Delta t_c + M\sum_{n-0}^{l-1}\left\|\frac{\xi^n - \check{\xi}^n}{\Delta t_c}\right\|_{-1}\left\|\zeta^{n+1}\right\|_1\Delta t_c$$

$$\leqslant M \sum_{n=0}^{l-1} \left\| \frac{\check{\xi}^n - \hat{\xi}^n}{\Delta t_c} \right\| \Delta t_c + M \sum_{n=0}^{l-1} \left\| \frac{\xi^n - \check{\xi}^n}{\Delta t_c} \right\|_{-1}^2 \Delta t_c$$

$$+ M \sum_{n=0}^{l-1} \left\| \zeta^{n+1} \right\| \Delta t_c + \varepsilon \sum_{n=0}^{l-1} \left\| \zeta^{n+1} \right\|_1^2 \Delta t_c, \tag{1.2.41}$$

为了估计上式第一项, 记

$$V_n = \sup_{\Omega} \frac{\left| E(u - U)^{n+1}(x) \right|}{\Phi(x)} \leqslant M \left\| E(u - U)^{n+1} \right\|_{L^\infty}, \tag{1.2.42}$$

则 $\left\| \dfrac{\check{\xi}^n - \hat{\xi}^n}{\Delta t_c} \right\|_{L^2(\Im)}^2 \leqslant V_n^2 \displaystyle\int_0^l \int_{\Im} \left| \nabla \xi^n \left(x + \frac{\left| E(u - U)^{n+1}(x) \right|}{\phi(x)} \right) \Delta t_c \bar{z} \right|^2 \mathrm{d}x \mathrm{d}\bar{z}.$

对于固定的 z, 定义

$$y = f_{\bar{z}}(x) = \check{x} + \frac{E(u - U)^{n+1}}{\Phi(x)} \Delta t_c \bar{z}$$

$$= x - \frac{Eu^{n+1}(x)}{\Phi(x)} \Delta t_c \bar{z} + \frac{E(u - U)^{n+1}(x)}{\Phi(x)} \Delta t_c \bar{z}, \quad x \in \Im. \tag{1.2.43}$$

假定 $\det(Df_{\bar{z}}) > \delta > 0$, 则有

$$\left\| \frac{\check{\xi}^n - \hat{\xi}^n}{\Delta t_c} \right\|_{L^2(\Im)} \leqslant V_n^2 \int_0^l \int_{f_{\bar{z}}(\Im)} \left| \nabla \xi^n(y) \right|^2 \delta^{-1} \mathrm{d}y \mathrm{d}z,$$

$$\sum_{\Im} \left\| \frac{\check{\xi}^n - \hat{\xi}^n}{\Delta t_c} \right\|_{L^2(\Im)} \leqslant M V_n^2 \int_0^l \int_{f_{\bar{z}}(\Omega)} \left| \nabla \xi^n(y) \right|^2 \mathrm{d}y \mathrm{d}z,$$

$$\left\| \frac{\check{\xi}^n - \hat{\xi}^n}{\Delta t_c} \right\|^2 \leqslant M V_n^2 \left\| \nabla \xi^n \right\|^2 \leqslant M \left\| E(u - U)^{n+1} \right\|_{L^\infty}^2 \left\| \xi^n \right\|_1^2. \tag{1.2.44}$$

当 $r \geqslant 3$ 或 $s \geqslant 3$, 可以推得

$$\sum_{n=0}^{l-1} \left\| \frac{\check{\xi}^n - \hat{\xi}^n}{\Delta t_c} \right\|^2 \Delta t_c \leqslant M \left\{ h^{2r} + h^{2s} + \sum_{m-1}^{k-1} \left\| \zeta_m \right\|^2 \Delta t_p \right\}, \tag{1.2.45}$$

现估计式 (1.2.41) 的第二项, 注意到

$$\left\| \frac{\xi^n - \check{\xi}^n}{\Delta t_c} \right\|_{-1}$$

$$= \frac{1}{\Delta t} \sup_{g \in H^1} \left(\frac{1}{|g|_1} \int_{\Omega} \left[\xi^n(x) - \xi^n \left(x - \frac{Eu^{n+1}(x)}{\Phi(x)} \Delta t_c \right) \right] g(x) \mathrm{d}x \right). \tag{1.2.46}$$

考虑变换

$$f(x) = \check{x} = x - \frac{Eu^{n+1}(x)}{\Phi(x)}\Delta t_c, \tag{1.2.47}$$

由于周期性, f 是一个可微映射 Ω 为自身, 且有下述估计

$$|\det(Df)(x) - 1| \leqslant M\Delta t, \quad x \in \Omega.$$

现在考虑

$$\left\|\frac{\xi^n - \check{\xi}^n}{\Delta t_c}\right\|_{-1}$$

$$= \frac{1}{\Delta t_c} \sup_{g \in H^1} \left(\frac{1}{\|g\|_1}\left[\int_\Omega \xi^n(x)g(x)\mathrm{d}x - \int_\Omega g^n(f(x))g(x)\mathrm{d}x\right]\right)$$

$$= \frac{1}{\Delta t_c} \sup_{g \in H^1} \left(\frac{1}{\|g\|_1}\left[\int_\Omega \xi^n(x)g(x)\mathrm{d}x - \int_\Omega \xi^n(x)g(f^{-1}(x))\det(Df)(x)^{-1}\mathrm{d}x\right]\right)$$

$$\leqslant \frac{1}{\Delta t_c} \sup_{g \in H^1} \left(\frac{1}{\|g\|_1}\int_\Omega \xi^n(x)[g(x) - g(f^{-1}(x))]\mathrm{d}x\right)$$

$$+ \frac{1}{\Delta t_c} \sup_{g \in H^1} \left(\frac{1}{\|g\|_1}\int_\Omega \xi^n(x)g(f^{-1}(x))[1 - \det(Df)(x)^{-1}]\mathrm{d}x\right)$$

$$= W_1 + W_2, \tag{1.2.48}$$

估计 W_1 和 W_2, 应用一个明显的结果

$$|x - f^{-1}(x)| \leqslant \left\|\frac{Eu^{n+1}}{\Phi}\right\|_{L^\infty}\Delta t_c, \quad \|g - g(f^{-1})\| \leqslant M\|g\|_1\Delta t,$$

可得

$$W_1 \leqslant \frac{M}{\Delta t_c} \sup_{g \in H^1} \left(\frac{1}{\|g\|_1}\|\xi^n\| \ \|g - g(f^{-1})\|\right) \leqslant M\|\xi^n\|, \tag{1.2.49a}$$

$$W_2 \leqslant M \sup_{g \in H^1} \left(\frac{1}{\|g\|_1}\|\xi^n\| \ \|g(f^{-1})\|\right) \leqslant M\|\xi^n\|. \tag{1.2.49b}$$

于是有对 T_5 的估计

$$|T_5| \leqslant M\left\{h^{2r} + h^{2s} + \sum_{n=0}^{l-1}\|\zeta^{n+1}\|^2\Delta t_c + \sum_{n=1}^{k-1}\|\zeta_m\|^2\Delta t_p\right\}$$

$$+ \varepsilon\sum_{n=0}^{l-1}\|\zeta^{n+1}\|_1^2\Delta t_c. \tag{1.2.50}$$

对式 (1.2.38) 应用式 (1.2.40) 和式 (1.2.50) 得到

$$1/2(\Phi\zeta^l, \zeta^l) + \sum_{n=0}^{l-1}(D\nabla\zeta^{n+1}, \nabla\zeta^{n+1})\Delta t$$

$$\leqslant M\left\{ h^{2r} + h^{2s} + (\Delta t_c)^2 + (\Delta t_p^0)^3 + (\Delta t_p)^4 \right.$$

$$\left. + \sum_{n=0}^{l-1}\left\|\zeta^{n+1}\right\|^2\Delta t_c + \sum_{m=1}^{k-1}\left\|\zeta_m\right\|^2\Delta t_p \right\} + \varepsilon\sum_{n=0}^{l-1}\left\|\zeta^{n+1}\right\|_1^2\Delta t_c. \qquad (1.2.51)$$

应用 Gronwall 引理可得

$$\left\|\zeta^l\right\|^2 + \sum_{n=0}^{l-1}\left\|\zeta^{m+1}\right\|_1^2\Delta t_c \leqslant M\{h^{2r} + h^{2s} + (\Delta t_c)^2 + (\Delta t_p^0)^3 + (\Delta t_p)^4\}. \qquad (1.2.52)$$

最后同样需要检验归纳法假定式 (1.2.16) 和式 (1.2.23). 此时估计式

$$\|\nabla P_h\|_{L^\infty} \leqslant M + M(h^{r-1} + h^{s-1} + h^{-1}\Delta t_c) \leqslant M, \qquad (1.2.53a)$$

$$\|C_k\|_{W_\infty^1} \leqslant M + Mh^{-2}\|\zeta_k\| \leqslant h^{-1}(Mh + Mh^{-1}(h^r + h^s + \Delta t_c)) \leqslant h^{-1}, \qquad (1.2.53b)$$

对 h 足够小, 归纳法假定成立, 定理证毕.

1.2.5　弥散系统的特征有限元格式

在考虑弥散情况下的数学模型:

$$\nabla \cdot u = -\nabla \cdot \left(\frac{k(x)}{\mu(c)}\nabla p\right) = q(x, t), \quad x \in \Omega, t \in J = (0, T], \qquad (1.2.54a)$$

$$\phi(x)\frac{\partial c}{\partial t} + u \cdot \nabla c - \nabla \cdot (D(u)\nabla c) = (\bar{c} - c)\bar{q}(x, t), \quad x \in \Omega, t \in J, \qquad (1.2.54b)$$

$$c(0) = c_0, \quad x \in \Omega. \qquad (1.2.54c)$$

我们的数值格式需要对 $D(u^{n+1})$ 逼近. 注意到在逼近特征矢量 $\tau(x, t^{n+1})$ 时, 需用线性外推去逼近 u^{n+1}, 这样可得式 (1.2.54) 的特征有限元格式:

$$C^0 = \tilde{c}^0, \qquad (1.2.55a)$$

$$\left(\phi\frac{C^{n+1} - \hat{C}^n}{\Delta\tau}, \chi\right) + (D(EU^{n+1})\nabla C^{n+1}, \nabla\chi) + (\bar{q}(t^{n+1})C^{n+1}, \chi)$$

$$= (\bar{q}(t^{n+1})\bar{c}(t^{n+1}), \chi), \quad \chi \in M_h, n \geqslant 0, \qquad (1.2.55b)$$

$$(a(C_m^*)\nabla P_m, \nabla\varphi) = (q(t_m), \varphi), \quad \varphi \in N_h, m \geqslant 0, \qquad (1.2.55c)$$

$$(P_m, 1) = 0. \qquad (1.2.55d)$$

格式 (1.2.55) 的计算过程如式 (1.2.9).

有关问题 (1.2.54) 及其计算格式 (1.2.55) 的具体计算, H^1 模和 L^2 模误差估计的详细讨论可参阅文献 [5] 和 [9].

1.3 二相渗流驱动问题的特征差分方法

1.3.1 特征差分程序

对于二相渗流驱动问题, 考虑下述偏微分方程组的初边值问题 [4,10]:

$$\nabla \cdot u = g(x,t), \tag{1.3.1a}$$

$$u = -k(x,s)\nabla p, \quad x \in \Omega, t \in J = (0,T], \tag{1.3.1b}$$

$$\phi \frac{\partial s}{\partial t} + b(s)u \cdot \nabla s - \nabla(D\nabla s) = f(x,t,s), \quad x \in \Omega, t \in J, \tag{1.3.2}$$

此处 Ω 是单位正方形和 $D = d(x,s)I + D_1(u)$, $D_1(u)$ 是正定的, 假定 q 在 Ω 上积分为零和系数、右端、问题的解是 Ω-周期的.

取 $h = N^{-1}$, $x_{ij} = (ih, jh)$, $\Delta t > 0, t^n = n\Delta t$ 和 $w(x_{ij}, t^n) = w_{ij}^n$. 差分格式由两部分组成.

(i) 若浓度逼近 S_{ij}^n 在时刻 t^n 已知, 则由式 (1.3.1) 离散化可得在 t^n 时刻压力逼近解 P_{ij}^n. 再由 S^n, P^n 通过计算可得近似达西速度 U_{ij}^n.

(ii) 这样计算新的浓度逼近 S^{n+1}, $\phi s_t + bu \cdot \nabla s$ 被用特征方向差商代替. 对于扩散项的离散在相混溶和不相混溶两种情况是不一样的. 将在以后分别给出.

设

$$K_{i+1/2,j}^n = \frac{1}{2}[k(x_{ij}, S_{ij}^n) + k(x_{i+1}, S_{i+1,j}^n)], \tag{1.3.3a}$$

$$K_{i,j+1/2}^n = \frac{1}{2}[k(x_{ij}, S_{ij}^n) + k(x_{i,j+1}, S_{i,j+1}^n)] \tag{1.3.3b}$$

和记号 $k_{i+1/2,j}^n \cdot k_{i,j+1/2}^n$ 表示计算时在 S 用 s 代替.

设

$$\partial_{\bar{x}}(K\partial_x P)_{ij}^n = h^{-2}[K_{i+1/2,j}^n(P_{i+1,j}^n - P_{ij}^n) - K_{i-1/2,j}^n(P_{ij}^n - P_{i-1,j}^n)], \tag{1.3.4a}$$

$$\partial_{\bar{y}}(K\partial_y P)_{ij}^n = h^2[K_{i,j+1/2}^n(P_{i,j+1}^n - P_{ij}^n) - K_{i,j-1/2}^n(P_{ij}^n - P_{i,j-1}^n)], \tag{1.3.4b}$$

$$\nabla_h(K\nabla_h P)_{ij}^n = \partial_{\bar{x}}(K\partial_x P)_{ij}^n + \partial_y(K\partial_y P)_{ij}^n. \tag{1.3.5}$$

取

$$-\nabla_h(K\nabla_h P)_{ij}^n = G_{ij}^n = h^{-2}\int_{x_{ij}+Q_h} q(x,t^n)\mathrm{d}x, \tag{1.3.6a}$$

$$(P^n, 1) = \sum_{i,j=1}^N P_{ij}^n h^2 = 0, \tag{1.3.6b}$$

此处 Q_h 是以原点为中心; h 为边长的正方形. 由 G_{ij}^n 的定义将有 $\langle G^n, 1 \rangle = 0$. 假定渗透速率是非奇异的, 即

$$k(x.s) \geqslant k_* > 0, \tag{1.3.7}$$

则式 (1.3.6) 存在一个周期解.

计算近似的达西速度 $U = (V, W)$:

$$V_{ij}^n = -\frac{1}{2} \left[K_{i+1/2,j}^n \frac{P_{i+1,j}^n - P_{ij}^n}{h} + K_{i-1/2,j}^n \frac{P_{ij}^n - P_{i-1,j}^n}{h} \right],$$

$$W_{ij}^n = -\frac{1}{2} \left[K_{i,j+1/2}^n \frac{P_{i,j+1}^n - P_{ij}^n}{h} + K_{i,j-1/2}^n \frac{P_{ij}^n - P_{i,j-1}^n}{h} \right]. \tag{1.3.8}$$

其次, 取

$$\bar{X}_{ij}^n = x_{ij} - b(S_{ij}^n) U_{ij}^n \Delta t / \phi_{ij} \tag{1.3.9}$$

和令

$$\bar{S}_{ij}^n = S^n(\bar{X}_{ij}^n), \tag{1.3.10}$$

此处 $S^n(x)$ 是按节点值 $\{S_{ij}^n\}$ 分片双线性插值延拓.

这流动实质上是沿特征线迁移的, 考虑特征方向:

$$\psi(x, s, u) = [\phi(x)^2 + b(s)^2 |u|^2]^{1/2}, \tag{1.3.11a}$$

$$\frac{\partial}{\partial \tau} = \psi^{-1} \left(\phi \frac{\partial}{\partial t} + bu \cdot \nabla \right). \tag{1.3.11b}$$

因此

$$\phi \frac{\partial s}{\partial t} + bu \cdot \nabla s = \psi \frac{\partial s}{\partial \tau}. \tag{1.3.12}$$

注意到方向 τ 是依赖于空间和时间. 令

$$\bar{x}_{ij}^n = x_{ij} - \phi_{ij}^{-1} u_{ij}^{n+1} \Delta t, \quad \bar{s}_{ij}^n = s(\bar{x}_{ij}^n, t^n), \tag{1.3.13}$$

则

$$\left(\psi \frac{\partial s}{\partial \tau} \right) (x_{ij}, t^{n+1}) = \phi_{ij} \frac{s_{ij}^{n+1} - \bar{s}_{ij}^n}{\Delta t} + O \left(\left| \frac{\partial^2 s}{\partial \tau^2} \right| \Delta t \right). \tag{1.3.14}$$

由式 (1.3.14) 选定

$$\left(\phi \frac{\partial s}{\partial t} + b(s) u \cdot \nabla s \right) (x_{ij}, t^{n+1}) \approx \phi_{ij} \frac{S_{ij}^{n+1} - \bar{S}_{ij}^n}{\Delta t}. \tag{1.3.15}$$

关于扩散项的离散化对不混溶和相混溶两个问题是不一样的. 在不混溶驱动的情况, $D = d(x, s)I$ 和 $\nabla \cdot (D\nabla s)$ 按下述方式逼近:

$$\nabla \cdot (D\nabla s)_{ij}^{n+1} \approx \nabla_h(D(\bar{S}^n)\nabla_h S)_{ij}^{n+1}, \tag{1.3.16}$$

此处 $D_{i+1/2,j}^{n+1} = \dfrac{1}{2}\left\{ D(X_{ij}, \bar{S}_{ij}^n) + D(X_{i+1,j}, \bar{S}_{i+1,j}^n) \right\}$.

对于相混溶情况, 这扩散项分裂出一个分子扩散项 $\nabla \cdot (d_{\mathrm{mol}}(x)\phi(x)\nabla s)$, 能够用 $\nabla_h(d_{\mathrm{mol}}\phi\nabla_h S)_{ij}^{n+1}$ 来逼近和依赖速度的项

$$\nabla \cdot (D_1(u)\nabla s) = \sum_{k,l=1}^{2} \frac{\partial}{\partial x_k}\left(D^{kl}(u)\frac{\partial s}{\partial x_l} \right), \tag{1.3.17}$$

将用下述和来逼近:

$$\begin{aligned}
\widetilde{\nabla}_h(D_1(U^n)\tilde{\nabla}_h S)_{ij}^{n+1} = &[\delta_{\bar{x}}(D^{11}\delta_x S) + \delta_{\bar{y}}(D^{22}\delta_y S)\\
&+ \frac{1}{4}(\partial_x + \delta_{\bar{x}})(D^{12}(\delta_y + \delta_{\bar{y}})S)\\
&+ \frac{1}{4}(\delta_y + \delta_{\bar{y}})(D^{21}(\delta_x + \delta_{\bar{x}})S)]_{ij}^{n+1},
\end{aligned} \tag{1.3.18}$$

此处 δ_x 和 $\delta_{\bar{x}}$ 是第一个空间变量的向前和向后差商. $D^{12} = D^{21}$, D^{11} 和 D^{22} 在 U^n 处计算. 在式 (1.3.18) 中注意到 D^{12} 的值仅仅需要在节点 $x_{i\pm1,j}$ 和 $x_{i,j\pm1}$ 计算.

设 $\hat{\nabla}_h(D\hat{\nabla}_h S^{n+1})_{ij}$ 表示离散扩散项, 出现在方程 (1.3.16) 或方程 (1.3.18) 或它们的组合, 则关于浓度或饱和度的差分方程是

$$\phi_{ij}\frac{S_{ij}^{n+1} - \bar{S}_{ij}^n}{\Delta t} - \hat{\nabla}_h(D\hat{\nabla}_h S)_{ij}^{n+1} = f(x_{ij}, t^{n+1}, S_{ij}^{n+1}), \tag{1.3.19}$$

方程 (1.3.19) 右端 S_{ij}^{n+1} 可用线性化处理或用 S_{ij}^n 代替.

因此, 这有限差分方法由方程 (1.3.6) 和方程 (1.3.19) 组成. 假定 S_{ij}^0 是周期的, 当 $n \geqslant 1$ 时方程有一个周期解.

1.3.2 收敛性分析

令 $\pi = p - P$, $\xi = s - S$, 回到记号 (1.3.3), 则有

$$\nabla_h(k\nabla_h p)_{ij}^n = G_{ij}^n + \delta_{ij}^n. \tag{1.3.20}$$

此处

$$|\delta_{ij}^n| \leqslant M\left(\|p^n\|_{4,\infty}, \|s^n\|_{3,\infty} \right) h^2. \tag{1.3.21}$$

范数 $\|\cdot\|_{l,p}$ 表示关于周期 Sobolev 空间 $W^{\ell,p}(\Omega)$ 的, 记号 $\|\alpha\| = \langle \alpha, \alpha \rangle^{1/2}$ 表示周期离散空间 $l^2(\Omega)$ 的模. 还有 $\langle K\nabla_h \pi, \nabla_h \pi \rangle$ 表示加权用半模的平方, 在对应于 $H^1(\Omega) = W^{l2}(\Omega)$ 的离散空间 $h^1(\Omega)$.

从式 (1.3.20) 减去式 (1.3.6a) 得到

$$-\nabla_h(K\nabla_h\pi)^n_{ij} = \delta^n_{ij} + \nabla_h((k - K)\nabla_h p)^n_{ij}, \tag{1.3.22}$$

两边乘以检验函数 π^n 和分部求和, 有

$$\langle K^n\nabla_h\pi^n, \nabla_h\pi^n \rangle = \langle \delta^n, \pi^n \rangle - \langle (k^n - K^n)\nabla_h p^n, \nabla_h\pi^n \rangle. \tag{1.3.23}$$

由式 (1.3.7) 可得

$$k_*\|\nabla_h\pi^n\|^2 \leqslant \eta\|\pi^n\| + M\|\delta^n\| + M(\|p^n\|_{1,\infty})\|\xi^n\|^2 + \frac{1}{4}k_*\|\nabla_h\pi^n\|^2. \tag{1.3.24}$$

回到对周期函数一致剖分求积公式的精确度估计. 因为 $(p^n, 1) = 0$, 有

$$\langle p^n, 1 \rangle = M(\|p^n\|_{4,\infty})h^4. \tag{1.3.25}$$

取

$$\pi^n_{\mathrm{ave}} = \langle \pi^n, 1 \rangle = \langle p^n, 1 \rangle \tag{1.3.26}$$

和应用离散 Poincaré 不等式

$$\|\pi^n - \pi^n_{\mathrm{ave}}\| \leqslant \|\nabla_h\pi^n\|, \tag{1.3.27}$$

因此有

$$\|\pi^n\| \leqslant \|\nabla_h\pi^n\| + M(\|p^n\|_{4,\infty})h^4. \tag{1.3.28}$$

从式 (1.3.21)、式 (1.3.24) 和式 (1.3.28) 推出

$$\|\nabla_h\pi^n\| \leqslant M(\|p^n\|_{4,\infty}, \|s^n\|_{3,\infty})(\|\xi^n\| + h^2). \tag{1.3.29}$$

若注意到

$$|\delta^n_{ij}| \leqslant M(\|p^n\|_{3,\infty}, \|s^n\|_{2,\infty})h, \tag{1.3.30}$$

则 $\nabla_h\pi^n$ 有下述估计式

$$\|\nabla_h\pi^n\| \leqslant M\left(\|p^n\|_{3,\infty}, \|s^n\|_{2,\infty}\right)(\|\xi^n\| + h). \tag{1.3.31}$$

另外, 考虑饱和度方程, 首先考虑 $D = d(x, s)I$ 的情况, 假定式 (1.3.3)—式 (1.3.6)

成立, 注意到 $\bar{x}_{ij}^n = x_{ij} - b(s_{ij}^{n+1})u_{ij}^{n+1}\dfrac{\Delta t}{\phi_{ij}}$, 设 $d_{i+1/2,j}^{n+1}$ 表示在式 (1.3.16) 中用 s_{ij}^{n+1} 代替 $\bar{S}_{ij}^n$, 则

$$\phi_{ij}\frac{\xi_{ij}^{n+1} - (s^n(\bar{x}_{ij}^n) - \bar{S}_{ij}^n)}{\Delta t} - \nabla_h(D\nabla_h\xi)_{ij}^{n+1}$$
$$= f(s_{ij}^{n+1}) - f(S_{ij}^{n+1}) + \nabla_h((d-D)\nabla_h s)_{ij}^{n+1} + \varepsilon_{ij}^n, \qquad (1.3.32)$$

此处

$$\left|\varepsilon_{ij}^n\right| \leqslant M\left(\left\|s^{n+1}\right\|_{3,\infty}, \left\|\frac{\partial^2 s}{\partial\tau^2}\right\|_{1,\infty(J^n;l^2)}\right)(h + \Delta t), \qquad (1.3.33)$$

$J^n = [t^n, t^{n+1}]$ 和 $\tau = \tau_{ij}^{n+1}$ 是在 (x_{ij}, t^{n+1}) 的特征方向, 插值函数 $\xi^n(x)$ 是关于值 $\{\xi_{ij}^n\}$ 的分片双线性插值, $\xi^n = I_1\xi^n$ 和令 $\bar{\xi}_{ij}^n = \xi^n(\bar{X}_{ij}^n)$, 则

$$\xi_{ij}^{n+1} - (s^n(\bar{x}_{ij}^n) - \bar{S}_{ij}^n) = (\xi_{ij}^{n+1} - \bar{\xi}_{ij}^n) - (s^n(\bar{x}_{ij}^n) - s^n(\overline{X}_{ij}^n)) - (1-I_1)s^n(\overline{X}_{ij}^n), \quad (1.3.34)$$

注意到

$$\left|(1-I_1)s^n(\overline{X}_{ij}^n)\right| \leqslant M\|s\|_{2,\infty}\min\{h^2, h\Delta t\}, \qquad (1.3.35)$$

此处 $h\Delta t$ 交替出现, 当 $\left|b(S_{ij}^n)U_{ij}^n\right|\phi_{ij}^{-1}\Delta t$ 小于 $0.5h$ 时, 另外

$$\begin{aligned}
\left|s^n(\bar{x}_{ij}^n) - s^n(\overline{X}_{ij}^n)\right| &\leqslant M\|s^n\|_{1,\infty}\left|\bar{x}_{ij}^n - \overline{X}_{ij}^n\right| \\
&= M\|s^n\|_{1,\infty}\left|b(s_{ij}^{n+1})u_{ij}^{n+1} - b(S_{ij}^n)U_{ij}^n\right|\Delta t \\
&\leqslant M(\|p\|_{W^{1,\infty}(J^{n'};W^{1,\infty})}, \|s\|_{W^{1,\infty}(J^n,W^{1,\infty})}) \\
&\quad \cdot (\Delta t + \left|\xi_{ij}^n\right| + \left|\nabla_h\pi_{ij}^n\right|)\Delta t, \qquad (1.3.36)
\end{aligned}$$

此处估计式 $|u_{ij}^n - U_{ij}^n| \leqslant M(\|p\|_{1,\infty})(|\xi_{ij}^n| + |\nabla_h\pi_{ij}^n|)$ 被应用, 差数 $f(s_{ij}^{n+1}) - f(S_{ij}^{n+1})$ 用 $|\xi_{ij}^{n+1}|$ 估计, 现在, 记

$$\widetilde{M} = \max_n M\left(\left\|s^{n+1}\right\|_{3,\infty}, \left\|\frac{\partial^2 s}{\partial\tau^2}\right\|_{W^{1,\infty}(J^n;W^{1,\infty})}, \|p\|_{W^{1,\infty}(J^n;W^{1,\infty})}\right). \qquad (1.3.37)$$

因此, 从式 (1.3.32)—式 (1.3.37) 推出

$$\begin{aligned}
\phi_{ij}\frac{\xi_{ij}^{n+1} - \bar{\xi}_{ij}^n}{\Delta t} - \nabla_h(D\nabla_h\xi)_{ij}^{n+1} &\leqslant \widetilde{M}\left(\left|\xi_{ij}^n\right| + \left|\xi_{ij}^{n+1}\right| + \left|\nabla_h\pi_{ij}^n\right| + h + \Delta t\right) \\
&\quad + \nabla_h((d-D)\nabla_h s)_{ij}^{n+1}. \qquad (1.3.38)
\end{aligned}$$

对式 (1.3.38) 乘以检验函数 ξ^{n+1} 可得

$$\frac{1}{\Delta t}\{\langle\phi\xi^{n+1}, \xi_{ij}^{n+1}\rangle - \langle\phi\bar{\xi}^n, \xi^{n+1}\rangle\} + \langle D^{n+1}\nabla_h\xi^{n+1}, \nabla_h\xi^{n+1}\rangle$$

$$\leqslant \overline{M} \left\{ \|\xi^{n+1}\|^2 + \|\xi^n\|^2 + \|\nabla_h \pi^n\|^2 + h^2 + (\Delta t)^2 \right\}$$
$$+ \langle (D^{n+1} - d^{n+1})\nabla_h s^{n+1}, \nabla_h \xi^{n+1} \rangle, \tag{1.3.39}$$

此处 $\overline{M} = \widetilde{M} + \max\limits_n M \left(\left\|\dfrac{\partial s}{\partial \tau}\right\|_{L^\infty(J^n;L^\infty)}, \|p^n\|_{3,\infty}, \|s^n\|_{2,\infty} \right)$, 则从式 (1.3.31) 消去 $\|\nabla_h \pi^n\|^2$ 用 $\overline{M}$ 代替 $\widetilde{M}$. 因为

$$s_{ij}^{n+1} - \bar{S}_{ij}^n = (s_{ij}^{n+1} - s^n(\bar{x}_{ij}^n)) + (s^n(\bar{x}_{ij}^n) + s^n(\overline{X}_{ij}^n)) + ((1 - I_1)s^n)(\overline{X}_{ij}^n) + \bar{\xi}_{ij}^n.$$

从而推出

$$|\langle (D^{n+1} - d^{n+1})\nabla_h s^{n+1}, \nabla_h \xi^{n+1} \rangle|$$
$$\leqslant \frac{1}{2} d_* \|\nabla_h \xi^{n+1}\|^2$$
$$+ \bar{M} \left\{ (\Delta t)^2 + \|\xi^n\|^2 + \|\nabla_h \pi^n\|^2 + h^4 + \|\bar{\xi}^n\|^2 \right\}, \tag{1.3.40}$$

此处 d_* 是 $d(x,s)$ 的下界. 由于 $\|\bar{\xi}^n\| \leqslant M \left(\|p^n\|_{1,\infty} \right) \|\xi^n\|$, 则

$$\frac{1}{\Delta t} \left\{ \langle \phi \xi^{n+!}, \xi^{n+1} \rangle - \langle \phi \bar{\xi}^n, \xi^{n+1} \rangle \right\} + \frac{1}{2} \langle D^{n+1}\nabla_h \xi^{n+1}, \nabla_h \xi^{n+1} \rangle$$
$$\leqslant \bar{M} \{ \|\xi^n\|^2 + \|\xi^{n+1}\|^2 + h^2 + (\Delta t)^2 \}. \tag{1.3.41}$$

下面将分析 $\langle \phi \bar{\xi}^n, \xi^n \rangle$ 与 $\langle \phi \xi^n, \xi^n \rangle$ 之间的关系. 为此 $\bar{\xi}^n$ 写为下述形式:

$$\bar{\xi}_{ij}^n = \xi^n \left(x_{ij} - b(s_{ij}^n)u_{ij}^n \frac{\Delta t}{\phi_{ij}} \right)$$
$$+ \left[\xi^n \left(x_{ij} - b(S_{ij}^n)U_{ij}^n \frac{\Delta t}{\phi_{ij}} \right) - \xi^n \left(x_{ij} - b(s_{ij}^n)U_{ij}^n \frac{\Delta t}{\phi_{ij}} \right) \right]$$
$$+ \left[\xi^n \left(x_{ij} - b(s_{ij}^n)U_{ij}^n \frac{\Delta t}{\phi_{ij}} \right) - \xi^n \left(x_{ij} - b(s_{ij}^n)u_{ij}^n \frac{\Delta t}{\phi_{ij}} \right) \right]. \tag{1.3.42}$$

分析式 (1.3.42) 右端第一项

$$\xi^n \left(x_{ij} - b(s_{ij}^n)u_{ij}^n \frac{\Delta t}{\phi_{ij}} \right) = \sum_{k,l=1}^{N} \alpha_{kl}^{ijn} \xi_{i+k,i+l}^n, \tag{1.3.43}$$

此处

$$\alpha_{kl}^{ijn} \geqslant 0, \quad \sum_{kl} \alpha_{kl}^{ijn} = 1. \tag{1.3.44}$$

对每个三重指标 (i,j,n) 最多四个权非零, 还有 $\alpha_{kl}^{ijn} = 0$ 在 $|x_{kl} - x_{ij}| \leqslant \overline{M}\Delta t$ 以外. 因为

$$b(s_{i+1,j}^n)u_{i+1,j}^n \frac{\Delta t}{\phi_{i+1,j}} - b(s_{ij}^n)u_{ij}^n \frac{\Delta t}{\phi_{ij}} = \frac{\partial}{\partial x} \left(\frac{bu}{\phi} \right) h \Delta t,$$

由此推出

$$\sum_{k,l} \left| \alpha_{kl}^{i+1,j,n} - \alpha_{kl}^{ijn} \right| \leqslant M \left(\|s^n\|_{1,\infty}, \|p\|_{2,\infty} \right) \Delta t, \tag{1.3.45}$$

所以和式 (1.3.44) 可得

$$\sum_{k,l} \phi_{i-k,j-l} \alpha_{kl}^{i-k,j-l,n} = [1 + O(\Delta t)] \phi_{ij}. \tag{1.3.46}$$

此常数具有同样如同式 (1.3.45) 的形式. 应用式 (1.3.44) 可得

$$\sum_{ij} \phi_{ij} \xi^n \left(x_{ij} - b(s_{ij}^n) u_{ij}^n \frac{\Delta t}{\phi_{ij}} \right)^2 h^2$$

$$= \sum_{ij} \phi_{ij} \left(\sum_{kl} \alpha_{kl}^{ijn} \xi_{i+k,j+l}^n \right)^2 h^2$$

$$\leqslant \sum_{ij} \phi_{ij} \sum_{kl} \alpha_{kl}^{ijn} (\xi_{i+k,j+l}^n)^2 h^2$$

$$= \sum_{ij} \sum_{kl} \phi_{i-k,j-l} \alpha_{kl}^{i-k,j-l,n} (\xi_{ij}^n)^2 h^2$$

$$\leqslant \left(1 + M \left(\|s^n\|_{1,\infty}, \|p^n\|_{2,\infty} \right) \Delta t \right) \langle \phi \xi^n, \xi^n \rangle. \tag{1.3.47}$$

对式 (1.3.42) 余下的项依次进行分析, 首先估计第二项:

$$\eta_{ij}^n = \xi^n \left(x_{ij} - b(S_{ij}^n) U_{ij}^n \frac{\Delta t}{\phi_{ij}} \right) - \xi^n \left(x_{ij} - b(s_{ij}^n) U_{ij}^n \frac{\Delta t}{\phi_{ij}} \right)$$

$$= \int_{x_{ij}-b(s_{ij}^n)U_{ij}^n \frac{\Delta t}{\phi_{ij}}}^{x_{ij}-b(S_{ij}^n)U_{ij}^n \frac{\Delta t}{\phi_{ij}}} \nabla \xi^n \cdot \frac{U_{ij}^n}{|U_{ij}^n|} \mathrm{d}\sigma$$

$$\leqslant M |U_{ij}^n| |\xi_{ij}^n| \Delta t \max \left\{ |\nabla_h \xi_{pq}^n| : |x_{pq} - x_{ij}| \leqslant h + M |U_{ij}^n| \Delta t \right\}. \tag{1.3.48}$$

因此, 当 $|\xi|_\infty = \|\xi\|_{l^\infty}$ 和 $|z|_{1,2} = |\xi|_{h^1}$,

$$\|\eta^n\|^2 \leqslant M(\Delta t)^2 \sum_{i,j} |U_{ij}^n|^2 |\xi_{ij}^n|^2 \max \left\{ |\nabla_h \xi_{pq}^n|^2 : |x_{pq} - x_{ij}| \leqslant h + M |U_{ij}^n| \Delta t \right\} h^2$$

$$\leqslant M(\Delta t)^2 |U^n|_\infty^2 |\xi^n|_\infty^2 \left\{ 1 + M |U^n|_\infty \frac{\Delta t}{h} \right\} |\xi^n|_{1,2}^2. \tag{1.3.49}$$

由对网格函数的 Bramble 估计式

$$|U|_\infty \leqslant M |U|_{1,2} \left(\log \frac{1}{h} \right)^{1/2}, \tag{1.3.50}$$

推得

$$\|\eta^n\|^2 \leqslant M |U^n|_\infty^2 \left(1 + M |U^n|_\infty \frac{\Delta t}{h}\right) |\xi^n|_{1,2}^4 (\Delta t)^2 \log \frac{1}{h} \tag{1.3.51}$$

和

$$\langle \phi \eta^n, \xi^{n+1} \rangle \leqslant M \left\|\xi^{n+1}\right\|^2 \Delta t + M |U^n|_\infty^3 |\xi^n|_{1,2}^4 \Delta t \log \frac{1}{h} \tag{1.3.52}$$

是在下述假定下

$$\Delta t \leqslant Mh \tag{1.3.53}$$

成立. 这假定的合理的, 因为期望误差估计是 $O(h + \Delta t)$.

对第三项的估计是类似的,

$$v_{ij}^n = \xi^n \left(x_{ij} - b(s_{ij}^n) U_{ij}^n \frac{\Delta t}{\phi_{ij}}\right) - \xi^n \left(x_{ij} - b(s_{ij}^n) u_{ij}^n \frac{\Delta t}{\phi_{ij}}\right)$$

$$= \int_{x_{ij} - b(s_{ij}^n) u_{ij}^n \frac{\Delta t}{\phi_{ij}}}^{x_{ij} - b(s_{ij}^n) U_{ij}^n \frac{\Delta t}{\phi_{ij}}} \nabla \xi^n \cdot \frac{U_{ij}^n - u_{ij}^n}{|U_{ij}^n - u_{ij}^n|} d\sigma$$

$$\leqslant M |U^n - u^n|_\infty \Delta t \max \left\{|\nabla_h \xi_{pq}^n| : |x_{pq} - x_{ij}| \leqslant h + M \max \left\{|U_{ij}^n|, |u_{ij}^n|\right\} \Delta t\right.. \tag{1.3.54}$$

从式 (1.3.51) 和式 (1.3.52) 推出

$$\|v^n\|^2 \leqslant M |U^n - u^n|_\infty^2 (|U^n|_\infty + \|u^n\|_{0,\infty}) |\xi^n|_{1,2}^2 (\Delta t)^2 \tag{1.3.55}$$

和

$$\langle \phi v^n, \xi^{n+1} \rangle \leqslant \overline{M}(1 + |U^n|_\infty) |u^n - U^n|_\infty^2 |\xi^n|_{1,2}^2 \Delta t + M \left\|\xi^{n+1}\right\|^2 \Delta t, \tag{1.3.56}$$

不等式 (1.3.47)、(1.3.52) 和 (1.3.56) 应用到式 (1.3.41) 能够得到下述关系式

$$\frac{1}{2\Delta t}\{\langle \phi \xi^{n+1}, \xi^{n+1} \rangle - \langle \phi \xi^n, \xi^n \rangle\} + d_* |\xi^{n+1}|_{1,2}^2$$

$$\leqslant \overline{M} \left\{\|\xi^n\|^2 + \|\xi^{n+1}\|^2 + h^2 + (\Delta t)^2\right\}$$

$$+ \left[M |U^n|_\infty^3 |\xi^n|_{1,2}^2 \log \frac{1}{h} + \overline{M} (1 + |U|_\infty) |U^n - u^n|_\infty^2\right] |\xi^n|_{1,2}^2. \tag{1.3.57}$$

依次需要用 ξ^n 和 π^n 来分析和估计 U^n 和 $U^n - u^n$. 从 U_{ij}^n 和 u_{ij}^n 的定义容易看到

$$|U^n - u^n|_\infty \leqslant M \left(\|p\|_{1,\infty}\right) \left\{|\xi^n|_\infty + \|s\|_{2,\infty} h^2\right\} + M |\nabla_h \pi^n|_\infty$$

$$\leqslant \overline{M} \left\{|\xi^n|_{1,2} \left(\log \frac{1}{h}\right)^{1/2} + h^2\right\} + M |\nabla_h \pi^n|_\infty. \tag{1.3.58}$$

其次, 由式 (1.3.23), 能够指出下述估计

$$
\begin{aligned}
|\pi^n|_{2,2} \leqslant & M \left[|\nabla_h K^n|_\infty \|\nabla_h \pi^n\| + \|\delta^n\| + |\nabla_h p^n|_\infty \|\nabla_h(k^n - K)\| + \|p\|_{2,\infty} \|k^n - K^n\| \right] \\
\leqslant & \overline{M} \left[\left(\|s^n\|_{1,\infty} + |\xi^n|_{1,\infty} \right) \left(\|\xi^n\| + h \right) + h + |\xi^n|_{1,2} \right] \\
\leqslant & \overline{M} \left[|\xi^n|_{1,2} + \|\xi^n\| \, |\xi^n|_{1,2} \, h^{-1} + h \right],
\end{aligned} \tag{1.3.59}
$$

此处应用一个明显的不等式 $|\xi^n|_{1,\infty} \leqslant h^{-1} |\xi^n|_{1,2}$. 现应用式 (1.3.50) 于 $\nabla_h \pi^n$, 由式 (1.3.58) 和式 (1.3.59) 有

$$
|U^n - u^n|_\infty \leqslant \overline{M} \left[|\xi^n|_{1,2} \left(1 + h^{-1} \|\xi^n\| \right) + h \right] \left(\log \frac{1}{h} \right)^{1/2}. \tag{1.3.60}
$$

从此推得

$$
|U^n|_\infty \leqslant \overline{M} \left[1 + |\xi^n|_{1,2} \left(1 + h^{-1} \|\xi^n\| \right) \left(\log \frac{1}{h} \right)^{1/2} \right]. \tag{1.3.61}
$$

记

$$
\rho^n = \max_{0 \leqslant k \leqslant n} \left\{ M \left| U^k \right|_\infty^3 \left| \xi^k \right|_{1,2}^2 \log \frac{1}{h} + \overline{M} \left(1 + |U^k|_\infty \right) \left| U^k - u^k \right|_\infty^2 \right\}, \tag{1.3.62}
$$

则意味着存在 $\{M^n\}$,

$$
M^n \leqslant \overline{M} \mathrm{e}^{\overline{M} t^n} t^n \leqslant \overline{M} \mathrm{e}^{\overline{M} T} T = M^*, \quad t^n \leqslant T, \tag{1.3.63}
$$

使得

$$
\begin{aligned}
\langle \phi \xi^{n+1}, \xi^{n+1} \rangle + d_* \left| \xi^{n+1} \right|_{1,2}^2 \Delta t + (d_* - \rho^n) \sum_{k=1}^n \left| \xi^k \right|_{1,2}^2 \Delta t \\
\leqslant \rho^n \left| \xi^0 \right|_{1,2}^2 \Delta t + M^n \left\{ \|\xi^0\|^2 + h^2 + (\Delta t)^2 \right\}.
\end{aligned} \tag{1.3.64}
$$

为了完成收敛性证明, 需要推出 $\rho^n \to 0$, 当 $h \to 0$ 时. 为此需要归纳法假定. 对于式 (1.3.39) 中的 $\overline{M}$ 和某正数 β, 下面不等式成立:

$$
\left(1 + h^{-1} \|\xi^k\| \right) \left| \xi^k \right|_{1,2} \leqslant \overline{M}_0 h^\beta, \quad 0 \leqslant k \leqslant n, \tag{1.3.65}
$$

对于 $n = k = 0$, 因为 $\xi_{ij}^0 = 0$ 这不等式显然成立, 另外, 如果式 (1.3.64) 成立,

$$
\left| U^k \right|_\infty \leqslant \overline{M}_1, \quad \left| U^k - u^k \right|_\infty \leqslant \overline{M}_2 h^\beta \left(\log \frac{1}{h} \right)^{1/2}, \quad 0 \leqslant k \leqslant n \tag{1.3.66}
$$

和

$$\rho^n \leqslant \overline{M}_3 h^{2\beta} \log \frac{1}{h} < \frac{d_*}{2}. \tag{1.3.67}$$

对于 h(和 Δt) 充分小. 因此由式 (1.3.64), $\phi_* = \inf\limits_{x} \phi(x)$ 和 $\xi^0 = 0$, 有

$$\phi_* \left\| \xi^{n+1} \right\|^2 + d_* \left| \xi^{n+1} \right|_{1,2}^2 \Delta t \leqslant M^* (h^2 + (\Delta t)^2). \tag{1.3.68}$$

特别地,

$$\left\| \xi^{n+1} \right\| \leqslant \bar{M}_4 h. \tag{1.3.69}$$

如果式 (1.3.53) 限定有效, 且

$$M_1 h^r \leqslant \Delta t \leqslant M_2 h, \quad \text{对某一} r < 2, \tag{1.3.70}$$

则

$$\left| \xi^{n+1} \right|_{1,2} \leqslant \overline{M}_5 h^{1-r/2}. \tag{1.3.71}$$

因此当 $0 \leqslant k \leqslant n + 1 (1.3.65)$ 时满足, 当 h 应在同一行线上是充够小和强加的式 (1.3.70) 成立, 则归纳法假定成立和推出

$$\max_{0 \leqslant n \leqslant \frac{T}{\Delta}t} \left\| \xi^n \right\| + \left(\sum_{k=0}^{\frac{T}{\Delta t}} \left| \xi^k \right|_{1,2}^2 \Delta t \right)^{1/2} \leqslant M'h, \tag{1.3.72}$$

此处 $L^q(x) = L^q(0, T; X)$, $M' = M'\Big(\|s\|_{L^\infty(W^{3,\infty})}, \|s\|_{W^{1,\infty}(L^\infty)}, \left\| \frac{\partial^2 s}{\partial \tau^2} \right\|_{L^\infty(L^\infty)},$ $\|p\|_{W^{1,\infty}(W^{1,\infty})}, \|p\|_{L^\infty(W^{3,\infty})} \Big)$.

注意到由式 (1.3.31) 达西速度的收敛率也是 $O(h)$.

另外考虑第二种情况, D 具有下述形式:

$$D(u) = \left\{ d_{\mathrm{mol}} I + d_{\mathrm{long}} |u| E(u) + d_{\mathrm{tran}} |u| E^{\perp}(u) \right\} \phi(x), \tag{1.3.73}$$

此处 $E(u) = \left(\dfrac{u_i u_j}{|u|^2} \right)$, $u = (u_1, u_2)^{\mathrm{T}}$. 在式 (1.3.39) 中依赖于扩散的两项必须重新研究, 首先注意到

$$\langle \phi d_{\mathrm{mol}} I \nabla_h \xi^{n+1}, \nabla_h \xi^{n+1} \rangle = d_{\mathrm{mol}} \langle \phi \nabla_h \xi^{n+1}, \nabla_h \xi^{n+1} \rangle \tag{1.3.74a}$$

和

$$\langle \phi (d_{\mathrm{mol}} I - d_{\mathrm{mol}} I) \nabla_h s^{n+1}, \nabla_h \xi^{n+1} \rangle = 0. \tag{1.3.74b}$$

因此, 仅仅需要分析含速度的项. 如果将矢量 $\nabla_h \xi = (\delta_x \xi, \delta_y \xi)$ 分解为分量 α 和 β, 这里 α 是平行于矢量 u 和 β 是垂直于 u, 则

$$(d_{\text{long}} E(u)\nabla_h \xi + d_{\text{tran}} E^{\perp}(u)\nabla_h \xi, \nabla_h \xi)_{R^2} = d_{\text{long}} |\alpha|^2 + d_{\text{tran}} |\nabla_h \xi|^2. \qquad (1.3.75)$$

这隐含着对此微分方程问题的解 u_{ij}^n 是达西速度在时刻 t^n 点 x_{ij} 的值.

$$\sum_{ij} \left(\phi_{ij}(d_{\text{mol}} I + d_{\text{long}} |u_{ij}^n| E(u_{ij}^n) + d_{\text{tran}} |u_{ij}^n| E^{\perp}(u_{ij}^n))\nabla_h \xi_{ij}^{n+1}, \nabla_h \xi_{ij}^{n+1} \right)_{R^2} h^2$$

$$\geqslant \sum_{ij} \left(\phi_{ij}(d_{\text{mol}} + d_{\text{tran}} |u_{ij}^n|)\nabla_h \xi_{ij}^{n+1}, \nabla_h \xi_{ij}^{n+1} \right)_{R^2} h^2$$

$$= \langle \phi (d_{\text{mol}} + d_{\text{tran}} |u^n|) \nabla_h \xi^{n+1}, \nabla_h \xi^{n+1} \rangle, \qquad (1.3.76)$$

另外对矩阵 $|U| E(U) - |u| E(u)$ 的 (k,l) 标志满足不等式

$$\left| \frac{U_k U_l}{|U|} - \frac{u_k u_l}{|u|} \right| = \left| \frac{1}{|u|} \{ U_k(U_l - u_l) - (u_k - U_k)u_l \} + (|u| - |U|) \frac{U_k U_l}{|U| |u|} \right|$$

$$\leqslant \left(1 + \frac{2|U|}{|u|} \right) |u - U|. \qquad (1.3.77)$$

由于在上述不等式中 U 和 u 的位置可以互换, 所以能够推得

$$\left| \frac{U_k U_l}{|U|} - \frac{u_k u_l}{|u|} \right| \leqslant 3 |u - U|. \qquad (1.3.78)$$

对于项 $\langle -\widetilde{\nabla}_h D_1(u)\widetilde{\nabla}_h \xi, \xi \rangle$ 进行如下的分析和估计. 采用如下的分量记号

$$D_{i+1/2,jn}^{11} = D_1^{11}(X_{i+1/2,j}, U_{i+1/2,j}^n),$$

此处 $U_{i+1/2,j}^n = \left(V_{i+1/2,j}^n, \frac{1}{2}(W_{ij}^n + W_{i+1,j}^n) \right)$ 和 $V_{i+1/2,j} = -K_{i+1/2,j}^n (P_{i+1,j}^n - P_{ij}^n)h^{-1}$ 和 W_{ij}^n 对应于式 (1.3.8) 的计算和设 $d_{i+1/2,jn}^{11}$ 是关于 D^{11} 的系数在对应值 p^n 处被计算. 类似地, 定义其他的值 D_{ijn}^{kl} 和 d_{ijn}^{kl}, 则从式 (1.3.78) 容易得到

$$- \langle \widetilde{\nabla}_h D_1(U^n)\widetilde{\nabla}_h \xi^{n+1}, \xi^{n+1} \rangle$$

$$= \sum_{i,j} \left\{ D_{i+1/2,j,n}^{11}(\partial_x \xi_{ij}^{n+1})^2 + D_{i,j+1/2,n}^{22}(\partial_y \xi_{ij}^{n+1})^2 \right.$$

$$\left. + \frac{1}{4}(D_{ijn}^{12} + D_{ijn}^{21})(\delta_x \xi_{ij}^{n+1} + \partial_x \xi_{i-1,j}^{n+1})(\delta_y \xi_{ij}^{n+1} + \delta_y \xi_{i,j-1}^{n+1}) \right\} h^2$$

$$= \sum_{i,j} \{ d_{i+1/2,j,n}^n(\partial_x \xi_{ij}^{n+1})^2 + d_{i,j+1/2,n}^{22}(\delta_y \xi_{ij}^{n+1})^2$$

$$+ \frac{1}{4}(d_{ijn}^{12} + d_{ijn}^{21})(\partial_x \xi_{ij}^{n+1} + \delta_x \xi_{i-1,j}^{n+1})(\delta_y \xi_{ij}^{n-1} + \delta_y \xi_{i,j-1}^{n+1})h^2$$
$$+ 0\left(|u^n - U^n|_\infty \|\nabla \xi^{n+1}\|^2\right). \tag{1.3.79}$$

另外, 将 $d_{i+1/2,j,n}^{11}$ 和 $d_{i+1/2,j,n}^{22}$ 移动到 (x_{ij}, u_{ij}^n) 将包含形式为 $0\left(\|p^n\|_{2,\infty} h \|\nabla \xi^{n+1}\|^2\right)$ 的附加项. 从此, 在计算系数时有另一个关于 h 的移动项出现.

$$-\langle \tilde{\nabla}_h D_1(U^n) \tilde{\nabla}_h \xi^{n+1}, \xi^{n+1}\rangle \geqslant \frac{1}{2}\sum_{i,j}\sum_{k,l} d_{ijn}^{kl}\delta_{x_k}\xi_{ij}^{n+1}\delta_{x_l}\xi_{ij}^{n+1}h^2$$
$$+ \frac{1}{2}\sum_{i,j}\left\{ d_{ijn}^{11}(\delta_x \xi_{ij}^{n+1})^2 + d_{ijn}^{22}(\delta_y \xi_{ij}^{n+1})\right.$$
$$+ \frac{1}{2}(d_{ijn}^{12} + d_{ijn}^{21})(\delta_x\xi_{i-1,j}^{n+1}\delta_y\xi_{ij}^{n+1} + \delta_x\xi_{ij}^{n+1}\delta_y\xi_{i,j-1}^{n+1})\bigg\} h^2$$
$$+ 0\left(|u^n - U^n|_\infty + \|p^n\|_{2,\infty} h\right)\|\nabla_h \xi^{n+1}\|^2. \tag{1.3.80}$$

这右端第二项是非负的. 另一个模数项是 $O\left(\|p^n\|_{2,\infty} h \|\nabla_h \xi^{n+1}\|^2\right)$, 如果 $u = (v, w)$, $d^{11} \sim v^2$, $d^{12} = d^{21} \sim vw$ 和 $d^{22} \sim w^2$. 组合式 (1.3.76) 和式 (1.3.80), 推出

$$-\langle \nabla_h D(U^n)\nabla_h \xi^{n+1}, \xi^{n+1}\rangle$$
$$\geqslant \frac{1}{2}\langle \phi\left(d_{\text{mol}} + d_{\text{tran}}|u^n|\right)\nabla_h \xi^{n+1}, \nabla_h \xi^{n+1}\rangle$$
$$- \overline{M}\left\{|u^n - U^n|_\infty + h\right\}\|\nabla_h \xi^{n+1}\|^2, \tag{1.3.81}$$

对足够小的 h 成立. 证明当 $h \to 0$ 时 $|u^n - U^n|_\infty$ 趋于零.

应用式 (1.3.29) 和式 (1.3.78) 估计式 (1.3.39) 的右端

$$\left|\langle (D^{n+1} - d^{n+1})\nabla_h s^{n+1}, \nabla_h \xi^{n+1}\rangle\right|$$
$$\leqslant \frac{1}{4}d_{\text{mol}}\langle \phi\nabla_h \xi^{n+1}, \nabla_h \xi^{n+1}\rangle + \overline{M}\|\bar{u} - U^n\|^2$$
$$\leqslant \frac{1}{4}d_{\text{mol}}\langle \phi\nabla_h \xi^{n+1}, \nabla_h \xi^{n+1}\rangle + \overline{M}\left\{\|\xi^n\|^2 + h^2\right\}. \tag{1.3.82}$$

如果将式 (1.3.81) 和式 (1.3.82) 应用到式 (1.3.39), 留下论证式 (1.3.39) 和式 (1.3.64) 能够用 $\tilde{\rho}^n$ 替代式 (1.3.64) 中的 ρ^n,

$$\tilde{\rho}^n = \max_{0 \leqslant k \leqslant n} \overline{M}\left(|U^k - u^k|_\infty + h\right) + \rho^n. \tag{1.3.83}$$

余下的论证没有实际性的改变和最后关于饱和度 (或浓度) 的误差估计式 (1.3.72) 继续成立, 直接通过式 (1.3.28) 和式 (1.3.31) 同样得到关于压力和达西速度在 $l^2(\Omega)$ 空间 $O(h)$ 的收敛率.

1.4 特征混合元方法——可混溶情况

对不可压缩、可混溶油水二相渗流驱动问题, 本节讨论二类特征混合元格式及其收敛性分析 [11,12], 对压力方程采用混合元逼近, 对饱和度方程采用特征有限元逼近, 即所谓特征混合元方法, 近年来发展一类特征混合元——混合元方法, 对压力方程应用混合元方法近似, 饱度度方程应用特征混合元方法, 即其对流项沿特征方向进行离散, 对方程的扩散项采用零次混合元离散, 特征方法可以保证在流体锋线前沿逼近的高稳定性, 消除数值弥散现象, 并可以得到较小的时间截断误差, 扩散项用零次混合元离散, 可以同时逼近未知函数及其伴随函数, 而且可以保持单元上的质量守恒. 为了得到最优的 L^2 模误差估计, 并引入了饱和度方程有限元近似解的后处理格式.

1.4.1 特征混合元方法和分析

对不可压缩、可混溶油水二相渗流驱动问题, 对压力方程采用混合元逼近, 对饱和度方程采用特征有限元逼近, 即所谓特征混合元方法.

特征混合元格式:

$$C^0 = \tilde{C}^0, \tag{1.4.1a}$$

$$\left(\Phi\frac{C^n - \hat{C}^{n-1}}{\Delta t}, \chi\right) + (D(EU^n), \nabla\chi) + (\bar{q}^n C^n, x)$$
$$= (\bar{q}^n \bar{c}^n, \chi), \quad \chi \in M_h, n \geqslant 1, \tag{1.4.1b}$$

$$A(C_m; U_m, v) + B(v, P_m) = (\gamma(C_m), v), \quad v \in V_h, \tag{1.4.1c}$$

$$U(U_n, w) = -(q_m, w), \quad w \in W_h, m \geqslant 0, \tag{1.4.1d}$$

此处

$$\hat{C}^{n-1}(x) = C^{n-1}(\hat{x}) = C^{n-1}\left(x - \frac{EU^n(x)}{\Phi(x)}\Delta t_c\right).$$

解的计算程序是: 首先确定 C^0, 由式 (1.4.1c), 式 (1.4.1d) 得到 (U_0, P_0), 再由式 (1.4.1b) 依次求出 $C^1, C^2, \cdots, C^j$, 由于 $t^j = t_1$, 则可求出 (U_1, P_1), 依次计算下去.

在收敛性分析中应用一个类似于 $\hat{x}$ 的记号, 如果 f 是一个函数定义在 Ω 上, 取 $\check{f}(x) = f(\check{x}) = f\left(x - \frac{Eu^n(x)}{\phi(x)}\Delta t_c\right)$, 此处 $u(x)$ 是精确解的达西速度.

为了进行收敛性分析, 引入两个投影, 映射 $\{\tilde{U}, \tilde{P}\}: J \to V_h \times W_h$:

$$A(c; \tilde{U}, v) - B(v, \tilde{p}) = (\gamma(c), v), \quad v \in V_h, t \in J, \tag{1.4.2a}$$

$$B(\widetilde{U},\varphi) = -(q,\varphi), \quad \varphi \in W_h, t \in J, \tag{1.4.2b}$$

并可得到相应的误差估计 [13-15]:

$$\left\| u - \widetilde{U} \right\|_V + \left\| p - \widetilde{P} \right\|_W \leqslant M h_p^{k+1}, \tag{1.4.3a}$$

$$\left\| U - \widetilde{U} \right\|_V + \left\| P - \widetilde{P} \right\|_W \leqslant M \left\{ 1 + \left\| \widetilde{U} \right\|_{L^\infty} \right\} \| c - C \|_{L^2}, \tag{1.4.3b}$$

映射 $\tilde{C} : J \to M_h$:

$$(D\nabla(\tilde{C} - c), \nabla\chi) + (\tilde{C} - c, \chi) + (\bar{q}(\tilde{C} - c), \chi) = 0, \quad \chi \in M_h, t \in J, \tag{1.4.4}$$

其相应的误差估计 [7,8]:

$$\left\| c - \tilde{C} \right\|_{L^2} + h_c \left\| c - \tilde{C} \right\|_{H^1} \leqslant M h_c^{l+1}, \quad \left\| \frac{\partial}{\partial t}(c - \tilde{C}) \right\|_{L^2} \leqslant M h_c^{l+1}. \tag{1.4.5}$$

定理 1.4.1　假定问题 (1.2.1)、(1.2.2) 是 Ω-周期的, 且其精确解具有一定的光滑性, 对于 $l \geqslant 1$ 和 $k \geqslant 0$, 若剖分参数满足下述关系:

$$\Delta t = o(h_p), \quad h_c^{l+1} = O(h_p), \quad (\Delta t_p^0)^{2/3} = O(h_p), \quad (\Delta t_p)^2 = O(h_p), \tag{1.4.6}$$

采用特征混合元格式 (1.4.1) 进行计算, 则下述误差估计式成立:

$$\max_n \|(c-C)(t^n)\|_{L^2} \leqslant M\{h_c^{l+1} + h_p^{k+1} + \Delta t_c + (\Delta t_p^0)^{2/3} + (\Delta t_p)^2\}. \tag{1.4.7}$$

证明　设 $\eta = c - \tilde{C}, \xi = C - \tilde{C}$, 由式 (1.4.5) 只需证明

$$\sup_n \|\xi^n\|_{L^2} \leqslant M \left\{ h_c^{l+1} + h_p^{k+1} + \Delta t_c + (\Delta t_p^0)^{2/3} + O(\Delta t_p)^2 \right\}. \tag{1.4.8}$$

由式 (1.4.1b)—式 (1.4.4)$(t = t^n)$ 经计算可得到关于 ξ 的误差方程

$$\left(\Phi \frac{\xi^n - \xi^{n-1}}{\Delta t_c}, \chi \right) + (D(EU^n)\nabla\xi^n, \nabla\chi)$$

$$= \left(\left(\Phi \frac{\partial c^n}{\partial t} + Eu^n \cdot \nabla c^n \right) - \Phi \frac{c^n - \check{c}^{n-1}}{\Delta t_c} \cdot \chi \right) + ([u^n - Eu^n] \cdot \nabla c^n, \chi)$$

$$+ ([D(u^n) - D(EU^n)]\nabla\tilde{C}^n, \nabla\chi)$$

$$+ \left(\Phi \frac{\eta^n - \eta^{n-1}}{\Delta t_c}, \chi \right) - (\eta^n, \chi) - (\bar{q}^n\xi^n, \chi)$$

$$+ \left(\Phi \frac{\hat{c}^{n-1} - \check{c}^{n-1}}{\Delta t_c}, \chi \right) - \left(\Phi \frac{\hat{\eta}^{n-1} - \check{\eta}^{n-1}}{\Delta t_c}, \chi \right) + \left(\Phi \frac{\hat{\xi}^{n-1} - \check{\xi}^{n-1}}{\Delta t_c}, \chi \right)$$

$$-\left(\Phi\frac{\hat{\eta}^{n-1}-\eta^{n-1}}{\Delta t_c},\chi\right)+\left(\Phi\frac{\check{\xi}^n-\xi^{n-1}}{\Delta t_c},\chi\right), \quad \chi\in M_h, n\geqslant 1, \tag{1.4.9}$$

为了对 ξ 进行 L^2 估计, 取检验函数 $\chi=\xi^n$ 和方程 (1.4.9) 的右端分别用 $T_1,T_2,\cdots$, T_{11} 表示, 应用不等式 $a(a-b)\geqslant\frac{1}{2}(a^2-b^2)$ 可得

$$\frac{1}{2\Delta t}[(\Phi\xi^n,\xi^n)-(\Phi\xi^{n-1},\xi^{n-1})]+(D(EU^n)\nabla\xi^n,\nabla\xi^n)\leqslant T_1+T_2+\cdots+T_{11}. \tag{1.4.10}$$

依次估计 T_1—T_{11}, 再应用 Gronwall 引理可以证明式 (1.4.8) 成立.

为了估计 T_1, 记 $\sigma(x)=\left[\Phi(x)^2+|Eu^n(x)|^2\right]^{1/2}$, 因此 $\Phi\dfrac{\partial c^n}{\partial t}+Eu^n\cdot\nabla c^n=\sigma\dfrac{\partial c^n}{\partial\tau(x,t)}$, 于是可得

$$\frac{\partial c^n}{\partial\tau}-\frac{\Phi}{\sigma}\frac{c^n-\check{c}^{n-1}}{\Delta t_c}$$
$$=\frac{\Phi}{\sigma\Delta t_c}\int_{(\check{x},t^{n-1})}^{(x,t^n)}\left|\frac{\partial^2 c}{\partial\tau^2}\right|^2\left[|x-\check{x}|^2+(t-t^{n-1})^2\right]^{1/2}\frac{\partial^2 c}{\partial\tau^2}\mathrm{d}\tau. \tag{1.4.11}$$

对式 (1.4.11) 乘以 σ 并作 L^2 模估计, 可得

$$\left\|\sigma\frac{\partial c^n}{\partial\tau}-\Phi\frac{c^n-\check{c}^{n-1}}{\Delta t_c}\right\|^2$$
$$\leqslant\int_\Omega\left[\frac{\Phi}{\Delta t_c}\right]^2\left|\int_{(\check{x},t^{n-1})}^{(x,t^n)}\frac{\partial^2 c}{\partial\tau^2}\mathrm{d}\tau\right|^2\mathrm{d}x$$
$$\leqslant\Delta t\left\|\frac{\sigma^3}{\Phi}\right\|_{L^\infty}\int_\Omega\int_{(\check{x},t^{n-1})}^{(x,t^n)}\left|\frac{\partial^2 c}{\partial\tau^2}\right|^2\mathrm{d}\tau\mathrm{d}x$$
$$\leqslant\Delta t_c\left\|\frac{\sigma^4}{\Phi^2}\right\|_{L^\infty}\int_\Omega\int_{t^{n-1}}^{t^n}\left|\frac{\partial^2 c}{\partial\tau^2}(\bar{\tau}\check{x}+(1-\bar{\tau})x,t)\right|^2\mathrm{d}t\mathrm{d}x. \tag{1.4.12}$$

由此可得

$$|T_1|\leqslant M\left\|\frac{\partial^2 c}{\partial\tau^2}\right\|_{L^2(t^{n-1},t^n;L^2)}^2\Delta t+M\left\|\xi^n\right\|^2, \tag{1.4.13}$$

另外有

$$|T_2|\leqslant\|u^n-Eu^n\|\,\|\nabla c^n\|_{L^\infty}\|\xi^n\|$$
$$\leqslant M(\Delta t_p)^3\left\|\frac{\partial^2 u}{\partial t^2}\right\|_{L^2(t_{m-2},t_m;L^2)}^2+M\left\|\xi^n\right\|^2, \tag{1.4.14}$$

对于 T_3 由式 (1.4.3) 有

$$\left\|Eu^n-E\tilde{U}^n\right\|\leqslant M\left\|u_{m-1}-\tilde{U}_{m-1}\right\|$$

$$+ M \left\| u_{m-2} - \tilde{U}_{m-2} \right\| \leqslant M h_p^{k+1} \tag{1.4.15}$$

和由式 (1.4.3b) 和式 (1.4.5a)

$$\begin{aligned}
\left\| E\tilde{U}^n - EU^n \right\| &\leqslant M \left\{ \| c_{m-1} - C_{m-1} \| + \| c_{m-2} - C_{m-2} \| \right\} \\
&\leqslant M \left\{ \| \eta_{m-1} \| + \| \eta_{m-2} \| + \| \xi_{m-1} \| + \| \xi_{m-2} \| \right\} \\
&\leqslant M \left\{ h_c^{l+1} + \| \xi_{m-1} \| + \| \xi_{m-2} \| \right\}.
\end{aligned} \tag{1.4.16}$$

因此应用式 (1.4.15), 式 (1.4.16) 可得

$$\begin{aligned}
|T_3| &\leqslant M \left\{ \| u^n - Eu^n \| + \left\| Eu^n - E\tilde{U}^n \right\| + \left\| E\tilde{U}^n - EU^n \right\| \right\} \left\| \nabla \tilde{C}^n \right\|_{L^\infty} \| \nabla \xi^n \| \\
&\leqslant M (\Delta t_p)^3 \left\| \frac{\partial^2 u}{\partial t^2} \right\|^2_{L^2(t_{m-2}, t_m; L^2)} \\
&\quad + M \left\{ h_p^{2k+2} + h_c^{2l+2} + \| \xi_{m-1} \|^2 + \| \xi_{m-2} \|^2 \right\} + \varepsilon \| \nabla \xi^n \|^2.
\end{aligned} \tag{1.4.17}$$

由式 (1.4.5b), 有

$$\begin{aligned}
|T_4| &\leqslant M \left\{ \left\| \frac{\eta^n - \eta^{n-1}}{\Delta t_c} \right\|^2 + \| \xi^n \|^2 \right\} \\
&\leqslant M \left\{ (\Delta t_c)^{-1} \left\| \frac{\partial \eta}{\partial t} \right\|^2_{L^2(t^{n-1}, t^n; L^2)} + \| \xi^n \|^2 \right\} \\
&\leqslant M (\Delta t_c)^{-1} h_c^{2l+2} \| c \|^2_{H^1(t^{n-1}, t^n; H^{l+1})} + M \| \xi^n \|^2,
\end{aligned} \tag{1.4.18}$$

由式 (1.4.5a) 有

$$|T_5| \leqslant M h_c^{2l+2} + M \| \xi^n \|^2, \tag{1.4.19}$$

$$|T_6| \leqslant M \| \xi^n \|^2, \tag{1.4.20}$$

估计 T_7, T_8 和 T_9 导致估计下述一般的关系式, 若 f 定义在 Ω 上, f 对应的是 c, ξ 和 η, z 表示在方向 $EU^n - Eu^n$ 的单位矢量, 则

$$\begin{aligned}
&\int_\Omega \Phi \frac{\hat{f}^{n-1} - \check{f}^{n-1}}{\Delta t_c} \xi^n \mathrm{d}x \\
&= (\Delta t_c)^{-1} \int_\Omega \Phi \left[\int_{\check{x}}^{\hat{x}} \frac{\partial f^{n-1}}{\partial z} \mathrm{d}z \right] \xi^n \mathrm{d}x \\
&= (\Delta t_c)^{-1} \int_\Omega \Phi \left[\int_0^1 \frac{\partial f^{n-1}}{\partial z} ((1-\bar{z})\check{x} + \bar{z}\hat{x}) \mathrm{d}\bar{z} \right] |\hat{x} - \check{x}| \xi^n \mathrm{d}x
\end{aligned}$$

$$= \int_\Omega \left[\int_0^1 \frac{\partial f^{n-1}}{\partial z}((1-\bar{z})\check{x} + \bar{z}\hat{x})\mathrm{d}\bar{z} \right] |E(u-U)^n| \xi^n \mathrm{d}x, \tag{1.4.21}$$

此处 $\bar{z} \in [0,1]$ 的参数. 应用关系式 $\hat{x} - \check{x} = \Delta t_c [Eu^n(x) - EU^n(x)]/\varPhi(x)$. 设

$$g_f(x) = \int_0^1 \frac{\partial f^{n-1}}{\partial z}((1-\bar{z})\check{x} + \bar{z}\hat{x})\mathrm{d}\bar{z},$$

则可写出关于式 (1.4.21) 三个特殊的情况

$$|T_7| \leqslant \|g_c\|_{L^\infty} \ \|E(u-U)^n\| \ \|\xi^n\|, \tag{1.4.22a}$$

$$|T_8| \leqslant \|g_\eta\| \ \|E(u-U)^n\| \ \|\xi^n\|_{L^\infty}, \tag{1.4.22b}$$

$$|T_9| \leqslant \|g_\xi\| \ \|E(u-U)^n\| \ \|\xi^n\|_{L^\infty}. \tag{1.4.22c}$$

在 T_3 的估计中, 曾指出

$$\|E(u-U)^n\|^2 \leqslant M\left\{ h_p^{2k+2} + h_c^{2l+2} + \|\xi_{m-1}\|^2 + \|\xi_{m-2}\|^2 \right\}, \tag{1.4.23}$$

因为 $g_c(x)$ 是 c^{n-1} 的一阶偏导数的平均值, 它能用 $\|c^{n-1}\|_{W^1_\infty}$ 估计, 由式 (1.4.22a) 推得

$$|T_7| \leqslant M\left\{ \|E(u-U)^n\|^2 + \|\xi^n\|^2 \right\}. \tag{1.4.24}$$

为了估计 $\|g_\eta\|$ 和 $\|g_\xi\|$ 需要归纳法假定

$$\|U_{m-i}\|_{L^\infty} \leqslant [h_p / \Delta t_c]^{1/2}, \quad i = 1, 2. \tag{1.4.25}$$

现在考虑

$$\|g_f\|^2 \leqslant \int_0^1 \int_\Omega \left[\frac{\partial f^{n-1}}{\partial z}((1-\bar{z})\check{x} + \bar{z}\hat{x}) \right]^2 \mathrm{d}x\mathrm{d}\bar{z}. \tag{1.4.26}$$

定义变换

$$G_{\bar{z}}(x) = (1-\bar{z})\check{x} + \bar{z}\hat{x} = x - \left[\frac{Eu^n(x)}{\varPhi(x)} + \bar{z}\frac{E(U-u)^n(x)}{\varPhi(x)} \right] \Delta t_c. \tag{1.4.27}$$

设 $\Im$ 是压力网格的单元, 式 (1.4.26) 变为

$$\|g_f\|^2 \leqslant \int_0^1 \sum_\Im \left| \frac{\partial f^{n-1}}{\partial z}(G_{\bar{z}}(x)) \right|^2 \mathrm{d}x\mathrm{d}\bar{z}, \tag{1.4.28}$$

因为 $\Delta t_c = o(h_p)$, 所以

$$\det DG_{\bar{z}} = 1 + o(1). \tag{1.4.29}$$

对式 (1.4.28) 进行变量替换可得

$$\|g_f\|^2 \leqslant M \|\nabla f^{n-1}\|^2, \tag{1.4.30}$$

于是可得下述估计

$$
\begin{aligned}
|T_8| &\leqslant M \|\nabla \eta^{n-1}\| \ \|E(u-U)\| \ |\log h_c|^{1/2} \|\xi^n\|_1 \\
&\leqslant M h_c^{2l} \ |\log h_c| \|E(u-U)^n\|^2 + \varepsilon \|\xi^n\|_1^2 \\
&\leqslant M \|E(u-U)^n\|^2 + \varepsilon \|\xi^n\|^2, \tag{1.4.31}
\end{aligned}
$$

$$|T_9| \leqslant M \|E(u-U)^n\| \ \ |\log h_c|^{1/2} \|\xi^n\|_1^2 \leqslant \varepsilon \|\xi^n\|_1^2, \tag{1.4.32}$$

组合式 (1.4.23)、式 (1.4.24)、式 (1.4.31) 和式 (1.4.32) 可得

$$
\begin{aligned}
&|T_7| + |T_8| + |T_9| \\
&\leqslant M \left\{ h_p^{2k+2} + h_c^{2l+2} + \|\xi_{m-1}\|^2 + \|\xi_{m-2}\|^2 + \|\xi^n\|^2 \right\} + \varepsilon \|\xi^n\|_1^2, \tag{1.4.33}
\end{aligned}
$$

对于 T_{10}, T_{11} 应用负模估计可得

$$|T_{10}| \leqslant M h_c^{2l+2} + \varepsilon \|\xi^n\|_1^2, \tag{1.4.34}$$

$$|T_{11}| \leqslant M \|\xi^{n-1}\|^2 + \varepsilon \|\xi^n\|_1^2, \tag{1.4.35}$$

对式 (1.4.10) 应用估计式 (1.4.13)—(1.4.35) 可得

$$
\begin{aligned}
&\frac{1}{2\Delta t_c} [(\Phi \xi^n, \xi^n) - (\Phi \xi^{n-1}, \xi^{n-1})] + (D(EU^n)\nabla \xi^n, \nabla \xi^n) \\
&\leqslant M \left\{ \|c\|_{H^1(t^{n-1}, t^n; H^{l+1})}^2 h_c^{2l+2} (\Delta t_c)^{-1} \right. \\
&\quad + \left\| \frac{\partial^2 c}{\partial \tau^2} \right\|_{L^2(t^{n-1}, t^n; L^2)} \Delta t_c + \left\| \frac{\partial^2 u}{\partial t^2} \right\|_{L^2(t_{m-1}, t_m, L^2)}^2 (\Delta t_p)^3 \\
&\quad \left. + h_c^{2l+1} + h_p^{2k+1} + \|\xi^n\|^2 + \|\xi^{n-1}\|^2 + \|\xi_{m-1}\|^2 + \|\xi_{m-2}\|^2 \right\} \\
&\quad + \varepsilon \|\nabla \xi^n\|^2. \tag{1.4.36}
\end{aligned}
$$

对式 (1.4.36) 消去右端后一项, 并对 n 求和, 注意到 $\xi^0 = 0$, 可得

$$\max_n \|\xi^n\|^2 + \sum_n \|\nabla \xi^n\|^2 \Delta t_c \leqslant M \left\{ h_c^{2l+2} + h_p^{2k+2} + (\Delta t_c)^2 + (\Delta t_p^0)^3 + (\Delta t_p)^4 \right\}.$$

最后不难检验归纳法假定 (1.4.25) 是成立的, 定理证毕.

1.4.2 特征混合元–混合元方法和分析

1.4.2.1 饱和度方程的特征–混合元方法

假定方程 (1.2.2) 中的 u 已知, 定义

$$H = \{\chi \in H(\text{div}; \Omega) \,|\, \chi \cdot v \equiv 0 \text{在} \partial\Omega\},$$

$$M = \{u \in L^2(\Omega) \,|\, v \text{ 是分片常数}\} : M \text{在} L^2(\Omega) \text{中是紧的}.$$

令 $\psi(x,t) = [\phi^2(x) + |u(x,t)|^2]^{1/2}$ 和 τ 是一阶双曲算子 $\phi \partial c/\partial t + u \cdot \nabla c$ 的特征方向, 此处 $\psi \dfrac{\partial c}{\partial \tau} = \phi \dfrac{\partial c}{\partial t} + u \cdot \nabla c$. 取 $z = D(u)\nabla c$, 则式 (1.2.2) 的弱形式可价于: 求 $(c,z): J \to L^2(\Omega) \times H$ 满足

$$\left(\psi \frac{\partial c}{\partial \tau}, \varphi\right) - (\nabla \cdot z \cdot \varphi) = ((\hat{c} - c)q, \varphi), \quad \forall \varphi \in L^2(\Omega) \tag{1.4.37a}$$

$$(\alpha(u)z, \chi) + (c, \nabla \chi) = 0, \quad \forall \chi \in H, \tag{1.4.37b}$$

$$c(x,o) = c_o(x), \quad z(x,o) = D(u(x,o))\nabla c(x,o), \quad \forall \chi \in \Omega, \tag{1.4.37c}$$

此处 $\alpha(u) = D^{-1}(u)$.

对时间域 J 进行剖分: $0 = t^0 < t^1 < \cdots < t^N = T$. 时间步长 $\Delta t_c^n = t^n - t^{n-1}$. 对式 (1.4.37a) 中的 $(\partial c^n/\partial \tau)(x) = (\partial c/\partial \tau)(x, t^n)$ 采用沿 τ 方向的向后时间差分逼近

$$\frac{\partial c^n}{\partial \tau}(x) = \frac{C^n(X) - C^{n-1}\left(x - \dfrac{u(x,t^n)}{\phi(x)}\Delta t_c\right)}{\Delta t(1 + |u(x,t^n)|^2/\phi(x)^2)^{1/2}}. \tag{1.4.38}$$

记 $\check{x} = x - (u(x,t)/\phi(x))\Delta t, \check{f}(x) = f(\check{x})$, 那么有 $\psi \dfrac{\partial c^n}{\partial \tau} \approx \phi \dfrac{c^n - \check{c}^{n-1}}{\Delta t}$.

取 $h_c > 0$, T_{h_c} 为 Ω 的拟正则剖分, 满足步长小于等于 h_c. 取 $M_{h_c} \times H_{h_c} \subset M \times H$ 为相应的零次 Raviart-Thomlas-Nedelec 混合元空间, 即 M_{h_c} 在剖分 T_{h_c} 每个单元上是常数, H_{h_c} 是向量函数空间, 向量的每个分量在单元上线性的, 向量的法向分量在穿越单元内部边界是连续的.

应用式 (1.4.38) 从弱形式 (1.4.37) 给出求 $\{C^n, Z^n\} \in M_{h_c} \times H_{h_c}$ 的特征——混合元离散:

$$\left(\phi \frac{C^n - \hat{C}^{n-1}}{\Delta t_c}, \varphi\right) - (\nabla \cdot Z^n, \varphi) + (q^n C^n, \varphi) = (\bar{c}^n q^n, \varphi), \quad \forall \varphi \in M_h, \tag{1.4.39a}$$

$$(\alpha(u^n)Z^n, \chi) + (C^n, \nabla \cdot \chi) = 0, \quad \forall \chi \in H_{h_c}, \tag{1.4.39b}$$

$$C^0 = \tilde{C}^0, \quad Z^0 = \tilde{Z}^0, \quad x \in \Omega, \tag{1.4.39c}$$

此处 $\tilde{C}$ 和 $\tilde{Z}$ 是精确解 c 和 z 在 $M_{h_c} \times H_{h_c}$ 的投影.

1.4.2.2　压力方程混合元方法

基本上和式 (1.4.1) 一样. 记 $W = L^2(\Omega)/\{w \equiv 常数在\Omega\}$.

压力方程 (1.2.1) 等价于下面的鞍点问题: 求映射 $(u, p) \to H \times W$ 满足:

$$A(c; u, v) + B(v, p) = (\gamma(c)\nabla d, v), \quad \forall v \in H(\text{div}; \Omega), \tag{1.4.40a}$$

$$B(u, w) = -(q, w), \quad \forall w \in L^2(\Omega). \tag{1.4.40b}$$

此处双线性形式

$$A(\theta; \alpha, \beta) = \left(\frac{u(\theta)}{k}\alpha, \beta\right), \tag{1.4.41a}$$

$$B(\alpha, \pi) = -(\nabla \cdot \alpha, \pi), \tag{1.4.41b}$$

其中 $\theta \in L^\infty(\Omega), \alpha, \beta \in H$ 和 $\pi \in L^2(\Omega)$.

取 $h_p > 0$, 设压力方程在 Ω 上的拟正则剖分为 T_{h_p}. 剖分步长小于等于 h_p, 设 $V_{h_p} \times W_{h_p} \subset H \times W$ 是 T_{h_p} 上零次 Raviart-Thomas 混合元空间.

压力和速度的混合元格式为: 在 $t \in J$ 时间的饱和度近似值已知情况下, 求 $(U, P) \in V_{h_p} \times W_{h_p}$ 满足:

$$A(C; U, v) + B(v, P) = (\gamma(C)\nabla d, v), \quad \forall v \in V_{h_p}, \tag{1.4.42a}$$

$$B(U, w) = -(q, w), \quad \forall w \in W_{h_p}, \tag{1.4.42b}$$

显然格式 (1.4.42) 的解 (U, P) 存在且唯一.

1.4.2.3　特征混合元–混合元格式

给出格式 (1.4.39) 和 (1.4.42) 的求解程序. 将压力方程的时间域 J 分成 $0 = t_0 < t_1 < \cdots < t_M = T$. 压力的时间步长为 $\Delta t_p^m = t_m - t_{m-1}, m = 0, 1, \cdots, M$. 假定每个压力时间层也是一个饱和度时间层, 函数量的下标表示压力时间层, 上标表示饱和度时间层.

假定压力和饱和度的时间层满足 $t_{m-1} < t^n \leqslant t_m$, 用 t_{m-1} 及前层的速度近似值 U, 可以对式 (1.4.39) 中的速度 u^n 作近似逼近. 如果 $m \geqslant 2$, 那么此近似逼近可取为 U_{m-1} 与 U_{m-2} 的外推

$$EU^n = \left(1 + \frac{t^n - t_{m-1}}{t_{m-1} - t_{m-2}}\right) U_{m-1} - \frac{t^n - t_{m-1}}{t_{m-1} - t_{m-2}} U_{m-2}; \tag{1.4.43a}$$

如果 $m = 1$, 令

$$EU^0 = U_0. \tag{1.4.43b}$$

将上面的式 (1.4.39)、式 (1.4.42) 和式 (1.4.43) 结合起来, 就得到问题 (1.2.1) 和 (1.2.2) 的特征混合元–混合元格式: 求 $(C, Z) : \{t^0, t^1, \cdots, t^N\} \rightarrow M_{h_c} \times H_{h_c}$ 及 $(U, P) : \{t_0, t_1, \cdots, t_M\} \rightarrow V_{h_p} \times W_{h_p}$ 满足

$$\left(\phi \frac{C^n - \hat{C}^{n-1}}{\Delta t_c}, \varphi\right) - (\nabla \cdot Z^n, \varphi) + (\bar{q}^n C^n, \varphi) = (\bar{c}^n \bar{q}^n, \varphi),$$

$$\forall \varphi \in M_{h_c}, n \geqslant 1, \tag{1.4.44a}$$

$$(\alpha(EU^n)Z^n, \chi) + (C^n, \nabla \cdot \chi) = 0, \quad \forall \chi \in H_{h_c}, n \geqslant 1, \tag{1.4.44b}$$

$$C^o = \tilde{C}^o, \quad Z^o = \tilde{Z}^o, \quad x \in \Omega, \tag{1.4.44c}$$

$$A(C_m; U_m, v) + B(v, P_m) = (\gamma(C_m)\nabla d, v), \quad \forall v \in V_{h_p}, m \geqslant 0, \tag{1.4.44d}$$

$$B(U_m, w) = -(q_m, w), \quad \forall w \in W_{h_p}, m \geqslant 0, \tag{1.4.44e}$$

其中

$$\hat{C}^{n-1}(X) = C^{n-1}(\hat{X}) = C^{n-1}\left(X - \frac{EU^n(X)}{\phi(X)}\Delta t_c\right),$$

格式 (1.4.44a)—(1.4.44e) 的求解顺序为: 已知 (C^0, Z^0) 然后由式 (1.4.44d) 和式 (1.4.44e) 解出 (U_0, P_0), 再由式 (1.4.44a) 和式 (1.4.44b) 解 $\{C^j, Z^j\}_{j=1}^{n_1}$ 直到 $t^{n_1} = t_1$, 再由式 (1.4.44d) 和式 (1.4.44e) 解出 (U_1, P_1), 依此类推下去.

为了得到最优阶 L^2 模误差估计, 引入一个有限元后处理空间 $\widetilde{M}_{h_c}$, 它是剖分网格 T_{h_c} 上的不连续分片线性函数空间, 记饱和度有限元解 C^n 的后处理解为 $C_p^n \in \widetilde{M}_{h_c}$, 它在每个单元上满足

$$(\phi(C_p^n - C^n), 1)_{T_{h_c}} = 0, \tag{1.4.45a}$$

$$(D(EU^n)\nabla C_p^n - Z_p^n, \nabla \cdot w)_{T_c} = 0, \quad \forall w \in \widetilde{M}_{h_c}. \tag{1.4.45b}$$

组合式 (1.4.44) 和式 (1.4.45), 就得问题 (1.2.1)、(1.2.2) 的后处理的特征混合元–混合式: 求 $(C_p, Z) : \{t^0, t^1, \cdots, t^N\} \rightarrow \widetilde{M}_{h_c} \times H_{h_c}$ 及 $(U, P) : \{t_0, t_1, \cdots, t_M\} \rightarrow V_{h_p} \times W_{h_p}$ 满足

$$\left(\phi \frac{C^n - \hat{C}_p^{n-1}}{\Delta t_c}, \varphi\right) - (\nabla \cdot Z^n, \varphi) + (\tilde{q}^n C^n, \varphi) = (\bar{c}^n \bar{q}^n, \varphi), \quad \forall \varphi \in M_{h_c}, n \geqslant 1,$$

$$\tag{1.4.46a}$$

$$(\alpha(EU^n)Z^n, \chi) + (C^n, \nabla \cdot \chi) = 0, \quad \forall \chi \in H_{h_c}, n \geqslant 1, \tag{1.4.46b}$$

$$C^0 = \tilde{C}^0, \quad Z^0 = \tilde{Z}^0, \quad x \in \Omega, \tag{1.4.46c}$$

$$A(C_m; U_m, v) + B(v, P_m) = (\gamma(C_m)\nabla d, v), \quad \forall v \in V_{h_p}, m \geqslant 0, \tag{1.4.46d}$$

$$B(U_m, w) = -(q_m, w), \quad \forall w \in W_{h_p}, m \geqslant 0. \tag{1.4.46e}$$

格式的计算程序:

(1) $[C^0, Z^0]$ 已知 $\rightarrow$ 由方程 (1.4.46d) 和方程 (1.4.46e) 解得 (U_0, P_0);

(2) 应用后处理方程 (1.4.45) 得 C_p^0 $\rightarrow$ 由式 (1.4.46a) 和式 (1.3.46b) 解得 $[C^1, Z^1]$ $\rightarrow$ 则由式 (1.4.45) 得 C_p^1 $\rightarrow$ 由式 (1.4.46a) 和式 (1.3.46b) 解得 $[C^2, Z^2]$;

(3) 类似地, $[C^{j-1}, Z^{j-1}]_{j=1}^{n_1}$ 已知 $\rightarrow$ $[C_p^{j-1}]_{j=1}^{n_1}$ $\rightarrow$ $[C^j, Z^j]_{j=1}^{n_1}$, 这里 $t^{n_1} = t_1$;

(4) 由式 (1.4.46d) 和式 (1.4.46e) 得 (U_1, P_1);

(5) 下一时间步类似的返回近似计算压力、速度和饱和度.

1.4.2.4　质量守恒原则和收敛性分析

如果问题 (1.2.1)、(1.2.2) 没有源汇项, 也就是 $q \equiv 0$ 和边界条件无流动, 则饱和度满足整体质量守恒: $\int_\Omega \phi \dfrac{\partial c}{\partial t} \mathrm{d}x = 0$. 现在指出格式 (1.4.46) 同样具有上述性质.

定理 1.4.2(质量守恒定理)　　如果 $q = 0, x \subset \Omega; u \cdot v = D(u)\nabla c \cdot v = 0, \ x \in \partial \Omega$, 则格式 (1.4.46a)—(1.4.46e) 满足离散质量守恒

$$\int_\Omega \phi \frac{C^n - \hat{C}^{n-1}}{\Delta t} \mathrm{d}x = 0, \quad n > 1. \tag{1.4.47}$$

证明见文献[12].

现在回到对饱和度逼近 (1.4.46a) 的在 $L^2(\Omega)$ 模的最优阶误差估计, 以及对速度在 $H(\mathrm{div}; \Omega)$ 和压力在 $L^2(\Omega)$ 模的最优阶误差估计, 可以建立下述定理.

定理 1.4.3(收敛性定理)　　假定问题 (1.2.1)、(1.2.2) 具有一定的正则性条件, 并假定离散参数满足下述关系:

$$\Delta t_c = O(h_p), \quad h_c \sim h_p, \quad (\Delta t_p^1)^{3/2} = O(h_p), \quad (\Delta t_p)^2 = O(h_p). \tag{1.4.48}$$

如果初始离散误差满足:

$$\left\| C_p^0 - c^0 \right\|_0 \leqslant M h_c^2, \tag{1.4.49}$$

则当 h_p 和 Δt 适当小, 则下述误差估计式成立

$$\max_{1 \leqslant n \leqslant N} \left\| C_p^n - c^n \right\| \leqslant M \left\{ h_c + h_p + \Delta t_c + (\Delta t_p^1)^{3/2} + (\Delta t_p)^2 \right\},$$

$$\max_{1 \leqslant n \leqslant N} \left\{ \left\| C^n - c^n \right\| + \left\| Z^n - z^n \right\| \right\} \leqslant M \left\{ h_c + h_p + \Delta t_c + (\Delta t_p^1)^{3/2} + (\Delta t_p)^2 \right\},$$

$$\left\{ \sum_{n=1}^N \left\| Z^n - z^n \right\|^2 \Delta t_c \right\}^{1/2} \leqslant M \left\{ h_c + h_p + \Delta t_c + (\Delta t_p^1)^{3/2} + (\Delta t_p)^2 \right\},$$

此处 M 是正常数, 依赖于 $\|\partial^2 c / \partial \tau^2\|, \|\partial u / \partial t\|, \|\partial^2 u / \partial t^2\|$ 及其他导函数. 详细的证明可见参阅文献 [11] 和 [12].

1.5 特征混合元方法——不混溶情况

1.5.1 数学模型

设 Ω 是在 $\mathbf{R}^2$ 平面的有界区域, 方程组描述在不考虑重力环境下二相不可压缩. 不混溶驱动问题[16,17]:

$$\partial(\phi s_o)/\partial t - \nabla \cdot (k k_{ro}(s)\mu_o^{-1}\nabla p_o) = q_o, \quad x \in \Omega, t \in J, \tag{1.5.1}$$

$$\partial(\phi s_w)/\partial t - \nabla \cdot (k k_{rw}(s)\mu_w^{-1}\nabla p_w) = q_w, \quad x \in \Omega, t \in J, \tag{1.5.2}$$

此处下标 o 和 w 对应的指油和水. s_j 是饱和度, p_j 是压力, k_{rj} 是相对渗透率, μ_j 是黏度和 q_j 是外部体积流动速率, 每一个对应于 j-相和 J 是时间区间 $[0, T]$; 函数 $\phi(x)$ 和 $k(x)$ 是孔隙度和绝对渗透率, 假设水和油是充满介质的孔隙空间, 因此, 通常能消去一个饱和度, 记 $s = s_o = 1 - s_w$. 这二相压力是通过毛细管压力 $p_c = p_o - p_w$ 相联系. 通常假定 $p_c = p_c(s)$ 是饱和度函数. 设 $\lambda(s) = k_{r0}\mu_0^{-1} + k_{rw}\mu_w^{-1}$ 表示二相流体的整体迁移率和用 $\lambda_j(s) = k_{rj}/\mu_j \cdot \lambda(s), j = o, w,$ 定义为相对迁移率.

选定 Chavent 全局压力处理此问题[10]

$$p = \left\{ p_o + p_w + \int_0^{p_c} [\lambda_0(p_c^{-1}(\xi)) - \lambda_w(p_c^{-1}(\xi))]\mathrm{d}\xi \right\} \bigg/ 2. \tag{1.5.3}$$

记 $q = q_o + q_w$ 和 $u = -k(x)\lambda(s)\nabla p$, 则它推出

$$u + k(x)\lambda(s)\nabla p = 0, \quad \nabla \cdot u = q, \tag{1.5.4a}$$

$$\phi \partial s/\partial t + \lambda_0'(s)u \cdot \nabla s - \nabla \cdot (k(\lambda\lambda_0\lambda_w p_c')(s)\nabla s) = \begin{cases} -\lambda_0 q, & q \geqslant 0, \\ 0, & q < 0. \end{cases} \tag{1.5.4b}$$

假定油藏边界是不渗透的, 也就是

$$u \cdot v = 0, \quad x \in \partial\Omega, t \in J. \tag{1.5.5}$$

此处 v 是 $\partial\Omega$ 的外法线方向, 不可压缩流体的相容性要求

$$\int_\Omega q(x, t)\mathrm{d}x = 0, \quad t \in J. \tag{1.5.6}$$

边界条件式 (1.5.5) 使得对饱和度方程的边界条件:

$$\partial s/\partial v = 0, \quad x \in \partial\Omega, t \in J. \tag{1.5.7}$$

最后, 需要给出饱和度的初始值

$$s(x, 0) = s^0(x), \quad x \in \Omega. \tag{1.5.8}$$

1.5.2　特征混合元格式

记 $d(x,s) = k(x)(\lambda\lambda_0\lambda_w p_c')(s)$ 用 $[S_{0,\text{res}}, 1 - S_{cw}]$ 表示 λ_0 和 λ_w 支撑的交集, 且假定 s 严格的处在这区间端点之间. 也就是, $s \in [S_{0,\text{res}} + \delta, 1 - S_{cw} - \delta]$, 则存在一个正常数 d_0 使得

$$d_0 \leqslant d(x,s), \quad x \in \Omega. \tag{1.5.9}$$

设 $b(s) = \lambda_0'(s)$ 和 $a(x,s) = k(x)\lambda(s)$. 这相对渗透率自然的推得存在常数 a_0 使得

$$0 < a_0 < a(x,s). \tag{1.5.10}$$

将饱和度方程的右端写为较一般的形式:

$$\phi\partial s/\partial t + b(s)u \cdot \nabla s - \nabla \cdot (d(x,s)\nabla s) = g(x,t,s), \quad x \in \Omega, t \in J. \tag{1.5.11}$$

这流动实际上是沿着迁移 $\phi s_t + b(s)u \cdot \nabla s$ 的特征方向, 自然引入特征方向的导数是合适的, 记

$$\psi(x,s,u) = [\phi(x)^2 + b(s)^2 |u|^2]^{1/2}, \tag{1.5.12a}$$

$$\partial/\partial\tau = \psi^{-1}\{\phi\partial/\partial t + b(s)u \cdot \nabla\} \tag{1.5.12b}$$

和注意到方向 τ 是依赖于空间与饱和度及流体的速度, 是随空间和时间变化的, 容易将饱和度方程写为下述形式:

$$\psi\partial s/\partial\tau - \nabla \cdot (d(s)\nabla s) = g(s), \quad x \in \Omega, t \in J. \tag{1.5.13}$$

我们寻求方程 (1.5.13) 的解, 通过寻求一个映射 $s: J \to H^1(\Omega)$ 使得

$$(\psi\partial s/\partial\tau, z) + (d(s)\nabla s, \nabla z) = (g(s), z), \quad z \in H^1(\Omega), t \in J. \tag{1.5.14}$$

附带 $s(x,0) = s^0(x)$. 因为压力出现在饱和度方程中仅仅通过它的速度场 u, 所以将压力方程写为一阶方程组是合适的:

$$u + a(s)\nabla p = 0, \quad x \in \Omega, t \in J, \tag{1.5.15a}$$

$$\nabla \cdot u = q, \quad x \in \Omega, t \in J. \tag{1.5.15b}$$

方程组 (1.5.15) 是一个鞍点问题, 设 $H(\text{div}, \Omega)$ 是由矢量 $v \in L^2(\Omega)^2$ 组成的, 且 $\nabla \cdot v \in L^2(\Omega)$ 和取

$$V = \left\{ v \in H(\text{div}, \Omega); v \cdot \nu = 0 \text{ 在 } \partial\Omega \right\},$$

$$W = L^2(\Omega)/\left\{ w \equiv \text{constant 在}\Omega \right\};$$

关于 $L^2(\Omega)$ 空间限定在压力方面由纽曼边界条件可以差一个任意常数, 定义双线性形式:

$$A(\theta; u, v) = \sum_{1=1}^{2} (a(\theta)^{-1} u_j, v_j), \quad B(u, w) = -(\nabla \cdot u, w),$$

此处 $u, v \in V, w \in W$ 和 $\theta \in L^\infty(\Omega)$, 则解压力方程是等价于寻求 $\{u, p\} \in V \times W$, $t \in J$, 使得

$$A(s : u, v) + B(v, p) = 0, \quad v \in V, \tag{1.5.16a}$$

$$B(u, w) = -(q, w), \quad w \in W. \tag{1.5.16b}$$

回到问题的数值解. 记 $h = (h_s, h_p), h_s$ 和 h_p 是正数和通常是不同的. 应用混合元方法去逼近压力和达西速度, 设 $\widetilde{V}_h \times \widetilde{W}_h \subset H(\mathrm{div}, \Omega)$ 是一个混合元空间 [14,15,18], 伴随着对区域 Ω 的拟正则三角形或四边形单元其直径用 h_p 表示, 并记

$$V_h = \left\{ v \in \widetilde{V}_h : v \cdot \nu = 0 \text{ 在 } \partial\Omega \right\}, \quad W_h = \widetilde{W}_h / \left\{ w \equiv \mathrm{constant} \text{ 在} \Omega \right\}.$$

用 $\| \cdot \|_{j,r}$ 表示 $H^{j,r}(\Omega)$ 或 $H^{j,r}(\Omega)^2$ 的模, $0 \leqslant j$ 和 $1 \leqslant r \leqslant \infty$. 对 $r = 2$ 时, 略去 Lebesgue 指数 r. 对 $v \in V$ 和 $w \in W$, 假设其逼近性:

$$\inf \{ \|v - v_h\|_0 : v_h \in V_h \} \leqslant C \|v\|_{k+1} h_p^{k+1},$$
$$\inf \{ \|\nabla \cdot (v - v_h)\|_0 : v_h \in V_h \} \leqslant C \|\nabla \cdot v\|_j h_p^j,$$
$$\inf \{ \|w - w_h\|_0 : w_h \in W_h \} \leqslant C \|w\|_j h_p^j.$$

此处 j 是等于 k 或 $k+1$, 依赖于混合元空间类型的选择. 还有设 $M_h \subset H^1(\Omega)$ 是伴随着另外对区域 Ω 的拟正则剖分和对 $z \in H^l(\Omega)$ 假设其逼近性:

$$\inf \{ \|z - z_h\|_0 + h_s \|z - z_h\|_1 : z_h \in M_h \} \leqslant C \|z\|_l h_s^l.$$

这压力和饱和度的时间步是不同的. 首个压力时间步长较以后的为小是合适的, 令 Δt_s 是饱和度时间步长, Δt_p^0 是第一压力步长, Δt_p 是以后的压力步长. 假定 $\Delta t_p / \Delta t_s = j^1$ 和 $\Delta t_p^0 / \Delta t_s = j^0$, 记 $t^n = n\Delta t_s, t_m = \Delta t_p^0 + (m-1)\Delta t_p, \beta^n = \beta(t^n)$ 和 $\beta_m = \beta(t_m)$. 设 $J^n = (t^{n-1}, t^n)$ 和 $J_m = (t_{m-1}, t_m)$. 定义外推算子如下

$$E_1 \beta^n = \begin{cases} \beta_0, & t^n \leqslant t_1, \\ (1 + \gamma/j^0)\beta_1 - \gamma\beta_0/j^0, & t_1 < t^n \leqslant t_2, \quad t^n = t_1 + \gamma\Delta t_s, \\ (1 + \gamma/j^1)\beta_m - \gamma\beta_{m-1}/j^1, & t_m < t^n \leqslant t_{m+1}, \quad t^n = t_m + \gamma\Delta t_s; \end{cases}$$

$$E_2 \beta^n = \begin{cases} \beta^0, & n = 1, \\ 2\beta^{n-1} - \beta^{n-2}, & n \geqslant 2; \end{cases}$$

$$\beta_{m+1/2} = \begin{cases} \beta_0, & m = 0, \\ (1 + \Delta t_p/2\Delta t_p^0)\beta_1 - \Delta t_p \beta_0/2\Delta t_p^0, & m = 1, \\ (3\beta_m - \beta_{m-1})/2, & m \geqslant 2. \end{cases}$$

用 $S^n \in M_h$ 表示在时间层 t^n 饱和度逼近解和用 S_m 表示在时间层 t_m 饱和度逼近解 (注意到这压力时间层 t_m 是饱和度时间层 t^n 的子集); 用 $\{U_m, P_m\} \in V_h \times W_h$ 表示在时间层 t_m 达西速度和压力的逼近解. 在空间 M_h 必须选定初始条件 s^0 的近似; 用一个椭圆投影寻求 $S^0 = \tilde{s}^0 \in M_h$ 使得

$$(d(s^0)\nabla \tilde{s}^0, \nabla z) + (\tilde{s}^0, z) = (d(s^0)\nabla s^0, \nabla z) + (s^0, z), \quad z \in M_h. \tag{1.5.17}$$

下面确定两个数值求解格式. 混合元方法在时间层 t_m 应用去逼近压力和达西速度. 假定 S_m 是已知的和寻求 $\{U_m, P_m\} \in V_h \times W_h, m \geqslant 0$, 解下述方程组:

$$A(S_m : U_m, v) + B(v, P_m) = 0, \quad v \in V_h, \tag{1.5.18a}$$

$$B(U_m, w) = -(q_m, w), \quad w \in W_h. \tag{1.5.18b}$$

修正特征方法是用向后差商去逼近向导数 $\psi \partial s/\partial \tau$ 的项:

$$(\psi \partial s/\partial \tau)^n(x) \approx \phi(x) \left\{ s^n(x) - s^{n-1}(\hat{x}^n) \right\} / \Delta t_s,$$

此处

$$\hat{x}^n \approx \tilde{x}(x, t^n) = x - \phi(x)^{-1} b(s^n(x)) u^n(x) \Delta t_s.$$

显然, s^n 和 u^n 必须用它的逼近代替, 但是它们的数值在时间层 t^n 是未知的, 以及必须用上面的外推确定. 取

$$\hat{x}^n = \hat{x}^n(x) = x - \phi(x)^{-1} b(E_2 S^n(x)) E_1 U^n(x) \Delta t_s. \tag{1.5.19}$$

如果 $\hat{x}^n(x) \in \Omega$, 取 $\hat{S}^{n-1}(x) = S^{n-1}(\hat{x}^n(x))$. 如果不是, $\hat{S}^{n-1}$ 能够通过镜面反映确定. 设 $\hat{y}^n = \hat{y}^n(x)$ 是 $\hat{x}^n(x)$ 由反映穿过 $\partial \Omega$ 和假定 $\hat{y}^n(x)$ 处在 Ω 内. 如果不是, 在特殊的油藏模拟中可能时间步太大和可缩小步长. 总是假定 $\hat{y}^n(x)$ 落在 Ω 内. 当 $\hat{x}^n(x)$ 落在 Ω 外, 取 $\hat{S}^{n-1}(x) = \hat{S}^{n-1}(\hat{y}^n(x))$.

现在引入定义在时间 t^n 两个逼近饱和度的程序, 它们不同之处在于 $(d(s)\nabla s, \nabla z)$ 项的处理.

格式 I 对于底水问题应用式 (1.5.18) 求 $\{U_m, P_m\}$, 同时应用下述方程求解 $S^n \in M_h$:

$$\left(\phi \left\{ S^n - \hat{S}^{n-1} \right\} / \Delta t_s, z \right) + (d(E_2 S^n)\nabla S^n, \nabla z) = (g(E_2 S^n), z), \quad z \in M_h, \tag{1.5.20}$$

对于 $n \geqslant 1; S^0$ 将由式 (1.5.17) 确定.

格式 II 对 $n \geqslant 1$ 用下述方程代替式 (1.5.20):

$$\left(\phi\{S^n - \hat{S}^{n-1}\}/\Delta t_s, z\right) + (d(S_{m+1/2})\nabla S^n, \nabla z)$$
$$= \left(\{d(S_{m+1/2}) - d(E_2 S^n)\}\nabla E_2 S^n, \nabla z\right) + (g(E_2 S^n), z), \quad z \in M_h. \quad (1.5.21)$$

对每一个计算格式求解次序如下: S^0; (U^0, P^0); $S^1, \cdots, S^{j^0} = S_1$; (U_1, P_1); $S^{j^0+1}, \cdots,$ $S^{j^0+j^1} = S_2$; 等等.

总体计算工作量格式 II 较格式 I 为小. 如果用直接方法解每一步产生的线性代数方程组 (注意到这代数方程组是线性的), 则因式分解对格式 II 每一压力步完成一次, 而对格式 I 每一饱和度步完成一次, 如采用共轭梯度迭代近似求解式 (1.5.19) 或式 (1.5.20), 类似的分析有同样的结论.

1.5.3 某些辅助性结果

我们分析两个格式的收敛性, 假定问题 (1.5.1)—(1.5.8) 的精确解是光滑的, 如同在渗流驱动问题有限元方法讨论的那样, 引入两个投影. 首先, 投影压力方程 (1.5.4a) 的解 $\{u, p\}$ 到空间 $V_h \times W_h$; 设 $\{U^*, P^*\}: J \to V_h \times W_h$ 是解下述方程确定

$$A(s; U^*, v) + B(v, P^*) = 0, \quad v \in V_h, \quad (1.5.22a)$$

$$B(U^*, w) = -(q, w), \quad w \in W_h. \quad (1.5.22b)$$

对上面提到的任一选择 $V_h \times W_h$, $u - U^*$ 和 $p - P^*$ 最优阶估计是熟知的, 特别地, 有

$$\|u - U^*\|_0 \leqslant C \|u\|_{k+1} h_p^{k+1}, \quad t \in J \quad (1.5.23)$$

是成立的对任一这些选择 [14,15,18,19]. 这是一个非最优 $L^\infty(\Omega)$ 估计和在拟正则剖分假定下最优阶 L^∞ 估计是存在的, 但在论证中它们是不需要的.

其次, 设 $S^*: J \to M_h$ 是由下述方程给出:

$$(d(s)\nabla(s - S^*), \nabla z) + (s - S^*, z) = 0, \quad z \in M_h; \quad (1.5.24)$$

因此

$$\|s - S^*\|_0 + h_s \|s - S^*\|_1 \leqslant C \|s\|_\ell h_s^\ell, \quad t \in J. \quad (1.5.25)$$

对 $\ell \geqslant 3$ 最优阶 L^∞ 估计存在和对 $\ell = 2$ 次非最优估计 $O\left(\|s\|_{2,\infty} h_s^2 \log(1/h_s)\right)$ 成立.

下面讨论 $U - U^*$ 和 $P - P^*$ 的估计, 注意到在时间层 t_m

$$A(S; U - U^*, v) + B(v, P - P^*) = A(s; U^*, v) - A(S; U^*, v), \quad v \in V_h, \quad (1.5.26a)$$

$$B(U - U^*, W) = 0, \quad w \in W_h, \tag{1.5.26b}$$

应用 Brezzi 稳定性理论[13] 可得

$$\|U - U^*\|_{H(\mathrm{div},\Omega)} + \|P - P^*\|_0 \leqslant C \|U^*\|_{0,\infty} \|s - S\|_0$$
$$\leqslant C \|s - S\|_0, \tag{1.5.27}$$

因为对 $U - U^*$ 的 L^∞ 估计指明 U^* 在 L^∞ 意义下是有界的.

1.5.4　格式 I 的收敛性分析

设 $\xi = S - S^*$ 和 $\eta = s - S^*$, $\hat{f}^{n-1}$ 表示 f 在点 $(\hat{x}^n(x), t^{n-1})$ 的计算值或通过它的反映计算值, 在 $(\hat{y}^n(x), t^{n-1})$ 能够计算. 在反映过程假定延拓 $H^\ell(\Omega)$ 连续到 $H^\ell(\Omega_\varepsilon)$, (Ω_ε) 是一个包含 Ω 的一个邻域 $(\Omega \subset \Omega_\varepsilon)$, 我们能够处理 $\hat{S}^{n-1}$ 如同它在 Ω 中计算, 则应用式 (1.5.11)、式 (1.5.20) 和式 (1.5.24) 给计算推导出下述误差方程:

$$(\phi\{\xi^n - \hat{\xi}^{n-1}\}/\Delta t_s, z) + (d(E_2 S^n)\nabla\xi^n, \nabla z)$$
$$= (g(E_2 S^n) - g(s^n), z)$$
$$= (\eta^n, z) - ([d(E_2 S^n) - d(s^n)]\nabla S^{*n}, \nabla z)$$
$$\quad + ([\phi\partial s^n/\partial t + b(s^n)u^n \cdot \nabla s^n] - \phi\{s^n - \hat{s}^{n-1}\}/\Delta t_s, z)$$
$$\quad + (\phi\{\eta^n - \hat{\eta}^{n-1}\}/\Delta t_s, z)$$
$$= T_1(z) + T_2(z) + T_3(z) + T_4(z) + T_5(z). \tag{1.5.28}$$

我们非常期望应用上述关系分析误差, 那样逼近迁移流动方向出现误差. 为此考虑

$$\left(\phi\{\xi^n - \xi^{n-1}\}/\Delta t_s, z\right) + (d(E_2 S^n)\nabla\xi^n, \nabla z) = T_1(z) + \cdots + T_6(z), \tag{1.5.29}$$

此处

$$T_6(z) = -\left(\phi\{\xi^{n-1} - \hat{\xi}^{n-1}\}/\Delta t_s, z\right). \tag{1.5.30}$$

现在, 选定检验函数 $z = \xi^n$ 与求和 $1 \leqslant n \leqslant j$, 记 $Q_i = Q_i^j = \sum_{n=1}^j T_i(\xi^n)\Delta t_s$, 则

$$\frac{1}{2}(\phi\xi^j, \xi^j) + \sum_{n=1}^j (d(E_2 S^n)\nabla\xi^n, \nabla\xi^n) \leqslant Q_1 + \cdots + Q_6. \tag{1.5.31}$$

将依次估计 Q_i 诸项, 从 Q_1 开始, 注意到对 $n \geqslant 2$

$$g(E_2 S^n) - g(s^n) = [g(E_2 S^n) - g(E_2 s^n)] + [g(E_2 s^n) - g(s^n)]$$
$$\leqslant M\left\{|\xi^{n-1}| + |\xi^{n-2}| + |\eta^{n-1}| + |\eta^{n-2}| + (\Delta t_s)^2\right\},$$

对 $n = 1$ 指数为 $n - 2$ 的项消失和 Δt_s 的幂次缩减为 1. 因此

$$|Q_1| \leqslant M \sum_{n=1}^{j} \|\xi^n\|_0^2 \Delta t_s + M\{h_s^{2\ell} + (\Delta t_s)^3\}, \tag{1.5.32}$$

此处假定微分方程组的解是光滑的. 显然

$$|Q_2| \leqslant M \sum_{n=1}^{j} \|\xi^n\|_0^2 \Delta t_s + M h_s^{2\ell} \tag{1.5.33}$$

对于光滑解项 ∇S^{*n} 在 L^∞ 模意义是有界的; 因此

$$|Q_3| \leqslant \varepsilon \sum_{n=1}^{j} \|\nabla \xi^n\|_0^2 \Delta t_s + C \sum_{n=1}^{j} \|\xi^n\|_0^2 \Delta t_s + C\{h_s^{2\ell} + (\Delta t_s)^3\}. \tag{1.5.34}$$

在估计 Q_4 时, 注意到

$$\begin{aligned}
\phi \partial s^n/\partial t + b(s^n)u^n \cdot \nabla s^n &= \phi \partial s^n/\partial t + b(E_2 S^n)E_1 U^n \cdot \nabla s^n \\
&\quad + \{[b(s^n) - b(E_2 s^n)] + [b(E_2 s^n) - b(E_2 S^n)]\}u^n \cdot \nabla s^n \\
&\quad + b(E_2 S^n)\{[u^n - E_1 u^n] + [E_1 u^n - E_1 U^n]\} \cdot \nabla s^n.
\end{aligned}$$

首先, 引入归纳法假定

$$\|U_m\|_{0,\infty} \leqslant M_1, \quad m = 0, 1, \cdots; \tag{1.5.35}$$

对应于 U 的界常数 M_1 能够取得足够大. 注意到不等式 (1.5.35) 对 $m = 0$ 是成立的; 它在以后将检验对 $m \geqslant 1$ 是正确的. 从微分方程组的解的光滑性推出反映算子的有界性和归纳法假定 (1.5.35), 则有

$$\begin{aligned}
&\left\|[\phi \partial s^n/\partial t + b(E_2 S^n)E_1 U^n \cdot \nabla s^n] - \phi(s^n - \hat{s}^{n-1})/\Delta t_s\right\|_0 \\
&\leqslant M \left\|\partial^2 s/\partial \tau(x, E_2 S^n, E_1 U^n)^2\right\|_{0,\infty} \Delta t_s \leqslant M \Delta t_s.
\end{aligned}$$

其次,

$$\begin{aligned}
&\|\{[b(s^n) - b(E_2 s^n)] + [b(E_2 s^n) - b(E_2 S^n)]\} u^n \cdot \nabla s^n\|_0 \\
&\leqslant M\{(\Delta t_s)^2 + \|\xi^{n-1}\|_0 + \|\xi^{n-2}\|_0 + \|\eta^{n-1}\|_0 + \|\eta^{n-2}\|_0\}.
\end{aligned}$$

还有, 对 $t^n \geqslant t_1$

$$\begin{aligned}
&\|b(E_2 S^n)\{(u^n - E_1 u^n) + (E_1 u^n - E_1 U^n)\} \cdot \nabla s^n\|_0 \\
&\leqslant M\{(\Delta t_p)^2 + \|u_{m-1} - U_{m-1}\|_0 + \|u_{m-2} - U_{m-2}\|_0\}.
\end{aligned}$$

这些估计必须修正, 对于 t^n 在第 1 压力时间步用 Δt_p^0 代替 $(\Delta t_p)^2$ 一项; 则上述估计和式 (1.5.27) 有

$$|Q_4| \leqslant M\left\{\sum_{n=1}^j \|\xi^n\|_0^2 \Delta t_s + \sum_{t_m \leqslant t^j} \|\xi_m\|_0^2 \Delta t_p\right\}$$
$$+ M\{(\Delta t_s)^2 + (\Delta t_p)^3 + (\Delta t_p)^4 + h_s^{2\ell} + h_p^{2k+2}\}. \tag{1.5.36}$$

项 Q_5 和 Q_6 需要细微地分析. 但是它的处理非常类似 Russell 在文献 [5] 中的工作. 仅仅有小的修改, 它需要将饱和度函数延拓到 $\Omega \times J$ 一个管状的邻域, 还需要假定:

$$\Delta t_s = o(h_s), \quad \Delta t_s = o(h_p) \tag{1.5.37}$$

和作一个附加归纳法假定:

$$\sup\left\{\|S_m\|_{0,\infty} : 0 \leqslant t_m < t^j\right\} \leqslant M_2/h_s, \tag{1.5.38}$$

则有

$$|Q_5| + |Q_6| \leqslant \varepsilon \sum_{n=1}^j \|\nabla \xi^n\|_0^2 \Delta t_s + M\sum_{n=1}^j \|\xi^n\|_0^2 \Delta t_s$$
$$+ M\{(\Delta t_s)^2 + h_s^{2\ell} + h_p^{2k+2}\}. \tag{1.5.39}$$

随后, 从式 (1.5.31)—式 (1.5.34), 式 (1.5.36) 和式 (1.5.39) 导致不等式

$$\frac{1}{2}(\phi\xi^j, \xi^j) + (d_0 - \varepsilon)\sum_{n=1}^j \|\nabla \xi^n\|_0^2 \Delta t_s$$
$$\leqslant M\left[\sum_{n=1}^j \|\xi^n\|_0^2 \Delta t_s + \sum_{t_m \leqslant t^j} \|\xi_m\|_0^2 \Delta t_p\right]$$
$$+ M\{(\Delta t_s)^2 + (\Delta t_p^0)^3 + (\Delta t_p)^4 + h_s^{2\ell} + h_p^{2k+2}\}. \tag{1.5.40}$$

余下需要检验归纳法假定, 类似于文献 [5] 中的处理, 推出

$$\max_j \|\xi^j\|_0 \leqslant M\{\Delta t_s + (\Delta t_p^0)^{3/2} + (\Delta t_p)^2 + h_s^\ell + h_p^{k+1}\}. \tag{1.5.41}$$

因此

$$\max_j \|s^n - S^n\|_0 + \max_j \|u^n - U^n\|_0$$
$$\leqslant M\{\Delta t_s + (\Delta t_p^0)^{3/2} + (\Delta t_p)^2 + h_s^\ell + h_p^{k+1}\}. \tag{1.5.42}$$

定理 1.5.1　若微分方程组 (1.5.4) 的系数和解足够光滑, 以及满足限制性条件 (1.5.9), 条件 (1.5.10) 和条件 (1.5.37), 则格式 I 的解误差估计式 (1.5.42) 成立.

1.5.5　格式 II 的收敛性分析

格式 II 的分析需要估计由于改变扩散项逼近产生的附加项, 这些项是以完全相同的形式在文献 [11] 被处理, 格式 II 的逼近误差估计定理 1.5.1 同样成立.

参 考 文 献

[1]　袁益让. 能源数值模拟方法的理论和应用. 北京: 科学出版社, 2013.

[2]　袁益让. 渗流力学. 有限元理论与方法 (第三分册). 北京: 科学出版社, 2009: 943–997.

[3]　袁益让. 计算石油地质等领域的一些新进展. 计算物理, 2003, 4: 283–290.

[4]　Jr Douglas J. Finite difference methods for two-phase incompressilble flow in porous media. SIAM J. Numer. Anal., 1983, 4: 681–696.

[5]　Russell T F. Time stepping along characteristics with incomplete iteration for a Galerkin approximation of miscible displacement in porous media. SIAM J. Numer. Anal., 1985, 5: 970–1013.

[6]　Ewing R E. The Mathematics of Reservoir Simulution. Philadephia: SIAM, 1983.

[7]　Ciarlet P G. The Finite Element Method for Elliplic Problem. Amsterdam: North-Holland, 1978.

[8]　Wheeler M F. A priori L_2 error estimates for Galerkin approximations to partial differential equation. SIAM J. Numer. Anal., 1973, 10: 723–759.

[9]　Russell T F. An incompletely iterated characteristic finite element method for a miscible displacement problem. Thesis of University of Chicago, 1980.

[10]　Chavent G, Jaffre J. Mathematical Models and Finite Elements for Reservior Simulation. Amsterdam: North-Holland, 1986.

[11]　Ewing R E, Ressell T F, Wheeler M F. Convergence analysis of an approximation of miscible displacement in porous media by mixed finite element and a modified method of characteristics. Comp. Meth. in App. Mech & Eng., 1984, 47: 73–92.

[12]　Tongiun S, Yirang Y. An approximation of incompressible miscible displacement in porous media by mixed finite element method and characteristic-mixed finite element method. Journal of Computational and Applied Mathematics, 2009, 228: 391–411.

[13]　Brezzi F. On the existence, uniqueness and approximation of saddle-point problems arising from Lagrangian multipliers. RAIRO., Anal. Numer., 1974, 2: 129–151.

[14]　Raviart P A, Thomas J M. A mixed finite element method for 2nd order elliptic problems. Mathematical Aspects of the Finite Element Method. Lecture Notes in Mathematics 606, Berlin: Springer-Verlag, 1977.

[15]　Thomas J M. Sur L'analyse numerique des methods d'elements finis hybrides et mixtes. These Universite Pierre et Marie Curie, 1977.

[16]　Jr Douglas J, Yuan Y. Numerical simulation of immiscible flow in porous media based

on combined the method of characteristics with mixed finite element procedure. The IMA volumes in Math and It's Application, 1986, 11: 119–131.

[17] Krishnamachari S V, Hayes L J, Russell T F. A finite element alternation-direction method combined with a modified method of characteristics for convection-diffusion problems. SIAM J. Numer. Anal., 1989, 26(6): 1462–1473.

[18] Brezzi F, Jr Douglas J, Marini L D. Two famities of mixed finite elements for second order elliptic problems. Numer. Math., 1985, 47: 217–235.

[19] Jr Douglas J, Ewing R E, Wheeler M F. A time-discretization procedure for a mixed finite element approximation of miscible displacement in porous media. RAIRO Anal. Numer., 1983, 17: 249–265.

第 2 章　可压缩二相渗流问题的数值方法基础

地下石油渗流中油、水二相渗流驱动问题是现代能源数学基础. 著名学者、油藏数值模拟创始人 Jr Douglas 等于 1983 年提出二维可压缩二相渗流问题的 "微小压缩" 数学模型、数值方法和分析, 开创了现代数值模拟这一新领域. 可压缩、可混溶二相渗流驱动问题的数学模型是一组非线性偏微分方程的初边值问题, 其中关于压力方程是一抛物型方程, 饱和度方程是一对流-扩散方程. 由于以对流为主的扩散方程具有很强的双曲特性、中心差分格式, 虽然关于空间步长具有二阶精度, 但会产生数值弥散和非物理力学特性的数值振荡, 使数值模拟失真, 对此本章重点讨论特征有限元法、特征差分方法、迎风差分方法.

本章共三节, 2.1 节可压缩、可混溶渗流问题的特征有限元方法. 2.2 节二相渗流驱动问题的特征差分方法. 2.3 节可压缩二相渗流问题的迎风差分格式.

2.1　可压缩、可混溶渗流问题的特征有限元方法

在有界区域上多孔介质中可压缩、可混溶的油、水二相驱动问题是由非线性偏微分方程组的初、边值问题所决定的. Jr Douglas 和 Roberts 曾提出其数学模型并研究了半离散化方法 [1,2]. 本节对压力方程采用有限元和混合元两种方法. 对饱和度方程采用特征-有限元方法. 此方法的截断误差较标准有限元小得多, 随之饱和度的计算更加精确, 且可用大步长计算, 从而大大减少计算工作量. 它是高精度、计算量小便于实用的油藏工程计算方法.

本节的提纲如下: 2.1.1 节数学模型. 2.1.2 节问题的变分形式和有限元逼近空间. 2.1.3 节特征-有限元方法和特征-混合元方法. 2.1.4 节特征-有限元方法的收敛性. 2.1.5 节特征-混合元格式的数值分析. 最后指出本章中记号 M, ε 分别表示一般正常数和一般小的正数在不同处有不同的含义.

2.1.1　数学模型

油藏区域 Ω 取为单位厚度, 定为在 $\mathbf{R}^2$ 上的有界区域, 为了简便, 忽略了重力项. 记 c_i 表示混合体第 i 个分量的浓度, $i=1, 2, \cdots, n$. 假定第 i 个分量密度 ρ_i 依赖于压力 p, 并且

$$\frac{\mathrm{d}\rho_i}{\rho_i} = z_i \mathrm{d}p, \tag{2.1.1}$$

此处 z_i 是第 i 个分量的压缩系数. 假定流动的达西速度

$$u = -\frac{k}{\mu}\nabla p, \tag{2.1.2}$$

此处 $k = k(x)$ 是岩石的渗透率, $\mu = \mu(c) = \mu(c_1, c_2, \cdots, c_n)$ 是流体的黏度. 扩散矩阵 2×2 由分子扩散和机械扩散组成

$$D = \phi\{d_m I + |u|(d_l E(u) + d_t E^\perp(u))\}, \tag{2.1.3}$$

此处 $E(u) = [u_k u_l/|u|^2]$ 是 2×2 矩阵, 描述沿速度矢量的垂直投影和 $E^\perp(u) = I - E(u)$ 是垂直分量. $\phi = \phi(x)$ 是岩石的孔隙度, 则混合流体第 i 个分量的质量平衡方程为

$$\phi\frac{\partial(c_i\rho_i)}{\partial t} + \nabla\cdot(c_i\rho_i u) - \nabla\cdot(\rho_i D\nabla c_i) = \hat{c}_i\rho_i q, \tag{2.1.4}$$

此处 q 是产量速率, $\hat{c}_i$ 是外部流体第 i 个分量的浓度. $\hat{c}_i$ 在注入井处 $(q > 0)$ 是特定的和 $\hat{c}_i$ 在生产井处等于 c_i.

微分 (2.1.4) 除以 ρ_i 和应用式 (2.1.1), 则得到下述方程:

$$\phi\frac{\partial c_i}{\partial t} + \phi z_i c_i\frac{\partial p}{\partial t} + \nabla\cdot(c_i u) + z_i c_i u\cdot\nabla p - \nabla\cdot(D\nabla c_i) - z_i D\nabla c_i\cdot\nabla p = \hat{c}_i q, \tag{2.1.5}$$

如果此分量是 "微小压缩", 则项 $z_i c_i u\cdot\nabla p$ 实质上是速度的二次方, 它是很小的能够略去. 还有项 $-z_i D\nabla c_i\cdot\nabla p = z_i\mu k^{-1}u\cdot D\nabla c_i$ 比从迁移项来的 $u\cdot\nabla c_i$ 小得多, 这是由于 z_i 和 D 比较小; 因此略去这些项是合理的, 可得下述方程:

$$\phi\frac{\partial c_i}{\partial t} + \phi z_i c_i\frac{\partial p}{\partial t} + \nabla\cdot(c_i u) - \nabla\cdot(D\nabla c_i) = \hat{c}_i q, \quad i = 1, 2, \cdots, n. \tag{2.1.6}$$

由方程 (2.1.6) 得到压力方程是方便的. 假定流体充满岩石孔隙. 它推出

$$\sum_{i=1}^n c_i(x, t) = \sum_{i=1}^n \hat{c}_i(x, t) = 1. \tag{2.1.7}$$

对方程 (2.1.6) 关于 i 相加, 可得

$$\phi\sum_{j=1}^n z_j c_j\cdot\frac{\partial p}{\partial t} + \nabla\cdot u = q. \tag{2.1.8}$$

它等价于

$$\phi\sum_{j=1}^n z_j c_j\frac{\partial p}{\partial t} - \nabla\cdot\left(\frac{k}{\mu}\nabla p\right) = q. \tag{2.1.9}$$

方程 (2.1.9) 和方程 (2.1.6) 中 $n-1$ 个方程能够描述可压缩可混溶驱动过程, 注意到 $\nabla \cdot (c_i u) = c_i \nabla u + u \cdot \nabla c_i = c_i q - \phi c_i \sum\limits_{j=1}^{n} z_i c_i \dfrac{\partial p}{\partial t} + u \cdot \nabla c$, 则饱和度方程可写为

$$\phi \frac{\partial c_i}{\partial t} + \phi c_i \left\{ z_i - \sum_{j=1}^{n} z_i c_j \right\} \frac{\partial p}{\partial t} + u \cdot \nabla c - \nabla \cdot (D \nabla c_i) = (\hat{c}_i - c_i) q, \quad i = 1, 2, \cdots, n. \tag{2.1.10}$$

此数学模型能够分析和应用到 n 个分量的模型, 这里仅研究两个分量的驱动问题. 令

$$c = c_1 = 1 - c_2, \quad a(c) = a(x, c) = k(x) \mu(c)^{-1},$$

$$b(c) = b(x, c) = \phi(x) c_1 \left\{ z_1 - \sum_{j=1}^{2} z_j c_j \right\}, \quad d(c) = d(x, c) = \phi(x) \sum_{j=1}^{2} z_j c_j, \tag{2.1.11}$$

则微分方程系统能写为下述形式:

$$d(c) \frac{\partial p}{\partial t} + \nabla \cdot u = d(c) \frac{\partial p}{\partial t} - \nabla \cdot (a(c) \nabla p) = q, \tag{2.1.12a}$$

$$\phi(x) \frac{\partial c}{\partial t} + b(c) \frac{\partial c}{\partial t} + u \cdot \nabla c - \nabla \cdot (D \nabla c) = (\bar{c} - c) q. \tag{2.1.12b}$$

为了在数值分析时简便, 假定 $D = \phi(x) d_m I$, 此处 d_m 是扩散系数, I 是单位矩阵.

假定没有流体越过边界:

$$u \cdot v = 0, \quad x \in \partial \Omega, \quad (D \nabla c - cu) \cdot v = 0, \quad x \in \partial \Omega, \tag{2.1.13a}$$

此处 v 是 $\partial \Omega$ 的外法向方向, $u = -a(c) \nabla p$ 是达西速度.

初始条件:

$$p(x, 0) = p_0(x), \quad x \in \Omega, \quad c(x, 0) = c_0(x), \quad x \in \Omega, \tag{2.1.13b}$$

此处 Ω 为 $\mathbf{R}^2$ 中的有界区域.

注意到如果压缩常数 z_1 和 z_2 为零, 则 $b(c) = d(c) = 0$, 则问题退化为不可压缩的情况.

2.1.2 问题的变分形式和有限元逼近空间

对于有限元方法, 设 $h = (h_c, h_p)$, 此处 h_c 和 h_p 是正数, $M_h = M_{h_c} \subset W^{1,\infty}(\Omega)$ 是标准有限元空间使得

$$\inf_{z_h \in M_h} \|z - z_h\|_{1,q} \leqslant M \|z\|_{l+1,q} h_c^l. \tag{2.1.14a}$$

对 $z \in W^{l+1,q}(\Omega)$ 和 $1 \leqslant q \leqslant \infty$, 设 $N_h = N_{h_p} \subset W^{1,\infty}(\Omega)$ 表示标准有限元对空间使得

$$\inf_{v_h \in N_h} \|v - v_h\|_{1,q} \leqslant M \|v\|_{k+1,q} h_p^k, \quad 1 \leqslant q \leqslant \infty. \tag{2.1.14b}$$

对于 $v \in W^{k+1,q}(\Omega)$, 问题 (2.1.12) 的弱形式:

$$\left(\phi \frac{\partial c}{\partial t}, z\right) + (u \cdot \nabla c, \nabla z) + (D \cdot \nabla c, z) + \left(b(c)\frac{\partial c}{\partial t}, z\right)$$
$$= ((\bar{c} - c)q, z), \quad z \in H^1(\Omega), \tag{2.1.15a}$$

$$\left(d(c)\frac{\partial p}{\partial t}, v\right) + (a(c)\nabla p, \nabla v) = (q, v), \quad v \in H^1(\Omega). \tag{2.1.15b}$$

对于混合元方法, 设 $V = \{v \in H(\mathrm{div}, \Omega) : u \cdot v = 0 \text{在} \partial\Omega\}$ 和 $W = L^2(\Omega)$, 则对问题 (2.1.12) 的鞍点弱形式由下述方程组给出

$$\left(d(c)\frac{\partial p}{\partial t}, w\right) + (\nabla \cdot u, w) = (q, w), \quad w \in W, \tag{2.1.16a}$$

$$(a(c)^{-1}u, v) - (\nabla \cdot v, p) = 0, \quad v \in V. \tag{2.1.16b}$$

设 $V_h \times W_h$ 是 Raviart-Thomas 空间 [3,4], 指数为 k, 剖分参数为 h_p, 其逼近性:

$$\inf_{v_h \subset v_h} \|v - v_h\|_0 = \inf_{v_h \subset v_h} \|v - v_h\|_{L^2(\Omega)^2} \leqslant M \|v\|_{k+1} h_p^{k+1}, \tag{2.1.17a}$$

$$\inf_{v_h \in v_h} \|\nabla \cdot (v - v_h)\|_0 \leqslant M\{\|v\|_{k+1} + \|\nabla \cdot v\|_{k+1}\} h_p^{k+1}. \tag{2.1.17b}$$

对于 $v \in V \cap H^{k+1}(\Omega)^2$ 和 $\nabla \cdot v \in H^{k+1}(\Omega)$, 有

$$\inf_{w_h \in w_h} \|w - w_h\|_0 \leqslant M \|w\|_{k+1} h_p^{k+1}, \quad w \in H^{k+1}(\Omega). \tag{2.1.17c}$$

2.1.3　特征有限元方法和特征混合元方法

格式 I (特征–有限元格式)　若已知 $t = t^{n-1}$ 时刻的近似解 $(P_h^{n-1}, C_h^{n-1}) \in N_h \times M_h$, 需要求下一时刻 $t = t^n$ 的 $(P_h^n, C_h^n) \in N_h \times M_h$:

$$\left(d\left(C_n^{n-1}\right)\frac{P_h^n - P_h^{n-1}}{\Delta t}, v\right) + (a(C_n^{n-1})\nabla P_h^n, \nabla v) = (q, v), \quad v \in N_h, \tag{2.1.18a}$$

$$u_h^{n-1} = -a\left(C_k^{n-1}\right)\nabla P_h^{n-1}, \tag{2.1.18b}$$

$$\left(\phi\frac{C_h^n - \hat{C}_h^{n-1}}{\Delta t}, z\right) + (D\nabla C_h^n, \nabla z) + \left(b(C_h^{n-1})\frac{P_h^n - P_h^{n-1}}{\Delta t}, z\right)$$
$$= ((\bar{c}_h^{n-1} - C_h^{n-1})q, z), \quad z \in M_h. \tag{2.1.18c}$$

格式 I 的计算过程是: 首先由式 (2.1.18a) 算出 P_h^n, 再由式 (2.1.18b) 算出 u_h^n, 最后由式 (2.1.69c) 计算 C_h^n. 此处 $\hat{C}_h^{n-1} = C_h^{n-1}(\hat{x}^{n-1})$, $\hat{x}^{n-1} = x - u_h^{n-1}\Delta t/\phi(x)$. 当 $\hat{x}^{n-1}$ 超过边界 $\partial\Omega$ 时, 按镜面反映方法进行延拓处理, 即当 $\hat{x}$ 在 Ω 外时, 从 $\hat{x}$ 作 $\partial\Omega$ 的法线, 交 $\partial\Omega$ 于点 ψ. 在点 ψ 作内法线, 于其取点 $\bar{x}$, 使 $|\hat{x}\psi| = |\bar{x}\psi|$. 以 $C(\bar{x})$ 作为 $C(\hat{x})$ 的值, 经处理后, c 和 C_h 等函数均有

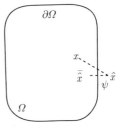

图 2.1.1　镜面延拓示意图

确定的意义. 由于 c 满足条件: $\left|\dfrac{\partial c}{\partial v}\right|_{\partial\Omega} = 0$, 故延拓是合理的 (图 2.1.1).

选取初始值 $P_n^0 = \tilde{P}(0), C_n^0 = \tilde{C}(0)$, 此处 $\tilde{P}(0)$ 和 $\tilde{C}(0)$ 可取为相应的椭圆投影或插值. 由于 $a(c), d(c)$ 和 $\phi(x)$ 均有正的上下界, 故格式 I 的解存在且唯一.

格式 II (特征–混合元格式)　当 $t = t^{n-1}$ 时刻的近似解 $\{P_h^{n-1}, u_h^{n-1}, C_h^{n-1}\} \in W_h \times V_h \times M_h$ 已知, 寻求 $t = t^n$ 时刻的近似解 $\{P_h^n, u_h^n, C_h^n\} \in W_h \times V_h \times M_h$.

$$\left(d(C_h^{n-1})\frac{P_h^n - P_h^{n-1}}{\Delta t}, w\right) + (\nabla \cdot u_h^n, w) = (q, w), \quad w \in W_h, \qquad (2.1.19a)$$

$$\left(\alpha(C_h^{n-1})u_h^n, v\right) - (\nabla \cdot v, P_h^n) = 0, \quad v \in V_h, \qquad (2.1.19b)$$

$$\left(\phi\frac{C_h^n - \hat{C}_h^{n-1}}{\Delta t}, z\right) + (D\nabla C_h^n, \nabla z) + \left(b(C_h^{n-1})\frac{P_h^n - P_h^{n-1}}{\Delta t}, z\right)$$
$$= ((\bar{c}_h^{n-1} - C_h^{n-1})q, z), \quad z \in M_h, \qquad (2.1.19c)$$

此处 $\alpha(c) = a(c)^{-1}$. 选取初值 $P_h^0 = \tilde{p}(0). C_h^0 = \tilde{C}(0)$. 对于格式 II, 从式 (2.1.19a) 和式 (2.1.19b) 求出 $\{P_h^n, U_h^n\}$, 最后从式 (2.1.19c) 得到 C_h^n. 类似地, 可知格式 II 的解是存在且唯一的.

2.1.4　特征–有限元方法的收敛性

为了进行格式 I 的误差分析, 引入两个辅助性的椭圆投影. 首先, 设 $\tilde{C} = \tilde{C}_h : J \to M_h$ 由下述关系式决定

$$(D\nabla(c - \tilde{C}), \nabla z) + (u \cdot \nabla(c - \tilde{C}), z) + \lambda(c - \tilde{C}, z) = 0, \quad z \in M_h, \qquad (2.1.20a)$$

对于 $t \in J$, 此处常数 λ 选得足够大使得双线性形式在 $H^1(\Omega)$ 是强制的. 类似地, 设 $\tilde{P} = \tilde{P}_h : J \to N_h$ 满足

$$(a(c)\nabla(p - \tilde{P}), \nabla v) + \mu(p - \tilde{P}, v) = 0, \quad v \in N_h, t \in J, \qquad (2.1.20b)$$

此处 μ 是选定的正常数. 设 $\zeta = c - \tilde{C}$, $\xi = \tilde{C} - C_h$, $\eta = p - \tilde{P}$, $\pi = \tilde{P} - P_h$, 由标准有 Galerkin 法的结果有 [5-7]

$$\|\zeta\|_0 + h_c \|\zeta\|_1 \leqslant M \|c\|_{l+1} h_c^{l+1}, \quad \|\eta\|_0 + h_p \|\eta\|_1 \leqslant M \|p\|_{k+1} h_p^{k+1}, \qquad (2.1.21a)$$

$$\left\|\frac{\partial \zeta}{\partial t}\right\|_0 + h_c \left\|\frac{\partial \zeta}{\partial t}\right\|_1 \leqslant M \left\{\|c\|_{l+1} + \left\|\frac{\partial c}{\partial t}\right\|_{l+1}\right\} h_c^{l+1},$$

$$\left\|\frac{\partial \eta}{\partial t}\right\|_0 + h_p \left\|\frac{\partial \eta}{\partial t}\right\|_1 \leqslant M \left\{\|p\|_{k+1} + \left\|\frac{\partial p}{\partial t}\right\|_{k+1}\right\} h_p^{k+1}, \qquad (2.1.21b)$$

此处 M 依赖于函数 c, p 及其导函数.

首先建立关于 π 的误差方程, 由式 (2.1.18a) 和式 (2.1.20b)$(t = t^n)$ 可得

$$(d(C_h^{n-1})d_t\pi^{n-1}, v) + (a(C_h^{n-1})\nabla\pi^n, \nabla v)$$
$$= ([a(C_h^{n-1}) - a(c^n)]\nabla\tilde{p}, \nabla v) + ([d(C_h^{n-1}) - d(c^n)]d_t\tilde{p}^{n-1}, v)$$
$$- ([d(C_h^{n-1}) - d(c^n)]d_t\tilde{p}^{n-1}, v) - (d(c^n)d_t\eta^{n-1}, v)$$
$$+ (a(c^n)\nabla\tilde{p}^n, \nabla v) + (d(c^n)d_tp^{n-1}, v) - (q, v), \qquad (2.1.22)$$

在式 (2.1.22) 中取 $v = d_t\pi^{n-1}$, 同时注意到

$$d_t(a\left(C_h^{n-2}\right)\nabla\pi^{n-1}, \nabla\pi^{n-1})$$
$$= \frac{1}{\Delta t}\{(a(C_h^{n-1})\nabla\pi^n, \nabla\pi^n) - (a(C_h^{n-2})\nabla\pi^{n-1}, \nabla\pi^{n-1})\}$$
$$= 2(a(C_h^{n-1})\nabla\pi^n, \nabla d_t\pi^{n-1}) + \frac{1}{\Delta t}([a(C_h^{n-1}) - a(C_h^{n-2})]\nabla\pi^{n-1}, \nabla\pi^{n-1})$$
$$- (a(C_h^{n-1})\nabla d_t\pi^{n-1}, \nabla d_t\pi^{n-1})\Delta t, \qquad (2.1.23)$$

由式 (2.1.22) 可得下述估计式:

$$d_*\|d_t\pi^{n-1}\|^2 + \frac{1}{2}d_t(a(c_h^{n-2})\nabla\pi^{n-1}, \nabla\pi^{n-1})$$
$$\leqslant M\left\{\|d_t\pi^{n-1}\|\left[\|d_t\tilde{p}^{n-1}\|_{0,\infty} \cdot (\|\xi^{n-1}\| + \|\zeta^{n-1}\| + \|c^n - c^{n-1}\|)\right]\right.$$
$$\left. + \|d_t\eta^{n-1}\|^2 + \left\|d_tp^{n-1} - \frac{\partial p^n}{\partial t}\right\|^2 + \|\eta^n\|^2\right\}$$
$$+ ([a(C_h^{n-1}) - a(c^n)]\nabla\tilde{p}^n, \nabla d_t\pi^{n-1})$$
$$+ \frac{1}{2\Delta t}([a(C_h^{n-1}) - a(C_h^{n-1})]\nabla\pi^{n-1}, \nabla\pi^{n-1}). \qquad (2.1.24)$$

引入归纳法假定

$$\sup_{0\leqslant n\leqslant m-1}\|\nabla\pi^n\|_{0,\infty} \leqslant M_1, \qquad (2.1.25)$$

式 (2.1.24) 可进一步写为

$$
d_* \left\| d_t \pi^{n-1} \right\|^2 + \frac{1}{2} d_t \left(a \left(C_h^{n-1} \right) \nabla \pi^{n-1}, \nabla \pi^{n-1} \right)
$$
$$
\leqslant M \left\{ \left\| \nabla \pi^{n-1} \right\|^2 + \left\| \xi^{n-1} \right\|^2 + h_c^{2l+2} + h_p^{2k+2} + (\Delta t)^2 \right\}
$$
$$
+ \varepsilon \left\| d_t \xi^{n-2} \right\|^2 + 2([a(C_h^{n-1}) - a(c^n)]\nabla \tilde{p}^n, \nabla d_t \pi^n). \tag{2.1.26}
$$

对式 (2.1.26) 乘以 Δt 从 1 至 m 求和可得

$$
d_* \sum_{n=1}^{m} \left\| d_t \pi^{n-1} \right\|^2 \Delta t + \frac{1}{2} (a(C_h^{m-1})\nabla \pi^m, \nabla \pi^m)
$$
$$
\leqslant M \left\{ \sum_{n=1}^{m-1} [\left\| \nabla \pi^{n-1} \right\|^2 + \left\| \xi^{n-1} \right\|^2]\Delta t + h_c^{2l+2} + h_p^{2k+2} + (\Delta t)^2 \right\}
$$
$$
+ \varepsilon \sum_{n=1}^{m} \left\| d_t \xi^{n-1} \right\|^2 \Delta t + 2 \sum_{n=1}^{m} ([a(C_h^{n-1}) - a(c^n)]\nabla \tilde{p}^n, \nabla d_t \pi^{n-1})\Delta t, \tag{2.1.27}
$$

对式 (2.1.27) 最后一项应用分步求和公式经估计可得

$$
\sum_{n=1}^{m} ([a(C_h^{n-1}) - a(c^n)]\nabla \tilde{p}^n, \nabla d_t \pi^{n-1})\Delta t
$$
$$
\leqslant M \left\{ \sum_{n=1}^{m} [\left\| \nabla_h \pi^{n-1} \right\|^2 + \left\| \xi^{n-1} \right\|^2]\Delta t + h_c^{2l+2} + (\Delta t)^2 \right\}
$$
$$
+ \varepsilon \left\| \nabla \pi^m \right\| + \varepsilon \sum_{n=1}^{m} \left\| d_t \xi^{n-2} \right\|^2 \Delta t, \tag{2.1.28}
$$

由式 (2.1.27)、式 (2.1.28) 最后得

$$
\sum_{n=1}^{m} \left\| d_t \pi^{n-1} \right\|^2 \Delta t + \left\| \nabla \pi^m \right\|^2
$$
$$
\leqslant M \left\{ \sum_{n-1}^{m} [\left\| \nabla \pi^{n-1} \right\|^2 + \left\| \xi^{n-1} \right\|^2]\Delta t + \left\| \xi^{m-1} \right\|^2 \right.
$$
$$
\left. + h_c^{2l+2} + h_p^{2k+2} + (\Delta t)^2 \right\} + \varepsilon \sum_{n=2}^{m} \left\| d_t \xi^{n-2} \right\|^2 \Delta t. \tag{2.1.29}
$$

现在回到饱和度方程, 由式 (2.1.18c) 和式 (2.1.20a)$(t = t^n)$ 可以推出

$$
\left(\phi \frac{\xi^n - \xi^{n-1}}{\Delta t}, z \right) + (D\nabla \xi^n, \nabla z)
$$
$$
= \left(\left[\phi \frac{\partial c^n}{\partial t} + u_h^{n-1} \cdot \nabla c^{n-1} - \phi \frac{c^n - \hat{c}^{n-1}}{\Delta t} \right], z \right)
$$

$$+ \left(\phi \frac{\hat{\xi}^{n-1} - \xi^{n-1}}{\Delta t}, z \right) - \left(\phi \frac{\zeta^{n-1} - \hat{\zeta}^{n-1}}{\Delta t}, z \right)$$

$$+ \lambda(\zeta^n, z) - ((\xi^{n-1} + \zeta^{n-1})q, z)$$

$$+ ([(\bar{c}^n - c^n) - (\bar{c}_h^{n-1} - C_h^{n-1})]q, z) + ([u_h^{n-1} - u_h^{n-1}] \cdot \nabla c^n, z)$$

$$+ \left(b\left(c_h^{n-1}\right) \frac{P_h^n - P_h^{n-1}}{\Delta t} - b(c^n)\frac{\partial p^n}{\partial t}, z \right). \tag{2.1.30}$$

在式 (2.1.30) 中选取 $z = \xi^n - \xi^{n-1} = d_t\xi^{n-1}\Delta t$, 作和数$1 \leqslant n \leqslant m$, 将右端项分别用 $T_1, T_2, \cdots, T_6$ 表示, 并对式 (2.1.30) 左端应用不等式 $a(a-b) \geqslant \frac{1}{2}(a^2 - b^2)$, 可得

$$\sum_{n=0}^m \left(\phi d_t\xi^{n-1}, d_t\xi^{n-1} \right)\Delta t + \frac{1}{2}(D\nabla\xi^m, \nabla\xi^m) - \frac{1}{2}(D\nabla\xi^0, \nabla\xi^0) \leqslant \sum_{i=1}^6 T_1. \tag{2.1.31}$$

依次估计右端诸项有

$$|T_1| \leqslant M(\Delta t)^2 \left\| \frac{\partial^2 c}{\partial \tau^2} \right\|_{L^2(J;L^2(\Omega))}^2 + \varepsilon \sum_{n-1}^m \left\| d_t\xi^{n-1} \right\|^2 \Delta t, \tag{2.1.32a}$$

$$|T_2| \leqslant \varepsilon \sum_{n=1}^m \left\| d_t\xi^{n-1} \right\|^2 \Delta t + M\left\{ h_c^{2l} + \sum_{n=1}^m \left\| \nabla\xi^{n-1} \right\|^2 \Delta t \right\}, \tag{2.1.32b}$$

$$|T_3| \leqslant \varepsilon \sum_{n=1}^m \left\| d_t\xi^{n-1} \right\|^2 \Delta t + Mh_c^{2l+2}, \tag{2.1.32c}$$

$$|T_4| \leqslant \varepsilon \sum_{n=1}^m \left\| d_t\xi^{n-1} \right\|^2 \Delta t + M\left\{ (\Delta t)^2 + h_c^{2l+2} + \sum_{n=1}^m \left\| \xi^{n-1} \right\|^2 \Delta t \right\}, \tag{2.1.32d}$$

$$|T_5| \leqslant \varepsilon \sum_{n=1}^m \left\| d_t\xi^{n-1} \right\|^2 \Delta t$$
$$+ M\left\{ (\Delta t)^2 + h_p^{2l+2} + h_p^{2k+2} + \sum_{n=1}^m \left\| \nabla\pi^n \right\|^2 \Delta t + \sum_{n=1}^m \left\| \xi^{n-1} \right\|_1^2 \Delta t \right\}, \tag{2.1.32e}$$

$$|T_6| \leqslant \varepsilon \sum_{n=1}^m \left\| d_t\xi^{n-1} \right\|^2 \Delta t$$
$$+ M\left\{ (\Delta t)^2 + h_p^{2k+2} + h_p^{2l+2} + \sum_{n=1}^m \left\| \xi^{n-1} \right\|^2 \Delta t + \sum_{m=1}^m \left\| d_t\pi^{n-1} \right\|^2 \Delta t \right\}, \tag{2.1.32f}$$

综合估计式 (2.1.31)、(2.1.32) 可得

$$
\sum_{n=1}^{m} \left(\phi d_t \xi^{n-1}, d_t \xi^{n-1} \right) + \frac{1}{2} (D \nabla \xi^m, \nabla \xi^m)
$$

$$
\leqslant \varepsilon \left\| \xi^m \right\|_1^2 + \varepsilon \sum_{n=1}^{m} \left\| d_t \xi^{n-1} \right\|^2 \Delta t
$$

$$
+ M \left\{ (\Delta t)^2 + h_c^{2l} + h_p^{2k+2} + \sum_{n=1}^{m} \left\| \nabla \pi^n \right\|^2 \Delta t \right.
$$

$$
\left. + \sum_{n=1}^{m} \left\| d_t \pi^{n-1} \right\|^2 \Delta t + \sum_{m=1}^{m} \left\| \xi^{n-1} \right\|_1^2 \Delta t \right\}, \tag{2.1.33}
$$

注意到下述不等式

$$
\left\| \xi^m \right\|^2 = \sum_{n=1}^{m} d_t \left\| \xi^{n-1} \right\|^2 \Delta t \leqslant \varepsilon \sum_{n=1}^{m} \left\| d_t \xi^{n-1} \right\|^2 \Delta t + M \sum_{n=1}^{m} \left\| \xi^n \right\|^2 \Delta t,
$$

估计式 (2.1.33) 可进一步写为

$$
\sum_{n=1}^{m} \left\| d_t \xi^{n-1} \right\|^2 \Delta t + \left\| \xi^m \right\|_1^2
$$

$$
\leqslant M \left\{ \sum_{n=1}^{m} [\left\| \xi^n \right\|_1^2 + \left\| d_t \pi^n \right\|^2 + \left\| \nabla \pi^n \right\|^2] \Delta t + (\Delta t)^2 + h_c^{2l} + h_p^{2k+2} \right\}. \tag{2.1.34}
$$

类似地, 对式 (2.1.29) 可写为

$$
\sum_{n=1}^{m} \left\| d_t \pi^{n-1} \right\|^2 \Delta t + \left\| \pi^m \right\|_1^2
$$

$$
\leqslant M \left\{ \sum_{n=1}^{m} [\left\| \pi^n \right\|_1^2 + \left\| \xi^{n-1} \right\|^2] \Delta t + + h_c^{2l} + h_p^{2k+2} \right\}
$$

$$
+ \varepsilon \sum_{n=1}^{m} \left\| d_t \xi^{n-1} \right\|^2 \Delta t . \tag{2.1.35}
$$

组合式 (2.1.34) 和式 (2.1.35), 可得

$$
\sum_{n=1}^{m} \left\{ \left\| d_t \xi^{n-1} \right\|^2 + \left\| d_t \xi^{n-1} \right\|^2 \right\} \Delta t + \left\| \pi^m \right\|_1^2 + \left\| \xi^m \right\|_1^2
$$

$$
\leqslant M \left\{ \sum_{n=1}^{m} [\left\| \pi^n \right\|_1^2 + \left\| \xi^n \right\|_1^2] \Delta t + (\Delta t)^2 + h_c^{2l} + h_p^{2k+2} \right\}. \tag{2.1.36}
$$

应用 Gronwall 引理, 有

$$\|\xi\|_{L^\infty(J:H^1(\Omega))} + \|d_t\xi\|_{L^2(J:L^2(\Omega))} + \|\pi\|_{L^\infty(J:H^1(\Omega))} + \|d_t\pi\|_{L^2(J:L^2(\Omega))}$$
$$\leqslant M\{\Delta t + h_c^l + h_p^{k+1}\} . \tag{2.1.37}$$

不难检验归纳法假定 (2.1.25) 是成立的.

定理 2.1.1　对问题 (2.1.12), (2.1.13), 若采用格式 I 来计算, 当剖分参数满足限制性条件:

$$\Delta t = o(h_p) = o(h_c), \quad h_c^l = o(h_p), \quad h_p^{k+1} = o(h_c), \tag{2.1.38}$$

则下述误差估计或成立.

$$\|c - C_h\|_{L^\infty(J:H^1(\Omega))} + \|d_t(c - C_h)\|_{L^2(J:L^2(\Omega))} + \|p - P_h\|_{L^\infty(J:L^2(\Omega))}$$
$$+ h_p\|p - P_h\|_{L^2(J:H^1(\Omega))} + \|d_t(p - P_h)\|_{L^2(J:L^2(\Omega))}$$
$$\leqslant M\{h_c^l + h_p^{k+1} + \Delta t\}, \tag{2.1.39}$$

此处常数 M 依赖于 c, $\dfrac{\partial c}{\partial t}$ 不超过 $l+1$ 阶范数和 p, $\dfrac{\partial p}{\partial t}$ 不超过 $k+1$ 阶范数.

2.1.5　特性–混合元格式的数值分析

为了进行数值分析, 需引入两个辅助性投影, 设 $\tilde{C}$ 是饱和度投影, 仍由方程 (2.1.20a) 决定. 设 $\{\tilde{u}, \tilde{p}\}$ 是达西速度和压力投影, 由下述椭圆混合元方程决定:

$$\left(d(c)\frac{\partial p}{\partial t}, w\right) + (\nabla \cdot \tilde{u}, w) = (q, w), \quad w \in W_h, \tag{2.1.40a}$$

$$(\alpha(c)\tilde{u}, v) - (\nabla \cdot v, \tilde{p}) = 0, \quad v \in V_h, \tag{2.1.40b}$$

$$(\tilde{p}, 1) = (p, 1). \tag{2.1.40c}$$

此处 $\alpha(c) = a(c)^{-1}$ 和 $\in J$. 取 $\eta = p - \tilde{p}$, $\pi = \tilde{p} - P_h$, $\rho = u - \tilde{u}$, $\sigma = \tilde{u} - u_h$, 且保留定义 $\zeta = c - \tilde{C}$ 和 $\xi = \tilde{C} - C_h$.

关于饱和度和压力的初始逼近取

$$C_h(0) = \tilde{C}(0) \quad \text{或} \quad \xi(0) = 0, \tag{2.1.41}$$

$$P_h(0) = \tilde{p}(0) \quad \text{或} \quad \pi(0) = 0. \tag{2.1.42}$$

它推出 $\sigma(0) = 0$, 注意到 $\tilde{u}(0)$ 和 $\tilde{p}(0)$ 能够被计算, 因此 $\dfrac{\partial p(0)}{\partial t}$ 从微分方程组能够算出.

由式 (2.1.40) 和式 (2.1.16) 可得投影误差满足的方程:

$$(\nabla \cdot \rho, w) = 0, \quad w \in W_h, \tag{2.1.43a}$$

$$(\alpha(c)\rho, v) - (\nabla \cdot v, \eta) = 0, \quad v \in V_h. \tag{2.1.43b}$$

由 Brezzi 理论可以得到估计 [8]

$$\|\rho\|_{H(\mathrm{div},\Omega)} + \|\eta\|_0 \leqslant M \|\rho\|_{k+3} h_p^{k+1}, \tag{2.1.44}$$

需要估计 $\dfrac{\partial \rho}{\partial t}$ 和 $\dfrac{\partial \eta}{\partial t}$, 为此关于 t 微分误差方程 (2.1.43) 可得下述关系式

$$\left(\nabla \cdot \frac{\partial \rho}{\partial t}, w\right) = 0, \quad w \in W_h, \tag{2.1.45a}$$

$$\left(\alpha(c)\frac{\partial \rho}{\partial t}, v\right) - \left(\nabla \cdot v, \frac{\partial \eta}{\partial t}\right) = -\left(\frac{\partial \alpha}{\partial c}(c)\frac{\partial c}{\partial t}\rho, v\right), \quad v \in V_h. \tag{2.1.45b}$$

设 $q \in W_h$ 和 $s \in V_h$, 和写 $\dfrac{\partial \eta}{\partial t}, \dfrac{\partial \rho}{\partial t}$ 为形式 $\dfrac{\partial \eta}{\partial t} = \left(q - \dfrac{\partial \tilde{p}}{\partial t}\right) + \left(\dfrac{\partial p}{\partial t} - q\right)$, $\dfrac{\partial \rho}{\partial t} = \left(s - \dfrac{\partial \tilde{u}}{\partial t}\right) + \left(\dfrac{\partial u}{\partial t} - s\right)$. 假定 $(q, 1) = (p, 1)$, 则

$$\left(\nabla \cdot \left(s - \frac{\partial \tilde{u}}{\partial t}\right), w\right) = \left(\nabla \cdot \left(s - \frac{\partial u}{\partial t}\right), w\right), \quad w \in W_h, \tag{2.1.46a}$$

$$\left(\alpha\left(s - \frac{\partial \tilde{u}}{\partial t}\right), v\right) - \left(\nabla \cdot v, q - \frac{\partial \tilde{p}}{\partial t}\right)$$
$$= \left(\frac{\partial \alpha}{\partial c}\frac{\partial c}{\partial t}\rho, v\right) + \left(\alpha\left(s - \frac{\partial u}{\partial t}\right), u\right) - \left(\nabla \cdot v, q - \frac{\partial p}{\partial t}\right), \quad v \in V_h. \tag{2.1.46b}$$

由 Brezzi 理论可得 [8]

$$\left\|s - \frac{\partial \tilde{u}}{\partial t}\right\|_{H(\mathrm{div},\Omega)} + \left\|q - \frac{\partial \tilde{p}}{\partial t}\right\|_0$$
$$\leqslant M\left\{\|\rho\|_0 + \left\|s - \frac{\partial u}{\partial t}\right\|_{H(\mathrm{div},\Omega)} + \left\|q - \frac{\partial p}{\partial t}\right\|_0\right\}, \tag{2.1.47}$$

因此

$$\left\|\frac{\partial \rho}{\partial t}\right\|_{H(\mathrm{div},\Omega)} + \left\|\frac{\partial \eta}{\partial t}\right\|_0 \leqslant M\left\{\|\rho\|_0 + \inf_{s \in v_h}\left\|\frac{\partial u}{\partial t} - s\right\|_{H(\mathrm{div},\Omega)} + \inf_{q \in w_h}\left\|\frac{\partial p}{\partial t} - q\right\|_0\right\}$$
$$\leqslant M\left\{\|p\|_{k+3} + \left\|\frac{\partial p}{\partial t}\right\|_{k+3}\right\} h_p^{k+1}. \tag{2.1.48}$$

再研究格式 II 的收敛性. 由式 (2.1.40a) 减去式 (2.1.19a), 取检验函数 $d_t\pi^{n-1}$, 可得下述方程

$$
\begin{aligned}
&(d(C_h^{n-1})d_t\pi^{n-1}d_t\pi^{n-1}) + (\nabla\cdot\sigma, d_t\pi^{n-1})\\
&= \left([d(C_h^{n-1}) - d(c^n)]\frac{\partial\tilde{p}}{\partial t}, d_t\pi^{n-1}\right)\\
&\quad - \left(d(C_h^{n-1})\left[\frac{\tilde{p}^n - \tilde{p}^{n-1}}{\Delta t} - \frac{\partial\tilde{p}^n}{\partial t}\right], d_t\pi^{n-1}\right)\\
&\quad - \left(d(c^n)\left[\frac{\partial p^n}{\partial t} - \frac{\partial\tilde{p}^n}{\partial t}\right], d_t\pi^{n-1}\right),
\end{aligned}
\tag{2.1.49}
$$

由式 (2.1.40b) 和式 (2.1.19b), 取检验函数 σ^n 可得

$$
\begin{aligned}
&(d_t[\alpha(C_h^{n-2})\sigma^{n-1}], \sigma^n) - (\nabla\cdot\sigma^n, d_t\pi^{n-1})\\
&= (d_t\{[\alpha(C_h^{n-2}) - \alpha(c^{n-1})]\tilde{u}^{n-1}\}, \sigma^n).
\end{aligned}
\tag{2.1.50}
$$

注意到

$$
\begin{aligned}
d_t\{(\alpha(C_h^{n-1})\sigma^{n-1}, \sigma^{n-1})\} =\ & 2\left(d_t[\alpha\left(C_h^{n-2}\right)\sigma^{n-1}], \sigma^n\right)\\
& - \frac{1}{\Delta t}\left(\alpha\left(C_h^{n-1}\right)\left(\sigma^n - \sigma^{n-1}\right), \left(\sigma^n - \sigma^{n-1}\right)\right)\\
& - \frac{2}{\Delta t}([\alpha(C_h^{n-1}) - \alpha(C_h^{n-2})]\sigma^n, \sigma^{n-1})\\
& + \frac{1}{\Delta t}([\alpha(C_h^{n-1}) - \alpha(C_h^{n-2})]\sigma^{n-1}, \sigma^{n-1}),
\end{aligned}
$$

可得

$$
\begin{aligned}
&\frac{1}{2}d_t\left\{(\alpha(C_h^{n-2})\sigma^{n-1}, \sigma^{n-1})\right\} - (\nabla\cdot\sigma^n, d_t\pi^{n-1})\\
&= (d_t\{[\alpha(C_h^{n-1}) - \alpha(c^{n-1})]\tilde{u}^{n-1}\}, \sigma^n)\\
&\quad - \frac{1}{2\Delta t}(\alpha(C_h^{n-2})(\sigma^n - \sigma^{n-1}), (\sigma^n - \sigma^{n-1}))\\
&\quad - \frac{1}{2\Delta t}([\alpha(C_h^{n-1}) - \alpha(C_h^{n-2})]\sigma^n, \sigma^{n+1})\\
&\quad + \frac{1}{2\Delta t}([\alpha(C_h^{n-1}) - \alpha(C_h^{n-2})]\sigma^{n-1}, \sigma^{n-1}),
\end{aligned}
\tag{2.1.51}
$$

将式 (2.1.49) 和式 (2.1.51) 相加可得

$$
\begin{aligned}
&(d(C_h^{n-1})d_t\pi^{n-1}, d_t\pi^{n-1}) + \frac{1}{2}d_t\{(\alpha(C_h^{n-2})\sigma^{n-1}, \sigma^{n-1})\}\\
&= \left([d(C_h^{n-1}) - d(c^n)]\frac{\partial\tilde{p}^n}{\partial t}, d_t\pi^{n-1}\right) - \left(d(c^n)\left[\frac{\partial p^n}{\partial t} - \frac{\partial\tilde{p}^n}{\partial t}\right], d_t\pi^{n-1}\right)
\end{aligned}
$$

$$+ \left(d(C_h^{n-1}) \left[\frac{\tilde{p}^n - \tilde{p}^{n-1}}{\Delta t} - \frac{\partial \tilde{p}^n}{\partial t} \right], d_t \pi^{n-1} \right)$$

$$+ (d_t \{ [\alpha(C_h^{n-1}) - \alpha(c^{n-1})] \tilde{u}^{n-1} \}, \sigma^n)$$

$$- \frac{1}{\Delta t} ([\alpha(C_h^{n-1}) - \alpha(C_h^{n-2})] \sigma^n, \sigma^{n-1})$$

$$+ \frac{1}{2\Delta t} ([\alpha(C_h^{n-1}) - \alpha(C_h^{n-2})] \sigma^{n-1}, \sigma^{n-1}), \tag{2.1.52}$$

依次估计式 (2.1.52) 的右端诸项:

$$\left| \left([d(C_h^{n-1}) - d(c^n)] \frac{\partial \tilde{p}^n}{\partial t}, d_t \pi^{n-1} \right) \right|$$
$$\leqslant \varepsilon \left\| d_t \pi^{n-1} \right\|^2 + M \left\{ \left\| \xi^{n-1} \right\|^2 + h_c^{2l+2} + (\Delta t)^2 \right\}, \tag{2.1.53a}$$

$$\left| \left(d(c^n) \frac{\partial \eta^n}{\partial t}, d_t \pi^{n-1} \right) \right| \leqslant \varepsilon \left\| d_t \pi^{n-1} \right\|^2 + M h_p^{2k+2}, \tag{2.1.53b}$$

$$\left| \left(d(C_h^{n-1}) \left[d_t \tilde{p}^{n-1} - \frac{\partial \tilde{p}^n}{\partial t} \right], d_t \pi^{n-1} \right) \right| \leqslant \varepsilon \left\| d_t \pi^{n-1} \right\|^2 + M(\Delta t)^2, \tag{2.1.53c}$$

$$|(d_t \{ [\alpha(C_h^{n-2}) - \alpha(c^{n-1})] \tilde{u}^{n-1} \}, \sigma^n)|$$
$$\leqslant \varepsilon \left\| d_t \pi^{n-1} \right\|^2 + M \{ \left\| \xi^{n-1} \right\|^2 + \left\| \sigma^n \right\|^2 + h_c^{2l+2} + (\Delta t)^2 \}, \tag{2.1.53d}$$

$$\left| \frac{1}{\Delta t} ([\alpha(C_h^{n-1}) - \alpha(C_h^{n-2})] \sigma^n, \sigma^{n-1}) \right|$$
$$\leqslant \left\| \sigma^n \right\|_{0,\infty}^2 \left\| d_t \xi^{n-2} \right\|^2 + M \{ \left\| \sigma^n \right\|^2 + \left\| \sigma^{n-1} \right\|^2 \}, \tag{2.1.53e}$$

期望

$$\sup_n \left\| \sigma^n \right\| = O(h_p^{k+1} + h_c^l + \Delta t), \tag{2.1.54}$$

假定空间和时间剖分参数满足关系:

$$\Delta t = o(h_p), \quad h_c^l = o(h_p). \tag{2.1.55}$$

需要提出归纳法假定:

$$\sup_{0 \leqslant n \leqslant m-1} \left\| \sigma^n \right\|_{0,\infty} \to 0, \quad h \to 0, \tag{2.1.56}$$

显然当归纳法假定式 (2.1.56) 成立时, 对式 (2.1.52) 有

$$\left| \frac{1}{2\Delta t} ([\alpha(c_n^{n-1}) - \alpha(C_h^{n-2})] \sigma^n, \sigma^{n-1}) \right|$$

$$\leqslant \varepsilon \left\| d_t \xi^{n-2} \right\|^2 + M \left\{ \|\sigma^n\|^2 + \|\sigma^{n-1}\|^2 \right\}, \tag{2.1.57}$$

当 h 足够小时成立.

对式 (2.1.52) 应用式 (2.1.53) 和式 (2.1.57), 可得下述估计式:

$$\left\| d_t \pi^{n-1} \right\|^2 + d_t \{ (\alpha (C_h^{n-2}) \sigma^{n-1}, \sigma^{n-1}) \}$$
$$\leqslant \delta \left\| d_t \xi^{n-2} \right\|^2 + M \left\{ \|\xi^{n-1}\|^2 + \|\xi^{n-2}\|^2 + \|\sigma^n\|^2 \right.$$
$$\left. + \|\sigma^{n-1}\|^2 + h_c^{2l+2} + h_p^{2k+2} + (\Delta t)^2 \right\}. \tag{2.1.58}$$

由式 (2.1.56), 当 h 趋于零时, 这里 δ 能取得足够小. 对式 (2.1.58) 乘以 Δt 求和 $1 \leqslant n \leqslant m$, 可得

$$\sum_{n=1}^{m} \left\| d_t \pi^{n-1} \right\|^2 \Delta t + (\alpha (C_h^{m-1}) \sigma^m, \sigma^m)$$
$$\leqslant \delta \sum_{n=1}^{m} \left\| d_t \xi^{n-1} \right\|^2 \Delta t$$
$$+ M \left\{ \sum_{n=1}^{m} \{ \|\xi^{n-1}\|^2 + \|\sigma_n\|^2 \} \Delta t + h_c^{2l+2} + h_p^{2k+2} + (\Delta t)^2 \right\}. \tag{2.1.59}$$

现在回到饱和度方程, 如同式 (2.1.30), 仍取检验函数 $z = \xi^n - \xi^{n-1} = d_t \xi^{n-1} \Delta t$, 作和数 $1 \leqslant n \leqslant m$, 可得

$$\sum_{n-1}^{m} (\phi d_t \xi^{n-1}, d_t \xi^{n-1}) \Delta t + \frac{1}{2} \{ (D \nabla \xi^m, \nabla \xi^m) - (D \nabla \xi^0, \nabla \xi^0) \} \leqslant \sum_{i=1}^{6} T_i, \tag{2.1.60}$$

经估算有

$$\sum_{n-1}^{m} \left\| d_t \xi^{n-1} \right\|^2 \Delta t + (D \nabla \xi^m, \nabla \xi^m)$$
$$\leqslant M \left\{ \sum_{n-1}^{m} \left[\|\xi^{n-1}\|_1^2 + \|\sigma^n\|^2 + \|d_t \pi^{n-1}\|^2 \right] \Delta t + h_c^{2l} + h_p^{2k+2} + (\Delta t)^2 \right\}. \tag{2.1.61}$$

组合式 (2.1.59)、式 (2.1.61) 可得

$$\sum_{n-1}^{m} [\|d_t \xi^{n-1}\|^2 + \|d_t \pi^{n-1}\|^2] \Delta t + \|\sigma^m\|^2 + \|\xi^m\|_1$$
$$\leqslant M \left\{ \sum_{n-1}^{m} \left[\|\xi^{n-1}\|_1^2 + \|\sigma^n\|^2 \right] \Delta t + h_c^{2l} + h_p^{2k+2} + (\Delta t)^2 \right\}. \tag{2.1.62}$$

由 Gronwall 引理有

$$\|\xi\|_{L^\infty(J;H^1(\Omega))} + \|d_t\xi\|_{L^2(J;L^2(\Omega))} + \|\sigma\|_{L^\infty(J;L^2(\Omega))} + \|d_t\pi\|_{L^2(J;L^2(\Omega))}$$

$$\leqslant M\left\{h_c^l + h_p^{k+1} + \Delta t\right\}. \tag{2.1.63}$$

可以检验归纳法假定式 (2.1.56) 成立.

定理 2.1.2 对问题 (2.1.1)—(2.1.3), 若采用格式 II 来计算, 当剖分参数满足限制性条件 (2.1.55), 则下述误差估计成立.

$$\|c - C_h\|_{L^\infty(J;H^1(\Omega))} + \|d_t(c - C_h)\|_{L^2(J;L^2(\Omega))} + \|u - U_h\|_{L^\infty(J;L^2(\Omega))}$$

$$+ \|d_t(p - P_h)\|_{L^2(J;L^2(\Omega))} \leqslant M\left\{h_c^l + h_p^{k+1} + \Delta t\right\}, \tag{2.1.64}$$

此处常数 M 依赖于 $c, \dfrac{\partial c}{\partial t}$ 的 $L^\infty\left(J;W^{l+1,\infty}(\Omega)\right)$ 模和 $p, \dfrac{\partial p}{\partial t}$ 的 $L^\infty\left(J;H^{k+1,\infty}(\Omega)\right)$ 模和对 p 的 $L^\infty\left(J;W^{k+3,\infty}(\Omega)\right)$ 模.

2.2 二相渗流驱动问题的特征差分方法

2.2.1 数学模型

用高压泵将水强行注入油层, 使原油从生产井排出, 这是近代采油的一种重要手段, 将水注入油层后, 水驱动油层中的石油, 这就是二相驱动问题. 对可压缩、可混溶问题, 其密度实际上不仅依赖于压力而且还依赖于饱和度. 其数学模型虽然早就提出, 但在数值分析方面, 无论在方法上, 还是在理论上, 都出现了实质性困难.

问题的数学模型是下述一类耦合非线性抛物型方程组的初边问题 [9]:

$$\phi\frac{\partial\rho}{\partial t} = -\nabla\cdot\underline{u} + q, \quad (x,t) \in \Omega \times (0,T], \tag{2.2.1a}$$

$$\underline{u} = -\frac{K}{\gamma}\nabla p, \quad (x,t) \in \Omega \times (0,T], \tag{2.2.1b}$$

$$\phi\frac{\partial(\rho c)}{\partial t} = -\nabla\cdot(c\underline{u}) + \nabla\cdot(D\nabla c) + q\bar{c}, \quad (x,t) \in \Omega \times (0,T], \tag{2.2.1c}$$

此处 $\phi = \phi(x)$ 是多孔介质的孔隙度, ρ 是混合流体的密度, 它是压力 p 和饱和度 c 的函数, 由下述关系式确定:

$$\rho = \rho(c,p) = \rho_0(c)\left[1 + \alpha_0(c)p\right], \tag{2.2.2a}$$

ρ_0 是混合流体在标准状态下的密度, 可表示为油藏中原有流体密度 ρ_r 和注入流体密度 ρ_i 的线性组合, 其中 ρ_r, ρ_i 均是正常数,

$$\rho_0 = [1 - c]\rho_r + c\rho_i. \tag{2.2.2b}$$

混合流体的压缩系数表示为 α_r, α_i 的线性组合:

$$\alpha_0(c) = [1 - c]\alpha_r + c\alpha_i, \tag{2.2.2c}$$

α_r, α_i 分别对应于油藏中原有流体和侵入流体的压缩系数, 均为正常数. 黏度 $\mu = \mu(c)$ 可表示为

$$\mu(c) = ([1 - c]\mu_r^{1/4} + c\mu_i^{1/4})^4. \tag{2.2.2d}$$

混合流体的流动黏度 γ 是黏度和密度的商, 可表为

$$\gamma(c,p) = \frac{\mu(c)}{\rho(c,p)}. \tag{2.2.2e}$$

$\underline{u} = \underline{u}(x,t)$ 是流体的达西速度, $K = K(x)$ 是渗透率, Ω 是 $\mathbf{R}^2$ 中的有界区域, $\partial\Omega$ 是其边界, $q(x,t)$ 是产量函数, $D = D(x)$ 是由 Fick 定律给出的质量扩散系数. $\tilde{c}$ 在注入井 $(q > 0)$ 等于 1, 在生产井 $(q < 0)$ 等于 c. 注意到密度函数 $\rho(c,p)$ 的表达式, 方程 (2.2.1a) 可改写为

$$\phi\rho_0(c)\alpha_0(c)\frac{\partial p}{\partial t} + \phi\left\{(\rho_i - \rho_r)\left[1 + \alpha_0(c)p\right] + (\alpha_i - \alpha_r)\rho_0(c)p\right\}\frac{\partial c}{\partial t} - \nabla\cdot\left(\frac{K}{\gamma}\nabla p\right) = q. \tag{2.2.3a}$$

对饱和度方程 (2.2.1c), 注意到 $\phi\dfrac{\partial(\rho c)}{\partial t} = \phi\left(c\dfrac{\partial\rho}{\partial t} + \rho\dfrac{\partial c}{\partial t}\right)$, 应用式 (2.2.1a) 于式 (2.2.1c), 可将其改写为

$$\phi\rho\frac{\partial c}{\partial t} + \underline{u}\cdot\nabla c - \nabla\cdot(D\nabla c) = q(\tilde{c} - c), \quad (x,t) \in \Omega \times J. \tag{2.2.3b}$$

假定流体在边界上不渗透, 于是有下述边界条件:

$$\underline{u}\cdot\underline{\sigma} = 0, \quad 在\partial\Omega上, \quad D\nabla c\cdot\underline{\sigma} = 0, \quad 在\partial\Omega上, \tag{2.2.4}$$

此处 $\underline{\sigma}$ 是 $\partial\Omega$ 的外法线方向.

最后必须给出初始条件:

$$p(x,0) = p_0(x), \quad x \in \Omega, \quad c(x,0) = c_0(x), \quad x \in \Omega. \tag{2.2.5}$$

对于不可压缩的情况, 已有文献 [10]—[12]; 对于 "微小压缩" 的情况, 仅有依赖于压力 p 的结果 [2]. 对于密度依赖于 p 和 c 的情况, 虽然数学模型早已提出, 但在方法上出现实质性困难. 对于此一般情况提出了特征差分方法, 并得到严谨的理论分析结果. 在收敛性分析中, 为避免修正特征方法处理边界的困难, 对于二维问题, 假定 Ω 是矩形、问题 (2.2.1) 是 Ω-周期的 [10-13] 和假定全部系数能够周期延拓到 $\mathbf{R}^2$ 空间且满足收敛性分析中的正则性条件, 此时不渗透边界条件将舍去 [10-13].

2.2.2 节提出特征有限差分程序; 2.2.3 节讨论格式的收敛性分析.

2.2.2   特征有限差分程序

研究二维问题, 设区域 $\Omega=[0,1]\times[0,1]$, 用 $\partial\Omega$ 表示其边界, $J=(0,T)$, $h=N^{-1}$, $x_{ij}=(ih,jh)$, $t^n=n\Delta t$ 和 $W(x_{ij},t^n)=W_{ij}^n$. 记

$$A_{i+\frac{1}{2},j}^n = \frac{1}{2}[a(C_{ij}^n,P_{ij}^n)+a(C_{i+1,j}^n,P_{i+1,j}^n)],$$

$$A_{i,j+\frac{1}{2}}^n = \frac{1}{2}[a(C_{ij}^n,P_{ij}^n)+a(C_{i,j+1}^n,P_{i,j+1}^n)],$$

$$a_{i+\frac{1}{2},j}^n = \frac{1}{2}[a(c_{ij}^n,p_{ij}^n)+a(c_{i+1,j}^n,p_{i+1,j}^n)],$$

$$a_{i,j+\frac{1}{2}}^n = \frac{1}{2}[a(c_{ij}^n,p_{ij}^n)+a(c_{i,j+1}^n,p_{i,j+1}^n)],$$

此处 $a(c,p)=\dfrac{K}{\gamma(c,p)}$. 设

$$\delta_{\bar{x}}(A^n\delta_x P^{n+1})_{ij} = h^{-2}\left[A_{i+\frac{1}{2},j}^n(P_{i+1,j}^{n+1}-P_{ij}^{n+1})-A_{i-\frac{1}{2},j}^n(P_{ij}^{n+1}-P_{i-1,j}^{n+1})\right], \quad (2.2.6a)$$

$$\nabla_h(A^n\nabla_h P^{n+1})_{ij} = \delta_{\bar{x}}(A^n\delta_x P^{n+1})_{ij}+\delta_{\bar{y}}(A^n\delta_y P^{n+1})_{ij}. \quad (2.2.6b)$$

此处列出压力方程的差分方程:

$$\phi_{ij}\rho_0(C_{ij}^n)\alpha_0(C_{ij}^n)\frac{P_{ij}^{n+1}-P_{ij}^n}{\Delta t}+\phi_{ij}\left\{(\rho_i-\rho_r)[1+\alpha_0(C_{ij}^n)P_{ij}^n]\right.$$

$$\left.+(\alpha_i-\alpha_r)\rho_0(C_{ij}^n)P_{ij}^n\right\}\frac{C_{ij}^{n+1}-C_{ij}^n}{\Delta t}-\nabla_h(A^n\nabla_h P^{n+1})_{ij}=G_{ij}^{n+1}, \quad (2.2.7a)$$

其中 $G_{ij}^{n+1}=h^{-2}\displaystyle\int_{x_{ij}+Q_h}q(x,t^{n+1})\mathrm{d}x$, Q_h 为中心在原点边长为 h 的正方形. 近似达西速度 $\underline{U}=(V,W)^{\mathrm{T}}$ 按下述公式计算:

$$V_{ij}^{n+1} = -\frac{1}{2}\left[A_{i+\frac{1}{2},j}^n\frac{P_{i+1,j}^{n+1}-P_{ij}^{n+1}}{h}+A_{i-\frac{1}{2},j}^n\frac{P_{ij}^{n+1}-P_{i-1,j}^{n+1}}{h}\right], \quad (2.2.7b)$$

$$W_{ij}^{n+1} = -\frac{1}{2}\left[A_{i,j+\frac{1}{2}}^n\frac{P_{i,j+1}^{n+1}-P_{ij}^{n+1}}{h}+A_{i,j-\frac{1}{2}}^n\frac{P_{ij}^{n+1}-P_{i,j-1}^{n+1}}{h}\right]. \quad (2.2.7c)$$

考虑到此流动实质上是沿着有迁移 $\phi\rho\dfrac{\partial c}{\partial t}+\underline{u}\cdot\nabla c$ 的特征线, 我们引入特征方向, 设

$$\psi = \left[(\phi\rho(c,p))^2+|\underline{u}|^2\right]^{1/2}, \quad (2.2.8a)$$

$$\partial/\partial\tau = \psi^{-1}\left\{\phi\rho\partial/\partial t+\underline{u}\cdot\nabla\right\}. \quad (2.2.8b)$$

特征方向依赖于浓度 c, 压力 p 和达西速度 $\underline{u}$. 因此方程 (2.2.3b) 可改写为

$$\psi \frac{\partial c}{\partial \tau} - \nabla \cdot (D\nabla c) = g(c), \quad (x,t) \in \Omega \times J, \tag{2.2.9}$$

此处 $g(c) = q(\tilde{c} - c)$.

饱和度方程的差分方程如下

$$\phi_{ij}\rho(C_{ij}^n, P_{ij}^n)\frac{C_{ij}^{n+1} - \bar{C}_{ij}^n}{\Delta t} - \nabla_h(D\nabla_h C)_{ij}^{n+1} = g(C_{ij}^n), \tag{2.2.10}$$

此处 $C^n(x)$ 是按节点值 $\{C_{ij}^n\}$ 分片双线性插值, $\bar{C}_{ij}^n = C^n(\overline{X}_{ij}^n)$, $\overline{X}_{ij}^n = x_{ij} - \underline{U}_{ij}^n \Delta t / \phi_{ij}\rho(C_{ij}^n, P_{ij}^n)$.

初始逼近:

$$C_{ij}^0 = c_0(x_{ij}), \quad P_{ij}^0 = p_0(x_{ij}). \tag{2.2.11}$$

差分格式 I 的计算过程是: 当 $\{P_{ij}^n, P_{ij}^n\}$ 已知, 由式 (2.2.7) 算出 $\{P_{ij}^{n+1}\}$, $\{U_{ij}^{n+1}\}$. 由式 (2.2.10) 算出 $\{C_{ij}^{n+1}\}$, 由于 ϕ, ρ, α, D 均有正的上下界, 故格式 (2.2.7), (2.2.10) 的解存在且唯一.

2.2.3　格式的收敛性分析

首先对问题 (2.2.1)—(2.2.5) 的地质参数进行分析. 当差分解 $0 \leqslant C \leqslant 1$ 时,

$$\min\{\rho_r, \rho_i\} \leqslant \rho_0(C) \leqslant \max\{\rho_r, \rho_i\},$$

一定存在正数 δ_c, 当 $-\delta_c \leqslant C \leqslant 1+\delta_c$, 总有 $\rho_{0*} \leqslant \rho_0(C) \leqslant \rho_0^*$, 此处

$$\rho_{0*} = \frac{1}{2}\min\{\rho_r, \rho_i\}, \quad \rho_0^* = 2\max\{\rho_r, \rho_i\}.$$

同样地, 对压缩系数 $\alpha_0(C)$ 来说, 也存在正数 δ_α, 当 $-\delta_\alpha \leqslant C \leqslant 1 + \delta_\alpha$ 时, 总有

$$\alpha_* \leqslant \alpha_0(C) \leqslant \alpha^*,$$

此处 $\alpha_* = \frac{1}{2}\min\{\alpha_r, \alpha_i\}, \alpha^* = 2\max\{\alpha_r, \alpha_i\}$. 对于黏度函数 $\mu(C)$, 也存在正数 δ_μ, 当 $-\delta_\mu \leqslant C \leqslant 1 + \delta_\mu$ 时, 总有 $\mu_* \leqslant \mu(C) \leqslant \mu^*$, 此处

$$\mu_* = \frac{1}{2}\min\{\mu_r, \mu_i\}, \quad \mu^* = 2\max\{\mu_r, \mu_i\}.$$

设 $\pi = p - P$, $\xi = c - C$, 此处 p, c 为问题的精确解, P, C 为差分解. 注意到记号 (2.2.6), 可直接推出:

$$\phi_{ij}\rho_0(c_{ij}^{n+1})\alpha_0(c_{ij}^{n+1})\frac{p_{ij}^{n+1} - p_{ij}^n}{\Delta t}$$

$$+ \phi_{ij} \left\{ (\rho_i - \rho_r)[1 + \alpha_0(c_{ij}^{n+1})p_{ij}^{n+1}] \right.$$

$$\left. + (\alpha_i - \alpha_r)\rho_0(c_{ij}^{n+1})p_{ij}^{n+1} \right\} \frac{c_{ij}^{n+1} - c_{ij}^n}{\Delta t}$$

$$- \nabla_h(a^n \nabla_h p)_{ij}^{n+1} = G_{ij}^{n+1} + \eta_{ij}^{n+1}, \tag{2.2.12}$$

此处 $\eta^{n+1} = O(h + \Delta t)$. 记号 $\|\alpha\|_0 = \langle \alpha, \alpha \rangle^{\frac{1}{2}}$ 表示离散空间 $l^2(\Omega)$ 的模:

$$\langle \alpha, \beta \rangle = \sum_{i,j}^{N} \alpha_{ij}\beta_{ij}h^2, \tag{2.2.13}$$

$$\langle A\nabla_h P, \nabla_h P \rangle = \sum_{i,j=1}^{M} \left\{ A_{i-\frac{1}{2},j}\left(\frac{P_{ij} - P_{i-1,j}}{h}\right)^2 + A_{i,j-\frac{1}{2}}\left(\frac{P_{ij} - P_{i,j-1}}{h}\right)^2 \right\}h^2$$

表示对应于 $H^1(\Omega) = W^{1,2}(\Omega)$ 的离散空间 $h^1(\Omega)$ 的加权半模平方.

从方程 (2.2.12) 减去方程 (2.2.7a) 可得下述关系式:

$$\phi\rho_0(C^n)\alpha_0(C^n)d_t\pi^n + [\phi\rho_0(c^{n+1})\alpha_0(c^{n+1}) - \phi\rho_0(C^n)\alpha_0(C^n)]d_t p^n$$

$$+ \phi\{(\rho_i - \rho_r)[1 + \alpha_0(C^n)P^n] + (\alpha_i - \alpha_r)\rho_0(C^n)P^n\}d_t\xi^n$$

$$+ \phi\left\{(\rho_i - \rho_r)[1 + \alpha_0(c^{n+1})p^{n+1}] + (\alpha_i - \alpha_r)\rho_0(c^{n+1})p^{n+1}\right.$$

$$\left. - (\rho_i - \rho_r)[1 + \alpha_0(C^n)P^n] - (\alpha_i - \alpha_r)\rho_0(C^n)P^n\right\}d_t c^n - \nabla_h \cdot (A^n \nabla_h \pi^{n+1})$$

$$- \nabla_h \cdot ((a^{n+1} - A^n)\nabla_h p^{n+1}) = \eta^{n+1}, \tag{2.2.14}$$

此处下标 (i,j) 被省略, $d_t\pi^n = (\pi^{n+1} - \pi^n)/\Delta t, d_t p^n = (p^{n+1} - p^n)/\Delta t, \cdots$.

对式 (2.2.14) 乘以 $\delta_t\pi^n = d_t\pi^n\Delta t$ 并应用分部求和公式可得

$$\langle \phi\rho_0(C^n)\alpha_0(C^n)d_t\pi^n, d_t\pi^n \rangle\Delta t$$

$$+ \langle [\phi\rho_0(c^{n+1})\alpha_0(c^{n+1})$$

$$- \phi\rho_0(C^n)\alpha_0(C^n)]d_t p^n, d_t\pi^n \rangle\Delta t$$

$$+ \langle \phi\{(\rho_i - \rho_r)[1 + \alpha_0(C^n)P^n]$$

$$+ (\alpha_i - \alpha_r)\rho_0(C^n)P^n\}d_t\xi^n, d_t\pi^n \rangle\Delta t$$

$$+ \langle \phi\{(\rho_i - \rho_r)[1 + \alpha_0(c^{n+1})p^{n+1}] + (\alpha_i - \alpha_r)\rho_0(c^{n+1})p^{n+1}$$

$$- (\rho_i - \rho_r)[1 + \alpha_0(C^n)P^n] - (\alpha_i - \alpha_r)\rho_0(C^n)P^n\}d_t c^n, d_t\pi^n \rangle\Delta t$$

$$+ \langle A^n\nabla_h\pi^{n+1}, \nabla_h(\pi^{n+1} - \pi^n) \rangle$$

$$- \langle \nabla_h[(a^{n+1} - A^n)\nabla_h p^{n+1}], d_t\pi^n \rangle\Delta t = \langle \eta^{n+1}, d_t\pi^n \rangle\Delta t. \tag{2.2.15}$$

引入归纳法假定 [11,12], 有

$$\sup_{0 \leqslant n \leqslant m-1} |\xi^n|_\infty \to 0, (h, \Delta t) \to 0, \quad \sup_{0 \leqslant n \leqslant m-1} |\pi^n|_\infty \to 0, \quad (h, \Delta t) \to 0, \tag{2.2.16}$$

此处 $|\xi^n|_\infty = \|\xi\|_{L^\infty} = \sup\limits_{1\leqslant i,j\leqslant N}\left|\xi_{ij}^n\right|, \|\pi^n\|_\infty = \|\pi^n\|_{L^\infty} = \sup\limits_{1\leqslant i,j\leqslant N}\left|\pi_{ij}^n\right|.$ 由 ξ, π 的定义, 可以推得当 $(h, \Delta t)$ 足够小时, 有 $-\delta \leqslant C^n \leqslant 1 + \delta$, 此处, $\delta = \min\{\delta_c, \delta_\alpha, \delta_\mu\}$, 同时 $|P^n| \leqslant M$. 此时有 $\rho_{0*} \leqslant \rho_0(C^n) \leqslant \rho_0^*, \alpha_* \leqslant \alpha_0(C^n) \leqslant \alpha^*, \mu_* \leqslant \mu(C^n) \leqslant \mu^*$. 利用此性质及 $\phi(x) \geqslant \phi_* > 0$, 有

$$\langle \phi\rho_0(C^n)\alpha_0(C^n)d_t\pi^n, d_t\pi^n\rangle \geqslant \phi_{0*}\left|d_t\pi^n\right|_0^2, \quad \phi_{0*} = \phi_*\rho_{0*}\alpha_*. \tag{2.2.17a}$$

注意到 $A^n \geqslant a_{0*} > 0$ 以及利用不等式 $a(a-b) \geqslant \dfrac{1}{2}(a^2-b^2)$ 可得

$$\langle A^n\nabla_k\pi^{n+1}, \nabla_k(\pi^{n+1}-\pi^n)\rangle \geqslant \frac{a_{0*}}{2}\{|\nabla_h\pi^{n+1}|_1^2 - |\nabla_h\pi^n|_1^2\}. \tag{2.2.17b}$$

注意到 $\left|\phi[\rho_0(c^{n+1})\alpha_0(c^{n+1}) - \rho_0(C^n)\alpha_0(C^n)]d_tp^n\right| \leqslant M\{|\xi^n| + \Delta t\}$ 可得

$$\begin{aligned}
&\left|\langle\{\phi\rho_0(c^{n+1})\alpha_0(c^{n+1}) - \phi\rho_0(C^n)\alpha_0(C^n)\}d_tp^n, d_t\pi^n\rangle\Delta t\right| \\
&\leqslant \varepsilon\left|d_t\pi^n\right|_0^2\Delta t + M\left\{|\xi^n|^2 + (\Delta t)^2\right\}\Delta t.
\end{aligned} \tag{2.2.17c}$$

类似地可得

$$\begin{aligned}
&\left|\langle\phi\{(\rho_i-\rho_r)[1+\alpha_0(C^n)P^n] + (\alpha_i-\alpha_r)\rho_0(C^n)P^n\}d_t\xi^n, d_t\pi^n\rangle\Delta t\right| \\
&\leqslant \varepsilon\left|d_t\pi^n\right|_0^2\Delta t + M\left|d_t\xi^n\right|_0^2\Delta t,
\end{aligned} \tag{2.2.17d}$$

$$\begin{aligned}
&\left|\langle\phi\{(\rho_i-\rho_r)[1+\alpha_0(c^{n+1})p^{n+1}]\right. \\
&\quad + (\alpha_i-\alpha_r)\rho_0(c^{n+1})p^{n+1} - (\rho_i-\rho_r)[1+\alpha_0(C^n)P^n] \\
&\quad \left. - (\alpha_i-\alpha_r)\rho_0(C^n)P^n\}d_tc^n, d_t\pi^n\rangle\Delta t\right| \\
&\leqslant \varepsilon|d_t\pi^n|_0^2\Delta t + M\left\{|\xi^n|_0^2 + |\pi^n|_0^2 + (\Delta t)^2\right\}\Delta t,
\end{aligned} \tag{2.2.17e}$$

$$\begin{aligned}
&\left|\langle\nabla_h[(a^{n+1}-A^n)\nabla_hp^{n+1}], d_t\pi^n\rangle\Delta t\right| \\
&\leqslant \varepsilon|d_t\pi^n|_0^2\Delta t + M\left\{\left|\nabla_h(a^{n+1}-A^n)\right|_0^2 + \left|a^{n+1}-A^n\right|_0^2\right\}\Delta t \\
&\leqslant \varepsilon|d_t\pi^n|_0^2\Delta t + M\left\{|\xi^n|_0^2 + |\xi^n|_{1,2}^2 + |\pi^n|_0^2 + |\pi^n|_{1,2}^2 + (\Delta t)^2\right\}\Delta t,
\end{aligned} \tag{2.2.17f}$$

$$\left|\langle\eta^{n+1}, d_t\pi^n\rangle\Delta t\right| \leqslant \varepsilon|d_t\pi^n|_0^2\Delta t + M\left\{h^2 + (\Delta t)^2\right\}\Delta t, \tag{2.2.17g}$$

此处 $|\xi^n|_{1,2}^2 = \|\xi^n\|_{h^1}^2$.

对式 (2.2.15) 作和数 $0 \leqslant n \leqslant m-1$. 并应用估计式 (2.2.17) 可得

$$\begin{aligned}
&\frac{1}{2}\phi_{0*}\sum_{n=0}^{m-1}|d_t\pi^n|_0^2\Delta t + \frac{a_{0*}}{2}\left\{\left|\nabla_h\pi^m\right|_0^2 - \left|\nabla_h\pi^0\right|^2\right\} \\
&\leqslant M\left\{\sum_{n=0}^{m-1}[|\xi^n|_0^2 + |\xi^n|_{1,2}^2\right.
\end{aligned}$$

$$+ |\pi^n|_0^2 + |\pi^n|_{1,2}^2]\Delta t + h^2 + (\Delta t)^2\}$$

$$+ M\sum_{n=0}^{m-1} |d_t\xi^n|_0^2\Delta t. \tag{2.2.18}$$

下面讨论饱和度方程, 因为 $\phi\rho(c,p)\dfrac{\partial c}{\partial t} + \underline{u}\cdot\nabla c = \psi\dfrac{\partial c}{\partial\tau}$, 如果

$$\bar{x}_{ij}^n = x_{ij} - \underline{u}_{ij}^{n+1}\Delta t/\phi_{ij}\rho(c_{ij}^{n+1}, p_{ij}^{n+1}), \quad \bar{c}_{ij}^n = c(\bar{x}_{ij}^n, t^n), \tag{2.2.19}$$

则

$$\psi\frac{\partial c}{\partial\tau}_{(x_{ij}, t^{n+1})} = \phi_{ij}\rho(P_{ij}^{n+1}, p_{ij}^{n+1})\frac{c_{ij}^{n+1} - \bar{c}_{ij}^{n+1}}{\Delta t} + O\left(\left|\frac{\partial^2 c}{\partial\tau^2}\right|\Delta\tau\right). \tag{2.2.20}$$

于是对饱和度来说, 可得下述误差方程:

$$\phi_{ij}\rho(C_{ij}^{n+1}, P_{ij}^{n+1})\frac{\xi_{ij}^{n+1} - (C^n(\bar{x}_{ij}^n) - \bar{C}_{ij}^n)}{\Delta t} - \nabla_h(D\nabla_h\xi)_{ij}^{n+1}$$
$$= g(c_{ij}^{n+1}) - g(C_{ji}^n)$$
$$- \phi_{ij}[\rho(c_{ij}^{n+1}, p_{ij}^{n+1}) - \rho(C_{ij}^n, P_{ij}^n)]\frac{c_{ij}^{n+1} - C^n(\bar{x}_{ij}^n)}{\Delta t} + \delta_{ij}^{n+1}, \tag{2.2.21}$$

此处 $\delta^{n+1} = O(h + \Delta t)$. 将 $\xi^n(x)$ 理解为 $\{\xi_{ij}^n\}$ 的双线性插值, $\xi^n = I_1\xi^n$, I_1 为双线性插值算子, $\xi_{ij}^n = \xi^n(\overline{X}_{ij}^n)$, 则

$$\xi_{ij}^{n+1} - (c^n(\bar{x}_{ij}^n) - \bar{C}_{ij}^n)$$
$$= (\xi_{ij}^{n+1} - \xi_{ij}^n) - (c^n(\bar{x}_{ij}^n) - c^n(\overline{X}_{ij}^n)) - (I - I_1)c^n(\overline{X}_{ij}^n), \tag{2.2.22a}$$

此处 I 是恒等算子. 在归纳假定 (2.2.16) 的条件下, 假定问题的解具有一定的光滑性, 于是有

$$\left|(I - I_1)c^n(\overline{X}_{ij}^n)\right| \leqslant M\min\{h^2, h\Delta t\}, \tag{2.2.22b}$$

$$|c^n(\bar{x}_{ij}^n) - c^n(\overline{X}_{ij}^n)| \leqslant M\left|\bar{x}_{ij}^n - \overline{X}_{ij}^n\right|$$
$$\leqslant M\left|\frac{\underline{u}_{ij}^{n+1}\Delta t}{\phi_{ij}\rho(c_{ij}^{n+1}, p_{ij}^{n+1})} - \frac{\underline{U}_{ij}^{n+1}\Delta t}{\phi_{ij}\rho(C_{ij}^n, P_{ij}^n)}\right|$$
$$\leqslant M|\rho(c_{ij}^n, p_{ij}^n)\underline{u}_{ij}^n - \rho(C_{ij}^n, P_{ij}^n)\underline{U}_{ij}^n|\Delta t$$
$$\leqslant M\{|\xi_{ij}^n| + |\pi_{ij}^n| + |\nabla_h\pi_{ij}^n| + \Delta t\}\Delta t, \tag{2.2.22c}$$

$$\left|g(c_{ij}^{n+1}) - g(C_{ij}^{n+1})\right| \leqslant M(|\xi_{ij}^n| + \Delta t), \tag{2.2.22d}$$

$$\left| \phi_{ij}[\rho(c_{ij}^{n+1}, p_{ij}^{n+1}) - \rho(C_{ij}^n, P_{ij}^n)] \frac{c_{ij}^{n+1} - c^n(\bar{x}_{ij}^n)}{\Delta t} \right| \leqslant M \left\{ |\xi_{ij}^n| + |\pi_{ij}^n| + \Delta t \right\}. \quad (2.2.22e)$$

因此由式 (2.2.21), 式 (2.2.22) 可得

$$\phi_{ij}\rho(C_{ij}^n, P_{ij}^n) \frac{\xi_{ij}^{n+1} - \xi_{ij}^n}{\Delta t} - \nabla_h(D\nabla_h\xi)_{ij}^{n+1}$$
$$\leqslant M \left\{ |\xi_{ij}^n| + |\pi_{ij}^n| + |\nabla_h\pi_{ij}^n| + h + \Delta t \right\}. \quad (2.2.23)$$

对式 (2.2.23) 乘以 $\delta_t\xi^n = \xi^{n+1} - \xi^n = d_t\xi^n\Delta t$, 并应用分部求和, 可得

$$\langle \phi\rho(C^n, P^n)d_t\xi^n, d_t\xi^n \rangle \Delta t + \frac{D_{0*}}{2} \left\{ |\nabla_h\xi^{n+1}|_0^2 - |\nabla_h\xi^n|_0^2 \right\}$$
$$\leqslant \left\langle \phi\rho(C^n, P^n) \frac{\bar{\xi}^n - \xi^n}{\Delta t}, d_t\xi^n \right\rangle \Delta t + \varepsilon |d_t\xi^n|_0^2 \Delta t$$
$$+ M \left\{ |\xi^n|_0^2 + |\pi^n|_0^2 + |\pi^n|_{1,2}^2 + h^2 + (\Delta t)^2 \right\} \Delta t. \quad (2.2.24)$$

为了估计 $\left\langle \phi\rho(C^n, P^n) \dfrac{\bar{\xi}^n - \xi^n}{\Delta t}, d_t\xi^n \right\rangle \Delta t$, 设

$$\beta_{ij}^n = \xi_{ij}^n - \bar{\xi}_{ij}^n = \xi(x_{ij}) - \xi^n(x_{ij} - U_{ij}^n\Delta t/\phi_{ij}\rho(C_{ij}^n, P_{ij}^n))$$
$$= \int_{x_{ij}}^{x_{ij} - \underline{U}_{ij}^n\Delta t/\phi_{ij}\rho(C_{ij}^n, P_{ij}^n)} \nabla\xi^n \cdot \underline{U}_{ij}^n / |\underline{U}_{ij}^n| \, d\sigma$$
$$\leqslant M |\underline{U}_{ij}^n| \Delta t \max \left\{ |\nabla_h\xi_{pq}^n| : |x_{pq} - x_{ij}| \leqslant h + M |\underline{U}_{ij}^n| \Delta t \right\}. \quad (2.2.25)$$

由此按定义可得

$$|\beta^n|_0^2 \leqslant M(\Delta t)^2 \sum_{ij} |\underline{U}_{ij}^n|^2 \max \left\{ |\nabla_h\xi_{pq}^n| : |x_{pq} - x_{ij}| \leqslant h + M |\underline{U}_{ij}^n| \Delta t \right\} h^2$$
$$\leqslant M(\Delta t)^2 |\underline{U}|_\infty^2 \left\{ 1 + M |\underline{U}^n|_\infty \frac{\Delta t}{h} \right\} |\xi^n|_{1,2}^2$$
$$\leqslant M |\underline{U}^n|_\infty^2 \left\{ 1 + M |\underline{U}^n|_\infty^2 \right\} |\xi^n|_{1,2}^2 (\Delta t)^2. \quad (2.2.26)$$

此估计式当剖分参数满足下述限定时成立:

$$\Delta t \leqslant Mh. \quad (2.2.27)$$

下面对 $\underline{U}^n$ 进行估计和分析, 利用归纳假定 (2.2.16) 和关于 $\underline{U}_{ij}^n, \underline{u}_{ij}^n$ 的定义可得

$$|\underline{U}^n - \underline{u}^n|_\infty \leqslant M[1 + |\nabla_h\pi^n|_\infty], \quad (2.2.28)$$

由此可得

$$|\underline{U}^n|_\infty \leqslant M[1 + |\nabla_h\pi^n|_\infty]. \quad (2.2.29)$$

对于网格函数 π^n 应用 Brambles 估计 [14], 有

$$
|\nabla_h \pi^n|_\infty \leqslant M |\pi^n|_{2,2} \left(\log \frac{1}{h}\right)^{1/2}, \tag{2.2.30}
$$

此处 $|\pi|_{22}^2 = \langle \nabla_h(A\nabla_h\pi), \nabla_h(A\nabla_h\pi)\rangle$. 为了估计 $|\pi|_{2,2}^2$, 对式 (2.2.14) 乘以 $\nabla_h(A^n\nabla_h\pi^{n+1})$, 并将 n 换为 $n-1$, 则指出下述估计式:

$$
\begin{aligned}
|\pi^n|_{2,2}^2 \leqslant M & \left\{ \left|\nabla_h A^{n-1}\right|_\infty^2 \left|\nabla_h \pi^n\right|_0^2 + |\eta^n|_0^2 + |\nabla_h p^n|_\infty^2 \left|\nabla_h(a^n - A^{n-1})\right|_0^2 \right. \\
& + |p^n|_{2,\infty}^2 \left|a^n - A^{n-1}\right|_0^2 + \left|\xi^{n-1}\right|_0^2 \\
& \left. + \left|d_t\xi^{n-1}\right|_0^2 + \left|\pi^{n-1}\right|_0^2 + \left|d_t\pi^{n-1}\right|_0^2 + (\Delta t)^2 \right\}. \tag{2.2.31}
\end{aligned}
$$

注意到

$$
\begin{aligned}
\left|\nabla_h A^{n-1}\right|_\infty^2 \leqslant & M\left[1 + \left|\xi^{n-1}\right|_{1,\infty}^2 + \left|\pi^{n-1}\right|_{1,\infty}^2\right] \\
\leqslant & M\left[1 + h^{-2}\left(\left|\xi^{n-1}\right|_{1,2}^2 + \left|\pi^{n-1}\right|_{1,2}^2\right)\right], \\
\left|\nabla_h(a^n - A^{n-1})\right|^2 \leqslant & M\left[(\Delta t)^2 + \left|\xi^{n-1}\right|_{1,2}^2 + \left|\pi^{n-1}\right|_{1,2}^2\right], \\
\left|a^n - A^{n-1}\right|^2 \leqslant & M\left\{(\Delta t)^2 + \left|\xi^{n-1}\right|_0^2 + \left|\pi^{n-1}\right|_0^2\right\},
\end{aligned}
$$

此处 $|p|_{2,\infty} = \|\nabla_h(\nabla_h p)\|_{l^\infty}, |\xi|_{1,\infty} = \|\nabla_h\xi\|_{l^\infty}, \cdots$. 选定初始逼近 $P^0 = I_1 p_0(x)$, 由式 (2.2.18) 有

$$
\begin{aligned}
& \left|\nabla_k \pi^n\right|_0^2 \\
& \leqslant M\left\{\sum_{k=0}^{n-1}\left[\left|\xi^k\right|_0^2 + \left|\xi^k\right|_{1,2}^2 + \left|d_t\xi^k\right|_0^2 + \left|\pi^k\right|_0^2 + \left|\pi^k\right|_{1,2}^2\right]\Delta t + h^2 + (\Delta t)^2\right\}. \tag{2.2.32}
\end{aligned}
$$

由式 (2.2.30)—式 (2.2.32) 可得

$$
\begin{aligned}
\left|\nabla_h\pi^n\right|_\infty^2 \leqslant M & \left\{\left[1 + h^{-2}\left(\left|\xi^{n-1}\right|_{1,2}^2 + \left|\pi^{n-1}\right|_{1,2}^2\right)\right]\right. \\
& \cdot \left[\sum_{k=0}^{n-1}\left[\left|\xi^k\right|_1^2 + \left|d_t\xi^k\right|_0^2 + \left|\pi^k\right|_0^2 + \left|\pi^k\right|_{1,2}^2\right]\Delta t + h^2 + (\Delta t)^2\right] \\
& \left. + \left|\pi^{n-1}\right|_1^2 + \left|\xi^{n-1}\right|_1^2 + \left|d_t\pi^{n-1}\right|_0^2\right\} \cdot \log\left(\frac{1}{h}\right), \tag{2.2.33}
\end{aligned}
$$

此处 $\left|\xi^k\right|_1^2 = \left|\xi^k\right|_0^2 + \left|\xi^k\right|_{1,2}^2, \left|\pi^{n-1}\right|_1^2 = \left|\pi^{n-1}\right|_0^2 + \left|\pi^{n-1}\right|_{1,2}^2.$

由式 (2.2.29) 和式 (2.2.33) 有

$$
\left|\underline{U}^n\right|_\infty^2 \leqslant M\left\{1 + \{[1 + h^{-2}(\left|\xi^{n-1}\right|_{1,2}^2 + \left|\pi^{n-1}\right|_{1,2}^2)]\right.
$$

$$\left[\sup_{0\leqslant k\leqslant n-1}(\left|\xi^k\right|_1^2 + \left|d_t\xi^k\right|_0^2 + \left|\pi^k\right|_1^2) + h^2 + (\Delta t)^2 \right]$$

$$+ \left|\pi^{n-1}\right|_1^2 + \left|\xi^{n-1}\right|_1^2 + \left|d_t\pi^{n-1}\right|_0^2 \} \cdot \log\left(\frac{1}{h}\right) \Bigg\}$$

$$\leqslant M \Bigg\{ 1 + [1 + h^{-2}(\left|\xi^{n-1}\right|_{1,2}^2 + \left|\pi^{n-1}\right|_{1,2}^2)]$$

$$\cdot \left[\sup_{0\leqslant k\leqslant n-1}(\left|\xi^k\right|_1^2 + \left|d_t\xi^k\right|_0^2 + \left|\pi^k\right|_1^2 + \left|d_t\pi^k\right|_0^2) + h^2 + (\Delta t)^2 \right]$$

$$\cdot \log\left(\frac{1}{h}\right) \Bigg\}. \tag{2.2.34}$$

再次引入归纳法假定:

$$\sup_{1\leqslant n\leqslant m-1}\Bigg\{ [1 + h^{-1}(\left|\xi^{n-1}\right|_{1,2} + \left|\pi^{n-1}\right|_{1,2})]$$

$$\cdot \left[\sup_{1\leqslant k\leqslant n-1}\left(\left|\xi^k\right|_1 + \left|d_t\xi^k\right|_0^2 + \left|\pi^k\right|_1^2 + \left|d_t\pi^k\right|_0^2\right) + h + \Delta t \right]\left(\log\frac{1}{h}\right)^{\frac{1}{2}} \Bigg\} \to 0,$$

$$(h, \Delta t) \to 0, \tag{2.2.35}$$

因此

$$\sup_{0\leqslant n\leqslant m-1}\left|\underline{U}^n\right|_\infty \leqslant 2M. \tag{2.2.36}$$

当 $(h, \Delta t)$ 足够小时成立.

由式 (2.2.26) 和式 (2.2.36) 可得

$$\left| \left\langle \phi\rho\left(C^n, P^n\right)\frac{\bar{\xi}^n - \xi^n}{\Delta t}, d_t\xi^n \right\rangle \Delta t \right| \leqslant \varepsilon\left|d_t\xi^n\right|_0^2\Delta t + M\left|\xi^n\right|_{1,2}^2\Delta t. \tag{2.2.37}$$

对误差估计式 (2.2.24) 求和 $0\leqslant n\leqslant m-1$, 可以建立估计式:

$$\frac{\phi_{0*}}{2}\sum_{n=0}^{m-1}\left|d_t\xi^n\right|_0^2\Delta t + \frac{D_{0*}}{2}\{\left|\nabla_h\xi^m\right|_0^2 - \left|\nabla_h\xi^0\right|_0^2\}$$

$$\leqslant M\left\{ \sum_{n=0}^{m-1}[\left|\xi^n\right|_1^2 + \left|\pi^n\right|_1^2]\Delta t + h^2 + (\Delta t)^2 \right\}. \tag{2.2.38}$$

选取初始逼近 $C^0 = I_1 c_0(X)$, 因此 $\xi^n = 0$. 利用关系式 $(\xi^m)^2 = \sum_{n=0}^{m-1}(\xi^n + \xi^{n+1})d_t\xi^n\Delta t$, 可以推得下述不等式:

$$\left|\xi^m\right|_0^2 \leqslant \varepsilon\sum_{n=0}^{m-1}\left|d_t\xi^n\right|_0^2\Delta t + M\sum_{n=0}^{m-1}\left|\xi^n\right|_0^2\Delta t. \tag{2.2.39}$$

组合式 (2.2.38) 和式 (2.2.39) 可得

$$\sum_{n=0}^{m-1} |d_t \xi^n|_0^2 \Delta t + |\xi^m|_1^2 \leqslant M \left\{ \sum_{n=0}^{m-1} [|\xi^n|_1^2 + |\pi^n|_1^2] \Delta t + h^2 + (\Delta t)^2 \right\}, \qquad (2.2.40)$$

此处 $|\pi^n|_1^2 = |\pi^n|_0^2 + |\pi^n|_{1,2}^2$. 类似地, 由式 (2.2.18) 和式 (2.2.40) 可得

$$\sum_{n=0}^{m-1} |d_t \pi^n|_0^2 \Delta t + |\pi^m|_1^2 \leqslant M \left\{ \sum_{n=0}^{m-1} [|\xi^n|_1^2 + |\pi^n|_1^2] \Delta t + h^2 + (\Delta t)^2 \right\}. \qquad (2.2.41)$$

组合式 (2.2.40) 和式 (2.2.41) 可得

$$\sum_{n=0}^{m-1} [|d_t \pi^n|_0^2 + |d_t \pi^n|_0^2] \Delta t + |\xi^m|_1^2 + |\pi^m|_1^2$$

$$\leqslant M \left\{ \sum_{n=0}^{m-1} [|\xi^n|_1^2 + |\pi^n|_1^2] \Delta t + h^2 + (\Delta t)^2 \right\}. \qquad (2.2.42)$$

应用 Gronwall 引理可得

$$\|d_t \xi\|_{L_2([0,T];l^2(\Omega))}^2 + \|\xi\|_{\bar{L}_\infty([0,T];h^1(\Omega))}^2 + \|d_t \pi\|_{\bar{L}_\infty([0,T];l^2(\Omega))}^2 + \|\pi\|_{\bar{L}_\infty([0,T];h^1(\Omega))}^2$$

$$\leqslant M \left\{ h^2 + (\Delta t)^2 \right\}, \qquad (2.2.43)$$

此处 $\|d_t \xi\|_{L_2([0,T];l^2(\Omega))}^2 = \sup\limits_{m\Delta t \leqslant T} \left\{ \sum\limits_{n=0}^{m} |d_t \xi^n|_0^2 \Delta t \right\}$, $\|\xi\|_{\bar{L}_\infty([0,T];h^1(\Omega))}^2 = \sup\limits_{m\Delta t \leqslant T} \|\xi^m\|_1^2, \cdots$.

留下的工作需要检验归纳法假定式 (2.2.16) 和式 (2.2.35). 首先检验 (2.2.16), 当 $n=0$ 时显然成立, 现检验 (2.2.16) 当 $n = m$ 时成立, 应用 Bramble 估计 [2], 由式 (2.2.43) 和式 (2.2.27) 可得

$$|\xi^m|_\infty \leqslant M(\log h^{-1})^{\frac{1}{2}} |\xi^m|_{1,2}$$
$$\leqslant M(\log h^{-1})^{\frac{1}{2}} \{h + \Delta t\} \to 0, \quad (h, \Delta t) \to 0, \qquad (2.2.44a)$$

$$|\pi^m|_\infty \leqslant M(\log h^{-1})^{\frac{1}{2}} |\pi^m|_{1,2}$$
$$\leqslant M(\log h^{-1})^{\frac{1}{2}} \{h + \Delta t\} \to 0, \quad (h, \Delta t) \to 0. \qquad (2.2.44b)$$

因此归纳假定 (2.2.16) 成立. 其次检验 (2.2.35), 从式 (2.2.43) 有

$$\sup_{k \leqslant m-1} \{[|d_t \xi^k|_0^2 + |d_t \xi^k|_0^2] \Delta t\} \leqslant M\{h^2 + (\Delta t)^2\}. \qquad (2.2.45)$$

当空间和时间剖分参数进一步满足

$$M_1 h \leqslant \Delta t \leqslant M_2 h, \qquad (2.2.46)$$

此处 M_1, M_2 是正常数, 有

$$\sup_{k \leqslant m-1}[\left|d_t\xi^k\right|_0^2 + \left|d_t\pi^k\right|_0^2] \leqslant Mh. \tag{2.2.47}$$

因此 $\displaystyle\sup_{k \leqslant m-1}\left\{[\left|d_t\xi^k\right|_0 + \left|d_t\pi^k\right|_0]\left(\log\frac{1}{h}\right)^{\frac{1}{2}}\right\} \to 0$ 成立. 注意到

$$\sup_{n \leqslant m}\{h^{-1}[\left|\xi^{n-1}\right|_{1,2} + \left|\pi^{n-1}\right|_{1,2}]\} \leqslant M$$

和

$$\sup_{n \leqslant m}\left[\left|\xi^{n-1}\right|_1 + \left|\pi^{n-1}\right|_1\right] \leqslant M\left\{h + \Delta t\right\},$$

可得

$$\sup_{1 \leqslant n \leqslant m}\left\{[1 + h^{-1}(\left|\xi^{n-1}\right|_{1,2} + \left|\pi^{n-1}\right|_{1,2})]\right.$$
$$\left.\cdot\left[\sup_{0 \leqslant k \leqslant n-1}(\left|\xi^k\right|_1 + \left|d_t\xi^k\right|_0 + \left|\pi^k\right|_1 + \left|d_t\pi^k\right|_0) + h + \Delta t\right]\left(\log\frac{1}{h}\right)^{\frac{1}{2}}\right\} \to 0,$$
$$(h, \Delta t) \to 0.$$

于是归纳假定 (2.2.35) 成立. 估计式 (2.2.43). 证毕.

定理 2.2.1　若问题 (2.2.1)—(2.2.5) 的解具有一定的光滑性, 采用格式 (2.2.7), (2.2.10) 计算, 且剖分参数满足限制性条件 (2.2.46), 则下述误差估计成立:

$$\|d_t(c - C)\|_{\tilde{L}_2([0,T];l^2(\Omega))} + \|c - C\|_{\tilde{L}_2([0,T];h^1(\Omega))} + \|d_t(p - P)\|_{\tilde{L}_2([0,T];l^2(\Omega))}$$
$$+ \|p - P\|_{\tilde{L}_\infty([0,T];h^1(\Omega))} \leqslant M\left\{h + \Delta t\right\}. \tag{2.2.48}$$

2.3　可压缩二相渗流问题的迎风差分格式

2.3.1　引言

　　地下石油渗流中油水二相渗流驱动问题是能源数学的基础, 二维可压缩二相驱动问题的 "微小压缩" 数学模型、数值方法和分析 [1,2], 开创了现代数学模拟这一新领域 [4]. 可压缩相混溶二相渗流驱动问题的数学模型是一组非线性偏微分方程初边值问题, 其中关于压力方程是一抛物型方程, 饱和度方程是一对流扩散方程. 由于以对流为主的扩散方程具有很强的双曲特性、中心差分格式, 虽然关于空间步长具有二阶精确度, 但会产生数值弥散和非物理力学特性的数值振荡, 使数值模拟失真. 特征方法和标准的有限差分方法相结合, 可以更好地反映出对流扩散方程的

一阶双曲特性, 减少截断误差, 大大提高计算精度 [15-18]. 对不可压缩二相渗流驱动问题, 在问题的周期性假定下, Jr Douglas 等提出特征差分方法 [10,19,20], 并给出误差估计. 我们去掉周期性假定, 给出新的特征差分格式, 并给出最佳阶 l^2 误差估计 [21,22]. 由于特征线法需要利用插值计算, 并且特征线在求解区域边界附近可能穿出边界, 需要作特殊处理. 特征线与网格边界交点及其相应的函数值需要计算, 这样在算法设计时, 对靠近边界的网格点需要判断其特征线是否越过边界, 从而确定是否要改变时间步长. 因此实际计算是比较复杂的 [8,9].

对抛物型方程 Ewing 和 Lazarov 等提出迎风差分格式 [23-25], 来克服数值解的振荡. 虽然 Douglas 和 Peaceman 曾用此方法于不可压缩二相渗流驱动问题 [18] 得到了很好的数值结果, 但未见理论分析成果发表 [26,27]. 我们对可压缩二相渗流驱动问题, 为克服计算复杂性, 提出一类修正迎风差分格式, 该格式可克服数值振荡, 同时把空间的计算精度提高到二阶. 应用变分形式、能量方法、微分方程先验估计和特殊的技巧, 得到了最佳阶 l^2 误差估计, 成功地解决了这一重要问题.

问题的数学模型是下述非线性偏微分方程组的初边值问题 [2,16-18]:

$$d(c)\frac{\partial p}{\partial t} + \nabla \cdot u = q(X,t), \quad X = (x,y)^{\mathrm{T}} \in \Omega, \quad t \in J = (0,T], \tag{2.3.1a}$$

$$u = -a(c)\nabla p, \quad X \in \Omega, t \in J, \tag{2.3.1b}$$

$$\Phi(X)\frac{\partial c}{\partial t} + b(c)\frac{\partial p}{\partial t} + u \cdot \nabla c - \nabla \cdot (D\nabla c) = g(X,t,c), \quad X \in \Omega, t \in J, \tag{2.3.2}$$

此处 $c = c_1 = 1 - c_2$, $a(c) = a(X,c) = k(X)\mu(c)^{-1}$, $d(c) = d(X,c) = \Phi(X)\sum\limits_{j=1}^{2} z_j c_j$, c_i 是混合液第 i 个分量的饱和度, $i=1, 2$. z_j 是压缩常数因子第 j 个分量, $k(X)$ 是地层的渗透率, $\mu(c)$ 是液体的黏度, $D = D(X)$ 是扩散系数. 压力函数 $p(X,t)$ 和饱和度函数 $c(X,t)$ 是待求的基本函数.

定压边界条件:

$$p = e(X,t), \quad X \in \partial\Omega, t \in J, \quad c = h(X,t), \quad X \in \partial\Omega, t \in J, \tag{2.3.3}$$

此处 Ω 为平面有界区域, $\partial\Omega$ 为其边界.

初始条件:

$$p(X,0) = p_0(X), \quad X \in \Omega, \quad c(X,0) = c_0(X), \quad X \in \Omega. \tag{2.3.4}$$

通常问题是正定的, 即满足

$$0 < a_* \leqslant a(c) \leqslant a^*, \quad 0 < d_* \leqslant d(c) \leqslant d^*,$$

$$0 < D_* \leqslant D(X) \leqslant D^*, \quad \left| \frac{\partial a}{\partial c}(X, c) \right| \leqslant K^*, \tag{2.3.5}$$

此处 $a_*, a^*, d_*, d^*, D_*, D^*, K^*$ 均为正常数, $d(c), b(c)$ 和 $g(c)$ 在解的 ε_0 邻域是 Lipschitz 连续的.

假定问题 (2.3.1)—(2.3.5) 的精确解具有一定的光滑性, 即满足

$$p, c \in L^\infty(W^{4,\infty}) \cap W^{1,\infty}(W^{1,\infty}), \quad \frac{\partial^2 p}{\partial t^2}, \frac{\partial^2 c}{\partial t^2} \in L^\infty(L^\infty).$$

2.3.2　二阶迎风差分格式

为了分析简便, 设区域 $\Omega = \{[0,1]\}^2$, $h = 1/N$, $X_{ij} = (ih, jh)^{\mathrm{T}}$, $t^n = n\Delta t$, $W(X_{ij}, t^n) = W_{ij}^n$, 记

$$\begin{aligned} A_{i+1/2,j}^n &= \left[a\left(X_{ij}, C_{ij}^n \right) + a\left(X_{i+1,j}, C_{i+1,j}^n \right) \right] / 2, \\ a_{i+1/2,j}^n &= \left[a\left(X_{ij}, c_{ij}^n \right) + a\left(X_{i+1,j}, c_{i+1,j}^n \right) \right] / 2, \end{aligned} \tag{2.3.6}$$

记号 $A_{i,j+1/2}^n, a_{i,j+1/2}^n$ 的定义是类似的. 设

$$\begin{aligned} &\delta_{\bar{x}} \left(A^n \delta_x P^{n+1} \right)_{ij} \\ &= h^{-2} \left[A_{i+1/2,j}^n \left(P_{i+1,j}^{n+1} - P_{ij}^{n+1} \right) - A_{i-1/2,j}^n \left(P_{ij}^{n+1} - P_{i-1,j}^{n+1} \right) \right], \end{aligned} \tag{2.3.7a}$$

$$\begin{aligned} &\delta_{\bar{y}} \left(A^n \delta_y P^{n+1} \right)_{ij} \\ &= h^{-2} \left[A_{i,j+1/2}^n \left(P_{i,j+1}^{n+1} - P_{ij}^{n+1} \right) - A_{i,j-1/2}^n \left(P_{ij}^{n+1} - P_{i,j-1}^{n+1} \right) \right], \end{aligned} \tag{2.3.7b}$$

$$\nabla_h \left(A^n \nabla_h P^{n+1} \right)_{ij} = \delta_{\bar{x}} \left(A^n \delta_x P^{n+1} \right)_{ij} + \delta_{\bar{y}} \left(A^n \delta_y P^{n+1} \right)_{ij}. \tag{2.3.8}$$

流动方程 (2.3.1) 的五点差分格式:

$$d(C_{ij}^n) \frac{P_{ij}^{n+1} - P_{ij}^n}{\Delta t} - \nabla_h \left(A^n \delta_x P^{n+1} \right)_{ij} = q(X_{ij}, t^{n+1}), \quad 1 \leqslant i, j \leqslant N - 1, \tag{2.3.9a}$$

$$P_{ij}^{n+1} = e_{ij}^{n+1}, \quad X_{ij} \in \partial\Omega. \tag{2.3.9b}$$

近似达西速度 $U = (V, W)^{\mathrm{T}}$ 按下述公式计算:

$$V_{ij}^n = \frac{1}{2} \left[A_{i+1/2,j}^n \frac{P_{i+1,j}^n - P_{ij}^n}{h} + A_{i-1/2,j}^n \frac{P_{ij}^n - P_{i-1,j}^n}{h} \right], \tag{2.3.10}$$

W_{ij}^n 对应于另一方向, 公式是类似的.

下面考虑饱和度方程的二阶迎风差分格式, 用 u^+ 和 u^- 表示 u 的正部和负部, 即 $u^+ = \frac{1}{2} (u(x,t) + |u(x,t)|) \geqslant 0$, $u^- = \frac{1}{2} (u(x,t) - |u(x,t)|) \leqslant 0$, 则饱和度方程的

二阶迎风差分格式:

$$\Phi_{ij}\frac{C_{ij}^{n+1}-C_{ij}^{n}}{\Delta t}+\delta_{V^{n},x}C_{ij}^{n+1}+\delta_{W^{n},y}C_{ij}^{n+1}$$

$$-\left\{\left(1+\frac{h}{2}\left|V_{ij}^{n}\right|D_{ij}^{-1}\right)^{-1}\delta_{\bar{x}}\left(D\delta_{x}C_{ij}^{n+1}\right)+\left(1+\frac{h}{2}\left|W_{ij}^{n}\right|D_{ij}^{-1}\right)^{-1}\delta_{\bar{y}}\left(D\delta_{y}C_{ij}^{n+1}\right)\right\}$$

$$=g\left(X_{ij},t^{n},C_{ij}^{n}\right)-b\left(C_{ij}^{n}\right)\frac{P_{ij}^{n+1}-P_{ij}^{n}}{\Delta t},\quad 1\leqslant i,j\leqslant N-1,\qquad(2.3.11\text{a})$$

$$C_{ij}^{n+1}=h_{ij}^{n+1},\quad X_{ij}\in\partial\Omega,\qquad(2.3.11\text{b})$$

此处

$$\delta_{V^{n}x}C_{ij}^{n+1}=V_{ij}^{n}\left\{H\left(V_{ij}^{n}\right)D_{ij}^{-1}D_{i-1/2,j}\delta_{\bar{x}}C_{ij}^{n+1}+\left(1-H\left(V_{ij}^{n}\right)\right)D_{ij}^{-1}D_{i+1/2,j}\delta_{x}C_{ij}^{n+1}\right\},$$

$$\delta_{W^{n},y}C_{ij}^{n+1}=W_{ij}^{n+1}\{H(W_{ij}^{n})D_{ij}^{-1}D_{i,j-1/2}\delta_{\bar{y}}C_{ij}^{n+1}$$

$$+(1-H(W_{ij}^{n}))D_{ij}^{-1}D_{i,j+1/2}\delta_{y}C_{ij}^{n+1}\},$$

$$H(z)=\begin{cases}1,&z\geqslant 0,\\0,&z\leqslant 0.\end{cases}$$

初始条件为: $P_{ij}^{n}=p_{0}(X_{ij}),C_{ij}^{n}=c_{0}(X_{ij}),0\leqslant i,j\leqslant N.$

二阶迎风差分格式的计算程序是: 当 $\{P_{ij}^{n},C_{ij}^{n}\}$ 已知时, 首先由式 (2.3.9), 式 (2.3.10), 求出 $\{P_{ij}^{n+1},U_{ij}^{n+1}\}$, 再由式 (2.3.11) 求出 $\{C_{ij}^{n+1}\}$. 由正定性条件 (2.3.5), 上述格式解存在且唯一.

2.3.3 收敛性分析

设 $\pi=p-P$, $\xi=c-C$, 此处 p 和 c 为问题的精确解, P 和 C 为格式 (2.3.9) 和式 (2.3.11) 的差分解. 为了进行误差分析, 引入对应于 $L^{2}(\Omega)$ 和 $H^{1}(\Omega)$ 的离散空间 $l^{2}(\Omega)$ 和 $h^{1}(\Omega)$ 的内积和范数[28].

$$\langle v^{n},w^{n}\rangle=\sum_{i,j=1}^{N}v_{ij}^{n}w_{ij}^{n}h^{2},\quad\|v^{n}\|_{0}=(v^{n},v^{n})^{1/2},$$

$$(v^{n},w^{n})_{1}=\sum_{i=0}^{N-1}\sum_{j=1}^{N}v_{ij}^{n}w_{ij}^{n}h^{2},\quad (v^{n},w^{n})_{2}=\sum_{i=1}^{N}\sum_{j=0}^{N-1}v_{ij}^{n}w_{ij}^{n}h^{2},$$

$$\|\delta_{x}v^{n}\|=[\delta_{x}v^{n},\delta_{x}v^{n}]_{1}^{1/2},\quad\|\delta_{y}v^{n}\|=[\delta_{y}v^{n},\delta_{y}v^{n}]_{2}^{1/2},$$

$$\|\nabla_{h}v^{n}\|=(\|\delta_{x}v^{n}\|^{2}+\|\delta_{y}v^{n}\|^{2})^{1/2}.$$

首先研究压力方程, 由式 $(2.3.1)(t = t^{n+1})$ 和式 $(2.3.9)$ 可得压力函数的误差方程:

$$d(C_{ij}^n)\frac{\pi_{ij}^{n+1} - \pi_{ij}^n}{\Delta t} - \nabla_h(A^n \nabla_h \pi^{n+1})_{ij}$$

$$= -[d(c_{ij}^{n+1}) - d(C_{ij}^n)]\frac{p_{ij}^{n+1} - p_{ij}^n}{\Delta t}$$

$$+ \nabla_h([a(c^{n+1}) - a(C^n)]\nabla_h p^{n+1})_{ij} + \sigma_{ij}^{n+1}, \quad 1 \leqslant i, j \leqslant N - 1, \quad (2.3.12\text{a})$$

$$\pi_{ij}^{n+1} = 0, \quad X_{ij} \in \partial\Omega. \tag{2.3.12b}$$

此处

$$|\sigma_{ij}^{n+1}| \leqslant M \left\{ \left\| \frac{\partial^2 p}{\partial t^2} \right\|_{L^\infty(L^\infty)}, \left\| \frac{\partial p}{\partial t} \right\|_{L^\infty(W^{4,\infty})}, \|p\|_{L^\infty(W^{4,\infty})}, \|c\|_{L^\infty(W^{3,\infty})} \right\} \{h^2 + \Delta t\}.$$

假定时间和空间剖分参数满足限定性条件:

$$\Delta t = O(h^2), \tag{2.3.13}$$

此性质是合理的, 因为一个抛物型方程能希望这方法的误差估计是 $O(\Delta t + h^2)^{[5,7]}$.

引入归纳法假定

$$\sup_{0 \leqslant n \leqslant L} \max\left\{ \|\pi^n\|_{1,\infty}, \|\xi^n\|_{0,\infty}, \|\delta_{\bar{x}}(D\delta_x \xi^n)\|_0 + \|\delta_{\bar{y}}(D\delta_y \xi^n)\|_0 \right\} \to 0,$$

$$(h, \Delta t) \to 0, \tag{2.3.14}$$

此处 $\|\pi^n\|_{1,\infty}^2 = \|\pi^n\|_{0,\infty}^2 + \|\nabla_h \pi^n\|_{0,\infty}^2$.

对误差方程 $(2.3.12)$ 乘以 $\delta_t \pi_{ij}^n = d_t \pi_{ij}^n \Delta t = \pi_{ij}^{n+1} - \pi_{ij}^n$ 作内积, 并应用分部求和公式可得

$$\langle d(C^n)d_t\pi^n, d_t\pi^n \rangle \Delta t + \frac{1}{2}\left\{ \langle A^n \nabla_h \pi^{n+1}, \nabla_h \pi^{n+1} \rangle - \langle A^n \nabla_h \pi^n, \nabla_h \pi^n \rangle \right\}$$

$$= -\langle [d(c^{n+1}) - d(C^n)]d_t p^n, d_t \pi^n \rangle \Delta t$$

$$+ \langle \nabla_h([a(c^{n+1}) - a(C^n)]\nabla_h p^{n+1}), d_t \pi^n \rangle \Delta t + \langle \sigma^{n+1}, d_t \pi^n \rangle \Delta t. \tag{2.3.15}$$

依次估计 $(2.3.15)$ 右端诸项

$$-\langle [d(c^{n+1}) - d(C^n)]d_t p^n, d_t \pi^n \rangle \Delta t$$

$$\leqslant M\{\|\xi^n\|^2 + (\Delta t)^2\}\Delta t + \varepsilon \|d_t \pi^n\|^2 \Delta t, \tag{2.3.16a}$$

$$\langle \nabla_h([a(c^{n+1}) - a(C^n)]\nabla_h p^{n+1}), d_t \pi^n \rangle \Delta t$$

$$\leqslant M\{\|\nabla_h \xi^n\|^2 + (\Delta t)^2\}\Delta t + \varepsilon \|d_t \pi^n\|^2 \Delta t. \tag{2.3.16b}$$

对估计式 (2.3.15) 利用式 (2.3.16) 可得

$$\|d_t\pi^n\|_0^2 \Delta t + \frac{1}{2}\left\{\langle A^n \nabla_h \pi^{n+1}, \nabla_h \pi^{n+1}\rangle - \langle A^n \nabla_h \pi^n, \nabla_h \pi^n\rangle\right\}$$

$$\leqslant M\{\|\xi^n\|_1^2 + (\Delta t)^2\}\Delta t, \tag{2.3.17}$$

此处 $\|\xi^n\|_1^2 = \|\xi^n\|^2 + \|\nabla_h \xi^n\|^2$.

下面讨论饱和度方程的误差估计, 由式 (2.3.2)$(t = t^{n+1})$ 和式 (2.3.11) 可得

$$\Phi_{ij}\frac{\xi_{ij}^{n+1} - \xi_{ij}^n}{\Delta t} - \left\{\left(1 + \frac{h}{2}\left|u_{1,ij}^{n+1}\right| D_{ij}^{-1}\right)^{-1}\delta_{\bar{x}}(D\delta_x \xi^{n+1})_{ij}\right.$$

$$\left. + \left(1 + \frac{h}{2}\left|u_{2,ij}^{n+1}\right| D_{ij}^{-1}\right)^{-1}\delta_{\bar{y}}(D\delta_y \xi^{n+1})_{ij}\right\}$$

$$= [\delta_{v^n,x}C_{ij}^{n+1} - \delta_{u_1^{n+1},x}c_{ij}^{n+1}] + [\delta_{w^n,y}C_{ij}^{n+1} - \delta_{u_2^{n+1},y}c_{ij}^{n+1}]$$

$$+ \left\{\left[\left(1 + \frac{h}{2}\left|u_{1,ij}^{n+1}\right| D_{ij}^{-1}\right)^{-1} - \left(1 + \frac{h}{2}\left|V_{ij}^n\right| D_{ij}^{-1}\right)^{-1}\right]\delta_{\bar{x}}(D\delta_x C^{n+1})_{ij}\right.$$

$$\left. + \left[\left(1 + \frac{h}{2}\left|u_{2,ij}^{n+1}\right| D_{ij}^{-1}\right)^{-1} - \left(1 + \frac{h}{2}\left|W_{ij}^n\right| D_{ij}^{-1}\right)^{-1}\right]\delta_{\bar{y}}(D\delta_y C^{n+1})_{ij}\right\}$$

$$+ g(X_{ij}, t^{n+1}, c_{ij}^n) - g(X_{ij}, t^n, c_{ij}^n) - b(C_{ij}^n)\frac{\pi_{ij}^{n+1} - \pi_{ij}^n}{\Delta t}$$

$$- [b(c_{ij}^{n+1}) - b(C_{ij}^n)]\frac{p_{ij}^{n+1} - p_{ij}^n}{\Delta t} + \varepsilon(X_{ij}, t^{n+1}), \quad 1 \leqslant i, j \leqslant N-1, \tag{2.3.18a}$$

$$\xi_{ij}^{n+1} = 0, \quad X_{ij} \in \partial\Omega, \tag{2.3.18b}$$

这里利用了

$$\delta_{u_1^{n+1},x}c_{ij}^{n+1} - \left(u_1^{n+1}\frac{\partial c^{n+1}}{\partial x}\right)_{ij}$$

$$= \frac{u_{1,ij}^{n+1} + \left|u_{1,ij}^{n+1}\right|}{2}D_{ij}^{-1} \cdot D_{i-1/2,j}\delta_{\bar{x}}c_{ij}^{n+1}$$

$$+ \frac{u_{1,ij}^{n+1} - \left|u_{1,ij}^{n+1}\right|}{2}D_{ij}^{-1} \cdot D_{i-1/2,j}\delta_x c_{ij}^{n+1} - \left(u_1^{n+1}\frac{\partial c^{n+1}}{\partial x}\right)_{ij}$$

$$= -\frac{h}{2}\left|u_{1,ij}^{n+1}\right| D_{ij}^{-1}\delta_{\bar{x}}\left(D\delta_x u^{n+1}\right)_{ij} + O\left(\left\|\frac{\partial^3 c}{\partial x^3}\right\|_{L^\infty(L^\infty)}\right)h^2,$$

$$\delta_{u_2^{n+1},y}c_{ij}^{n+1} - \left(u_2^{n+1}\frac{\partial c^{n+1}}{\partial y}\right)_{ij}$$

$$= \frac{u_{2,ij}^{n+1} + \left|u_{2,ij}^{n+1}\right|}{2}D_{ij}^{-1} \cdot D_{i,j-1/2}\delta_{\bar{y}}c_{ij}^{n+1}$$

$$+ \frac{u_{2,ij}^{n+1} - |u_{2,ij}^{n+1}|}{2} D_{ij}^{-1} \cdot D_{i,j+1/2} \delta_y c_{ij}^{n+1} - \left(u_2^{n+1} \frac{\partial c^{n+1}}{\partial y} \right)_{ij}$$

$$= -\frac{h}{2} \left| u_{2,ij}^{n+1} \right| D_{ij}^{-1} \delta_{\bar{y}} \left(D \delta_x u^{n+1} \right)_{ij} + O \left(\left\| \frac{\partial^3 c}{\partial y^3} \right\|_{L^\infty(L^\infty)} \right) h^2,$$

$$\frac{\partial}{\partial x} \left(D \frac{\partial c^{n+1}}{\partial x} \right)_{ij} - \left(1 + \frac{h}{2} \left| u_{1,ij}^{n+1} \right| D_{ij}^{-1} \right)^{-1} \delta_{\bar{x}} (D \delta_x c^{n+1})_{ij}$$

$$= \frac{h}{2} \left| u_{1,ij}^{n+1} \right| D_{ij}^{-1} \delta_{\bar{x}} \left(D \delta_x u^{n+1} \right)_{ij} + O \left(\left\| \frac{\partial^4 c}{\partial x^4} \right\|_{L^\infty(L^\infty)} \right) h^2,$$

$$\frac{\partial}{\partial y} \left(D \frac{\partial c^{n+1}}{\partial y} \right)_{ij} - \left(1 + \frac{h}{2} \left| u_{2,ij}^{n+1} \right| D_{ij}^{-1} \right)^{-1} \delta_{\bar{y}} (D \delta_y c^{n+1})_{ij}$$

$$= \frac{h}{2} \left| u_{2,ij}^{n+1} \right| D_{ij}^{-1} \delta_{\bar{y}} \left(D \delta_y u^{n+1} \right)_{ij} + O \left(\left\| \frac{\partial^4 c}{\partial y^4} \right\|_{L^\infty(L^\infty)} \right) h^2.$$

于是推得

$$\Phi_{ij} \frac{c_{ij}^{n+1} - c_{ij}^n}{\Delta t} + \delta_{u_1^{n+1},x} c_{ij}^{n+1} + \delta_{u_2^{n+1},y} c_{ij}^{n+1}$$

$$- \left\{ \left(1 + \frac{h}{2} \left| u_{1,ij}^{n+1} \right| D_{ij}^{-1} \right)^{-1} \delta_{\bar{x}} (D \delta_x c_{ij}^{n+1})_{ij} \right.$$

$$\left. + \left(1 + \frac{h}{2} \left| u_{2,ij}^{n+1} \right| D_{ij}^{-1} \right)^{-1} \delta_{\bar{y}} (D \delta_y c_{ij}^{n+1})_{ij} \right\}$$

$$- g(X_{ij}, t^{n+1}, c_{ij}^{n+1}) + b(c_{ij}^{n+1}) \frac{p_{ij}^{n+1} - p_{ij}^n}{\Delta t} = \varepsilon(X_{ij}, t^{n1}), \tag{2.3.19}$$

此处

$$\left| \varepsilon_{ij}^{n+1} \right| \leqslant M \left\{ \left\| \frac{\partial^2 c}{\partial t^2} \right\|_{L^\infty(L^\infty)}, \left\| \frac{\partial c}{\partial t} \right\|_{L^\infty(W^{4,\infty})}, \|c\|_{L^\infty(W^{4,\infty})}, \left\| \frac{\partial c}{\partial t} \right\|_{L^\infty(W^{4,\infty})} \right\} \{ h^2 + \Delta t \}.$$

对饱和度方程 (2.3.18) 乘以 $d_t \xi_{ij}^n = \xi_{ij}^{n+1} - \xi_{ij}^n = d_t \xi_{ij}^n \Delta t$ 作内积, 并分部求和可得

$$\langle \Phi d_t \xi^n, d_t \xi^n \rangle \Delta t + \left\{ \left\langle D \delta_x \xi^{n+1}, \delta_x \left[\left(1 + \frac{h}{2} \left| u_1^{n+1} \right| D^{-1} \right)^{-1} (\xi^{n+1} - \xi^n) \right] \right\rangle \right.$$

$$\left. + \left\langle D \delta_y \xi^{n+1}, \delta_y \left[\left(1 + \frac{h}{2} \left| u_2^{n+1} \right| D^{-1} \right)^{-1} (\xi^{n+1} - \xi^n) \right] \right\rangle \right\}$$

$$= \left\{ \langle \delta_{V^n x} C^{n+1} - \delta_{u_1^{n+1},x} c^{n+1}, d_t \xi^n \rangle + \langle \delta_{W^n,y} C^{n+1} - \delta_{u_2^{n+1},y} c^{n+1}, d_t \xi^n \rangle \right\} \Delta t$$

$$+ \left\{ \left\langle \left[\left(1 + \frac{h}{2} \left| u_1^{n+1} \right| D^{-1} \right)^{-1} - \left(1 + \frac{h}{2} \left| V^n \right| D^{-1} \right)^{-1} \right] \delta_{\bar{x}} (D \delta_x C^{n+1}) \right. \right.$$

$$+ \left[\left(1 + \frac{h}{2} \left| u_2^{n+1} \right| D^{-1} \right)^{-1} - \left(1 + \frac{h}{2} \left| W^n \right| D^{-1} \right)^{-1} \right] \delta_{\bar{y}} (D \delta_y C^{n+1}), d_t \xi^n \Big\rangle \Big\} \Delta t$$

$$+ \langle g(c^{n+1}) - g(C^n), d_t \xi^n \rangle \Delta t - \left\langle b(C^n) \frac{\pi^{n+1} - \pi^n}{\Delta t}, d_t \xi^n \right\rangle \Delta t$$

$$- \left\langle b\left(c^{n+1} \right) - b(C^n) \frac{p^{n+1} - p^n}{\Delta t}, d_t \xi^n \right\rangle \Delta t + \langle \varepsilon, d_t \xi^n \rangle \Delta t. \tag{2.3.20}$$

首先估计式 (2.3.20) 左端第二项,

$$\left\langle D \delta_x \xi^{n+1}, \delta_x \left[\left(1 + \frac{h}{2} \left| u_1^{n+1} \right| D^{-1} \right)^{-1} (\xi^{n+1} - \xi^n) \right] \right\rangle$$

$$= \left\langle D \delta_x \xi^{n+1}, \left(1 + \frac{h}{2} \left| u_1^{n+1} \right| D^{-1} \right)^{-1} \delta_x (\xi^{n+1} - \xi^n) \right\rangle$$

$$+ \left\langle D \delta_x \xi^{n+1}, \delta_x \left(1 + \frac{h}{2} \left| u_1^{n+1} \right| D^{-1} \right)^{-1} \cdot (\xi^{n+1} - \xi^n) \right\rangle,$$

由于

$$\left| \delta_x \left(1 + \frac{h}{2} \left| u_1^{n+1} \right| D^{-1} \right)_{ij}^{-1} \right| = \frac{\frac{1}{2} \left| \left| u_{1,ij}^{n+1} \right| - \left| u_{1,i+1,j}^{n+1} \right| \right| D_{ij}^{-1}}{\left(1 + \frac{h}{2} \left| u_{1,i+1,j}^{n+1} \right| D_{ij}^{-1} \right) \left(1 + \frac{h}{2} \left| u_{1,ij}^{n+1} \right| D_{ij}^{-1} \right)}$$

$$\leqslant \frac{\frac{h}{2} \left| \delta_x u_{ij}^{n+1} \right| D_{ij}^{-1}}{\left(1 + \frac{h}{2} \left| u_{1,i+1,j}^{n+1} \right| D_{ij}^{-1} \right) \left(1 + \frac{h}{2} \left| u_{1,ij}^{n+1} \right| D_{ij}^{-1} \right)},$$

于是有

$$\left\langle D \delta_x \xi^{n+1}, \delta_x \left[\left(1 + \frac{h}{2} \left| u_1^{n+1} \right| D^{-1} \right)^{-1} (\xi^{n+1} - \xi^n) \right] \right\rangle$$

$$\geqslant \frac{1}{2} \left\{ \left\langle D \delta_x \xi^{n+1}, \left(1 + \frac{h}{2} \left| u_1^{n+1} \right| D^{-1} \right)^{-1} \delta_x \xi^{n+1} \right\rangle \right.$$

$$\left. - \left\langle D \delta_x \xi^n, \left(1 + \frac{h}{2} \left| u_1^{n+1} \right| D^{-1} \right)^{-1} \delta_x \xi^n \right\rangle \right\}$$

$$- \left\| \delta_x \xi^{n+1} \right\|^2 \Delta t - \varepsilon \left\| d_t \xi^n \right\|^2 \Delta t, \tag{2.3.21a}$$

类似地, 有

$$\left\langle D \delta_y \xi^{n+1}, \delta_y \left[\left(1 + \frac{h}{2} \left| u_2^{n+1} \right| D^{-1} \right)^{-1} (\xi^{n+1} - \xi^n) \right] \right\rangle$$

$$\geqslant \frac{1}{2}\left\{\left\langle D\delta_y\xi^{n+1}, \left(1+\frac{h}{2}\left|u_2^{n+1}\right|D^{-1}\right)^{-1}\delta_y\xi^{n+1}\right\rangle\right.$$

$$\left. - \left\langle D\delta_y\xi^n, \left(1+\frac{h}{2}\left|u_2^{n+1}\right|D^{-1}\right)^{-1}\delta_y\xi^n\right\rangle\right\}$$

$$- \left\|\delta_y\xi^{n+1}\right\|^2\Delta t - \varepsilon\left\|d_t\xi^n\right\|^2\Delta t. \tag{2.3.21b}$$

现估计式 (2.3.20) 右端诸项, 由归纳法假定 (2.3.14) 可以推出 U^n 是有界的, 故有

$$\delta_{V^n x}C_{ij}^{n+1} - \delta_{u_1^{n+1},x}^{n+1}c_{ij}^{n+1} = \frac{V_{ij}^n + \left|V_{ij}^n\right|}{2}D_{ij}^{-1}D_{i-1/2,j}\delta_{\bar{x}}C_{ij}^{n+1}$$

$$+ \frac{V_{ij}^n - \left|V_{ij}^n\right|}{2}D_{ij}^{-1}D_{i+1/2,j}\delta_x C_{ij}^{n+1}$$

$$- \left\{\frac{u_{1,ij}^{n+1} + \left|u_{1,ij}^{n+1}\right|}{2}D_{ij}^{-1}D_{i-1/2,j}\delta_{\bar{x}}c_{ij}^{n+1}\right.$$

$$\left. + \frac{u_{1,ij}^{n+1} - \left|u_{1,ij}^{n+1}\right|}{2}D_{ij}^{-1}D_{i-1/2,j}\delta_x c_{ij}^{n+1}\right\}$$

$$= \left\{\frac{(V_{ij}^n - u_{1,ij}^{n+1}) + \left|V_{ij}^n\right| - \left|u_{1,ij}^{n+1}\right|}{2}D_{ij}^{-1}D_{i+1/2,j}\delta_{\bar{x}}c_{ij}^{n+1}\right.$$

$$\left. + \frac{V_{ij}^n - u_{1,ij}^{n+1} + (\left|V_{ij}^n\right| - \left|u_{1,ij}^{n+1}\right|)}{2}D_{ij}^{-1}D_{i+1/2,j}\delta_x c_{ij}^{n+1}\right\}$$

$$- \left\{\frac{V_{ij}^n + \left|V_{ij}^n\right|}{2}D_{ij}^{-1}D_{i-1/2,j}\delta_{\bar{x}}\xi_{ij}^{n+1}\right.$$

$$\left. + \frac{V_{ij}^n - \left|V_{ij}^n\right|}{2}D_{ij}^{-1}D_{i+1/2,j}\delta_x\xi_{ij}^{n+1}\right\}$$

$$\leqslant M\left\{\left|V_{ij}^n - u_{1,ij}^{n+1}\right| + \left|\delta_{\bar{x}}\xi^{n+1}\right| + \left|\delta_x\xi^{n+1}\right|\right\}.$$

由此可得

$$\langle\delta_{V^n,x}C^{n+1} - \delta_{u_1^{n+1},x}c^{n+1}, d_t\xi^n\rangle\Delta t$$

$$\leqslant M\left\langle\left|V^n - u_1^{n+1}\right| + \left|\delta_x\xi^{n+1}\right| + \left|\delta_{\bar{x}}\xi^{n+1}\right|, \left|d_t\xi^n\right|\right\rangle\Delta t$$

$$\leqslant M\left\{\left\|u_1^n - V^n\right\|^2 + \left\|\delta_x\xi^{n+1}\right\|^2 + (\Delta t)^2\right\}\Delta t + \varepsilon\left\|d_t\xi^n\right\|^2\Delta t,$$

类似地, 有

$$\langle\delta_{W^n,y}C^{n+1} - \delta_{u_2^{n+1},y}c^{n+1}, d_t\xi^n\rangle\Delta t$$

$$\leqslant M\left\{\left\|u_2^n - W^n\right\|^2 + \left\|\delta_y\xi^{n+1}\right\|^2 + (\Delta t)^2\right\}\Delta t + \varepsilon\left\|d_t\xi^n\right\|^2\Delta t,$$

于是可得

$$\left\{\left\langle \delta_{V^n,x}C^{n+1} - \delta_{u_{1,x}^{n+1}}c^{n+1}, d_t\xi^n\right\rangle + \left\langle \delta_{W^n,y}C^{n+1} - \delta_{u_2^{n+1},y}c^{n+1}, d_t\xi^n\right\rangle\right\}\Delta t$$
$$\leqslant M\{\|u^n - U^n\|^2 + \|\nabla_h\xi^{n+1}\|^2 + (\Delta t)^2\}\Delta t + \varepsilon\|d_t\xi^n\|^2\Delta t, \tag{2.3.22}$$

现估计式 (2.2.20) 右端第二项, 注意到

$$\left(1+\frac{h}{2}\left|u_{1,ij}^{n+1}\right|D_{ij}^{-1}\right)^{-1} - \left(1+\frac{h}{2}\left|V_{ij}^n\right|D_{ij}^{-1}\right)^{-1} = \frac{\frac{h}{2}(|V_{ij}^n|-|u_{1,ij}^{n+1}|)D_{ij}^{-1}}{\left(1+\frac{h}{2}\left|u_{1,ij}^{n+1}\right|D_{ij}^{-1}\right)\left(1+\frac{h}{2}\left|V_{ij}^n\right|D_{ij}^{-1}\right)},$$

$$\left(1+\frac{h}{2}\left|u_{2,ij}^{n+1}\right|D_{ij}^{-1}\right)^{-1} - \left(1+\frac{h}{2}\left|W_{ij}^n\right|D_{ij}^{-1}\right)^{-1} = \frac{\frac{h}{2}(|W_{ij}^n|-|u_{2,ij}^{n+1}|)D_{ij}^{-1}}{\left(1+\frac{h}{2}\left|u_{2,ij}^{n+1}\right|D_{ij}^{-1}\right)\left(1+\frac{h}{2}\left|W_{ij}^n\right|D_{ij}^{-1}\right)},$$

由归纳法假定 (2.3.14) 和逆估计得 $h\delta_{\bar{x}}(D\delta_x C^{n+1})$, $h\delta_{\bar{y}}(D\delta_y C^{n+1})$ 是有界的, 于是有

$$\left\{\left\langle\left[\left(1+\frac{h}{2}\left|u_1^{n+1}\right|D^{-1}\right)^{-1} - \left(1+\frac{h}{2}\left|V^n\right|D^{-1}\right)^{-1}\delta_x(D\delta_x C^{n+1})\right.\right.\right.$$
$$\left.\left.\left. + \left[\left(1+\frac{h}{2}\left|u_2^{n+1}\right|D^{-1}\right)^{-1}\right] - \left(1+\frac{h}{2}\left|W^n\right|D^{-1}\right)^{-1}\right]\delta_{\bar{y}}(D\delta_y C^{n+1}), d_t\xi^n\right\rangle\right\}\Delta t$$
$$\leqslant M\{\|u^n - U^n\|^2 + (\Delta t)^2\}\Delta t + \varepsilon\|d_t\xi^n\|^2\Delta t. \tag{2.3.23}$$

对后面诸项由 ε_0-Lipschitz 条件和归纳法假定 (2.3.14) 可以推得

$$\langle g(c^{n+1}) - g(C^n), d_t\xi^n\rangle\Delta t \leqslant M\{\|\xi^n\|^2 + (\Delta t)^2\}\Delta t + \varepsilon\|d_t\xi^n\|^2\Delta t, \tag{2.3.24}$$

$$-\left\langle b(C^n)\frac{\pi^{n+1}-\pi^n}{\Delta t}, d_t\xi^n\right\rangle\Delta t \leqslant M\|d_t\pi^n\|^2\Delta t + \varepsilon\|d_t\xi^n\|^2\Delta t, \tag{2.3.25}$$

$$-\left\langle [b(c^{n+1}) - b(C^n)]\frac{p^{n+1}-p^n}{\Delta t}, d_t\xi^n\right\rangle\Delta t$$
$$\leqslant M\{\|\xi^n\|^2 + (\Delta t)^2\}\Delta t + \varepsilon\|d_t\xi^n\|^2\Delta t, \tag{2.3.26}$$

$$\langle\varepsilon, d_t\xi^n\rangle\Delta t \leqslant M\left\{h^4 + (\Delta t)^2\right\} + \varepsilon\|d_t\xi^n\|^2\Delta t. \tag{2.3.27}$$

对误差估计式 (2.3.20) 应用式 (2.3.21)—(2.3.27) 的结果, 经计算可得

$$\|d_t\xi^n\|_0^2 + \frac{1}{2}\left\{\left[\left\langle D\delta_x\xi^{n+1}, \left(1+\frac{h}{2}\left|u_1^{n+1}\right|D^{-1}\right)^{-1}\delta_x\xi^{n+1}\right\rangle\right.\right.$$

$$+ \left\langle D\delta_y \xi^{n+1}, \left(1 + \frac{h}{2} \left| u_2^{n+1} \right| D^{-1} \right)^{-1} \delta_y \xi^{n+1} \right\rangle \right]$$

$$- \left[\left\langle D\delta_x \xi^n, \left(1 + \frac{h}{2} \left| u_1^{n+1} \right| D^{-1} \right)^{-1} \delta_x \xi^n \right\rangle \right.$$

$$+ \left\langle D\delta_y \xi^n, \left(1 + \frac{h}{2} \left| u_2^{n+1} \right| D^{-1} \right)^{-1} \delta_y \xi^n \right\rangle \right] \right\}$$

$$\leqslant \varepsilon \left\| d_t \xi^n \right\|^2 \Delta t + M \{ \| u^n - U^n \|^2 + \| d_t \pi^n \|^2$$

$$+ \| \nabla_h \xi^n \|^2 + \left\| \xi^{n+1} \right\|^2 + \| \xi^n \|^2 + (\Delta t)^2 \} \Delta t, \qquad (2.3.28)$$

对式 (2.3.17) 关于 t 求和 $0 \leqslant n \leqslant L$, 注意到 $\pi^0 = 0$, 可得

$$\sum_{n=0}^{L} \| d_t \pi^n \|^2 \Delta t + \left\langle A^L \nabla_h \pi^{L+1}, \nabla_h \pi^{L+1} \right\rangle - \left\langle A^0 \nabla_h \pi^0, \nabla_h \pi^0 \right\rangle$$

$$\leqslant \sum_{n=1}^{L} \left\langle \left[A^n - A^{n-1} \right] \nabla_h \pi^n, \nabla_h \pi^n \right\rangle + M \sum_{n=1}^{L} \{ \| \xi^n \|_1^2 + (\Delta t)^2 + h^4 \} \Delta t, \quad (2.3.29)$$

对式 (2.3.29) 右端第一项的系数有

$$A^n - A^{n-1} = a(X, c^n) - a(X, c^{n-1}) = \frac{\partial \bar{a}}{\partial c} (c^n - c^{n-1})$$

$$= \frac{\partial \bar{a}}{\partial c} \{ (\xi^n - \xi^{n-1}) - (c^n - c^{n-1}) \} = \frac{\partial \bar{a}}{\partial c} \left\{ d_t \xi^{n-1} - \frac{\partial \bar{c}}{\partial c} \right\} \Delta t,$$

由于 $\dfrac{\partial \bar{a}}{\partial c}, \dfrac{\partial \bar{c}}{\partial t}$ 有界, 于是有 $\left| A^n - A^{n-1} \right| \leqslant M \left\{ \left| d_t \xi^{n-1} \right| + 1 \right\} \Delta t$, 则对式 (2.3.29) 右端第一项有下述估计

$$\sum_{n=1}^{L} \left\langle \left[A^n - A^{n-1} \right] \nabla_h \pi^n, \nabla_h \pi^n \right\rangle$$

$$\leqslant \varepsilon \sum_{n=1}^{L} \left\| d_t \xi^{n-1} \right\|^2 \Delta t + M \sum_{n=1}^{L} \| \nabla_h \pi^n \|^2 \Delta t. \qquad (2.3.30)$$

对式 (2.3.29) 应用式 (2.3.30) 可得

$$\sum_{n=0}^{L} \| d_t \pi^n \|^2 \Delta t + \left\langle A^L \nabla_h \pi^{L+1}, \nabla_h \pi^{L+1} \right\rangle$$

$$\leqslant \varepsilon \sum_{n=1}^{L} \left\| d_t \xi^{n-1} \right\|^2 \Delta t + M \sum_{n=1}^{L} \{ \| \xi^n \|_1^2 + \| \nabla_h \pi^n \|^2 + h^4 + (\Delta t)^2 \} \Delta t. \quad (2.3.31)$$

对饱和度方程 (2.3.28) 关于 t 求和 $0 \leqslant n \leqslant L$, 注意到 $\xi^0 = 0$ 并利用估计式 $\|u^n - U^n\|^2 \leqslant M\left\{\|\xi^n\|^2 + \|\nabla_h\pi^n\|^2 + h^4\right\}$ 可得

$$
\sum_{n=0}^{L} \|d_t\xi^n\|^2 \Delta t + \frac{1}{2}\left\{\left[\left\langle D\delta_x\xi^{L+1}, \left(1 + \frac{h}{2}\left|u_1^{L+1}\right|D^{-1}\right)^{-1}\delta_x\xi^{L+1}\right\rangle\right.\right.
$$

$$
+ \left\langle D\delta_y\xi^{L+1}, \left(1 + \frac{h}{2}\left|u_2^{L+1}\right|D^{-1}\right)^{-1}\delta_y\xi^{L+1}\right\rangle\right]
$$

$$
- \left[\left\langle D\delta_x\xi^0, \left(1 + \frac{h}{2}\left|u_1^0\right|D^{-1}\right)^{-1}\delta_x\xi^0\right\rangle\right.
$$

$$
\left.\left.+ \left\langle D\delta_y\xi^0, \left(1 + \frac{h}{2}\left|u_2^0\right|D^{-1}\right)^{-1}\delta_y\xi^0\right\rangle\right]\right\}
$$

$$
\leqslant \sum_{n=1}^{L}\left\{\left\langle D\delta_x\xi^n, \left[\left(1 + \frac{h}{2}\left|u_1^{n+1}\right|D^{-1}\right)^{-1} - \left(1 + \frac{h}{2}\left|u_1^n\right|D^{-1}\right)^{-1}\right]\delta_x\xi^n\right\rangle\right.
$$

$$
\left.+ \left\langle D\delta_y\xi^n, \left[\left(1 + \frac{h}{2}\left|u_2^{n+1}\right|D^{-1}\right)^{-1} - \left(1 + \frac{h}{2}\left|u_2^n\right|D^{-1}\right)^{-1}\right]\delta_y\xi^n\right\rangle\right\}
$$

$$
+ \varepsilon\sum_{n=0}^{L} \|d_t\xi^n\|^2 \Delta t + M\sum_{n=0}^{L}\left\{\left\|\xi^{n+1}\right\|_1^2\right.
$$

$$
+ \|\nabla_h\pi^n\|_0^2 + \|d_t\pi^n\|^2 + (\Delta t)^2 + h^4\}\Delta t, \tag{2.3.32}
$$

注意到

$$
\left|\left(1 + \frac{h}{2}\left|u_{1,ij}^{n+1}\right|D_{ij}^{-1}\right)^{-1} - \left(1 + \frac{h}{2}\left|u_{1,ij}^n\right|D_{ij}^{-1}\right)^{-1}\right|
$$

$$
= \frac{\left|\frac{h}{2}\left(\left|u_{1,ij}^n\right| - \left|u_{1,ij}^{n+1}\right|\right)D_{ij}^{-1}\right|}{\left(1 + \frac{h}{2}\left|u_{1,ij}^{n+1}\right|D_{ij}^{-1}\right)\left(1 + \frac{h}{2}\left|u_{1,ij}^n\right|D_{ij}^{-1}\right)}
$$

$$
\leqslant \frac{\frac{h}{2}D_{ij}^{-1}\left|u_{1,ij}^{n+1} - u_{1,ij}^n\right|}{\left(1 + \frac{h}{2}\left|u_{1,ij}^{n+1}\right|D_{ij}^{-1}\right)\left(1 + \frac{h}{2}\left|u_{1,ij}^n\right|D_{ij}^{-1}\right)}
$$

$$
= \frac{\frac{h}{2}D_{ij}^{-1}\left|d_t u_{1,ij}^n\right|\Delta t}{\left(1 + \frac{h}{2}\left|u_{1,ij}^{n+1}\right|D_{ij}^{-1}\right)\left(1 + \frac{h}{2}\left|u_{1,ij}^n\right|D_{ij}^{-1}\right)} \leqslant Mh\Delta t, \tag{2.3.33a}
$$

$$
\left|\left(1 + \frac{h}{2}\left|u_{2,ij}^{n+1}\right|D_{ij}^{-1}\right)^{-1} - \left(1 + \frac{h}{2}\left|u_{2,ij}^n\right|D_{ij}^{-1}\right)^{-1}\right| \leqslant Mh\Delta t. \tag{2.3.33b}
$$

由式 (2.3.33a), 式 (2.3.33b), 则式 (2.3.32) 可改写为

$$\sum_{n=0}^{L} \|d_t \xi^n\|^2 \Delta t + \frac{1}{2} \left[\left\langle D\delta_x \xi^{L+1}, \left(1 + \frac{h}{2} \left| u_1^{L+1} \right| D^{-1}\right)^{-1} \delta_x \xi^{L+1} \right\rangle \right.$$
$$\left. + \left\langle D\delta_y \xi^{L+1}, \left(1 + \frac{h}{2} \left| u_2^{L+1} \right| D^{-1}\right)^{-1} \delta_y \xi^{L+1} \right\rangle \right]$$
$$\leqslant M \sum_{n=0}^{L} \|d_t \pi^n\|^2 \Delta t + M \sum_{n=0}^{L} \left\{ \|\xi^{n+1}\|_1^2 + \|\nabla_h \pi^n\|^2 + (\Delta t)^2 + h^4 \right\} \Delta t$$
$$\leqslant M \sum_{n=1}^{L} \left\{ \|\xi^{n+1}\|_1^2 + \|\nabla_h \pi^n\|^2 + (\Delta t)^2 + h^4 \right\} \Delta t, \tag{2.3.34}$$

注意到当 $\pi^0 = \xi^0 = 0$ 时, 有

$$\|\pi^{L+1}\|^2 \leqslant \varepsilon \sum_{n=0}^{L} \|d_t \pi^n\|_0^2 \Delta t + M \sum_{n=0}^{L} \|\pi^n\|^2 \Delta t,$$
$$\|\xi^{L+1}\|^2 \leqslant \varepsilon \sum_{n=0}^{L} \|d_t \xi^n\|_0^2 \Delta t + M \sum_{n=0}^{L} \|\xi^n\|^2 \Delta t.$$

组合式 (2.3.31) 和式 (2.3.34) 可得

$$\sum_{n=0}^{L} \left\{ \|d_t \pi^n\|^2 + \|d_t \xi^n\|^2 \right\} \Delta t + \|\pi^{L+1}\|_1^2 + \|\xi^{L+1}\|_1^2$$
$$\leqslant M \sum_{n=0}^{L} \left[\|\pi^n\|_1^2 + \|\xi^{n+1}\|_1^2 + h^4 + (\Delta t)^2 \right] \Delta t, \tag{2.3.35}$$

应用 Gronwall 引理可得

$$\sum_{n=0}^{L} \left\{ \|d_t \pi^n\|^2 + \|d_t \xi^n\|^2 \right\} \Delta t + \|\pi^{L+1}\|_1^2 + \|\xi^{L+1}\|_1^2 \leqslant M \left\{ h^4 + (\Delta t)^2 \right\}. \tag{2.3.36}$$

下面需要检验归纳法假定式 (2.3.14), 对于 $n = 0$, 由于 $\pi^0 = \xi^0 = 0$, 故式 (2.3.14) 是正确的, 若 $1 \leqslant n \leqslant L$ 时式 (2.3.14) 成立, 由式 (2.3.36) 可得 $\|\pi^{L+1}\|_1 + \|\xi^{L+1}\|_1 \leqslant M \left\{ h^2 + \Delta t \right\}$, 由逆估计和剖分限制性条件 (2.3.13) 有 $\|\pi^{L+1}\|_{1,\infty} + \|\xi^{L+1}\|_{1,\infty} \leqslant Mh$, $\|\pi^{L+1}\|_2 + \|\xi^{L+1}\|_2 \leqslant Mh$, 于是归纳法假定式 (2.3.14) 成立.

定理 2.3.1　假定问题 (2.3.1)—(2.3.5) 的精确解满足光滑性条件:

$$p, c \in W^{1,\infty}(W^{1,\infty}) \cap L^{\infty}(W^{4,\infty}), \quad \frac{\partial p}{\partial t}, \frac{\partial c}{\partial t} \in L^{\infty}(W^{4,\infty}), \quad \frac{\partial^2 p}{\partial t^2}, \frac{\partial^2 c}{\partial t^2} \in L^{\infty}(L^{\infty}).$$

采用迎风差分格式 (2.3.9)–(2.3.11) 逐层计算, 若剖分参数满足限制性条件式 (2.3.13), 则下述误差估计式成立:

$$\|p - P\|_{\bar{L}^\infty([0,T];h^1)} + \|c - C\|_{\bar{L}^\infty([0,T];h^1)}$$
$$+ \|d_t(p - P)\|_{\bar{L}^2([0,T];l^2)} + \|d_t(c - C)\|_{\bar{L}^2([0,T];l^2)} \leqslant M^*\{\Delta t + h^2\}, \quad (2.3.37)$$

此处 $\|g\|_{\bar{L}^\infty(J;X)} = \sup\limits_{n\Delta t \leqslant T} \|f^n\|_X$, $\|g\|_{\bar{L}^2(J;X)} = \sup\limits_{n\Delta t \leqslant T} \left\{ \sum\limits_{n=0}^{L} \|g^n\|_X^2 \Delta t \right\}^{1/2}$, 常数 M^* 依赖于 p, c 及其导函数.

2.3.4 推广和简化

2.3.4.1 三维问题

本节所提出的方法可拓广到三维问题, 计算格式是

$$d(C_{ijk}^n)\frac{P_{ijk}^{n+1} - P_{ijk}^n}{\Delta t} - \nabla_h\left(A^n\nabla_h P^{n+1}\right)_{ijk} = q\left(X_{ijk}, t^{n+1}\right), \quad 1 \leqslant i,j,k \leqslant N-1,$$
$$\tag{2.3.38a}$$
$$P_{ijk}^{n+1} = e_{ijk}^{n+1}, \quad X_{ijk} \in \partial\Omega, \tag{2.3.38b}$$

$$\Phi_{ijk}\frac{C_{ijk}^{n+1} - C_{ijk}^n}{\Delta t} + \delta_{v^n,x}C_{ijk}^{n+1} + \delta_{w^n,y}C_{ijk}^{n+1} + \delta_{s^n,z}C_{ijk}^{n+1}$$
$$- \left\{ \left(1 + \frac{h}{2}\left|V_{ijk}^n\right|D_{ij}^{-1}\right)^{-1} \delta_{\bar{x}}\left(D\delta_x C_{ijk}^{n+1}\right)\right.$$
$$+ \left(1 + \frac{h}{2}\left|W_{ijk}^n\right|D_{ijk}^{-1}\right)^{-1} \delta_{\bar{y}}(D\delta_y C_{ijk}^{n+1})$$
$$\left. + \left(1 + \frac{h}{2}\left|S_{ijk}^n\right|D_{ijk}^{-1}\right)^{-1} \delta_{\bar{z}}(D\delta_z C_{ijk}^{n+1})\right\}$$
$$= g(X_{ijk}, t^n, c_{ijk}^n) - b(C_{ijk}^n)\frac{P_{ijk}^{n+1} - P_{ijk}^n}{\Delta t}, \quad 1 \leqslant i,j,k \leqslant N-1, \quad (2.3.39a)$$
$$C_{ijk}^{n+1} = h_{ijk}^{n+1}, \quad X_{ijk} \in \partial\Omega, \tag{2.3.39b}$$

此处 $\delta_{v^n,x}C_{ijk}^{n+1} = V_{ijk}^n\left\{H(V_{ijk}^n)D_{ijk}^{-1}D_{i-1/2,jk}\delta_{\bar{x}}C_{ijk}^{n+1} + (1 - H(V_{ijk}^n))D_{ijk}^{-1}D_{i-1/2,jk}\cdot\right.$ $\left.\delta_x C_{ijk}^{n+1}\right\}$, 对 $\delta_{w^n,y}C_{ijk}^{n+1}, \delta_{s^n,z}C_{ijk}^{n+1}$ 可类似的定义.

2.3.4.2 一阶迎风差分格式

对饱和度方程 (2.3.2) 可以提出一阶迎风差分格式:

$$\Phi_{ij}\frac{C_{ij}^{n+1} - C_{ij}^n}{\Delta t} + \delta_{v^n,x}C_{ij}^{n+1} + \delta_{w^n,y}C_{ij}^{n+1} - \left\{\delta_{\bar{x}}\left(D\delta_x C_{ij}^{n+1}\right) + \delta_{\bar{y}}\left(D\delta_x C_{ij}^{n+1}\right)\right\}$$

$$=g\left(X_{ij}, t^n, C_{ij}^n\right) - b\left(C_{ij}^n\right)\frac{P_{ij}^{n+1} - P_{ij}^n}{\Delta t}, \quad 1 \leqslant i, j, k \leqslant N-1, \tag{2.3.40a}$$

$$C_{ij}^{n+1} = h_{ij}^{n+1}, \quad X_{ij} \in \partial\Omega, \tag{2.3.40b}$$

此处

$$\delta_{v^n, x} C_{ij}^{n+1} = V_{ij}^n[H(V_{ij}^n)\delta_{\bar{x}} + (1 - H(V_{ij}^n))\delta_x]\,C_{ij}^{n+1},$$
$$\delta_{w^n, y} C_{ij}^{n+1} = W_{ij}^n[H(W_{ij}^n)\delta_{\bar{y}} + (1 - H(W_{ij}^n))\delta_y]C_{ij}^{n+1}.$$

对差分格式 (2.3.9)、(2.3.10) 和 (2.3.40), 同样可以建立误差估计为 $O\left(\Delta t + h\right)$ 的收敛性定理.

参 考 文 献

[1] Jr Douglas J. Numerical mdthod for the flow of miscible fluids in porons media. //Lewis R W, Bettess P, Hinton E, ed. Numerical Method in Coupled Systems New York: John Wiley & Sons, 1984.

[2] Jr Douglas J, Roberts J E. Numerical method for a model for compressible miscible displacement in porous media. math.Comp, 1983, 41: 441–459.

[3] Raviart P A, Thomas J M. A Mixed Finite Element Metohod for 2nd Order Elliplic Problems. Mathematial Aspects of the finite element method. Berlin and New York: Spring-Verlag, 1977.

[4] Thomas J M. Surl'Apalyse Numerque des Methodes d'E'le'ments Finis Hybrides et Mixtes. These, Universite Pierre et Maric Paris, 1977.

[5] Ciarlet P G. The Finte Elemnt Method for Elliplic Problem. Amsterdam：North-Holland, 1978.

[6] Wheeler M F. A priori L_2 error estimates for Galerkin approximations to parabolic partial differential equation. SIAM Numer. Anal., 1973, 10: 723–759.

[7] Jr Douglas J, Ewing R E, Wheeler M F. A time-discretization procedure for a mixed finite element approximation of miscible of miscible displacement in porous media. RAIRO Anal. Numer., 1983, 17: 149–265.

[8] Brezzi F. On the existence,uniqueness and approximation of saddle-point problems arising from Lagrangian multipliers. RAIRO Anal. Numer., 1974, 2: 129–151.

[9] Bird R B, Lightfoot W E, Stewart E N. Transport Phenomenon. New York: John Wiley and Sons, 1960.

[10] Jr Douglas J. Finite difference method for two-phase incompressible flow in porous media. SIAM J. Numer.Anal., 1983, 4: 681–689.

[11] Jr Dougles J, Ewing R E, Whealer M F. The approximation of the pressure by a mixed method in the simulation of miscible displacement. RAIRO Anal. Numer., 1983, 17: 17–33.

[12] Douglas Jr J, Yuan Y R. Numerical simulation of immiscible flow in porous media based on combining the method of characteristics with mixed finite element procedure. The IMA Vol in Math and It's Appl., 1986, 11: 119–131.

[13] Russell T F. Time stepping along characteristics with incomplete iteration for a Galerkin approximation of miseible displacement in porous media. SIAM J. Numer. Anal., 1985, 22: 976–1013.

[14] Bramble J H. A second order finite difference analog of the first biharmonic boundary value problem. Numer. Math., 1966, 4: 236–249.

[15] Jr Douglas J. Simulation of Miscible Displacement in Porous Media by a Modified of Characteristics Procedure. Berlin: Springer-Verlag, 1982.

[16] 袁益让. 多孔介质中可压缩、可混溶驱动问题的特征有限元方法. 计算数学, 1992, 4: 385–406.

[17] 袁益让. 在多孔介质中完全可压缩、可混溶驱动问题的差分方法. 计算数学, 1993, 1:16–28.

[18] Ewing R E. The Mathematics of Reservoir Simulation. Philadephia: SIAM, 1983.

[19] Jr Douglas J, Russell T F. Numerical methods for convevtion-dominated diffusion problems based on combining the method of characteristics with finite element or finite difference procedures. SIAM J. Numer. Anal., 1982, 5: 781–895.

[20] Jr Douglas J. Simulation of miscible displacement in porous media by a modified method of characteristic procedure. Lecture Notes in Mathematics 912, Numerical Analysis, Proceedings, Dundee, 1981.

[21] 袁益让. 油藏数值模拟中动边值问题的特征差分格式. 中国科学 (A 辑), 1994, 10: 1029–1036.
Yuan Y R. Characteristic finite difference method for moving boundary value problem of numerical simulation of oil deposit. Science in China(Series A), 1994, 2: 1442–1453.

[22] 袁益让. 三维动边值问题的特征混合元方法和分析. 中国科学 (A 辑), 1996, 1: 11–22.
Yuan Y R. The characteristic mixed Finite element method and analysis for three-dimensional moving boundary value problem. Science in China(Series A), 1996, 3: 276–288.

[23] Axelsson O,Gustafasson I. A modified upwind scheme for convective transport equations and the use of a conjugate gradient method for the solution of non-symmetric systems of equations. J. Inst. Maths. Appl., 1979, 23: 321–337.

[24] Ewing R E, Lazarov R D, Vassilevski A T. Finte difference scheme for parabolic problems on a composite grids with refinement in time and space. SIAM J. Numer. Anal., 1994, 6: 1605–1622.

[25] Lazarov R D, Mishev I D, Vassilevski P S. Finite volume methods for convection-diffusion problems. SIAM J. Numer. Anal., 1996, 1: 31–55.

[26]   Douglas Jr J. Form nonconservative to locally conservative Eulerian-Lagrangian nu-
merical methods and their application to nonlinear transport. An International Work-
shop of Computational Physics: Fluid Flow and Transport in Porous Media, 1999.

[27]   Ewing R E. Mathematical modeling and simulation for multiphase flow in porous me-
dia. An International Workshop of Computational Physics: Fluid Flow and Transport
in Porous Media, 1999.

[28]   Samarski A A, Andreev B B. Finite Difference Methods for Elliptic Equations. Moscow:
Nauka, 1976.

第3章 二相渗流驱动问题区域分解并行算法

在油气田的勘探与开发工程中, 需要计算的是求解大型偏微分方程组的数值解. 这些问题的计算区域往往是高维的、大范围的, 其区域形态可能很不规则, 给计算带来很大困难. 区域分解法是并行求解大型偏微分方程组的有效方法. 因为这种方法可以将大型计算问题分解为小型问题, 简化了计算, 大大减少了计算机时, 所以在 20 世纪 50 年代, 在并行计算机出现之前, 区域分解方法就已经在串行机上得到应用, 进而随着并行计算机和并行算法的发展, 自 20 世纪 80 年代开始, 区域分解算法得到迅速发展. 区域分解法通常用于下面两种情况: 第一, 可以通过区域分解的方法把大型问题转化为小型问题, 实现问题的并行求解, 缩短求解时间. 第二, 许多问题在不同的区域表现为不同的数学模型, 那么可以在不同的区域对数学模型采用不相同的方法求解, 从而自然地引入区域分解法, 实现了并行计算 [1-3].

本章讨论二相渗流驱动问题区域分解并行算法, 共三节. 3.1 节二相渗流驱动问题的区域分解特征有限元方法. 3.2 节二相渗流驱动问题区域分裂特征差分法. 3.3 节二相渗流驱动问题区域分裂迎风显隐差分方法.

3.1 二相渗流驱动问题的区域分解特征有限元方法

3.1.1 引言

多孔介质中二相不可压缩混溶驱动问题的数值方法的研究, 对于地下石油的勘探和开发具有重要意义. 二相不可压缩混溶驱动问题可描述为如下数学模型 [3-5]

$$-\nabla \cdot \left[\frac{k(X)}{\mu(c)} \left(\nabla p - g(X, c) \nabla d(X) \right) \right] \equiv -\nabla \cdot [a(\nabla p - g \nabla d)] \equiv \nabla \cdot u = q(x, t),$$

$$X = (x, y)^{\mathrm{T}} \in \Omega, \quad t \in J = (0, T], \tag{3.1.1a}$$

$$u \cdot n = 0, \quad X \in \partial\Omega, t \in J, \tag{3.1.1b}$$

$$\phi(X) \frac{\partial c}{\partial t} - \nabla \cdot [D(X, t) \nabla c - uc] = \bar{c}(X, t, c), \quad X \in \Omega, t \in J, \tag{3.1.2a}$$

$$D(X, t) \frac{\partial c}{\partial n} - (u \cdot n) = 0, \quad X \in \partial\Omega, t \in J, \tag{3.1.2b}$$

$$c(X, 0) = c_0(X), \quad X \in \Omega, \tag{3.1.3}$$

其中 Ω 为 $\mathbf{R}^2$ 中的有界区域, J 为时间域, 我们考虑的是周期性问题, 其周期为 Ω. $p(X,t)$ 为混合流体的压力; $c(X,t)$ 为饱和度; $k(X)$ 为介质渗透率; $\mu(c)$ 为流体黏性; $g(X,c)$ 和 $d(X)$ 为重力系数和垂直坐标; $\phi(X)$ 为介质孔隙度; $D(X,t)$ 为扩散系数; $q(X,t)$ 为汇源项; 当 $q(X,t) > 0$ 时, $\bar{c}$ 为产油井的饱和度; 当 $q(X,t) < 0$ 时, $\bar{c}$ 为注入井饱和度, c_0 为初始饱和度.

此问题包含两个耦合方程, 即式 (3.1.1) 的压力方程和式 (3.1.2) 的饱和度方程, 式 (3.1.3) 为初始条件, 交替用 Galerkin 方法求解 (3.1.1) 和 (3.1.2). 由于对流项使饱和度方程具有很强的双曲特性, 使得单纯使用标准 Galerkin 方法产生数值弥散和非物理振荡、特征修正方法 [3−5] 和标准方法相结合, 不仅减少截断误差, 减小和避免数值弥散和非物理振荡, 而且允许使用较大时间步长, 提高了计算效率. 由式 (3.1.1) 和式 (3.1.2) 易知, 达西速度 u 由压力 p 决定, 饱和度 c 由 u 决定. 因为由 u 决定的液体的线流比由 c 决定的波峰变化得慢, 所以很自然地取压力方程时间步长较饱和度方程的时间步长要大得多.

此类问题通常涉及的范围广、时间长, 因此导致了在数值求解微分方程时必须在大范围及长时间域内进行计算, 从而使得计算时间过长. 若能把问题化为若干个子问题, 并行计算可以同时求解若干个问题, 缩短计算时间. 因而, 用并行方法求解此问题是十分必要的.

现在在油藏数值模拟的计算中, 普遍应用交替方向方法 [3,6] 实现并行计算, 关于区域分解方法实现并行的工作并不是很多 [7−9]. 在本节中, 用区域分解有限元方法求解多孔介质中的二相混溶问题.

在 3.1.2 节中, 用显隐格式区域分解有限元方法求解此问题, 在 3.1.3 节中用区域分解混合有限元方法来求解此问题. 经过理论分析, 得到这两种方法给出了 L^2 模误差估计.

对问题作如下假设: 对于 $X \in \Omega, t \in [0,T]$,

(1) 正定性条件 (C): $0 < a_* \leqslant a(X,t) \leqslant a^*, 0 < \phi_* \leqslant \phi(X) \leqslant \phi^*, 0 < D_* \leqslant D(X,t) \leqslant D^*$, 此处 $a_*, a^*, \phi_*, \phi^*, D_*$ 和 D^* 均为确定的正常数.

(2) 正则性条件 (R): $c \in H^1([0,T], H^r(\Omega)) \cap L^\infty([0,T], H^r(\Omega))$,

$$p \in L^\infty([0,T], H^s(\Omega)) \cap W_\infty^1([0,T], W_\infty^2(\Omega)) \cap W_\infty^2([0,T], W_\infty^2(\Omega)).$$

3.1.2　多孔介质中混溶驱动问题的区域分解特征有限元方法

数值方法

不失一般性, 考虑区域被剖分成两个子区域的情形.

令 $\Omega = (0,1) \times (0,1), \Omega_1 = (0,\bar{x}) \times (0,1), \Omega_2 = (\bar{x},1) \times (0,1)$, 内边界 $\Gamma = \{\bar{x}\} \times (0,1)$.

为了近似边界上的方向导数, 引入函数

$$\bar{\varphi}(x) = \begin{cases} 1-x, & 0 \leqslant x \leqslant 1, \\ x+1, & -1 \leqslant x < 0, \\ 0, & \text{其他}. \end{cases} \tag{3.1.4}$$

易知, 若 p 为一次多项式或常数, 则有

$$\int_{-\infty}^{+\infty} p(x)\bar{\varphi}(x)\mathrm{d}x = p(0),$$

对于 $H \in \left(0, \dfrac{1}{2}\right)$, 记

$$\varphi(x) = \bar{\varphi}\left(\left(x - \frac{1}{2}\right)/H\right)/H. \tag{3.1.5}$$

下面, 定义一个函数, 它们在算法中给出了相邻剖分子区域间新增内边界的边界条件.

定义 $\sqrt{D(x,t)}\dfrac{\partial \psi}{\partial \gamma}$ 的近似函数为

$$B(\psi)(\bar{x},y) = -\int_0^1 \left(\sqrt{D(X,t)}\varphi(x)\right)_x \psi(x,y)\mathrm{d}x, \tag{3.1.6}$$

其中 ψ 是 Ω 上的光滑函数, $\dfrac{\partial \psi}{\partial \gamma}$ 是内边界 Γ 上的法向导数, 方向由 Ω_1 至 Ω_2, $(\cdot)_x$ 是函数对自变量 x 求导.

令 M_j 为 $H^1(\Omega_j)(j=1,2)$ 的有限维子空间, M 为 $L^2(\Omega)$ 的有限维子空间且成立对于 $\forall v \in M$, 有 $v|_{\Omega_j} \in M_j$; N 为 $H^1(\Omega)$ 的有限维子空间; M, N 分别为饱和度 c 和压力 p 的有限元空间.

定义 $[\psi](\bar{x},y)$ 为函数 $\psi \in M$ 在穿过内边界 Γ 的跳跃, 即

$$[\psi](\bar{x},y) = \psi(\bar{x}+0,y) - \psi(\bar{x}-0,y).$$

问题 (3.1.1)—(3.1.3) 的变分形式为

$$(a(c)\nabla p, \nabla w) = (a(c)g(c)\nabla d, \nabla w) + (q(t), w), \quad w \in H^1(\Omega), t \in J, \tag{3.1.7}$$

$$\left(\phi\frac{\partial c}{\partial t} + u \cdot \nabla c, v\right) + (D(t)\nabla c, \nabla v) + (q(t)c, v) + \left(D(t)\frac{\partial c}{\partial \gamma}, [v]\right)_\Gamma = (\bar{c}(t), v),$$
$$v \in H^1(\Omega), \quad t \in J, \tag{3.1.8}$$

$$c(X,0) = C_0(X), \quad t \in J, \tag{3.1.9}$$

其中

$$(\psi, \eta) = \int_{\Omega_1 \cup \Omega_2} \psi\eta \mathrm{d}x\mathrm{d}y,$$

$$(\psi, \eta)_\Gamma = \int_\Gamma \psi\eta \mathrm{d}y.$$

取 Δt_c 为饱和度时间步长, $\Delta t_p^0, \Delta t_p$ 分别为初始层及以后的压力时间步长, $\Delta t_p^0 = j^0 \Delta t_c, \Delta t_p = j\Delta t_c,$ j^0, j 为正整数, 记 $t^n = n\Delta t_c, t_m = \Delta t_p^0 + (m-1)\Delta t_p,$ 函数 $\psi^n = \psi(t^n), \psi_m = \psi(t_m).$ 在这里采用一个约定, 以给出饱和度时间步长和压力时间步长的关系, 对于 $t_m = t^n, \Delta t_c \sum_{n=0}^{l} \psi^n = \Delta t_p^0 \psi_m + \Delta t_p \sum_{m=0}^{k} \psi_m$ 成立. 令

$$E\psi^n = \begin{cases} \psi_0, & t^n \leqslant t_1, \\ (1+\sigma/j^0)\psi_1 - \sigma/j\psi_0, & t_1 < t^n \leqslant t_2, t^n = t_1 + \sigma\Delta t_c, \\ (1+\sigma/j)\psi_m - \sigma/j\psi_{m-1}, & t_m < t^n \leqslant t_{m+1}, t^n = t_m + \sigma\Delta t_c. \end{cases} \quad (3.1.10)$$

令式 (3.1.7)—式 (3.1.9) 的数值逼近为如下映射,

$$C : \{t^n\} \to M, \quad P : \{t_m\} \to N.$$

因为在实际问题中, $0 \leqslant c \leqslant 1,$ 所以在计算过程中对 C 进行修正, 即取

$$C^* = \min\{\max\{C, 0\}, 1\}, \quad (3.1.11)$$

则

$$U_m = u(C^*, \nabla P_m). \quad (3.1.12)$$

对于 $X \in \Omega,$ 定义

$$\hat{X} = X - \frac{EU^{n+1}}{\phi(X)}\Delta t_c, \quad \hat{\psi}^n(X) = \psi^n(\hat{X}). \quad (3.1.13)$$

定义投影 $\tilde{p}(t) \in N$ 满足

$$(a(c(t))\nabla\tilde{p}, \nabla w) = (a(c(t))\nabla p, \nabla w)$$
$$= (a(c(t))g(c(t))\nabla d, \nabla w) + (q(t), w), \quad w \in N, \quad (3.1.14a)$$
$$(p - \tilde{p}, 1) = 0. \quad (3.1.14b)$$

令 $\theta(t) = p - \tilde{p}, \rho(t) = P - \tilde{p},$ 则有如下引理.

引理 3.1.1　存在常数 $K,$ 使得对于 $1 \leqslant k \leqslant s, t \in [0, T],$ 有

$$\|\theta\| + h\|\theta\|_1 \leqslant Kh^k \|p\|_{H^k(\Omega)}, \quad (3.1.15a)$$

$$\left\|\frac{\partial \theta}{\partial t}\right\| + h\left\|\frac{\partial \theta}{\partial t}\right\|_{H^1(\Omega)} \leqslant Kh^k\left(\|p\|_{H^k(\Omega)} + \left\|\frac{\partial p}{\partial t}\right\|_{H^k(\Omega)}\right). \tag{3.1.15b}$$

定义投影 $\tilde{c}(x,y,t)$ 满足,

$$(D(X,t)\nabla \tilde{c}, \nabla v) + (\tilde{c}, v) + (q\tilde{c}, v)$$
$$=(D(X,t)\nabla c, \nabla v) + (c, v) + (qc, v), \quad v \in M. \tag{3.1.16}$$

令 $\xi(t) = c - \tilde{c}, \zeta(t) = C - \tilde{c}$, 则有如下引理.

引理 3.1.2 存在常数 K, 使得对于 $1 \leqslant k \leqslant r$, 有

$$\|\xi\|_{L^p(L^2(\Omega))} + h\|\xi\|_{L^p(H^1(\Omega))} \leqslant Kh^k\|c\|_{L^p(H^k(\Omega))}, \tag{3.1.17a}$$

$$\left\|\frac{\partial \xi}{\partial t}\right\|_{L^p(L^2(\Omega))} + h\left\|\frac{\partial \xi}{\partial t}\right\|_{L^p(H^1(\Omega))} \leqslant Kh^k\left(\|c\|_{L^p(H^k(\Omega))} + \left\|\frac{\partial c}{\partial t}\right\|_{L^p(H^k(\Omega))}\right). \tag{3.1.17b}$$

下面给出区域分解有限元格式,

$$C^0 = \tilde{c}^0, \tag{3.1.18}$$

$$\left(\phi\frac{C^{n+1} - \hat{C}^n}{\Delta t_c}, v\right) + (D^{n+1}\nabla C^{n+1}, \nabla v)$$
$$+ (q^{n+1}C^{n+1}, v) + (\sqrt{D^{n+1}}B(C^n), [v])_\Gamma$$
$$=(\bar{c}^{n+1}, v)v \in M, \quad n \geqslant 0, \tag{3.1.19}$$

$$(a(C_m^*)\nabla P_m, \nabla w) = (a(C_m^*)g(C_m^*)\nabla d, \nabla w) + (q(t_m), w), \quad w \in N, m \geqslant 0, \tag{3.1.20a}$$

$$(P_m, 1) = 0. \tag{3.1.20b}$$

当 $t = t^{n+1}$ 时, C^n 已由上一步求得, 从而可由式 (3.1.6) 算出 $B(C^n)$, 因此式 (3.1.19) 化为在两个子区域上求解两个相互独立的问题, 实现了并行计算.

全部格式的求解过程如下: 当 $t_m = t^n$ 时, 由式 (3.1.19) 得出 C^n, 此时, $C_m = C^n$, 由式 (3.1.11) 取 C_m^*, 由式 (3.1.20) 得 P_m, 再由式 (3.1.12) 得出 U_m, U_{m-1} 已知, 那么在式 (3.1.10) 中取 $\sigma = 1, 2, \cdots, j$ 算出 $EU^{n+1}, EU^{n+2}, \cdots, EU^{n+j}$, 那么由式 (3.1.13) 可以得出 $\hat{C}^n, \hat{C}^{n+1}, \cdots, \hat{C}^{n+j-1}$, 然后依照式 (3.1.19) 可并行求得 $C^{n+1}, C^{n+2}, \cdots, C^{n+j} = C_{n+1}$, 从而, 可以进行下一步的求解, 由正定性条件易知, 格式的解存在且唯一.

3.1.3　数值分析

在本节中, 将给出收敛性分析及误差估计. 首先, 将给出几个引理, 用 K 表示某一正常数, ε 表示一大于零的小量.

定义

$$\||\psi\||^2 = (D(X,t)\nabla\psi, \nabla\psi) + H^{-1}(D(X,t)[\psi], [\psi])_\Gamma. \tag{3.1.21}$$

引理 3.1.3　对于函数 $\psi \in H^1(\Omega_1) \cap H^1(\Omega_2)$, 成立

$$\||\psi\||^2 \leqslant K_0\{(D(X,t)\nabla\psi, \nabla\psi) + (\sqrt{D(X,t)}B([\psi]), [\psi]_\Gamma)\}, \tag{3.1.22}$$

其中 K_0 为大于 1 的常数.

证明

$$(B(\psi), \sqrt{D(X,t)}[\psi])_\Gamma$$
$$= -\int_0^1 \sqrt{D(X,t)} \int_0^1 (\sqrt{D(X,t)}\varphi)_x \psi(x,y)\mathrm{d}x [\psi](\bar{x},y)\mathrm{d}y,$$

由分部积分知

$$\int_0^1 (\sqrt{D(X,t)}\varphi)_x \psi(x,y)\mathrm{d}x$$
$$= \sqrt{D(X,t)}(x,y)\psi(x,y)\varphi(x)\Big|_0^1 - \int_0^1 \sqrt{D(X,t)}(x,y)\varphi(x)\psi_x(x)\mathrm{d}x$$
$$= -\frac{1}{H}\sqrt{D(X,t)}[\psi](\bar{x},y) - \int_0^1 \sqrt{D(X,t)}(x,y)\varphi(x)\psi_x(x)\mathrm{d}x,$$

从而有

$$(\sqrt{D(X,t)}B(\psi), [\psi])_\Gamma$$
$$= H^{-1}\int_0^1 D(X,t)[\psi]^2\mathrm{d}y$$
$$+ \int_0^1\int_0^1 \sqrt{D(X,t)}(x,y)\varphi(x)\psi_x(x,y)\mathrm{d}x \sqrt{D(X,t)}[\psi]\mathrm{d}y. \tag{3.1.23}$$

因为

$$\int_0^1\int_0^1 \sqrt{D(X,t)}(x,y)\varphi(x)\psi_x(x,y)\mathrm{d}x \sqrt{D(X,t)}[\psi]\mathrm{d}y$$
$$\leqslant \int_0^1 \left(\int_0^1 \varphi^2(x)\mathrm{d}x\right)^{\frac{1}{2}} \cdot \left(\int_0^1 D(X,t)\psi_x^2(x,y)\mathrm{d}x\right)^{\frac{1}{2}} \cdot \sqrt{D(X,t)}[\psi]\mathrm{d}y$$
$$= \|\varphi\| \int_0^1 \left(\int_0^1 D(X,t)\psi_x^2(x,y)\mathrm{d}x\right)^{\frac{1}{2}} \cdot \sqrt{D(X,t)}[\psi]\mathrm{d}y$$

$$\leqslant \sqrt{\frac{2}{3H}} \left(\int_0^1 \int_0^1 D(X,t)(x,y)\psi_x^2(x,y)\mathrm{d}x\mathrm{d}y \right)^{\frac{1}{2}} \cdot \left(\int_0^1 D(X,t)[\psi]^2\mathrm{d}y \right)^{\frac{1}{2}}$$

$$\leqslant \frac{1}{2}\sqrt{\frac{2}{3}}\,(D(X,t)\psi_x,\psi_x) + \frac{1}{2}\sqrt{\frac{2}{3}}\frac{1}{H}(D(X,t)[\psi],[\psi])_\Gamma,$$

其中 $\|\varphi(x)\| = \sqrt{\dfrac{2}{3H}}$, 所以有

$$\int_0^1 \sqrt{D(X,t)} \int_0^1 \sqrt{D(X,t)}(x,y)\varphi(x)\psi_x(x,y)\mathrm{d}x[\psi]\mathrm{d}y$$

$$\geqslant -\sqrt{\frac{1}{6}}(D(X,t)\psi_x,\psi_x) - H^{-1}\sqrt{\frac{1}{6}}(D(X,t)[\psi],[\psi])_\Gamma,$$

将上式代入式 (3.1.23), 从而有

$$(D(X,t)\nabla\psi,\nabla\psi) + (\sqrt{D(X,t)}B(\psi),[\psi])_\Gamma \geqslant \left(1 - \frac{1}{\sqrt{6}} \right) \|\|\psi\|\|^2.$$

引理证毕.

引理 3.1.4 若 ψ 在 Ω 内光滑, 存在常数 $K > 0$, 成立

$$\left\| B(\psi)(\bar{x},y) - \sqrt{D(t)}(\bar{x},y)\frac{\partial\psi}{\partial\gamma}(\bar{x},y) \right\|_{L^2(\Gamma)} \leqslant KH^2. \tag{3.1.24}$$

γ 为 Γ 上的单位法向量, 方向由 Ω_1 至 Ω_2.

证明 由分部积分知

$$B(\psi)(\bar{x},y) = -\int_0^1 (\sqrt{D(t)}(x,y)\varphi(x))_x\psi(x,y)\mathrm{d}x$$

$$= -\sqrt{D(t)}(x,y)\varphi(x)\,\psi(x,y)|_0^1 + \int_0^1 \sqrt{D(t)}(x,y)\varphi(x)\psi_x(x,y)\mathrm{d}x.$$

因为 $\psi(x,y)$ 在 Ω 内连续, 有 $\sqrt{D(t)}(x,y)\varphi(x)\,\psi(x,y)|_0^1 = 0$, 又由 Taylor 展开式, 所以有

$$B(\psi)(\bar{x},y) = \int_0^1 \sqrt{D(t)}(x,y)\varphi(x)\psi_x(x,y)\mathrm{d}x$$

$$= \int_0^1 \varphi(x) \left[(\sqrt{D(t)}\psi_x)(\bar{x},y) + \frac{\partial}{\partial x}(\sqrt{D(t)}\psi_x)(\bar{x},y)(x-\bar{x}) \right.$$

$$\left. + \frac{\partial^2}{\partial x^2}(\sqrt{D(t)}\psi_x)(\xi,y)(x-\bar{x})^2 \right] \mathrm{d}x,$$

其中 ξ 在 x 和 $\bar{x}$ 之间. 易知,

$$B(\psi)(\bar{x},y) - (\sqrt{D(t)}\psi_x)(\bar{x},y) = \int_0^1 \varphi(x)\frac{\partial^2}{\partial x^2}(\sqrt{D(t)}\psi_x)(\xi,y)(x-\bar{x})^2\mathrm{d}x$$

$$= \int_{\bar{x}-H}^{\bar{x}+H} \varphi(x) \frac{\partial^2}{\partial x^2} (\sqrt{D(t)}\psi_x)(\xi, y)(x - \bar{x})^2 \mathrm{d}x$$

$$\leqslant K \int_{\bar{x}-H}^{\bar{x}+H} \varphi(x)(x - \bar{x})^2 \mathrm{d}x \leqslant K_4 H^2.$$

引理证毕.

由式 (3.1.24), 易知,

$$\|B(c)\|_{L^2(\Gamma)} \leqslant \left\| \sqrt{D(t)} \frac{\partial c}{\partial \gamma} \right\|_{L^2(\Gamma)} + KH^2 \leqslant K. \tag{3.1.25}$$

引理 3.1.5　若函数 $\psi \in H^1(\Omega_1) \cap H^1(\Omega_2)$, 则有

$$\|B(\psi)\|_{L^2(\Gamma)}^2 \leqslant KH^{-3} \|\psi\|^2, \tag{3.1.26a}$$

$$\|B(\psi)\|_{L^2(\Gamma)} \leqslant KH^{-1} \|\psi\|_{\infty}. \tag{3.1.26b}$$

证明

$$\|B(\psi)\|_{L^2(\Gamma)}^2 = \int_0^1 \left(-\int_0^1 (\sqrt{D(X,t)}\varphi)_x \psi \mathrm{d}x \right)^2 \mathrm{d}y$$

$$= \int_0^1 \left(\int_0^1 \left(\frac{\partial}{\partial x} \sqrt{D(X,t)}\varphi + \sqrt{D(X,t)}\varphi_x \right) \psi \mathrm{d}x \right)^2 \mathrm{d}y$$

$$\leqslant 2 \int_0^1 \left(\int_0^1 \frac{\partial}{\partial x} \sqrt{D(X,t)}\varphi \psi \mathrm{d}x \right)^2 \mathrm{d}y + 2 \int_0^1 \left(\int_0^1 \sqrt{D(X,t)}\varphi_x \psi \mathrm{d}x \right)^2 \mathrm{d}y$$

$$\leqslant 2K \|\varphi\|^2 \|\psi\|^2 + 2K \|\varphi_x\|^2 \|\psi\|^2 \leqslant K \left(\|\varphi\|^2 + \|\varphi_x\|^2 \right) \|\psi\|^2$$

$$\leqslant K(H^{-1} + H^{-3}) \|\psi\|^2 \leqslant KH^{-3} \|\psi\|^2,$$

其中用到 $\|\varphi\|^2 = \dfrac{2}{3H}, \|\varphi_x\|^2 = \dfrac{2}{H^3}$, 从而式 (3.1.26a) 得证.

$$\|B(\psi)\|_{L^2(\Gamma)}^2 = \left(\int_0^1 \left(-\int_0^1 \left(\sqrt{D(X,t)}\varphi \right)_x \psi \mathrm{d}x \right)^2 \mathrm{d}y \right)^{1/2}$$

$$= \left(\int_0^1 \left(\int_{\bar{x}-H}^{\bar{x}+H} \left(\frac{\partial}{\partial x} \sqrt{D(X,t)}\varphi + \sqrt{D(X,t)}\varphi_x \right) \psi \mathrm{d}x \right)^2 \mathrm{d}y \right)^{1/2}$$

$$\leqslant K(1 + H^{-1}) \|\psi\|_{\infty} \leqslant KH^{-1} \|\psi\|_{\infty}, \tag{3.1.27}$$

其中用到 $\|\varphi\|_{\infty} = \dfrac{1}{H}, \|\varphi_x\|_{\infty} = \dfrac{1}{H^2}$, 从而式 (3.1.26b) 得证.

下面进行收敛性分析, 由式 (3.1.14)–(4.1.20) 可得

$$(a(C_m^*)\nabla \rho_m, \nabla w) = ((a(c_m) - a(C_m^*))\nabla \tilde{p}_m, \nabla w)$$

$$+ ((a(C_m^*)g(C_m^*) - a(c_m)g(c_m))\nabla d, \nabla w), \quad m \geqslant 0.$$

在上式中令 $w = \rho_m$, 则有

$$
\begin{aligned}
\|\nabla \rho_m\|^2 &\leqslant K \left(\|\nabla \tilde{\rho}_m\|_{L^\infty(\Omega)} + \|\nabla d\|_{L^\infty(\Omega)} \right) \|c_m - C_m^*\| \|\nabla \rho_m\| \\
&\leqslant K \left(\|\xi_m\| + \|\zeta_m\| \right) \|\nabla \rho_m\| \\
&\leqslant K \left(\|\xi_m\|^2 + \|\zeta_m\|^2 \right) + \varepsilon \|\nabla \rho_m\|^2.
\end{aligned}
$$

由引理 3.1.2 可得

$$\|\nabla \rho_m\|^2 \leqslant K \left(\|c\|_{L^\infty(H^r)} \right) h^{2r} + K \|\zeta_m\|^2. \tag{3.1.28}$$

由式 (3.1.8)—(3.1.19) 得

$$
\begin{aligned}
&\left(\phi \frac{\partial c^{n+1}}{\partial t} + u^{n+1} \cdot \nabla c^{n+1}, v \right) - \left(\phi \frac{C^{n+1} - \hat{C}^n}{\Delta t_c}, v \right) + (D^{n+1} \nabla c^{n+1}, \nabla v) \\
&+ (q^{n+1} c^{n+1}, v) - (D^{n+1} \nabla C^{n+1}, \nabla v) - (q^{n+1} C^{n+1}, v) \\
&+ \left(D^{n+1} \frac{\partial c^{n+1}}{\partial \gamma}, [v] \right)_\Gamma - (\sqrt{D^{n+1}} B(C^n), [v])_\Gamma = 0. \tag{3.1.29}
\end{aligned}
$$

$$
\begin{aligned}
&\left(\phi \frac{\partial c^{n+1}}{\partial t} + u^{n+1} \cdot \nabla c^{n+1}, v \right) - \left(\phi \frac{C^{n+1} - \hat{C}^n}{\Delta t_c}, v \right) \\
&= \left(\phi \frac{c^{n+1} - \hat{c}^n}{\Delta t_c}, v \right) - \left(\phi \frac{C^{n+1} - \hat{C}^n}{\Delta t_c}, v \right) + \left(\phi \frac{\partial c^{n+1}}{\partial t} + EU^{n+1} \cdot \nabla c^{n+1}, v \right) \\
&\quad - \left(\phi \frac{c^{n+1} - \hat{c}^n}{\Delta t_c}, v \right) - \left(EU^{n+1} \cdot \nabla c^{n+1} - u^{n+1} \nabla c^{n+1}, v \right), \tag{3.1.30}
\end{aligned}
$$

$$
\begin{aligned}
&\left(D^{n+1} \frac{\partial c^{n+1}}{\partial \gamma}, [v] \right)_\Gamma - \left(\sqrt{D^{n+1}} B(C^n), [v] \right)_\Gamma \\
&= \left(D^{n+1} \frac{\partial c^{n+1}}{\partial \gamma}, [v] \right)_\Gamma - \left(D^{n+1} \frac{\partial c^n}{\partial \gamma}, [v] \right)_\Gamma \\
&\quad + \left(D^{n+1} \frac{\partial c^n}{\partial \gamma}, [v] \right)_\Gamma - \left(\sqrt{D^{n+1}} B(c^n), [v] \right)_\Gamma \\
&\quad + (\sqrt{D^{n+1}} B(c^n), [v])_\Gamma - (\sqrt{D^{n+1}} B(\tilde{c}^n), [v])_\Gamma + (\sqrt{D^{n+1}} B(\zeta^n), [v])_\Gamma, \tag{3.1.31}
\end{aligned}
$$

将式 (3.1.30)、式 (3.1.31) 代入式 (3.1.29), 令 $v = \zeta^{n+1}$, 又由式 (3.1.16), 可得

$$\left(\phi \frac{\zeta^{n+1} - \zeta^n}{\Delta t_c}, \zeta^{n+1} \right) + (D^{n+1} \nabla \zeta^{n+1}, \nabla \zeta^{n+1})$$

$$
+ (q^{n+1}\zeta^{n+1}, \zeta^{n+1}) + (B(\zeta^{n+1}), [\zeta^{n+1}])_{\Gamma}
$$
$$
= \left(\phi\frac{c^{n+1} - \hat{c}^n}{\Delta t_c}, \zeta^{n+1}\right) - \left(\phi\frac{\partial c^{n+1}}{\partial t} + EU^{n+1} \cdot \nabla c^{n+1}, \zeta^{n+1}\right)
$$
$$
+ \left(\phi\frac{\xi^{n+1} - \xi^n}{\Delta t_c}, \zeta^{n+1}\right) + \left(\phi\frac{\xi^n - \hat{\xi}^n}{\Delta t_c}, \zeta^{n+1}\right) - \left(\phi\frac{\zeta^n - \hat{\zeta}^n}{\Delta t_c}, \zeta^{n+1}\right)
$$
$$
+ (EU^{n+1} \cdot \nabla c^{n+1} - u^{n+1} \cdot \nabla c^{n+1}, \zeta^{n+1}) - (\xi^{n+1}, \zeta^{n+1})
$$
$$
- \left(D^{n+1}\frac{\partial c^{n+1}}{\partial \gamma} - D^{n+1}\frac{\partial c^n}{\partial \gamma}, [\zeta^{n+1}]\right)_{\Gamma} - \left(D^{n+1}\frac{\partial c^n}{\partial \gamma} - \sqrt{D^{n+1}}B(c^n), [\zeta^{n+1}]\right)_{\Gamma}
$$
$$
- (\sqrt{D^{n+1}}B(\xi^n), [\zeta^{n+1}])_{\Gamma} + (\sqrt{D^{n+1}}B(\zeta^{n+1} - \zeta^n), [\zeta^{n+1}])_{\Gamma}. \tag{3.1.32}
$$

因为
$$
\left(\phi\frac{\zeta^{n+1} - \zeta^n}{\Delta t_c}, \zeta^{n+1}\right) = \frac{1}{2\Delta t_c}(\|\zeta^{n+1}\|_{\phi}^2 - \|\zeta^n\|_{\phi}^2) + \frac{1}{2\Delta t_c}\|\zeta^{n+1} - \zeta^n\|_{\phi}^2, \tag{3.1.33}
$$

$$
(B(\zeta^{n+1} - \zeta^n), [\zeta^{n+1}])_{\Gamma} \leqslant \|B(\zeta^{n+1} - \zeta^n)\|_{L^2(\Gamma)} \cdot \|[\zeta^{n+1}]\|_{L^2(\Gamma)}
$$
$$
\leqslant KH^{-2}\|\zeta^{n+1} - \zeta^n\| + \varepsilon\,|\|\zeta^{n+1}\||, \tag{3.1.34}
$$

其中用到式 (3.1.21) 及引理 3.1.5, 有
$$
\left(D^{n+1}\frac{\partial c^{n+1}}{\partial \gamma} - D^{n+1}\frac{\partial c^n}{\partial \gamma}, [\zeta^{n+1}]\right)_{\Gamma} \leqslant K\Delta t_c^2 + \varepsilon\,|\|\zeta^{n+1}\||, \tag{3.1.35}
$$

由引理 3.1.4, 知
$$
\left(D^{n+1}\frac{\partial c^n}{\partial \gamma} - \sqrt{D^{n+1}}B(c^n), [\zeta^{n+1}]\right)_{\Gamma}
$$
$$
\leqslant \left\|D^{n+1}\frac{\partial c^n}{\partial \gamma} - \sqrt{D^{n+1}}B(c^n)\right\|_{L^2(\Gamma)} \|[\zeta^{n+1}]\|_{L^2(\Gamma)} \leqslant KH^5 + \varepsilon\,|\|\zeta^{n+1}\||, \tag{3.1.36}
$$

由引理 3.1.5, 知
$$
(\sqrt{D^{n+1}}B(\xi^n), [\zeta^{n+1}])_{\Gamma} \leqslant KH^{-2}\|\xi^n\|^2 + \varepsilon\,|\|\zeta^{n+1}\||^2, \tag{3.1.37}
$$

将式 (3.1.33)—式 (3.1.37) 代入式 (3.1.32), 再由引理 3.1.3, 可得
$$
\frac{1}{2\Delta t_c}(\|\zeta^{n+1}\|_{\phi}^2 - \|\zeta^n\|_{\phi}^2) + \frac{1}{2\Delta t_c}\|\zeta^{n+1} - \zeta^n\|_{\phi}^2 + \frac{1}{K_0}|\|\zeta^{n+1}\||^2 \tag{3.1.38}
$$
$$
\leqslant K\Delta t_c^2 + KH^5 + H^{-2}\|\zeta^{n+1} - \zeta^n\|^2 + \left(\phi\frac{c^{n+1} - \hat{c}^n}{\Delta t_c}, \zeta^{n+1}\right)
$$
$$
- \left(\phi\frac{\partial c^{n+1}}{\partial t} + EU^{n+1} \cdot \nabla c^{n+1}, \zeta^{n+1}\right)
$$

$$+ \left(\phi \frac{\xi^{n+1} - \xi^n}{\Delta t_c}, \zeta^{n+1} \right) + \left(\phi \frac{\xi^n - \hat{\xi}^n}{\Delta t_c}, \zeta^{n+1} \right) - \left(\phi \frac{\zeta^n - \hat{\zeta}^n}{\Delta t_c}, \zeta^{n+1} \right)$$

$$+ (EU^{n+1} \cdot \nabla c^{n+1} - u^{n+1} \nabla c^{n+1}, \zeta^{n+1})$$

$$- (\xi^{n+1}, \zeta^{n+1}) + 3\varepsilon \left\| \left\| \zeta^{n+1} \right\| \right\|^2 + KH^{-2} \left\| \xi^n \right\|^2,$$

令

$$\frac{1}{2\Delta t_c} \left\| \zeta^{n+1} - \zeta^n \right\|_\phi^2 \geqslant H^{-2} \left\| \zeta^{n+1} - \zeta^n \right\|^2,$$

即

$$\Delta t_c \leqslant K^* H^2, \tag{3.1.39}$$

其中 $K^* = K(\phi_*, \phi^*)$.

对式 (3.1.38) 两端同乘以 $2\Delta t_c$, 并对时间求和, 当式 (3.1.39) 满足时, 则有

$$\left\| \zeta^l \right\|_\phi^2 + \frac{2}{K_0} \sum_{n=0}^{l-1} \left\| \left\| \zeta^{n+1} \right\| \right\|^2 \Delta t_c \tag{3.1.40}$$

$$\leqslant K\Delta t_c^2 + KH^5 + \left\{ \sum_{n=0}^{l-1} \left(\phi \frac{c^{n+1} - \hat{c}^n}{\Delta t_c}, \zeta^{n+1} \right) \Delta t_c \right.$$

$$- \left(\phi \frac{\partial c^{n+1}}{\partial t} + EU^{n+1} \cdot \nabla c^{n+1}, \zeta^{n+1} \right) \Delta t_c \right\}$$

$$+ \sum_{n=0}^{l-1} \left(\phi \frac{\xi^{n+1} - \xi^n}{\Delta t_c}, \zeta^{n+1} \right) \Delta t_c + \sum_{n=0}^{l-1} \left(\phi \frac{\xi^n - \hat{\xi}^n}{\Delta t_c}, \zeta^{n+1} \right) \Delta t_c$$

$$- \sum_{n=0}^{l-1} \left(\phi \frac{\zeta^n - \hat{\zeta}^n}{\Delta t_c}, \zeta^{n+1} \right) \Delta t_c$$

$$+ \sum_{n=0}^{l-1} (EU^{n+1} \cdot \nabla c^{n+1} - u^{n+1} \cdot \nabla c^{n+1}, \zeta^{n+1}) \Delta t_c - \sum_{n=0}^{l-1} (\xi^{n+1}, \zeta^{n+1}) \Delta t_c$$

$$+ 3\varepsilon \sum_{n=0}^{l-1} \left\| \left\| \zeta^{n+1} \right\| \right\|^2 + KH^{-2} \sum_{n=0}^{l-1} \left\| \xi^n \right\|^2$$

$$= K\Delta t_c^2 + KH^5 + \sum_{i=1}^{6} T_i + 3\varepsilon \sum_{n=0}^{l-1} \left\| \left\| \zeta^{n+1} \right\| \right\|^2 + KH^{-2} \sum_{n=0}^{l-1} \left\| \xi^n \right\|^2. \tag{3.1.41}$$

易知,

$$|T_2| \leqslant K \sum_{n=0}^{l-1} \left\| \phi \frac{\xi^{n+1} - \xi^n}{\Delta t_c} \right\|^2 \Delta t_c + \varepsilon \sum_{n=0}^{l-1} \left\| \zeta^{n+1} \right\|^2 \Delta t_c, \tag{3.1.42a}$$

由文献 [5], 知

$$|T_1| \leqslant K\Delta t_c^2 + \varepsilon \sum_{n=0}^{l-1} \left\| \left\| \zeta^{n+1} \right\| \right\|^2 \Delta t_c, \tag{3.1.42b}$$

$$|T_3| \leqslant K(h^{2r+2s}) + K\sum_{m=1}^{k-1}\|\zeta_m\|^2 \Delta t_p + K\sum_{n=0}^{l-1}\|\zeta^{n+1}\|^2 \Delta t_c, \tag{3.1.42c}$$

$$\begin{aligned}
|T_4| &\leqslant \varepsilon\sum_{n=0}^{l-1}\|\nabla\zeta^n\|^2 \Delta t_c + K\sum_{n=0}^{l-1}\|\zeta^n\|^2 \Delta t_c \\
&\leqslant \varepsilon\sum_{n=0}^{l-1}\||\zeta^n|\|^2 \Delta t_c + K\sum_{n=0}^{l-1}\|\zeta^n\|^2 \Delta t_c,
\end{aligned} \tag{3.1.42d}$$

在推导 T_3, T_4 时, 用到归纳法假设:

$$\|\nabla P_m\|_{L^\infty(\Omega)} \leqslant K, \quad \|C_m\|_{W^1_\infty(\Omega)} \leqslant h^{-1}, \quad 0 \leqslant m \leqslant k-1, \tag{3.1.43}$$

其中 k 表示满足 $t_{k-1} < t^l$ 的最大下标, 首先证明当 $l = 1$, 即 $k = 1, m = 0$ 时, 式 (3.1.43) 成立.

由式 (3.1.28) 及 $\zeta_m = 0$, 因为 $r \geqslant 1$, 所以有

$$\begin{aligned}
\|\nabla P_0\|_{L^\infty(\Omega)} &\leqslant \|\nabla\tilde{p}_0\| + \|\nabla\rho_0\|_{L^\infty(\Omega)} \\
&\leqslant K + Kh^{-1}\|\rho_0\| \leqslant K + Kh^{-1}h^r \leqslant K,
\end{aligned} \tag{3.1.44a}$$

$$\|C_0\|_{W^1_\infty(\Omega)} = \|\tilde{c}_0\| \leqslant K \leqslant h^{-1}. \tag{3.1.44b}$$

式 (3.1.44a) 和式 (3.1.44b) 证明了当 $m = 0$ 时式 (3.1.43) 成立, 假设当 $m = 1, 2, \cdots, k-1$ 时式 (3.1.43) 成立, 将在本节的最后证明当 $m = k$, 式 (3.1.43) 成立, 从而完成对归纳假设的证明.

由文献 [5], 知

$$\begin{aligned}
|T_5| &\leqslant K\sum_{n=0}^{l-1}\|EU^{n+1} - u^{n+1}\| \cdot \|\zeta^{n+1}\| \Delta t_c \\
&\leqslant K\sum_{n=0}^{l-1}\|EU^{n+1} - u^{n+1}\|^2 \Delta t_c + \varepsilon\sum_{n=0}^{l-1}\|\zeta^{n+1}\|^2 \Delta t_c \\
&\leqslant K(h^{2s-2} + h^{2r}) + K\sum_{m=1}^{k-1}\|\zeta_m\|^2 \Delta t_p + K(\Delta t_p^0)^3 \\
&\quad + K(\Delta t_p)^4 + \varepsilon\sum_{n=0}^{l-1}\|\zeta^{n+1}\|^2 \Delta t_c,
\end{aligned} \tag{3.1.45a}$$

$$|T_6| \leqslant K\sum_{n=0}^{l-1}\|\xi^{n+1}\|^2 \Delta t_c + \varepsilon\sum_{n=0}^{l-1}\|\zeta^{n+1}\|^2 \Delta t_c. \tag{3.1.45b}$$

将式 (3.1.42), 式 (3.1.45) 代入式 (3.1.41) 可得

$$\left\|\zeta^l\right\|_\phi^2 + \frac{2}{K_0}\sum_{n=0}^{l-1}\left\|\left|\zeta^{n+1}\right|\right\|^2 \Delta t_c$$

$$\leqslant K\Delta t_c^2 + KH^5 + K(h^{2r} + h^{2s} + h^{2s-2}) + K(\Delta t_p^0)^3 + K(\Delta t_p)^4$$

$$+ K\sum_{n=0}^{l-1}\left\|\xi^{n+1}\right\|^2\Delta t_c + KH^{-2}\sum_{n=0}^{l-1}\left\|\xi^{n+1}\right\|^2\Delta t_c$$

$$+ K\sum_{n=0}^{l-1}\left\|\zeta^{n+1}\right\|^2\Delta t_c + 5\varepsilon\sum_{n=0}^{l-1}\left\|\left|\zeta^{n+1}\right|\right\|^2\Delta t_c, \tag{3.1.46}$$

令 $\frac{2}{K} \geqslant 5\varepsilon$, 再由 Gronwall 不等式, 可得

$$\left\|\zeta^l\right\|^2 \leqslant K(\Delta t_c^2) + K(\Delta t_p^0)^3 + K(\Delta t_p)^4$$

$$+ K\left\{H^5 + h^{2r} + h^{2s-2} + H^{-2}h^{2r}\right\}. \tag{3.1.47}$$

下面验证归纳法假定, 由式 (3.1.44) 知已证明当 $m = 0$ 时归纳假设 (3.1.43) 成立, 假设当 $m = 1, 2, \cdots, k-1$ 时式 (3.1.43) 成立, 下面证明当 $m = k$ 时式 (3.1.43) 成立, 即当 $t_k = t^l$ 时, 此时,

$$\|\nabla P_k\|_{L^\infty(\Omega)} \leqslant \|\nabla \tilde{p}_k\|_{L^\infty(\Omega)} + \|\nabla \rho_k\|_{L^\infty(\Omega)}$$

$$\leqslant K + Kh^{-1}\|\nabla\rho_k\| \leqslant K + Kh^{-1}(h^r + \|\zeta_k\|)$$

$$\leqslant K + K\left\{h^{r-1} + h^{s-2} + h^{-1}H^{5/2} + H^{-1}h^{r-1} + h^{-1}\Delta t_c\right\}, \tag{3.1.48}$$

易知, 当

$$\Delta t_c = O(h), \quad H = O(h^{2/5}), \quad r \geqslant 2, s \geqslant 2 \tag{3.1.49}$$

时,

$$\|\nabla P_k\|_{L^\infty(\Omega)} \leqslant K,$$

$$\|C_k\|_{W_\infty^1}(\Omega) \leqslant \left\|\tilde{C}_k\right\|_{W_\infty^1(\Omega)} + \|\zeta_k\|_{W_\infty^1(\Omega)}$$

$$\leqslant K + Kh^{-1}\|\zeta_k\|_{H^1(\Omega)} \leqslant h^{-1}\left(Kh + Kh^{-1}\|\zeta_k\|\right). \tag{3.1.50}$$

易知, 当式 (3.1.49) 满足时, 有

$$\|C_k\|_{W_\infty^1(\Omega)} \leqslant h^{-1},$$

即当 $m = k$ 时, 若式 (3.1.49) 满足, 则式 (3.1.43) 成立, 即已证明了 $m = 0$ 时式 (3.1.43) 成立, 且假定 $m = 1, 2, \cdots, k-1$ 时成立, 那么可论证出 $m = k$ 时式 (3.1.43) 成立, 从而归纳法假设得到了递推论证. 至此, 完成了对归纳假设的证明.

从而得到收敛性定理.

定理 3.1.1　若问题 (3.1.1)—(3.1.3) 的解够光滑, 假设条件 (I) 满足, $\Delta t_c = O(h)$, $H = O(h^{2/5})$, 那么存在与 $\Delta t_c, H, h$ 无关的常数 K^*, 当 $\Delta t \leqslant K^* H^2$ 时, 成立

$$\|c^n - C^n\| \leqslant K(\Delta t_c + h^r + h^{s-1} + H^{5/2} + H^{-1} h^r), \quad r, s \geqslant 2. \tag{3.1.51}$$

3.1.4　数值算例

在本节中将给出一个数值算例来验证上面的算法, 考虑模型问题:

$$\frac{\partial c}{\partial t} + u \frac{\partial c}{\partial x} - \frac{\partial}{\partial x}\left(D(x,t)\frac{\partial c}{\partial x}\right) = f(c,x,t), \quad 0 < x < 1, 0 < t < T,$$

$$c(x,0) = \cos(2\pi x), \quad 0 \leqslant x \leqslant 1,$$

$$\frac{\partial c}{\partial x}(0,t) = \frac{\partial c}{\partial x}(1,t) = 0, \quad 0 \leqslant t \leqslant T. \tag{3.1.52}$$

取 $u = x\mathrm{e}^t, D(u) = 0.01 x^2 \mathrm{e}^{2t}, c = \mathrm{e}^t \cos(2\pi x), f = \mathrm{e}^t \cos(2\pi x) - 2\pi \mathrm{e}^{2t} x \sin 2\pi x + 0.04\pi \mathrm{e}^{3t} x(\sin(2\pi x) + \pi x \cos(2\pi x)), H = 4h, \Delta t = (1/12)h^2, T = 0.25.$

将区域分解为 $[0,1] = [0,0.5] \bigcup [0.5,1]$, 内边界 $\varGamma = 0.5$, 在表 3.1.1 中, 给出在不同节点处的绝对误差.

表 3.1.1　绝对误差

h	$x=0.05$	$x=0.25$	$x=0.45$	$x=0.55$	$x=0.75$	$x=0.95$
1/40	65.1989×10^{-3}	1.3641×10^{-3}	65.2575×10^{-3}	65.1989×10^{-3}	1.3641×10^{-3}	65.2575×10^{-3}
1/80	15.3215×10^{-3}	0.829×10^{-3}	15.3597×10^{-3}	15.3215×10^{-3}	0.0829×10^{-4}	15.3597×10^{-3}
1/160	3.7531×10^{-3}	0.0051×10^{-3}	3.8745×10^{-3}	3.7531×10^{-3}	0.0051×10^{-3}	3.8745×10^{-3}

由表 3.1.1 可以看出, 数值结果很好地验证了理论分析, 其中对内边界法向导数 $\frac{\partial c}{\partial x}(0,5) = \mathrm{e}^t \sin \pi = 0$ 的数值模拟见表 3.1.2.

表 3.1.2　内边界法向导数值

h	B
1/40	6.2728×10^{-16}
1/80	5.1736×10^{-15}
1/160	7.8249×10^{-14}

下面将问题进行区域分解和不进行区域分解的求解耗时进行对比. 时间单位为秒.

由表 3.1.3 可以看出, 当区域剖分加细时, 由于待解方程组急剧变大, 区域分解算法显示了它的优越性, 当剖分越细时, 越能显示其优越性.

表 3.1.3　求解耗时对比

	区域分解算法	非区域分解算法
$h = 1/40$	0.4530	0.9220
$h = 1/80$	1.0075	2.2500
$h = 1/160$	3.9450	16.5940
$h = 1/320$	88.6170	346.3590

3.1.5　二相渗流驱动问题的区域分解特征混合元方法

3.1.5.1　数值方法

不失一般性, 考虑区域被剖分成两个子区域的情形.

令 $\Omega = (0,1) \times (0,1), \Omega_1 = (0,\bar{x}) \times (0,1), \Omega_2 = (\bar{x},1) \times (0,1)$ 内边界 $\Gamma = \{\bar{x}\} \times (0,1)$. 令 M_j 是 $H^1(\Omega_j)(j=1,2)$ 的有限维子空间, M 为 $L^2(\Omega)$ 的有限维子空间, 且对于 $\forall v \in M$, 有 $v|_{\Omega_j} \in M_j; V = H(\mathrm{div}, \Omega), W = L^2(\Omega)$, 其中 $H(\mathrm{div}, \Omega) = \{v : v \in L^2(\Omega), \nabla \cdot v \in L^2(\Omega)\}$.

方程 (3.1.1) 可写为如下弱形式, 寻求 $(u,p) \in L^2(H(\mathrm{div}, \Omega)) \times L^2(L^2(\Omega))$, 使得

$$\left(\frac{1}{a(c)}u, v\right) - (\nabla \cdot v, p) = (g(c), v), \quad v \in V, \tag{3.1.53a}$$

$$(\nabla \cdot u, \phi) = -(q, \phi), \quad \phi \in W. \tag{3.1.53b}$$

式 (3.1.2), 式 (3.1.3) 的弱形式为

$$\left(\phi\frac{\partial c}{\partial t} + u \cdot \nabla c, v\right) + (D(t)\nabla c, \nabla v) + (q(t)c, v) + \left(D(t)\frac{\partial c}{\partial \gamma}, [v]\right)_\Gamma$$
$$= (\bar{c}(t), v), \quad v \in H^1(\Omega), t \in J, \tag{3.1.54}$$

$$c(X, 0) = c_0(X), \quad t \in J, \tag{3.1.55}$$

其中 $(\psi, \eta) = \displaystyle\int_{\Omega_1 \cup \Omega_2} \psi\eta \mathrm{d}x\mathrm{d}y, (\psi, \eta)_\Gamma = \displaystyle\int_\Gamma \psi\eta \mathrm{d}y$.

设 T_p 为 Ω 的步长是 h_p 的拟一致正则剖分, 令 $V_h \times W_h \subset H(\mathrm{div}, \Omega) \times L^2(\Omega)$ 是与 T_p 相关的指数为 k 的混合元空间. 以 U_m, P_m, C_m (或 C^n) 分别是 u_m, p_m, c_m (或 c^n) 的近似, 则当 C_m 已知时, 用如下格式求 $(U_m, P_m) \subset V_h \times W_h$, 满足

$$\left(\frac{1}{a(C_m)}U_m, v\right) - (\nabla \cdot v \cdot P_m) = (g(C_m), v), \quad v \in V_h, \tag{3.1.56a}$$

$$(\nabla \cdot U_m, \phi) = -(q_m, \phi), \quad \phi \in W_h. \tag{3.1.56b}$$

定义投影 $(\tilde{u}, \tilde{p}) : J \to V_h \times W_h$ 满足,

$$\left(\frac{1}{a(c)}\tilde{u}, v\right) - (\nabla \cdot v \cdot \tilde{p}) = (g(c), v), \quad v \in V_h, \tag{3.1.57a}$$

$$(\nabla \cdot \tilde{u}, \phi) = (q, \phi), \quad \phi \in W_h. \tag{3.1.57b}$$

则有如下引理.

引理 3.1.6[10,11]　　存在常数 K, 使得对于 $1 \leqslant k \leqslant s, t \in [0,T]$, 有

$$\|u - \tilde{u}\|_v + \|p - \tilde{p}\|_W \leqslant K \|p\|_{L^\infty(J, H^{k+3}(\Omega))} h_p^{k+1}, \tag{3.1.58}$$

且在压力时间层下述估计式成立

$$\|U_m - \tilde{u}_m\|_V + \|P_m - \tilde{p}_m\|_W \leqslant K \|c(t_m) - C(t_m)\|_{L^2(\Omega)}. \tag{3.1.59}$$

定义投影 $\tilde{c}(x, y, t)$ 满足,

$$(D(X, t)\nabla \tilde{c}, \nabla v) + (\tilde{c}, v) + (q\tilde{c}, v)$$
$$= (D(X, t)\nabla c, \nabla v) + (c, v) + (qc, v), \quad v \in M. \tag{3.1.60}$$

令 $\xi(t) = c - \tilde{c}, \zeta(t) = C - \tilde{c}$, 则有如下定理.

引理 3.1.7　　存在常数 K, 使得对于 $1 \leqslant k \leqslant r$, 有

$$\|\xi\|_{L^p(L^2(\Omega))} + h\|\xi\|_{L^p(H^1(\Omega))} \leqslant Kh^k \|c\|_{L^p(H^k(\Omega))}, \tag{3.1.61a}$$

$$\left\|\frac{\partial \xi}{\partial t}\right\|_{L^p(L^2(\Omega))} + h\left\|\frac{\partial \xi}{\partial t}\right\|_{L^p(H^1(\Omega))}$$
$$\leqslant Kh^k \left(\|c\|_{L^p(H^k(\Omega))} + \left\|\frac{\partial c}{\partial t}\right\|_{L^p(H^k(\Omega))}\right). \tag{3.1.61b}$$

下面给出逼近 (3.1.2) 区域分解有限元格式

$$C^0 = \tilde{c}^0, \tag{3.1.62}$$

$$\left(\phi\frac{C^{n+1} - \hat{C}^n}{\Delta t_c}, v\right) + (D^{n+1}\nabla C^{n+1}, \nabla v) + (q^{n+1}C^{n+1}, v) + (\sqrt{D^{n+1}}B(C^n), [v])_\Gamma$$
$$= (\tilde{c}^{n+1}, v), \quad v \in M, n \geqslant 0. \tag{3.1.63}$$

当 $t = t^{n+1}$ 时, C^n 已由上一步求得, 从而可知由 (3.1.6) 算出 $B(C^n)$, 因此式 (3.1.63) 化为在两个子区域上求解两个相互独立的问题, 实现了并行计算.

全部格式的求解过程如下: 当 $t_m = t^n$ 时, 由式 (3.1.63) 得出 C^n, 此时, $C_m = C^n$, 由式 (3.1.63), 式 (3.1.56) 求得 U_m 和 P_m, U_{m-1} 已知, 那么在式 (3.1.10) 中取 $\sigma = 1, 2, \cdots, j$ 算出 $EU^{n+1}, EU^{n+2}, \cdots, EU^{n+j}$, 那么由式 (3.1.13) 可得出 $\hat{C}^n, \hat{C}^{n+1}, \cdots, \hat{C}^{n+j-1}$, 然后依照式 (3.1.63) 可并行求得 $C^{n+1}, C^{n+2}, \cdots, C^{n+j} = C_{m+1}$, 从而, 可以进行下一步的求解. 由正定性条件 (C) 易知, 格式的解存在且唯一.

3.1.5.2 数值分析

在本节中, 将给出收敛性分析及误差估计. 用 K 表示某一正常数, ε 表示一大于零的小量.

下面进行收敛性分析.

由式 (3.1.54) 减去式 (3.1.63) 得

$$
\left(\phi\frac{\partial c^{n+1}}{\partial t} + u^{n+1}\cdot\nabla c^{n+1}, v\right) - \left(\phi\frac{C^{n+1} - \hat{C}^n}{\Delta t_c}, v\right) + (D^{n+1}\nabla c^{n+1}, \nabla v)
$$
$$
+ (q^{n+1}c^{n+1}, v) - (D^{n+1}\nabla C^{n+1}, \nabla v) - (q^{n+1}C^{n+1}, v)
$$
$$
+ \left(D^{n+1}\frac{\partial c^{n+1}}{\partial\gamma}, [v]\right)_\Gamma - (\sqrt{D^{n+1}}B(C^n), [v])_\Gamma = 0. \tag{3.1.64}
$$

$$
\left(\phi\frac{\partial c^{n+1}}{\partial t} + u^{n+1}\cdot\nabla c^{n+1}, v\right) - \left(\phi\frac{C^{n+1} - \hat{C}^n}{\Delta t_c}, v\right)
$$
$$
= \left(\phi\frac{c^{n+1} - \hat{c}^n}{\Delta t_c}, v\right) - \left(\phi\frac{C^{n+1} - \hat{C}^n}{\Delta t_c}, v\right) + \left(\phi\frac{\partial c^{n+1}}{\partial t} + EU^{n+1}\cdot\nabla c^{n+1}, v\right)
$$
$$
- \left(\phi\frac{c^{n+1} - \hat{c}^n}{\Delta t_c}, v\right) - (EU^{n+1}\cdot\nabla c^{n+1} - u^{n+1}\cdot\nabla c^{n+1}, v), \tag{3.1.65}
$$

$$
\left(D^{n+1}\frac{\partial c^{n+1}}{\partial\gamma}, [v]\right)_\Gamma - (\sqrt{D^{n+1}}B(C^n), [v])_\Gamma
$$
$$
= \left(D^{n+1}\frac{\partial c^{n+1}}{\partial\gamma}, [v]\right)_\Gamma - \left(D^{n+1}\frac{\partial c^n}{\partial\gamma}, [v]\right)_\Gamma
$$
$$
+ \left(D^{n+1}\frac{\partial c^n}{\partial\gamma}, [v]\right)_\Gamma - (\sqrt{D^{n+1}}B(c^n), [v])_\Gamma
$$
$$
+ (\sqrt{D^{n+1}}B(c^n), [v])_\Gamma - (\sqrt{D^{n+1}}B(\tilde{c}^n), [v])_\Gamma + (\sqrt{D^{n+1}}B(\zeta^n), [v])_\Gamma, \tag{3.1.66}
$$

将式 (3.1.65)、式 (3.1.66) 代入式 (3.1.64), 令 $v = \zeta^{n+1}$, 又由式 (3.1.60), 可得

$$
\left(\phi\frac{\zeta^{n+1} - \zeta^n}{\Delta t_c}, \zeta^{n+1}\right) + (D^{n+1}\nabla\zeta^{n+1}, \nabla\zeta^{n+1})
$$
$$
+ (q^{n+1}\zeta^{n+1}, \zeta^{n+1}) + (B(\zeta^{n+1}), [\zeta^{n+1}])_\Gamma
$$
$$
= \left(\phi\frac{c^{n+1} - \hat{c}^n}{\Delta t_c}, \zeta^{n+1}\right) - \left(\phi\frac{\partial c^{n+1}}{\partial t} + EU^{n+1}\cdot\nabla c^{n+1}, \zeta^{n+1}\right)
$$
$$
+ \left(\phi\frac{\xi^{n+1} - \xi^n}{\Delta t_c}, \zeta^{n+1}\right) + \left(\phi\frac{\xi^n - \hat{\xi}^n}{\Delta t_c}, \zeta^{n+1}\right) - \left(\phi\frac{\zeta^{n+1} - \hat{\zeta}^n}{\Delta t_c}, \zeta^{n+1}\right)
$$
$$
+ (EU^{n+1}\cdot\nabla c^{n+1} - u^{n+1}\cdot\nabla c^{n+1}, \zeta^{n+1}) - (\xi^{n+1}, \zeta^{n+1})
$$

$$- \left(D^{n+1} \frac{\partial c^{n+1}}{\partial \gamma} - D^{n+1} \frac{\partial c^n}{\partial \gamma}, [\zeta^{n+1}] \right)_{\Gamma} - \left(D^{n+1} \frac{\partial c^n}{\partial \gamma} - \sqrt{D^{n+1}} B(c^n), [\zeta^{n+1}] \right)_{\Gamma}$$
$$- (\sqrt{D^{n+1}} B(\xi^n), [\zeta^{n+1}])_{\Gamma} + (\sqrt{D^{n+1}} B(\zeta^{n+1} - \zeta^n), [\zeta^{n+1}])_{\Gamma}. \tag{3.1.67}$$

与 3.1.3 节中的理论分析相似, 可得下面的收敛性定理.

定理 3.1.2　若问题 (3.1.1)—(3.1.3) 的解足够光滑, 假设条件 (C) 和 (R) 满足: $\Delta t_c = O(h), H = O(h^{2/5})$, 那么存在 $\Delta t_c, H, h$ 无关的常数 K^*, 当 $\Delta t \leqslant K^* H^2$ 时, 下述误差估计式成立,

$$\|c^n - C^n\| \leqslant K(\Delta t_c + h^r + h^{s-1} + H^{5/2} + H^{-1} h^r), \quad r, s \geqslant 2. \tag{3.1.68}$$

3.1.6　数值算例

在本节中将给出一个数值算例来验证上面的算法, 考虑模型问题:

$$\frac{\partial c}{\partial t} + u \frac{\partial c}{\partial x} - \frac{\partial}{\partial x} \left(D(x,t) \frac{\partial c}{\partial x} \right) = f(c, x, t), \quad 0 < x < 1, 0 < t < T,$$
$$c(x, 0) = \cos(2\pi x), \quad 0 \leqslant x \leqslant 1,$$
$$\frac{\partial c}{\partial x}(0, t) = \frac{\partial c}{\partial x}(1, t) = 0, \quad 0 \leqslant t \leqslant T. \tag{3.1.69}$$

取 $u = x e^t, D(u) = 0.01 u^2, c = e^t \cos(2\pi x)$, 适当取 f 使得等式成立, $H = 4h, \Delta t = \frac{1}{12} h^2, T = 0.25$.

将区域分解为 $[0, 1] = [0, 0.5] \bigcup [0.5, 1]$, 内边界 $\Gamma = 0.5$, 在表 3.1.4 中, 给出在不同节点处的绝对误差.

表 3.1.4　绝对误差

h	x=0.05	x=0.25	x=0.45	x=0.55	x=0.75	x=0.95
1/40	47.3915×10^{-3}	1.0554×10^{-3}	47.8851×10^{-3}	47.3915×10^{-3}	1.0554×10^{-3}	47.8851×10^{-3}
1/80	11.8245×10^{-3}	0.0638×10^{-3}	11.9163×10^{-3}	11.8245×10^{-3}	0.0638×10^{-4}	11.9163×10^{-3}
1/160	2.9634×10^{-3}	0.0037×10^{-3}	3.0045×10^{-3}	2.9634×10^{-3}	0.0037×10^{-3}	3.0045×10^{-3}

由表 3.1.4 可以看出, 数值结果很好地验证了值理论分析, 其中对内边界法向导数 $\frac{\partial c}{\partial x}(0, 5) = e^t \sin \pi = 0$ 的数值模拟见表 3.1.5.

表 3.1.5　内边界法向导数值

h	B
1/40	5.7863×10^{-14}
1/80	8.6742×10^{-13}
1/160	4.1961×10^{-12}

下面将问题进行区域分解和不进行区域分解的求解耗时进行对比, 时间单位为秒.

由表 3.1.6 可以看出, 当区域剖分加细时, 由于待解方程组急剧变大, 区域分解算法显示了它的优越性, 当剖分越细时, 越能显示其优越性.

表 3.1.6 求解耗时对比

h	进行区域分解算法	不进行区域分解算法
1/40	0.6795	1.3830
1/80	1.5113	3.4020
1/160	6.1936	24.7251
1/320	137.3564	550.7108

进一步的工作

在上述工作基础上, 作者和他的学生还进一步研究了三维可压缩二相驱动问题的区域分解特征有限元方法、特征混合元方法的数值计算和理论分析 [12].

3.2 二相渗流驱动问题区域分裂特征差分法

3.2.1 引言

二相渗流驱动问题的数值模拟及其理论分析是现代能源数学的基础, 对能源开发具有重要的现实意义. 该问题的数学模型是下述一组耦合非线性偏微分方程组 [3-6].

$$\nabla \cdot u = g(x,t), \quad (x,t) \in \Omega \times (0,T], \tag{3.2.1a}$$

$$u = -\kappa(x,s,t)\nabla p, \tag{3.2.1b}$$

$$\phi(x)\frac{\partial s}{\partial t} + u \cdot \nabla s - \nabla \cdot (D\nabla s) = f(x,s,t), \quad (x,t) \in \Omega \times (0,T], \tag{3.2.2}$$

$$u \cdot n = (D\nabla s) \cdot n = 0, \quad (x,t) \in \partial\Omega \times (0,T], \tag{3.2.3a}$$

$$s(x,0) = s_0(x), \quad x \in \Omega, \tag{3.2.3b}$$

此处 n 是 $\partial\Omega$ 的外法向量, 压力方程 (3.2.1a) 和 (3.2.1b) 是椭圆的, 而饱和度方程 (3.2.2) 则是一对流占优扩散方程, 其中 $u(x,t)$ 是达西速度, $p(x,t)$ 是混合流体压力, $s(x,t)$ 是饱和度函数, $\kappa(x,s,t)$ 是与渗透率和黏性系数有关的函数, $\phi(x)$ 是介质的空隙度, $D(x,t)$ 是扩散系数.

二相渗流驱动问题已有很多重要的近似格式, 但由于饱和度方程 (3.2.2) 具有很强的双曲性质、一些传统格式, 如中心差分格式会产生数值弥散和非物理学数值振荡, 导致数值模拟失真. 20 世纪 80 年代, Jr Douglas 和 Russell[3,13] 提出了特征线方法, 在一定程度上克服了数值振荡, 保证了数值的稳定, 具有格式简单, 截断误差小, 能对时间采用大步长计算的特点, 并有效地解决了能源数值模拟问题. Ewing 和 Yuan 等 [11,14] 提出特征混合元方法并对不可压缩、可压缩、可混溶驱动问题进行了收敛性分析, Yuan[15,16] 给出二相渗流驱动问题的特征差分和特征分数步差分格式, 并进行了理论分析.

区域分裂 [7-9] 则是一种解决大规模科学计算问题的有效途径, 对计算区域进行非重叠分裂, Dawson, Dupont 等 [7-9] 对热传导方程提出了一种区域分裂显隐差分格式, 与传统的 Schwarz 格式相比, 在计算和信息传递方面更有效, 在内边界上采用较大空间步长 (H) 的显格式, 而在每个子区域采用隐格式 ($h < H$); 在较弱稳定条件下 [7-9], 给出了误差估计结果, 但他们所采用的最大模原理在一般较复杂问题中不能得到内边界处的高阶估计.

在实际物理工程问题中, 速度 u 在时间方向的变化要比饱和度慢, 因此压力方程采用的时间步长可比饱和度方程的时间步长大 ($\Delta t_p > \Delta t_s$, 见文献 [5]), 从而在二相渗流驱动问题实际数值模拟计算中饱和度方程的计算规模和时间花销比压力方程要大得多. 于是本节对压力方程采用了五点差分格式; 对饱和度方程采用了区域分裂法, 并结合特征方法, 进一步对渗流驱动问题提出了稳定有效、并行性强的非重叠型特征区域分裂格式. 为提高并行计算效率, 内边界采用了降维处理, 各非重叠子区域则对应隐格式. 虽然内边界的显性引入了一定的稳定性限制, 但是比全局稳定性条件弱了许多; 在周期性条件下, 应用能量方法, 归纳假设, 微分方程先验估计的理论和技巧, 得到了离散 l^2 模最优误差估计结果, 具有很强的工程实用价值. 最后的数值试验说明了该方法可以解决大规模科学与工程计算的实际问题, 支撑了理论分析结果. 本节重点在于区域分裂法的研究, 为简便假设 $\Delta t_p = \Delta t_s$.

本节的结构为: 3.2.2 节给出二相渗流驱动特征区域分裂格式; 3.2.3 节进行离散 l^2 模收敛性分析; 3.2.4 节做数值算例.

3.2.2　分裂格式

假定 $\Omega = [0,1] \times [0,1]$, $x = (x_1, x_2)$, 并且问题具有 Ω-周期性, 故边界条件 (3.2.3a) 应省去 [11,17], 为保证压力方程存在唯一解, 引入条件

$$\int_\Omega p \mathrm{d}x = 0, \quad t \in [0, T]. \tag{3.2.4}$$

假定系数满足下面条件

$$0 < \kappa_* \leqslant \kappa(x, s, t) \leqslant \kappa^*, \quad 0 < D_* \leqslant D(x, t) \leqslant D^*, \quad 0 < \phi_0 \leqslant \phi(x), \tag{3.2.5}$$

其中 $\kappa_*, \kappa^*, D_*, D^*, \phi_0$ 均是正常数.

为了简化符号, Ω 采取均匀网格剖分 $\Omega_h : x_{ij} = (x_{1,i}, x_{2,j}) = (ih, jh)$ 其中步长 $h = 1/N_1$. 本节考虑两个子区域情况 (图 3.2.1), $\Omega_1 = [0, \bar{x}_1) \times [0,1]$, $\Omega_2 = (\bar{x}_1, 1] \times [0,1]$. 并假设 $\bar{x}_1 = x_{1,l}, 0 < \bar{x}_1 < 1, 0 < H \leqslant \min\{\bar{x}_1, 1-\bar{x}_1\}$, 以及 $H = mh$, 其中 l, m 为自然数, 时间步长为 $\Delta t = T/N_2, t^n = n \cdot \Delta t$. 对于网格函数 $v(x,t)$, 引入记号: $v_{ij}^n = v(x_{ij}, t^n), \delta_{x_1} v_{ij}^n = \delta_{x_1,h} v_{ij}^n = h^{-1}(v_{i+1,j}^n - v_{ij}^n), \delta_{\bar{x}_1} v_{ij}^n = h^{-1}(v_{ij}^n - v_{i-1,j}^n)$, 以及

$$K_{i\pm 1/2,j}^n = \frac{1}{2}(K(x_{ij}, S_{ij}^n) + K(x_{i\pm 1,j}, S_{i\pm 1,j}^n)),$$

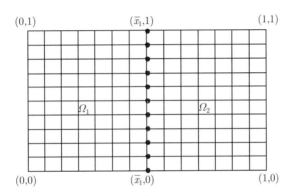

图 3.2.1 两个非重叠子区域网格剖分

类似地定义 $\delta_{x_2} v_{ij}^n, \delta_{\bar{x}_2} v_{ij}^n, K_{i,j\pm 1/2}^n$. 记

$$\delta_{\bar{x}_1}(K\delta_{x_1}P)_{ij}^n = h^{-2}[K_{i+1/2,j}^n(P_{i+1,j}^n - P_{ij}^n) - K_{i-1/2,j}^n(P_{ij}^n - P_{i-1,j}^n)], \qquad (3.2.6a)$$

$$\delta_{\bar{x}_2}(K\delta_{x_2}P)_{ij}^n = h^{-2}[K_{i,j+1/2}^n(P_{i,j+1}^n - P_{ij}^n) - K_{i,j-1/2}^n(P_{ij}^n - P_{i,j-1}^n)], \qquad (3.2.6b)$$

以及

$$\nabla_h(K\nabla_h P)_{ij}^n = \delta_{\bar{x}_1}(K\delta_{x_1}P)_{ij}^n + \delta_{\bar{x}_2}(K\delta_{x_2}P)_{ij}^n. \qquad (3.2.7)$$

从而压力方程离散为下述格式

$$-\nabla_h(K\nabla_h P)_{ij}^n = G_{ij}^n \qquad (3.2.8a)$$

和

$$\langle P^n, 1 \rangle = \sum_{i,j} P_{ij}^n h^2 = 0, \qquad (3.2.8b)$$

其中 $\langle \cdot, \cdot \rangle$ 稍后定义, 若 $\{P_{ij}^n\}$ 已知, 则 $U^n = (V^n, W^n)$ 近似如下

$$V_{ij}^n = -\frac{1}{2}\left(K_{i+1/2,j}^n \frac{P_{i+1,j}^n - P_{ij}^n}{h} + K_{i-1/2,j}^n \frac{P_{ij}^n - P_{i-1,j}^n}{h}\right), \qquad (3.2.9a)$$

$$W_{ij}^n = -\frac{1}{2}\left(K_{i,j+1/2}^n \frac{P_{i,j+1}^n - P_{ij}^n}{h} + K_{i,j-1/2}^n \frac{P_{ij}^n - P_{i,j-1}^n}{h}\right). \tag{3.2.9b}$$

考虑沿特征线方向 τ 的导数, 记 $|u|^2 = \sum\limits_{i=1}^{2}|u_i|^2, \psi = \sqrt{\phi(x)^2 + |u|^2}$, 对任意点 x_{ij}, 沿特征线对应点为

$$\bar{x}_{ij}^n = x_{ij} - u_{ij}^{n+1}\frac{\Delta t}{\phi_{ij}}, \tag{3.2.10}$$

以及 $\bar{s}_{ij}^n = s(\bar{x}_{ij}, t^n)$, 从而

$$\left(\psi\frac{\partial s}{\partial \tau}\right)(x_{ij}, t^{n+1}) = \phi_{ij}\frac{s_{ij}^{n+1} - \bar{s}_{ij}^n}{\Delta t} + O\left(\left|\frac{\partial^2 s}{\partial \tau^2}\right|\Delta \tau\right). \tag{3.2.11}$$

由于 u_{ij}^{n+1} 未知, 故式 (3.2.10) 自然近似为

$$\overline{X}_{ij}^n = x_{ij} - U_{ij}^n\frac{\Delta t}{\phi_{ij}}, \tag{3.2.12}$$

由于 $\overline{X}_{ij}^n$ 不一定落在网格点上, 故 $\bar{S}_{ij}^n$ 需通过插值算子 T_h 得到, 这里 T_h 为乘积型九点双二次插值算子, $S^n = T_h S^n$, 并令 $\bar{S}_{ij}^n = S^n(\overline{X}_{ij}^n)$. 从而

$$\left(\phi\frac{\partial s}{\partial t} + u \cdot \nabla s\right)(x_{ij}, t^{n+1}) \approx \phi_{ij}\frac{S_{ij}^{n+1} - \bar{S}_{ij}^n}{\Delta t}. \tag{3.2.13}$$

饱和度方程 (3.2.2) 中扩散微分算子 $\nabla \cdot (D\nabla s)$ 可近似为

$$\nabla_h(D\nabla_h S)_{ij}^{n+1} = \delta_{\bar{x}_1}(D\delta_{x_1}S)_{ij}^{n+1} + \delta_{\bar{x}_2}(D\delta_{x_2}S)_{ij}^{n+1}. \tag{3.2.14}$$

于是得到饱和度方程的区域分裂特征差分格式:

$$\phi_{ij}\frac{S_{ij}^{n+1} - \bar{S}_{ij}^n}{\Delta t} - \nabla_h(D\nabla_h S)_{ij}^{n+1} = F_{ij}^n, \quad x_{ij} \in \Omega^*, \tag{3.2.15}$$

$$\phi_{ij}\frac{S_{ij}^{n+1} - \bar{S}_{ij}^n}{\Delta t} - \nabla_H(D\nabla_H S)_{ij}^{n+1/2} = F_{ij}^n, \quad x_{ij} \in \Gamma^*, \tag{3.2.16}$$

其中 $F_{ij}^n = f(x_{ij}, t^n, S_{ij}^n), \Omega^* = \Omega_1 \cup \Omega_2, \Gamma^* = \bar{\Omega}_1 \cap \bar{\Omega}_2$, 以及

$$\nabla_H(D\nabla_H S)_{ij}^{n+1/2} = \delta_{\bar{x}_1,H}(D\delta_{x_1,H}S)_{ij}^n + \delta_{\bar{x}_2}(D\delta_{x_2}S)_{ij}^{n+1}. \tag{3.2.17}$$

结合式 (3.2.8), 式 (3.2.15), 式 (3.2.16), 从而计算过程可描述为

隐格式计算　　　　　　　　　　　　　　并行计算

$\uparrow$　　　　　　　　　　　　　　　　　　$\uparrow$

$S^0 \rightarrow \quad P^0, U^0 \rightarrow \quad\quad\quad S^1|_{\Gamma^*} \rightarrow \quad\quad S^1|_{\Omega^*} \rightarrow \quad P^1, U^1 \rightarrow \quad \cdots$

$\downarrow$　　　　　　　　　　　　　　　　　　$\downarrow$

x_1方向显格式计算　　　　　　　　　　隐格式计算

为了下面收敛性分析, 假设模型系统的解具有一定的光滑性, 即满足

$$\text{(R)} \quad p, s \in L^\infty(W^{4,\infty}) \cap W^{1,\infty}(W^{1,\infty}), \quad \frac{\partial^2 s}{\partial \tau^2} \in L^\infty(L^\infty), \quad (3.2.18)$$

以及 $f(s), \kappa(s)$ 在解的 ε_0 邻域是 Lipschitz 连续的, 即存在正常数 M, 当 $|\varepsilon_i| \leqslant \varepsilon_0 (1 \leqslant i \leqslant 4)$ 时有

$$|f(s(x,t) + \varepsilon_1) - f(s(x,t) + \varepsilon_2)| \leqslant M |\varepsilon_1 - \varepsilon_2|,$$

$$|\kappa(s(x,t) + \varepsilon_3) - \kappa(s(x,t) + \varepsilon_4)| \leqslant M |\varepsilon_3 - \varepsilon_4|,$$

并且 $D(x,t)$ 关于空间和时间变量满足 Lipschitz 连续条件, 本节中记号 M 和 ε 分部表示普通正常数和普通小正数, 在不同处可具有不同的含义.

3.2.3 收敛性分析

令 $\pi = p - P$, $\xi = s - S$, 此处 p, s 分部表示问题的精确解, P, S 为格式的差分解, 为了进行误差分析, 引入周期性离散空间 $l^2(\Omega)$ 和 $h^1(\Omega)$ 的内积和范数 [4,17].

$$\langle v^n, w^n \rangle = \langle v^n, w^n \rangle_{\Omega_h} = \sum_{i,j=1}^{N_1} v_{ij}^n w_{ij}^n h^2, \quad \|v^n\| = \langle v^n, v^n \rangle^{1/2},$$

$$\langle v^n, w^n \rangle_{x_1} = \sum_{i=0}^{N_1-1} \sum_{j=1}^{N_1} v_{ij}^n w_{ij}^n h^2, \quad \langle v^n, w^n \rangle_{x_2} = \sum_{i=1}^{N_1} \sum_{j=0}^{N_1-1} v_{ij}^n w_{ij}^n h^2,$$

$$\|\delta_{x_1} v^n\|_{x_1} = \langle \delta_{x_1} v^n, \delta_{x_1} v^n \rangle_{x_1}^{1/2}, \quad \|\delta_{x_2} v^n\|_{x_2} = \langle \delta_{x_2} v^n, \delta_{x_2} v^n \rangle_{x_2}^{1/2},$$

$$\|\nabla_h v^n\| = \left(\|\delta_{x_1} v^n\|_{x_1}^2 + \|\delta_{x_2} v^n\|_{x_2}^2 \right)^{1/2}, \quad \|v^n\|_1 = \left(\|v^n\|^2 + \|\nabla_h v^n\|^2 \right)^{1/2}.$$

可类似定义在 Ω^* 上的内积和范数 $\langle \cdot, \cdot \rangle_{\Omega^*}, \|\cdot\|_{\Omega^*}$. 进一步定义 Ω 上的加权内积, $\langle a v^n, w^n \rangle = \sum_{i,j=1}^{N_1} a_{ij} v_{ij}^n w_{ij}^n h^2$, 对应模为 $\|a v^n\| = \langle a v^n, v^n \rangle^{1/2}$. 首先研究压力方程

$$-\nabla_h (\kappa \nabla_h p)_{ij}^n = G_{ij}^n + \delta_{1,ij}^n, \quad (3.2.19)$$

其中

$$|\delta_{1,ij}^n| = O(h^2). \quad (3.2.20)$$

于是结合式 (3.2.8) 和式 (3.2.19) 得到

$$-\nabla_h (K \nabla_h \pi)_{ij}^n = \delta_{1,ij}^n + \nabla_h ((\kappa - K) \nabla_h p)_{ij}^n. \quad (3.2.21)$$

将式 (3.2.21) 两边同乘以 $\pi_{ij}^n h^2$, 对 i, j 求和, 并根据分部求和得到

$$\langle K^n \nabla_h \pi^n, \nabla_h \pi^n \rangle = \langle \delta_1^n, \pi^n \rangle - \langle (\kappa^n - K^n) \nabla_h p^n, \nabla_h \pi^n \rangle. \quad (3.2.22)$$

根据 Hölder 不等式, 可得

$$\langle \delta_1^n, \pi^n \rangle \leqslant \varepsilon \|\pi^n\|^2 + M \|\delta_1^n\|^2 \tag{3.2.23}$$

以及

$$\langle (\kappa^n - K^n) \nabla_h p^n, \nabla_h \pi^n \rangle \leqslant M \|\xi^n\|^2 + \frac{1}{4} \kappa_* \|\nabla_h \pi^n\|^2, \tag{3.2.24}$$

注意到条件 (3.2.5) 以及式 (3.2.20), 结合式 (3.2.23)、式 (3.2.24), 可得

$$\kappa_* \|\nabla_h \pi^n\|^2 \leqslant \varepsilon \|\pi^n\|^2 + M \|\xi^n\|^2 + \frac{1}{4} \kappa_* \|\nabla_h \pi^n\|^2 + Mh^4. \tag{3.2.25}$$

应用离散的 Poincaré 不等式, 进而

$$\|\nabla_h \pi^n\|^2 \leqslant M \left(\|\xi^n\|^2 + h^4 \right). \tag{3.2.26}$$

下面考虑饱和度方程 (3.2.2). 根据式 (3.2.11)、式 (3.2.15) 和式 (3.2.16) 得到误差方程

$$\phi_{ij} \frac{\xi_{ij}^{n+1} - (s^n(\bar{x}_{ij}^n) - \bar{S}_{ij}^n)}{\Delta t} - \nabla_h (D \nabla_h \xi)_{ij}^{n+1}$$
$$= f_{ij}^{n+1}(s_{ij}^{n+1}) - F_{ij}^n(S_{ij}^n) + \delta_{2,ij}^{n+1}, \quad x_{ij} \in \Omega^* \tag{3.2.27}$$

和

$$\phi_{ij} \frac{\xi_{lj}^{n+1} - (s^n(\bar{x}_{lj}^n) - \bar{S}_{lj}^n)}{\Delta t} - \nabla_H (D \nabla_H \xi)_{lj}^{n+1/2}$$
$$= f_{lj}^{n+1}(s_{lj}^{n+1}) - F_{lj}^n(S_{lj}^n) + \delta_{3,lj}^{n+1}, \quad x_{ij} \in \Gamma^*, \tag{3.2.28}$$

其中

$$\delta_{2,ij}^{n+1} = O(\Delta t + h^2), \quad \delta_{3,lj}^{n+1} = O(\Delta t + H^2). \tag{3.2.29}$$

定义内边界处内积和模分别为

$$\langle v, w \rangle_{\Gamma^*} = \sum_j v_{lj} w_{lj} hH, \quad \|v\|_{\Gamma^*}^2 = \langle v, v \rangle_{\Gamma^*}. \tag{3.2.30}$$

将式 (3.2.27)、式 (3.2.28) 两边分别乘以 $\xi_{ij}^{n+1} h^2 (i \neq l), \xi_{lj}^{n+1} hH$, 相加后对 i, j 求和, 得到误差方程的内积形式

$$\left\langle \phi \frac{\xi^{n+1} - (s^n(\bar{x}^n) - \bar{S}^n)}{\Delta t}, \xi^{n+1} \right\rangle_{\Omega^*} + \left\langle \phi \frac{\xi^{n+1} - (s^n(\bar{x}^n) - \bar{S}^n)}{\Delta t}, \xi^{n+1} \right\rangle_{\Gamma^*}$$
$$- \langle \nabla_h (D \nabla_h \xi)^{n+1}, \xi^{n+1} \rangle_{\Omega^*} - \langle \nabla_H (D \nabla_H \xi)^{n+1/2}, \xi^{n+1} \rangle_{\Gamma^*}$$
$$= \langle f^{n+1} - F^n, \xi^{n+1} \rangle_{\Omega^*} + \langle f^{n+1} - F^n, \xi^{n+1} \rangle_{\Gamma^*}$$

$$+ \langle \delta_2^{n+1}, \xi^{n+1} \rangle_{\Omega^*} + \langle \delta_3^{n+1}, \xi^{n+1} \rangle_{\Gamma^*}, \tag{3.2.31}$$

对于任意的 j, 引入记号:

$$B_{1,lj} = \frac{1}{H} \left(D_{l+1/2,j}^{n+1} \frac{\xi_{l+1,j}^{n+1} - \xi_{lj}^{n+1}}{h} - D_{l-1/2,j}^{n+1} \frac{\xi_{lj}^{n+1} - \xi_{l-1,j}^{n+1}}{h} \right), \tag{3.2.32a}$$

$$B_{2,lj} = \frac{1}{H} \left(D_{l+m/2,j}^{n+1} \frac{\xi_{l+m,j}^{n+1} - \xi_{lj}^{n+1}}{H} - D_{l-m/2,j}^{n+1} \frac{\xi_{lj}^{n+1} - \xi_{l-m,j}^{n+1}}{H} \right), \tag{3.2.32b}$$

$$B_{3,lj} = \frac{1}{H} \left(D_{l+m/2,j}^{n} \frac{\xi_{l+m,j}^{n} - \xi_{lj}^{n}}{H} - D_{l-m/2,j}^{n} \frac{\xi_{lj}^{n} - \xi_{l-m,j}^{n}}{H} \right). \tag{3.2.32c}$$

显然

$$- \langle \nabla_h (D \nabla_h \xi)^{n+1}, \xi^{n+1} \rangle_{\Omega^*} - \langle \nabla_H (D \nabla_H \xi)^{n+1/2}, \xi^{n+1} \rangle_{\Gamma^*}$$
$$= - \sum_{i \neq l} \sum_j \delta_{\bar{x}_2} (D \delta_{x_2} \xi)_{ij}^{n+1} \xi_{ij}^{n+1} h^2 - \sum_j \delta_{\bar{x}_2} (D \delta_{x_2} \xi)_{lj}^{n+1} \xi_{lj}^{n+1} hH$$
$$- (\delta_{\bar{x}_1} (D \delta_{x_1} \xi)^{n+1}, \xi^{n+1}) + \langle B_1 - B_2, \xi^{n+1} \rangle_{\Gamma^*} + \langle B_2 - B_3, \xi^{n+1} \rangle_{\Gamma^*}. \tag{3.2.33}$$

利用等式 $ab = \frac{1}{2}[a^2 + b^2 - (a-b)^2]$, ε-Cauchy 及 $D_* \leqslant D(x,t) \leqslant D^*$ 得到

$$\langle B_2 - B_3, \xi^{n+1} \rangle_{\Gamma^*}$$
$$= \sum_j [B_{2,lj} - B_{3,lj}] \xi_{lj}^{n+1} hH$$
$$\geqslant \frac{1}{2H^2} \sum_j \left\{ [D_{l+m/2,j}^{n+1} (\xi_{l+m,j}^{n+1})^2 - D_{l+m/2,j}^{n} (\xi_{l+m,j}^{n})^2] + [D_{l-m/2,j}^{n+1} (\xi_{l-m,j}^{n+1})^2 \right.$$
$$\left. - D_{l-m/2,j}^{n} (\xi_{l-m,j}^{n})^2] \right\} hH - 2D^* \frac{\Delta t}{H^2} \frac{\Delta t}{2} \left\| \frac{\xi^{n+1} - \xi^n}{\Delta t} \right\|_{\Gamma^*}^2$$
$$- \frac{1}{2H^2} \sum_j [(D_{l+m/2,j}^{n+1} + D_{l-m/2,j}^{n+1})(\xi_{lj}^{n+1})^2 - (D_{l+m/2,j}^{n} + D_{l-m/2,j}^{n})(\xi_{lj}^{n})^2] hH$$
$$- \frac{1}{2} \sum_j \left[D_{l+m/2,j}^{n+1} \left(\frac{\xi_{l+m,j}^{n+1} - \xi_{lj}^{n+1}}{H} \right)^2 + D_{l-m/2,j}^{n+1} \left(\frac{\xi_{lj}^{n+1} - \xi_{l-m,j}^{n+1}}{H} \right)^2 \right] hH. \tag{3.2.34}$$

通过加减项, 对任意的 j, 不难得到

$$B_{2,lj} = \frac{h^2}{H^2} \left\{ \frac{1}{h} \left[D_{l+m/2,j}^{n+1} \frac{\xi_{l+m,j}^{n+1} - \xi_{lj}^{n+1}}{h} - D_{l-m/2,j}^{n+1} \frac{\xi_{lj}^{n+1} - \xi_{l-m,j}^{n+1}}{h} \right] \right\}$$
$$= \frac{1}{m^2} \sum_{k=1}^{m-1} \frac{m-k}{h} \left[D_{l+k+1/2,j}^{n+1} \frac{\xi_{l+k+1,j}^{n+1} - \xi_{l+k,j}^{n+1}}{h} - D_{l+k-1/2,j}^{n+1} \frac{\xi_{l+k,j}^{n+1} - \xi_{l+k-1,j}^{n+1}}{h} \right]$$

$$+ \frac{1}{m^2} \sum_{k=1}^{m-1} \frac{m-k}{h} \left[D_{l-k+1/2,j}^{n+1} \frac{\xi_{l-k+1,j}^{n+1} - \xi_{l-k,j}^{n+1}}{h} - D_{l-k-1/2,j}^{n+1} \frac{\xi_{l-k,j}^{n+1} - \xi_{l-k-1,j}^{n+1}}{h} \right]$$

$$+ \frac{1}{m^2} \sum_{k=0}^{m-1} \left\{ \frac{D_{l+m/2,j}^{n+1} - D_{l+(k+1/2),j}^{n+1}}{h} \frac{\xi_{l+k+1,j}^{n+1} - \xi_{l+k,j}^{n+1}}{h} \right.$$

$$\left. - \frac{D_{l-m/2,j}^{n+1} - D_{l-(k+1/2),j}^{n+1}}{h} \cdot \frac{\xi_{l-k,j}^{n+1} - \xi_{l-k-1,j}^{n+1}}{h} \right\}$$

$$+ \frac{1}{H} \left[D_{l+1/2,j}^{n+1} \frac{\xi_{l+1,j}^{n+1} - \xi_{lj}^{n+1}}{h} - D_{l-1/2,j}^{n+1} \frac{\xi_{lj}^{n+1} - \xi_{l-1,j}^{n+1}}{h} \right]. \tag{3.2.35}$$

从而

$$\sum_j [B_{1,lj} - B_{2,lj}] \xi_{lj}^{n+1} hH$$

$$= \sum_{k=1}^{m-1} \frac{m-k}{m} \sum_j [-\delta_{\bar{x}_1}(D\delta_{x_1}\xi)_{l+k,j}^{n+1} + \delta_{\bar{x}_1}(D\delta_{x_1}\xi)_{l+k,j}^{n+1} (\xi_{l+k,j}^{n+1} - \xi_{lj}^{n+1})] h^2$$

$$+ \sum_{k=1}^{m-1} \frac{m-k}{m} \sum_j [-\delta_{\bar{x}_1}(D\delta_{x_1}\xi)_{l-k,j}^{n+1} \xi_{l-k,j}^{n+1} + \delta_{\bar{x}_1}(D\delta_{x_1}\xi)_{l-k,j}^{n+1} (\xi_{l-k,j}^{n+1} - \xi_{lj}^{n+1})] h^2$$

$$- \frac{1}{m} \sum_{k=0}^{m-1} \sum_j \left[\frac{D_{l+m/2,j}^{n+1} - D_{l+(k+1/2),j}^{n+1}}{h} \delta_{x_1}\xi_{l+k,j}^{n+1} \xi_{lj}^{n+1} \right.$$

$$\left. - \frac{D_{l-m/2,j}^{n+1} - D_{l-(k+1/2),j}^{n+1}}{h} \delta_{\bar{x}_1}\xi_{l-k,j}^{n+1} \xi_{lj}^{n+1} \right] h^2. \tag{3.2.36}$$

注意到

$$\sum_{k=1}^{m-1} \frac{m-k}{m} \sum_j \left\{ \delta_{\bar{x}_1}(D\delta_{x_1}\xi)_{l+k,j}^{n+1} (\xi_{l+k,j}^{n+1} - \xi_{lj}^{n+1}) h^2 \right.$$

$$\left. + \delta_{\bar{x}_1}(D\delta_{x_1}\xi)_{l-k,j}^{n+1} (\xi_{l-k,j}^{n+1} - \xi_{lj}^{n+1}) h^2 \right\}$$

$$= - \sum_{k=1}^{m-1} \frac{m-k}{m} \sum_j \left[D_{l+k-1/2,j}^{n+1} \left(\frac{\xi_{l+k,j}^{n+1} - \xi_{l+k-1,j}^{n+1}}{h} \right)^2 \right.$$

$$\left. + D_{l-k+1/2,j}^{n+1} \left(\frac{\xi_{l-k+1,j}^{n+1} - \xi_{l-k,j}^{n+1}}{h} \right)^2 \right] h^2$$

$$+ \frac{1}{m} \sum_{k=1}^{m-1} \sum_j D_{l+k+1/2,j}^{n+1} \frac{\xi_{l+k+1,j}^{n+1} - \xi_{l+k,j}^{n+1}}{h} \frac{\xi_{l+k,j}^{n+1} - \xi_{lj}^{n+1}}{h} h^2$$

$$+ \frac{1}{m} \sum_{k=1}^{m-1} \sum_j D_{l-k-1/2,j}^{n+1} \frac{\xi_{l-k,j}^{n+1} - \xi_{l-k-1,j}^{n+1}}{h} \frac{\xi_{lj}^{n+1} - \xi_{l-k,j}^{n+1}}{h} h^2. \tag{3.2.37}$$

根据式 (3.2.27), 对 $1 \leqslant k \leqslant m-1$, 有

$$
\begin{aligned}
& - \delta_{\bar{x}_1}(D\delta_{x_1}\xi)_{l\pm k,j}^{n+1} \\
= & - \delta_{\bar{x}_2}(D\delta_{x_2}\xi)_{l\pm k,j}^{n+1} + \delta_{2,l\pm k,j}^{n+1} \\
& - \phi_{l\pm k,j} \frac{\xi_{l\pm k,j}^{n+1} - (s^n(\bar{x}_{l\pm k,j}^n) - \bar{S}_{l\pm k,j}^n)}{\Delta t} + f_{l\pm m,j}^{n+1} - F_{l\pm m,j}^n. \tag{3.2.38}
\end{aligned}
$$

将式 (3.2.37)、式 (3.2.38) 代入式 (3.2.36), 从而得到

$$
\begin{aligned}
\langle B_1 - B_2, \xi^{n+1} \rangle_{\Gamma^*} = & \sum_j [B_{1,lj} - B_{2,lj}] \xi_{lj}^{n+1} hH \\
= & \sum_{k=1}^{m-1} \frac{m-k}{m} \left\{ \sum_j \left[-\phi_{l+k,j} \frac{\xi_{l+k,j}^{n+1} - (s^n(\bar{x}_{l+k,j}^n) - \bar{S}_{l+k,j}^n)}{\Delta t} \xi_{l+k,j}^{n+1} \right. \right. \\
& \left. -\phi_{l-k,j} \frac{\xi_{l+k,j}^{n+1} - (s^n(\bar{x}_{l+k,j}^n) - \bar{S}_{l+k,j}^n)}{\Delta t} \xi_{l-k,j}^{n+1} \right] h^2 \\
& + \sum_j [\delta_{\bar{x}2}(D\delta_{x2}\xi)_{l+k,j}^{n+1} \xi_{l+k,j}^{n+1} + \delta_{\bar{x}2}(D\delta_{x2}\xi)_{l-k,j}^{n+1} \xi_{l-k,j}^{n+1}] h^2 \\
& + \sum_j [(f_{l+k,j}^{n+1} - F_{l+k,j}^n)\xi_{l+k,j}^{n+1} + (f_{l-k,j}^{n+1} - F_{l-k,j}^n)\xi_{l-k,j}^{n+1}] h^2 \\
& - \sum_j [\delta_{2,l+k,j}^{n+1} \xi_{l+k,j}^{n+1} + \delta_{2,l-k,j}^{n+1} \xi_{l-k,j}^{n+1}] h^2 \\
& \left. - \sum_j [D_{l+k-1/2,j}^{n+1}(\delta_{\bar{x}_1}\xi_{l+k,j}^{n+1})^2 + D_{l-k+1/2,j}^{n+1}(\delta_{x_1}\xi_{l-k,j}^{n+1})^2] h^2 \right\} \\
& - \frac{1}{m} \sum_{k=0}^{m-1} \sum_j \left[\frac{D_{l+m/2,j}^{n+1} D_{l+(k+1/2),j}^{n+1}}{h} \delta_{x_1}\xi_{l+k,j}^{n+1} \xi_{lj}^{n+1} h^2 \right. \\
& \left. - \frac{D_{l-m/2,j}^{n+1} - D_{l-(k+1/2),j}^{n+1}}{h} \delta_{\bar{x}_1}\xi_{l-k,j}^{n+1} \xi_{lj}^{n+1} \right] h^2 \\
& + \frac{1}{m} \sum_{k=1}^{m-1} \sum_j D_{l+k+1/2,j}^{n+1} \delta_{x_1}\xi_{l+k,j}^{n+1} \frac{\xi_{l+k,j}^{n+1} - \xi_{lj}^{n+1}}{h} h^2 \\
& + \frac{1}{m} \sum_{k=1}^{m-1} \sum_j D_{l-k-1/2,j}^{n+1} \delta_{\bar{x}_1}\xi_{l-k,j}^{n+1} \frac{\xi_{lj}^{n+1} - \xi_{l-k,j}^{n+1}}{h} h^2. \tag{3.2.39}
\end{aligned}
$$

下面估计式 (3.2.34) 中的

$$-\frac{1}{2}\sum_j \left(\left[D_{l+m/2,j}^{n+1}\left(\frac{\xi_{l+m,j}^{n+1}-\xi_{lj}^{n+1}}{H}\right)^2 + D_{l-m/2,j}^{n+1}\left(\frac{\xi_{lj}^{n+1}-\xi_{l-m,j}^{n+1}}{H}\right)^2 \right] \right)hH.$$

利用等式 $(a+b)^2 = a^2 + 2ab + b^2$. 首先注意到

$$-\frac{1}{2}\sum_j D_{l+m/2,j}^{n+1}\left(\frac{\xi_{l+m,j}^{n+1}-\xi_{lj}^{n+1}}{H}\right)^2 hH$$

$$=-\frac{1}{2m}\sum_j D_{l+m/2,j}^{n+1}\left(\frac{\xi_{l+m,j}^{n+1}-\xi_{lj}^{n+1}}{h}\right)^2 h^2$$

$$=-\frac{1}{2m}\sum_{k=1}^{m}\sum_j D_{l+k-1/2,j}^{n+1}(\delta_{\bar{x}_1}\xi_{l+k,j}^{n+1})^2 h^2$$

$$+\frac{1}{2m}\sum_{k=1}^{m}\sum_j [D_{l+k-1/2,j}^{n+1} - D_{l+m/2,j}^{n+1}](\delta_{\bar{x}_1}\xi_{l+k,j}^{n+1})^2 h^2$$

$$-\frac{1}{m}\sum_{k=1}^{m-1}\sum_j D_{l+m/2,j}^{n+1}\delta_{x_1}\xi_{l+k,j}^{n+1}\frac{\xi_{l+k,j}^{n+1}-\xi_{lj}^{n+1}}{h}h^2. \qquad (3.2.40)$$

类似得到

$$-\frac{1}{2}\sum_j D_{l+m/2,j}^{n+1}\left(\frac{\xi_{lj}^{n+1}-\xi_{l-m,j}^{n+1}}{H}\right)^2 hH$$

$$=-\frac{1}{2m}\sum_{k=1}^{m}\sum_j D_{l-k+1/2,j}^{n+1}(\delta_{x_1}\xi_{l-k,j}^{n+1})^2 h^2$$

$$+\frac{1}{2m}\sum_{k=1}^{m}\sum_j [D_{l-k+1/2,j}^{n+1} - D_{l-m/2,j}^{n+1}](\delta_{x_1}\xi_{l-k,j}^{n+1})^2 h^2$$

$$-\frac{1}{m}\sum_{k=1}^{m-1}\sum_j D_{l+m/2,j}^{n+1}\delta_{\bar{x}_1}\xi_{l-k,j}^{n+1}\frac{\xi_{lj}^{n+1}-\xi_{l-k,j}^{n+1}}{h}h^2. \qquad (3.2.41)$$

令 $\Lambda = \{1,2,\cdots,l-m,l+m,\cdots,N_1-1\}$, 进一步定义内积

$$A(v,w) = \sum_{i\in\Lambda}\sum_j v_{ij}w_{ij}h^2,$$

$$B(v,w) = \sum_{k=1}^{m-1}\frac{k}{m}\sum_j [v_{l+k,j}w_{l+k,j} + v_{l-k,j}w_{l-k,j}]h^2, \qquad (3.2.42)$$

$$\|v\|_*^2 = A(v,v) + B(v,v) + \|v\|_{\Gamma^*}^2, \qquad (3.2.43)$$

$$\left\| D\delta_{x_1}\xi^{n+1} \right\|_{**}^2 = \sum_{i=0}^{l-k-1}\sum_j D_{i+1/2,j}^{n+1}(\delta_{x_1}\xi_{ij}^{n+1})^2 h^2 + \sum_{i=l+m}^{N_1-1}\sum_j D_{i+1/2,j}^{n+1}(\delta_{x_1}\xi_{ij}^{n+1})^2 h^2$$

$$+ \sum_{k=1}^m \frac{2k-1}{2m}\left\{ \sum_j D_{l+k-1/2,j}^{n+1}(\delta_{x_1}\xi_{l+k-1,j}^{n+1})^2 h^2 \right.$$

$$\left. + \sum_j D_{l-k+1/2,j}^{n+1}(\delta_{x_1}\xi_{l-k,j}^{n+1})^2 h^2 \right\}, \tag{3.2.44}$$

$$\left\| D\delta_{x_2}\xi^{n+1} \right\|_{**}^2 = \sum_{i=0}^{l-m-1}\sum_j D_{i,j+1/2}^{n+1}(\delta_{x_2}\xi_{ij}^{n+1})^2 h^2 + \sum_{i=l+m}^{N_1-1}\sum_j D_{i,j+1/2}^{n+1}(\delta_{x_2}\xi_{ij}^{n+1})^2 h^2$$

$$+ \sum_{k=1}^m \frac{2k-1}{2m}\left\{ \sum_j D_{l+k-1,j+1/2}^{n+1}(\delta_{x_2}\xi_{l+k-1,j}^{n+1})^2 h^2 \right.$$

$$\left. + \sum_j D_{l-k,j+1/2}^{n+1}(\delta_{x_2}\xi_{l-k,j}^{n+1})^2 h^2 \right\}, \tag{3.2.45}$$

$$\left\| D\nabla_h\xi^{n+1} \right\|_{**}^2 = \left\| D\delta_{x_1}\xi^{n+1} \right\|_{**}^2 + \left\| D\delta_{x_2}\xi^{n+1} \right\|_{**}^2. \tag{3.2.46}$$

实际计算中 m 是有界的, 下面引理显然成立.

引理 3.2.1 $\left\|\xi^{n+1}\right\|_*, \left\|\nabla_h\xi^{n+1}\right\|_{**}$ 分别和 $\left\|\xi^{n+1}\right\|, \left\|\nabla_h\xi^{n+1}\right\|$ 等价.

根据上述结果及记号 (3.2.42), (3.2.31) 可写成

$$A\left(\phi\frac{\xi^{n+1} - (s^n(\bar{x}^n) - \bar{S}^n)}{\Delta t}, \xi^{n+1}\right) + B\left(\phi\frac{\xi^{n+1} - (s^n(\bar{x}^n) - \bar{S}^n)}{\Delta t}, \xi^{n+1}\right)$$

$$+ \left\langle\phi\frac{\xi^{n+1} - (s^n(\bar{x}^n) - \bar{S}_{ij}^n)}{\Delta t}, \xi^{n+1}\right\rangle_{\Gamma^*} - 2D^*\frac{\Delta t}{H^2}\frac{\Delta t}{2}\left\|\frac{\xi^{n+1} - \xi^n}{\Delta t}\right\|_{\Gamma^*}^2$$

$$+ \frac{1}{2H^2}\sum_j\{[D_{l+m/2,j}^{n+1}(\xi_{l+m,j}^{n+1})^2 - D_{l+m/2,j}^n(\xi_{l+m,j}^n)^2]$$

$$+ [D_{l-m/2,j}^{n+1}(\xi_{l-m,j}^{n+1})^2 - D_{l-m/2,j}^n(\xi_{l-m,j}^n)^2]\}hH$$

$$- \frac{1}{2H^2}\sum_j[(D_{l+m/2,j}^{n+1} + D_{l-m/2,j}^{n+1})(\xi_{lj}^{n+1})^2 - (D_{l+m/2,j}^n + D_{l-m/2,j}^n)(\xi_{lj}^n)^2]hH$$

$$- \langle\delta_{\bar{x}_1}(D\delta_{x_1}\xi^{n+1}), \xi^{n+1}\rangle - A(\delta_{\bar{x}_2}(D\delta_{x_2}\xi)^{n+1}, \xi^{n+1}) - B(\delta_{\bar{x}_2}(D\delta_{x_2}\xi)^{n+1}, \xi^{n+1})$$

$$- \langle\delta_{\bar{x}_2}(D\delta_{x_2}\xi)^{n+1}, \xi^{n+1}\rangle_{\Gamma^*}$$

$$- \sum_{k=1}^{m-1}\frac{m-k}{m}\sum_j[D_{l+k-1/2,j}^{n+1}(\delta_{\bar{x}_1}\xi_{l+k,j}^{n+1})^2 + D_{l-k+1/2,j}^{n+1}(\delta_{x_1}\xi_{l-k,j}^{n+1})^2]h^2$$

$$-\frac{1}{2m}\sum_{k=1}^{m}\sum_{j}[D_{l+k-1/2,j}^{n+1}(\delta_{\bar{x}_1}\xi_{l+k,j}^{n+1})^2+D_{l-k+1/2,j}^{n+1}(\delta_{x_1}\xi_{l-k,j}^{n+1})^2]h^2$$

$$+\frac{1}{2m}\sum_{k=1}^{m}\sum_{j}[(D_{l+k-1/2,j}^{n+1}-D_{l+m/2,j}^{n+1})(\delta_{\bar{x}_1}\xi_{l+k,j}^{n+1})^2$$

$$+(D_{l-k+1/2,j}^{n+1}-D_{l-m/2,j}^{n+1})(\delta_{x_1}\xi_{l-k,j}^{n+1})^2]h^2$$

$$+\frac{1}{m}\sum_{k=1}^{m-1}\sum_{j}\left[\frac{D_{l+(k+1/2),j}^{n+1}-D_{l+m/2,j}^{n+1}}{h}\delta_{x_1}\xi_{l+k,j}^{n+1}\xi_{l+k,j}^{n+1}\right.$$

$$\left.+\frac{D_{l-m/2,j}^{n+1}-D_{l-(k+1/2),j}^{n+1}}{h}\delta_{\bar{x}_1}\xi_{l-k,j}^{n+1}\xi_{l-k,j}^{n+1}\right]h^2$$

$$\leqslant A(f^{n+1}-F^n,\xi^{n+1})+B(f^{n+1}-F^n,\xi^{n+1})+\langle f^{n+1}-F^n,\xi^{n+1}\rangle_{\Gamma^*}$$

$$+A(\delta_2^{n+1},\xi^{n+1})+B(\delta_2^{n+1},\xi^{n+1})+\langle\delta_3^{n+1},\xi^{n+1}\rangle_{\Gamma^*}\equiv\sum_{i=1}^{6}R_i, \tag{3.2.47}$$

式 (3.2.47) 中左端诸项分别记为 $L_i(i=1,2,\cdots,14)$. 注意到 $\bar{S}_{ij}^n=T_hS^n(\overline{X}_{ij})$. 通过加减项得到

$$\xi_{ij}^{n+1}-(s^n(\bar{x}_{ij}^n)-\bar{S}_{ij}^n)$$

$$=(\xi_{ij}^{n+1}-\bar{\xi}_{ij}^n)-(s^n(\bar{x}_{ij}^n)-s^n(\overline{X}_{ij}^n))-((I-T_h)s^n(\overline{X}_{ij}^n)), \tag{3.2.48}$$

其中 I 是恒等算子. 根据后面的定理可假定时间和空间剖分参数满足限定条件:

$$\Delta t=O(h^2),\quad H=O(h^{4/5}). \tag{3.2.49}$$

利用 Peano 核定理 [3,13] 可得

$$\left|(I-T_h)s_{ij}^n\right|\leqslant M(\|s^n\|_{W_\infty^3(\Omega)})h^2\Delta t. \tag{3.2.50}$$

注意到

$$\left|s^n(\bar{x}_{ij}^n)-s^n(\overline{X}_{ij}^n)\right|\leqslant M(\|s^n\|_{1,\infty})\left|\bar{x}_{ij}^n-\overline{X}_{ij}^n\right|$$

$$=M(\|s^n\|_{1,\infty})\left|u_{ij}^{n+1}-U_{ij}^n\right|\Delta t$$

$$\leqslant M(\|p^n\|_{W^{1,\infty}(J^n,W^{1,\infty})},\|s^n\|_{W^{1,\infty}(J^n,W^{1,\infty})})$$

$$\cdot(\Delta t+\left|\xi_{ij}^n\right|+\left|\nabla_h\pi_{ij}^n\right|)\Delta t, \tag{3.2.51}$$

其中 $J^n=[t^n,t^{n+1}]$, 并用到了 $\left|u_{ij}^{n+1}-U_{ij}^n\right|\leqslant M(\|p^n\|_{1,\infty})(\left|\xi_{ij}^n\right|+\left|\nabla_h\pi_{ij}^n\right|)$. 利用 Hölder 不等式, 式 (3.2.26) 和引理可得到

$$L_1+L_2+L_3\geqslant A\left(\phi\frac{\xi^{n+1}-\bar{\xi}^n}{\Delta t},\xi^{n+1}\right)$$

$$+ B\left(\phi\frac{\xi^{n+1} - \bar{\xi}^n}{\Delta t}, \xi^{n+1}\right) + \left(\phi\frac{\xi^{n+1} - \bar{\xi}^n}{\Delta t}, \xi^{n+1}\right)_{\Gamma^*}$$
$$- M((\Delta t)^2 + h^4) - M(\|\xi^n\|_*^2 + \|\xi^{n+1}\|_*^2). \tag{3.2.52}$$

将 $\bar{\xi}^n$ 写成下面形式,

$$\bar{\xi}_{ij}^n = \xi_{ij}^n + [\xi^n(x_{ij} - U_{ij}^n\Delta t/\phi_{ij}) - \xi_{ij}^n]. \tag{3.2.53}$$

类似 [3,4] 可处理式 (3.2.53) 右端第二项

$$\left|v_{ij}^n\right| = \left|\xi^n(x_{ij} - U_{ij}^n\Delta t/\phi_{ij}) - \xi_{ij}^n\right| = \left|\int_{x_{ij}}^{x_{ij} - U_{ij}^n\Delta t/\phi_{ij}} \nabla\xi^n \cdot \frac{U_{ij}^n}{|U_{ij}^n|}\mathrm{d}\sigma\right|$$
$$\leqslant M\left\|U^n\right\|_\infty \Delta t \max\{\left|\nabla_h\xi_{pq}^n\right| : |x_{pq} - x_{ij}|\}$$
$$\leqslant h + M\max\left\{\left|U_{ij}^n\right|\right\}\Delta t. \tag{3.2.54}$$

结合约束性条件 (3.2.49), 从而

$$\|v^n\|^2 \leqslant M\|U^n - u^n\|_\infty^2 (\Delta t)^2(\|u^n\|_\infty + \|U^n\|_\infty)\|\nabla_h\xi^n\|^2. \tag{3.2.55}$$

下面证明 $\|U^n\|_\infty, \|U^n - u^n\|_\infty$ 的有界性. 引入下面的不等式 (见文献 [4])

$$\|v\|_\infty \leqslant M\|\nabla_h v\|\left(\log\frac{1}{h}\right)^{1/2}. \tag{3.2.56}$$

结合 u_{ij}^n, U_{ij}^n 的定义式 (3.2.1b), 式 (3.2.9) 得到

$$\|U^n - u^n\|_\infty \leqslant M(\|\xi^n\|_\infty + \|s^n\|_{2,\infty}h^2 + \|\nabla_h\pi^n\|_\infty)$$
$$\leqslant M\left(\|\nabla_h\xi^n\|_\infty\left(\log\frac{1}{h}\right)^{1/2}h^2 + \|\nabla_h\pi^n\|_\infty\right). \tag{3.2.57}$$

由式 (3.2.26) 及分部求和可得

$$-\langle\nabla_h(\nabla_h(K^n\nabla_h\pi^n)), \nabla_h\pi^n\rangle$$
$$= \langle\nabla_h K^n\nabla_h\pi^n, \nabla_h(\nabla_h\pi^n)\rangle + \langle K^n\nabla_h(\nabla_h\pi^n), \nabla_h(\nabla_h\pi^n)\rangle.$$

根据式 (3.2.20) 和式 (3.2.26), 进一步得到

$$\|\nabla_h(\nabla_h\pi^n)\| \leqslant M(\|\nabla_h K^n\|_\infty\|\nabla_h\pi^n\|$$
$$+ \|\delta_1^n\| + \|\nabla_h p^n\|_\infty\|\nabla_h(\kappa^n - K^n)\| + \|p^n\|_{2,\infty}\|\kappa^n - K^n\|)$$
$$\leqslant M[(\|s^n\|_{1,\infty} + \|\nabla_h\xi^n\|_\infty)(\|\xi^n\| + h^2) + h^2 + \|\nabla_h\xi^n\|].$$

利用不等式 $\|\nabla_h v\|_\infty \leqslant h^{-1} \|\nabla_h v\|$, 上式可写成

$$\|\nabla_h (\nabla_h \pi^n)\| \leqslant M(\|\nabla_h \xi^n\| + \|\nabla_h \xi^n\| \|\xi^n\| h^{-1} + h^2). \tag{3.2.58}$$

于是

$$\|U^n - u^n\|_\infty \leqslant M[\|\nabla_h \xi^n\| \left(1 + \|\xi^n\| h^{-1}\right) + h^{-2}] \left(\log \frac{1}{h}\right)^{1/2} + Mh^2. \tag{3.2.59}$$

不难得出

$$\|U^n\|_\infty \leqslant M \left[1 + \|\nabla_h \xi^n\| \left(1 + \|\xi^n\| h^{-1}\right) \left(\log \frac{1}{h}\right)^{1/2}\right] + Mh^2. \tag{3.2.60}$$

引入归纳假设:

$$(1 + h^{-1} \|\xi^k\|) \|\nabla_h \xi^k\| \leqslant Mh^\beta, \quad \beta > 0, 0 \leqslant k \leqslant n. \tag{3.2.61}$$

根据式 (3.2.60) 和式 (3.2.16) 可看出 $\|U^n\|_\infty$ 有界, 进一步得到

$$(\phi v^n, \xi^{n+1}) \leqslant \varepsilon \|\nabla_h \xi^n\|^2 \Delta t + M \|\xi^{n+1}\|^2 \Delta t. \tag{3.2.62}$$

利用等式 $a(a-b) = \dfrac{1}{2} \left\{a^2 - b^2 + (a-b)^2\right\}$, 对于任意的 (i,j), 有

$$\phi_{ij} \frac{\xi_{ij}^{n+1} - \xi_{ij}^n}{\Delta t} \xi_{ij}^{n+1} = \frac{\phi_{ij}}{2\Delta t} \left\{(\xi_{ij}^{n+1})^2 - (\xi_{ij}^n)^2\right\} + \frac{\Delta t}{2} \phi_{ij} \left(\frac{\xi_{ij}^{n+1} - \xi_{ij}^n}{\Delta t}\right)^2. \tag{3.2.63}$$

根据 $\phi(x,y) \geqslant \phi_0$, 式 (3.2.52) 进一步写成

$$\begin{aligned}
L_1 + L_2 + L_3 \geqslant & \frac{1}{2\Delta t} \left\{\left\|\phi \xi^{n+1}\right\|_*^2 - \left\|\phi \xi^n\right\|_*^2\right\} \\
& + \frac{\Delta t}{2} \phi_0 \left\|\frac{\xi^{n+1} - \xi^n}{\Delta t}\right\|_{\Gamma^*}^2 - M((\Delta t)^2 + h^4) \\
& - \varepsilon \|\nabla_h \xi^n\|_*^2 - M \left(\|\xi^n\|_*^2 + \|\xi^{n+1}\|_*^2\right),
\end{aligned} \tag{3.2.64}$$

其中 $L_i(i = 4, 5, 6)$ 不需要进行估计, 下面考虑 L_7 的估计, 根据分部求和

$$L_7 = \langle D\delta_{x_1} \xi^{n+1}, \delta_{x_1} \xi^{n+1}\rangle = \left\|D\delta_{x_1} \xi^{n+1}\right\|^2. \tag{3.2.65}$$

根据分部求和, 类似得到 x_2 方向的估计

$$\begin{aligned}
\sum_{i=8}^{10} L_i \geqslant & A(D\delta_{x_2} \xi^{n+1}, \delta_{x_2} \xi^{n+1}) + B(D\delta_{x_2} \xi^{n+1}, \delta_{x_2} \xi^{n+1}) + \langle D\delta_{x_2} \xi^{n+1}, \delta_{x_2} \xi^{n+1}\rangle_{\Gamma^*} \\
\geqslant & \left\|D\delta_{x_2} \xi^{n+1}\right\|_{**}^2.
\end{aligned} \tag{3.2.66}$$

注意到记号 (3.2.44)–(3.2.46), 从而得到

$$\sum_{i=7}^{12} L_i \geqslant \left\| D\nabla_h \xi^{n+1} \right\|_{**}^2.$$

(3.2.67)

对任意的 j, 根据 $D(x,t)$ 的 Lipschitz 连续条件和 ε-Cauchy 不等式不难得到

$$L_{13} + L_{14} \geqslant -(\varepsilon + Mh)\left\| \delta_{x_1}\xi^{n+1} \right\|_{**}^2 - M\left\| \xi^{n+1} \right\|_*^2.$$

(3.2.68)

下面考虑右端项的估计, 由 f 满足 Lipschitz 条件, $\left| f(s_{ij}^{n+1}) - f(S_{ij}^n) \right| \leqslant M\left(\Delta t + \left| \xi_{ij}^n \right| \right)$ 显然成立. 从而

$$\sum_{i=1}^{3} R_i \leqslant M\left(\left\| \xi^n \right\|_*^2 + (\Delta t)^2 \right) + \varepsilon \left\| \xi^{n+1} \right\|_*^2,$$

(3.2.69)

利用 Hölder 不等式, 不难得出最后三项的估计.

$$\sum_{i=4}^{6} R_i \leqslant M((\Delta t)^2 + h^4 + H^5) + \varepsilon \left\| \xi^{n+1} \right\|_*^2.$$

(3.2.70)

综上所述, 结合 $D(x,t) \geqslant D$, 可得到

$$\begin{aligned}
&\frac{1}{2\Delta t}\left\{ \left\| \phi\xi^{n+1} \right\|_*^2 - \left\| \phi\xi^n \right\|_*^2 \right\} + (D_* - \varepsilon - Mh)\left\| \nabla_h\xi^{n+1} \right\|_{**}^2 \\
&+ \left(\phi_0 - 2D^*\frac{\Delta t}{H^2} \right)\frac{\Delta t}{2}\left\| \frac{\xi^{n+1} - \xi^n}{\Delta t} \right\|_{\Gamma^*}^2 \\
&+ \frac{1}{2H^2}\sum_j \left\{ [D_{l+m/2,j}^{n+1}(\xi_{l+m,j}^{n+1})^2 - D_{l+m/2,j}^n(\xi_{l+m,j}^n)^2] \right. \\
&\left. + [D_{l-m/2,j}^{n+1}(\xi_{l-m,j}^{n+1})^2 - D_{l-m/2,j}^n(\xi_{l-m,j}^n)^2] \right\} hH \\
&- \frac{1}{2H^2}\sum_j [(D_{l+m/2,j}^{n+1} - D_{l-m/2,j}^{n+1})(\xi_{lj}^{n+1})^2 - (D_{l+m/2,j}^n - D_{l-m/2,j}^n)(\xi_{lj}^n)^2]hH \\
&\leqslant \varepsilon \left\| \nabla_h\xi^n \right\|_{**}^2 + M\left(\left\| \xi^n \right\|_*^2 + \left\| \xi^{n+1} \right\|_*^2 \right) + M((\Delta t)^2 + h^4 + H^5).
\end{aligned}$$

(3.2.71)

将式 (3.2.71) 两边同乘 $2\Delta t$, 对时间 n 求和, 注意到 $\xi^0 = 0$, 进一步得到

$$\begin{aligned}
&\left\| \phi\xi^{n+1} \right\|_*^2 + 2(D_* - 2\varepsilon - Mh)\sum_k \left\| \nabla_h\xi^{k+1} \right\|_{**}^2 \Delta t \\
&+ \left(\phi_0 - 2D^*\frac{\Delta t}{H^2} \right)\frac{\Delta t}{2}\left\| \frac{\xi^{n+1} - \xi^n}{\Delta t} \right\|_{\Gamma^*}^2 - 2D^*\frac{\Delta t}{H^2}\sum_j (\xi_{lj}^{n+1})^2 hH \\
&\leqslant MT((\Delta t)^2 + h^4 + H^5) + M\sum_k \left\| \xi^{k+1} \right\|_*^2 \Delta t.
\end{aligned}$$

(3.2.72)

引入稳定性条件

$$\phi_0 - 2D^* \frac{\Delta t}{H^2} \geqslant \delta_0, \tag{3.2.73}$$

其中 δ_0 是一个小的正数. 注意到 $\phi(x,y) \geqslant \phi_0$, 当 h, ε 充分小时那么式 (3.2.72) 可写成

$$\left\| \xi^{n+1} \right\|_*^2 + \eta \sum_k \left\| \nabla_h \xi^{k+1} \right\|_{**}^2 \Delta t \leqslant MT((\Delta t)^2 + h^4 + H^5) + M \sum_k \left\| \xi^{k+1} \right\|_*^2 \Delta t. \tag{3.2.74}$$

根据 Gronwall 引理得到

$$\left\| \xi^{n+1} \right\|_*^2 + \eta \sum_k \left\| \nabla_h \xi^{k+1} \right\|_{**}^2 \Delta t \leqslant M((\Delta t)^2 + h^4 + H^5), \tag{3.2.75}$$

其中 $\eta > 0$, 根据引理中范数的等价性可得如下定理.

定理 3.2.1　假设问题的解满足一定的光滑性 (3.2.18) 及时空剖分满足式 (3.2.49), 式 (3.2.73), 则区域分裂特征差分格式解的收敛性估计为

$$\left\| \pi^{n+1} \right\|^2 + \left\| \xi^{n+1} \right\|^2 + \sum_{0 \leqslant k \leqslant n+1} \left\| \nabla_h \xi^k \right\|^2 \Delta t \leqslant M((\Delta t)^2 + h^4 + H^5). \tag{3.2.76}$$

下面证明归纳假设 (3.2.61). 当 $k = 0$ 时, 由 $\xi^0 = 0, \nabla_h \xi^0 = 0$ 可知式 (3.2.61) 成立. 假设 $0 \leqslant k \leqslant n$ 时式 (3.2.61) 仍成立, 则根据式 (3.2.76) 知 $\left\| \xi^{n+1} \right\| \leqslant M(\Delta t + h^2 + H^{5/2})$, 注意到条件 (3.2.49), 得到 $h^{-1} \left\| \xi^{n+1} \right\| \leqslant Mh$, 由逆估计 $\left\| \nabla_h \xi^{n+1} \right\| \leqslant Mh^{-1} \left\| \xi^{n+1} \right\| \leqslant Mh$, 于是归纳假设 (3.2.61) 成立.

3.2.4　数值算例

本节给出了两个特征区域分裂差分法的数值算例. 假设速度是已知函数, 这并不影响该方法的实际应用价值, 从而本节考虑对流扩散模型:

$$\phi \frac{\partial s}{\partial t} + u \cdot \nabla s - \nabla \cdot (D \nabla s) = f, \quad (x,t) \in \Omega \times (0,T]. \tag{3.2.77}$$

算例 3.2.1　假设速度 $u = (u_1, u_2)$ 及系数分别为

$$u_1 = 1 + x_1^2, \quad u_2 = 1 + x_2^2, \tag{3.2.78a}$$

$$D(x,t) = x_1 x_2 + 10^{-4}, \quad \phi = 0.2. \tag{3.2.78b}$$

选取右端项 $f = (2D - \phi)\pi^2 s + (u_1 - x_2)\pi e^{-\pi^2 t} \cos \pi x_1 \sin \pi x_2 + (u_2 - x_1)\pi e^{-\pi^2 t} \sin \pi x_1 \cdot \cos \pi x_2$, 使得饱和度的精确解表示为

$$s(x,t) = e^{-\pi^2 t} \sin \pi x_1 \sin \pi x_2. \tag{3.2.79}$$

令 DDCDS 和 CDS 分别表示特征区域分裂方法和中心差分法, 表 3.2.1 给出了两种方法对算例 3.2.1 的数值结果比较. 其中 e_h 和 $E_{\max}$ 分别分别表示 l^2 模和最大模, $\Delta t_1, \Delta t_2, h$ 表示时空剖分步长, 且 $\Delta t_1 = 4h^2, \Delta t_2 = 5\Delta t_1$, 空间大步长 $H = 5h$.

表 3.2.1　算例 3.2.1 的数值误差结果比较

n	$\Delta t = \Delta t_1$ DDCDS $e_h \times 10^3$	$\Delta t = \Delta t_1$ CDS $e_h \times 10^3$	$\Delta t = \Delta t_2$ DDCDS $e_h \times 10^3$	$\Delta t = \Delta t_2$ CDS $e_h \times 10^3$
20	0.7088	3.6093	3.9487	17.989
40	0.1843	0.8667	1.0135	4.2902
60	0.0919	0.3739	0.4633	1.8702

　　根据表 3.2.1 结果可知, 当时间步长 Δt 取定时, 区域分裂特征差分格式精度较高; 并且特征法可以取时间大步长, DDCDS 在 $\Delta t = \Delta t_1$ 下与 CDS 在 $\Delta t = \Delta t_2$ 下精度相同. 特征区域分裂格式既能提高计算效率又可保证了解的精度, 也就是说 DDCDS 同时保持了特征法和区域分裂格式的优点.

　　算例 3.2.2　假设速度 $u = (u_1, u_2)$ 及系数分别为

$$u = (x_1^2 + x_2^2, x_1^2 + x_2^2), \quad D(x,t) = 1.0 + x_1 x_2, \quad \phi = 0.2. \tag{3.2.80}$$

适当选取右端项 f, 使得饱和度的精确解表示为

$$s(x,t) = \mathrm{e}^{-5\pi^2 t} \cos 2\pi x_1 \cos \pi x_2. \tag{3.2.81}$$

在算例 3.2.2 计算中, $\Delta t = 4h^2$, $H = 4h$, 此时考虑两种情形: 情形 1 为 $\bar{x}_1 = 0.4$; 情形 2 为 $\bar{x}_1 = 0.5$. 表 3.2.2 比较了特征差分法 (格式 1) 和区域分裂特征差分法 (格式 2) 在两种情形下的数值结果比较.

表 3.2.2　算例 3.2.2 的数值误差结果比较

n	格式 1 (情形 1) $e_h \times 10^3$	格式 1 (情形 2) $e_h \times 10^3$	格式 2 $e_h \times 10^3$	格式 1 (情形 1) $e_h \times 10^3$	格式 1 (情形 2) $e_h \times 10^3$	格式 2 $e_h \times 10^3$
30	31.524	33.745	29.456	92.615	122.82	91.189
50	12.814	14.478	11.750	41.171	53.642	39.524
80	5.9164	7.0732	5.1208	22.367	31.127	18.604

　　根据表 3.2.2 的数值结果可以看出, 在不同区域分裂下, 特征差分法和区域分裂特征差分法具有相同的精度.

3.3　二相渗流驱动问题区域分裂迎风显隐差分方法

3.3.1　引言

　　二相渗流驱动问题的数值模拟及其理论分析是现代能源数学的基础, 该问题的数学模型是下述一组耦合非线性偏微分方程组[3,6].

$$\nabla \cdot u = g(X,t), \quad (X,t) \in \Omega \times (0,T], \tag{3.3.1a}$$

$$u = -\kappa(X,s,t)\nabla p, \tag{3.3.1b}$$

$$\phi(X)\frac{\partial s}{\partial t} + u \cdot \nabla s - \nabla \cdot (D\nabla s) = f(X, s, t), \quad (X, t) \in \Omega \times (0, T], \tag{3.3.2}$$

此处压力方程 (3.3.1) 是椭圆的, 而饱和度方程 (3.3.2) 则是一对流扩散方程. 其中 $u(X, t)$ 表示流体的达西速度, $p(X)$ 表示混合流体压力, $s(X, t)$ 表示饱和度函数, $\kappa(X, s, t)$ 表示与渗透率和黏性系数有关的函数, $\phi(X)$ 表示介质的空隙度, $D(X, t)$ 表示扩散系数.

近年来已有许多有限元和有限差分法 [3-5] 应用到二相驱动问题, 并有效地解决了能源数值模拟问题. 由于饱和度方程 (3.3.2) 具有很强的双曲性质, 中心差分格式虽然关于空间步长具有二阶精确度, 但会产生数值弥散和非物理力学数值振荡, 导致数值模拟失真. 在周期性假定下, Jr Douglas 等 [4,5,13] 的特征线方法可较好地反映该方程的双曲特性, 但是由于特征线法需要插值计算, 并判断特征线在区域边界附近是否会落到区域外, 故要做复杂的边界处理和计算 [18]; 为克服数值振荡并减少计算工作量, Ewing 和 Lazarov 等提出了迎风类差分格式 [19,20], 作者 [21] 已将修正迎风差分格式成功地应用到了能源数值模拟的实际问题中, 开拓了理论和应用领域. 区域分裂 [7-9] 是一种解决大规模科学计算的有效途径, 对计算区域进行非重叠分裂, Dawson, Dupont 等 [7-9] 提出了一种简单易行且高效的区域分裂显隐并行算法, 内边界面上采用较大空间步长 (H) 的显格式, 而在每个子区域采用隐格式 ($h \ll H$); 在较弱稳定条件下 [7-9], 给出了误差估计结果, 但他们所采用的最大模原理不能推广到一般较复杂问题.

本节对压力方程采用了传统的七点差分格式; 对饱和度方程采用了区域分裂法 [7-9], 并结合迎风特性 [19-27], 作者将迎风区域分裂法应用到渗流驱动问题中, 对三维驱动问题提出了一种稳定有效的非重叠型迎风区域分裂显隐格式, 具有很强的并行性, 可有效解决三维能源数值模拟中大规模的计算量问题. 虽然内边界的显格式引入了一定的稳定性限制, 但是比全局稳定性条件弱了许多; 我们应用变分形式, 能量方法, 归纳假设, 微分方程先验估计的理论和技巧, 得到了离散 l^2 模误差估计, 具有很强的工程实用价值. 最后的数值试验说明了该方法可以解决大规模科学与工程计算的实际问题, 作者和学生在这一领域做了一系统的研究, 详细的讨论可参阅 [22]—[27].

本节的内容为: 3.3.2 节给出二相渗流驱动问题的二阶迎风区域分裂格式; 3.3.3 节给出二阶格式收敛性分析; 3.3.4 节做数值算例; 3.3.5 节给出一阶格式和数值试验.

3.3.2   二阶迎风格式

本节研究的模拟系统为 (3.3.1), (3.3.2), 对应的初边界条件定义为

$$s(X, 0) = s_0(X), \quad X \in \Omega, \tag{3.3.3}$$

$$p(X, t) = g_1(X, t), \quad (X, t) \in \partial\Omega \times (0, T], \tag{3.3.4a}$$

$$s(X, t) = g_2(X, t), \quad (X, t) \in \partial\Omega \times (0, T], \tag{3.3.4b}$$

其中 $\Omega = (0,1) \times (0,1) \times (0,1), X = (x_1, x_2, x_3)$. 系数满足下面条件

$$0 < \kappa_* \leqslant \kappa(X, s, t) \leqslant \kappa^*, \quad 0 < D_* \leqslant D(X, t) \leqslant D^*, \quad 0 < \phi_0 \leqslant \phi. \tag{3.3.5}$$

为了简化符号, Ω 采取均匀网格剖分 $\Omega_h : X_{ijk} = (x_{1i}, x_{2j}, x_{3k}) = (ih, jh, kh)$, 其中步长 $h = 1/N_1$. 本节考虑两个子区域情况, $\Omega_1 = (0, \bar{x}_1) \times (0, 1)^2, \Omega_2 = (\bar{x}_1, 1) \times (0, 1)^2$. 并假设 $\bar{x}_1 = x_{1l}, 0 < \bar{x}_1 < 1, 0 < H \leqslant \min\{\bar{x}_1, 1 - \bar{x}_1\}$, 以及 H 为 h 的整数倍, 其中 l 为一自然数. 时间步长为 $\Delta t = T/N_2, t^n = n \cdot \Delta t$. 对于网格函数 $v(X, t^n)$, 引入记号: $v_{ijk}^n = v(X_{ijk}, t^n), \delta_{x_1} v_{ijk}^n = h^{-1}(v_{i+1,jk}^n - v_{ijk}^n), \delta_{\bar{x}_1} v_{ijk}^n = h^{-1}(v_{ijk}^n - v_{i-1,jk}^n)$, 以及

$$K_{i\pm1/2,jk}^n = \frac{1}{2}(K(X_{ijk}, S_{ijk}^n) + K(X_{i\pm1,jk}, S_{i\pm1,jk}^n)),$$

类似地定义 $\delta_{x_2} v_{ijk}^n, \delta_{\bar{x}_2} v_{ijk}^n, \delta_{x_3} v_{ijk}^n, \delta_{\bar{x}_3} v_{ijk}^n, K_{i,j\pm1/2,k}^n, K_{ij,k\pm1/2}^n$. 首先考虑二阶迎风区域分裂格式. 若 $\left\{P_{ijk}^n\right\}$ 已知, 则可近似 $U^n = (U_1^n, U_2^n, U_3^n)$ 为

$$U_{1,ijk}^n = -\frac{1}{2}\left(K_{i+1/2,jk}^n \frac{P_{i+1,jk}^n - P_{ijk}^n}{h} + K_{i-1/2,jk}^n \frac{P_{ijk}^n - P_{i-1,jk}^n}{h}\right), \tag{3.3.6a}$$

$$U_{2,ijk}^n = -\frac{1}{2}\left(K_{i,j+1/2,k}^n \frac{P_{i,j+1,k}^n - P_{ijk}^n}{h} + K_{i,j-1/2,k}^n \frac{P_{ijk}^n - P_{i,j-1,k}^n}{h}\right), \tag{3.3.6b}$$

$$U_{3,ijk}^n = -\frac{1}{2}\left(K_{ij,k+1/2}^n \frac{P_{ij,k+1}^n - P_{ijk}^n}{h} + K_{ij,k-1/2}^n \frac{P_{ijk}^n - P_{ij,k-1}^n}{h}\right). \tag{3.3.6c}$$

令

$$\delta_{\bar{x}_1}(K\delta_{x_1}P)_{ijk}^n = h^{-2}[K_{i+1/2,jk}^n(P_{i+1,jk}^n - P_{ijk}^n) - K_{i-1/2,jk}^n(P_{ijk}^n - P_{i-1,jk}^n)], \tag{3.3.7a}$$

$$\delta_{\bar{x}_2}(K\delta_{x_2}P)_{ijk}^n = h^{-2}[K_{ij+1/2,k}^n(P_{i,j+1,k}^n - P_{ijk}^n) - K_{i,j-1/2,k}^n(P_{ijk}^n - P_{i,j-1,k}^n)], \tag{3.3.7b}$$

$$\delta_{\bar{x}_3}(K\delta_{x_3}P)_{ijk}^n = h^{-2}[K_{ij,k+1/2}^n(P_{ij,k+1}^n - P_{ijk}^n) - K_{ij,k-1/2}^n(P_{ijk}^n - P_{ij,k-1}^n)], \tag{3.3.7c}$$

以及

$$\nabla_h(K\nabla_h P)_{ijk}^n = \delta_{\bar{x}_1}(K\delta_{x_1}P)_{ijk}^n + \delta_{\bar{x}_2}(K\delta_{x_2}P)_{ijk}^n + \delta_{\bar{x}_3}(K\delta_{x_3}P)_{ijk}^n. \tag{3.3.8}$$

于是压力方程 (3.3.1) 可近似为

$$-\nabla_h(K\nabla_h P)_{ijk}^n = G_{ijk}^n, \tag{3.3.9}$$

其中 G_{ijk}^n 可如文献 [4] 定义: $h^{-3}\int_{(X_{ijk})+O_h} g(X, t)\mathrm{d}X, O_h$ 表示区域内边长为 h 的立方体. 为了方便书写, 将网格剖分点重新记

$\Gamma = \{(X_{ijk}, t^n) | X_{ijk} \in \partial\Omega \text{ 或 } n = 0\}$ 为边界点.

$\Gamma^* = \{(X_{ljk}, t^n) | j, k = 1, \cdots, N_1 - 1; n > 0\}$ 为内边界点.

$\Omega^* = \{(X_{ijk}, t^n) | i, j, k = 1, \cdots, N_1 - 1;$ 且 $i \neq l, n > 0\}$ 为子区域内点.

下面考虑饱和度方程 (3.3.2) 的二阶修正迎风差分格式, 微分算子 $\nabla \cdot (D\nabla s)$ 可近似为

$$\tilde{\nabla}_h (D\tilde{\nabla}_h S)_{ijk}^{n+1} = \delta_{\bar{x}_1}(D\tilde{\delta}_{x_1}S)_{ijk}^{n+1} + \delta_{\bar{x}_2}(D\tilde{\delta}_{x_2}S)_{ijk}^{n+1} + \delta_{\bar{x}_3}(D\tilde{\delta}_{x_3}S)_{ijk}^{n+1}, \quad (3.3.10)$$

其中对 $r = 1, 2, 3$, 记

$$\tilde{\delta}_{\bar{x}_r}(D\tilde{\delta}_{x_r}S)_{ijk}^{n+1} = \left(1 + \frac{h}{2}(D_{ijk}^{n+1})^{-1}\left|U_{r,ijk}^n\right|\right)^{-1}\delta_{\bar{x}_r}(D\delta_{x_r}S)_{ijk}^{n+1}, \quad (3.3.11)$$

引入特征函数 $\lambda(x)$:

$$\lambda(x) = \begin{cases} 1, & x \geqslant 0, \\ 0, & x < 0, \end{cases} \quad (3.3.12)$$

对流项 $\left(u_1\dfrac{\partial s}{\partial x_1}, u_2\dfrac{\partial s}{\partial x_2}, u_3\dfrac{\partial s}{\partial x_3}\right)$ 可近似为

$$\begin{aligned}\delta_{U_1^n, x_1} S_{ijk}^{n+1} =\ & U_{1,ijk}^n[\lambda(U_{1,ijk}^n)D_{i-1/2,jk}^{n+1}(D_{ijk}^{n+1})^{-1}\delta_{\bar{x}_1}S_{ijk}^{n+1} \\ & + (1 - \lambda(U_{1,ijk}^n))D_{i+1/2,jk}^{n+1}(D_{ijk}^{n+1})^{-1}\delta_{x_1}S_{ijk}^{n+1}], \quad (3.3.13\text{a})\end{aligned}$$

$$\begin{aligned}\delta_{U_2^n, x_2} S_{ijk}^{n+1} =\ & U_{2,ijk}^n[\lambda(U_{2,ijk}^n)D_{i,j-1/2,k}^{n+1}(D_{ijk}^{n+1})^{-1}\delta_{\bar{x}_2}S_{ijk}^{n+1} \\ & + (1 - \lambda(U_{2,ijk}^n))D_{i,j+1/2,k}^{n+1}(D_{ijk}^{n+1})^{-1}\delta_{x_2}S_{ijk}^{n+1}], \quad (3.3.13\text{b})\end{aligned}$$

$$\begin{aligned}\delta_{U_3^n, x_3} S_{ijk}^{n+1} =\ & U_{3,ijk}^n[\lambda(U_{3,ijk}^n)D_{i,j,k-1/2}^{n+1}(D_{ijk}^{n+1})^{-1}\delta_{\bar{x}_3}S_{ijk}^{n+1} \\ & + (1 - \lambda(U_{3,ijk}^n))D_{i,j,k+1/2}^{n+1}(D_{ijk}^{n+1})^{-1}\delta_{x_3}S_{ijk}^{n+1}]. \quad (3.3.13\text{c})\end{aligned}$$

注意到边界条件 (3.3.4), 结合式 (3.3.10) 以及式 (3.3.13), 于是得到饱和度方程的二阶迎风区域分裂显隐差分格式.

$$\begin{aligned}& \phi_{ijk}\frac{S_{ijk}^{n+1} - S_{ijk}^n}{\Delta t} - \tilde{\nabla}_h(D\tilde{\nabla}_h S)_{ijk}^{n+1} + \delta_{U_1^n, x_1}S_{ijk}^{n+1} \\ & + \delta_{U_2^n, x_2}S_{ijk}^{n+1} + \delta_{U_3^n, x_3}S_{ijk}^{n+1} = F_{ijk}^n, \quad (X, t) \in \Omega^*, \quad (3.3.14)\end{aligned}$$

$$\begin{aligned}& \phi_{ijk}\frac{S_{ijk}^{n+1} - S_{ijk}^n}{\Delta t} - \tilde{\nabla}_H(D\tilde{\nabla}_H S)_{ijk}^{n+1/2} + \delta_{U_1^n, x_1, H}S_{ijk}^{n+1} \\ & + \delta_{U_2^n, x_2}S_{ijk}^{n+1} + \delta_{U_3^n, x_3}S_{ijk}^{n+1} = F_{ijk}^n, \quad (X, t) \in \Gamma^*, \quad (3.3.15)\end{aligned}$$

$$S_{ijk}^{n+1} = g_{2,ijk}^{n+1}, \quad (X,t) \in \Gamma, \tag{3.3.16}$$

其中 $F_{ijk}^n = F(X_{ijk}, S_{ijk}^n)$, 以及

$$\widetilde{\nabla}_H(D\widetilde{\nabla}_H S)_{ijk}^{n+1/2} = \left(1 + \frac{H}{2}(D_{ijk}^n)^{-1}\left|U_{1,ijk}^n\right|\right)^{-1}\delta_{\bar{x}_1,H}(D\delta_{x_1,H}S)_{ijk}^n$$
$$+ \tilde{\delta}_{\bar{x}_2}(D\tilde{\delta}_{x_2}S)_{ijk}^{n+1} + \tilde{\delta}_{\bar{x}_3}(D\tilde{\delta}_{x_3}S)_{ijk}^{n+1}. \tag{3.3.17}$$

计算过程可描述为

隐格式计算   并行计算

$$\uparrow \qquad\qquad\qquad \uparrow$$

$$S^0 \to \quad P^0, U^0 \to \qquad S^1|_{\Gamma^*} \to \qquad S^1|_{\Omega^*} \to \quad P^1, U^1 \to \quad \cdots$$

$$\downarrow \qquad\qquad\qquad\qquad \downarrow$$

x_1方向显格式计算   隐格式计算

为了下面收敛性分析, 假设模型系统的解具有一定的光滑性, 即满足

$$(\mathrm{R}) \qquad p, s \in L^\infty(W^{4,\infty}) \cap W^{1,\infty}(W^{1,\infty}), \quad \frac{\partial^2 s}{\partial t^2} \in L^\infty(L^\infty), \tag{3.3.18}$$

以及 $f(s), \kappa(s)$ 在解的 ε_0 邻域是 Lipschitz 连续的, 即存在正常数 M, 当 $|\varepsilon_i| \leqslant \varepsilon_0(1 \leqslant i \leqslant 4)$ 时有

$$|f(s(X,t)+\varepsilon_1) - f(s(X,t)+\varepsilon_2)| \leqslant M|\varepsilon_1 - \varepsilon_2|,$$

$$|\kappa(s(X,t)+\varepsilon_3) - \kappa(s(X,t)+\varepsilon_4)| \leqslant M|\varepsilon_3 - \varepsilon_4|.$$

$D(X,t)$ 关于 X, t 满足 Lipschitz 连续条件. 本节中记号 M 和 ε 分别表示普通正常数和普通小正数, 在不同处可具有不同的含义.

3.3.3 收敛性分析

令 $\pi = p - P$, $\xi = s - S$ 此处 p, s 分别表示问题的精确解, P, S 表示格式的差分解. 应用微分方程先验估计的理论和技巧, 经较繁杂的估算可建立下述定理 [24,25].

定理 3.3.1 假设问题的解满足一定的光滑性 (3.3.18), 时间和空间剖分参数满足限制性条件:

$$\Delta t = O(h^2), \quad h = O(H^{5/4}) \tag{3.3.19}$$

及稳定性条件:

$$\phi_0 - 2D^* \frac{\Delta t}{H^2} \geqslant \delta_0, \tag{3.3.20}$$

此处 δ_0 是一小的正数, 则区域分裂迎风差分格式的收敛性估计为

$$\left\|\pi^{n+1}\right\| + \left\|\xi^{n+1}\right\|^2 + \sum_{0\leqslant k\leqslant n+1}\left\|\nabla_h\xi^k\right\|^2\Delta t \leqslant M\left\{(\Delta t)^2 + h^4 + H^5\right\}. \tag{3.3.21}$$

注　本节讨论了两个子区域的情况, 可进一步推广到多个子区域的计算, 不难证明这样的区域剖分具有类似定理 3.3.1 的收敛性结果. 但为了保持内边界点的计算精度, 子区域数目一般不能太多.

3.3.4　数值算例

本节给出了两个数值算例说明了二阶迎风区域分裂显隐差分格式在二相驱动问题中的应用. 假设速度是已知函数, 这并不影响该方法的实际应用价值.

算例 3.3.1　饱和度的精确解表示为

$$s(X,t) = \mathrm{e}^{-\pi^2 t} \sin \pi x_1 \sin \pi x_2 \sin \pi x_3. \tag{3.3.22}$$

速度 $u = (u_1, u_2, u_3)$ 及系数定义为

$$u_1 = x_1^2(x_1 - 0.5) - t + 1, \quad u_2 = x_2^2(x_2 - 0.5) - t - 1, \tag{3.3.23a}$$

$$u_3 = x_3^2(x_3 - 0.5) - t + 1, \quad D(X,t) = x_1 x_2 x_3 + t + 10^{-4}, \quad \phi = 0.8. \tag{3.3.23b}$$

计算过程中 Ω_h 为网格剖分, 空间步长 $h = (h_1, h_2, h_3)$, 时间步长为 Δt. 离散 l^2 模与最大模分别定义为 $l_2 = \left(\sum\limits_{ijk} (s_{ijk}^n - S_{ijk}^n)^2 h^3 \right)^{1/2}$, $E_{\max} = \max\limits_{i,j,k,n} \left| u_{ijk}^n - U_{ijk}^n \right|$. 下面四个图分别给出了 $T = 0.2$ 时刻在 $x_3 = 0.4, x_3 = 0.7$ 的精确解和近似解, $\Delta t = 0.001$, 内边界点恒取 $\bar{x}_1 = 0.5$. 在图 3.3.1 和图 3.3.2 中, 空间步长为 $h = (1/10, 1/10, 1/10)$, 显格式空间步长取为 $H = 2h$, 而在图 3.3.3 和图 3.3.4 中, 空间步长为 $h = (1/20, 1/20, 1/10)$, 显格式空间步长取为 $H = 4h_1$.

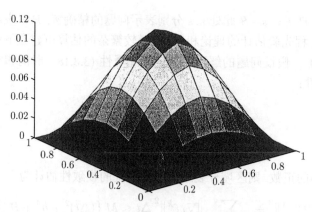

图 3.3.1　$T = 0.2, x_3 = 0.4$ 时的近似解

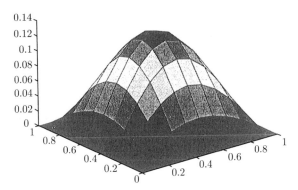

图 3.3.2 $T = 0.2, x_3 = 0.4$ 时的精确解

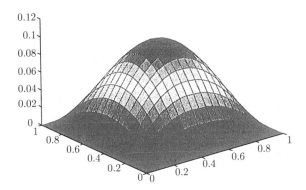

图 3.3.3 $T = 0.2, x_3 = 0.7$ 时的近似解

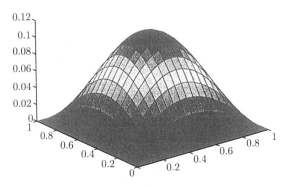

图 3.3.4 $T = 0.2, x_3 = 0.7$ 时的精确解

表 3.3.1 则给出了该问题的数值误差结果比较, 在表中内边界点都取为 $\bar{x}_1 = 0.5$.

表 **3.3.1**　$\Omega = (0,1)^3, \Delta t = 0.001$ 问题 (3.3.22) 的二阶格式误差比较

Ω_h	$t = 0.1, h = (0.1, 0.1, 0.1)$	$t = 0.2, h = (0.05, 0.1, 0.1)$	$t = 1.0, h = (0.05, 0.05, 0.05)$
$H = m_0 \cdot h$	$m_0 = 2$	$m_0 = 4$	$m_0 = 4$
$E_{\max}$	0.0181	0.0366	0.0276
l_2	0.0057	0.0075	0.0067

算例 3.3.2　饱和度精确解为

$$s(X,t) = e^{-\pi^2 t}(\sin(\pi x_1)\sin(\pi x_2)\sin(\pi x_3))^{50}. \tag{3.3.24}$$

$D(X,t)$ 定义如式 (3.3.23). DDMUDS 为区域分裂修正迎风格式, MUDS 为一般修正迎风格式. 下面给出了 $x_3 = 0.5$ 时的数值结果比较 (图 3.3.5—图 3.3.8).

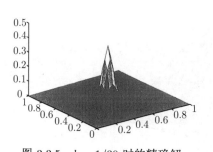

图 3.3.5　$h = 1/30$ 时的精确解

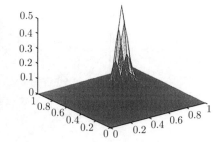

图 3.3.6　$\Omega_{2,h}$ 时的 DDMUDS 解

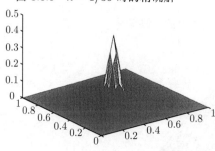

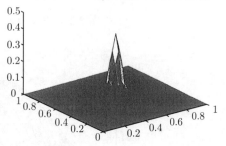

图 3.3.7　$\Omega_{1,h}$ 时的 DDMUDS 解　　图 3.3.8　$h = 1/30, \Delta t = 0.001$ 时的 MUDS 解

定义 $\Omega_{1,h}: h = 1/30, l = 10, m_0 = 3, \Delta t = 0.001, \Omega_{2,h}: h = 1/30, l = 15, m_0 = 3, \Delta t = 0.001$. 由图 3.3.5—图 3.3.8 可以看到, 当 $l = 10, l = 15$ 时离散解均保持着精确解的性质, 并且区域分裂差分法和一般修正迎风格式具有相同精确阶. 但是当内边界点落在解变化剧烈的地方, 会带来较大的误差, 近似相对较差 (图 3.3.6); 相反, 当内边界点落在解变化平缓的地方, 近似得比较好 (图 3.3.7). 故内边界点不适

合取在解变化剧烈的地方.

总之, 迎风区域分裂差分格式不但保持了解的精度, 而且大大降低了计算工作量, 可利用并行机完成大规模科学计算工作.

3.3.5 一阶格式和数值试验

本节考虑问题 (3.3.1)—(3.3.2) 的一阶迎风区域分裂差分格式. 压力方程仍然采用 3.3.3 节的近似格式 (3.3.9), 而饱和度方程用一阶迎风差分法近似一阶项, 若记

$$\delta_{U_1^n, x_1} S_{ijk}^{n+1} = U_{1,ijk}^n [\lambda(U_{1,ijk}^n) \delta_{\bar{x}_1, h} S_{ijk}^{n+1} + (1 - \lambda(U_{1,ijk}^n)) \delta_{x_1, h} S_{ijk}^{n+1}], \quad (3.3.25a)$$

$$\delta_{U_2^n, x_2} S_{ijk}^{n+1} = U_{2,ijk}^n [\lambda(U_{2,ijk}^n) \delta_{\bar{x}_2, h} S_{ijk}^{n+1} + (1 - \lambda(U_{2,ijk}^n)) \delta_{x_2, h} S_{ijk}^{n+1}], \quad (3.3.25b)$$

$$\delta_{U_3^n, x_3} S_{ijk}^{n+1} = U_{3,ijk}^n [\lambda(U_{3,ijk}^n) \delta_{\bar{x}_3, h} S_{ijk}^{n+1} + (1 - \lambda(U_{2,ijk}^n)) \delta_{x_3, h} S_{ijk}^{n+1}], \quad (3.3.25c)$$

$$\delta_{U_1^n, x_1, H} S_{ijk}^n = U_{1,ijk}^n [\lambda(U_{1,ijk}^n) \delta_{\bar{x}_1, H} S_{ijk}^n + (1 - \lambda(U_{1,ijk}^n)) \delta_{x_1, H} S_{ijk}^n], \quad (3.3.25d)$$

以及

$$\tilde{\nabla}_H (D \tilde{\nabla}_H S)_{ijk}^{n+1/2} = \delta_{\bar{x}_1, H} (D \delta_{x_1, H} S)_{ijk}^n + \delta_{\bar{x}_2} (D \delta_{x_2} S)_{ijk}^{n+1} + \delta_{\bar{x}_3} (D \delta_{x_3} S)_{ijk}^{n+1}. \quad (3.3.26)$$

注意到边界条件 (3.3.4), 从而得到饱和度方程的一阶迎风区域分裂差分格式.

$$\phi_{ijk} \frac{S_{ijk}^{n+1} - S_{ijk}^n}{\Delta t} - \nabla_h (D \nabla_h S)_{ijk}^{n+1} + \delta_{U_1^n, x_1} S_{ijk}^{n+1} + \delta_{U_2^n, x_2} S_{ijk}^{n+1} + \delta_{U_3^n, x_3} S_{ijk}^{n+1}$$
$$= F_{ijk}^n, \quad (X_{ijk}, t^n) \in \Omega^*, \quad (3.3.27)$$

$$\phi_{ljk} \frac{S_{ljk}^{n+1} - S_{ljk}^n}{\Delta t} - \tilde{\nabla}_H (D \tilde{\nabla}_H S)_{ljk}^{n+1/2} + \delta_{U_1^n, x_1, H} S_{ljk}^n + \delta_{U_2^n, x_2} S_{ljk}^{n+1} + \delta_{U_3^n, x_3} S_{ljk}^{n+1}$$
$$= F_{ljk}^n, \quad (X_{ljk}, t^n) \in \Gamma^*, \quad (3.3.28)$$

$$S_{ijk}^{n+1} = g_{2,ijk}^{n+1}, \quad (X_{ijk}, t^n) \in \Gamma. \quad (3.3.29)$$

该格式的计算过程类似二阶迎风格式. 解的光滑性相应地变为

$$(R) \qquad p, s \in L^\infty(W^{3,\infty}) \cap W^{1,\infty}(W^{1,\infty}), \frac{\partial^2 s}{\partial t^2} \in L^\infty(L^\infty), \quad (3.3.30)$$

并且假定时间和空间剖分参数满足限定性条件:

$$\Delta t = O(h), \quad h = O(H^{3/2}). \quad (3.3.31)$$

进一步可得到收敛性结果.

定理 3.3.2 假设问题的解满足一定的光滑性 (3.3.30) 及时间与空间剖分满足式 (3.3.31)、式 (3.3.20), 则区域分裂迎风差分格式解的收敛性估计为

$$\left\| \pi^{n+1} \right\|^2 + \left\| \xi^{n+1} \right\|^2 + \sum_{0 \leqslant k \leqslant n+1} \left\| \nabla_h \xi^k \right\|^2 \Delta t \leqslant M((\Delta t)^2 + h^2 + H^3). \quad (3.3.32)$$

下面讨论一阶格式的数值试验, 说明该法的实用性. 仍然考虑数值算例 (3.3.22), (3.3.23). $\Omega_h, h = (h_1, h_2, h_3), \Delta t$ 定义如上, 图 3.3.9 和图 3.3.10 分别表示在 $h = (1/10, 1/10, 1/10)$ 和 $h = (1/20, 1/20, 1/10)$ 时的近似解, 而此时对应的真解为图 3.3.2 和图 3.3.4. 内边界点恒取为 $\bar{x}_1 = 0.5$. 表 3.3.2 则给出了上述问题的一阶数值误差结果, 在表中内边界点都取为 $\bar{x}_1 = 0.5$.

表 3.3.2 $\Omega = (0,1)^3, \Delta t = 0.001$ 问题 (3.3.22) 的一阶格式误差比较

Ω_h	$t = 0.1, h = (0.1, 0.1, 0.1)$	$t = 0.2, h = (0.05, 0.1, 0.1)$	$t = 1.0, h = (0.05, 0.05, 0.05)$
$H = m_0 \cdot h$	$m_0 = 2$	$m_0 = 4$	$m_0 = 4$
$E_{\max}$	0.0346	0.0474	0.0449
l_2	0.0097	0.0099	0.0118

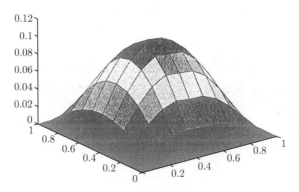

图 3.3.9 $T = 0.2, x_3 = 0.4$ 时一阶格式的近似解

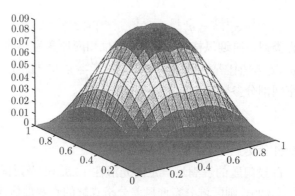

图 3.3.10 $T = 0.2, x_3 = 0.7$ 时一阶格式的近似解

参 考 文 献

[1]   吕涛, 石济民, 林根宝. 区域分解算法——偏微分方程数值解新技术. 北京: 科学出版社,
      1999.

[2]   沈平平, 刘明新, 汤磊. 石油勘探开发中的数学问题. 北京: 科学出版社, 2002.

[3]   袁益让. 能源数值模拟的理论和应用. 北京: 科学出版社, 2013.

[4]   Jr Douglas J. Finite difference methods for two-phase incompressible flow in porous
      media. SIAM J. Numer. Anal., 1983, 20(4): 681–696.

[5]   Russell T F. Time stepping along characteristics with incomplete iteration for a
      Galerkin approximation of miscible displacement in porous media. SIAM. J. Numer.
      Anal., 1985, 22(5): 970–1013.

[6]   袁益让, 韩玉笈. 三维油气资源盆地数值模拟的理论和实际应用. 北京: 科学出版社,
      2013.

[7]   Dawson C N, Dupont T F. A finite difference domain decomposition algorithm for
      numerical solution of the heat equation. Math. Comp., 1991, 57(195): 63–71.

[8]   Dawson C N, Dupont T F. Explicit/Implicit conservative Galerkin domain decompo-
      sition procedures for parabolic problems. Math. Comp., 1992, 58(197): 21–34.

[9]   Du Q, Mu M, Wu Z N. Efficient parallel algorithms for parabolic problems. SIAM J.
      Numer. Anal., 2001, 39(5): 1469–1487.

[10] Jr Douglas J. The numerical solution of misicble displacement in porous media//Oden
      JT, ed. Computational Methods in Nonlinear Mechanics. Amsterdam: North-Holland,
      1980.

[11] R E Ewing, T F Russell, Wheeler M F. Convergence analysis of approximation of
      miscible displacement in porous media by mixed finite elements and a modified method
      of characteristics. Computer Methods in Applied Mechanics and Engineering, 1984,
      47: 73–92.

[12] 常洛. 抛物方程的区域分解并行算法. 山东大学博士学位论文, 2005.

[13] Jr Douglas J, Russell T F. Numerical methods for convection-dominated diffusion
      problems based on combining the method of characteristics with finite element of
      finite difference procedures. SIAM J. Numer Anal., 1982, 19(5): 871–885.

[14] 袁益让. 多孔介质中可压缩可混溶驱动问题的特征-有限元方法. 计算数学, 1992, 14(4):
      385–400.

[15] Yuan Y R. Characteristic finite difference methods for moving boundary value problem
      of numerical simulation of oil deposit. Science in China, 1994, 24(A)(10): 1029–1036.

[16] Yuan Y R. The characteristic finite difference fractional steps method for compressible
      two-phase displacement problem. Science in China, 1998, 28(A)(10): 893–902.

[17] Yuan Y R. Characteristic finite difference fractional step methods for three-dimensional
      semiconductor device of heat conduction. Chinese Science Bulletin, 2000, 45(2): 125–

130.

[18] 袁益让. 三维热传导型半导体问题的差分方法和分析. 中国科学 (A 辑), 1996, 26: 973–983.

[19] Ewing R E, Lazarov R D, Vassilevski A T. Finite difference scheme for parabolic problems on a composite grids with refinenent in Time and Space. SIAM J. Numer. Anal., 1994, 31(6): 1605–1622.

[20] Lazarov R D, Mishev I D, Vassilevski P S. Finite Volume Methods for Convection-diffusion Problems. SIAM. J. Numer. Anal., 1996, 33: 31–55.

[21] 袁益让. 可压缩二相驱动问题的迎风差分格式及其理论分析. 应用数学学报, 2002, 25(3): 484–496.

[22] 李长峰. 抛物问题非重叠区域分裂有限差分法. 山东大学博士学位论文, 2006.

[23] Li C F, Yuan Y R. Domain decomposition with characteristic finte difference method for two-phase displacement problems. Applied Numerical Mathematics, 2008, 58: 1262–1273.

[24] Li C F, Yuan Y R. Explicit/implicit domain decomposition method with modified upwind differences for convection-diffusion equations. An international Journal Computers & Mathematics with Applications, 2005, 55: 2565–2573.

[25] 李长峰, 袁益让. 三维二相渗流驱动问题迎风区域分裂显隐差分法. 计算数学, 2007, 2: 113–136.

[26] Li C F, Yuan Y R. Nonoverlapping domain decomposition characteristic finite differences for three-dimensional convection-diffusion equations. Numer. Methods Partial Differential Eq., 2012, 28: 17–37.

[27] Li C F, Yuan Y R. Domain decomposition explicit/implicit schems with modified upwind method for parablic equations. Chinese Jorunal of Computationa Physics, 2007, 2: 239–248.

第4章　二相渗流的分数步和局部加密网方法

对油藏数值模拟等科学技术领域, 其中数学模型是一类高维对流-扩散非线性偏微分方程组的初边值问题, 对这类大规模科学与工程计算来说, 其节点个数通常数万甚至数百万个, 数值模拟时间有的长达数年, 数十年, 需要分数步方法来解决这类实际计算问题, 分数步方法 (交替方向法) 最大的优点在于它将高维问题转化为一系列一维问题来求解, 当计算规模在剖分不变的情况下, 实际计算量从 $O(h^{-d})$ 降至 $O(dh^{-1})$, 极大减少了工作量, 大大提高了计算效率, 因此很快在大规模科学和工程计算中得到应用和推广[1-3]. 在油田开发过程中, 往往在空间和时间上具有很强的局部性质, 如油井、裂缝、障碍、区域边界等引起的局部性质在空间上是固定的, 还有一些情况下局部性质是随时间变化的, 如流体驱替前沿, 这些过程都归结为求解大型偏微分方程组的初边值问题, 需要使用足够小的空间步长和时间步长. 这就要大大增加计算成本, 甚至要限制所解决问题的规模. 由此产生局部网格加密方法, 来解决这类问题, 仍使用原来的网格系统, 但在需要加密的地方, 即局部性质较强的区域, 对网格进行加密, 这样就可以在不太增加计算量的前提下, 大大提高计算精度, 目前, 局部网格加密方法已被广泛应用到科学与工程计算领域[1,2,4].

本章共三节, 4.1 节可压缩二相渗流问题的分数步特征差分方法, 4.2 节二相渗流问题迎风分数步差分格式, 4.3 节二相渗流驱动问题局部加密有限差分格式.

4.1　可压缩二相渗流问题的分数步特征差分方法

油水二相渗流驱动问题是能源数学的基础, 二维可压缩二相驱动问题的 "微小压缩" 数学模型、数值方法和分析, 开创了现代数值模拟这一新领域. 在现代油田勘探和开发数值模拟计算中, 要计算的是大规模、大范围, 甚至是超长时间的, 需要分数步新技术才能完整解决的问题[1-4].

问题的数学模型是下述非线性偏微分方程组的初边值问题[5-8]:

$$d(c)\frac{\partial p}{\partial t} + \nabla \cdot u = q(x,t), \quad x = (x_1, x_2)^{\mathrm{T}} \in \Omega, \quad t \in J = (0, T], \tag{4.1.1a}$$

$$u = -a(c)\nabla p, \quad x \in \Omega, t \in J, \tag{4.1.1b}$$

$$\Phi(x)\frac{\partial c}{\partial t} + b(c)\frac{\partial p}{\partial t} + u \cdot \nabla c - \nabla \cdot (D\nabla c) = g(x,t,c), \quad x \in \Omega, t \in J, \tag{4.1.2}$$

此处 $c = c_1 = 1 - c_2, a(c) = a(x,c) = k(x)\mu(c)^{-1}, d(c) = d(x,c) = \Phi(x)\sum\limits_{j=1}^{2} z_j c_j, c_i$ 是混合液体第 i 个分量的饱和度, $i=1,2$, z_j 是压缩常数因子第 j 个分量, $k(x)$ 是地层的渗透率, $\mu(c)$ 是液体的黏度, $D = D(x)$ 是扩散系数, 压力函数 $p(x,t)$ 和饱和度函数 $c(x,t)$ 是待求的基本函数.

不渗透边界条件:

$$u \cdot \gamma = 0, \quad X \in \partial\Omega, \quad t \in J, \quad (D\nabla c - cu) \cdot \gamma = 0, \quad X \in \partial\Omega, t \in J, \qquad (4.1.3)$$

此处 γ 是边界 $\partial\Omega$ 的外法线方向矢量.

初始条件:

$$p(x,0) = p_0(x), \quad x \in \Omega, \quad c(x,0) = c_0(x), \quad x \in \Omega. \qquad (4.1.4)$$

对于平面不可压缩二相渗流驱动问题, Jr Douglas 发表了特征差分方法的奠基性论文[5], 但油田勘探和开发中实际的数值模拟计算是大规模、大范围的, 其节点个数可多达数万乃至数十万个, 用一般数值方法不能解决这样的问题, 虽然 Peaceman 和 Jr Douglas 很早就提出方向交替差分格式来解决这类问题[3], 并获得成功. 但在理论分析时出现了实质性困难, 用 Fourier 分析方法仅能对常系数的情形证明稳定性和收敛性结果, 此方法不能推广到变系数方程的情形[9,10]. 我们从生产实际出发, 提出了可压缩二相渗流驱动问题的二维分数步特征差分格式, 应用变分形式、能量方法、粗细网格配套、双二次插值、差分算子乘积交换性、高阶差分算子分解、先验估计的理论和技巧, 得到最佳阶 l^2 误差估计和严谨的收敛性定理, 我们所提出的方法已成功地应用到油资源评估[11,12] 和强化采油数值模拟[13] 中. 这里提出的方法和理论只要加一定的限制就可以推广到三维问题.

通常问题是正定的, 即满足

$$0 < a_* \leqslant a(c) \leqslant a^*, \quad 0 < d_* \leqslant d(c) \leqslant d^*, \quad 0 < D_* \leqslant D(x) \leqslant D^*,$$

$$\left|\frac{\partial a}{\partial c}(x,c)\right| + \left|\frac{\partial d}{\partial c}(x,c)\right| \leqslant K^*, \qquad (4.1.5)$$

此处 $a_*, a^*, d_*, d^*, D_*, D^*, K^*$ 均为正常数. 为理论分析简便, 假定 $\Omega = \{[0,1]\}^2$, 且问题是 Ω-周期的, 此时不渗透边界条件 (4.1.3) 将舍去[14,15].

假定问题 (4.1.1)—(4.1.5) 的精确解具有一定的光滑性, 即满足

$$p, c \in L^\infty(W^{4,\infty}) \cap W^{1,\infty}(W^{1,\infty}), \quad \frac{\partial^2 p}{\partial t^2}, \frac{\partial^2 c}{\partial \tau^2} \in L^\infty(L^\infty).$$

4.1.1 分数步特征差分格式

设区域 $\Omega = \{[0,1]\}^2$, $h = 1/N$, $X_{ij} = (ih, jh)^{\mathrm{T}}$, $t^n = n\Delta t$, $W(X_{ij}, t^n) = W_{ij}^n$. 记

$$A_{i+1/2,j}^n = \left[a\left(X_{ij}, C^n\right) + a\left(X_{i+1,j}, C_{i+1,j}^n\right) \right] / 2,$$

$$a_{i+1/2,j}^n = \left[a\left(X_{ij}, c_{ij}^n\right) + a\left(X_{i+1,j}, c_{i+1,j}^n\right) \right] / 2, \qquad (4.1.6)$$

记号 $A_{i,j+\frac{1}{2}}^n$, $a_{i,j+\frac{1}{2}}^n$ 的定义是类似的. 设

$$\delta_{\bar{x}}\left(A^n \delta_x P^{n+1}\right)_{ij} = h^{-2}[A_{i+\frac{1}{2},j}^n\left(P_{i+1,j}^{n+1} - P_{ij}^{n+1}\right) - A_{i-\frac{1}{2},j}^n\left(P_{ij}^{n+1} - P_{i-1,j}^{n+1}\right)], \quad (4.1.7a)$$

$$\delta_{\bar{y}}\left(A^n \delta_x P^{n+1}\right)_{ij} = h^{-2}[A_{i,j+\frac{1}{2}}^n\left(P_{i,j+1}^{n+1} - P_{ij}^{n+1}\right) - A_{i,j-\frac{1}{2}}^n\left(P_{ij}^{n+1} - P_{i,j-1}^{n+1}\right)], \quad (4.1.7b)$$

$$\nabla_h\left(A^n \nabla_h P^{n+1}\right)_{ij} = \delta_{\bar{x}}\left(A^n \delta_x P^{n+1}\right)_{ij} + \delta_{\bar{y}}\left(A^n \delta_y P^{n+1}\right)_{ij}. \qquad (4.1.8)$$

流动方程 (4.1.1) 的分数步长差分格式:

$$d(C_{ijk}^n)\frac{P_{ij}^{n+\frac{1}{2}} - P_{ijk}^n}{\Delta t}$$

$$= \delta_{\bar{x}}(A^n \delta_x P^{n+\frac{1}{2}})_{ij} + \delta_{\bar{y}}\left(A^n \delta_y P^n\right)_{ij} + q\left(X_{ij}, t^{n+1}\right), \quad 1 \leqslant i \leqslant N, \qquad (4.1.9a)$$

$$d(C_{ij}^n)\frac{P_{ij}^{n+1} - P_{ij}^{n+\frac{1}{2}}}{\Delta t} = \delta_{\bar{y}}\left(A^n \delta_y\left(P^{n+1} - P^n\right)\right)_{ij}, \quad 1 \leqslant j \leqslant N. \qquad (4.1.9b)$$

近似达西速度 $U = (V, W)^{\mathrm{T}}$ 按下述公式计算:

$$V_{ij}^n = \frac{1}{2}\left[A_{i+\frac{1}{2},j}^n \frac{P_{i+1,j}^n - P_{ij}^n}{h} + A_{i-\frac{1}{2},j}^n \frac{P_{i+1,j}^n - P_{i-1,j}^n}{h} \right], \qquad (4.1.10)$$

W_{ij}^n 对应于另一个方向, 公式是类似的.

这流动实际上沿着迁移的特征方向, 对饱和度方程 (4.1.2) 采用特征线法处理一阶双曲部分, 它具有很高的精确度, 对时间 t 可用大步长计算[14,16-18]. 记 $\psi(x, u) = [\Phi^2(x) + |u|^2]^{\frac{1}{2}}$, $\frac{\partial}{\partial \tau} = \frac{1}{\psi}\left\{ \Phi\frac{\partial}{\partial t} + u \cdot \nabla \right\}$, 此时方程 (4.1.2) 可改写为

$$\psi\frac{\partial c}{\partial \tau} - \nabla \cdot (D\nabla c) + b(c)\frac{\partial p}{\partial t} = f(x, t, c), \quad x \in \Omega, t \in J, \qquad (4.1.11)$$

此处 $f(x, t, c) = (\bar{c} - c)q$.

用沿 τ- 特征方向的向后差商逼近:

$$\frac{\partial c^{n+1}}{\partial \tau} = \frac{\partial c}{\partial \tau}(x, t^{n+1}), \quad \frac{\partial c^{n+1}}{\partial \tau}(x) \simeq \frac{c^{n+1}(x) - c^n(x - u^{n+1}\Phi^{-1}(x)\Delta t)}{\Delta t(\Phi^2(x) + |u^{n+1}|^2)^{\frac{1}{2}}}.$$

饱和度方程的分数步特征差分格式:

$$\Phi_{ij}\frac{C_{ij}^{n+\frac{1}{2}} - \hat{C}_{ij}^n}{\Delta t} = \delta_{\bar{x}}(D\delta_x C^{n+\frac{1}{2}})_{ij} + \delta_{\bar{y}}(D\delta_y C^n)_{ij} - b(C_{ij}^n)\frac{P_{ij}^{n+1} - P_{ij}^n}{\Delta t}$$
$$+ f(X_{ij}, t^n, \hat{C}_{ij}^n), \quad 1 \leqslant i \leqslant N, \tag{4.1.12a}$$

$$\Phi_{ij}\frac{C_{ij}^{n+1} - C_{ij}^{n+\frac{1}{2}}}{\Delta t} = \delta_{\bar{y}}\left(D\delta_y\left(C^{n+1} - C^n\right)\right)_{ij}, \quad 1 \leqslant j \leqslant N, \tag{4.1.12b}$$

此处 $C^n(x)$ 是按节点值 $\{C_{ij}^n\}$ 分片双二次插值函数[16], $\hat{C}_{ij}^n = C^n\left(\hat{X}_{ij}\right)$, $\hat{X}_{ij} = X_{ij} - U_{ij}^n\Phi_{ij}^{-1}\Delta t$. 初始逼近:

$$P_{ij}^0 = p_0\left(X_{ij}\right), \quad C_{ij}^0 = c_0\left(X_{ij}\right), \quad 1 \leqslant i, j \leqslant N. \tag{4.1.13}$$

分数步特征差分格式的计算程序是: 当 $\{P_{ij}^n, C_{ij}^n\}$ 已知时, 首先由式 (4.1.9a) 沿 x 方向用追赶法求出过渡层的解 $\left\{P_{ij}^{n+\frac{1}{2}}\right\}$, 再由式 (4.1.9b) 沿 y 方向用追赶法求出 $\{P_{ij}^{n+1}\}$; 其次由式 (4.1.12a) 沿 x 方向用追赶法求出过渡层的解 $\{C_{ij}^{n+\frac{1}{2}}\}$, 再由式 (4.1.12b) 沿 y 方向用追赶法求出 $\{C_{ij}^{n+1}\}$. 由正定性条件 (4.1.5), 格式 (4.1.9) 和 (4.1.12) 的解存在且唯一.

4.1.2　收敛性分析

设 $\pi = p - P$, $\xi = c - C$, 此处 p 和 c 为问题的精确解, P 和 C 为格式 (4.1.9) 和格式 (4.1.12) 的差分解. 为了进行误差分析, 定义离散空间 $l^2(\Omega)$ 的内积和范数:

$$\langle f, g\rangle = \sum_{i,j=1}^{N} f_{ij}g_{ij}h^2, \quad |f|_0 = \langle f, f\rangle^{\frac{1}{2}}, \tag{4.1.14}$$

$\langle D\nabla_h f, \nabla_h f\rangle$ 表示离散空间 $h^1(\Omega)$ 的加权半模平方, 此处 $D(x)$ 为正定函数, 对应于 $H^1(\Omega) = W^{1,2}(\Omega)$. 首先研究压力方程, 由式 (4.1.9a) 和式 (4.1.9b) 消去 $P^{n+\frac{1}{2}}$ 可得等价的差分方程

$$d(C_{ij}^n)\frac{P_{ij}^{n+1} - P_{ij}^n}{\Delta t} - \nabla_h\left(A^n\nabla_h P^{n+1}\right)_{ij}$$
$$= q\left(X_{ij}, t^{n+1}\right) - (\Delta t)^2\delta_{\bar{x}}(A^n\delta_x(d^{-1}(C^n)(\delta_{\bar{y}}(A^n\delta_y d_t P^n))))_{ij}, \quad 1 \leqslant i, j \leqslant N, \tag{4.1.15}$$

此处 $d_t P_{ij}^n = \frac{1}{\Delta t}\left\{P_{ij}^{n+1} - P_{ij}^n\right\}$.

由式 $(4.1.1)\left(t = t^{n+1}\right)$ 和式 (4.1.15) 可得压力函数的误差方程

$$d(C_{ij}^n)\frac{\pi_{ij}^{n+1} - \pi_{ij}^n}{\Delta t} - \nabla_h\left(A^n\nabla_h\pi^{n+1}\right)_{ij}$$

$$= -(\Delta t)^2 \delta_{\bar{x}}(A^n \delta_x(d^{-1}(C^n)(\delta_{\bar{y}}(A^n \delta_y d_t \pi^n))))_{ij}$$

$$+ (\Delta t)^2 \delta_{\bar{x}}(A^n \delta_x(d^{-1}(C^n)(\delta_{\bar{y}}(A^n \delta_y d_t p^n))))_{ij} + \sigma_{ij}^{n+1}, \quad 1 \leqslant i, j \leqslant N, \quad (4.1.16)$$

此处

$$d_t \pi^n = \frac{1}{\Delta t}\left(\pi^{n+1} - \pi^n\right),$$

$$\left|\sigma_{ij}^{n+1}\right| \leqslant M \left\{\left\|\frac{\partial^2 p}{\partial t^2}\right\|_{L^\infty(L^\infty)}, \left\|\frac{\partial p}{\partial t}\right\|_{L^\infty(L^{4,\infty})}, \|p\|_{L^\infty(L^{4,\infty})}, \|c\|_{L^\infty(L^{3,\infty})}\right\}\{h^2 + \Delta t\}.$$

假定时间和空间剖分参数满足限制性条件:

$$\Delta t = O(h^2). \quad (4.1.17)$$

引入归纳法假定

$$\sup_{1 \leqslant n \leqslant L} \max\{\|\pi^n\|_{1,\infty}, \|\xi^n\|_{1,\infty}\} \to 0, \quad (h, \Delta t) \to 0, \quad (4.1.18)$$

此处 $\|\pi^n\|_{1,\infty}^2 = \|\pi^n\|_{0,\infty}^2 + \|\pi^n\|_{1,\infty}^2$.

对于式 (4.1.16) 右端第二项, 假定解 $p(x,t), c(x,t)$ 具有足够的光滑性, 由限制性条件 (4.1.17)、归纳法假定 (4.1.18) 和逆估计可得

$$\left|(\Delta t)^2 \delta_{\bar{x}}(A^n \delta_x(d^{-1}(C^n)(\delta_{\bar{y}}(A^n \delta_y d_t p^n))))\right|$$

$$\leqslant M\Delta t \cdot h^2 \left|\delta_{\bar{x}}(A^n \delta_x(d^{-1}(C^n)(\delta_{\bar{y}}(A^n \delta_q d_t p^n))))\right| \leqslant M\Delta t, \quad (4.1.19)$$

因此在误差估计时, 可将其归纳到项 σ_{ij}^{n+1} 中.

对误差方程 (4.1.16) 乘以 $\delta_t \pi_{ij}^n = d_t \pi_{ij}^n \Delta t = \pi_{ij}^{n+1} - \pi_{ij}^n$ 作内积, 并应用分步求和公式可得

$$\langle d(C^n)d_t\pi^n, d_t\pi^n\rangle \Delta t + \frac{1}{2}\left\{\langle A^n \nabla_h \pi^{n+1}, \nabla_h \pi^{n+1}\rangle - \langle A^n \nabla_h \pi^n, \nabla_h \pi^n\rangle\right\}$$

$$\leqslant M\left\{h^4 + (\Delta t)^2\right\}\Delta t + \varepsilon |d_t\pi^n|_0^2 \Delta t$$

$$- (\Delta t)^2 < \delta_{\bar{x}}(A^n \delta_x(d^{-1}(C^n)(\delta_{\bar{y}}(A^n \delta_y d_t\pi^n)))), \quad d_t\pi^n > \Delta t. \quad (4.1.20)$$

尽管 $-\delta_{\bar{x}}(A^n\delta_x), -\delta_{\bar{y}}(A^n\delta_y)$ 是自共轭、正定、有界算子, 空间区域为正方形, 且问题是 Ω-周期的, 但它们的乘积一般是不可交换的, 利用 $\delta_x\delta_y = \delta_y\delta_x, \delta_x\delta_{\bar{y}} = \delta_{\bar{y}}\delta_x, \delta_{\bar{x}}\delta_y = \delta_y\delta_{\bar{x}}, \delta_{\bar{x}}\delta_{\bar{y}} = \delta_{\bar{y}}\delta_{\bar{x}}$, 有

$$- (\Delta t)^3 \left\langle \delta_{\bar{x}}(A^n\delta_x(d^{-1}(C^n)(\delta_{\bar{y}}(A^n\delta_y d_t\pi^n)))), d_t\pi^n\right\rangle$$

$$= (\Delta t)^3 \left\langle A^n\delta_x(d^{-1}(C^n)(\delta_{\bar{y}}(A^n\delta_y d_t\pi^n))), \delta_x d_t\pi^n\right\rangle$$

$$= (\Delta t)^3 \left\langle d^{-1}(C^n)\delta_x\delta_{\bar{y}}(A^n\delta_y d_t\pi^n) + \delta_x d^{-1}(C^n)\delta_{\bar{y}}(A^n\delta_y d_t\pi^n), A^n\delta_x d_t\pi^n \right\rangle$$

$$= (\Delta t)^3 \Big\{ \left\langle \delta_{\bar{y}}\delta_x(A^n\delta_y d_t\pi^n), d^{-1}(C^n)(A^n\delta_y d_t\pi^n) \right\rangle$$

$$\qquad + \left\langle \delta_{\bar{y}}(A^n\delta_y d_t\pi^n), \delta_x d^{-1}(C^n)\cdot A^n\delta_x d_t\pi^n \right\rangle \Big\}$$

$$= -(\Delta t)^3 \{ \langle \delta_x(A^n\delta_y d_t\pi^n), \delta_y(d^{-1}(C^n)(A^n\delta_x d_t\pi^n)) \rangle$$

$$\qquad + \langle A^n\delta_y d_t\pi^n, \delta_y(\delta_x d^{-1}(C^n)\cdot A^n\delta_x d_t\pi^n) \rangle \}$$

$$= -(\Delta t)^3 \{ \langle A^n\delta_x\delta_y d_t\pi^n + \delta_x A^n\cdot\delta_y d_t\pi^n, d^{-1}(C^n)A^n\delta_x\delta_y d_t\pi^n$$

$$\qquad + \delta_y(d^{-1}(C^n)A^n)\delta_x d_t\pi^n \rangle + \langle A^n\delta_y(d_t\pi^n), \delta_x\delta_y d^{-1}(C^n)A^n\delta_x d_t\pi^n$$

$$\qquad + \delta_x d^{-1}(C^n)\delta_y A^n\cdot\delta_x d_t\pi^n + \delta_x d^{-1}(C^n)A^n\delta_x\delta_y d_t\pi^n \rangle \}$$

$$= -(\Delta t)^3 \sum_{i,j=1}^{N} \{ A^n_{i,j+\frac{1}{2}}A^n_{i,j+\frac{1}{2},j}d^{-1}(C^n_{ij})\left[\delta_x\delta_y d_t\pi^n_{ij}\right]^2$$

$$\qquad + [\, A^n_{i,j+\frac{1}{2}}\delta_y(A^n_{i+\frac{1}{2},j}d^{-1}(C^n_{ij}))\cdot\delta_x(d_t\pi^n_{ij}) + A^n_{i+\frac{1}{2},j}d^{-1}(C^n_{ij})\delta_x A^n_{i,j+\frac{1}{2}}\cdot\delta_y(d_t\pi^n_{ij})$$

$$\qquad + A^n_{i,j+\frac{1}{2}}A^n_{i+\frac{1}{2},j}\delta_x d^{-1}\left(C^n_{ij}\right)\delta_y\left(d_t\pi^n_{ij}\right)]\,\delta_x\delta_y\left(d_t\pi^n_{ij}\right)$$

$$\qquad + [\delta_x\, A^n_{i,j+\frac{1}{2}}A^n_{i+\frac{1}{2},j}\delta_x d^{-1}\left(C^n_{ij}\right)\delta_y\left(d_t\pi^n_{ij}\right)]\,\delta_x\delta_y\left(d_t\pi^n_{ij}\right)$$

$$\qquad + [\delta_x A^n_{i,j+\frac{1}{2}}\cdot\delta_y(d^{-1}\left(C^n_{ij}\right)A^n_{i+\frac{1}{2},j}) + A^n_{i,j+\frac{1}{2}}\delta_y A^n_{i+\frac{1}{2},j},\delta_x d^{-1}\left(C^n_{ij}\right)$$

$$\qquad + A^n_{i,j+\frac{1}{2}}A^n_{i+\frac{1}{2},j}\delta_x\delta_y d^{-1}(C^n_{ij})]\cdot(\delta_y d_t\pi^n_{ij})(\delta_x d_t\pi^n_{ij})\}h^2. \tag{4.1.21}$$

由归纳法假定式 (4.1.18) 可以推出 $A^n_{i,j+\frac{1}{2}}, A^n_{i+\frac{1}{2},j}, d^{-1}(C^n_{ij}), \delta_y(A^n_{i+\frac{1}{2},j}d^{-1}(C^n_{ij}))$, $\delta_x A^n_{i,j+\frac{1}{2}}$ 是有界的. 对上述表达式的前两项, 应用 A, d^{-1} 的正定性和分离出高阶差商项 $\delta_x\delta_y d_t\pi^n$, 现利用 Cauchy 不等式消去与此有关的项, 可得

$$-(\Delta t)^3 \sum_{i,j=1}^{N} \{ A^n_{i,j+\frac{1}{2}}A^n_{i,j+\frac{1}{2},j}d^{-1}(C^n_{ij})\left[\delta_x\delta_y d_t\pi^n_{ij}\right]^2$$

$$\qquad + [\, A^n_{i,j+\frac{1}{2}}\delta_y(A^n_{i,j+\frac{1}{2},j}d^{-1}(C^n_{ij}))\cdot\delta_x(d_t\pi^n_{ij}) + \cdots]\cdot\delta_x\delta_y(d_t\pi^n_{ij}) \}h^2$$

$$\leqslant \Delta t\, \{ |\nabla_h\pi^{n+1}|^2_0 + |\nabla_h\pi^n|^2_0 \}. \tag{4.1.22a}$$

对式 (4.1.21) 中第三项有

$$-(\Delta t)^3 \sum_{i,j=1}^{N} [\delta_x A^n_{i,j+\frac{1}{2}}\cdot\delta_y(d^{-1}\left(C^n_{ij}\right)A^n_{i+\frac{1}{2},j})$$

$$\qquad + A^n_{i,j+\frac{1}{2}}\delta_y A^n_{i+\frac{1}{2},j}\delta_x d^{-1}(C^n_{ij})]\delta_x d_t\pi^n_{ij}\delta_y d_t\pi^n_{ij}h^2$$

$$\leqslant M\{|\nabla_h\pi^{n+1}|^2_0 + |\nabla_h\pi^n|^2_0\}\Delta t, \tag{4.1.22b}$$

$$-(\Delta t)^3 \sum_{i,j=1}^{N} A^n_{i,j+\frac{1}{2}}A^n_{i+\frac{1}{2},j}\delta_x\delta_y d^{-1}\left(C^n_{ij}\right)\delta_x d_t\pi^n_{ij}\delta_y d_t\pi^n_{ij}h^2$$

$$\leqslant M(\Delta t)^{\frac{1}{2}} |d_t \pi^n|_0^2 \Delta t + \varepsilon |d_t \pi^n|_0^2 \Delta t. \tag{4.1.22c}$$

当 Δt 适当小时, ε 适当小. 由式 (4.1.20)—(4.1.22) 可得

$$|d_t \pi^n|_0^2 \Delta t + \frac{1}{2} \{ \langle A^n \nabla_h \pi^{n+1}, \nabla_h \pi^{n+1} \rangle - \langle A^n \nabla_h \pi^n, \nabla_h \pi^n \rangle \}$$

$$\leqslant M \{ |\nabla_h \pi^{n+1}|_0^2 + |\nabla_h \pi^n|_0^2 + h^4 + (\Delta t)^2 \} \Delta t. \tag{4.1.23}$$

下面讨论饱和度方程的误差估计, 由式 (4.1.12a) 和 (4.1.12b) 可得等价的饱和度方程的差分格式

$$\Phi_{ij} \frac{C_{ij}^{n+1} - \hat{C}_{ij}^n}{\Delta t} - \nabla_h (D \nabla_h C^{n+1})_{ij}$$

$$= -b(C_{ij}^{n+1}) \frac{P_{ij}^{n+1} - P_{ij}^n}{\Delta t} + f(X_{ij}, t^n, \hat{C}_{ij}^{n+1})$$

$$- (\Delta t)^2 \delta_{\bar{x}} (D \delta_x (\Phi^{-1} (\delta_{\bar{y}} (D \delta_y d_t C^n))))_{ij}, \quad 1 \leqslant i, j \leqslant N. \tag{4.1.24}$$

由方程 $(4.1.22)(t = t^{n+1})$ 和差分格式 (4.1.24) 可得误差方程

$$\Phi_{ij} \frac{\xi^{n+1} - (c^n(\bar{X}_{ij}^n) - \hat{C}_{ij}^n)}{\Delta t} - \nabla_h (D \nabla_h \xi)_{ij}^{n+1}$$

$$= f(X_{ij}, t^{n+1}, c^{n+1}) - f(X_{ij}, t^n, \hat{C}_{ij}^n) - b(C_{ij}^n) \frac{\pi_{ij}^{n+1} - \pi_{ij}^n}{\Delta t}$$

$$+ [b(c_{ij}^{n+1}) - b(C_{ij}^n)] \frac{p_{ij}^{n+1} - p_{ij}^n}{\Delta t} - (\Delta t)^2 \delta_{\bar{x}} (D \delta_x (\Phi^{-1} (\delta_{\bar{y}} (D \delta_y d_t \xi^n))))_{ij}$$

$$+ \varepsilon_{ij}^{n+1}, \quad 1 \leqslant i, j \leqslant N, \tag{4.1.25}$$

此处 $\overline{X}_{ij}^n = X_{ij} - u_{ij}^{n+1} \Phi_{ij}^{-1} \Delta t$,

$$|\varepsilon_{ij}^{n+1}| \leqslant M \left\{ \left\| \frac{\partial^2 c}{\partial \tau^2} \right\|_{L^\infty(L^\infty)}, \left\| \frac{\partial c}{\partial \tau} \right\|_{L^\infty(W^{4,\infty})}, \left\| \frac{\partial p}{\partial t} \right\|_{L^\infty(L^\infty)} \right\} (h^2 + \Delta t).$$

对误差方程 (4.1.25) 由限制性条件 (4.1.17) 和归纳法假定 (4.1.18) 可得

$$\Phi_{ij} \frac{\xi_{ij}^{n+1} - \hat{\xi}_{ij}^n}{\Delta t} - \nabla_h (D \nabla_h \xi^{n+1})_{ij}$$

$$\leqslant M \{ |\xi_{ij}^n| + |\xi_{ij}^{n+1}| + |\nabla_h \pi_{ij}^n| + h^2 + \Delta t \}$$

$$- b (C_{ij}^n) \frac{\pi_{ij}^{n+1} - \pi_{ij}^n}{\Delta t} - (\Delta t)^2 \delta_{\bar{x}} (D \delta_x (\Phi^{-1} (\delta_{\bar{y}} (D \delta_y d_t \xi^n))))_{ij} + \varepsilon_{ij}^{n+1},$$

$$1 \leqslant i, j \leqslant N. \tag{4.1.26}$$

对式 (4.1.26) 乘以 $\delta_t \xi_{ij}^n = \xi^{n+1} - \xi^n = d_t \xi_{ij}^n \Delta t$ 作内积, 并分部求和可得

$$\left\langle \Phi \left(\frac{\xi^{n+1} - \hat{\xi}^n}{\Delta t} \right), d_t \xi^n \right\rangle \Delta t + \frac{1}{2} \left\{ \langle D \nabla_h \xi^{n+1}, \nabla_h \xi^{n+1} \rangle - \langle D \nabla_h \xi^n, \nabla_h \xi^n \rangle \right\}$$

$$\leqslant \varepsilon \left|d_t\xi^n\right|_0^2 \Delta t + M\{\left|\xi^n\right|_0^2 + \left|\xi^{n+1}\right|_0^2 + \left|\nabla_h\pi^n\right|_0^2 + h^4 + (\Delta t)^2\}\Delta t$$
$$- \langle b\left(C^n\right) d_t\pi^n, d_t\xi^n\rangle \Delta t - (\Delta t)^2 \langle \delta_{\bar{x}}(D\delta_x(\Phi^{-1}(\delta_{\bar{y}}(D\delta_y d_t\xi^n)))), d_t\xi^n\rangle \Delta t. \quad (4.1.27)$$

可将式 (4.1.27) 改写为

$$\left\langle \Phi\left(\frac{\xi^{n+1} - \xi^n}{\Delta t}\right), d_t\xi^n\right\rangle \Delta t + \frac{1}{2}\left\{\langle D\nabla_h\xi^{n+1}, \nabla_h\xi^{n+1}\rangle - \langle D\nabla_h\xi^n, \nabla_h\xi^n\rangle\right\}$$
$$\leqslant \left\langle \Phi\left(\frac{\hat{\xi}^n - \xi^n}{\Delta t}\right), d_t\xi^n\right\rangle \Delta t + \varepsilon \left|d_t\xi^n\right|_0^2 \Delta t + M\{\left|\xi^n\right|_0^2 + \left|\xi^{n+1}\right|_0^2 + \left|\nabla_h\xi^n\right|_0^2$$
$$+ \left|d_t\pi^n\right|_0^2 + h^4 + (\Delta t)^2\} - (\Delta t)^2 \langle \delta_{\bar{x}}(D\delta_x(\Phi^{-1}(\delta_{\bar{y}}(D\delta_y d_t\xi^n)))), d_t\xi^n\rangle \Delta t. \quad (4.1.28)$$

现在估计式 (4.1.28) 右端第一项 $\left\langle \Phi\left(\dfrac{\hat{\xi}^n - \xi^n}{\Delta t}\right), d_t\xi^n\right\rangle$, 应用表达式

$$\hat{\xi}_{ij}^n - \xi_{ij}^n = \int_{X_{ij}}^{\hat{X}_{ij}^n} \nabla\xi^n \cdot U_{ij}^n / \left|U_{ij}^n\right| \mathrm{d}\sigma, \quad 1 \leqslant i, j \leqslant N, \quad (4.1.29)$$

由于 $|U^n|_\infty \leqslant M\{1 + |\nabla_h\pi^n|_\infty\}$, 由归纳法假设 (4.1.18) 可以推出 U^n 有界, 再利用限制性条件 (4.1.17), 可以推得

$$\left|\sum_{i,j=1}^N \Phi_{ij}\frac{\left(\hat{\xi}_{ij}^n - \xi_{ij}^n\right)}{\Delta t} d_t\xi_{ij}^n h^2\right| \leqslant \varepsilon \left|d_t\xi^n\right|_0^2 + M \left|\nabla_h\xi^n\right|_0^2. \quad (4.1.30)$$

现估计式 (4.1.28) 的最后一项

$$- (\Delta t)^3 \langle \delta_{\bar{x}}(D\delta_X(\Phi^{-1}(\delta_{\bar{Y}}(D\delta_Y d_t\xi^n)))), d_t\xi^n\rangle$$
$$= -(\Delta t)^3 \{\langle \delta_x(D\delta_y d_t\xi^n), \delta_Y(\Phi^{-1}D\delta_x d_t\xi^n)\rangle$$
$$+ \langle D\delta_Y(d_t\xi^n), \delta_y[\delta_x\Phi^{-1} \cdot D\delta_x d_t\xi^n]\rangle\}$$
$$= -(\Delta t)^3 \sum_{i,j=1}^N \{D_{i,j+\frac{1}{2}} D_{i+\frac{1}{2},j} \Phi_{ij}^{-1}[\delta_x\delta_y d_t\xi_{ij}]^2$$
$$+ \left[D_{i,j+\frac{1}{2}}\delta_y(D_{i+\frac{1}{2},j}\Phi_{ij}^{-1}) \cdot \delta_x\left(d_t\xi_{ij}^n\right) + D_{i+\frac{1}{2},j}^n \Phi_{ij}^{-1}\delta_x D_{i,j+\frac{1}{2}}\right.$$
$$\cdot \delta_x\left(d_t\xi_{ij}^n\right) + D_{i,j+\frac{1}{2}} D_{i+\frac{1}{2},j}\delta_y\left(d_t\xi_{ij}^n\right)\Big]$$
$$\cdot \delta_x\delta_y\left(d_t\xi_{ij}^n\right) + [D_{i,j+\frac{1}{2}} D_{i+\frac{1}{2},j}\delta_x\delta_y\Phi_{ij}^{-1}$$
$$+ D_{i,j+\frac{1}{2}}\delta_y D_{i,j+\frac{1}{2}}\delta_x\Phi_{ij}^{-1}]\delta_x\left(d_t\xi_{ij}^n\right)\delta_y(d_t\xi_{ij}^n)\}h^2. \quad (4.1.31)$$

由于 D 的正定性, 对表达式 (4.1.31) 的前三项, 应用 Cauchy 不等式消去高阶

差商项 $\delta_x\delta_y\left(d_t\xi_{ij}^n\right)$, 最后可得

$$-(\Delta t)^3\sum_{i,j=1}^N\{\,D_{i,j+\frac{1}{2}}D_{i+\frac{1}{2},j}\Phi_{ij}^{-1}\left[\delta_x\delta_yd_t\xi_{ij}\right]^2+[\,D_{i,j+\frac{1}{2}}\delta_y(D_{i+\frac{1}{2},j}\Phi_{ij}^{-1})\cdot\delta_x(d_t\xi_{ij}^n)$$
$$+D_{i,j+\frac{1}{2}}\Phi_{ij}^{-1}\delta_xD_{i,j+\frac{1}{2}}\cdot\delta_y(d_t\xi_{ij}^n)+D_{i,j+\frac{1}{2}}D_{i+\frac{1}{2},j}\delta_y(d_t\xi_{ij}^n)\,]\,\delta_x\delta_y(d_t\xi_{ij}^n)\,\}\,h^2$$
$$\leqslant M\,\{\,\left|\nabla_h\xi^{n+1}\right|_0^2+\left|\nabla_h\xi^{n+1}\right|_0^2\,\}\,\Delta t,\tag{4.1.32a}$$

对式 (4.1.31) 最后一项, 由于 Φ,D 的光滑性有

$$-(\Delta t)^3\sum_{i,j=1}^N[D_{i,j+\frac{1}{2}}D_{i+\frac{1}{2},j}\delta_x\delta_y\Phi_{ij}^{-1}+D_{i,j+\frac{1}{2}}\delta_yD_{i+\frac{1}{2},j}\cdot\delta_x\Phi_{ij}^{-1}]\delta_x\left(d_t\xi_{ij}^n\right)\delta_y\left(d_t\xi_{ij}^n\right)$$
$$\leqslant M\{\left|\nabla_h\xi^{n+1}\right|_0^2+\left|\nabla_h\xi^n\right|_0^2\}\Delta t.\tag{4.1.32b}$$

对误差估计式 (4.1.28) 应用式 (4.1.30)—(4.1.32) 的结果可得

$$|d_t\xi^n|_0^2\,\Delta t+\langle D\nabla_h\xi^{n+1},\nabla_h\xi^{n+1}\rangle-\langle D\nabla_h\xi^n,\nabla_h\xi^n\rangle$$
$$\leqslant M\{|\xi^n|_1^2+\left|\xi^{n+1}\right|_1^2+|\nabla_h\pi^n|_0^2+h^4+(\Delta t)^2\}\Delta t.\tag{4.1.33}$$

对式 (4.1.23) 关于时间 t 求和 $0\leqslant n\leqslant L$, 注意到 $\pi^n=0$, 可得

$$\sum_{n=1}^L|d_t\,\pi^n|_0^2\,\Delta t+\langle A^L\nabla_h\pi^{L+1},\nabla_h\pi^{L+1}\rangle-\langle A^0\nabla_h\,\pi^n,\nabla_h\pi^0\rangle$$
$$\leqslant\sum_{n=1}^L\langle\left[A^n-A^{n-1}\right]\nabla_h\pi^n,\nabla_h\pi^n\rangle$$
$$+M\sum_{n=1}^L\{\,|\,\nabla_h\pi^{n+1}\,|_0^2+|\,\nabla_h\pi^n\,|_0^2+h^4+(\Delta t)^2\,\}\,\Delta t.\tag{4.1.34}$$

对于式 (4.1.34) 右端第一项的系数有

$$A^n-A^{n-1}=a(x,C^n)-a(x,C^{n-1})=\frac{\partial\bar a}{\partial c}\left(C^n-C^{n-1}\right)$$
$$=\frac{\partial\bar a}{\partial c}\{(\xi^n-\xi^{n-1})+(c^n-c^{n-1})\}=\frac{\partial\bar a}{\partial c}\left\{d_t\xi^{n-1}+\frac{\partial\bar c}{\partial c}\right\}\Delta t.$$

由于 $\dfrac{\partial\bar a}{\partial c},\dfrac{\partial\bar c}{\partial t}$ 是有界的, 于是有

$$\left|A^n-A^{n-1}\right|\leqslant M\left\{\left|d_t\xi^{n-1}\right|+1\right\}\Delta t,\tag{4.1.35}$$

应用归纳法假定 (4.1.18) 来估计式 (4.1.34) 右端第一项有

$$\sum_{n=1}^L\langle[A^n-A^{n-1}]\nabla_h\pi^n,\nabla_h\pi^n\rangle\leqslant\varepsilon\sum_{n=1}^L\left|d_t\xi^{n-1}\right|_0^2\Delta t+M\sum_{n=1}^L|\nabla_h\pi^n|_0^2\Delta t,\tag{4.1.36}$$

于是式 (4.1.34) 可写为

$$\sum_{n=1}^{L}\left|d_t\pi^n\right|_0^2\Delta t+\left|\nabla_h\pi^{L+1}\right|_0^2$$

$$\leqslant\varepsilon\sum_{n=1}^{L}\left|d_t\xi^{n-1}\right|_0^2\Delta t+M\sum_{n=1}^{L}\left\{\left|\nabla_h\pi^n\right|_0^2+h^4+(\Delta t)^2\right\}\Delta t. \tag{4.1.37}$$

同样地, 式 (4.1.33) 对 t 求和可得

$$\sum_{n=1}^{L}\left|d_t\xi^n\right|_0^2\Delta t+\left|\nabla_h\xi^{L+1}\right|_0^2-\left|\nabla_h\xi^0\right|_0^2$$

$$\leqslant M\sum_{n=1}^{L}\left\{\left|\xi^{n-1}\right|_1^2+\left|\nabla_h\pi^n\right|_0^2+h^4+(\Delta t)^2\right\}\Delta t. \tag{4.1.38}$$

注意到此处 $\pi^0=\xi^0=0$,

$$\left|\pi^{L+1}\right|_0^2\leqslant\varepsilon\sum_{n=0}^{L}\left|d_t\pi^n\right|_0^2\Delta t+M\sum_{n=0}^{L}\left|\pi^n\right|_0^2\Delta t,$$

$$\left|\xi^{L+1}\right|_0^2\leqslant\varepsilon\sum_{n=0}^{L}\left|d_t\xi^n\right|^2\Delta t+M\sum_{n=0}^{L}\left|\xi^n\right|_0^2\Delta t, \tag{4.1.39a}$$

组合式 (4.1.37) 和 (4.1.38) 可得

$$\sum_{n=0}^{L}\left\{\left|d_t\pi^n\right|_0^2+\left|d_t\xi^n\right|_0^2\right\}\Delta t+\left|\pi^{L+1}\right|_1^2+\left|\xi^{L+1}\right|_1^2$$

$$\leqslant M\left\{\sum_{n=0}^{L}\left[\left|\pi^{n+1}\right|_1^2+\left|\xi^{L+1}\right|_1^2+h^4+(\Delta t)^2\right]\Delta t\right\}, \tag{4.1.39b}$$

应用 Gronwall 引理可得

$$\sum_{n=1}^{L}\left\{\left|d_t\pi^n\right|_0^2+\left|d_t\xi^n\right|_0^2\right\}\Delta t+\left|\pi^{L+1}\right|_1^2+\left|\xi^{L+1}\right|_1^2\leqslant M\left\{h^4+(\Delta t)^2\right\}. \tag{4.1.40}$$

下面需要检验归纳法假定式 (4.1.18). 对于 $n=0$, 由于 $\pi^0=\xi=0$, 故式 (4.1.18) 是正确的, 若 $1\leqslant n\leqslant L$ 时式 (4.1.18) 成立, 由式 (4.1.39) 可得

$$\left|\pi^{L+1}\right|_1+\left|\xi^{L+1}\right|_1\leqslant M\left\{h^2+\Delta t\right\},$$

利用逆估计有

$$\left|\pi^{L+1}\right|_{1,\infty}+\left|\xi^{L+1}\right|_{1,\infty}\leqslant Mh, \tag{4.1.41}$$

于是归纳法假定式 (4.1.18) 成立.

定理 4.1.1 假定问题 (4.1.1)—(4.1.5) 的精确解满足光滑性条件: $p, c \in W^{1,\infty}(W^{1,\infty}) \cap L^{1,\infty}(W^{4,\infty})$, $\frac{\partial p}{\partial t}, \frac{\partial c}{\partial t} \in L^\infty(W^{4,\infty})$, $\frac{\partial^2 p}{\partial t^2}, \frac{\partial^2 c}{\partial \tau^2} \in L^\infty(L^\infty)$. 采用分数步特征差分格式 (4.1.9) 和 (4.1.12) 逐层计算, 若剖分参数满足限制性条件 (4.1.17), 则下述误差估计式成立:

$$\|p - P\|_{\bar{L}^\infty([0,T],h^1)} + \|c - C\|_{\bar{L}^\infty([0,T],h^1)} + \|d_t(p-P)\|_{\bar{L}^2([0,T],l^2)}$$
$$+ \|d_t(c-C)\|_{\bar{L}^2([0,T],l^2)} \leqslant M^* \left\{ \Delta t + h^2 \right\}, \tag{4.1.42}$$

此处 $\|g\|_{\bar{L}^\infty(J,X)} = \sup_{n\Delta t \leqslant T} \|f^n\|_X$, $\|g\|_{\bar{L}^2(J,X)} = \sup_{n\Delta t \leqslant T} \left\{ \sum_{n=0}^N \|g^n\|_X^2 \Delta t \right\}^{\frac{1}{2}}$, 常数是依赖于 p, c 及其导函数.

4.1.3 三维问题推广

本节提出的计算格式和分析可拓广到三维问题, 计算格式是

$$d\left(C_{ijk}^n\right) \frac{P_{ijk}^{n+\frac{1}{3}} - P_{ijk}^n}{\Delta t}$$
$$= \delta_{\bar{x}}(A^n \delta_x P^{n+\frac{1}{3}})_{ijk} + \delta_{\bar{y}}(A^n \delta_x P^n)_{ijk} + \delta_{\bar{z}}(A^n \delta_x P^n)_{ijk}$$
$$+ q(X_{ijk}, t^{n+1}), \quad 1 \leqslant i \leqslant N, \tag{4.1.43a}$$

$$d\left(C_{ijk}^n\right) \frac{P_{ijk}^{n+\frac{2}{3}} - P_{ijk}^{n+\frac{1}{3}}}{\Delta t} = \delta_{\bar{y}}(A^n \delta_y (P^{n+\frac{2}{3}} - P^n))_{ijk}, \quad 1 \leqslant j \leqslant N, \tag{4.1.43b}$$

$$d\left(C_{ijk}^n\right) \frac{P_{ijk}^{n+1} - P_{ijk}^{n+\frac{2}{3}}}{\Delta t} = \delta_{\bar{z}}\left(A^n \delta_z \left(P^{n+1} - P^n\right)\right)_{ijk}, \quad 1 \leqslant k \leqslant N. \tag{4.1.43c}$$

$$\Phi_{ijk} \frac{C_{ijk}^{n+\frac{1}{3}} - \hat{C}_{ijk}^n}{\Delta t} = \delta_{\bar{x}}(D\delta_x C^{n+\frac{1}{3}})_{ijk} + \delta_{\bar{y}}(D\delta_y C^n)_{ijk} + \delta_{\bar{z}}(D\delta_z C^n)_{ijk}$$
$$- b(C_{ijk}^n) \frac{P_{ijk}^{n+1} - P_{ijk}^n}{\Delta t} + f(X_{ijk}, t^n, \hat{C}_{ijk}^n), \quad 1 \leqslant i \leqslant N, \tag{4.1.44a}$$

$$\Phi_{ijk} \frac{C_{ijk}^{n+\frac{2}{3}} - C_{ijk}^{n+\frac{1}{3}}}{\Delta t} = \delta_{\bar{y}}(D\delta_y(C^{n+\frac{2}{3}} - C^n))_{ijk}, \quad 1 \leqslant j \leqslant N, \tag{4.1.44b}$$

$$\Phi_{ijk} \frac{C_{ijk}^{n+1} - C_{ijk}^{n+\frac{2}{3}}}{\Delta t} = \delta_{\bar{z}}\left(D\delta_z \left(C^{n+1} - C^n\right)\right)_{ijk}, \quad 1 \leqslant k \leqslant N. \tag{4.1.44c}$$

其等价的差分格式是

$$
\begin{aligned}
& d\left(C_{ijk}^n\right) \frac{P_{ijk}^{n+1} - P_{ijk}^n}{\Delta t} - \nabla_h \left(A^n \nabla_h P^{n+1}\right)_{ijk} \\
& = q\left(X_{ijk}, t^{n+1}\right) - (\Delta t)^2 \left\{ \delta_{\bar{x}}(A^n \delta_x(d^{-1}(\delta_{\bar{y}}(A^n \delta_y)))) \right. \\
& \quad \left. + \delta_{\bar{x}}(A^n \delta_x(d^{-1}(\delta_{\bar{z}}(A^n \delta_z)))) + \delta_{\bar{y}}(A^n \delta_y(d^{-1}(\delta_{\bar{z}}(A^n \delta_z)))) \, d_t P_{ijk}^n \right\} \\
& \quad + (\Delta t)^3 \, \delta_{\bar{x}}(A^n \delta_x(d^{-1}(\delta_{\bar{y}}(A^n \delta_y(d^{-1}(\delta_{\bar{z}}(A^n \delta_z d_t P^n)))))))_{ijk}, \quad 1 \leqslant i, j, k \leqslant N,
\end{aligned}
$$
$$(4.1.45a)$$

$$
\begin{aligned}
& \Phi_{ijk} \frac{C_{ijk}^{n+1} - \hat{C}_{ijk}^n}{\Delta t} - \nabla_h \left(D \nabla_h C^{n+1}\right)_{ijk} \\
& = -b\left(C_{ijk}\right) \frac{P_{ijk}^{n+1} - P_{ijk}^n}{\Delta t} + f\left(X_{ijk}, t^n, \hat{C}_{ijk}^n\right) \\
& \quad - (\Delta t)^2 \left\{ \delta_{\bar{x}} \left(D \delta_x \left(\Phi^{-1}(\delta_{\bar{y}}(D \delta_y))\right)\right) + \cdots \right\} d_t C_{ijk}^n \\
& \quad + (\Delta t)^3 \, \delta_{\bar{x}}(D \delta_x \left(\Phi^{-1} \left(\delta_{\bar{y}} \left(D \delta_y \left(\Phi^{-1} \left(\delta_{\bar{z}} \left(D \delta_z d_t C^n\right)\right)\right)\right)\right)\right))_{ijk}, \quad 1 \leqslant i, j, k \leqslant N.
\end{aligned}
$$
$$(4.1.45b)$$

由于问题的正定性格式 (4.1.43) 和 (4.1.44) 解存在且唯一, 当 $d(c) = d(x)$, 即 $z_1 = z$, $d(x) = \Phi(x)z$ 时, 采用 4.1.2 节的方法和技巧, 经繁杂的估算同样可得估计式 (4.1.42).

4.2　二相渗流问题迎风分数步差分格式

4.2.1　引言

油、水二相渗流驱动问题的数值模拟是能源数学的基础, Jr Douglas 等对二维、可压缩、二相驱动问题提出 "微小压缩" 数学模型、数值方法和分析[6-8], 开创了现代能源数值模拟这一新领域[2]. 在现代油气资源的勘探和开发、环境科学的数值模拟中, 要计算的是大规模、大范围, 甚至是超长时间的, 需要分数步技术才能完整解决问题[3,19].

问题的数学模型是下述非线性偏微分方程组的初边值问题[6-8]:

$$
d(c) \frac{\partial p}{\partial t} + \nabla \cdot u = q(x, t), \quad x = (x, y, z)^{\mathrm{T}} \in \Omega, \quad t \in J = (0, T], \tag{4.2.1a}
$$

$$
u = -a(c) \nabla p, \quad x \in \Omega, \quad t \in J, \tag{4.2.1b}
$$

$$
\Phi(x) \frac{\partial c}{\partial t} + b(c) \frac{\partial p}{\partial t} + u \cdot \nabla c - \nabla \cdot (D \nabla c) = g(x, t, c), \quad x \in \Omega, t \in J, \tag{4.2.2}
$$

此处 Ω 是有界区域, $c = c_1 = 1 - c_2, a(c) = a(x, c) = k(x) \mu(c)^{-1}, d(c) = d(x, c) =$

$\Phi(x)\sum\limits_{i=1}^{2}z_ic_i, c_i$ 是混合体第 i 个分量的饱和度, $i=1,2$; z_i 是压缩常数因子第 i 个分量; $\Phi(x)$ 是岩石的孔隙度; $k(x)$ 是地层的渗透率; $\mu(c)$ 是液体的黏度; $D=D(x)$ 是扩散系数; 压力函数 $p(x,t)$ 和饱和度函数 $c(x,t)$ 是待求的基本函数.

定压边界条件

$$p=e(x,t), \quad x\in\partial\Omega, \quad t\in J, \quad c=h(x,t), \quad x\in\partial\Omega, t\in J, \qquad (4.2.3)$$

此处 $\partial\Omega$ 为区域 Ω 的边界.

初始条件:

$$p(x,0)=p_0(x), \quad x\in\Omega, \quad c(x,0)=c_0(x), \quad x\in\Omega. \qquad (4.2.4)$$

对平面不可压缩二相渗流驱动问题, 在问题的周期性假定下, Jr Douglas, Ewing, Wheeler, Russell 等提出特征差分方法和特征–有限元法, 并给出误差估计[16,20,21]. 他们将特征线法和标准的有限差分方法或有限元方法相结合, 真实地反映出对流扩散方程的一阶双曲特性, 减少截断误差. 克服数值振荡和弥散, 大大提高计算的稳定性和精确度. 对可压缩二相渗流驱动问题, Jr Douglas 等学者同样在周期性假定下提出二维、可压缩、二相驱动问题的 "微小压缩" 数学模型、数值方法和分析, 开创了现代数值模拟这一新领域[2,11-13]. 作者去掉周期性的假定, 给出新的修正特征差分格式和有限元格式, 并得到最佳阶的 l^2 模误差估计[11-13,22]. 由于特征线法需要进行插值计算, 并且特征线在求解区域边界附近可能穿出边界, 需要做特殊处理. 特征线与网格边界交点及其相应的函数值需要计算, 这样在算法设计时, 对靠近边界的网格点需要判断其特征线是否越过边界, 从而确定是否需要改变时间步长, 因此实际计算还是比较复杂的.

对抛物型问题 Axelsson, Ewing, Lazarov 等提出迎风差分格式[23-25], 来克服数值解的振荡, 同时避免特征差分方法在对靠近边界网点的计算复杂性. 虽然 Jr Douglas 和 Peaceman 曾用此方法于不可压缩油水二相渗流驱动问题, 并取得了成功[3]. 但在理论分析时出现实质性困难, 他们用 Fourier 分析法仅能对常系数的情形证明稳定性和收敛性的结果, 此方法不能推广到变系数的情况[9,10]. 我们从生产实际出发, 对三维、可压缩、二相渗流驱动问题, 为克服计算复杂性, 提出一类修正迎风分数差分格式, 该格式既可克服数值振荡和弥散, 同时将三维问题化为连续解三个一维问题, 大大减少计算工作量, 使工程实际计算成为可能, 且将空间的计算精度提高到二阶. 应用变分形式、能量方法、差分算子乘积交替性理论、高阶差分算子的分解、微分方程先验估计和特殊的技巧, 得到了最佳 l^2 模误差估计, 成功地解决了这一重要问题.

通常问题是正定的, 即满足

$$0 < a_* \leqslant a(c) \leqslant a^*, \quad 0 < d_* \leqslant d(c) \leqslant d^*,$$

$$0 < D_* \leqslant D(x) \leqslant D^*, \quad \left| \frac{\partial a}{\partial c}(x,c) \right| \leqslant K^*, \tag{4.2.5}$$

此处 $a_*, a^*, d_*, d^*, D_*, D^*, K^*$ 均为正常数, $d(c), b(c)$ 和 $g(c)$ 在解的 ε_0 邻域是 Lipschitz 连续的.

假定问题 (4.2.1)–(4.2.5) 的精确解具有一定的光滑性, 即满足

$$p, c \in L^\infty(W^{4,\infty}) \cap W^{1,\infty}(W^{1,\infty}), \quad \frac{\partial^2 p}{\partial t^2}, \frac{\partial^2 c}{\partial t^2} \in L^\infty(L^\infty).$$

4.2.2　二阶修正迎风分数步差分格式

为了用差分方法求解, 用网格区域 Ω_h 代替 Ω, 如图 4.2.1 所示. 在空间 (x,y,z) 上 x 方向步长为 h_1, y 方向步长为 h_2, z 方向步长为 h_3. $x_i = ih_1, y_j = jh_2, z_k = kh_3$.

$$\Omega_h = \left\{ (x_i, y_j, z_k) \left| \begin{array}{l} i_1(j,k) < i < i_2(j,k) \\ j_1(i,k) < j < j_2(i,k) \\ k_1(i,j) < k < k_2(i,j) \end{array} \right. \right\},$$

用 Ω_h 代替 Ω, 用 $\partial \Omega_h$ 表示 Ω_h 的边界.

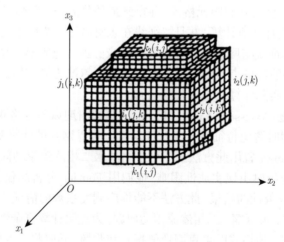

图 4.2.1　网域 Ω_h 示意图

记 $x_{ijk} = (ih_1, jh_2, kh_3)^{\mathrm{T}}$, $t^n = n\Delta t$, $W(x_{ijk}, t^n) = W_{ijk}^n$.

$$A_{i+1/2,jk}^n = \frac{1}{2} \left[a\left(x_{ijk}, C_{ijk}^n\right) + a\left(x_{i+1,jk}, C_{i+1,jk}^n\right) \right],$$

$$a_{i+1,jk}^n = \frac{1}{2}\left[a\left(x_{ijk}, c_{ijk}^n\right) + a\left(x_{i+1,jk}, c_{i+1,jk}^n\right)\right], \qquad (4.2.6)$$

记号 $A_{i,j+1/2,k}^n, a_{i,j+1/2,k}^n A_{ij,k+1/2}^n, a_{ij,k+1/2}^n$ 的定义是类似的. 设

$$\delta_{\bar{x}}\left(A^n\delta_x P^{n+1}\right)_{ijk}$$
$$= h_1^{-2}\left[A_{i+1/2,jk}^n\left(P_{i+1,jk}^{n+1} - P_{ijk}^{n+1}\right) - A_{i-1/2,jk}^n\left(P_{ijk}^{n+1} - P_{i-1,jk}^{n+1}\right)\right], \qquad (4.2.7\text{a})$$
$$\delta_{\bar{y}}\left(A^n\delta_y P^{n+1}\right)_{ijk}$$
$$= h_2^{-2}\left[A_{i,j+1/2,k}^n\left(P_{i,j+1,k}^{n+1} - P_{ijk}^n\right) - A_{i,j-1/2,k}^n\left(P_{ijk}^{n+1} - P_{i,j-1,k}^{n+1}\right)\right], \qquad (4.2.7\text{b})$$
$$\delta_{\bar{z}}\left(A^n\delta_z P^{n+1}\right)_{ijk}$$
$$= h_3^{-2}\left[A_{ij,k+1/2}^n\left(P_{ij,k+1}^{n+1} - P_{ijk}^{n+1}\right) - A_{ij,k-1/2}^n\left(P_{ijk}^{n+1} - P_{ij,k-1}^{n+1}\right)\right], \qquad (4.2.7\text{c})$$
$$\nabla_h(A^n\nabla_h P^{n+1})_{ijk}$$
$$= \delta_{\bar{x}}\left(A^n\delta_x P^{n+1}\right)_{ij} + \delta_{\bar{y}}\left(A^n\delta_y P^{n+1}\right)_{ij} + \delta_{\bar{z}}\left(A^n\delta_z P^{n+1}\right)_{ijk}. \qquad (4.2.8)$$

流动方程 (4.2.1) 的分数步差分格式:

$$d\left(C_{ijk}^n\right)\frac{P_{ijk}^{n+1/3} - P_{ijk}^n}{\Delta t}$$
$$= \delta_{\bar{x}}\left(A^n\delta_x P^{n+1/3}\right)_{ijk} + \delta_{\bar{y}}\left(A^n\delta_y P^n\right)_{ijk}$$
$$+ \delta_{\bar{z}}\left(A^n\delta_z P^n\right)_{ijk} + q(x_{ijk}, t^{n+1}), \quad i_1(j,k) < i < i_2(j,k), \qquad (4.2.9\text{a})$$

$$P_{ijk}^{n+1/3} = e_{ijk}^{n+1} x_{ijk} \in \partial\Omega_h, \qquad (4.2.9\text{b})$$

$$d\left(C_{ijk}^n\right)\frac{P_{ijk}^{n+2/3} - P_{ijk}^{n+1/3}}{\Delta t} = \delta_{\bar{y}}\left(A^n\delta_y\left(P^{n+2/3} - P^n\right)\right)_{ijk},$$
$$j_1(i,k) < j < j_2(i,k), \qquad (4.2.9\text{c})$$

$$P_{ijk}^{n+2/3} = e_{ijk}^{n+1}, \quad x_{ijk} \in \partial\Omega_h, \qquad (4.2.9\text{d})$$

$$d\left(C_{ijk}^n\right)\frac{P_{ijk}^{n+1} - P_{ijk}^{n+2/3}}{\Delta t} = \delta_{\bar{z}}\left(A^n\delta_z\left(P^{n+1} - P^n\right)\right)_{ijk}, \quad k_1(i,j) < k < k_2(i,j),$$
$$\qquad (4.2.9\text{e})$$

$$P_{ijk}^{n+1} = e_{ijk}^{n+1}, \quad x_{ijk} \in \partial\Omega_h. \qquad (4.2.9\text{f})$$

近似达西速度 $U^n = (U_1^n, U_2^n, U_3^n)^{\mathrm{T}}$ 按下述公式计算:

$$U_{1,ijk}^n = -\frac{1}{2}\left[A_{i+1/2,jk}^n\frac{P_{i+1,jk}^n - P_{ijk}^n}{h_1} + A_{i-1/2,jk}^n\frac{P_{ijk}^n - P_{i-1,jk}^n}{h_1}\right], \qquad (4.2.10)$$

$U_{2,ijk}^n, U_{3,ijk}^n$ 对应于另外两个方向, 其公式是类似的.

下面考虑饱和度方程的计算, 提出两类计算格式.

4.2.2.1　迎风分数步长差分格式 I

$$\Phi_{ijk}\frac{C_{ijk}^{n+1/3} - C_{ijk}^n}{\Delta t}$$

$$= \left(1 + \frac{h_1}{2}\left|U_1^n\right|D^{-1}\right)_{ijk}^{-1}\delta_{\bar{x}}\left(D\delta_x C^{n+1/3}\right)_{ijk}$$

$$+ \left(1 + \frac{h_2}{2}\left|U_2^n\right|D^{-1}\right)_{ijk}^{-1}\delta_{\bar{y}}\left(D\delta_y C^n\right)_{ijk} + \left(1 + \frac{h_3}{2}\left|U_3^n\right|D^{-1}\right)_{ijk}^{-1}\delta_{\bar{z}}\left(D\delta_z C^n\right)_{ijk}$$

$$- \delta_{U_{1,x}^n}C_{ijk}^n - \delta_{U_{2,y}^n}C_{ijk}^n - \delta_{U_{3,y}^n}C_{ijk}^n - b\left(C_{ijk}^n\right)\frac{P_{ijk}^{n+1} - P_{ijk}^n}{\Delta t}$$

$$+ f\left(x_{ijk}, t^n, C_{ijk}^n\right), \quad i_1(j,k) < i < i_2(j,k), \tag{4.2.11a}$$

$$C_{ijk}^{n+1/2} = h_{ijk}^{n+1}, \quad x_{ijk} \in \partial\Omega_h, \tag{4.2.11b}$$

$$\Phi_{ijk}\frac{C_{ijk}^{n+2/3} - C_{ijk}^{n+1/3}}{\Delta t} = \left(1 + \frac{h_2}{2}\left|U_2^n\right|D^{-1}\right)_{ijk}^{-1}\delta_{\bar{y}}(D\delta_y(C^{n+2/3} - C^n))_{ijk},$$

$$j_1(i,k) < j < j_2(i,k), \tag{4.2.11c}$$

$$C_{ijk}^{n+2/3} = h_{ijk}^{n+1}, \quad x_{ijk} \in \partial\Omega_h, \tag{4.2.11d}$$

$$\Phi_{ijk}\frac{C_{ijk}^{n+1} - C_{ijk}^{n+2/3}}{\Delta t} = \left(1 + \frac{h_3}{2}\left|U_3^n\right|D^{-1}\right)_{ijk}^{-1}\delta_{\bar{z}}\left(D\delta_z\left(C^{n+1} - C^n\right)\right)_{ijk},$$

$$k_1(i,j) < k < k_2(i,j), \tag{4.2.11e}$$

$$C_{ijk}^{n+1} = h_{ijk}^{n+1}, \quad x_{ijk} \in \partial\Omega_h, \tag{4.2.11f}$$

此处

$$\delta_{U_1^n}C_{ijk}^n = U_{1,ijk}^n\{H\left(U_{1,ijk}^n\right)D_{ijk}^{-1}D_{i-1/2,jk}\delta_{\bar{x}}C_{ijk}^n$$

$$+ \left(1 - H\left(U_{1,ijk}^n\right)\right)D_{ijk}^{-1}D_{i+1/2,jk}\delta_x C_{ijk}^n\},$$

$$\delta_{U_{2,x}^n}C_{ijk}^n = U_{2,ijk}^n\{H\left(U_{2,ijk}^n\right)D_{ijk}^{-1}D_{i,j-1/2,k}\delta_{\bar{y}}C_{ijk}^n$$

$$+ \left(1 - H(U_{2,ijk}^n)\right)D_{ijk}^{-1}D_{i,j+1/2,k}\delta_y C_{ijk}^n\},$$

$$\delta_{U_{3,x}^n}C_{ijk}^n = U_{3,ijk}^n\{H(U_{3,ijk}^n)D_{ijk}^{-1}D_{ij,k-1/2}\delta_{\bar{z}}C_{ijk}^n$$

$$+ \left(1 - H(U_{3,ijk}^n)\right)D_{ijk}^{-1}D_{ij,k+1/2}\delta_z C_{ijk}^n\},$$

$$H(z) = \begin{cases} 1, & z \geqslant 0, \\ 0, & z < 0. \end{cases}$$

初始条件为

$$P_{ijk}^0 = p_0(x_{ijk}), \quad C_{ijk}^0 = c_0(x_{ijk}), \quad x_{ijk} \in \Omega_h. \tag{4.2.12}$$

分数步迎风差分格式 I 的计算程序是: 当 $\left\{ P_{ijk}^n, C_{ijk}^n \right\}$ 已知时, 首先由式 (4.2.9a) 和 (4.2.9b) 沿 x 方向用追赶法求出过渡层的解 $\left\{ P_{ijk}^{n+1/3} \right\}$, 再由式 (4.2.9c) 和 (4.2.9d) 沿 y 方向用追赶法求出 $\left\{ P_{ij}^{n+2/3} \right\}$, 最后由式 (4.2.9e) 和 (4.2.9f) 沿 z 方向追赶法求出解 $\left\{ P_{ijk}^{n+1} \right\}$. 其次由式 (4.2.11a) 和 (4.2.11b) 沿 x 方向用追赶法求出过渡层的解 $\left\{ C_{ij}^{n+1/3} \right\}$, 再由式 (4.2.11c) 和 (4.2.11d) 沿 y 方向用追赶法求出 $\left\{ C_{ij}^{n+2/3} \right\}$, 最后由式 (4.2.11e) 和 (4.2.11f) 沿 z 方向用追赶法求出解 $\left\{ C_{ijk}^{n+1} \right\}$. 由正定性条件 (4.2.5), 格式 (4.2.9) 和 (4.2.11) 的解存在且唯一.

4.2.2.2 迎风分数步差分格式 II

$$\begin{aligned}
\Phi_{ijk} \frac{C_{ijk}^{n+1/3} - C_{ijk}^n}{\Delta t} \\
= \left(1 + \frac{h_1}{2} |U_1^n| D^{-1} \right)_{ijk}^{-1} \delta_{\bar{x}}(D\delta_x C^{n+1/3})_{ijk} + \left(1 + \frac{h_2}{2} |U_2^n| D^{-1} \right)_{ijk}^{-1} \delta_{\bar{y}}(D\delta_y C^n)_{ijk} \\
+ \left(1 + \frac{h_3}{2} |U_3^n| D^{-1} \right)_{ijk}^{-1} \delta_{\bar{z}}(D\delta_z C^n)_{ijk} - b(C_{ijk}^n) \frac{P_{ijk}^{n+1} - P_{ijk}^n}{\Delta t} \\
+ f(x_{ijk}, t^n, C_{ijk}^n), \quad i_1(j,k) < i < i_2(j,k),
\end{aligned} \tag{4.2.13a}$$

$$C_{ijk}^{n+1/3} = h_{ijk}^{n+1}, \quad x_{ijk} \in \partial\Omega_h, \tag{4.2.13b}$$

$$\begin{aligned}
\Phi_{ijk} \frac{C_{ijk}^{n+2/3} - C_{ijk}^{n+1/3}}{\Delta t} \\
= \left(1 + \frac{h_2}{2} |U_2^n| D^{-1} \right)_{ijk}^{-1} \delta_{\bar{y}}(D\delta_y(C^{n+2/3} - C^n))_{ijk}, \quad j_1(i,k) < j <_2 (i,k),
\end{aligned} \tag{4.2.13c}$$

$$C_{ijk}^{n+2/3} = h_{ijk}^{n+1}, \quad x_{ijk} \in \partial\Omega_h. \tag{4.2.13d}$$

$$\begin{aligned}
\Phi_{ijk} \frac{C_{ijk}^{n+1} - C_{ijk}^{n+2/3}}{\Delta t} \\
= \left(1 + \frac{h_3}{2} |U_3^n| D^{-1} \right)_{ijk}^{-1} \delta_{\bar{y}}(D\delta_y(C^{n+1} - C^n))_{ijk} \\
- \delta_{U_{1,x}^n} C_{ijk}^{n+1} - \delta_{U_{2,y}^n} C_{ijk}^{n+1} - \delta_{U_{3,z}^n} C_{ijk}^{n+1}, \quad k_1(i,j) < k < k_2(i,j),
\end{aligned} \tag{4.2.13e}$$

$$C_{ijk}^{n+1} = h_{ijk}^{n+1}, \quad x_{ijk} \in \partial\Omega_h, \tag{4.2.13f}$$

迎风分数步差格式 II 的计算程序和格式 I 是类似的.

4.2.3　格式 I 的收敛性分析

为了分析简便, 设区域 $\Omega = \{[0,1]\}^3$, $h = 1/N$, $x_{ijk} = (ih, jh, kh)^{\mathrm{T}}$, $t^n = n\Delta t$, $W(x_{ijk}, t^n) = W_{ijk}^n$. 设 $\pi = p - P$, $\xi = c - C$, 此处 p 和 c 为问题 (4.2.1)—(4.2.5) 的精确解, P 和 C 为格式 (4.2.9) 和式 (4.2.11) 的差分解. 为了进行误差分析. 引入对应于 $L^2(\Omega)$ 和 $H^1(\Omega)$ 的内积和范数[13,16].

$$\langle v^n, w^n \rangle = \sum_{i,j,k=1}^{N} v_{ijk}^n w_{ijk}^n h^3, \quad \|v^n\|_0 = \langle v^n, v^n \rangle^{1/2}, \quad [v^n, w^n]_1 = \sum_{i=0}^{N-1} \sum_{j,k=1}^{N} v_{ijk}^n w_{ijk}^n h^3,$$

$$[v^n, w^n]_2 = \sum_{i,k=1}^{N} \sum_{j=0}^{N-1} v_{ijk}^n w_{ijk}^n h^3, \quad [v^3, w^n]_3 = \sum_{i,j=1}^{N} \sum_{k=0}^{N-1} v_{ijk}^n w_{ijk}^n h^3,$$

$$\|[(\delta_x v)\| = [\delta_x v^n, \delta_x v^n]_1^{1/2}, \quad \|[\delta_y v^n\| = [\delta_y v^n, \delta_y v^n]_2^{1/2}, \quad \|[\delta_z v^n\| = [\delta_z v^n, \delta_z v^n]_3^{1/2}.$$

定理 4.2.1　假定问题 (4.2.1)-(4.2.5) 的精确解满足光滑性条件:

$$p, c \in W^{1,\infty}(W^{1,\infty}) \cap L^\infty(W^{4,\infty}), \quad \frac{\partial p}{\partial t}, \frac{\partial c}{\partial t} \in L^\infty(W^{4,\infty}), \frac{\partial^2 p}{\partial t^2}, \frac{\partial^2 c}{\partial t^2} \in L^\infty(L^\infty),$$

采用修正迎风分数步差分格式 (4.2.9)—(4.2.11) 逐层计算, 若剖分参数满足限制性条件:

$$\Delta t = O(h^2), \tag{4.2.14}$$

则下述误差估计式成立:

$$\begin{aligned}
&\|p - P\|_{\bar{L}^\infty([0,T],h^1)} + \|c - C\|_{\bar{L}^\infty([0,T],h^1)} \\
&+ \|d_t(p - P)\|_{\bar{L}^\infty([0,T],l^2)} + \|d_t(c - C)\|_{\bar{L}^\infty([0,T],l^2)} \\
&\leqslant M^* \{\Delta t + h^2\},
\end{aligned} \tag{4.2.15}$$

此处 $\|g\|_{\bar{L}^\infty(J;x)} = \sup_{n\Delta t \leqslant T} \|f^n\|_x$, $\|g\|_{\bar{L}^2(J;x)} = \sup_{n\Delta t \leqslant T} \left\{ \sum_{n=0}^{N} \|g^n\|_x^2 \Delta t \right\}^{1/2}$, 常数依赖于 p, c 及其导函数.

证明　首先研究流动方程, 由式 (4.2.9a)、(4.2.9c) 和 (4.2.9e) 消去 $P^{n+1/3}$, $P^{n+2/3}$ 可得下述等价的差分方程:

$$\begin{aligned}
&d\left(C_{ijk}^n\right) \frac{P_{ijk}^{n+1} - P_{ijk}^n}{\Delta t} - \nabla_h \left(A^n \nabla_n P^{n+1}\right)_{ijk} \\
&= q\left(x_{ijk}, t^{n+1}\right) - (\Delta t)^2 \{\delta_{\bar{x}}\left(A^n \delta_x \left(d^{-1}\left(C^n\right) \delta_{\bar{y}}(A^n \delta_y d_t P^n)\right)\right)_{ijk} \\
&\quad + \delta_{\bar{x}}(A^n \delta_x(d^{-1}(C^n)\delta_{\bar{z}}(A^n \delta_z d_t P^n)))_{ijk} + \delta_{\bar{y}}(A^n \delta_y(d^{-1}(C^n)\delta_{\bar{z}}(A^n \delta_z d_t P^n)))_{ijk}\} \\
&\quad + (\Delta t)^3 \delta_{\bar{x}}(A^n \delta_x(d^{-1}(C^n)\delta_{\bar{y}}(A^n \delta_y(d^{-1}(C^n)\delta_{\bar{z}}(A^n \delta_z d_t P^n))))))_{ijk},
\end{aligned}$$

$$1 \leqslant i, j, k \leqslant N - 1, \tag{4.2.16a}$$

$$P_{ijk}^{n+1} = e_{ijk}^{n+1}, \quad x_{ijk} \in \partial \Omega_n, \tag{4.2.16b}$$

此处 $d_t P_{ijk}^n = \left\{ P_{ijk}^{n+1} - P_{ijk}^n \right\} / \Delta t.$

由流动方程 (4.2.1)$(t = t^{n+1})$ 和差分方程 (4.2.16) 相减可得压力函数的误差方程:

$$d \left(C_{ijk}^n \right) \frac{\pi_{ijk}^{n+1} - \pi_{ijk}^n}{\Delta t} - \nabla_h \left(A^n \nabla_h \pi^{n+1} \right)_{ijk}$$

$$= - \left[d \left(c_{ijk}^{n+1} \right) - d \left(C_{ijk}^n \right) \right] \frac{p_{ijk}^{n+1} - p_{ijk}^n}{\Delta t}$$

$$+ \nabla_h \left(\left[a(c^{n+1}) - a(C^n) \right] \nabla_h p^{n+1} \right)_{ijk}$$

$$- (\Delta t)^2 \left\{ \left[\delta_{\bar{x}} (a^{n+1} \delta_x (d^{-1}(c^{n+1}) \delta_{\bar{y}} (a^{n+1} \delta_y d_t p^n))) \right)_{ijk} \right. $$

$$- \delta_{\bar{x}} \left(A^n \delta_x (d^{-1}(C^n) \delta_{\bar{y}} (A^n \delta_y d_t P^n))) \right)_{ijk} \right] + \cdots$$

$$+ \left[\delta_{\bar{y}} (a^{n+1} \delta_y (d^{-1}(c^{n+1}) \delta_{\bar{z}} (a^{n+1} \delta_z d_t p^n))) \right)_{ijk}$$

$$\left. - \delta_{\bar{y}} (A^n \delta_y (d^{-1}(C^n) \delta_{\bar{z}} (A^n \delta_z d_t P^n))) \right)_{ijk} \right] \right\}$$

$$+ (\Delta t)^3 \left\{ \delta_{\bar{x}} (a^{n+1} \delta_x (d^{-1}(c^{n+1}) \delta_{\bar{y}} (a^{n+1} \delta_y (d^{-1}(c^{n+1}) \delta_{\bar{z}} (a^{n+1} \delta_{\bar{z}} d_t p^n))))) \right)_{ijk}$$

$$\left. - \delta_{\bar{x}} (A^n \delta_x (d^{-1}(C^n) \delta_{\bar{y}} (A^n \delta_y (d^{-1}(C^n) \delta_{\bar{z}} (A^n \delta_z d_t P^n))))) \right)_{ijk} \right\}$$

$$+ \sigma_{ijk}^{n+1}, \quad 1 \leqslant i, j, k \leqslant N - 1, \tag{4.2.17a}$$

$$\pi_{ijk}^{n+1} = 0, \quad x_{ijk} \in \partial \Omega_h, \tag{4.2.17b}$$

此处

$$\left| \sigma_{ijk}^{n+1} \right| \leqslant M \left\{ \left\| \frac{\partial^2 p}{\partial t^2} \right\|_{L^\infty(L^\infty)}, \left\| \frac{\partial p}{\partial t} \right\|_{L^\infty(W^{4,\infty})}, \right.$$

$$\left. \| p \|_{L^\infty(W^{4,\infty})}, \| c \|_{L^\infty(W^{3,\infty})} \right\} \left\{ h^2 + \Delta t \right\}. \tag{4.2.17c}$$

引入归纳法假定

$$\sup_{1 \leqslant n \leqslant L} \max \left\{ \| \pi^n \|_{1,\infty}, \| \xi^n \|_{1,\infty} \right\} \to 0, \quad (h, \Delta t) \to 0, \tag{4.2.18}$$

此处 $\| \pi^n \|_{1,\infty}^2 = \| \pi^n \|_{0,\infty}^2 + \| \nabla_h \pi^n \|_{0,\infty}^2.$

对误差方程 (4.2.17) 利用变分形式, 乘以 $\delta_t \pi_{ij}^n = d_t \pi_{ij}^n \Delta t = \pi_{ij}^{n+1} - \pi_{ij}^n$ 作内积, 并应用分步求和公式可得

$$\langle d(C^n) d_t \pi^n, d_t \pi^n \rangle \Delta t + \frac{1}{2} \left\{ \langle A^n \nabla_h \pi^{n+1}, \nabla_h \pi^{n+1} \rangle - \langle A^n \nabla_h \pi^n, \nabla_h \pi^n \rangle \right\}$$

$$
\begin{aligned}
&\leqslant -\left\langle\,[\,d(c^{n+1})-d(c^n)\,]\,d_t p^n, d_t \pi^n\,\right\rangle \Delta t \\
&\quad +\left\langle\,\nabla_h([a(c^{n+1})-a(c^n)]\nabla_h p^{n+1}), d_t \pi^n\,\right\rangle \Delta t \\
&\quad -(\Delta t)^3\{\,\langle\delta_{\bar x}(a^{n+1}\delta_x\,(d^{-1}(c^{n+1})\delta_{\bar y}(a^{n+1}\delta_y d_t p^n))) \\
&\quad -\delta_{\bar x}(A^n\delta_x(d^{-1}(C^n)\delta_{\bar y}(A^n\delta_y d_t P^n)))\,, d_t\pi^n\rangle +\cdots \\
&\quad +\langle\delta_{\bar y}(a^{n+1}\delta_y(d^{-1}(c^{n+1})\delta_{\bar z}(a^{n+1}\delta_z d_t p^n))) \\
&\quad -\delta_{\bar y}(A^n\delta_y(d^{-1}(C^n)\delta_{\bar z}(A^n\delta_z d_t P^n))), d_t\pi^n\rangle\} \\
&\quad +(\Delta t)^4\langle\delta_{\bar x}(a^{n+1}\delta_x(d^{-1}(c^{n+1})\delta_{\bar y}(a^{n+1}\delta_y(d^{-1}(c^{n+1})\delta_{\bar z}(a^{n+1}\delta_{\bar z}d_t p^n))))) \\
&\quad -\delta_{\bar x}\,(A^n\delta_x(d^{-1}(C^n)\delta_{\bar y}(A^n\delta_y(d^{-1}(C^n)\delta_{\bar z}(A^n\delta_z d_t P^n))))), d_t\pi^n\rangle +\langle\sigma^{n+1}, d_t\pi\rangle\Delta t.
\end{aligned}
$$
$$(4.2.19)$$

依次估计式 (4.2.19) 右端诸项:

$$
\begin{aligned}
&-\left\langle\,[d(c^{n+1})-d(C^n)]\,d_t p^n, d_t\pi^n\right\rangle\Delta t \\
&\leqslant M\{\,\|\xi^n\|^2+(\Delta t)^2\,\}\Delta t+\varepsilon\|d_t\pi^n\|^2\Delta t,
\end{aligned}
$$
$$(4.2.20a)$$
$$
\begin{aligned}
&\left\langle\nabla_h\left([a(c^{n+1})-a(C^n)]\nabla_h p^n\right), d_t\pi^n\right\rangle\Delta t \\
&\leqslant M\{\,\|\nabla_h\xi^n\|^2+\|\xi^n\|^2+(\Delta t)^2\,\}\Delta t+\varepsilon\|d_t\pi^n\|^2\Delta t.
\end{aligned}
$$
$$(4.2.20b)$$

下面讨论式 (4.2.19) 右端第三项, 首先分析其第一部分.

$$
\begin{aligned}
&-(\Delta t)^3\langle\delta_{\bar x}(a^{n+1}\delta_x\,(d^{-1}(c^{n+1})\delta_{\bar y}(a^{n+1}\delta_y d_t p^n))) \\
&\quad -\delta_{\bar x}\,(A^n\delta_x(d^{-1}(C^n)\delta_{\bar y}(A^n\delta_y d_t(P^n)))), d_t\pi^n\rangle \\
&=-(\Delta t)^3\{\,\langle\delta_{\bar x}(A^n\delta_x\,(d^{-1}(C^n)\delta_{\bar y}(A^n\delta_y d_t\pi^n)))\,, d_t\pi^n\rangle \\
&\quad +\delta_{\bar x}(A^n\delta_x(d^{-1}(C^n)\,\delta_{\bar y}(\,[a^{n+1}-A^n]\,\delta_y d_t P^n))), d_t\pi^n\rangle \\
&\quad +\langle\delta_{\bar x}(A^n\delta_x(\,[d^{-1}\,(c^{n+1})-d^{-1}(C^n)\,]\,\delta_{\bar y}(a^{n+1}\delta_y d_t P^n))), d_t\pi^n\rangle \\
&\quad +\langle\delta_{\bar x}(\,[a^{n+1}-A^n]\,\delta_x(d^{-1}(c^{n+1})\delta_{\bar y}(a^{n+1}\delta_y d_t P^n))), d_t\pi^n\rangle\}.
\end{aligned}
$$
$$(4.2.20c)$$

现重点讨论式 (4.2.20c) 右端的第一项, 尽管 $-\delta_{\bar x}\,(A^n\delta_x), -\delta_{\bar y}\,(A^n\delta_y),\cdots$ 是自共轭、正定、有界算子, 且空间区域为单位正立体, 但它们的乘积一般是不可交替的, 利用差分算子乘积交换性 $\delta_x\delta_y=\delta_y\delta_x, \delta_x\delta_{\bar y}=\delta_{\bar y}\delta_x, \delta_{\bar x}\delta_y=\delta_y\delta_{\bar x}, \delta_{\bar x}\delta_{\bar y}=\delta_{\bar y}\delta_{\bar x}$, 有

$$
\begin{aligned}
&-(\Delta t)^3\langle\delta_{\bar x}(A^n\delta_x(d^{-1}(C^n)\delta_{\bar y}(A^n\delta_y d_t\pi^n))), d_t\pi^n\rangle \\
&=(\Delta t)^3\langle A^n\delta_x(d^{-1}(C^n)\delta_{\bar y}(A^n\delta_y d_t\pi^n)), \delta_x d_t\pi^n\rangle \\
&=(\Delta t)^3\langle d^{-1}(C^n)\delta_x\delta_{\bar y}(A^n\delta_y d_t\pi^n)+\delta_x d^{-1}(C^n)\cdot\delta_{\bar y}(A^n\delta_y d_t\pi^n), A^n\delta_y d_t\pi^n\rangle \\
&=(\Delta t)^3\{\langle\delta_{\bar y}\delta_x(A^n\delta_y d_t\pi^n), d^{-1}(C^n)A^n\delta_x d_t\pi^n\rangle
\end{aligned}
$$

$$+ \left\langle \delta_{\bar{y}}(A^n \delta_y d_t \pi^n), \delta_x d^{-1}(C^n) \cdot A^n \delta_x d_l \pi^n \right\rangle \}$$

$$= -(\Delta t)^3 \left\{ \left\langle \delta_x(A^n \delta_y d_t \pi^n), \delta_y(d^{-1}(C^n) A^n \delta_x d_t \pi^n) \right\rangle \right.$$

$$\left. + \left\langle A^n \delta_y d_t \pi^n, \delta_y(d^{-1}(C^n) \cdot A^n \delta_x d_l \pi^n) \right\rangle \right\}$$

$$= -(\Delta t)^3 \{ \langle A^n \delta_x \delta_y d_t \pi^n + \delta_x A^n \cdot \delta_y d_t \pi^n, d^{-1}(C^n) A^n \delta_x \delta_y d_t \pi^n$$

$$+ \delta_y(d^{-1}(C^n)A^n) \cdot \delta_x d_l \pi^n \rangle$$

$$+ \langle A^n \delta_y d_t \pi^n, \delta_y \delta_x d^{-1}(C^n) \cdot A^n \delta_x d_t \pi^n + \delta_x d^{-1}(C^n) \delta_y A^n \cdot \delta_x d_l \pi^n$$

$$+ \delta_x d^{-1}(C^n) A^n \delta_x d_l \pi^n \rangle \}$$

$$= -(\Delta t)^3 \sum_{i,j,k=1}^{N} \{ A^n_{i,j+1/2,k} A^n_{i+1/2,jk} d^{-1}(C^n_{ijk}) [\delta_x \delta_y d_t \pi^n_{ijk}]^2$$

$$+ \left[A^n_{i,j+1/2,k} \delta_y \left(A^n_{i+1/2,jk} d^{-1}(C^n_{ijk}) \right) \cdot \delta_x d_t \pi^n_{ijk} \right.$$

$$+ A^n_{i+1/2,jk} d^{-1}(C^n_{ijk}) \delta_x A^n_{i,j+1/2,k} \cdot \delta_y d_t \pi^n_{ijk}$$

$$+ A^n_{i,j+1/2,k} A^n_{i+1/2,jk} \delta_x d^{-1}(C^n_{ijk}) \delta_y d_t \pi^n_{ijk} \big] \delta_x \delta_y d_t \pi^n_{ijk}$$

$$+ \left[\delta_x A^n_{i,j+1/2,k} \cdot \delta_x \left(d^{-1}(C^n_{ijk}) A^n_{i+1/2,jk} \right) \right.$$

$$+ A^n_{i,j+1/2,k} \delta_y A^n_{i+1/2,jk}(C^n_{ijk}) + A^n_{i,j+1/2,k} \cdot A^n_{i+1/2,jk} \delta_x \delta_y d^{-1}(C^n_{ijk}) \big]$$

$$\cdot \delta_y d_t \pi^n_{ijk} \delta_x d_t \pi^n_{ijk} \} h^3. \tag{4.2.21}$$

由归纳法假定 (4.2.18) 可以推出 $A^n_{i,j+1/2,k}, A^n_{i+1/2,jk}, d^{-1}(C^n_{ijk}), \delta_y \left(A_{i+1/2,jk} d^{-1}(C^n_{ijk}) \right), \delta_x A^n_{i,j+1/2,k}$ 是有界的. 对上述表达式的前两项, 应用 A, d^{-1} 的正定性和高阶差分算子的分解, 可分离出高阶差商项 $\delta_x \delta_y d_t \pi^n$, 即利用 Canchy 不等式消去与此有关的关, 可得

$$-(\Delta t)^3 \sum_{i,j,k=1}^{N} \{ A^n_{i,j+1/2,k} A^n_{i+1/2,jk} d^{-1}(C^n_{ijk}) \left[\delta_x \delta_y d_t \pi^n_{ijk} \right]^2$$

$$+ [A^n_{i,j+1/2,k} \delta_y(A^n_{i+1/2,jk} d^{-1}(C^n_{ijk})) \cdot \delta_x d_t \pi^n_{ijk}$$

$$+ A^n_{i+1/2,jk} d^{-1}(C^n_{ijk}) \delta_x A^n_{i,j+1/2,k} \cdot \delta_y d_t \pi^n + \cdots] \delta_x \delta_y d_t \pi^n_{ijk} \} h^3$$

$$\leqslant -(\Delta t)^3 \sum_{i,j,k=1}^{N} \{ a_.^2 (d^.)^{-1} \left[\delta_x \delta_y d_t \pi^n_{ijk} \right]^2$$

$$+ [A^n_{i,j+1/2,k} \delta_y(A^n_{i+1/2,jk} d^{-1}(C^n_{ijk})) \delta_y d_t \pi^n_{ijk} + \cdots] \delta_x \delta_y d_t \pi^n_{ijk} \} h^3$$

$$\leqslant M \{ \|\delta_x d_t \pi^n\|^2 + \|\delta_y d_t \pi^n\|^2 \} (\Delta t)^3 \leqslant M \Delta t \{ \|\nabla_h \pi^{n+1}\|^2 + \|\nabla_h \pi^n\|^2 \}. \tag{4.2.22a}$$

对式 (4.2.21) 中第三项有

$$
\begin{aligned}
&- (\Delta t)^3 \sum_{i,j,k=1}^{N} [\delta_x A_{i,j+1/2,k}^n \cdot \delta_y (d^{-1}(C_{ijk}^n) A_{i+1/2,jk}^n) \\
&+ A_{i,j+1/2,k}^n \delta_y A_{i+1/2,jk}^n \delta_x d^{-1}(C_{ijk}^n)] \delta_x d_l \pi_{ijk}^n \delta_y d_l \pi_{ijk}^n h^3 \\
&\leqslant M \left\{ \left\| \nabla_h \pi^{n+1} \right\|^2 + \left\| \nabla_h \pi^n \right\|^2 \right\} \Delta t,
\end{aligned} \tag{4.2.22b}
$$

$$
\begin{aligned}
&- (\Delta t)^3 \sum_{i,j,k=1}^{N} A_{i,j+1/2,k}^n A_{i+1/2,jk}^n \delta_x \delta_y d^{-1} \left(C_{ijk}^n \right) \delta_x d_t \pi_{ijk}^n \delta_y d_t \pi_{ijk}^n h^3 \\
&\leqslant M (\Delta t)^{1/2} \left\| d_t \pi^n \right\|^2 \Delta t \leqslant \varepsilon \left\| d_t \pi^n \right\|^2 \Delta t.
\end{aligned} \tag{4.2.22c}
$$

于是得

$$
\begin{aligned}
&- (\Delta tt)^3 \langle \delta_{\bar{x}} (A^n \delta_x (d^{-1}(C^n) \delta_{\bar{y}} (A^n \delta_y d_t \pi^n))), d_t \pi^n \rangle \\
&\leqslant \varepsilon \left\| d_t \pi^n \right\|^2 \Delta t + M \{ \left\| \nabla_h \pi^{n+1} \right\|^2 + \left\| \nabla_h \pi^n \right\| \} \Delta t.
\end{aligned} \tag{4.2.23}
$$

对式 (4.2.20c) 的其余的项可类似地讨论可得

$$
\begin{aligned}
&- (\Delta t)^3 \langle \delta_{\bar{x}} (a^{n+1} \delta_x (d^{-1}(c^{n+1}) \delta_{\bar{y}} (a^{n+1} \delta_y d_t p^n))) \\
&- \delta_{\bar{x}} (A^n \delta_x (d^{-1}(C^n) \delta_{\bar{y}} (A^n \delta_y d_t P^n))), d_t \pi^n \rangle \\
&\leqslant \varepsilon \left\| d_t \pi^n \right\|^2 \Delta t + M \{ \left\| \nabla_h \pi^{n+1} \right\|^2 + \left\| \nabla_h \pi^n \right\| + \left\| \xi^n \right\|^2 + (\Delta t)^2 \} \Delta t.
\end{aligned} \tag{4.2.24}
$$

类似地对式 (4.2.19) 中右端第三项的其余两项亦有相同的估计 (4.2.24).

对于式 (4.2.19) 右端的第四项, 有

$$
\begin{aligned}
&(\Delta t)^4 \{ \langle \delta_{\bar{x}} (a^{n+1} \delta_x (d^{-1}(c^{n+1}) \delta_{\bar{y}} (a^{n+1} \delta_y (d^{-1}(c^{n+1}) \delta_{\bar{z}} (a^{n+1} \delta_z d_t p^n))))) \\
&- \delta_{\bar{x}} (A^n \delta_x (d^{-1}(C^n) \delta_{\bar{y}} (A^n \delta_y (d^{-1}(C^n) \delta_{\bar{z}} (A^n \delta_z d_t P^n))))), d_t \pi^n \rangle \} \\
&= (\Delta t)^4 \{ \langle \delta_{\bar{x}} (A^n \delta_x (d^{-1}(C^n) \delta_{\bar{y}} (A^n \delta_y (d^{-1}(C^n) \delta_{\bar{z}} (A^n \delta_z d_t \pi^n))))), d_t \pi^n \rangle \\
&+ \langle \delta_{\bar{x}} (a^{n+1} \delta_x (d^{-1}(c^{n+1}) \delta_{\bar{y}} (a^{n+1} \delta_y (d^{-1}(c^{n+1}) \\
&\cdot \delta_{\bar{z}} ([a^{n+1} - A^n] \delta_{\bar{z}} d_t p^n))))), d_t \pi^n \rangle + \cdots \\
&+ \delta_{\bar{x}} ([a^{n+1} - A^n] \delta_{\bar{x}} (d^{-1}(c^{n+1}) \delta_{\bar{y}} (a^{n+1} \delta_y (d^{-1}(c^{n+1}) \delta_{\bar{z}} (a^{n+1} \delta_{\bar{z}} d_t p^n))))), d_t \pi^n \rangle \},
\end{aligned}
$$

对上式经类似的分析和计算可得

$$
\begin{aligned}
&(\Delta t)^4 \{ \langle \delta_{\bar{x}} (A^n \delta_x (d^{-1}(C^n) \delta_{\bar{y}} (A^n \delta_x (d^{-1}(C^n) \delta_{\bar{z}} (A^n \delta_z d_t \pi^n))))), d_t \pi^n \rangle + \cdots \} \\
&\leqslant - \frac{1}{2} a_*^3 (d^*)^{-2} (\Delta t)^4 \sum_{i,j,k=1}^{N} [\delta_x \delta_y \delta_z d_t \pi^n]^2 h^3 + M \{ \left\| \nabla_h \pi^{n+1} \right\|^2
\end{aligned}
$$

$$+ \left\| \nabla_h \pi^n \right\|^2 + \left\| \xi^n \right\|^2 + (\Delta t)^2 \} \Delta t + \varepsilon \left\| d_t \pi^n \right\|^2 \Delta t. \tag{4.2.25}$$

当 Δt 适当小时, ε 可适当小. 对误差方程 (4.2.19), 应用式 (4.2.20)— 式 (4.2.25) 经计算可得

$$\left\| d_t \pi^n \right\|^2 \Delta t + \frac{1}{2} \left\{ \left\langle A^n \pi^{n+1}, \nabla_h \pi^{n+1} \right\rangle - \left\langle A^n \nabla_h \pi^n, \nabla_h \pi^n \right\rangle \right\}$$

$$\leqslant M \left\{ \left\| \nabla_h \pi^{n+1} \right\|^2 + \left\| \nabla_h \pi^n \right\|^2 + h^4 + (\Delta t)^2 \right\} \Delta t. \tag{4.2.26}$$

下面讨论饱和度方程的误差估计, 由式 (4.2.11a)、式 (4.2.11c) 和式 (4.2.11e) 消去 $C_{ijk}^{n+1/3}, C_{ijk}^{n+2/3}$ 可得下述等价差分方程:

$$\Phi_{ijk} \frac{C_{ijk}^{n+1} - C_{ijk}^n}{\Delta t} - \left\{ \left(1 + \frac{h}{2} \left| U_1^n \right| D^{-1} \right)_{ijk}^{-1} \delta_{\bar{x}} (D \delta_x C^{n+1})_{ijk} \right.$$

$$+ \left(1 + \frac{h}{2} \left| U_2^n \right| D^{-1} \right)_{ijk}^{-1} \delta_{\bar{y}} \left(D \delta_y C^{n+1} \right)_{ijk}$$

$$\left. + \left(1 + \frac{h}{2} \left| U_3^n \right| D^{-1} \right)_{ijk}^{-1} \delta_{\bar{z}} (D \delta_z C^{n+1})_{ijk} \right\}$$

$$= -\delta_{U_{1,x}^n} C_{ijk}^n - \delta_{U_{1,y}^2} C_{ijk}^n - \delta_{U_{3,z}^n} C_{ijk}^n - b(C_{ijk}^n) \frac{P_{ijk}^{n+1} - P_{ijk}^n}{\Delta t} + f(x_{ijk}, t^n, C_{ijk}^n)$$

$$- (\Delta t)^2 \left\{ \left(1 + \frac{h}{2} \left| U_1^n \right| D^{-1} \right)_{ijk}^{-1} \delta_{\bar{x}} \left(D \delta_x \left[\Phi^{-1} \left(1 + \frac{h}{2} \left| U_2^n \right| D^{-1} \right)^{-1} \delta_{\bar{y}} D \delta_y (d_t C^n) \right] \right)_{ijk} \right.$$

$$+ \left(1 + \frac{h}{2} \left| U_1^n \right| D^{-1} \right)_{ijk}^{-1} \delta_{\bar{x}} \left(D \delta_x \left[\Phi^{-1} \left(1 + \frac{h}{2} \left| U_3^n \right| D^{-1} \right)^{-1} \delta_{\bar{z}} (D \delta_z d_t C^n) \right] \right)_{ijk}$$

$$\left. + \left(1 + \frac{h}{2} \left| U_2^n \right| D^{-1} \right)_{ijk}^{-1} \delta_{\bar{y}} \left(D \delta_y \left[\Phi^{-1} \left(1 + \frac{h}{2} \left| U_3^n \right| D^{-1} \right)^{-1} \delta_{\bar{z}} (D \delta_z d_t C^n) \right] \right)_{ijk} \right\}$$

$$+ (\Delta t)^3 \left(1 + \frac{h}{2} \left| U_1^n \right| D^{-1} \right)_{ijk}^{-1} \delta_{\bar{x}} \left(D \delta_x \left(\left[\Phi^{-1} \left(1 + \frac{h}{2} \left| U_2^n \right| D^{-1} \right)^{-1} \right. \right. \right.$$

$$\delta_{\bar{y}} \left(D \delta_y \left[\Phi^{-1} \left(1 + \frac{h}{2} \left| U_3^n \right| D^{-1} \right)^{-1} \delta_{\bar{z}} (D \delta_z d_t C^n) \right] \right) \right) \big)_{ijk},$$

$$1 \leqslant i, j, k \leqslant N - 1, \tag{4.2.27a}$$

$$C_{ijk}^{n+1} = h_{ijk}^{n+1}, \quad x_{ijk} \in \partial \Omega. \tag{4.2.27b}$$

由方程式 (4.2.2)($t = t^{n+1}$) 和 (4.2.27) 可导出饱和度函数的误差方程:

$$\Phi_{ijk} \frac{\xi_{ijk}^{n+1} - \xi_{ijk}^n}{\Delta t} - \left\{ \left(1 + \frac{h}{2} \left| U_{1,ijk}^{n+1} \right| D_{ijk}^{-1} \right)^{-1} \delta_{\bar{x}} (D \delta_x \xi^{n+1})_{ijk} \right.$$

$$+\left(1+\frac{h}{2}\left|U_{2,ijk}^{n+1}\right|D_{ijk}^{-1}\right)^{-1}\delta_{\bar{y}}(D\delta_y\xi^{n+1})_{ijk}$$

$$+\left(1+\frac{h}{2}\left|U_{3,ijk}^{n+1}\right|D_{ijk}^{-1}\right)^{-1}\delta_{\bar{z}}(D\delta_z\xi^{n+1})_{ijk}\Bigg\}$$

$$=[\delta_{U_{1,x}^n}C_{ijk}^n-\delta_{u_{1,x}^{n+1}}c_{ijk}^{n+1}]+\cdots+[\delta_{U_{3,z}^n}C_{ijk}^n-\delta_{u_{3,z}^{n+1}}c_{ijk}^{n+1}]$$

$$+\left\{\left[\left(1+\frac{h}{2}\left|u_{1,ijk}^{n+1}\right|D_{ijk}^{-1}\right)^{-1}-\left(1+\frac{h}{2}\left|U_{1,ijk}^n\right|D_{ijk}^{-1}\right)^{-1}\right]\delta_{\bar{x}}(D\delta_xC^n)_{ijk}+\cdots\right.$$

$$+\left.\left[\left(1+\frac{h}{2}\left|u_{3,ijk}^{n+1}\right|D_{ijk}^{-1}\right)^{-1}-\left(1+\frac{h}{2}\left|U_{3,ijk}^n\right|D_{ijk}^{-1}\right)^{-1}\right]\delta_{\bar{z}}(D\delta_zC^n)_{ijk}\right\}$$

$$+g(x_{ijk},t^{n+1},c^{n+1})-g(x_{ijk},t^n,C_{ijk}^n)-b(C_{ijk}^n)\frac{\pi_{ijk}^{n+1}-\pi_{ijk}^n}{\Delta t}$$

$$-\left[b\left(c_{ijk}^{n+1}\right)-b\left(C_{ijk}^n\right)\right]\frac{p_{ijk}^{n+1}-p_{ijk}^n}{\Delta t}-(\Delta t)^2\left\{\left[\left(1+\frac{h}{2}\left|u_1^{n+1}\right|D^{-1}\right)_{ijk}^{-1}\right.\right.$$

$$\cdot\delta_{\bar{x}}\left(D\delta_x\left[\Phi^{-1}\left(1+\frac{h}{2}\left|u_2^{n+1}\right|D^{-1}\right)^{-1}\delta_{\bar{y}}(D\delta_yd_tc^n)\right]\right)_{ijk}$$

$$-\left.\left(1+\frac{h}{2}\left|U_1^n\right|D^{-1}\right)_{ijk}^{-1}\delta_{\bar{x}}\left(D\delta_x\left[\Phi^{-1}\left(1+\frac{h}{2}\left|U_2^n\right|D^{-1}\right)^{-1}\delta_{\bar{y}}(D\delta_yd_tC^n)\right]\right)_{ijk}\right]$$

$$+\cdots+\left[\left(1+\frac{h}{2}\left|u_2^{n+1}\right|D^{-1}\right)_{ijk}^{-1}\right.$$

$$\delta_{\bar{y}}\left(D\delta_y\left[\Phi^{-1}\left(1+\frac{h}{2}\left|u_3^{n+1}\right|D^{-1}\right)^{-1}\delta_{\bar{z}}\left(D\delta_zd_tc^n\right)\right]\right)_{ijk}$$

$$-\left.\left(1+\frac{h}{2}\left|U_2^n\right|D^{-1}\right)_{ijk}^{-1}\delta_y\left(D\delta_{\bar{y}}\left[\Phi^{-1}\left(1+\frac{h}{2}\left|U_3^n\right|D^{-1}\right)^{-1}\delta_{\bar{z}}(D\delta_zd_tC^n)\right]\right)_{ijk}\right]\right\}$$

$$+(\Delta t)^3\left\{\left(1+\frac{h}{2}\left|u_1^{n+1}\right|D^{-1}\right)_{ijk}^{-1}\delta_{\bar{x}}\left(D\delta_x\left[\Phi^{-1}\left(1+\frac{h}{2}\left|u_2^{n+1}\right|D^{-1}\right)^{-1}\right.\right.\right.$$

$$\cdot\delta_{\bar{y}}\left[D\delta_y\left[\Phi^{-1}\left(1+\frac{h}{2}\left|u_3^{n+1}\right|D^{-1}\right)^{-1}\right.\right.$$

$$\cdot\delta_{\bar{y}}(D\delta_zd_tc^n)\Bigg]\Bigg)\Bigg]\Bigg)_{ijk}-\left(1+\frac{h}{2}\left|U_1^n\right|D^{-1}\right)_{ijk}^{-1}\delta_{\bar{x}}\left(D\delta_x\left[\Phi^{-1}\left(1+\frac{h}{2}\left|U_2^{n+1}\right|D^{-1}\right)^{-1}\right.\right.$$

$$\cdot\delta_{\bar{y}}\left(D\delta_y\left[\Phi^{-1}\left(1+\frac{h}{2}\left|U_3^{n+1}\right|D^{-1}\right)^{-1}\delta_z(D\delta_zd_tC^n)\right]\right)\right]\Bigg)\Bigg\}+\varepsilon_{ijk}^{n+1},\quad 1\leqslant i,j,k\leqslant N-1,$$

$$(4.2.28a)$$

$$\xi_{ijk}^{n+1} = 0, \quad x_{ijk} \in \partial\Omega. \tag{4.2.28b}$$

可以推得

$$\left|\varepsilon_{ijk}^{n+1}\right| \leqslant M \left\{ \left\|\frac{\partial^2 c}{\partial \tau^2}\right\|_{L^\infty(L^\infty)}, \left\|\frac{\partial c}{\partial t}\right\|_{L^\infty(W^{4,\infty})}, \|c\|_{L^\infty(W^{4,\infty})} \right\} \left\{ h^2 + \Delta t \right\}.$$

对饱和度误差方程 (4.2.28) 乘以 $\delta_t \xi_{ij}^n = \xi_{ij}^{n+1} - \xi_{ij}^n = d_t \xi_{ij}^n \Delta t$ 作内积, 并分部求和可得

$$\langle \Phi d_t \xi^n, d_t \xi^n \rangle \Delta t + \left\{ \left\langle D\delta_x \xi^{n+1}, \delta_x \left[\left(1 + \frac{h}{2}\left|u_1^{n+1}\right| D^{-1}\right)^{-1} (\xi^{n+1} - \xi^n) \right] \right\rangle + \cdots \right.$$

$$\left. + \left\langle D\delta_z \xi^{n+1}, \delta_z \left[\left(1 + \frac{h}{2}\left|u_3^{n+1}\right| D^{-1}\right)^{-1} (\xi^{n+1} - \xi^n) \right] \right\rangle \right\}$$

$$= \left\{ \langle \delta_{U_{1,x}^n} C^n - \delta_{u_{1,x}^{n+1}} c^{n+1}, d_t \xi^n \rangle + \cdots \langle \delta_{U_{3,z}^n} C^n - \delta_{u_{3,z}^{n+1}} c^{n+1}, d_t \xi^n \rangle \right\} \Delta t$$

$$+ \left\{ \left\langle \left[\left(1 + \frac{h}{2}\left|u_1^{n+1}\right| D^{-1}\right)^{-1} - \left(1 + \frac{h}{2}\left|U_1^n\right| D^{-1}\right)^{-1} \right] \delta_{\bar{x}}(D\delta_x C^n) + \cdots \right.\right.$$

$$\left.\left. + \left[\left(1 + \frac{h}{2}\left|u_3^{n+1}\right| D^{-1}\right)^{-1} - \left(1 + \frac{h}{2}\left|U_3^n\right| D^{-1}\right)^{-1} \right] \delta_{\bar{z}}(D\delta_z C^n), d_t \xi^n \right\rangle \right\} \Delta t$$

$$+ \langle g(c^{n+1}) - g(C^n), d_t \xi^n \rangle \Delta t - \left\langle b(C^n) \frac{\pi^{n+1} - \pi^n}{\Delta t}, d_t \xi^n \right\rangle \Delta t$$

$$- \left\langle [b(c^{n+1}) - b(C^n)] \frac{p^{n+1} - p^n}{\Delta t}, d_t \xi^n \right\rangle \Delta t - (\Delta t)^3 \left\{ \left\langle \left(1 + \frac{h}{2}\left|U_1^n\right| D^{-1}\right)^{-1} \right.\right.$$

$$\delta_{\bar{x}} \left(D\delta_x \left[\Phi^{-1} \left(1 + \frac{h}{2}\left|U_2^n\right| D^{-1}\right)^{-1} \delta_{\bar{y}}(D\delta_y d_t \xi^n) \right] \right), d_t \xi^n \right\rangle + \cdots \left\langle \left(1 + \frac{h}{2}\left|U_2^n\right| D^{-1}\right)^{-1} \right.$$

$$\left. \cdot \delta_y \left(D\delta_y \left[\Phi^{-1} \left(1 + \frac{h}{2}\left|U_3^n\right| D^{-1}\right)^{-1} \delta_{\bar{z}}(D\delta_z d_t \xi^n) \right] \right), d_t \xi^n \right\rangle + \cdots \right\}$$

$$+ (\Delta t)^4 \left\{ \left\langle \left(1 + \frac{h}{2}\left|U_1^n\right| D^{-1}\right)^{-1} \delta_{\bar{x}} \left(D\delta_x \left[\Phi^{-1} \left(1 + \frac{h}{2}\left|U_2^n\right| D^{-1}\right)^{-1} \right.\right.\right.\right.$$

$$\left.\left. \cdot \delta_{\bar{y}} \left(D\delta_y \left[\Phi^{-1} \left(1 + \frac{h}{2}\left|U_3^n\right| D^{-1}\right)^{-1} \right.\right.\right.$$

$$\left.\left.\left.\left. \cdot \delta_{\bar{z}}(D\xi_z d_t \xi^n) \right] \right) \right] \right), d_t \xi^n \right\rangle + \cdots \right\} + \langle \varepsilon^{n+1}, d_t \xi^n \rangle \Delta t. \tag{4.2.29}$$

首先估计式 (4.2.29) 左端第二项,

$$\left\langle D\delta_x \xi^{n+1}, \delta_x \left[\left(1 + \frac{h}{2}\left|u_1^{n+1}\right| D^{-1}\right)^{-1} (\xi^{n+1} - \xi^n) \right] \right\rangle$$

$$
= \left\langle D\delta_x\xi^{n+1}, \left(1 + \frac{h}{2}\left|u_1^{n+1}\right|D^{-1}\right)^{-1}\delta_x(\xi^{n+1} - \xi^n)\right\rangle
$$

$$
+ \left\langle D\delta_x\xi^{n+1}, \delta_x\left(1 + \frac{h}{2}\left|u_1^{n+1}\right|D^{-1}\right)^{-1}\cdot(\xi^{n+1} - \xi^n)\right\rangle.
$$

由于

$$
\left|\delta_x\left(1 + \frac{h}{2}\left|u_1^{n+1}\right|D^{-1}\right)^{-1}_{ijk}\right| \leqslant \frac{\dfrac{h}{2}\left|\delta_x(u_1^{n+1}D^{-1})_{ijk}\right|}{\left(1 + \dfrac{h}{2}\left|u_{1,i+1,jk}^{n+1}\right|D_{i+1,jk}^{-1}\right)\left(1 + \dfrac{h}{2}\left|u_{1,ijk}^{n+1}\right|D_{ijk}^{-1}\right)},
$$

于是有

$$
\left\langle D\delta_x\xi^{n+1}, \delta_x\left[\left(1 + \frac{h}{2}\left|u_1^{n+1}\right|D^{-1}\right)^{-1}(\xi^{n+1} - \xi^n)\right]\right\rangle
$$

$$
\geqslant \frac{1}{2}\left\{\left\langle D\delta_x\xi^{n+1}, \left(1 + \frac{h}{2}\left|u_1^{n+1}\right|D^{-1}\right)^{-1}\delta_x\xi^{n+1}\right\rangle\right.
$$

$$
\left. - \left\langle D\delta_x\xi^n, \left(1 + \frac{h}{2}\left|u_1^{n+1}\right|D^{-1}\right)^{-1}\delta_x\xi^n\right\rangle\right\}
$$

$$
- M\|\delta_x\xi^{n+1}\|^2\Delta t - \varepsilon\|\delta_t\xi^n\|^2\Delta t. \tag{4.2.30}
$$

对其他两项是类似的.

现估计式 (4.2.29) 右端诸项, 由归纳法假定 (4.2.18) 可以推出 U^n 是有界的, 故有

$$
\{\langle \delta_{U_1^n,x}C^n - \delta_{u_1^{n+1},x}c^{n+1}, d_l\xi^n\rangle + \cdots + \langle \delta_{U_3^n,z}C^n - \delta_{u_3^{n+1},z}c^{n+1}, d_l\xi^n\rangle\}\Delta t
$$

$$
\leqslant M\left\{\|u^n - U^n\|^2 + \|\nabla_h\xi^n\|^2 + (\Delta t)^2\right\} + \varepsilon\|d_l\xi^n\|^2\Delta t. \tag{4.2.31}
$$

现在估计式 (4.2.29) 右端第二项, 注意到

$$
\left(1 + \frac{h}{2}\left|u_{\alpha,ijk}^{n+1}\right|D_{ijk}^{-1}\right)^{-1} - \left(1 + \frac{h}{2}\left|U_{\alpha,ijk}^n\right|D_{ijk}^{-1}\right)^{-1}
$$

$$
= \frac{\dfrac{h}{2}(|U_{\alpha,ijk}^n| - |u_{\alpha,ijk}^{n+1}|)D_{ijk}^{-1}}{\left(1 + \dfrac{h}{2}\left|u_{\alpha,ijk}^{n+1}\right|D_{ijk}^{-1}\right)\left(1 + \dfrac{h}{2}\left|U_{\alpha,ijk}^n\right|D_{ijk}^{-1}\right)}, \quad \alpha = 1, 2, 3
$$

和归纳法假定 (4.2.18) 有

$$
\left\{\left\langle\left[\left(1 + \frac{h}{2}\left|u_1^{n+1}\right|D^{-1}\right)^{-1} - \left(1 + \frac{h}{2}\left|u_1^n\right|D^{-1}\right)^{-1}\right]\delta_{\bar{x}}(D\delta_x C^n) + \cdots\right.\right.
$$

$$
+ \left[\left(1 + \frac{h}{2} \left| u_3^{n+1} \right| D^{-1} \right)^{-1} - \left(1 + \frac{h}{2} \left| u_3^n \right| D^{-1} \right)^{-1} \right] \delta_{\bar{z}}(D\delta_z C^n), d_t \xi^n \right\} \Delta t
$$

$$
\leqslant M \{ \| u^n - U^n \|^2 + (\Delta t)^2 \} \Delta t + \varepsilon \| d_t \xi^n \|^2 \Delta t. \tag{4.2.32}
$$

对估计式 (4.2.29) 右端第三、四、五项及最后一项, 由 ε_0-Lipschitz 条件和归纳法假定 (4.2.18) 可以推得

$$
\langle g(c^{n+1}) - g(C^n), d_t \pi^n \rangle \Delta t \leqslant M \{ \| \xi^n \|^2 + (\Delta t)^2 \} \Delta t + \varepsilon \| d_t \xi^n \|^2 \Delta t, \tag{4.2.33a}
$$

$$
-\left\langle b(C^n) \frac{\pi^{n+1} - \pi^n}{\Delta t}, d_t \xi^n \right\rangle \Delta t \leqslant M \| d_t \pi^n \|^2 \Delta t + \varepsilon \| d_t \xi^n \|^2 \Delta t, \tag{4.2.33b}
$$

$$
-\left\langle [b(c^{n+1}) - b(C^n)] \frac{p^{n+1} - p^n}{\Delta t}, d_t \xi^n \right\rangle \Delta t
$$

$$
\leqslant M \{ \| \xi^n \|^n + (\Delta t)^2 \} \Delta t + \varepsilon \| d_t \xi^n \|^2 \Delta t, \tag{4.2.33c}
$$

$$
\langle \varepsilon^{n+1}, d_t \xi^n \rangle \Delta t \leqslant M \left\{ h^4 + (\Delta t)^2 \right\} \Delta t + \varepsilon \| d_t \xi^n \|^2 \Delta t. \tag{4.2.33d}
$$

现在对估计式 (4.2.29) 的第六项进行估计,

$$
- (\Delta t)^3 \left\langle \left(1 + \frac{h}{2} \left| U_1^n \right| D^{-1} \right)^{-1} \right.
$$

$$
\cdot \delta_{\bar{x}} \left(D\delta_x \left\{ \Phi^{-1} \left(1 + \frac{h}{2} \left| U_2^n \right| D^{-1} \right)^{-1} \delta_{\bar{y}}(D\delta_y d_t \xi^n) \right\} \right), d_t \xi^n \right\rangle
$$

$$
= (\Delta t)^3 \left\langle D\delta_x \left[\Phi^{-1} \left(1 + \frac{h}{2} \left| U_2^n \right| D^{-1} \right)^{-1} \delta_{\bar{y}}(D\delta_y d_t \xi^n) \right], \right.
$$

$$
\delta_{\bar{x}} \left[\left(1 + \frac{h}{2} \left| U_1^n \right| D^{-1} \right)^{-1} d_t \xi^n \right] \right\rangle
$$

$$
= (\Delta t)^3 \left\langle D\Phi^{-1} \left(1 + \frac{h}{2} \left| U_2^n \right| D^{-1} \right)^{-1} \delta_{\bar{y}} \delta_x (D\delta_y d_t \xi^n), \right.
$$

$$
\left(1 + \frac{h}{2} \left| U_1^n \right| D^{-1} \right)^{-1} \cdot \delta_x d_t \xi^n + \delta_x \left(1 + \frac{h}{2} \left| U_1^n \right| D^{-1} \right)^{-1} \cdot d_t \xi^n \right\rangle
$$

$$
+ \left\langle D\delta_x \left(\Phi^{-1} \left(1 + \frac{h}{2} \left| U_2^n \right| D^{-1} \right)^{-1} \right) \cdot \delta_{\bar{y}}(D\delta_y d_t \xi^n), \right.
$$

$$
\left(1 + \frac{h}{2} \left| U_2^n \right| D^{-1} \right)^{-1} \cdot \delta_x d_t \xi^n + \delta_x \left(1 + \frac{h}{2} \left| U_1^n \right| D^{-1} \right)^{-1} \cdot d_t \xi^n \right\rangle
$$

$$
= - (\Delta t)^3 \left\{ \left\langle D\delta_x \delta_y d_t \xi^n + \delta_x D \cdot \delta_y d_t \xi^n, D\Phi^{-1} \left(1 + \frac{h}{2} \left| U_2^n \right| D^{-1} \right)^{-1} \right. \right.
$$

$$\cdot \left(1 + \frac{h}{2}\,|U_1^n|\,D^{-1}\right)^{-1} \cdot \delta_x \delta_y d_t \xi^n + \delta_y \left[D\Phi^{-1} \left(1 + \frac{h}{2}\,|U_2^n|\,D^{-1}\right)^{-1}\right.$$

$$\left.\cdot \left(1 + \frac{h}{2}\,|U_1^n|\,D^{-1}\right)^{-1}\right] \cdot \delta_x d_t \xi^n + D\Phi^{-1} \left(1 + \frac{h}{2}\,|U_2^n|\,D^{-1}\right)^{-1}$$

$$\cdot \delta_x \left(1 + \frac{h}{2}\,|U_1^n|\,D^{-1}\right)^{-1} \cdot \delta_y d_t \xi^n + \delta_y \left[D\Phi^{-1} \left(1 + \frac{h}{2}\,|U_2^n|\,D^{-1}\right)^{-1}\right.$$

$$\left.\cdot \delta_x \left(1 + \frac{h}{2}\,|U_1^n|\,D^{-1}\right)^{-1}\right] \cdot d_t \xi^n \Big\rangle$$

$$+ \Big\langle D\delta_y d_t \xi^n, D\delta_x \left(\Phi^{-1}\left(1 + \frac{h}{2}\,|U_2^n|\,D^{-1}\right)^{-1}\right) \cdot \left(1 + \frac{h}{2}\,|U_1^n|\,D^{-1}\right)^{-1} \delta_x \delta_y d_t \xi^n$$

$$+ \delta_y \left[D\delta_x \left(\Phi^{-1}\left(1 + \frac{h}{2}\,|U_2^n|\,D^{-1}\right)^{-1}\right) \cdot \left(1 + \frac{h}{2}\,|U_1^n|\,D^{-1}\right)^{-1}\right] \delta_x d_t \xi^n$$

$$+ D\delta_x \left(\Phi^{-1}\left(1 + \frac{h}{2}\,|U_2^n|\,D^{-1}\right)^{-1} \cdot \delta_x \left(1 + \frac{h}{2}\,|U_1^n|\,D^{-1}\right)^{-1}\right) \cdot \delta_y d_t \xi^n$$

$$+ \delta_y \left[D\delta_x \left(\Phi^{-1}\left(1 + \frac{h}{2}\,|U_2^n|\,D^{-1}\right)^{-1}\right) \cdot \delta_x \left(1 + \frac{h}{2}\,|U_1^n|\,D^{-1}\right)^{-1}\right] \cdot d_t \xi^n \Big\rangle. \quad (4.2.34)$$

对式 (4.2.34) 依次讨论下述诸项:

$$-(\Delta t)^3 \Big\langle D\delta_x \delta_y d_t \xi^n, D\Phi^{-1}\left(1 + \frac{h}{2}\,|U_2^n|\,D^{-1}\right)^{-1}\left(1 + \frac{h}{2}\,|U_1^n|\,D^{-1}\right)^{-1} \cdot \delta_x \delta_y d_t \xi^n \Big\rangle$$

$$= -(\Delta t)^3 \sum_{i,j,k=1}^{N} D_{i,j-1/2,k} D_{i-1/2,jk} \Phi_{ijk}^{-1} \left(1 + \frac{h}{2}\,|U_2^n|\,D^{-1}\right)_{ijk}^{-1}$$

$$\cdot \left(1 + \frac{h}{2}\,|U_1^n|\,D^{-1}\right)_{ijk}^{-1} \cdot (\delta_x \delta_y d_t \xi_{ijk}^n)^2 h^3,$$

由于 $0 < D_{\cdot} \leqslant D(x) \leqslant D^{\cdot}, 0 < \Phi_{\cdot} \leqslant \phi(x) \leqslant \Phi^{\cdot}$, 由归纳法假定推出 U^n 是有界的, 由此可以推出

$$\left(1 + \frac{h}{2}\,|U_{2,ijk}^n|\,D_{ijk}^{-1}\right)^{-1} \geqslant b_1 > 0, \quad \left(1 + \frac{h}{2}\,|U_{1,ijk}^n|\,D_{ijk}^{-1}\right)^{-1} \geqslant b_2 > 0,$$

于是有

$$-(\Delta t)^3 \Big\langle D\delta_x \delta_y d_t \xi^n, D\Phi^{-1}\left(1 + \frac{h}{2}\,|U_2^n|\,D^{-1}\right)^{-1}\left(1 + \frac{h}{2}\,|U_1^n|\,D^{-1}\right)^{-1} \cdot \delta_x \delta_y d_t \xi^n \Big\rangle$$

$$\leqslant -(\Delta t)^3\, D_{\cdot}^2\,(\Phi^{\cdot})^{-1}\, b_1 b_2 \sum_{i,j,k=1}^{N} \left(\delta_x \delta_y d_t \xi_{ijk}^n\right)^2 h^3, \quad\quad\quad (4.2.35a)$$

对于含有 $\delta_x\delta_y d_t\xi^n$ 的其余诸项, 它们是

$$
-(\Delta t)^3 \left\{ \left\langle D\delta_x\delta_y d_t\xi^n, \delta_y\left[D\Phi^{-1}\left(1+\frac{h}{2}\left|U_2^n\right|D^{-1}\right)^{-1}\left(1+\frac{h}{2}\left|U_1^n\right|D^{-1}\right)^{-1}\right] \cdot \delta_x d_t\xi^n \right.\right.
$$

$$
\left. + D\Phi^{-1}\left(1+\frac{h}{2}\left|U_2^n\right|D^{-1}\right)^{-1}\delta_x\left(1+\frac{h}{2}\left|U_1^n\right|D^{-1}\right)^{-1}\cdot\delta_x d_t\xi^n \right\rangle
$$

$$
+\left\langle \delta_x D\cdot\delta_y d_t\xi^n, D\Phi^{-1}\left(1+\frac{h}{2}\left|U_2^n\right|D^{-1}\right)^{-1}\left(1+\frac{h}{2}\left|U_1^n\right|D^{-1}\right)^{-1}\cdot\delta_x\delta_y d_t\xi^n \right\rangle
$$

$$
\left. +\left\langle D\delta_y d_t\xi^n, D\delta_x\left(\Phi^{-1}\left(1+\frac{h}{2}\left|U_2^n\right|D^{-1}\right)^{-1}\right)\cdot\left(1+\frac{h}{2}\left|U_1^n\right|D^{-1}\right)^{-1}\cdot\delta_x\delta_y d_t\xi^n \right\rangle \right\}.
$$

$$\tag{4.2.35b}$$

首先讨论第一项

$$
-(\Delta t)^3\left\langle D\delta_x\delta_y d_t\xi^n, \delta_y\left[D\Phi^{-1}\left(1+\frac{h}{2}\left|U_2^n\right|D^{-1}\right)^{-1}\left(1+\frac{h}{2}\left|U_1^n\right|D^{-1}\right)^{-1}\right]\cdot\delta_x d_t\xi^n \right\rangle
$$

$$
=-(\Delta t)^3\sum_{i,j,k=1}^{N} D_{i,j-1/2,k}\delta_y\left[D_{i-1/2,jk}\Phi_{ijk}^{-1}\left(1+\frac{h}{2}\left|U_2^n\right|D^{-1}\right)_{ijk}^{-1}\right.
$$

$$
\left. \cdot\left(1+\frac{h}{2}\left|U_1^n\right|D^{-1}\right)_{ijk}^{-1}\right]\delta_x\delta_y d_t\xi_{ijk}^n\cdot\delta_x d_t\xi_{ijk}^n h^3.
$$

由归纳法假定和逆定理, 可以推出 $h\left\|U^n\right\|_{1,\infty}$ 是有界的, 于是可推出

$$
\delta_y\left(\left(1+\frac{h}{2}\left|U_2^n\right|D^{-1}\right)^{-1}\right)_{ijk}^{-1}, \delta_y\left(\left(1+\frac{h}{2}\left|U_1^n\right|D^{-1}\right)^{-1}\right)_{ijk}^{-1}
$$

是有界的, 应用 ε- 不等式可以推出

$$
-(\Delta t)^3\left\langle D\delta_x\delta_y d_t\xi^n, \delta_y\left[D\Phi^{-1}\left(1+\frac{h}{2}\left|U_2^n\right|D^{-1}\right)^{-1}\right.\right.
$$

$$
\left.\left. \cdot\left(1+\frac{h}{2}\left|U_1^n\right|D^{-1}\right)^{-1}\right]\cdot\delta_x d_t\xi^n \right\rangle
$$

$$
\leqslant\varepsilon(\Delta t)^3\sum_{i,j,k=1}^{N}(\delta_x\delta_y d_t\xi_{ijk}^n)^2 h^3 + M(\Delta t)^3\sum_{i,j,k=1}^{N}(\delta_x d_t\xi_{ijk}^n)^2 h^3. \tag{4.2.35c}
$$

对式 (4.2.35) 中其余诸项可进行类似的估算, 可得

$$
(\Delta t)^4\left\{\left\langle\left(1+\frac{h}{2}\left|U_1^n\right|D^{-1}\right)^{-1}\right.\right.
$$

$$\cdot \delta_{\bar{x}}\left(D\delta_x\left\{\Phi^{-1}\left(1+\frac{h}{2}|U_2^n|D^{-1}\right)^{-1}\delta_{\bar{y}}(D\delta_y d_t\xi^n)\right\}\right),d_t\xi^n\right\rangle+\cdots\right\}$$

$$\leqslant M\left\{\left\|\nabla_h\xi^{n+1}\right\|^2+\left\|\nabla_h\xi^n\right\|^2+\left\|\xi^{n+1}\right\|^2+\left\|\xi^n\right\|^2\right\}\Delta t. \tag{4.2.36}$$

同理对式 (4.2.29) 第六项其他部分, 也可得估计式 (4.2.36).

对第七项, 由限制性条件式 (4.2.14) 和归纳法假定 (4.2.18) 和逆估计可得

$$(\Delta t)^4\left\{\left\langle\left(1+\frac{h}{2}|U_1^n|D^{-1}\right)^{-1}\right.\right.$$

$$\left.\left.\cdot\delta_{\bar{x}}\left(D\delta_x\left\{\Phi^{-1}\left(1+\frac{h}{2}|U_2^n|D^{-1}\right)^{-1}\delta_{\bar{y}}(D\delta_y d_t\xi^n)\right\}\right),d_t\xi^n\right\rangle+\cdots\right\}$$

$$\leqslant\varepsilon\left\|d_t\xi^n\right\|^2\Delta t+M\{\left\|\nabla_h\xi^{n+1}\right\|^2+\left\|\nabla_h\xi^n\right\|^2+\left\|\xi^n\right\|^2+(\Delta t)^2\}. \tag{4.2.37}$$

对误差估计式 (4.2.29), 应用式 (4.2.30)—(4.2.37) 的结果, 经计算可得

$$\left\|d_t\xi^n\right\|^2\Delta t+\frac{1}{2}\left\{\left[\left\langle D\delta_x\xi^{n+1},\left(1+\frac{h}{2}|u_1^{n+1}|D^{-1}\right)^{-1}\delta_x\xi^{n+1}\right\rangle+\cdots\right.\right.$$

$$\left.+\left\langle D\delta_z\xi^{n+1},\left(1+\frac{h}{2}|u_3^{n+1}|D^{-1}\right)^{-1}\delta_z\xi^{n+1}\right\rangle\right]$$

$$-\left[\left\langle D\delta_x\xi^n,\left(1+\frac{h}{2}|u_1^{n+1}|D^{-1}\right)^{-1}\delta_x\xi^n\right\rangle+\cdots\right.$$

$$\left.\left.+\left\langle D\delta_z\xi^n,\left(1+\frac{h}{2}|u_3^{n+1}|D^{-1}\right)^{-1}\delta_z\xi^n\right\rangle\right]\right\}$$

$$\leqslant\varepsilon\left\|d_t\xi^n\right\|^2\Delta t+M\{\left\|u^n-U^n\right\|^2+\left\|d_t\pi^n\right\|^2+\left\|\nabla_h\xi^{n+1}\right\|^2+\left\|\nabla_h\xi^n\right\|^2$$

$$+\left\|\xi^{n+1}\right\|^2+\left\|\xi^n\right\|^2+(\Delta t)^2\}\Delta t. \tag{4.2.38}$$

对压力函数误差估计式 (4.2.26) 关于 t 求和 $0\leqslant n\leqslant L$, 注意到 $\pi^0=0$, 可得

$$\sum_{n=0}^L\|d_t\pi^n\|^2\Delta t+\left\langle A^L\nabla_h\pi^{L+1},\nabla_h\pi^{L+1}\right\rangle-\left\langle A^0\nabla_h\pi^0,\nabla_h\pi^0\right\rangle$$

$$\leqslant\sum_{n=1}^L\left\langle[A^n-A^{n-1}]\nabla_h\pi^n,\nabla_h\pi^n\right\rangle+M\sum_{n=1}^L\{\|\xi^n\|_1^2+(\Delta t)^2+h^4\}\Delta t, \tag{4.2.39}$$

则对式 (4.2.39) 右端第一项有下述估计

$$\sum_{n=1}^L\left\langle[A^n-A^{n-1}]\nabla_h\pi^{n+1},\nabla_h\pi^{n+1}\right\rangle$$

$$\leqslant \varepsilon \sum_{n=1}^{L} \left\| d_t \xi^{n-1} \right\|^2 \Delta t + M \sum_{n=1}^{L} \left\| \nabla_h \pi^n \right\|^2 \Delta t. \tag{4.2.40}$$

对估计式 (4.2.39) 应用式 (4.2.40) 可得

$$\sum_{n=0}^{L} \left\| d_t \pi^n \right\|^2 \Delta t + \left\langle A^L \nabla_h \pi^{L+1}, \nabla_h \pi^{L+1} \right\rangle$$

$$\leqslant \varepsilon \sum_{n=0}^{L} \left\| d_t \xi^{n-1} \right\|^2 \Delta t + M \sum_{n=1}^{L} \left\{ \left\| \xi^n \right\|_1^2 + \left\| \nabla_h \pi^n \right\|^2 + h^4 + (\Delta t)^2 \right\} \Delta t. \tag{4.2.41}$$

其次对饱和度函数误差估计式 (4.2.38) 对于 t 求和 $0 \leqslant n \leqslant L$, 注意到 $\xi^0 = 0$, 并利用估计式 $\left\| u^n - U^n \right\|^2 \leqslant M \left\{ \left\| \xi^n \right\|^2 + \left\| \nabla_h \pi^n \right\|^2 + h^4 \right\}$ 可得

$$\sum_{n=0}^{L} \left\| d_t \xi^n \right\|^2 \Delta t + \frac{1}{2} \left\{ \left[\left\langle D \delta_x \xi^{L+1}, \left(1 + \frac{h}{2} \left| u_1^{L+1} \right| D^{-1} \right)^{-1} \delta_x \xi^{L+1} \right\rangle \right. \right.$$

$$\left. + \cdots + \left\langle D \delta_z \xi^{L+1}, \left(1 + \frac{h}{2} \left| u_3^{L+1} \right| D^{-1} \right)^{-1} \delta_z \xi^{L+1} \right\rangle \right]$$

$$- \left[\left\langle D \delta_x \xi^0, \left(1 + \frac{h}{2} \left| u_1^0 \right| D^{-1} \right)^{-1} \delta_x \xi^0 \right\rangle \right.$$

$$\left. \left. + \cdots + \left\langle D \delta_z \xi^0, \left(1 + \frac{h}{2} \left| u_3^0 \right| D^{-1} \right)^{-1} \delta_z \xi^0 \right\rangle \right] \right\}$$

$$\leqslant \sum_{n-1}^{L} \left\{ \left\langle D \delta_x \xi^n, \left[\left(1 + \frac{h}{2} \left| u_1^{n+1} \right| D^{-1} \right)^{-1} - \left(1 + \frac{h}{2} \left| u_1^n \right| D^{-1} \right)^{-1} \right] \delta_x \xi^n \right\rangle + \cdots \right.$$

$$\left. + \left\langle D \delta_z \xi^n, \left[\left(1 + \frac{h}{2} \left| u_3^{n+1} \right| D^{-1} \right)^{-1} - \left(1 + \frac{h}{2} \left| u_3^n \right| D^{-1} \right)^{-1} \right] \delta_z \xi^n \right\rangle \right\}$$

$$+ \varepsilon \sum_{n=0}^{L} \left\| d_t \xi^n \right\|^2 \Delta t + M \sum_{n=0}^{L} \left\{ \left\| \xi^{n+1} \right\|_1^2 + \left\| \nabla_h \pi^n \right\|^2 + \left\| d_t \pi^n \right\|^2 + (\Delta t)^2 + h^4 \right\} \Delta t. \tag{4.2.42}$$

注意到

$$\left| \left(1 + \frac{h}{2} \left| u_{\alpha,ijk}^{n+1} \right| D_{ijk}^{-1} \right)^{-1} - \left(1 + \frac{h}{2} \left| u_{\alpha,ijk}^n \right| D_{ijk}^{-1} \right)^{-1} \right|$$

$$\leqslant \frac{\frac{h}{2} D_{ijk}^{-1} \left| d_t u_{\alpha,ijk}^n \right| \Delta t}{\left(1 + \frac{h}{2} \left| u_{\alpha,ijk}^{n+1} \right| D_{ijk}^{-1} \right) \left(1 + \frac{h}{2} \left| u_{\alpha,ijk}^n \right| D_{ijk}^{-1} \right)} \leqslant M h \Delta t, \quad \alpha = 1, 2, 3. \tag{4.2.43}$$

对误差方程 (4.2.42), 应用式 (4.2.43) 有

$$\sum_{n=0}^{L} \|d_t \xi^n\|^2 \Delta t + \frac{1}{2}\left[\left\langle D\delta_x \xi^{L+1}, \left(1 + \frac{h}{2}\left|u_1^{L+1}\right| D^{-1}\right)^{-1}\delta_x \xi^{L+1}\right\rangle + \cdots\right.$$
$$\left. + \left\langle D\delta_z \xi^{L+1}, \left(1 + \frac{h}{2}\left|u_3^{L+1}\right| D^{-1}\right)^{-1}\delta_z \xi^{L+1}\right\rangle\right]$$
$$\leqslant M\sum_{n=0}^{L}\|d_t \pi^n\|^2 \Delta t + M\sum_{n=0}^{L}\{\|\xi^{n+1}\|_1^2 + \|\nabla_h \pi^n\|^2 + (\Delta t)^2 + h^4\}\Delta t. \quad (4.2.44)$$

注意到当 $\pi^0 = \xi^0 = 0$ 时, 有

$$\|\pi^{L+1}\|^2 \leqslant \varepsilon \sum_{n=0}^{L}\|d_t \pi^n\|^2 \Delta t + M\sum_{n=0}^{L}\|\pi^n\|^2 \Delta t,$$
$$\|\xi^{L+1}\|^2 \leqslant \varepsilon \sum_{n=0}^{L}\|d_t \xi^n\|^2 \Delta t + M\sum_{n=0}^{L}\|\xi^n\|^2 \Delta t,$$

组合式 (4.2.41) 和式 (4.2.44) 可得

$$\sum_{n=0}^{L}\{\|d_t \pi^n\|^2 + \|d_t \xi^n\|^2\}\Delta t + \|\pi^{L+1}\|_1^2 + \|\xi^{L+1}\|_1^2$$
$$\leqslant M\sum_{n=0}^{L}[\|\pi^n\|_1^2 + \|\xi^{L+1}\|_1^2 + h^4 + (\Delta t)^2]\Delta t. \quad (4.2.45)$$

应用 Gronwall 引理可得

$$\sum_{n=0}^{L}\{\|d_t \pi^n\|^2 + \|d_t \xi^n\|^2\}\Delta t + \|\pi^{L+1}\|_1^2 + \|\xi^{L+1}\|_1^2 \leqslant M\{h^4 + (\Delta t)^2\}. \quad (4.2.46)$$

下面需要检验归纳法假定 (4.2.18), 对于 $n = 0$, 由于 $\pi^0 = \xi^0 = 0$, 故式 (4.2.18) 是正确的, 若 $1 \leqslant n \leqslant L$ 时式 (4.2.18) 成立, 由式 (4.2.46) 可得 $\|\pi^{L+1}\|_1 + \|\xi^{L+1}\|_1 \leqslant M\{h^4 + (\Delta t)^2\}$, 由限制性条件 (4.2.14) 和逆估计有 $\|\pi^{L+1}\|_{1,\infty} + \|\xi^{L+1}\|_{1,\infty} \leqslant Mh^{1/2}$, 归纳法假定 (4.2.18) 成立.

4.2.4　格式 II 的收敛性分析

关于压力方程的误差估计及分析和格式 I 是一样的, 只要仔细分析饱和度方程的误差估计.

经类似于 4.2.3 节的讨论可以建立下述定理.

定理 4.2.2　假定问题 (4.2.1)—(4.2.5) 的精确解满足光滑性条件: $p, c \in$

$W^{1,\infty}(W^{1,\infty}) \cap L^{\infty}(W^{4,\infty}), \frac{\partial p}{\partial t}, \frac{\partial c}{\partial t} \in L^{\infty}(W^{4,\infty}), \frac{\partial^2 p}{\partial t^2}, \frac{\partial^2 c}{\partial t^2} \in L^{\infty}(L^{\infty})$. 采用迎风格式 (4.2.9)、(4.2.10)、(4.2.13) 逐层计算, 若剖分参数满足限制性条件 (4.2.14), 则下述式成立:

$$\begin{aligned}
&\|p - P\|_{\bar{L}^{\infty}([0,T];h^1)} + \|c - C\|_{\bar{L}^{\infty}([0,T];h^1)} \\
&+ \|d_t(p - P)\|_{\bar{L}^2([0,T];l^2)} + \|d_t(c - C)\|_{\bar{L}^2([0,T];l^2)} \leqslant M^* \left\{ \Delta t + h^2 \right\}.
\end{aligned} \tag{4.2.47}$$

4.3 二相渗流驱动问题局部加密有限差分格式

由于在油田开发过程中, 井点附近压力场变化剧烈, 所以在油藏数值模拟中, 为了提高模拟精度和节省计算资源, 需使用局部网格加密方法对井点附近的网格进行加密, 因此对多孔介质中不可压缩流体的混溶驱动问题的局部网格加密方法进行研究具有重要的理论和使用价值[4,26,27].

有限体积方法作为守恒型问题的离散方法具有较长的历史, 这类方法被广泛地应用于科学工程计算领域, Jr Pedrosa 把基于单元中心网格上的有限体积方法应用于多孔介质中渗流驱动问题[28]. Ewing 等对椭圆型方程给出了矩形剖分局部加密离散格式[29]. 在文献 [30] 中 Lazarov, Mishev 和 Vassilevski 在矩形剖分复合网格上讨论了对流扩散方程的离散格式. 文献 [31] 讨论了椭圆方程在三角剖分网格上的局部加密差分格式, 给出了离散模误差估计. 文献 [33] 和 [34] 基于有限体积方法, 在矩形剖分单元中心局部加密复合网格上, 给出了抛物方程局部守恒且无条件稳定的隐格式. 在文献 [35], [36] 中讨论了半导体器件问题在矩形剖分复合网格上的离散格式. 本节重点研究抛物方程和耦合方程组在三角剖分网格上的局部加密方法[36-39], 这类问题的研究对油田开发的数值模拟理论和应用具有重要的价值. 对于多孔介质中不可压缩流体的混溶驱动问题, 模拟表现为耦合的非线性偏微分方程组, 压力方程是椭圆型方程, 饱和度方程是抛物型方程. 本节针对此数学模型, 利用有限体积方法建立三维耦合方程组在三角剖分单元中心空间局部加密复合网格上的有限差分格式, 并讨论差分格式的稳定性和收敛性, 给出关于饱和度的能量模误差估计, 其中饱和度方程采用修正迎风格式近似, 在交界面上采用空间上的分段线性插值近似, 最后给出数值算例来支撑数值方法及理论分析.

4.3.1 问题的提出

令 Ω 为 $\mathbf{R}^3$ 中的有界区域, 不考虑重力的不可压缩流体的混溶驱动可由下面的耦合非线性偏微分方程组给出:

$$\nabla \cdot u = q(x,t), \quad x \in \Omega, 0 < t \leqslant T, \tag{4.3.1a}$$

$$u = -a(x,c)\nabla p, \quad x \in \Omega, 0 < t \leqslant T, \tag{4.3.1b}$$

$$\phi(x)\frac{\partial c}{\partial t} + \nabla \cdot [uc - D\nabla c] = \bar{c}(x,t,c)q, \quad x \in \Omega, 0 < t \leqslant T, \tag{4.3.2}$$

其中压力方程是椭圆型方程, 饱和度方程是抛物线方程, 未知数是压力 p、达西速度 u 和饱和度 c, $a(x,c) = \dfrac{k(x)}{\mu(c)}$, q 是产量, 在注入井为正, 生产井为负, ϕ 和 k 分别是岩石的孔隙度和渗透率, μ 是流体的黏度, 其依赖于饱和度 c, c 在注入井是注入流体的饱和度, 在生产井 $\bar{c}=c$, $D = \phi(x)(d_{\mathrm{mol}}I + d_{\mathrm{long}}|u|E + d_{\mathrm{tran}}|u|E^{\perp})$, $E = (e_{ij}(u)) = \left(\dfrac{u_i u_j}{|u|^2}\right)$, $u = (u_1, u_2, u_3), |u| = (u_1^2 + u_2^2 + u_3^2)^{1/2}, E^{\perp} = I - E$, d_{mol} 是分子扩散系数, d_{long} 和 d_{tran} 分别是纵向和横向弥散系数. 本节中不考虑分子弥散, 即 $D = D(x) = \phi(x)d_{\mathrm{mol}}I$.

　　初始条件:

$$c(x,0) = c_0(x), \quad x \in \Omega. \tag{4.3.3}$$

　　边界条件:

$$u \cdot v = 0, \quad (x,t) \in \partial\Omega \times (0,T], \tag{4.3.4a}$$

$$c(x,t) = c^*(x,t), \quad (x,t) \in \partial\Omega \times (0,T], \tag{4.3.4b}$$

其中 ν 为 $\partial\Omega$ 的单位外法向量, 再由条件 $\displaystyle\int_{\Omega} p\mathrm{d}x=0, 0\leqslant t \leqslant T$ 和 $\displaystyle\int_{\Omega} p\mathrm{d}x=0, 0\leqslant t \leqslant T$, 可知非线性偏微分方程组 (4.3.1)—(4.3.4) 具有唯一解. 在下面的讨论中, 假设 q 是光滑分布的且有界, 方程组 (4.3.1)—(4.3.4) 的精确解 p, u 和 c 具有一定的光滑性, 即满足

$$\frac{\partial c}{\partial t} \in L^2(H^2(\Omega)), \quad c \in L^{\infty}(H^3(\Omega)), \quad p \in L^{\infty}(H^3(\Omega)), \tag{4.3.5a}$$

而且方程 (4.3.1), (4.3.2) 的系数满足

$$0 < a_1 \leqslant a(x,c) \leqslant a_2, \quad 0 < D_1 \leqslant D(x) \leqslant D_2, \quad 0 < \phi_1 \leqslant \phi(x) \leqslant \phi_2, \tag{4.3.5b}$$

其中 a_1, a_2, D_1, D_2, ϕ_1, ϕ_2 均为正常数, 且 $a(x,c)$ 关于 x 和 c Lipschitz 连续.

4.3.2　网络系统及相关的记号

　　对 Ω, 在 x_1x_2 平面上采用三角剖分, 在 x_3 方向上采用均匀网络, 得到的剖分单元如图 4.3.1 所示, 其中 $\nu_l(l=1, 2, 3, 4)$ 分别为单元 V 边界 $e_l(l=1, 2, 3, 4)$ 上的单位外法向量. 网络点取为单元的中心, Ω 内网络点的集合记为 $\bar{\omega}$. 对区间 $(0,T]$ 使用规则网络进行离散, 时间步长为 Δt, 离散时间层记为 $t^n = n\Delta t, n = 0, 1, \cdots, J$,

其中 $J = T/\Delta t$. 对于 x_1x_2 平面上的三角剖分, 假定所有三角形单元的顶角均小于 $\frac{\pi}{2}$, 且仅考虑一致剖分, 即任两个相邻的三角形均形成一四边形的情形, 进一步假设所有三角形均有边平行于三个固定的方向, 如图 4.3.2 所示, 用 v_1, v_3 和 v_4 作为坐标轴引入坐标系. 令 $y(x,t)$ 为网络函数, 在时间层 $t = t^n$ 上的网络函数定义为 $y(x,t) = y(x_1,x_2,x_3,t^n) = y_{i,j,k}^n$, 其中 $x \in \bar{\omega}$. 另外定义

$$\Delta_l y^n(x) = y^n(x) - y^n(x+h_l v_l), \quad y_{x_l}^n = \frac{\Delta_l y^n(x)}{h_l}, \quad \bar{\Delta}_4 y^n(x) = y^n(x - h_4 v_4) - y^n(x),$$
$$(4.3.6)$$

其中 h_l 为 v_l 上的网络尺寸, $l=1, 2, 3, 4$. 令 $m(V) = \int_V \mathrm{d}s$, 定义下面的离散范数和模:

$$(y,z) = \sum_{x \in \bar{\omega}} m(V) y(x) z(x), \quad \|y\|_{0,\bar{\omega}}^2 = (y,y),$$

$$|y|_{1,\bar{\omega}}^2 = \sum_{l=1}^3 \left\| y_{x_l} \right\|_{0,\varpi}^2, \quad \|y\|_{1,\varpi}^2 = \|y\|_{0,\varpi}^2 + |y|_{1,\bar{\omega}}^2.$$

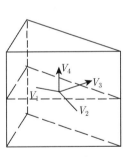

图 4.3.1 剖分单元 V

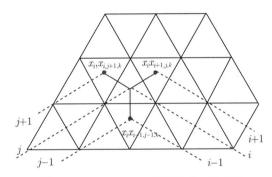

图 4.3.2 Ω 在 x_1x_2 平面上的三角剖分

针对局部加密的情形, 鉴于我国油田分层较细的特点, 采用在 x_3 方向上不再进行局部加密的方式简化处理[40], 即考虑仅在 x_1x_2 平面上进行局部加密所形成的复合网格. 选择部分剖分单元在 x_1x_2 平面上进行局部加密, 把一个单元加密成几个全等的剖分单元, 且假设任何一个未加密的单元至多有一个加密的相邻单元. 这样所有剖分单元的中心形成空间上局部加密复合网格 ω. 令 $\overline{\Omega} = \overline{\Omega}_1 \cup \overline{\Omega}_2$, 其中 Ω_2 为加密区域. Ω_2 中所有的网络点形成细网络点集合 ω_2, 且令 $\omega_1 = \omega \backslash \omega_2$.

4.3.3 局部加密复合网络上差分格式的建立

令 P, U 和 C 分别为压力 p、速度 u 和饱和度 c 的近似解. 首先利用有限体积方法建立压力方程 (4.3.1a) 在复合网络上的离散格式. 对 ω_1 中的规则粗网格点

$x \in \omega_1$, 令

$$\bar{w}_1^n(x) = \frac{\text{meas}(e_1)}{h_1}(P_{i,j,k}^n - P_{i,j+1,k}^n) \bigg/ \frac{1}{h_1} \int_{x_{i,j,k}}^{x_{i,j+1,k}} \frac{\mathrm{d}s}{a(s, C_{i,j+1/2,k}^n)}$$

$$\equiv \bar{k}_1^n(x)\Delta_1 P^n(x),$$

$$\bar{w}_2^n(x) = \frac{\text{meas}(e_2)}{h_2}(P_{i,j,k}^n - P_{i-1,j-1,k}^n) \bigg/ \frac{1}{h_2} \int_{x_{i,j,k}}^{x_{i-1,j-1,k}} \frac{\mathrm{d}s}{a(s, C_{i-1/2,j-1/2,k}^n)}$$

$$\equiv \bar{k}_2^n(x)\Delta_2 P^n(x),$$

$$\bar{w}_3^n(x) = \frac{\text{meas}(e_3)}{h_3}(P_{i,j,k}^n - P_{i+1,j,k}^n) \bigg/ \frac{1}{h_3} \int_{x_{i,j,k}}^{x_{i+1,j,k}} \frac{\mathrm{d}s}{a(s, C_{i+1/2,j,k}^n)}$$

$$\equiv \bar{k}_3^n(x)\Delta_3 P^n(x),$$

$$\bar{w}_4^n(x) = \frac{\text{meas}(e_4)}{h_4}(P_{i,j,k}^n - P_{i,j,k+1}^n) \bigg/ \frac{1}{h_4} \int_{x_{i,j,k}}^{x_{i,j,k+1}} \frac{\mathrm{d}s}{a(s, C_{i,j,k+1/2}^n)}$$

$$\equiv \bar{k}_4^n(x)\Delta_4 P^n(x), \tag{4.3.7}$$

其中 $C_{i,j+1/2,k}^n = \frac{1}{2}(C_{i,j,k}^n + C_{i,j+1,k}^n)$, $C_{i-1/2,j-1/2,k}^n = \frac{1}{2}(C_{i,j,k}^n + C_{i-1,j-1,k}^n)$, $C_{i+1/2,j,k}^n = \frac{1}{2}(C_{i,j,k}^n + C_{i+1,j,k}^n)$, $C_{i,j,k\pm1/2}^n = \frac{1}{2}(C_{i,j,k}^n + C_{i,j,k+1}^n)$, 则式 (4.3.1a) 的单元中心有限差分格式为

$$\bar{w}_1^n(x) + \bar{w}_2^n(x) + \bar{w}_3^n(x) + \bar{w}_4^n(x) + \bar{w}_5^n(x) = \bar{\varphi}^n(x) = \int_{V(x)} q(\xi, t^n)\mathrm{d}\xi. \tag{4.3.8}$$

同理对 ω_2 中的规则细网络点, 也可以建立离散格式 (4.3.8). 对交界处的剖分单位 V, 在 $x_1 x_2$ 平面上如图 4.3.3 所示, 假定三角形的顶角满足 $\alpha = \beta = \gamma = \frac{\pi}{3}$, 则令 $h = h_1 = h_2 = h_3$, $h = \begin{cases} h_c, & x \in \omega_1, \\ h_f, & x \in \omega_2, \end{cases}$ 其中 h_c 和 h_f 分别为粗、细网格在 $v_l(l=1, 2, 3)$ 方向上的网格尺寸, 且令 $h_4 = h_c$. 把离散格式 (4.3.8) 应用于单元 V 时, 格式中所需要的一些点不是网格点, 如 Q_4^* 和 Q_5^*, 这些点处网络函数值要通过插值来得到, 在这里采用空间上的分段线性插值, 即

$$P^n(Q_4^*) = -\frac{1}{2}P^n(Q_3) + \frac{3}{2}P^n(Q_0), \quad P^n(Q_5^*) = -\frac{1}{2}P^n(Q_2) + \frac{3}{2}P^n(Q_0),$$

$$C^n(Q_4^*) = -\frac{1}{2}C^n(Q_3) + \frac{3}{2}C^n(Q_0), \quad C^n(Q_5^*) = -\frac{1}{2}C^n(Q_2) + \frac{3}{2}C^n(Q_0),$$

因此,

$$\bar{w}_1^n(Q_4) = \bar{k}_1^n(Q_4)[\Delta_1 P^n(Q_4) - \frac{1}{2}\Delta_3 P^n(Q_0)],$$

$$\overline{w}_1^n(Q_5) = \bar{k}_1^n(Q_5)[\Delta_1 P^n(Q_4) - \frac{1}{2}\Delta_2 P^n(Q_0)],$$

$$\overline{w}_1^n(Q_0) = \bar{\omega}_1^n(Q_4) + \bar{\omega}_1^n(Q_5), \tag{4.3.9}$$

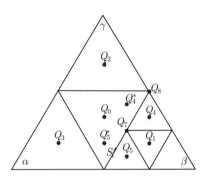

图 4.3.3 交界处的剖分单元 V 在 $x_1 x_2$ 平面上的网络点分布

其中

$$\bar{k}_1^n(Q_4) = \frac{m(e_1')}{h_f}\left(\frac{1}{h_f}\int_{Q_4}^{Q_4^*}\frac{\mathrm{d}s}{a\left(s, C^n\left(\dfrac{Q_4 + Q_4^*}{2}\right)\right)}\right)^{-1}, \quad m(e_1') = h_4 \cdot m(e_1'),$$

$$\bar{k}_1^n(Q_5) = \frac{m(e_1'')}{h_f}\left(\frac{1}{h_f}\int_{Q_5}^{Q_5^*}\frac{\mathrm{d}s}{a\left(s, C^n\left(\dfrac{Q_5 + Q_5^*}{2}\right)\right)}\right)^{-1}, \quad m(e_1'') = h_4 \cdot m(e_1''),$$

这样, 就得到了压力方程 (4.3.1a) 在复合网格 ω 上的单元中心有限差分格式.

对通过单元 $V(x)$ 边界的达西速度 $u = -a(x,c)\nabla p$ 可近似为

$$U_{1,i,j+1/2,k}^n = -\frac{1}{2}[a(x_{i,j,k}, C_{i,j,k}^n) + a(x_{i,j+1,k}, C_{i,j+1,k}^n)] \cdot \frac{P_{i,j+1,k}^n - P_{i,j,k}^n}{h_1},$$

$$U_{2,i-1/2,j-1/2,k}^n = -\frac{1}{2}[a(x_{i,j,k}, C_{i,j,k}^n) + a(x_{i-1,j-1,k}, C_{i-1,j-1,k}^n)] \cdot \frac{P_{i-1,j-1,k}^n - P_{i,j,k}^n}{h_2},$$

$$U_{3,i+1/2,j,k}^n = -\frac{1}{2}[a(x_{i,j,k}, C_{i,j,k}^n) + a(x_{i+1,j,k}, C_{i+1,j,k}^n)] \cdot \frac{P_{i+1,j,k}^n - P_{i,j,k}^n}{h_3},$$

$$U_{4,i,j,k+1/2}^n = -\frac{1}{2}[a(x_{i,j,k}, C_{i,j,k}^n) + a(x_{i,j,k+1}, C_{i,j,k+1}^n)] \cdot \frac{P_{i,j,k+1}^n - P_{i,j,k}^n}{h_4},$$

$$U_{5,i,j,k-1/2}^n = -\frac{1}{2}[a(x_{i,j,k}, C_{i,j,k}^n) + a(x_{i,j,k-1}, C_{i,j,k-1}^n)] \cdot \frac{P_{i,j,k}^n - P_{i,j,k-1}^n}{h_4}. \tag{4.3.10}$$

下面考虑饱和度方程 (4.3.2) 在单元中心局部加密复合网格 ω 上的有限差分格

式. 对 ω_1 中的规则粗网格点 $x \in \omega_1$ 和有限单元 $V \times [t^n, t^{n+1}]$, 有

$$
\int_{t^n}^{t^{n+1}} \int_V \phi(x) \frac{\partial c}{\partial t} \mathrm{d}x + \int_{t^n}^{t^{n+1}} \int_{\partial V} v \cdot (-D(x)\nabla c + uc) \mathrm{d}s \mathrm{d}t
$$
$$
= \iint_{V \times [t^n, t^{n+1}]} \bar{c}(x, t, c) q(x, t) \mathrm{d}x \mathrm{d}t, \tag{4.3.11}
$$

其中 v 为 ∂V 上的单位外法向量. 令 V 为图 4.3.1 所示的剖分单元, 则 $\partial V = e_1 \cup e_2 \cup e_3 \cup e_4 \cup e_5$. 令 $W_\nu = -v \cdot D\nabla c$, $V_\nu = \nu \cdot uc$, 有

$$
\int_{t^n}^{t^{n+1}} \int_V \phi(x) \frac{\partial c}{\partial t} \mathrm{d}x + \int_{t^n}^{t^{n+1}} \left[\sum_{l=1}^{5} \left(\int_{e_l} W_{v_l} \mathrm{d}s_l + \int_{s_l} V_{v_l} \mathrm{d}s_l \right) \right] \mathrm{d}t
$$
$$
= \iint_{V \times [t^n, t^{n+1}]} \bar{c}(x, t, c) q(x, t) \mathrm{d}x \mathrm{d}t, \tag{4.3.12}
$$

其中 v_l 分别为 $e_l(l = 1, 2, 3, 4, 5)$ 上的单位外法向量.

对单元 $V \times [t^n, t^{n+1}]$, 分别用 $\Delta t w_l^{n+1}$ 和 $\Delta t v_l^{n+1}$ 来近似 $\int_{t^n}^{t^{n+1}} \int_{e_l} W_{v_l} \mathrm{d}s_l$ 和 $\int_{t^n}^{t^{n+1}} \int_{e_l} V_{v_l} \mathrm{d}s_l \mathrm{d}t$, $l = 1, 2, 3, 4, 5$. 对规则粗网格点, 建立式 (4.3.2) 在区域 Ω_1 上的修正迎风有限差分格式:

$$
w_l^{n+1}(x) = \frac{k_l(x)}{1 + |B_l^n(x)|/k_l(x)} \Delta_l C^{n+1}(x), \quad l = 1, 2, 3, 4,
$$
$$
w_5^{n+1}(x) = -\frac{k_5(x)}{1 + |B_5^n(x)|/k_5(x)} \bar{\Delta}_4 C^{n+1}(x),
$$
$$
v_1^{n+1}(x) = (B_1^n(x) + |B_1^n(x)|)C_{i,j,k}^{m+1} + (B_1^n(x) - |B_1^n(x)|)C_{i,j+1,k}^{m+1},
$$
$$
v_2^{n+1}(x) = (B_2^n(x) + |B_2^n(x)|)C_{i,j,k}^{m+1} + (B_2^n(x) - |B_2^n(x)|)C_{i-1,j-1,k}^{m+1},
$$
$$
v_3^{n+1}(x) = (B_3^n(x) + |B_3^n(x)|)C_{i,j,k}^{m+1} + (B_3^n(x) - |B_3^n(x)|)C_{i+1,j,k}^{m+1},
$$
$$
v_4^{n+1}(x) = (B_4^n(x) + |B_4^n(x)|)C_{i,j,k}^{m+1} + (B_4^n(x) - |B_4^n(x)|)C_{i,j,k+1}^{m+1},
$$
$$
v_5^{n+1}(x) = -(B_5^n(x) + |B_5^n(x)|)C_{i,j,k-1}^{m+1} - (B_5^n(x) - |B_5^n(x)|)C_{i,j,k}^{m+1}, \tag{4.3.13}
$$

其中

$$
k_1(x) = \frac{m(e_1)}{h_1} \left(\frac{1}{h_1} \int_{x_{i,j,k}}^{x_{i,j+1,k}} \frac{\mathrm{d}s}{D(s)} \right)^{-1}, \quad B_1^n(x) = \frac{m(e_1)}{2} U_{1,i,j+1/2,k}^n,
$$
$$
k_2(x) = \frac{m(e_2)}{h_2} \left(\frac{1}{h_2} \int_{x_{i,j,k}}^{x_{i-1,j-1,k}} \frac{\mathrm{d}s}{D(s)} \right)^{-1}, \quad B_2^n(x) = \frac{m(e_2)}{2} U_{2,i-1/2,j-1/2,k}^n,
$$

$$k_3(x) = \frac{m(e_3)}{h_3}\left(\frac{1}{h_3}\int_{x_{i,j,k}}^{x_{i+1,j,k}}\frac{\mathrm{d}s}{D(s)}\right)^{-1}, \quad B_3^n(x) = \frac{m(e_3)}{2}U_{3,i+1/2,j,k}^n,$$

$$k_4(x) = \frac{m(e_4)}{h_4}\left(\frac{1}{h_4}\int_{x_{i,j,k}}^{x_{i,j,k+1}}\frac{\mathrm{d}s}{D(s)}\right)^{-1}, \quad B_4^n(x) = \frac{m(e_4)}{2}U_{4,i,j,k+1/2}^n,$$

$$k_5(x) = \frac{m(e_5)}{h_4}\left(\frac{1}{h_4}\int_{x_{i,j,k-1}}^{x_{i,j,k}}\frac{\mathrm{d}s}{D(s)}\right)^{-1}, \quad B_5^n(x) = \frac{m(e_5)}{2}U_{5,i,j,k-1/2}^n.$$

这样就可以得到式 (4.3.2) 的三角剖分单元中心有限差分格式

$$(C^{n+1} - C^n)\int_V \phi(x)\mathrm{d}x + \Delta t\sum_{t=1}^{5}(w_l^{n+1}(x) + v_l^{n+1}(x)) = \varphi^{n+1}$$

$$\equiv \iint_{V\times[t^n,t^{n+1}]} \bar{c}(x,t,C^{n+1})q(x,t)\mathrm{d}x\mathrm{d}t. \tag{4.3.14}$$

对边界处的单元, 假设 $c(x)$ 可以连续地延伸到整个单元 V 上. 同理对 ω_2 中的规则细网格点, 也可以建立上面的离散格式 (4.3.14). 对交界处的单元 V, 如图 4.3.4 所示, 在时间 $t^{n+1}(n=1,2,\cdots,J)$, 把上面的离散格式应用于单元 V 时, 格式中所需要的空间时间点可能不存在. 这些点处网格函数值我们采用空间上的分段常数插值或分段线性插值近似.

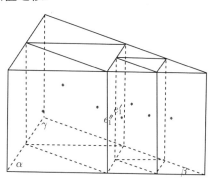

图 4.3.4 交界处的单元 $V = V(x)$

考虑图 4.3.4 所示的情形, 其中 $x_1 x_2$ 平面上的网格分布如图 4.3.3 所示. 需要在时间层 t^{n+1} 上点 Q_4^* 和 Q_5^* 处的网格函数值. 在时间层 $t = t^{n+1}$, 对 $x = Q_4^*$ 和 $x = Q_5^*$.

$$\int_{t^n}^{t^{n+1}}\int_{e_1} W_{v_1}\mathrm{d}s\mathrm{d}t = \int_{t^n}^{t^{n+1}}\left[\int_{e_1'} W_{v_1}\mathrm{d}s + \int_{e_1''} W_{v_1}\mathrm{d}s\right]\mathrm{d}t,$$

$$\int_{t^n}^{t^{n+1}} \int_{e_1} V_{v_1} \mathrm{d}s \mathrm{d}t = \int_{t^n}^{t^{n+1}} \left[\int_{e_1'} V_{v_1} \mathrm{d}s + \int_{e_1''} V_{v_1} \mathrm{d}s \right] \mathrm{d}t,$$

可近似为

$$
\begin{aligned}
\Delta t w_1^{n+1}(Q_0) &= -\Delta t w_1^{n+1}(Q_4) - \Delta t w_1^{n+1}(Q_5) \\
&= -\Delta t \frac{k_1(Q_4)}{1+|B_1^n(Q_4)|/k_1(Q_4)}(C^{n+1}(Q_4) - C^{n+1}(Q_4^*)) \\
&\quad - \Delta t \frac{k_1(Q_4)}{1+|B_1^n(Q_5)|/k_1(Q_5)}(C^{n+1}(Q_5) - C^{n+1}(Q_5^*)), \\
\Delta t v_1^{n+1}(Q_0) &= -\Delta t v_1^{n+1}(Q_4) - \Delta t v_1^{n+1}(Q_5) \\
&= -\Delta t [(B_1^n(Q_4) + |B_1^n(Q_4)|)C^{n+1}(Q_4) \\
&\quad + (B_1^n(Q_4) - |B_1^n(Q_4)|)C^{n+1}(Q_4^*)] \\
&\quad - \Delta t [(B_1^n(Q_5) + |B_1^n(Q_5)|)C^{n+1}(Q_5) \\
&\quad + (B_1^n(Q_4) - |B_1^n(Q_5)|)C^{n+1}(Q_5^*)],
\end{aligned}
$$

其中

$$k_1(Q_4) = \frac{m(e_1')}{h_f}\left(\frac{1}{h_f}\int_{Q_4}^{Q_4^*} \frac{\mathrm{d}s}{D(s)}\right)^{-1}, \quad k_1(Q_5) = \frac{m(e_1'')}{h_f}\left(\frac{1}{h_f}\int_{Q_5}^{Q_5^*} \frac{\mathrm{d}s}{D(s)}\right)^{-1},$$

$$B_1^n(Q_4) = \frac{m(e_1')}{2}U_{1,\frac{Q_0+Q_1}{2}}^n, \quad B_1^n(Q_5) = \frac{m(e_1'')}{2}U_{1,\frac{Q_0+Q_1}{2}}^n.$$

若对点 Q_4^* 和 Q_4^* 处网格函数值采用分段常数插值近似, 则

$$C^{n+1}(P_4^*) = C^{n+1}(P_5^*) = C^{n+1}(P_0),$$

因此可得

$$
\begin{aligned}
w_1^{n+1}(Q_4) &= \frac{k_1(Q_4)}{1+|B_1^n Q_4|/k_1(Q_4)}\Delta_1 C^{n+1}(Q_4), \\
w_1^{n+1}(Q_5) &= \frac{k_1(Q_5)}{1+|B_1^n Q_5|/k_1(Q_5)}\Delta_1 C^{n+1}(Q_5), \\
v_1^{n+1}(Q_4) &= (B_1^n(Q_4) + |B_1^n(Q_4)|)C^{n+1}(Q_4) + (B_1^n(Q_4) - |B_1^n(Q_4)|)C^{n+1}(Q_0), \\
v_1^{n+1}(Q_5) &= (B_1^n(Q_5) + |B_1^n(Q_5)|)C^{n+1}(Q_5) + (B_1^n(Q_5) - |B_1^n(Q_5)|)C^{n+1}(Q_0).
\end{aligned}
$$

$$(4.3.15)$$

若采用空间上的分段线性插值近似, 则

$$w_1^{n+1}(Q_4) = \frac{k_1(Q_4)}{1+|B_1^n Q_4|/k_1(Q_4)}\Delta_1 C^{n+1}(Q_4) - \frac{1}{2} \cdot \frac{k_1(Q_4)}{1+|B_1^n Q_4|/k_1(Q_4)}\Delta_3 C^{n+1}(Q_0),$$

$$w_1^{n+1}(Q_5) = \frac{k_1(Q_5)}{1+|B_1^n Q_5|/k_1(Q_5)}\Delta_1 C^{n+1}(Q_5) - \frac{1}{2}\cdot\frac{k_1(Q_5)}{1+|B_1^n Q_5|/k_1(Q_5)}\Delta_2 C^{n+1}(Q_0),$$

$$v_1^{n+1}(Q_4) = (B_1^n(Q_4) + |B_1^n(Q_4)|)C^{n+1}(Q_4) + (B_1^n(Q_4) - |B_1^n(Q_4)|)C^{n+1}(Q_0)$$
$$+ \frac{1}{2}(B_1^n(Q_4) - |B_1^n(Q_4)|)\Delta_3 C^{n+1}(Q_0),$$

$$v_1^{n+1}(Q_5) = (B_1^n(Q_5) + |B_1^n(Q_5)|)C^{n+1}(Q_5) + (B_1^n(Q_5) - |B_1^n(Q_5)|)C^{n+1}(Q_0)$$
$$+ \frac{1}{2}(B_1^n(Q_5) - |B_1^n(Q_5)|)\Delta_2 C^{n+1}(Q_0). \tag{4.3.16}$$

在下面的收敛性分析中仅考虑线性插值近似的情形.

4.3.4　收敛性分析

本节研究在 4.3.3 节中所建立的差分格式的误差估计, 令

$$\pi(x, t^n) = P^n(x) - p(x, t^n), \quad \xi(x, t^n) = C^n(x) - c(x, t^n), \quad x \in \omega. \tag{4.3.17}$$

首先在局部加密复合网格 ($x_1 x_2$ 平面上网格的局部加密如图 4.3.5 所示) 上考虑 4.3.3 节中给出的压力方程 (4.3.1a) 的差分格式 (4.3.7)—(4.3.9). 把 $P^n(x) = \pi^n(x) + p^n(x)$ 代入式 (4.3.8), 可得

$$\sum_{l=1}^{5} \bar{w}_l^n(x) = \bar{\varphi}^n(x) - \sum_{l=1}^{5} \bar{w}_l^n(x) = \bar{\psi}^n, \quad x \in \omega,$$

其中左边的流量用 π 的值近似, 右边的流量由 p 的值决定, 把 $\bar{\psi}^n$ 改写成下面的形式:

$$\bar{\psi}^n = \sum_{l=1}^{5}\left\{\int_{e_5} W_{v_l}\mathrm{d}s - w_l^n(x)\right\} \equiv \sum_{l=1}^{5} \bar{\eta}_l^n(x).$$

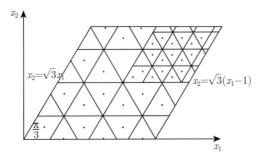

图 4.3.5　$x_1 x_2$ 平面上局部加密示意图

可以证明

$$\|\pi^n\|_{1,\omega} \leqslant k \sum_{l=1}^{5} \|\bar{\eta}_l^n\|_{0,\omega},$$

因此要估计误差 π^n, 只需对 $\bar{\eta}_l^n$ 进行估计即可.

对规则网格点 $(l = 1)$, 有

$$
\begin{aligned}
\eta_1(P_0) &= -\int_{e_1} a(x, c^n)\frac{\partial p}{\partial v_1}\mathrm{d}s - \bar{k}_1^n(Q_0)[p(Q_0) - p(Q_1)] \\
&= -\int_{e_1} [a(x, c^n) - a(x, C_{i,j+1/2,k}^n)]\frac{\partial p}{\partial v_1}\mathrm{d}s \\
&\quad - \int_{e_1} a(x, C_{i,j+1/2,k}^n)\frac{\partial p}{\partial v_1}\mathrm{d}s - \bar{k}_1^n(Q_0)[p(Q_0) - p(Q_1)].
\end{aligned}
$$

利用 $a(x, c)$ 的 Lipschitz 条件和 Bramble-Hilbert 引理, 可以得到

$$
\|\pi^n\|_{1,\omega} = K(\|p^n\|_{3,\infty})(\|\varepsilon^n\| + h^2),
$$

同理对不规则网格点, 可以得到 $\|\pi^n\|_{1,\omega} = K(\|p^n\|_{3,\infty})(\|\varepsilon^n\| + h^{3/2})$, 因此

$$
\|\pi^n\|_{1,\omega} \leqslant K(\|p^n\|_{3,\infty})(\|\varepsilon^n\| + h^{3/2}). \tag{4.3.18}
$$

下面考虑饱和度方程 (4.3.2) 在复合网格上的有限差分格式 (4.3.13)、(4.3.14) 和对 (4.3.16) 乘以 $C^{n+1}(x)$ 然后在 $x \in \omega_1$ 上求和, 可以得到

$$
\begin{aligned}
&\sum_{x\in\omega_1}\left\{(C^{n+1}(x) - C^n(x))\int_V \phi(x)\mathrm{d}x + \Delta t\sum_{l=1}^5 (w_l^{n+1}(x) + v_l^{n+1}(x))\right\}C^{n+1}(x) \\
&= \frac{1}{2}\sum_{x\in\omega_1}\left[(C^{n+1}(x))^2 - (C^n(x))^2 + (C^{n+1}(x) - C^n(x))^2\right]\int_V \phi(x)\mathrm{d}x \\
&\quad + \Delta t\sum_{i=1}^5 (I_{1,l}^{n+1} + J_{1,l}^{n+1}),
\end{aligned} \tag{4.3.19}
$$

其中 $I_{1,l}^{n+1} = \sum_{x\in\omega_1} w_l^{n+1}(x)C^{n+1}(x)$, $J_{1,l}^{n+1} = \sum_{x\in\omega_1} v_l^{n+1}(x)C^{n+1}(x)$, 同理

$$
\begin{aligned}
&\sum_{x\in\omega_2}\left\{(C^{n+1}(x) - C^n(x))\int_V \phi(x)\mathrm{d}x + \Delta t\sum_{l=1}^5 (w_l^{n+1}(x) + v_l^{n+1}(x))\right\}C^{n+1}(x) \\
&= \frac{1}{2}\sum_{x\in\omega_2}\left[(C^{n+1}(x))^2 - (C^n(x))^2 + (C^{n+1}(x) - C^n(x))^2\right]\int_V \phi(x)\mathrm{d}x \\
&\quad + \Delta t\sum_{l=1}^5 (I_{2,l}^{n+1} + J_{2,l}^{n+1}),
\end{aligned} \tag{4.3.20}
$$

其中 $I_{2,l}^{n+1} = \sum_{x\in\omega_2} w_l^{n+1}(x)C^{n+1}(x)$, $J_{2,l}^{n+1} = \sum_{x\in\omega_2} v_l^{n+1}(x)C^{n+1}(x)$.

对 Ω 中两个相邻的规则单元, 如图 4.3.6 所示, 有 $k_1(x) = k_1(x_+)$, $|B_1(x)| = |B_1(x_+)|$, 所以 $w_1(x) = -w_1(x_+)$, 因此

$$
\begin{aligned}
I_{1,1}^{n+1} &= \sum_{\substack{x \in \omega_1 \\ j \leqslant j_0}} \alpha_1(x) w_1^{n+1}(x) \Delta_1 C^{n+1}(x) + \sum_{\substack{x \in \omega_1 \\ j > j_0, i < 2i_0 - 1}} \alpha_1(x) w_1^{n+1}(x) \Delta_1 C^{n+1}(x) \\
&\quad + \sum_{\substack{x \in \omega_1 \\ j > j_0}} w_1^{n+1}(x_{2j_0-1,j,k}) C^{n+1}(x)(x_{2j_0-1,j,k}),
\end{aligned}
$$

$$
\begin{aligned}
I_{2,1}^{n+1} &= \sum_{\substack{x \in \omega_2 \\ i > 1}} \alpha_1(x) w_1^{n+1}(x) \Delta_1 C^{n+1}(x) \\
&\quad + \sum_{\substack{x \in \omega_1 \\ j \geqslant 1}} w_1^{n+1}(x_{1,j,k}) C^{n+1}(x)(x_{1,j,k}),
\end{aligned} \tag{4.3.21}
$$

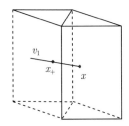

图 4.3.6　两个相邻的规则单元

其中 $\alpha_1(x) = \begin{cases} \dfrac{1}{2}, & x\text{为内点}, \\ 1, & \text{其他}. \end{cases}$ 定义

$$
\Delta_1 C^{n+1}(x_{1,2m-1,k}) = C^{n+1}(x_{1,2m-1,k}) - C^{n+1}(x_{2i_0-1,j_0+m,k}),
$$
$$
\Delta_1 C^{n+1}(x_{1,2m,k}) = C^{n+1}(x_{1,2m,k}) - C^{n+1}(x_{2i_0-1,j_0+m,k}).
$$

考虑到

$$
\Delta t w_1^{n+1}(x_{2i_0-1,j_0+m,k}) = -\Delta t (w_1^{n+1}(x_{1,2m-1,k}) + w_1^{n+1}(x_{1,2m,k})), \quad m = 1,2,\cdots,
$$

再由式 (4.3.21), 有

$$
\begin{aligned}
\Delta t I_{1,1}^{n+1} + \Delta t I_{2,1}^{n+1} &= \Delta t \sum_{x \in \omega_1 \backslash s_1} \alpha_1(x) w_1^{n+1}(x) \Delta_1 C^{n+1}(x) \\
&\quad + \Delta t \sum_{x \in \omega_2} \alpha_1(x) w_1^{n+1}(x) \Delta_1 C^{n+1}(x),
\end{aligned} \tag{4.3.22}
$$

其中 $S_1 = \{x = x_{i,j,k}, j > j_0, i = 2i_0 - 1\}$.

同理, 对 $I_{1,2}^{n+1}$ 和 $I_{2,2}^{n+1}$, 定义

$$\Delta_2 C^{n+1}(x_{4m-3,1,k}) = C^{n+1}(x_{4m-3,1,k}) - C^{n+1}(x_{2(i_0+m)-1,j_0,k}),$$
$$\Delta_2 C^{n+1}(x_{4m-3,1,k}) = C^{n+1}(x_{4m-1,1,k}) - C^{n+1}(x_{2(i_0+m)-1,j_0,k}),$$

可以得到

$$\Delta t I_{1,2}^{n+1} + \Delta t I_{2,2}^{n+1} = \Delta t \sum_{x \in \omega_1 \backslash s_2} \alpha_2(x) w_2^{n+1}(x) \Delta_2 C^{n+1}(x)$$
$$+ \Delta t \sum_{x \in \omega_2} \alpha_2(x) w_2^{n+1}(x) \Delta_2 C^{n+1}(x), \qquad (4.3.23)$$

其中 $S_2 = \{x = x_{i,j,k}, i = 2(i_0+m) - 1, j = j_0, m = 1, 2, \cdots\}$. 由于在 v_3 和 v_4 方向上没有不规则网格点, 所以

$$\Delta t I_{1,3}^{n+1} + \Delta t I_{2,3}^{n+1} = \Delta t \sum_{x \in \omega} \alpha_3(x) w_3^{n+1}(x) \Delta_3 C^{n+1}(x), \qquad (4.3.24)$$

在 v_4 方向上考虑到 $w_4^{n+1}(x_{i,j,k}) = -w_5^{n+1}(x_{i,j,k+1})$, 有

$$\Delta t I_{1,4}^{n+1} + \Delta t I_{2,4}^{n+1} + \Delta t I_{1,5}^{n+1} + \Delta t I_{2,5}^{n+1} = \Delta t \sum_{x \in \omega} w_4^{n+1}(x) \Delta_4 C^{n+1}(x). \qquad (4.3.25)$$

对 ω 中的规则网格 $x \in \omega$, 利用分部求和公式及 $B_1^n(x_{i,j,k}) = -B_1^n(x_{i,j+1,k})$ 可得

$$\sum_{x \in \omega} v_4^{n+1}(x) \Delta_4 C^{n+1}(x) = \sum_{x \in \omega} \alpha_1(x)|B_1^n(x)|(\Delta_1 C^{n+1}(x))^2 + \sum_{x \in \omega} B_1^n(x)(C^{n+1}(x))^2,$$

同理 $\sum_{x \in \omega} v_l^{n+1}(x) y^{n+1}(x)$, $l = 2, 3$ 也可写成类似的形式. 因此对 $J_{1,l}^{n+1}$ 和 $J_{2,l}^{n+1}$ ($l = 1, 2, 3$), 有

$$\Delta t J_{1,1}^{n+1} + \Delta t J_{2,1}^{n+1} = \Delta t \sum_{x \in \omega_1 \backslash s_1} \alpha_1(x)|B_1^n(x)|(\Delta_1 C^{n+1}(x))^2$$
$$+ \Delta t \sum_{x \in \omega_2} \alpha_1(x)|B_1^n(x)|(\Delta_1 C^{n+1}(x))^2$$
$$+ \Delta t \sum_{x \in \omega} B_1^n(x)(C^{n+1}(x))^2,$$
$$\Delta t J_{1,2}^{n+1} + \Delta t J_{2,2}^{n+1} = \Delta t \sum_{x \in \omega_1 \backslash s_2} \alpha_2(x)|B_2^n(x)|(\Delta_2 C^{n+1}(x))^2$$
$$+ \Delta t \sum_{x \in \omega_2} \alpha_2(x)|B_2^n(x)|(\Delta_2 C^{n+1}(x))^2$$

$$+ \Delta t \sum_{x \in \omega} B_2^n(x)(C^{n+1}(x))^2, \qquad (4.3.26)$$

$$\Delta t J_{1,3}^{n+1} + \Delta t J_{2,3}^{n+1} = \Delta t \sum_{x \in \omega} \alpha_3(x)|B_3^n(x)|(\Delta_3 C^{n+1}(x))^2$$

$$+ \Delta t \sum_{x \in \omega} B_3^n(x)(C^{n+1}(x))^2.$$

对 $J_{1,l}^{n+1}$ 和 $J_{2,l}^{n+1}(l = 4,5)$, 可以得到

$$\sum_{l=4}^{5} (\Delta t J_{1,l}^{n+1} + \Delta t J_{2,l}^{n+1})$$

$$= \Delta t \sum_{x \in \omega} |B_4^n(x)|(\Delta_4 C^{c+1}(x))^2 + \Delta t \sum_{x \in \omega} (B_4^n(x) - B_5^n(x))(C^{c+1}(x))^2. \qquad (4.3.27)$$

对式 (4.3.19) 和式 (4.3.20) 相加, 考虑到不等式 (4.3.22)—(4.3.27), 可得

$$\sum_{x \in \omega} \left\{ (C^{n+1}(x) - C^n(x)) \int_V \phi(x)\mathrm{d}x + \Delta t \sum_{l=1}^{5} (w_l^{n+1}(x) + v_l^{n+1}(x)) \right\} C^{n+1}(x)$$

$$= \frac{1}{2} \sum_{x \in \omega} ((C^{n+1}(x))^2 - (C^n(x))^2) \int_V \phi(x)\mathrm{d}x + \frac{1}{2} \sum_{x \in \omega} (C^{n+1}(x) - C^n(x))^2 \int_V \phi(x)\mathrm{d}x$$

$$+ \sum_{l=1}^{4} \sum_{x \in \omega} \Delta t (\tilde{\beta}_l^n(x) + |\tilde{B}_l^n(x)|)(\Delta_l C^{n+1}(x))^2 + \sum_{l=1}^{3} \sum_{x \in \omega} \Delta t B_l^n(x)(C^{n+1}(x))^2$$

$$+ \sum_{x \in \omega} \Delta t (B_4^n(x) - B_5^n(x))(C^{n+1}(x))^2,$$

其中 $\tilde{\beta}_l^n(x) = \alpha_l(x)\beta_l^n(x), \beta_l^n(x) = \dfrac{k_l(x)}{1 + |B_l^n(x)|/k_l(x)}, \tilde{B}_l^n(x) = \alpha_l(x)B_l^n(x)$, 右边第

三项中的 $\sum\limits_{x \in \omega}$ 指的是 ω 中 $\Delta_l z(x)$ 有定义的网格点上的求和, 其中 $l = 1, 2, 3, 4$.

要进行收敛性分析, 需用到下面的归纳假设

$$|U_l^n(x)| \leqslant M, \quad n = 0, 1, \cdots, J, \quad l = 1, 2, \cdots, 5, \quad x \in \omega, \qquad (4.3.28)$$

其中 M 为一正常数.

令 A_0 为在空间上采用分段常数插值近似时的系数矩阵, 则

$$(A_0 C^{n+1}, C^{n+1})$$

$$= \frac{1}{2} \sum_{x \in \omega} ((C^{n+1}(x))^2 - (C^n(x))^2) \int_V \phi(x)\mathrm{d}x + \frac{1}{2} \sum_{x \in \omega} (C^{n+1}(x) - C^n(x))^2 \int_V \phi(x)\mathrm{d}x$$

$$+ \sum_{l=1}^{4} \sum_{x \in \omega} \Delta t (\tilde{\beta}_l^n(x) + |\tilde{B}_l^n(x)|)(\Delta_l C^{n+1}(x))^2 + \sum_{l=1}^{3} \sum_{x \in \omega} \Delta t B_l^n(x)(C^{n+1}(x))^2$$

$$+ \sum_{x \in \omega} \Delta t (B_4^n(x) - B_5^n(x))(C^{n+1}(x))^2. \tag{4.3.29}$$

式 (4.3.29) 对 $n = 1, \cdots, J-1$ 求和, 可知由式 (4.3.13)— 式 (4.3.15) 定义的差分格式是稳定的, 且满足下面的先验估计:

$$\sum_{n=0}^{J-1} (A_0 C^{n+1}, C^{n+1}) \leqslant K \sum_{n=0}^{J-1} \sum_{\omega} (\varphi^{n+1}(x))^2, \tag{4.3.30}$$

其中 K 为与 h 和 Δt 无关的常数. 令 A 为采用空间上线性插值近似时得到的系数矩阵, 有

$$(A C^{n+1}, C^{n+1})$$
$$= (A_0 C^{n+1}, C^{n+1}) - \frac{\Delta t}{2} \sum_{m \geqslant 1} \{ \tilde{\beta}_l^n(x_{1,2m-1,k}) \Delta_2 C^{n+1}(x_{2i_0-1,j_0+m,k})$$
$$\cdot \Delta_1 C^{n+1}(x_{1,2m-1,k}) + (\tilde{\beta}_l^n(x_{1,2m,k}) \Delta_3 C^{n+1}(x_{2i_0-1,j_0+m,k}) \Delta_1 C^{n+1}(x_{1,2m-1,k})) \}$$
$$- \frac{\Delta t}{2} \sum_{m \geqslant 1} \{ \tilde{\beta}_2^n(x_{4m-3,1,k}) \Delta_1 C^{n+1}(x_{2(i_0+m)-1,j_0,k}) \Delta_2 C^{n+1}(x_{4m-3,1,k})$$
$$+ (\tilde{\beta}_2^n(x_{4m-1,1,k}) \Delta_3 C^{n+1}(x_{2(i_0+m)-1,j_0,k}) \Delta_2 C^{n+1}(x_{4m-1,1,k})) \}$$
$$+ \frac{\Delta t}{2} \sum_{m \geqslant 1} \{ (\tilde{B}_1^n(x_{1,2m-1,k}) - |\tilde{B}_1^n(x_{1,2m-1,k})|) \Delta_2 C^{n+1}(x_{2i_0-1,j_0+m,k})$$
$$\cdot \Delta_1 C^{n+1}(x_{1,2m-1,k}) + (\tilde{B}_2^n(x_{4m-1,1,k})$$
$$- |\tilde{B}_1^n(x_{1,2m,k})|) \Delta_3 C^{n+1}(x_{2i_0-1,j_0+m,k}) \Delta_1 C^{n+1}(x_{1,2m,k}) \}$$
$$+ \frac{\Delta t}{2} \sum_{m \geqslant 1} \{ (\tilde{B}_2^n(x_{4m-3,1,k}) - |\tilde{B}_2^n(x_{4m-3,1,k})|)$$
$$\cdot \Delta_1 C^{n+1}(x_{2(i_0+m)-1,j_0,k}) \Delta_2 C^{n+1}(x_{4m-3,1,k})$$
$$+ (\tilde{B}_2^n(x_{4m-1,1,k}) - |\tilde{B}_2^n(x_{4m-1,1,k})|) \Delta_3 C^{n+1}(x_{2(i_0+m)-1,j_0,k})$$
$$\cdot \Delta_2 C^{n+1}(x_{4m-1,1,k}) \}. \tag{4.3.31}$$

利用 Cauchy 不等式, 以及不等式 $-|ab| \geqslant -\dfrac{a^2 + b^2}{2}$, 可以得到

$$\gamma_1 (A_0 C^{n+1}, C^{n+1}) \leqslant (A C^{n+1}, C^{n+1}) \leqslant \gamma_2 (A_0 C^{n+1}, C^{n+1}). \tag{4.3.32}$$

由式 (4.3.30) 和式 (4.3.32), 可以得到下面的稳定性理论.

定理 4.3.1　由式 (4.3.13)、式 (4.3.14) 和式 (4.3.16) 定义的差分格式是稳定的, 且满足下面的先验估计:

$$\sum_{n=0}^{J-1} (A C^{n+1}, C^{n+1}) \leqslant K \sum_{n=0}^{J-1} \sum_{\omega} (\varphi^{n+1}(x))^2, \tag{4.3.33}$$

其中 K 为与 h 和 Δt 无关的常数.

把 $C^n(x) = \varepsilon^n(x) + c^n(x)$ 代入式 (4.3.14), 可得

$$
(\varepsilon^{n+1} - \varepsilon^n) \int_{V(x)} \phi(x)\mathrm{d}x + \Delta t \sum_{l=1}^{5}(w_l^{n+1} + v_l^{n+1})
$$
$$
= \varphi^{n+1} - (c^{n+1} - c^n) \int_{V(x)} \phi(x)\mathrm{d}x + \Delta t \sum_{l=1}^{5}(w_l^{n+1} + v_l^{n+1}) \equiv \psi_1^{n+1}, \quad x \in \omega_1,
$$

$$(4.3.34\mathrm{a})$$

$$
(\varepsilon^{n+1} - \varepsilon^n) \int_{V(x)} \phi(x)\mathrm{d}x + \Delta t \sum_{l=1}^{5}(w_l^{n+1} + v_l^{n+1})
$$
$$
= \varphi^{n+1} - (c^{n+1} - c^n) \int_{V(x)} \phi(x)\mathrm{d}x
$$
$$
+ \Delta t \sum_{l=1}^{5}(w_l^{n+1} + v_l^{n+1}) \equiv \psi_2^{n+1}, \quad x \in \omega_2,
$$

$$(4.3.34\mathrm{b})$$

其中左边的流量用 ε 的值近似, 右边的流量由 c 的值决定. 由于 φ^{n+1} 满足式 (4.3.14), 所以可把 ψ_1^{n+1} 和 ψ_2^{n+1} 改写成下面的形式:

$$
\psi_1^{n+1} = \int_{t^n}^{t^{n+1}} \left\{ \int_V \phi(\xi)\frac{\partial c}{\partial t}(\xi, t)\mathrm{d}\xi - \int_V \phi(x)\mathrm{d}x \cdot \frac{\partial c}{\partial t}(x, t) \right\} \mathrm{d}t
$$
$$
+ \sum_{t=1}^{5} \left\{ \int_{t^n}^{t^{n+1}} \int_{e_l} W_{v_l}\mathrm{d}s\mathrm{d}t - \Delta t w_l^{n+1} \right\}
$$
$$
+ \sum_{t=1}^{5} \left\{ \int_{t^n}^{t^{n+1}} \int_{e_l} V_{v_l}\mathrm{d}s\mathrm{d}t - \Delta t v_l^{n+1} \right\}
$$
$$
= \int_{V(x)} \phi(x)\mathrm{d}x \cdot \Delta t \eta_{1,0}^{n+1}(x) + \Delta t \sum_{t=1}^{5} \eta_{1,l}^{n+1}(x) + \Delta t \sum_{t=1}^{5} \mu_{1,l}^{n+1}(x), \quad x \in \omega_1,
$$

$$(4.3.35\mathrm{a})$$

$$
\psi_2^{n+1} = \int_{t^n}^{t^{n+1}} \left\{ \int_\nu \varphi(\xi)\frac{\partial c}{\partial t}(\xi, t)\mathrm{d}\xi - \int_V \varphi(x)\mathrm{d}x \cdot \frac{\partial c}{\partial t}(x, t) \right\} \mathrm{d}t
$$
$$
+ \sum_{l=1}^{5} \left\{ \int_{t^n}^{t^{n+1}} \int_{e_l} W_{v_l}\mathrm{d}s\mathrm{d}t - \Delta t w_l^{n+1} \right\} + \sum_{l=1}^{5} \left\{ \int_{t^n}^{t^{n+1}} \int_{e_l} V_{v_l}\mathrm{d}s\mathrm{d}t - \Delta t v_l^{n+1} \right\}
$$
$$
\equiv \int_{V(x)} \phi(x)\mathrm{d}x \cdot \Delta t \ \eta_{2,0}^{n+1}(x) + \Delta t \sum_{l=1}^{5} \eta_{2,l}^{n+1}(x) + \Delta t \sum_{l=1}^{5} \mu_{2,l}^{n+1}(x), \quad x \in \omega_2,
$$

$$(4.3.35\mathrm{b})$$

注意到误差 ε 满足

$$\varepsilon^0(x) = 0, \quad x \in \omega,$$
$$\varepsilon^{n+1}(x) = 0, \quad x \in \partial\Omega, n = 0,\cdots, J-1. \tag{4.3.36}$$

对式 (4.3.34) 两边乘以 $\varepsilon^{n+1}(x)$, 分别在 ω_1 和 ω_2 上求和, 考虑到式 (4.3.29)、式 (4.3.31)、式 (4.3.32), 以及系数 ϕ 和 D 满足的性质, 有

$$\sum_\omega \int_V \phi(x)\mathrm{d}x((\varepsilon^{n+1}(x))^2 - (\varepsilon^n(x))^2) + K\sum_{l=1}^4\left\{\sum_\omega \Delta t[(\Delta_l\varepsilon^{n+1})^2]\right\}$$
$$\leqslant 2\sum_{\omega_1}\psi_1^{n+1}\varepsilon_{n+1} + 2\sum_{\omega_1}\psi_2^{n+1}\varepsilon^{n+1}. \tag{4.3.37}$$

注意到

$$\Delta t\eta_{1,1}^{n+1}(x_{2i_0-1,j_0+m,k}) = -\Delta t(\eta_{2,1}^{n+1}(x_{1,2m-1,k}) + \eta_{2,1}^{n+1}(x_{1,2m,k})), \quad m=1,2,\cdots,$$
$$\Delta t\eta_{1,2}^{n+1}(x_{2(i_0+m)-1,j_0,k}) = -\Delta t(\eta_{2,2}^{n+1}(x_{4m-3,1,k}) + \eta_{2,1}^{n+1}(x_{4m-1,1,k})), \quad m=1,2,\cdots,$$
$$\Delta\mu_{1,1}^{n+1}(x_{2i_0-1,j_0+m,k}) = -\Delta t(\mu_{2,1}^{n+1}(x_{1,2m-1,k}) + \mu_{2,1}^{n+1}(x_{1,2m,k})), \quad m=1,2,\cdots,$$
$$\Delta t\mu_{1,2}^{n+1}(x_{2(i_0+m)-1,j_0,k}) = -\Delta t(\mu_{2,2}^{n+1}(x_{4m-3,1,k}) + \mu_{2,1}^{n+1}(x_{4m-1,1,k})), \quad m=1,2,\cdots,$$

则和上面的讨论类似, 有

$$\sum_{\omega_1}\psi_1^{n+1}\varepsilon^{n+1} + \sum_{\omega_2}\psi_2^{n+1}\varepsilon^{n+1}$$
$$= \sum_{\omega_1}\int_V \phi(x)\mathrm{d}x\Delta t\eta_{1,0}^{n+1}\varepsilon^{n+1} + \sum_{\omega_2}\int_V \phi(x)\mathrm{d}x\Delta t\eta_{2,0}^{n+1}\varepsilon^{n+1}$$
$$+ \Delta t\sum_{l=1}^4\left[\sum_{\omega_1}\alpha_l(x)(\eta_{1,l}^{n+1} + \mu_{1,l}^{n+1})\Delta_l\varepsilon^{n+1} + \sum_{\omega_2}\alpha_l(x)(\eta_{2,l}^{n+1} + \mu_{2,l}^{n+1})\Delta_l\varepsilon^{n+1}\right]. \tag{4.3.38}$$

对式 (4.3.38) 的右边利用 Cauchy 不等式, 再利用简单的嵌入不等式[33], 可以得到

$$\sum_{x\in\omega_1}\psi_1^{n+1}\varepsilon^{n+1} + \sum_{x\in\omega_2}\psi_2^{n+1}\varepsilon^{n+1}$$
$$\leqslant K\left\{\sum_{\omega_1}\Delta t\left[h_c^3(\eta_{1,0}^{n+1})^2 + \sum_{l=1}^4((\eta_{1,l}^{n+1})^2 + (\mu_{1,l}^{n+1})^2)\right]\right.$$
$$\left. + \sum_{\omega_2}\Delta t\left[h_f^3(\eta_{2,0}^{n+1})^2 + \sum_{l=1}^4((\eta_{2,l}^{n+1})^2 + (\mu_{2,l}^{n+1})^2)\right]\right\}^{\frac{1}{2}}$$

$$\times \left\{ \sum_{l=1}^{4} \left[\sum_{\omega} \Delta t (\Delta_l \varepsilon^{n+1})^2 \right] \right\}^{\frac{1}{2}}. \tag{4.3.39}$$

引入范数

$$|||y|||^2 = \max_{0 < n \leqslant J} \sum_{\omega} h^3 (y^n(x))^2 + \sum_{n=0}^{J-1} \sum_{l=0}^{4} \left\{ \sum_{x \in \omega} \left[\Delta t (\Delta_l y^{n+1}(x))^2 \right] \right\}. \tag{4.3.40}$$

把式 (4.3.39) 代入式 (4.3.37), 利用 ε-不等式, 对 $n = 0, 1, \cdots, J-1$ 求和, 就可以得到下面的定理.

定理 4.3.2 由式 (4.3.13)、式 (4.3.14) 和式 (4.3.16) 定义的差分格式的误差 ε 满足估计

$$|||\varepsilon|||^2 \leqslant K \sum_{n=0}^{J-1} \left\{ \sum_{\omega_1} \Delta t \left[h_c^3 (\eta_{1,0}^{n+1})^2 + \sum_{l=1}^{4} ((\eta_{1,l}^{n+1})^2 + (\mu_{1,l}^{n+1})^2) \right] \right.$$
$$\left. + \sum_{\omega_2} \Delta t \left[h_f^3 (\eta_{2,0}^{n+1})^2 + \sum_{l=1}^{4} ((\eta_{2,l}^{n+1})^2 + (\mu_{2,l}^{n+1})^2) \right] \right\}, \tag{4.3.41}$$

其中 $\eta_{1,l}^n, \eta_{2,l}^n, \mu_{1,l}^n, \mu_{2,l}^n, l = 1, 2, 3, 4$ 和 $\eta_{1,0}^n, \eta_{2,0}^n$ 为由式 (4.3.35) 定义的局部截断误差, K 为与 h, h_c 和 h_f 无关的常数.

由定理 4.3.2 可以看出, 估计误差 ε, 只需对式 (4.3.41) 右边的项进行估计即可. 下面假定解 $c(x, t)$ 满足光滑性条件 (4.3.5a), 对式 (4.3.41) 右边的项进行估计.

利用 Bramble-Hilbert 引理和 Hölder 不等式, 有

$$|\eta_{1,0}^{n+1}(x)| \leqslant K h_c \cdot \frac{1}{\Delta t} \int_{t^n}^{t^{n+1}} \left\| \frac{\partial c}{\partial t} \right\|_{H^2(e)} \mathrm{d}t \leqslant K h_c \cdot \Delta t^{-\frac{1}{2}} \left[\int_{t^n}^{t^{n+1}} \left\| \frac{\partial c}{\partial t} \right\|_{H^2(e)}^2 \mathrm{d}t \right]^{\frac{1}{2}}.$$

同理可对 $\eta_{2,0}^{n+1}(x)$ 进行估计, 因此有下面的估计:

$$\left\{ \sum_{n=0}^{J-1} \left[\sum_{\omega_1} \Delta t h_c^3 (\eta_{1,0}^{n+1})^2 + \sum_{\omega_2} \Delta t h_f^3 (\eta_{2,0}^{n+1})^2 \right] \right\}^{1/2}$$
$$\leqslant K h_c^{5/2} \left\| \frac{\partial c}{\partial t} \right\|_{L^2(H^2(\Omega_1))} + K h_f^{5/2} \left\| \frac{\partial c}{\partial t} \right\|_{L^2(H^2(\Omega_2))}. \tag{4.3.42}$$

首先, 考虑规则粗网络, 其网格点记为 Q_0, 把 $w_l^{n+1}(x)$ 和 $v_l^{n+1}(x)$ 改写成

$$w_l^{n+1}(x) = \frac{k_1(x)}{1 + |B_1^n(x)|/k_1(x)} \Delta_1^{n+1} C^{n+1}(x) + |B_1^n(x)| \Delta_1 C^{n+1}(x)$$
$$= [k_1(x) + O(h^3)] \Delta_1 C^{n+1}(x),$$

$$v_l^{n+1}(x) = B_1^n(x)(C_{i,j,k}^{n+1} + C_{i,j+1,k}^{n+1}),$$

则利用 Bramble-Hilbert 引理可得

$$|\eta_{1,1}^{n+1}(Q_0)| \leqslant K h_c^2 \max_{t^n \leqslant t \leqslant t^{n+1}} \|c\|_{H^3(\bar{e})} + K(\Delta t)^{1/2} \left(\int_{t^n}^{t^{n+1}} \left\| \frac{\partial c}{\partial t} \right\|_{H^2(\bar{e})}^2 \mathrm{d}x \right)^{1/2}.$$

因此

$$\sum_{n=0}^{J-1} \sum_{\omega_1} \Delta t (\eta_{1,1}^{n+1})^2 \leqslant K h_c^2 \max_{0 \leqslant t \leqslant T} \|c\|_{H^3(\Omega_1)}^2 + K \Delta t^2 \left\| \frac{\partial c}{\partial t} \right\|_{L^2(H^2(\Omega_1))}^2. \tag{4.3.43}$$

把求和 $\sum_{\omega_2}$ 分成两部分: 规则网格点上的求和 $\sum_{\omega_2^{(1)}}$ 和不规则网格点上的求和

$\sum_{\omega_2^{(2)}}$. 同理可得

$$\sum_{n=0}^{J-1} \sum_{\omega_2^{(1)}} \Delta t (\eta_{2,1}^{n+1})^2 \leqslant K h_f^2 \max_{0 \leqslant t \leqslant T} \|c\|_{H^3(\Omega_1)}^2 + K \Delta t^2 \left\| \frac{\partial c}{\partial t} \right\|_{L^2(H^2(\Omega_2))}^2. \tag{4.3.44}$$

对 $\eta_{1,l}^{n+1}$ 和 $\eta_{2,l}^{n+1}(l=2,3)$ 也有类似的估计, 利用这些估计可得

$$\left\{ \sum_{n=0}^{J-1} \left[\sum_{\omega_1} \Delta t \sum_{l=1}^3 (\eta_{1,l}^{n+1})^2 + \sum_{\omega_2^{(1)}} \Delta t \sum_{l=1}^3 (\eta_{2,l}^{n+1})^2 \right] \right\}^{1/2}$$

$$\leqslant K \left\{ \Delta t \left\| \frac{\partial c}{\partial t} \right\|_{L^2(H^2(\Omega_1))} + \Delta t \left\| \frac{\partial c}{\partial t} \right\|_{L^2(H^2(\Omega_2))} \right.$$

$$\left. + h_c^2 \max_{0 \leqslant t \leqslant T} \|c\|_{H^3(\Omega_1)} + h_f^2 \max_{0 \leqslant t \leqslant T} \|c\|_{H^3(\Omega_2)} \right\}. \tag{4.3.45}$$

对 $\mu_{1,1}^{n+1}(Q_0)$, 作归纳性假设: 当 $\Delta t = O(h)$ 时, 有

$$\|\varepsilon^n\|_{0,\omega} \leqslant Kh. \tag{4.3.46}$$

再由压力方程的误差估计 (4.3.18), 可得

$$|\mu_{1,1}^{n+1}(Q_0)| \leqslant K h_c^2 \max_{t^n \leqslant t \leqslant t^{n+1}} \|c\|_{H^2(\bar{e})} + K(\Delta t)^{1/2} \left(\int_{t^n}^{t^{n+1}} \left\| \frac{\partial c}{\partial t} \right\|_{H^2(\bar{e})}^2 \mathrm{d}x \right)^{1/2}.$$

因此

$$\sum_{n=0}^{J-1} \sum_{\omega_1} \Delta t (\mu_{1,1}^{n+1})^2 \leqslant K h_c^2 \max_{0 \leqslant t \leqslant T} \|c\|_{H^3(\Omega_1)}^2 + K \Delta t^2 \left\| \frac{\partial c}{\partial t} \right\|_{L^2(H^2(\Omega_1))}^2. \tag{4.3.47}$$

同理可对 $\mu_{2,1}^{n+1}$, $\mu_{1,l}^{n+1}$ 和 $\mu_{2,l}^{n+1}$ $(l=2,3)$ 进行估计, 因此可以得到

$$
\left\{ \sum_{n=0}^{J-1} \left[\sum_{\omega_1} \Delta t \sum_{l=1}^3 (\mu_{1,l}^{n+1})^2 + \sum_{\omega_2^{(1)}} \Delta t \sum_{l=1}^3 (\mu_{2,l}^{n+1})^2 \right] \right\}^{1/2}
$$

$$
\leqslant K \left\{ \Delta t \left\| \frac{\partial c}{\partial t} \right\|_{L^2(H^2(\Omega_1))} + \Delta t \left\| \frac{\partial c}{\partial t} \right\|_{L^2(H^2(\Omega_2))} + h_c^2 \max_{0 \leqslant t \leqslant T} \|c\|_{H^2(\Omega_1)} \right.
$$

$$
\left. + h_f^2 \max_{0 \leqslant t \leqslant T} \|c\|_{H^2(\Omega_2)} \right\}. \tag{4.3.48}
$$

下面考虑不规则网格, 如图 4.3.4 所示, 把 w_1^{n+1} 和 v_1^{n+1} 写为

$$
\begin{aligned}
w_1^{n+1}(Q_4) =& \frac{k_1(Q_4)}{1 + |B_1^n(Q_4)|/k_1(Q_4)} \Delta_1 C^{n+1}(Q_4) \\
& - \frac{1}{2} \cdot \frac{k_1(Q_4)}{1 + |B_1^n(Q_4)|/k_1(Q_4)} \Delta_3 C^{n+1}(Q_0) \\
& + |B_1^n(Q_4)| \left[C^{n+1}(Q_4) - \frac{3}{2} C^{n+1}(Q_0) + \frac{1}{2} C^{n+1}(Q_3) \right] \\
=& [k_1(Q_4) + O(h^2)] \left[C^{n+1}(Q_4) - \frac{3}{2} C^{n+1}(Q_0) + \frac{1}{2} C^{n+1}(Q_3) \right], \\
v_1^{n+1}(Q_4) =& B_1^n(Q_4) \left[C^{n+1}(Q_4) + \frac{3}{2} C^{n+1}(Q_0) - \frac{1}{2} C^{n+1}(Q_3) \right].
\end{aligned}
$$

这样, 令 Ω_δ 为 Ω_1 和 Ω_2 之间宽为 δ 的带, 利用 Bramble-Hilbert 引理, 可以得到

$$
\sum_{n=0}^{J-1} \sum_{\omega_2^{(2)}} \Delta t (\eta_{2,1}^{n+1})^2 \leqslant K h_f^2 \max_{0 \leqslant t \leqslant T} \|c\|_{H^2(\Omega_\delta)}^2 + K \Delta t^2 \left\| \frac{\partial c}{\partial t} \right\|_{L^2(H^2(\Omega_\delta))}^2,
$$

$$
\sum_{n=0}^{J-1} \sum_{\omega_2^{(2)}} \Delta t (\mu_{2,1}^{n+1})^2 \leqslant K h_f^2 \max_{0 \leqslant t \leqslant T} \|c\|_{H^2(\Omega_\delta)}^2 + K \Delta t^2 \left\| \frac{\partial c}{\partial t} \right\|_{L^2(H^2(\Omega_\delta))}^2.
$$

对 $\eta_{2,l}^{n+1}$ 和 $\mu_{2,l}^{n+1}$ $(l=2,3)$ 也有类似的估计, 因此

$$
\left\{ \sum_{n=0}^{J-1} \sum_{\omega_2^{(2)}} \left[\Delta t \sum_{l=1}^3 (\eta_{2,l}^{n+1})^2 + \Delta t \sum_{l=1}^3 (\mu_{2,l}^{n+1})^2 \right] \right\}^{1/2}
$$

$$
\leqslant K h_f^2 \max_{0 \leqslant t \leqslant T} \|c\|_{H^3(\Omega_\delta)}^2 + K \Delta t^2 \left\| \frac{\partial c}{\partial t} \right\|_{L^2(H^2(\Omega_\delta))}^2. \tag{4.3.49}
$$

由于在 x_3 方向上未进行局部加密, 有

$$\left\{\sum_{n=0}^{J-1}\sum_{\omega}\left[\Delta t\sum_{l=1}^{3}(\eta_{l,4}^{n+1})^2+\Delta t\sum_{l=1}^{3}(\eta_{l,4}^{n+1})^2\right]\right\}^{1/2}$$

$$\leqslant Kh_f^2\max_{0\leqslant t\leqslant T}\|c\|_{H^3(\Omega_\delta)}^2+K\Delta t^2\left\|\frac{\partial c}{\partial t}\right\|_{L^2(H^2(\Omega_\delta))}^2. \tag{4.3.50}$$

把估计式 (4.3.42)、式 (4.3.45)、式 (4.3.48)— 式 (4.3.50) 代入式 (4.3.41), 可以得到

$$|||c-C|||\leqslant K\left\{(h_c^2+\Delta t)|||c|||_{\Omega_1}+(h_f^2+\Delta t)|||c|||_{\Omega_2}+(h_f+\Delta t)|||c|||_{\Omega_\delta}\right\}, \tag{4.3.51}$$

其中模 $|||\cdot|||$ 由式 (4.3.40) 定义, $|||u|||_{\Omega_1}$, $|||u|||_{\Omega_2}$ 和 $|||u|||_{\Omega_\delta}$ 为根据式 (4.3.42)、式 (4.3.45)、式 (4.3.48) 和式 (4.3.49) 定义的关于解 c 的范数.

下面证明归纳性假设 (4.3.28) 和 (4.3.46) 成立. 当 $n=0$ 时, 由初始条件 (4.3.28) 和 (4.3.46) 显然成立, 假设当 $1\leqslant n\leqslant N$ 时式 (4.3.28) 和式 (4.3.46) 成立, 若 $\Delta t=O(h)$, 由式 (4.3.18) 和式 (4.3.51) 可得 $n=N+1$ 时式 (4.3.46) 和式 (4.3.48) 成立, 所以归纳性假设 (4.3.28) 和 (4.3.46) 成立, 因此有下面的定理.

定理 4.3.3　若方程组 (4.3.1)—(4.3.4) 的精确解 p,u 和 c 具有光滑性条件 (4.3.5), 当 $\Delta t=O(h)$ 时, 收敛性估计 (4.3.51) 成立.

4.3.5　数值算例

考虑抛物问题

$$\frac{\partial c}{\partial t}+\nabla\cdot(-\nabla c(x)+c(x))=f(x,t),\quad x\in\Omega,t>0, \tag{4.3.52}$$

其中 $\Omega=\left\{(x_1,x_2,x_3):0\leqslant x_2\leqslant\sqrt{3}/2,x_2/\sqrt{3}\leqslant x_1\leqslant x_2/\sqrt{3}+1,0\leqslant x_3\leqslant 1\right\}$. 在时间上采用规则网格剖分, $\Delta t=0.1$, 在 x_1x_2 平面上采用三角剖分, 如图 4.3.7 所示, 三角形单元边长 $h=1/(n-2/3)$, n 为整数, 在 x_3 方向上采用规则网格剖分, $h_3=0.5$, 且假设网格点在平面 $z=0$ 和 $z=1$ 上. 对空间上的局部加密复合网格, 仅考虑 x_1x_2 平面上的局部加密, 加密后的三角形单元边长 $h'=\dfrac{h}{m}$, m 为 $\geqslant 1$ 的整数, 选择加密区域

$$\Omega_2=\left\{(x_1,x_2,x_3):x_2^0\leqslant x_2\leqslant\sqrt{3}/2,x_1^0+(x_2-x_2^0)/\sqrt{3}<x_1\leqslant x_2/\sqrt{3}+1\right\},$$

其中 $x_1^0=(i_0+(j_0-1)/2)h$, $x_2^0=\sqrt{3}/2\,(j_0-1/3)h$, $0<i_0<n$, $0<j_0<n$. 令 C 为 $c(x)$ 的数值近似解, 且假定 $i_0=j_0=n/2$, $n=4$, $m=2$.

选择 $f(x,t)$ 使得方程 (4.3.52) 的精确解为

$$c=\frac{1}{3}\exp(t^2)x_3(1-x_3)x_2(x_2-\sqrt{3}/2)$$

$$\cdot (x_2 - \sqrt{3}x_1)(x_2 - \sqrt{3}(x_1 - 1)) \exp((x_1 + x_2)^2). \tag{4.3.53}$$

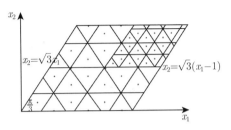

图 4.3.7　$x_1 x_2$ 平面上局部加密示意图

当 $t = 0.2, x_3 = 0.5$ 时, 精确解的示意图如图 4.3.8 所示. 对由格式 (4.3.13) 和局部加密修正格式求得的近似解进行比较, 当 $t = 0.2, x_3 = 0.5$ 时, 计算结果如图 4.3.9 和图 4.3.10 所示. 最大绝对误差的结果如表 4.3.1 所示.

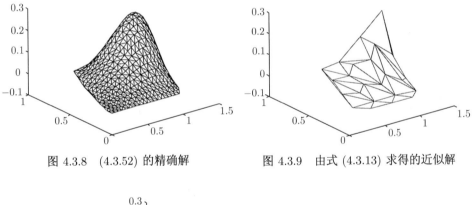

图 4.3.8　(4.3.52) 的精确解　　　　　　　图 4.3.9　由式 (4.3.13) 求得的近似解

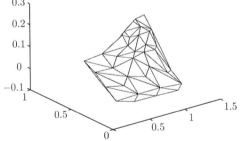

图 4.3.10　由局部加密格式求得的近似解

上面的数值算例结果表明对局部性质较强的问题, 使用局部网格加密技术, 可以在网格点数增加不多的前提下, 得到好的近似解, 也进一步说明本节所提出的方法, 能应用于能源数值模拟和环境科学的应用领域.

表 4.3.1　最大绝对误差

n	网络点数	$t=0.1$	$t=0.2$	$t=0.3$	$t=0.4$	$t=0.5$
4(不进行局部加密)	28	0.048916	0.080658	0.102068	0.117669	0.130520
4(局部加密)	38	0.006182	0.012796	0.020413	0.029545	0.040763
8(不进行局部加密)	120	0.004258	0.010856	0.018190	0.026213	0.040357

参 考 文 献

[1] 袁益让. 能源数值模拟方法的理论和应用. 北京: 科学出版社, 2013.

[2] Ewing R E. The Mathematics of Reservoir Simulation. Philadephia: SIAM, 1983.

[3] Peaceman D W. Fumdamental of Numerical Reservoir Simulation. Amsterdam: Elaevier, 1980.

[4] 沈平平, 刘明新, 唐磊. 石油勘探开发中的数学问题. 北京: 科学出版社, 2002.

[5] Jr Douglas J. Numerical mdthod for the flow of miscible fluids in porous media. Numerical Mechod in Coupled Systems. Lewis R W, Bettess P, Hinton E. ed. New York: John Wiley & Sons, 1984.

[6] Jr Douglas J, Roberts J E. Numerical method for a model for compressible miscible displacement in porous media. Math. Comp., 1983, 41: 441–459.

[7] 袁益让. 多孔介质中可压缩、可混溶驱动问题的特征–有限元方法. 计算数学, 1992, 4: 385–406.

[8] 袁益让. 多孔介质中完全可压缩、可混溶驱动问题的特征–有限元方法. 计算数学, 1992, 1: 16–28.

[9] Jr Douglas J, Gunn J E. Two order correct difference analogues for the equation of multidimensional heat flow. Math. Comp., 1963, 81: 71–80.

[10] Jr Douglas J, Gunn J E. A general formulation of alternating direction methodas. Part 1. Paraholic and hyperbolic problems. Numer. Math., 1964, 5: 428–453.

[11] 袁益让. 油藏指数模拟中动边值问题的特征差分格式. 中国科学 (A 辑), 1994, 10: 1029–1036.
　　Yuan Y R. Characteristic finite difference method for moving boundar value problem of numerical simulation of oil deposit. Science in China(Series A), 1994, 2: 1442–1453.

[12] 袁益让. 三维动边值问题的特征混合元方法和分析. 中国科学 (A 辑), 1996, 1: 11–22.
　　Yuan Y R. The characteristic mixed Finite element method and analysis for theredinensionnal moving boundary value problem. Science in China(Series A), 1996, 3: 276–288.

[13] 袁益让. 强化采油数值模拟的特征差分方法和 l^2 估计. 中国科学 (A 辑), 1993, 8: 801–810.
　　Yuan Y R. The characteristic fintie difference method for enhanced oil recovery simulation and L^2 estimates. Science in China(Series A), 1993, 11: 1296–1307.

[14] Russell T F. Time stepping along characteristics with incomplete iteration for a Galerkin approximation of miscible displacenment in porous media. SIAM J. Numer. Anal., 1985, 22: 976–1013.

[15] Ewing R E, Ruddell T F, Wheeler M F. Convergence analysis of an approximation of miscible displacement in porous media by mixed finte elements and a modified method of characteristics. Comp. Meth. Appl. Mech. Eng., 1984, 1–2: 73–92.

[16] Jr Douglas J. Finite difference method for two-phase incompressible flow in porous media. SIAM J. Numer., 1983, 4: 681–689.

[17] Jr Douglas J, Ewing R E, Wheeler M F. The approximation of the pressure by a mixed method in the simulation of miscible displacement. RAIRO Anal., 1983, 17: 17–33.

[18] Jr Douglas J, Yuan Y R. Numerical simulation of immiscible flow in porous media based on combining the method of characteristics with mixed finite element procedure. The IMA Vol in Math It's Appl., 1986, 11: 119–131.

[19] Marchuk G I. Splitting and altrnating direction methods//Ciarlet P G L, ed. Handbook of Numerical Analysis. Paris: Elsevior Science Publishers B V, 1990: 197–460.

[20] Jr Douglas J. Simulation of miscible displacement in porous media by a modified of characteristics procedure// Numerical Analysis, Dundee, 1981, Lecture Notes in Mathematics 912. Berlin: Springer-Verlag, 1982.

[21] Jr Douglas J, Russell T F. Numerical methods for convertion-dominated diffusion problems based on combining the method of characteristics with finite element or finite difference procedures . SIAM J. Numer. Anal., 1982, 5: 781–895.

[22] 袁益让. 三维热传导型半导体问题的差分方法和分析. 中国科学 (A 辑), 1996, 1: 11–22. Yuan Y R. Finite difference method and analgsis for there-dimensional semicomdutor of heat conduction. Science in China(Series A), 1996, 11: 1140–1151.

[23] Axelsson O, Gustafasson I. A mondified upwind scheme for convective transport equations and the ues of a conjugate gradient method for the solution of non-symmetric systems of equations. J. Inst, Maths. Appl., 1979, 23: 321–337.

[24] Ewing R E, Lazarov R D, Vassilevski A T. Finte difference scheme for paraboilc problems on a composite grids with refinement in time and space. SIAM. J. Numer. Anal., 1994, 6: 1605–1622.

[25] Lazarov R D, Mishev I D, Vassilevski P S. Finite volume methods for convertion-diffusion problems. SIAM J. Numer. Anal., 1996, 1: 31–55.

[26] 袁益让. 计算石油地质等领域的一些新发展. 计算物理, 2003, 20(4): 284–290.

[27] 袁益让. 能源数值模拟计算方法的理论和应用. 高等学校计算数学学报, 1994(4): 311–318.

[28] Jr Pedrosa O A. Use of hybrid gird in reservoir simulation. Paper SPE 13507 presented at the English SPE Symposium on Reservoir Simulation, Dallas Texas, 1985.

[29] Ewing R E, Lazarov R D, Vassilevski P S. Local refinerment techniques for elliptic problems on cell-centered grids. I: Error analysis. Math. Comp., 1991, 56(194): 437–462.

[30] Lazarov R D, Mishev I D, Vassilevski P S. Finite volume methods with local refinement for convection-diffusion problems. Computing, 1994, 53: 33–57.

[31] Vassilevski P S, Petrova S I, Lazarov R D. Finite difference schemes on triangular cell-centered grids with local refinement. SIAM J. Sci. Stat. Comput., 1992, 13(6): 1287–1313.

[32] Cai Z Q, McCormick S F. On the accuracy of the finite volume element method for diffusion equations on composite grids. SIAM J. Numer. Anal., 1990, 27: 636–655.

[33] Ewing R E, Lazarov R D, Vassilevski P S. Finite difference schemes on grids with local refinement in time and space for parabolic problems. I. Derivation, stability, and error analysis, Computing, 1990, 45: 193–215.

[34] Ewing R E, Lazarov R D, Vassilevski P S. Finite difference schemes on grids with local refinement in time and space for parabolic problems. II. Optimal order two-grid iterative methods, Lecture Notes in Fluid Mechanics, Viewag Publishers, 1991, 31: 70–93.

[35] 刘伟, 袁益让. 三维半导体器件问题在时空局部加密复合网格的有限差分格式. 计算数学, 2006, 28(2): 175–188.

[36] 刘伟. 抛物问题的时空局部网格加密方法. 山东大学博士学位论文, 2006.

[37] Liu W, Yuan Y R. Finite difference schemes for two-dimensional miscible displacement flowr in porous media on composite trianglar grids. Computer &Mathematics with Applications, 2008, 55: 470–487.

[38] 刘伟, 袁益让. 多孔介质中三维混溶驱动问题在三角剖分复合网格上的有限差分格式. 系统科学与数学, 2010, 30(7): 963–978.

[39] Liu W. A finite difference scheme for compressible missible displacement flow in porous media on grids with local refinement in time. Abstract and Applciced Analgsis, 2013, Article ID 521835.

[40] 刘明新, 韩大匡. 局部网格加密技术研究. 14-01-02-12-02. 中国石油天然气总公司, 1990.

第5章　聚合物驱数值模拟算法及应用软件

目前国内外行之有效的保持油藏压力的方法是注水开发, 其采收率比靠天然能量的任何开采方式为高. 我国大庆油田在注水开发上取得了巨大的成绩, 使油田达到高产、稳产. 如何进一步提高注水油藏的原油采收率, 仍然是一个具有战略性的重大课题.

油田经注水开采后, 油藏中仍残留大量的原油, 这些油或者被毛细管力束缚住不能流动, 或者由于驱替相和被驱替相之间的不利流度比, 使得注入流波及体积小, 而无法驱动原油. 在注入液中加入某些化学添加剂, 则可大大改善注入液的驱洗油能力. 常用的化学添加剂大都为聚合物、表面活性剂和碱. 聚合物被用来优化驱替相的流度, 以调整与被驱替相之间的流度比, 均匀驱动前缘, 减弱高渗层指进, 提高驱替液的波及效率, 同时增加压力梯度等. 表面活性剂和碱主要用于降低地下各相间的界面张力, 从而将被束缚的油启动.

问题的数学模型基于下述的假定: 流体的等温流动、各相间的平衡状态、各组分间没有化学反应以及推广的达西定理等. 据此, 可以建立关于压力函数 $p(x,t)$ 的流动方程和关于饱和度函数组 $c_i(x,t)$ 的对流扩散方程组, 以及相应的边界和初始条件.

多相、多组分、微可压缩混合体的质量平衡方程是一组非线性耦合偏微分方程, 它的求解是十分复杂和困难的, 涉及许多现代数值方法 (混合元、有限元、有限差分法、数值代数) 的技巧. 一般用隐式求解压力方程, 用显式或隐式求解饱和度方程组. 通过上述求解过程, 能求出诸未知函数, 并给予物理解释. 分析和研究计算机模拟所提供的数值和信息是十分重要的, 它可完善地描述注化学剂驱油的完整过程, 帮助更好地理解各种驱油机制和过程. 预测原油采收率, 计算产出液中含油的百分比以及注入的聚合物、表面活性剂的百分比数, 由此可看出液体中组分变化的情况, 有助于决定何时终止注入. 测出各种参数对原油采收率的影响, 可用于现场试验特性的预测, 优化各种注采开发方案. 化学驱油渗流力学模型的建立、计算机应用软件的研制、数值模拟的实现, 是近年来化学驱油新技术的重要组成部分, 受到了各国石油工程师、数学家的高度重视.

作者 1985—1988 年访美期间和 Ewing 教授合作, 从事这一领域的理论和实际数值模拟研究[1,2]. 回国后 1991—1995 年带领课题组承担了 "八五" 国家重点科技项目 (攻关) (85-203-01-087)——聚合物驱软件研究和应用[3-6]. 研制的聚合物驱软件已在大庆油田聚合物驱油工业性生产区的方案设计和研究中应用. 通过聚合物驱矿场模拟得到聚合物驱一系列重要认识: 聚合物段塞作用、清水保护段塞设置、聚合物用量扩大等, 都在生产中得到应用, 产生巨大的经济和社会效益[7−9]. 随后又继续承担大庆油田石油管理局攻关项目 (DQYJ—1201002-2006-JS-9565)—— 聚合物驱数学模型解法改进及油藏描述功能完善[10]. 该软件系统还应用于胜利油田孤东小井驱试验区三元复合驱、孤岛中一区试验区聚合物驱、孤岛西区复合驱扩大试验区实施方案优化及孤东八区注活性水试验的可行性研究等多个项目, 均取得很好的效果[11,12].

　　本章共五节. 5.1 节聚合物驱的数学模型. 5.2 节聚合物驱模型数值计算方法. 5.3 节关于含尖灭问题的处理方法. 5.4 节聚合物驱模块结构图和计算流程图. 5.5 节实际矿场检验、总结和讨论.

5.1　聚合物驱的数学模型

　　本节共六节, 5.1.1 节基本假设, 5.1.2 节物质守恒方程, 5.1.3 节压力方程, 5.1.4 节饱和度方程, 5.1.5 节化学物质组分浓度方程, 5.1.6 节聚合物驱油机理数学描述.

5.1.1　基本假设

　　聚合物驱的数学模型, 基于如下基本假设: 油藏中局部热力学平衡、固相不流动、岩石和流体微可压缩、Fick 弥散、理想混合、流体渗流满足达西定理[1−3,7−10].

5.1.2　物质守恒方程

　　在基本假设下, 利用相的达西速度给出以第 i 种物质组分总浓度 $\tilde{C}_i$ 形式表达的第 i 种物质组分的物质守恒方程为

$$\frac{\partial}{\partial t}(\phi \tilde{C}_i \rho_i) + \mathrm{div}\left[\sum_{l=1}^{n_p} \rho_i (C_{il} u_l - \tilde{D}_{il})\right] = Q_i, \tag{5.1.1}$$

式中, C_{il} 是第 i 种物质组分在 l 相中的浓度, Q_i 是源汇项, n_p 是相数, 下标 l 是第 l 相, $\tilde{C}_i$ 是第 i 种物质组分的总浓度, 表示为第 i 种物质组分在所有相 (包括吸附相) 中的浓度之和:

$$\tilde{C}_i = \left(1 - \sum_{k=1}^{n_{cv}} \hat{C}_K\right) \sum_{l=1}^{n_p} S_l C_{il} + \hat{C}_i, \quad i = 1, \cdots, n_c, \tag{5.1.2}$$

式中, n_{cv} 是占有体积的物质组分总数, $\hat{C}_k$ 是组分 k 的吸附浓度.

　　微可压缩条件下, 组分 i 的密度 ρ_i 是压力的函数:

$$\rho_i = \rho_i^0 \left[1 + C_i^0 (p - p_r)\right], \tag{5.1.3}$$

式中, ρ_i^0 是参考压力下组分 i 密度, p 是压力, p_r 是参考压力, C_i^0 是组分 i 的压缩系数.

假设岩石可压缩, 介质孔隙度 ϕ 与压力的函数关系为

$$\phi = \phi_0 \left[1 + C_r(p - p_r)\right], \tag{5.1.4}$$

式中, C_r 是岩石的压缩系数.

相的达西速度 u_l 用达西定律来描述, 即

$$u_l = -\frac{KK_{rl}}{\mu_l}(\nabla p_l - \gamma_l \nabla D), \tag{5.1.5}$$

式中, p_l 是相压力, K 是渗透率张量, D 是油藏深度, K_{rl} 是相对渗透率, μ_l 是相黏度, γ_l 是相比重.

弥散通量具有下面的 Fick 形式:

$$\tilde{D}_{il} = \phi S_l \begin{pmatrix} F_{xx,il} & F_{xy,il} & F_{xz,il} \\ F_{yx,il} & F_{yy,il} & F_{yz,il} \\ F_{zx,il} & F_{zy,il} & F_{zz,il} \end{pmatrix} \begin{pmatrix} \dfrac{\partial C_{il}}{\partial x} \\ \dfrac{\partial C_{il}}{\partial y} \\ \dfrac{\partial C_{il}}{\partial z} \end{pmatrix}. \tag{5.1.6}$$

包含分子扩散 (D_{kl}) 的弥散张量 $F_{mn,il}$ 表达形式为

$$F_{mn,il} = \frac{D_{il}}{\tau}\delta_{mn} + \frac{\alpha_{T_l}}{\phi S_l}|u_l|\delta_{mn} + \frac{(\alpha_{L_l} - \alpha_{T_l})}{\phi S_l}\frac{u_{lm}u_{ln}}{u_l}, \tag{5.1.7}$$

式中, α_{L_l} 和 α_{T_l} 是 l 相的横向和纵向弥散系数, τ 是迂曲度, u_{l_m} 和 u_{l_n} 是 l 相空间方向分量, δ_{mn} 是 Kronecker Delta 函数. 每相净流量表达式为

$$|\bar{u}_l| = \sqrt{(u_{xl})^2 + (u_{yl})^2 + (u_{zl})^2}. \tag{5.1.8}$$

5.1.3 压力方程

将占有体积组分的物质守恒方程相加, 并将相流量利用达西定律表示, 应用毛细管压力公式表示相压力之间的关系, 再利用下面的约束条件:

$$\sum_{i=1}^{n_{cv}} C_{il} = 1, \tag{5.1.9}$$

得到以参考相 (水相) 压力表达的压力方程:

$$\phi C_t \frac{\partial p_w}{\partial t} + \operatorname{div}(K\lambda_T \nabla p_w) = -\operatorname{div}\left(\sum_{l=1}^{n_p} K\lambda_l \nabla h\right) + \operatorname{div}\left(\sum_{l=1}^{n_p} K\lambda_l \nabla p_{clw}\right) + \sum_{l=1}^{n_{cv}} Q_l, \tag{5.1.10}$$

式中

$$\lambda_l = \frac{K_{rl}}{\mu_l} \sum_{i=1}^{n_{cv}} \rho_i C_{il}, \tag{5.1.11}$$

总相对流度 λ_T 是

$$\lambda_T = \sum_{l=1}^{n_p} \lambda_l. \tag{5.1.12}$$

总压缩系数 C_t 是岩石压缩系数 C_r 和每种物质组分压缩系数 C_i^0 的函数:

$$C_t = C_r + \sum_{i=1}^{n_{cv}} C_i^0 \tilde{C}_i.$$

5.1.4　饱和度方程

设 S_w 和 S_o 分别是水相和油相的饱和度, 其中, 下标 w 和 o 分别表示水相和油相. 满足 $S_w + S_o = 1$, 则由物质守恒方程 (5.1.1) 可直接得到油相、水相饱和度方程为

$$\frac{\partial}{\partial t}(\phi S_o \rho_o) + \mathrm{div}(\rho_o u_o) = Q_o, \tag{5.1.13}$$

$$\frac{\partial}{\partial t}(\phi S_w \rho_w) + \mathrm{div}(\rho_w u_w) = Q_w. \tag{5.1.14}$$

达西速度用达西定律表出, 具体到水相、油相速度有

$$u_w = -K\lambda_{rw}(\nabla P_1 - \gamma_1 \nabla D), \tag{5.1.15}$$

$$u_o = -K\lambda_{ro}(\nabla P_2 - \gamma_2 \nabla D) = -K\lambda_{ro}(\nabla P_1 + \nabla P_c - \gamma_2 \nabla D), \tag{5.1.16}$$

其中 $\lambda_{rw} = \dfrac{K_{rw}(S_w)}{\mu_w(S_w, C_{1w}, \cdots, C_{Lw})}, \lambda_{ro} = \dfrac{K_{ro}(S_w)}{\mu_o(S_w)}$ 分别为水相和油相的流度, K 和 K_{rw}, K_{ro} 分别为绝对渗透率张量、水相相对渗透率和油相相对渗透率, 相对渗透率由具体油藏实验数据拟合得到. K 为介质绝对渗透率, μ_w, μ_o 为水相、油相黏性系数, 依赖于饱和度, 水相黏度还依赖聚合物、阴离子、阳离子的浓度. P_1, P_2 分别为水相、油相压力, γ_1, γ_2 分别为水相、油相的密度, D 为深度函数, 则

$$D = D(x, y, z) = z.$$

5.1.5　化学物质组分浓度方程

由于所有化学组分 (聚合物、各种离子) 全部存在于水相中, 相间不发生物质传递, 则有

$$C_{il} = \begin{cases} C_{i,w}, & l = w, \\ 0, & l \neq w. \end{cases} \tag{5.1.17}$$

将式 (5.1.17) 代入方程 (5.1.1) 得到组分浓度方程:

$$\frac{\partial}{\partial t}(\phi \rho_i \lambda_i C_{i,w}) + \mathrm{div}\left[\rho_i\left(C_{i,w}u_w - \tilde{D}_{i,w}\right)\right] = Q_i, \qquad (5.1.18)$$

式中, $\lambda_i = S_w + A(C_{i,w})$, $A(C_{i,w})$ 是与吸附有关的函数.

具体地, 水相中 k 组分浓度方程是对流扩散型方程:

$$\begin{aligned}
&\frac{\partial}{\partial t}\left[\phi S_w C_{iw}\left(1 + c_i^0 \Delta P_1\right)\right] + \frac{\partial}{\partial x}\Bigg[\left(1 + c_i^0 \Delta P_1\right)\Bigg(C_{iw}u_{xw} - \phi S_w \\
&\quad \cdot \left(F_{xx,iw}\frac{\partial C_{iw}}{\partial x} + F_{xy,iw}\frac{\partial C_{iw}}{\partial y} + F_{xz,iw}\frac{\partial C_{iw}}{\partial z}\right)\Bigg)\Bigg] \\
&\quad + \frac{\partial}{\partial y}\Bigg[\left(1 + c_i^0 \Delta P_1\right)\Bigg(C_{iw}u_{yw} - \phi S_w \\
&\quad \cdot \left(F_{yx,iw}\frac{\partial C_{iw}}{\partial x} + F_{yy,iw}\frac{\partial C_{iw}}{\partial y} + F_{yz,iw}\frac{\partial C_{iw}}{\partial z}\right)\Bigg)\Bigg] \\
&\quad + \frac{\partial}{\partial z}\Bigg[\left(1 + c_i^0 \Delta P_1\right)\Bigg(C_{iw}u_{zw} \\
&\quad - \phi S_w\left(F_{zx,iw}\frac{\partial C_{iw}}{\partial x} + F_{zy,iw}\frac{\partial C_{iw}}{\partial y} + F_{zz,iw}\frac{\partial C_{iw}}{\partial z}\right)\Bigg)\Bigg] = Q_i. \qquad (5.1.19)
\end{aligned}$$

5.1.6 聚合物驱油机理数学描述

聚合物溶液的高黏度能够改善油相、水相间的流度比, 抑制注入液的突进, 达到扩大波及体积, 提高采收率的目的. 模型对聚合物的驱油机理分以下五个方面进行描述: 5.1.6.1 节聚合物溶液黏度; 5.1.6.2 节聚合物溶液流变特征; 5.1.6.3 节渗透率下降系数和残余阻力系数; 5.1.6.4 节不可及孔隙体积; 5.1.6.5 节聚合物吸附.

5.1.6.1 聚合物溶液黏度

在参考剪切速率下, 聚合物溶液的黏度 μ_p^0 是聚合物浓度和含盐量的函数, 表示为

$$\mu_p^0 = \mu_w\left(1 + \left(A_{p1}C_p^1 + A_{p2}C_p^2 + A_{p3}C_p^3\right)C_{\mathrm{sep}}^{s_p}\right), \qquad (5.1.20)$$

式中, C_p 是溶液中聚合物的浓度, A_{p1}, A_{p2}, A_{p3} 是有实验资料确定的常数, C_{sep} 是含盐量浓度, s_p 是由实验确定的参数.

5.1.6.2 聚合物溶液流变特征

一般来说, 高分子聚合物溶液都具有某种流变特征, 即认为其黏度依赖于剪切速率, 利用 Meter 方程表达这种依赖关系, 聚合物溶液的黏度 μ_p 与剪切速率的函

数关系为

$$\mu_p = \mu_w + \frac{\mu_p^0 - \mu_w}{1 + (\gamma/\gamma_{\mathrm{ref}})^{p_\alpha - 1}}, \tag{5.1.21}$$

式中, μ_w 是水的黏度, γ_{ref} 是参考剪切速率, p_α 是经验系数. μ_p 称为聚合物溶液在多孔介质中流动的视黏度, γ 是多孔介质中流体的等效剪切速率. 多孔介质中水相的等效剪切速率 γ 利用 Blake-Kozeny 方程表示:

$$\gamma = \frac{\gamma_c \, |u_w|}{\sqrt{\bar{K} K_{rw} \phi S_w}}, \tag{5.1.22}$$

式中, $\gamma_c = 3.97 C \mathrm{s}^{-1}$, C 是剪切速率系数, 它与非理想影响有关 (例如, 孔隙介质中毛细管壁的滑移现象), K_{rw} 是水相相对渗透率. 平均渗透率 $\overline{K}$ 计算公式为

$$\overline{K} = \left[\frac{1}{K_x} \left(\frac{u_{xw}}{u_w} \right)^2 + \frac{1}{K_y} \left(\frac{u_{yw}}{u_w} \right)^2 + \frac{1}{K_z} \left(\frac{u_{zw}}{u_w} \right)^2 \right]^{-1}, \tag{5.1.23}$$

式中, u_w 是水相流速, u_{xw}, u_{yw} 和 u_{zw} 分别是水相的 x, y 和 z 方向的流速, K_x, K_y 和 K_z 分别是油层 x, y 和 z 方向的渗透率.

5.1.6.3　渗透率下降系数和残余阻力系数

聚合物溶液在多孔介质中渗流时, 由于聚合物在岩石表面的吸附必引起流度下降和流动阻力增加. 利用渗透率下降系数 R_k 描述这一现象:

$$R_k = 1 + \frac{(R_{k \max} - 1) b_{rk} C_p}{1 + b_{rk} C_p}, \tag{5.1.24}$$

式中, $R_{k \max}$ 表达式为

$$R_{k \max} = \left[1 - \left(c_{rk} \tilde{\mu}^{\frac{1}{3}} \left(\frac{\sqrt{K_x K_y}}{\phi} \right)^{-1/2} \right) \right], \tag{5.1.25}$$

式中, $\tilde{\mu}$ 是聚合物溶液本征黏度 $\tilde{\mu} = \lim\limits_{C_p \to 0} \dfrac{\mu_o - \mu_w}{\mu_w C_p} = A_{p1} C_{\mathrm{sep}}^{s_p}$, b_{rk} 和 c_{rk} 是输入参数.

5.1.6.4　不可及孔隙体积

实验发现, 流经孔隙介质时聚合物比溶液中的示踪剂要快, 这可解释为聚合物能够流经的孔隙体积小, 这是由聚合物的高分子结构决定的. 聚合物不能进入的这部分孔隙体积称为不可及孔隙体积. 在模型中表示为

$$\mathrm{IPV} = \frac{\phi - \phi_p}{\phi}, \tag{5.1.26}$$

式中, IPV 为聚合物溶液的不可及孔隙体积分数, ϕ 为盐水测的孔隙度, ϕ_p 为聚合物溶液测的孔隙度.

5.1.6.5 聚合物吸附

利用 Langmuir 模型模拟集合物的吸附:

$$\hat{C}_p = \frac{aC_p}{1 + bC_p}, \tag{5.1.27}$$

式中, $\hat{C}_p$ 是聚合物的吸附浓度, a 和 b 是常数. 主要描述的物理现象为油、水二相的运动 (水驱油), 阴离子、阳离子以及聚合物分子在水相中的对流和扩散现象. 从聚合物驱机理角度, 还包括物质吸附损耗、聚合物流变特征、渗透率下降以及重力作用.

5.2 聚合物驱模型数值计算方法

本节包含下述三部分: 5.2.1 节求解压力方程; 5.2.2 节求解饱和度方程; 5.2.3 节组分浓度方程的数值格式.

5.2.1 求解压力方程

用下标 w, o 分别代表水相和油相, 例如, S_w, S_o 分别表示水相和油相饱和度, 用 P_w, P_o 分别表示水相和油相压力. 注意到聚合物驱模型油藏对象只含油、水二相流体的事实, 为表达简洁, 把压力方程简写为如下形式:

$$\phi c_t \frac{\partial P}{\partial t} + \mathrm{div}(u_w + u_o) = Q_w + Q_o. \tag{5.2.1}$$

利用达西定律及毛细管压力公式, 方程 (5.2.1) 可再改写未知量 P(即 P_w) 的方程:

$$\phi c_t \frac{\partial P}{\partial t} - \mathrm{div}\left[(\lambda_{rw} + \lambda_{ro})\nabla P\right] = Q_w + Q_o + \mathrm{div}\left[\lambda_{ro}\nabla P_c - (\lambda_w + \lambda_o)\nabla D\right]. \tag{5.2.2}$$

在模拟开始前, 饱和度初始值是已知的, 但压力需要初始化. 一般顺序是: 若已知第 n 个时间步 t^n 时刻的饱和度值, 先解压力方程求第 n 个时间步 t^n 时刻压力值 P^n, 然后利用所得压力分布获得流速场, 再解饱和度方程来求解第 $n+1$ 个时间步 t^{n+1} 时刻的饱和度值以及各组分浓度值.

压力方程是抛物型方程, 可按一般的七点中心差分格式离散. 在这里, 我们需要注意的是, 考虑到二相流的物理特性, 左端第二项系数 $\lambda_{rw}, \lambda_{ro}$ 赋值应遵循上游原则. 对定量注入井点和定量生产井点, 右端源汇项可以直接赋值, 而对定压注入井点和定压生产井点, 汇量在点的值取决于局部压力与井底流压之差异, 而各相产量是按油、水二相之相对流度分配的. 另外需注意到, 在流体不可压缩假定下 (压缩系数为 0), 压力方程退化为椭圆型方程, 代数方程不再是严格对角占优了. 对待尖灭区的处理, 可以配置一个对角元为 1, 非对角元为零, 右端项为零的方程, 从而使尖灭区方程与正常油藏方程相容. 为了避开尖灭区的数据更替, 解完方程后, 不需要更新尖灭区的变量值, 即总的原则是, 尖灭区物理数据保持不变. 需要参与到整个系统 (程序设计需要) 时, 使用的是虚拟数据.

若已知 P^n 的值, 求 P^{n+1} 的值, 采用如下偏上游七点中心差分格式,

$$
\phi_{ijk}c_{t,ijk}\frac{P_{ijk}^{n+1} - P_{ijk}^n}{\Delta t}
$$

$$
- \frac{(\lambda_{rw,i+jk} + \lambda_{ro,i+jk})(P_{i+1,jk}^{n+1} - P_{ijk}^{n+1}) - (\lambda_{rw,i-jk} + \lambda_{ro,i-jk})(P_{ijk}^{n+1} - P_{i-1,jk}^{n+1})}{(\Delta x)^2}
$$

$$
- \frac{(\lambda_{rw,ij+k} + \lambda_{ro,ij+k})(P_{i,j+1,k}^{n+1} - P_{ijk}^{n+1}) - (\lambda_{rw,ij-k} + \lambda_{ro,ij-k})(P_{ijk}^{n+1} - P_{i,j-1,k}^{n+1})}{(\Delta y)^2}
$$

$$
- \frac{(\lambda_{rw,ijk+} + \lambda_{ro,ijk+})(P_{ij,k+1}^{n+1} - P_{ijk}^{n+1}) - (\lambda_{rw,ijk-} + \lambda_{ro,ijk-})(P_{ijk}^{n+1} - P_{ij,k-1}^{n+1})}{(\Delta z)^2}
$$

$$
= Q_{w,ijk}^{n+1} + Q_{o,ijk}^{n+1} - \frac{\lambda_{ro,i+jk}(P_{c,i+1,jk}^{n+1} - P_{c,ijk}^{n+1}) - \lambda_{ro,i-jk}(P_{c,ijk}^{n+1} - P_{c,i-1,jk}^{n+1})}{(\Delta x)^2}
$$

$$
- \frac{\lambda_{ro,ij+k}(P_{c,i,j+1,k}^{n+1} - P_{c,ijk}^{n+1}) - \lambda_{ro,ij-k}(P_{c,ijk}^{n+1} - P_{c,i,j-1,k}^{n+1})}{(\Delta y)^2}
$$

$$
- \frac{\lambda_{ro,ijk+}(P_{c,ij,k+1}^{n+1} - P_{c,ijk}^{n+1}) - \lambda_{ro,ijk-}(P_{c,ijk}^{n+1} - P_{c,ij,k-1}^{n+1})}{(\Delta z)^2}
$$

$$
+ \frac{(\gamma_{w,ij,k+1} + \gamma_{w,ijk})(D_{ij,k+1}^{n+1} - D_{ijk}^{n+1}) - (\gamma_{w,ijk} + \gamma_{w,ij,k-1})(D_{ijk}^{n+1} - D_{ij,k-1}^{n+1})}{2(\Delta z)^2},
$$

$$(5.2.3)$$

其中下标 i_+ 表示第一个方向上 i 和 $i+1$ 两点之间的上游点位置. 对边界的处理采用封闭边界条件, 即齐次纽曼边界条件. 对源汇项, 注入井处, $Q_o^{n+1} = 0, Q_w^{n+1}$ 为已知给定值. 采出井处, $Q_o^{n+1} = Q_o^{n+1}(P_f, P_o, S_o), Q_w^{n+1} = Q_w^{n+1}(P_f, P_w, S_w)$ 根据井底流压 P_f、相压力、二相相对流度比以隐式形式赋值.

获得压力当前值后, 由产量分配程序计算产量分配. 这样源汇项得以赋值, 以便数值求解饱和度方程.

5.2.2 求解饱和度方程

采用上游排序、隐式迎风牛顿迭代求解方法. 求解水饱和度方程以后, 油饱和度可按 $S_o = 1.0 - S_w$ 获得. 为便于说明计算格式, 将水饱和度方程简写为如下形式

$$
\phi\frac{\partial S_w}{\partial t} + \mathrm{div}\,u_w = Q_w,
$$

再将达西定律代入

$$
\phi\frac{\partial S_w}{\partial t} - \mathrm{div}\cdot[\lambda_w(S_w)(\nabla P_w - \gamma_w\nabla D)] = Q_w, \tag{5.2.4}
$$

其中水相压力 P_w 在 t^{n+1} 层值以及源汇项 Q_w 已知, 欲求水饱和度 S_w 在 t^{n+1} 层的值. 采用如下离散方式:

$$\phi_{ijk}\frac{S_{w,ijk}^{n+1} - S_{w,ijk}^{n+1}}{\Delta t} - \frac{\lambda_w(S_{w,i+})(P_{i+1,jk}^{n+1} - P_{ijk}^{n+1}) - \lambda_w(S_{w,i-}^{n+1})(P_{ijk}^{n+1} - P_{i-1,jk}^{n+1})}{(\Delta x)^2}$$

$$- \frac{\lambda_w(S_{w,j+})(P_{i,j+1,k}^{n+1} - P_{ijk}^{n+1}) - \lambda_w(S_{w,j-}^{n+1})(P_{ijk}^{n+1} - P_{i,j-1,k}^{n+1})}{(\Delta y)^2}$$

$$- \frac{\lambda_w(S_{w,k+}^{n+1})(P_{ij,k+1}^{n+1} - P_{ijk}^{n+1}) - \lambda_w(S_{w,k-}^{n+1})(P_{ijk}^{n+1} - P_{ij,k-1}^{n+1})}{(\Delta z)^2}$$

$$= Q_{w,ijk}^{n+1} + \frac{\lambda_w(S_{w,k+}^{n+1})(D_{ij,k+1}^{n+1} - D_{ijk}^{n+1}) - \lambda_w(S_{w,k-}^{n+1})(D_{ijk}^{n+1} - D_{ij,k-1}^{n+1})}{(\Delta z)^2}, \tag{5.2.5}$$

其中下标 i_+ 表示在 x_i 和 x_{i+1} 两点之中依据流动方向获取的上游位置 (要么 i, 要么 $i+1$). 很显然, 方程 (5.2.5) 是非线性方程, 不可能直接求解. 采用牛顿迭代法求解, 记 $S_w^{n+1,l}$ 为第 l 步迭代值, $S_w^{n+1,l+1}$ 为第 $l+1$ 步迭代值, 迭代初始值选为上一个时间步的值, 即

$$S_w^{n+1,0} = S_w^n,$$

注意到如下 Taylor 展开式,

$$\begin{aligned}
\lambda_w(S_{w,i+jk}^{n+1,l+1}) =& \lambda_w(S_{w,i+jk}^{n+1,l}) + \lambda_w'(S_{w,i+jk}^{n+1,l})(S_{w,i+jk}^{n+1,l+1} - S_{w,i+jk}^{n+1,l}) \\
& + O\left((S_{w,i+jk}^{n+1,l+1} - S_{w,i+jk}^{n+1,l})^2\right), \\
\lambda_w(S_{w,i-jk}^{n+1,l+1}) =& \lambda_w(S_{w,i-jk}^{n+1,l}) + \lambda_w'(S_{w,i-jk}^{n+1,l})(S_{w,i-jk}^{n+1,l+1} - S_{w,i-jk}^{n+1,l}) \\
& + O\left((S_{w,i-jk}^{n+1,l+1} - S_{w,i-jk}^{n+1,l})^2\right), \\
\lambda_w(S_{w,ij+k}^{n+1,l+1}) =& \lambda_w(S_{w,ij+k}^{n+1,l}) + \lambda_w'(S_{w,ij+k}^{n+1,l})(S_{w,ij+k}^{n+1,l+1} - S_{w,ij+k}^{n+1,l}) \\
& + O\left((S_{w,ij+k}^{n+1,l+1} - S_{w,ij+k}^{n+1,l})^2\right), \\
\lambda_w(S_{w,ij-k}^{n+1,l+1}) =& \lambda_w(S_{w,ij-k}^{n+1,l}) + \lambda_w'(S_{w,ij-k}^{n+1,l})(S_{w,ij-k}^{n+1,l+1} - S_{w,ij-k}^{n+1,l}) \\
& + O\left((S_{w,ij-k}^{n+1,l+1} - S_{w,ij-k}^{n+1,l})^2\right), \\
\lambda_w(S_{w,ijk+}^{n+1,l+1}) =& \lambda_w(S_{w,ijk+}^{n+1,l}) + \lambda_w'(S_{w,ijk+}^{n+1,l})(S_{w,ijk+}^{n+1,l+1} - S_{w,ijk+}^{n+1,l}) \\
& + O\left((S_{w,ijk+}^{n+1,l+1} - S_{w,ijk+}^{n+1,l})^2\right), \\
\lambda_w(S_{w,ijk-}^{n+1,l+1}) =& \lambda_w(S_{w,ijk-}^{n+1,l}) + \lambda_w'(S_{w,ijk-}^{n+1,l})(S_{w,ijk-}^{n+1,l+1} - S_{w,ijk-}^{n+1,l}) \\
& + O\left((S_{w,ijk-}^{n+1,l+1} - S_{w,ijk-}^{n+1,l})^2\right),
\end{aligned}$$

将展开式余项舍去, 并代入差分格式, 迭代初值取为 $S_{w,ijk}^{n+1,0} = S_{w,ijk}^n$, 第 $l+1$ 步迭

代之 $S_{w,ijk}^{n+1,l+1}$ 定义为如下线性方程组的 (迭代) 解:

$$
\begin{aligned}
&\phi_{ijk}\frac{S_{w,ijk}^{n+1} - S_{w,ijk}^n}{\Delta t} \\
&- \Big\{ \Big[\lambda_w(S_{w,i+jk}^{n+1,l}) + \lambda_w'(S_{w,i+jk}^{n+1,l})(S_{w,i+jk}^{n+1,l+1} - S_{w,i+jk}^{n+1,l}) \Big] (P_{i+1,jk}^{n+1} - P_{ijk}^{n+1}) \\
&- \Big[\lambda_w(S_{w,i-jk}^{n+1,l}) + \lambda_w'(S_{w,i-jk}^{n+1,l})(S_{w,i-jk}^{n+1,l+1} - S_{w,i-jk}^{n+1,l}) \Big] (P_{ijk}^{n+1} - P_{i-1,jk}^{n+1}) \Big\}/(\Delta x)^2 \\
&- \Big\{ \Big[\lambda_w(S_{w,ij+k}^{n+1,l}) + \lambda_w'(S_{w,ij+k}^{n+1,l})(S_{w,ij+k}^{n+1,l+1} - S_{w,ij+k}^{n+1,l}) \Big] (P_{i,j+1,k}^{n+1} - P_{ijk}^{n+1}) \\
&- \Big[\lambda_w(S_{w,ij-k}^{n+1,l}) + \lambda_w'(S_{w,ij-k}^{n+1,l})(S_{w,ij-k}^{n+1,l+1} - S_{w,ij-k}^{n+1,l}) \Big] (P_{ijk}^{n+1} - P_{i,j-1,k}^{n+1}) \Big\}/(\Delta y)^2 \\
&- \Big\{ \Big[\lambda_w(S_{w,ijk+}^{n+1,l}) + \lambda_w'(S_{w,ijk+}^{n+1,l})(S_{w,ijk+}^{n+1,l+1} - S_{w,ijk+}^{n+1,l}) \Big] (P_{ij,k+1}^{n+1} - P_{ijk}^{n+1}) \\
&- \Big[\lambda_w(S_{w,ijk-}^{n+1,l}) + \lambda_w'(S_{w,ijk-}^{n+1,l})(S_{w,ijk-}^{n+1,l+1} - S_{w,ijk-}^{n+1,l}) \Big] (P_{ijk}^{n+1} - P_{ij,k-1}^{n+1}) \Big\}/(\Delta z)^2 \\
=&Q_{w,ijk}^{n+1} + \Big\{ \Big[\lambda_w(S_{w,ijk+}^{n+1,l}) + \lambda_w'(S_{w,ijk+}^{n+1,l})(S_{w,ijk+}^{n+1,l+1} - S_{w,ijk+}^{n+1,l}) \Big] (D_{ij,k+1}^{n+1} - D_{ijk}^{n+1}) \\
&- \Big[\lambda_w(S_{w,ijk-}^{n+1,l}) + \lambda_w'(S_{w,ijk-}^{n+1,l})(S_{w,ijk-}^{n+1,l+1} - S_{w,ijk-}^{n+1,l}) \Big] \\
&\cdot (D_{ijk}^{n+1} - D_{ij,k-1}^{n+1}) \Big\}/(\Delta z)^2, \quad l = 0, 1, \cdots, L.
\end{aligned}
\tag{5.2.6}
$$

基于依据上游排序原则获得的计算顺序, 计算第 $l+1$ 迭代步时, 当前点的所有上游值是已知的, 从而可以显示求得当前迭代步下当前点的值. 相对误差满足要求或达到规定迭代步数则迭代停止, 最后迭代结果赋予 S_w^{n+1}.

5.2.3　组分浓度方程的数值格式

组分是指阴离子、阳离子、聚合物分子等, 存在于水相中. 其质量守恒用对流扩散方程来描述, 而且是对流占优问题. 为保证计算精度、提高模拟效率, 采用算子分裂技术将方程分解为含对流项的双曲方程以及含扩散项的扩散方程. 前者采用隐式迎风格式求解, 通过上游排序策略, 实际上具有显格式的优点; 后者采用交替方向有限差分格式, 可以大大提高计算速度. 为表达清晰, 将 k-组分浓度方程简写为

$$
\phi\frac{\partial}{\partial t}(S_w C_k) + \mathrm{div}(C_k u_w - \phi S_w K \nabla C_k) = Q_k.
\tag{5.2.7}
$$

这是一个典型的对流扩散方程. 弥散张量取为对角形式. 已知饱和度 S_w 和流场 u_w 在时间步 t^{n+1} 的值, 欲求解 C_k^{n+1}. 为表达方便, 略去组分下标 k, 用 C 泛指某个组分的浓度, 先解一个对流问题, 采用隐式迎风格式:

$$
\begin{aligned}
&\phi_{ijk}\frac{S_w^{n+1} C_{ijk}^{n+1,0} - S_w^n C_{ijk}^n}{\Delta t} + \Big[C_{i+jk}^{n+1,0} u_{w,ijk}^{n+1} - C_{i-jk}^{n+1,0} u_{w,i-1,jk}^{n+1} \Big]/\Delta x \\
&+ \Big[C_{ij+k}^{n+1,0} u_{w,ijk}^{n+1} - C_{ij-k}^{n+1,0} u_{w,i,j-1}^{n+1} \Big]/\Delta y
\end{aligned}
$$

$$+ \left[C_{ijk+}^{n+1,0} u_{w,ijk}^{n+1} - C_{ijk-}^{n+1,0} u_{w,ij,k-1}^{n+1} \right] / \Delta z = Q_{ijk}^{n+1}, \tag{5.2.8}$$

得到 $C^{n+1,0}$ 后, 分三个方向交替求解扩散问题, 先是 x 方向,

$$\phi_{ijk} \frac{S_w^{n+1} C_{ijk}^{n+1,1} - S_w^n C_{ijk}^{n+1,0}}{\Delta t} - \left[\phi_{i+\frac{1}{2},jk} S_{w,i+jk}^{n+1} K_{xx,i+\frac{1}{2},jk} \left(C_{i+1,jk}^{n+1,1} - C_{ijk}^{n+1,1} \right) \right.$$
$$\left. - \phi_{i-\frac{1}{2},jk} S_{w,i-jk}^{n+1} K_{xx,i-\frac{1}{2},jk} \left(C_{ijk}^{n+1,1} - C_{i-1,jk}^{n+1,1} \right) \right] / (\Delta x)^2 = 0, \tag{5.2.9a}$$

然后是 y 方向,

$$\phi_{ijk} \frac{S_w^{n+1} C_{ijk}^{n+1,2} - S_w^n C_{ijk}^{n+1,1}}{\Delta t} - \left[\phi_{i,j+\frac{1}{2},k} S_{w,ij+k}^{n+1} K_{yy,i,j+\frac{1}{2},k} \left(C_{i,j+1,k}^{n+1,2} - C_{ijk}^{n+1,2} \right) \right.$$
$$\left. - \phi_{i,j-\frac{1}{2},k} S_{w,ij-k}^{n+1} K_{yy,i,j-\frac{1}{2},k}, \left(C_{ijk}^{n+1,2} - C_{i,j-1,k}^{n+1,2} \right) \right] / (\Delta y)^2 = 0, \tag{5.2.9b}$$

最后是 z 方向, 解得 C^{n+1}:

$$\phi_{ijk} \frac{S_w^{n+1} C_{ijk}^{n+1} - S_w^n C_{ijk}^{n+1,2}}{\Delta t} - \left[\phi_{ij,k+\frac{1}{2}} S_{w,ijk+}^{n+1} K_{zz,ij,k+\frac{1}{2}} \left(C_{ij,k+1}^{n+1} - C_{ijk}^{n+1} \right) \right.$$
$$\left. - \phi_{ij,k-\frac{1}{2}} S_{w,ijk-}^{n+1} K_{xx,ij,k-\frac{1}{2}} \left(C_{ijk}^{n+1} - C_{ij,k-1}^{n+1} \right) \right] / (\Delta z)^2 = 0, \tag{5.2.9c}$$

时间步计算结束, 得到 $P_w^{n+1}, P_o^{n+1}, S_w^{n+1}, S_o^{n+1}, C_k^{n+1}$, 进入下一个时间步.

5.3 关于含尖灭问题的处理方法

本节包含 5.3.1 节模型方程 1 的处理方法, 5.3.2 节模型方程 2 的处理方法, 5.3.3 节模型方程 3 的处理方法.

含尖灭区区域上的聚合物驱, 其数学模型 (方程) 与前面所述的模型一致. 但从定性理论角度看, 有效区域的不规则性 (奇异性) 将使得解的正则性受到很大削弱. 这将会给数值模拟稳定性和精度带来一定的负面影响. 极端的情况是极差的连通性使得驱替采油效果极差. 在软件研制过程中, 增加了几何分析, 由此可以获得区域连通性评价, 以及对井位布局、注采方案合理性的一个直观认识. 在数值方法方面, 前述数值方法对连通环境好的网格节点仍是有效的. 需要修正的是尖灭区上网点以及相邻网点的特殊处理方法. 仍将尖灭区与非尖灭区合并为一个规则的几何区域, 这对程序编制和测试、应用提供了极大便利. 所有网点均建立相应的离散方程, 而尖灭区网点的方程是虚拟的. 速度场是有势场, 网格之间的物质传递遵循从上游到下游的原则. 一个网格点在尖灭区, 则视此网格点与其邻点间互为上游. 三个核心方程: 压力方程、饱和方程、浓度方程求解时均遵循这一原则. 为有效说明尖灭区处理的原理, 以三个二维典型模型问题为例, 阐述尖灭区算法的构造.

5.3.1　模型方程 1 的处理方法

图 5.3.1 为一个二维规则区域, 带阴影的网格点为一个尖灭区点, 记为 (i_0, j_0). 其他网格点为正常网点. 对于如下抛物方程:

$$\frac{\partial u}{\partial t} - \frac{\partial}{\partial x}\left(a(c)\frac{\partial u}{\partial x}\right) - \frac{\partial}{\partial y}\left(a(c)\frac{\partial u}{\partial y}\right) = f, \tag{5.3.1}$$

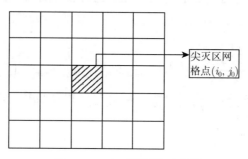

图 5.3.1　尖灭区网格示意图

其中 c 是一个已知函数. 一般网格点 (周围网点都是正常点) 的离散格式如下

$$\frac{U_{ij}^{n+1} - U_{ij}^n}{\Delta t} - \left\{a(c_{i_+j})(U_{i+1j}^{n+1} - U_{ij}^{n+1}) - a(c_{i_-j})(U_{ij}^{n+1} - U_{i-1j}^{n+1})\right\}/\Delta x^2$$
$$- \left\{a(c_{ij_+})(U_{ij+1}^{n+1} - U_{ij}^{n+1}) - a(c_{ij_-})(U_{ij}^{n+1} - U_{ij-1}^{n+1})\right\}/\Delta y^2 = f_{ij}^{n+1}, \tag{5.3.2}$$

其中 (i_+, j) 点为 (i, j) 点与 $(i+1, j)$ 点两点之中的上游点, (i_-, j) 为 (i, j) 点与 $(i-1, j)$ 点两点之中的上游点; (i, j_+) 点为 (i, j) 点与 $(i, j+1)$ 点两点之中的上游点, (i, j_-) 为 (i, j) 点与 $(i, j-1)$ 点两点之中的上游点.

(A) 尖灭区网格点 (i_0, j_0) 与周围网格点联系被切断, 方程为

$$U_{i_0 j_0}^{n+1} - U_{i_0 j_0}^n = 0. \tag{5.3.3}$$

(B) 网格点 $(i_0 - 1, j_0)$ 与尖灭区网格点 (i_0, j_0) 联系被切断, 方程为

$$\frac{U_{ij}^{n+1} - U_{ij}^n}{\Delta t} + \left\{a(c_{i_-j})(U_{ij}^{n+1} - U_{i-1j}^{n+1})\right\}/\Delta x^2$$
$$- \left\{a(c_{ij_+})(U_{ij+1}^{n+1} - U_{ij}^{n+1}) - a(c_{ij_-})(U_{ij}^{n+1} - U_{ij-1}^{n+1})\right\}/\Delta y^2 = f_{ij}^{n+1}, \tag{5.3.4}$$

其中 i 取为 $i_0 - 1$, j 取为 j_0.

(C) 网格点 $(i_0 + 1, j_0)$ 与尖灭区网格点 (i_0, j_0) 联系被切断, 方程为

$$\frac{U_{ij}^{n+1} - U_{ij}^n}{\Delta t} - \left\{a(c_{i_+j})(U_{i+1j}^{n+1} - U_{ij}^{n+1})\right\}/\Delta x^2$$

$$- \left\{ a(c_{ij_+})(U_{ij+1}^{n+1} - U_{ij}^{n+1}) - a(c_{ij_-})(U_{ij}^{n+1} - U_{ij-1}^{n+1}) \right\} / \Delta y^2 = f_{ij}^{n+1}, \quad (5.3.5)$$

其中 i 取为 $i_0 + 1$, j 取为 j_0.

(D) 网格点 $(i_0, j_0 - 1)$ 与尖灭区网格点 (i_0, j_0) 联系被切断, 方程为

$$\frac{U_{ij}^{n+1} - U_{ij}^n}{\Delta t} - \left\{ a(c_{i+j})(U_{i+1j}^{n+1} - U_{ij}^{n+1}) - a(c_{i-j})(U_{ij}^{n+1} - U_{i-1j}^{n+1}) \right\} / \Delta x^2$$
$$+ a(c_{ij_-})(U_{ij}^{n+1} - U_{ij-1}^{n+1}) / \Delta y^2 = f_{ij}^{n+1}, \quad (5.3.6)$$

其中 i 取为 i_0, j 取为 $j_0 - 1$.

(E) 网格点 $(i_0, j_0 + 1)$ 与尖灭区网格点 (i_0, j_0) 联系被切断, 方程为

$$\frac{U_{ij}^{n+1} - U_{ij}^n}{\Delta t} - \left\{ a(c_{i+j})(U_{i+1,j}^{n+1} - U_{ij}^{n+1}) - a(c_{i-j})(U_{ij}^{n+1} - U_{i-1,j}^{n+1}) \right\} / \Delta x^2$$
$$- a(c_{ij_+})(U_{i,j+1}^{n+1} - U_{ij}^{n+1}) / \Delta y^2 = f_{ij}^{n+1}, \quad (5.3.7)$$

其中 i 取为 i_0, j 取为 $j_0 + 1$.

5.3.2 模型方程 2 的处理方法

讨论如下非线性双曲方程

$$\frac{\partial s}{\partial t} - \frac{\partial}{\partial x}\left(\lambda(s)\frac{\partial P}{\partial x}\right) - \frac{\partial}{\partial y}\left(\lambda(s)\frac{\partial P}{\partial y}\right) = q, \quad (5.3.8)$$

其中 P 为已知函数. 仍参考前面的网格与尖灭区形式. 常规格式为

$$\frac{S_{ij}^{n+1} - S_{ij}^n}{\Delta t} - [\lambda(S_{i+j}^{n+1})(P_{i+1j} - P_{ij}) - \lambda(S_{i-j}^{n+1})(P_{ij} - P_{i-1j})]/\Delta x^2$$
$$- [\lambda(S_{ij_+}^{n+1})(P_{ij+1} - P_{ij}) - \lambda(S_{ij_-}^{n+1})(P_{ij} - P_{ij-1})]/\Delta y^2 = q_{ij}^{n+1}. \quad (5.3.9)$$

注 上述格式是非线性的, 需要迭代求解.

(A) 尖灭区网格点 (i_0, j_0) 与周围网格点联系被切断, 方程为

$$S_{i_0j_0}^{n+1} - S_{i_0j_0}^n = 0. \quad (5.3.10)$$

(B) 网格点 $(i_0 - 1, j_0)$ 与尖灭区网格点 (i_0, j_0) 联系被切断, 方程为

$$\frac{S_{ij}^{n+1} - S_{ij}^n}{\Delta t} + [\lambda(S_{i-j}^{n+1})(P_{ij} - P_{i-1j})]/\Delta x^2$$
$$- [\lambda(S_{ij_+}^{n+1})(P_{ij+1} - P_{ij}) - \lambda(S_{ij_-}^{n+1})(P_{ij} - P_{ij-1})]/\Delta y^2 = q_{ij}^{n+1}, \quad (5.3.11)$$

其中 i 取为 $i_0 - 1$, j 取为 j_0.

(C) 网格点 $(i_0 + 1, j_0)$ 与尖灭区网格点 (i_0, j_0) 联系被切断, 方程为

$$\frac{S_{ij}^{n+1} - S_{ij}^n}{\Delta t} - [\lambda(S_{i+j}^{n+1})(P_{i+1,j} - P_{i-1,j})]/\Delta x^2$$
$$- [\lambda(S_{ij+}^{n+1})(P_{ij+1} - P_{ij}) - \lambda(S_{ij-}^{n+1})(P_{ij} - P_{ij-1})]/\Delta y^2 = q_{ij}^{n+1}, \quad (5.3.12)$$

其中 i 取为 $i_0 + 1$, j 取为 j_0.

(D) 网格点 $(i_0, j_0 - 1)$ 与尖灭区网格点 (i_0, j_0) 联系被切断, 方程为

$$\frac{S_{ij}^{n+1} - S_{ij}^n}{\Delta t} - [\lambda(S_{i+j}^{n+1})(P_{i+1j} - P_{ij}) - \lambda(S_{i-j}^{n+1})(P_{ij} - P_{i-1j})]/\Delta x^2$$
$$+ \lambda(S_{ij-}^{n+1})(P_{ij} - P_{ij-1})/\Delta y^2 = q_{ij}^{n+1}, \quad (5.3.13)$$

其中 i 取为 i_0, j 取为 $j_0 - 1$.

(E) 网格点 $(i_0, j_0 + 1)$ 与尖灭区网格点 (i_0, j_0) 联系被切断, 方程为

$$\frac{S_{ij}^{n+1} - S_{ij}^n}{\Delta t} - [\lambda(S_{i+j}^{n+1})(P_{i+1j} - P_{ij}) - \lambda(S_{i-j}^{n+1})(P_{ij} - P_{i-1j})]/\Delta x^2$$
$$- \lambda(S_{ij+}^{n+1})(P_{ij+1} - P_{ij})/\Delta y^2 = q_{ij}^{n+1}, \quad (5.3.14)$$

其中 i 取为 i_0, j 取为 $j_0 + 1$.

5.3.3　模型方程 3 的处理方法

讨论如下对流扩散方程

$$\frac{\partial c}{\partial t} + \frac{\partial}{\partial x}\left(cu - s\frac{\partial c}{\partial x}\right) + \frac{\partial}{\partial y}\left(cv - s\frac{\partial c}{\partial y}\right) = g, \quad (5.3.15)$$

其中 c 为未知量, s, g 为已知量, (u, v) 为已知流场. 仍参考前述网格和尖灭区配置.

第一步, 解算子分裂后的对流问题,

$$\frac{C_{ij}^{n+1,0} - C_{ij}^n}{\Delta t} + [C_{i+j}^{n+1,0}u_{i+1/2,j} - C_{i-j}^{n+1,0}u_{i-1/2,j}]/\Delta x$$
$$+ [C_{ij+}^{n+1,0}v_{ij+1/2} - C_{ij-}^{n+1,0}v_{ij-1/2}]/\Delta y = g_{ij}^{n+1}; \quad (5.3.16)$$

第二步, 得到 $C^{n+1,0}$ 后, 分两个方向交替求解扩散问题, 先是 x 方向扩散,

$$\frac{C_{ij}^{n+1,1} - C_{ij}^{n+1,0}}{\Delta t} - [s_{i+j}(C_{i+1,j}^{n+1,1} - C_{ij}^{n+1,1}) - s_{i-j}(C_{ij}^{n+1,1} - C_{i-1,j}^{n+1,1})]/\Delta x^2 = 0, \quad (5.3.17)$$

然后是 y 方向扩散,

$$\frac{C_{ij}^{n+1} - C_{ij}^{n+1,1}}{\Delta t} - [s_{ij+}(C_{ij+1}^{n+1} - C_{ij}^{n+1}) - s_{ij-}(C_{ij}^{n+1} - C_{ij-1}^{n+1})]/\Delta y^2 = 0. \quad (5.3.18)$$

(A) 尖灭区网格点 (i_0, j_0) 与其他网格点联系被切断, 方程为

$$C_{i_0 j_0}^{n+1,0} - C_{i_0 j_0}^n = 0, \tag{5.3.19}$$

$$C_{i_0 j_0}^{n+1,1} - C_{i_0 j_0}^{n+1,0} = 0, \tag{5.3.20}$$

$$C_{i_0 j_0}^{n+1} - C_{i_0 j_0}^{n+1,1} = 0. \tag{5.3.21}$$

(B) 网格点 $(i_0 - 1, j_0)$ 与尖灭区网格点 (i_0, j_0) 联系被切断, 对流方程如下.
对流方程

$$\frac{C_{ij}^{n+1,0} - C_{ij}^n}{\Delta t} + [C_{i_+j}^{n+1,0} u_{i+1/2,j} - C_{i_-j}^{n+1,0} u_{i-1/2,j}]/\Delta x$$
$$+ [C_{ij_+}^{n+1,0} v_{ij+1/2} - C_{ij_-}^{n+1,0} v_{ij-1/2}]/\Delta y = g_{ij}^{n+1}, \tag{5.3.22}$$

x 方向扩散

$$\frac{C_{ij}^{n+1,1} - C_{ij}^{n+1,0}}{\Delta t} + s_{i_-j}(C_{ij}^{n+1,1} - C_{i-1,j}^{n+1,1})/\Delta x^2 = 0, \tag{5.3.23}$$

y 方向扩散

$$\frac{C_{ij}^{n+1,1} - C_{ij}^{n+1,0}}{\Delta t} - [s_{ij_+}(C_{ij+1}^{n+1} - C_{ij}^{n+1}) - s_{ij_-}(C_{ij}^{n+1} - C_{ij-1}^{n+1})]/\Delta y^2 = 0, \tag{5.3.24}$$

其中 i 取为 $i_0 - 1$, j 取为 j_0.

(C) 网格点 $(i_0 + 1, j_0)$ 与尖灭区网格点 (i_0, j_0) 联系被切断, 对流方程如下.

$$\frac{C_{ij}^{n+1,0} - C_{ij}^n}{\Delta t} + [C_{i_+j}^{n+1,0} u_{i+1/2,j} - C_{i_-j}^{n+1,0} u_{i-1/2,j}]/\Delta x$$
$$+ [C_{ij_+}^{n+1,0} v_{ij+1/2} - C_{ij_-}^{n+1,0} v_{ij-1/2}]/\Delta y = g_{ij}^{n+1}, \tag{5.3.25}$$

x 方向扩散

$$\frac{C_{ij}^{n+1,1} - C_{ij}^{n+1,0}}{\Delta t} - s_{i_+j}(C_{i+1,j}^{n+1,1} - C_{ij}^{n+1,1})/\Delta x^2 = 0, \tag{5.3.26}$$

y 方向扩散

$$\frac{C_{ij}^{n+1} - C_{ij}^{n+1,1}}{\Delta t} - [s_{ij_+}(C_{ij+1}^{n+1} - C_{ij}^{n+1}) - s_{ij_-}(C_{ij}^{n+1} - C_{ij-1}^{n+1})]/\Delta y^2 = 0, \tag{5.3.27}$$

其中 i 取为 $i_0 + 1$, j 取为 j_0.

(D) 网格点 $(i_0, j_0 - 1)$ 与尖灭区网格点 (i_0, j_0) 联系被切断, 方程如下.

对流方程

$$\frac{C_{ij}^{n+1,0} - C_{ij}^{n}}{\Delta t} + [C_{i+j}^{n+1,0} u_{i+1/2,j} - C_{i-j}^{n+1,0} u_{i-1/2,j}]/\Delta x$$
$$+ [C_{ij_+}^{n+1,0} v_{ij+1/2} - C_{ij_-}^{n+1,0} v_{ij-1/2}]/\Delta y = g_{ij}^{n+1}, \tag{5.3.28}$$

x 方向扩散

$$\frac{C_{ij}^{n+1,1} - C_{ij}^{n+1,0}}{\Delta t} - [s_{i+j}(C_{i+1,j}^{n+1,1} - C_{ij}^{n+1,1}) - s_{i-j}(C_{ij}^{n+1,1} - C_{i-1,j}^{n+1,1})]/\Delta x^2 = 0, \tag{5.3.29}$$

y 方向扩散

$$\frac{C_{ij}^{n+1} - C_{ij}^{n+1,1}}{\Delta t} + s_{ij_-}(C_{ij}^{n+1} - C_{ij-1}^{n+1})/\Delta y^2 = 0, \tag{5.3.30}$$

其中 i 取为 i_0, j 取为 $j_0 - 1$.

(E) 网格点 $(i_0, j_0 + 1)$ 与尖灭区网格点 (i_0, j_0) 联系被切断, 方程如下.

对流方程离散格式

$$\frac{C_{ij}^{n+1,0} - C_{ij}^{n}}{\Delta t} + [C_{i+j}^{n+1,0} u_{i+1/2,j} - C_{i-jk}^{n+1,0} u_{i-1/2,j}]/\Delta x$$
$$+ [C_{ij_+}^{n+1,0} \nu_{ij+1/2} - C_{ij_-}^{n+1,0} \nu_{ij-1/2}]/\Delta y = g_{ij}^{n+1}, \tag{5.3.31}$$

x 方向扩散

$$\frac{C_{ij}^{n+1,1} - C_{ij}^{n+1,0}}{\Delta t} - [s_{i+j}(C_{i+1,j}^{n+1,1} - C_{ij}^{n+1,1}) - s_{i-j}(C_{ij}^{n+1,1} - C_{i-1,j}^{n+1,1})]/\Delta x^2 = 0, \tag{5.3.32}$$

y 方向扩散

$$\frac{C_{ij}^{n+1} - C_{ij}^{n+1,1}}{\Delta t} - s_{ij_+}(C_{i,j+1}^{n+1} - C_{i,j}^{n+1})/\Delta y^2 = 0, \tag{5.3.33}$$

其中 i 取为 i_0, j 取为 $j_0 + 1$.

5.4　聚合物驱模块结构图和计算流程图

本节包含下述框图[3,7,10].

(1) 聚合物驱模块结构图: 数值模拟模块结构图、求解压力模块结构图、几何分析模块结构图、饱和度方程求解模块结构图、组分浓度方程求解模块结构图.

(2) 聚合物驱计算流程图: 油藏区域连通性几何分析与尖灭区标识设定计算流程图、上游排序算法数据流程图、聚合物驱解压力方程的计算流程图、聚合物驱水饱和度解法计算流程图、聚合物驱中组分浓度方程隐格式算法计算流程图 (图 5.4.1— 图 5.4.12).

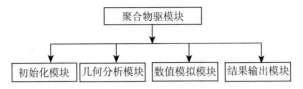

图 5.4.1 聚合物驱模块结构图

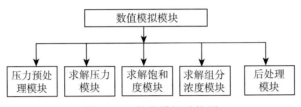

图 5.4.2 数值模拟结构图

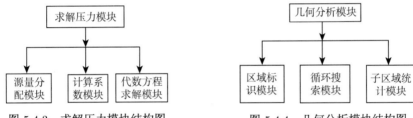

图 5.4.3 求解压力模块结构图　　　图 5.4.4 几何分析模块结构图

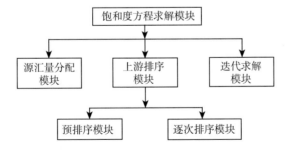

图 5.4.5 饱和度模块结构图

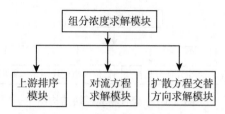

图 5.4.6　组分浓度方程求解模块结构图

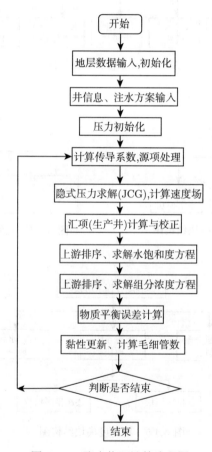

图 5.4.7　聚合物驱计算流程图

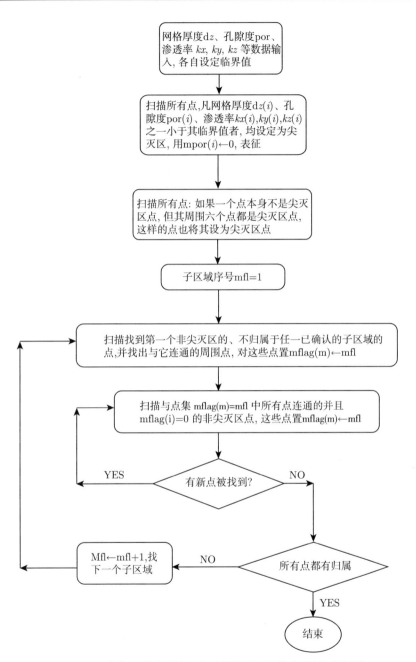

图 5.4.8 油藏区域连通性几何分析与尖灭区标识设定流程图

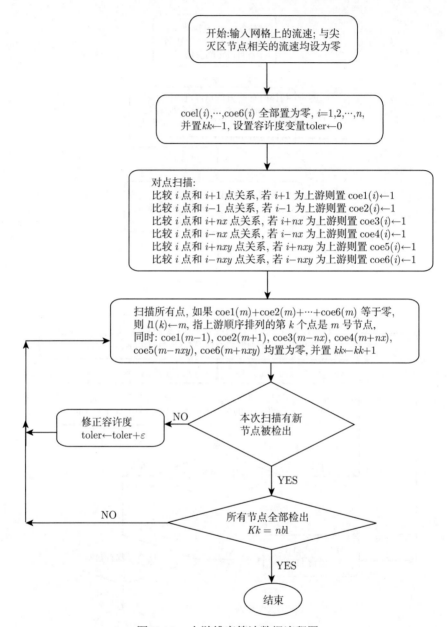

图 5.4.9　上游排序算法数据流程图

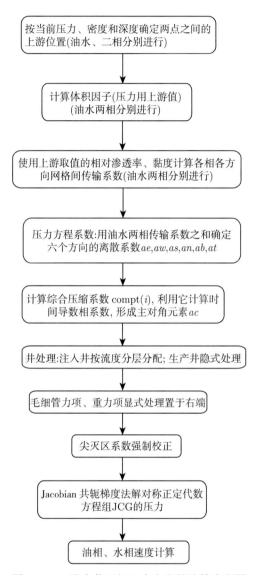

图 5.4.10　聚合物驱解压力方程的计算流程图

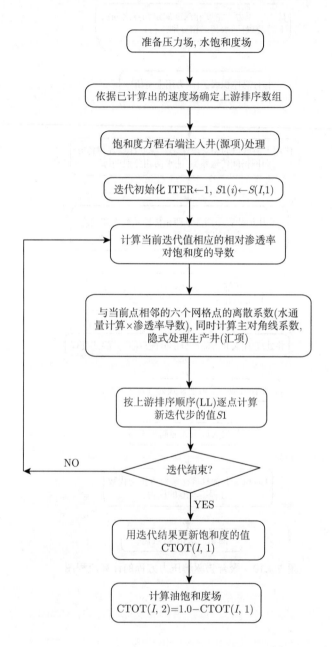

图 5.4.11　聚合物驱水饱和度方程解法计算流程图

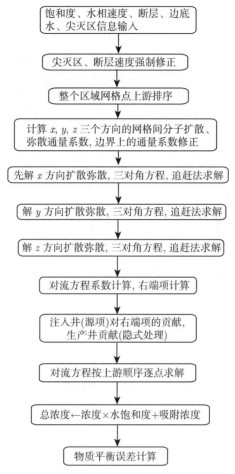

图 5.4.12 聚合物驱中组分浓度方程隐格式算法计算流程图

5.5 实际矿场检验、总结和讨论

5.5.1 算例检验

利用含有尖灭区的实际区块地质模型, 对具有尖灭区描述功能的聚合物驱软件进行了检验.

(1) 南五区聚合物驱开发区.

地质模型网格划分为 $86 \times 39 \times 9$, 每层有效厚度分布如图 5.5.1 所示. 聚合物驱瞬时产油量如图 5.5.2 所示, 含水率如图 5.5.3 所示. 数值计算物质平衡分析如表 5.5.1 所示. 从计算结果可见, 解法改进后具有尖灭区油藏描述功能的模型具有较高的计算精度, 数值模拟正确反映了聚合物驱的物理过程和机理. 主要的物理量分布合理, 计算精度满足要求; 未发现聚合物堆积、陷入死循环等现象.

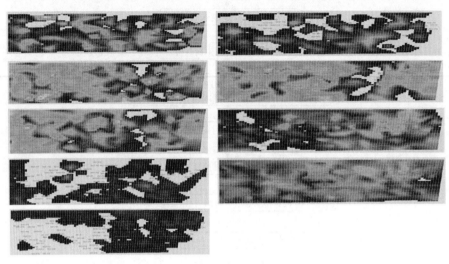

图 5.5.1　南 5 区有效厚度分布

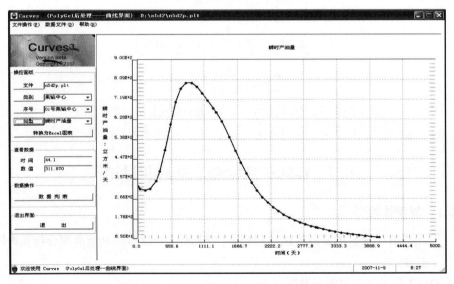

图 5.5.2　南 5 区聚合物驱瞬时产油量曲线

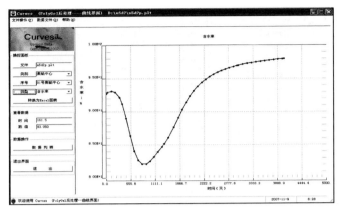

图 5.5.3 南 5 区聚合物驱含水率曲线

表 5.5.1 模拟计算结束时物质平衡分析

物质类型	组分				
	水	油	聚合物	阴离子	阳离子
	SCM	SCM	kg	meq	meq
原始含量	1.039×10^7	1.071×10^7	0.000×10^0	1.141×10^{11}	1.008×10^{11}
注入量	1.797×10^7	0.000×10^0	5.295×10^6	3.771×10^{11}	7.136×10^{10}
采出量	1.656×10^7	1.410×10^6	3.362×10^6	2.878×10^{11}	1.000×10^{11}
目前含量	1.180×10^7	9.296×10^6	1.934×10^6	2.034×10^{11}	7.212×10^{10}
相对误差	6.536×10^9	1.731×10^{-8}	2.264×10^{-14}	4.368×10^{-14}	2.039×10^{-15}

(2) 杏 4 区聚合物驱开发区.

地质模型网格划分为 $46\times83\times7$, 每层有效厚度分布如图 5.5.4 所示. 聚合物驱瞬时产油量如图 5.5.5 所示, 含水率如图 5.5.6 所示. 数值计算物质平衡分析如表 5.5.2 所示. 从计算结果可见, 解法改进后具有尖灭区油藏描述功能的模型具有较高的计算精度, 数值模拟正确反映了聚合物驱的物理过程和机理. 主要物理量分布合理, 计算精度满足要求; 未发现聚合物堆积、陷入死循环等现象.

图 5.5.4　杏 4 区有效厚度分布

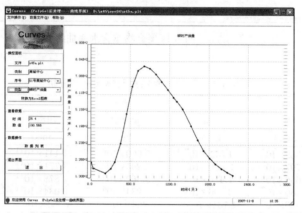

图 5.5.5　杏 4 区聚合物驱瞬时产油量曲线

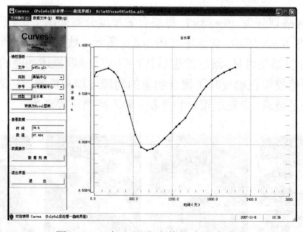

图 5.5.6　杏 4 区聚合物驱含水率曲线

表 5.5.2 模拟计算解释结束时物质平衡分析

物质类型	组分				
	水	油	聚合物	阴离子	阳离子
	SCM	SCM	kg	meq	meq
原始含量	1.496×10^{7}	1.100×10^{7}	0.000×10^{0}	1.643×10^{11}	1.451×10^{11}
注入量	1.578×10^{7}	0.000×10^{0}	9.336×10^{6}	3.312×10^{11}	6.266×10^{10}
采出量	1.486×10^{7}	9.240×10^{5}	4.201×10^{6}	2.251×10^{11}	1.087×10^{11}
目前含量	1.588×10^{7}	1.008×10^{7}	5.135×10^{6}	2.703×10^{11}	9.913×10^{10}
相对误差	3.602×10^{-11}	1.219×10^{-10}	2.853×10^{-14}	6.905×10^{-14}	3.510×10^{-14}

5.5.2 总结和讨论

本章研究在多孔介质中注聚合物驱油的渗流力学数值模拟的理论、方法和应用. 引言首先叙述本章的概况. 5.1 节渗流力学模型, 基于石油地质、地球化学、计算渗流力学提出渗流力学数学模型. 5.2 节数值计算方法, 构造了上游排序、隐式迎风精细分数步迭代格式. 5.3 节构造关于含尖灭区问题的处理方法. 5.4 节计算流程图, 编制了大型工业应用软件, 成功实现了网格步长拾米级、10 万网点和模拟时间长达数十年的高精度数值模拟. 5.5 节实际矿场算例检验, 本系统已成功应用到大庆、胜利等主力油田. 关于模型问题的数值分析, 将在第 9 章讨论和分析, 得到了严谨的理论分析结果, 使软件系统建立在坚实的数学和力学基础上[13−18]. 本章没有研究关于油、气、水三相的聚合物驱油系统和表面活性剂驱油系统, 将在第 6 章和第 7 章予以系统研究和分析.

参 考 文 献

[1] Ewing R E, Yuan Y R, Li G. Finite element method for chemical-flooding simulation. Proceeding of the 7th international conference finite method in flow problems. The University of Alabama in Huntsville, Huntsville, Alabama: Uahdress, 1989: 1264–1271.

[2] 袁益让. 能源数值模型的理论和应用, 第 3 章化学驱油 (三次采油) 的数值模拟基础. 北京: 科学出版社, 2013: 257–304.

[3] 山东大学数学研究所, 大庆石油管理局勘探开发研究院. 聚合物驱应用软件及应用 ("八五" 国家重点科技攻关项目专题技术总结报告: 85-203-01-08), 1995: 1296–1307.

[4] 袁益让. 强化采油数值模拟的特征差分法和 L^2 估计. 中国科学 (A 辑), 1993, 8: 801–810.
    Yuan Y R. The characteristic finite difference method for enhanced oil recovery simulation and L^2 estimates. Science in China (Series A), 1993, 11: 1296–1307.

[5] 袁益让. 注化学溶液油藏模拟的特征混合元方法. 应用数学学报, 1994, 1: 118–131.

[6] 袁益让. 强化采油数值模拟的特征混合元及最佳阶 L^2 误差估计. 科学通报, 1992, 12: 1066–1070.

Yuan Y R. The characteristic-mixed finite element method for enhanced oil recovery simulation and optimal order L^2 error estimate. Chinese Science Bulletin, 1993, 21: 1761–1766.

[7] 中国石油天然气总公司科技局. "八五" 国家重点科技项目 (攻关) 计划项目执行情况驱收评价报告 (85-203-01-08). 1995.

[8] 袁益让, 羊丹平, 戚连庆, 等. 聚合物驱应用软件算法研究. 刚秦麟, 编. 化学驱油论文集. 北京: 石油工业出版社, 1998: 246–253.

[9] Yuan Y R. Finite element method and analysis for chemical-flooding simulation. Systems Science and Mathematical Sciences, 2000, 3: 302–308.

[10] 山东大学数学研究所, 大庆油田有限责任公司勘探开发研究院. 聚合物驱数学模型解法改进及油藏描述功能完善, 2008.

[11] 山东大学数学研究所, 中国石化公司胜利油田分公司. 高温高盐化学驱油藏模拟关键技术研究. 第四章 4.1 数值解法. 2011: 83–106.

[12] 袁益让、程爱杰、羊丹平、李长峰. 聚合物驱数值模拟的渗流力学模型数值方法、理论分析和实际应用. 山东大学数学研究所研究报告, 2013.

Yuan Y R, Cheng A J, Yang D P, Li C F. Application, theoretical analysis, numerical method, and mechanical medels of polymer flooding in porous medta. Special Topics & Reviews in Porous Media—An International Journal, 2016, 6(4): 383–401.

[13] 袁益让、程爱杰、羊丹平、李长峰. 三维强化采油渗流耦合系统隐式迎风分数步差分法的收敛性分析. 中国科学, 数学, 2014, 44(10)：1035–1058.

[14] Ewing R E. The Mathematics of Reservior Simulation. Philadelphia: SIAM, 1993.

[15] 袁益让. 可压缩二相驱动问题的迎风差分格式及其理论分析. 应用数学学报, 2002, 3: 484–496.

[16] 袁益让. 可压缩二相驱动问题的分数步特征差分格式. 中国科学 (A 辑), 1998, 10: 893–902.

Yuan Y R. The characteristic finite difference fractional steps method for compressible two-phase displacement problem. Science in China (Series A), 1999, 1: 48–57.

[17] Yuan Y R. The upwind finite difference fractional steps method for two-phase compressible flow in porous media. Numer. Methods of Partial Differential Eq., 2003, 19: 67–88.

[18] 袁益让. 三维多组分可压缩驱动问题的分数步特征差分方法. 应用数学学报, 2001, 2: 242–244.

第6章 黑油－聚合物驱数值模拟算法
及应用软件

油田经注水开采后, 油藏中仍残留大量的原油, 这些油或者被毛细管力束缚住不能流动, 或者由于驱替相和被驱替相之间的不利流度比, 使得注入流波及体积小, 而无法驱动原油. 在注入液中加入某些化学添加剂, 则可大大改善注入液的驱洗油能力. 常用的化学添加剂大都为聚合物、表面活性剂和碱. 聚合物常被用来优化驱替相的流速, 以调整与被驱替相之间的流度比, 均匀驱动前缘, 减弱高渗层指进, 提高驱替液的波及效率, 同时增加压力梯度等. 表面活性剂和碱主要用于降低地下各相间的界面张力, 从而将被束缚的油启动.

作者 1985—1988 年访美期间和 Ewing 教授合作, 从事这一领域的理论和实际数值模拟研究[1,2]. 回国后 1991—1995 年带领课题组承担了 "八五" 国家重点科技项目 (攻关)(85-203-01-087)—— 聚合物驱软件研究和应用[3-6]. 研制的聚合物驱软件已在大庆油田聚合物驱油工业性生产区的方案设计和研究中应用. 通过聚合物驱矿场模拟得到聚合物驱一系列重要认识: 聚合物段塞作用、清水保护段塞设置、聚合物用量扩大等, 都在生产中得到应用, 产生巨大的经济效益和社会效益[7-9]. 随后又继续承担大庆油田石油管理局攻关项目 (DQYJ-1201002-2006-JS-9565)—— 聚合物驱数学模型解法改进及油藏描述功能完善[10]. 该软件系统还应用于大港油田枣北断块地区的聚合物驱数值模拟, 胜利油田孤岛小井驱试验区三元复合驱、孤岛中 —— 区试验区聚合物驱、孤岛西区复合驱扩大试验区实施方案优化及孤东八区注活性水试验的可行性研究等多个项目, 均取得很好的效果[11].

本章是上述研究工作的总结和深化分析, 主要包含在多孔介质中注聚合物驱油数值模拟的渗流力学数学模型、数值计算方法、应用软件研制、实际矿场检验、总结和讨论.

6.1 黑油–聚合物驱数学模型

黑油模型的油藏数值模拟软件, 其出发点是: 油藏含油、汽、水三相, 油相含油组分和溶解气组分, 水相含水组分、气相含气组分, 气组分随压力环境变化可在油相和气相之间交换. 为了改进黑油模型使之能够模拟聚合物驱过程, 以黑油模块为基础, 经改造并增加了聚合物驱模块, 研制成新的黑油–聚合物模拟系统.

系统含油、气、水三相, 油相含油组分和溶解气组分, 水相含水组分、聚合物组分和阴、阳离子组分, 气相只含气组分, 气组分随压力环境变化可在油相和气相之间交换, 包含两个基本模块: 三相流求解模块、组分方程求解模块.

三相流求解模块继承了黑油模型的部分算法, 但黑油模型中水相的黏度是常数, 而在聚合物驱中, 由于聚合物的出现改变了水的黏性, 水相黏度成为变量. 另外, 增加的组分方程求解模块的结构和算法必须要在功能上与黑油模型兼容, 组分方程的求解需增加相应处理, 以满足尖灭区、断层、边底水以及断层等工程实际的需求.

在上述工作基础上, 提出两类计算方法.

(i) 全隐式解法: 所有变量 (压力、水饱和度、气饱和度或溶解气油比) 同时隐式求解. 这是最可靠的有限差分公式. 每步外迭代需要的机时最多. 但由于全隐式比隐压–显饱格式来得更稳定, 所以能够选取更大的时间步长从而降低总模拟时间. 进一步, 稳定性限制有时会使隐压–显饱格式无法进行.

(ii) 隐压–显饱格式: 隐压–显饱格式 (隐式压力、显式饱和度) 公式基于如下假设: 一个时间步内, 饱和度变化不会明显影响到油藏流体流动. 这一假设允许从离散流动过程中消去饱和度未知量. 只有迭代步上的压力变化保持隐式耦合, 一旦压力变化确定了, 饱和度可以逐点显式更新. 如果饱和度在时间步上的变化偏大, 隐压–显饱格式就不稳定了. 当时间步长足够小使得饱和度变化足够小 (一般设为 5%) 时, 隐压–显饱格式是非常有效的.

求解油、水二相流时, 用 w 和 o 分别表示水相和油相, 渗流力学数学模型为[1,2,8,9]

$$\frac{\partial}{\partial x}\left[\lambda_l\left(\frac{\partial p_l}{\partial x} - \gamma_l\frac{\partial z}{\partial x}\right)\right] = \frac{\partial}{\partial t}\left(\phi\frac{\partial S_l}{\partial B_l}\right) - q_l, \quad l = w, o; \tag{6.1.1a}$$

$$p_c = p_o - p_w, \quad S_w + S_o = 1.0. \tag{6.1.1b}$$

用 w, o 和 g 分别表示水相、油相和气相, 三相流渗流力学数学模型为[1,2,3,7]

$$\begin{cases} \frac{\partial}{\partial x}\left[\lambda_w\left(\frac{\partial p_w}{\partial x} - \gamma_w\frac{\partial z}{\partial x}\right)\right] = \frac{\partial}{\partial t}\left(\phi\frac{\partial S_w}{\partial B_w}\right) - q_w, \\ \frac{\partial}{\partial x}\left[\lambda_o\left(\frac{\partial p_o}{\partial x} - \gamma_o\frac{\partial z}{\partial x}\right)\right] = \frac{\partial}{\partial t}\left(\phi\frac{\partial S_o}{\partial B_o}\right) - q_o, \\ \frac{\partial}{\partial x}\left[R_s\lambda_o\left(\frac{\partial p_o}{\partial x} - \gamma_o\frac{\partial z}{\partial x}\right)\right] + \frac{\partial}{\partial x}\left[\lambda_g\left(\frac{\partial p_g}{\partial x} - \gamma_g\frac{\partial z}{\partial x}\right)\right] \\ = \frac{\partial}{\partial t}\left(\phi R_s\frac{(1 - S_w - S_g)}{B_o} + \phi\frac{S_g}{B_g}\right) - R_s q_o - q_g; \end{cases} \tag{6.1.2a}$$

$$p_o - p_w = p_{cow}, \quad p_g - p_o = p_{cog}, \tag{6.1.2b}$$

$$\lambda_l = \frac{KK_{rl}}{\mu_l B_l}, \quad l = w, o, g, \quad \gamma_l = \rho_l g, \tag{6.1.2c}$$

$$u_l = \lambda_l(\nabla p_l - \gamma_l \nabla z), \quad l = w, o, g, \tag{6.1.2d}$$

其中 ϕ 为孔隙度, p_l 为 l 相压力, S_l 为 l 相的饱和度, K 为绝对渗透率, B_l 为 l 相的体积因子, K_{rl} 为 l 相的相对渗透率, μ_l 为 l 相的黏度, ρ_l 为 l 相的密度; R_s 为溶解汽油比, q_l 为 l 相的源汇项 (地面条件).

需要说明的是, 在黑油模型中水相黏度 μ_w 为常, 在黑油–聚合物驱模型中, 水相黏度 μ_w 是聚合物浓度的函数, 即 $\mu_w = \mu_w(C_{pw})$, C_{pw} 表示水中聚合物浓度 (相对于水). 聚合物组分在水中活动, 其浓度场反过来影响水相黏度场, 从而影响三相流体流动、流体流动过程与聚合物组分的运动是同时发生的. 因此, 上述黑油数学模型, 与描述聚合物运动的对流扩散方程是非线性耦合系统. 从解法角度考虑, 把三相流运动方程和聚合物对流扩散方程的解耦合计算, 即解一步三相流动, 得到流场, 再利用该流场解对流扩散方程, 得到新的聚合物浓度场, 更新水相黏度场, 转入下一个时间步.

现在, 给出描述聚合物, 阴、阳离子组分运动的对流扩散方程, 为了便于说明, 不区别组分, 只以表示某一组分在水中的浓度.

$$\frac{\partial}{\partial t}(\phi S_w C) + \text{div}(C u_w - \psi S_w K \nabla C) = Q, \tag{6.1.2e}$$

$$\mu_w = \mu_w(C). \tag{6.1.2f}$$

方程组 (6.1.1a)—(6.1.2f) 是完整的油、水二相聚合物驱数学模型. 方程组 (6.1.2a)—(6.1.2f) 是完整的油、气、水三相聚合物驱数学模型.

黑油–聚合物驱模型计算步骤如下:

t^1 时间步压力、饱和度求解, t^1 时间步组分浓度求解;

依组分浓度修正水相黏度;

t^2 时间步压力、饱和度求解, t^2 时间步组分浓度求解;

依组分浓度修正水相黏度;

......

t^{n+1} 时间步压力、饱和度求解, t^{n+1} 时间步组分浓度求解;

依组分浓度修正水相黏度;

......

模拟完成.

6.2 数值计算方法

我们提出两类数值计算方法.

6.2.1 三相流的全隐式解法

全隐式解法是消去多余的未知数, 保留三个未知数, 通常保留油相压力、水相饱和度以及气相饱和度. 采用隐式差分格式, 即左端所有值, 包括压力、饱和度、产量和其他系数 (如相对渗透率、毛细管力等, 全部用新时刻的值). 这种全隐式差分方程是非线性的代数方程组, 必须用迭代法求解, 每迭代一次 (外迭代) 所用工作量是隐 - 显方法的七倍. 但它是无条件稳定的, 适于处理一些难度比较大的黑油模拟问题. 为了使一个时间步的变化与一次迭代后的变化有所区别, 用算子 $\bar{\delta}$ 表示前者, 用 δ 表示从第 k 次迭代到 $k+1$ 次迭代的变化, 即

$$\bar{\delta}f = f^{n+1} - f^n, \quad \delta f = f^{k+1} - f^k,$$

$$\bar{\delta}f \approx f^{k+1} - f^n = f^k + \delta f - f^n.$$

对方程 (6.1.2) 的欧拉向后有限差分格式可写为

$$\left\{(\Delta T_l\Delta(p_l - \gamma_l z))^{n+1} + \omega\left[\Delta(T_oR_s\Delta(p_o - \gamma_o z))^{n+1} + (q_oR_s)^{n+1}\right]\right\}_i$$
$$=\frac{V_b}{\Delta t}\left\{\left(\phi\frac{S_l}{B_l}\right) + \omega\left(\frac{1}{B_o}R_sS_o\right)\right\}_i^{n+1} - q_{li}^{n+1}, \quad l = w, o, g, \tag{6.2.1}$$

此处 $\omega = 1$ 当 $l = g$; $\omega = 0$, 当 $l = w, o$. $V_b = \Delta x\Delta y\Delta z$, 则可导出黑油模型全隐式求解差分格式如下

$$\Delta T_l^{n+1}\Delta\Phi_l^{n+1} + q_l^{n+1} + \omega\left[\Delta(T_oR_s\Delta\Phi_o)^{n+1} + (q_oR_s)^{n+1}\right]$$
$$=\frac{V_b}{\Delta t}\bar{\delta}\left[\phi b_lS_l + \omega(b_oR_sS_o)\right], \quad l = w, o, g, \tag{6.2.2}$$

其中 $b_l = 1/B_l$; $\Phi_l = p_l - \gamma_l D$. 利用算子 δ 可将式 (6.2.2) 写成

$$\Delta(T_l^k + \delta T_l)\Delta(\Phi_l^k + \delta\Phi_l) + q_l^k + \delta q_l$$
$$+ \omega\left\{\left[\Delta(T_oR_s)^k + \delta(T_oR_s)\right]\Delta(\Phi_o^k + \delta\Phi_o) + (q_oR_s)^k + \delta(q_oR_s)\right\}$$
$$=\frac{V_b}{\Delta t}\left\{[\phi b_lS_l + \omega(b_oR_sS_o)]^k + \delta[\phi b_lS_l + \omega(\phi b_oR_sS_o)]\right.$$
$$\left.- [\phi b_lS_l + \omega(\phi b_oB_sS_o)]^n\right\}, \quad l = w, o, g.$$

将上式展开, 略去二次项, 第 k 次迭代后的余项可以写为

$$R_l^k \equiv \Delta T_l^k\Delta\Phi_l^k + q_l^k + \omega\left[\Delta(T_oR_s)^k\Delta\Phi_o^k + (q_oR_s)^k\right] - \frac{V_b}{\Delta t}\left\{[\phi b_lS_l + \omega(b_oR_sS_o)]^k\right.$$
$$\left.- [\phi b_lS_l + \omega(\phi b_oR_sS_o)]^n\right\}, \quad l = w, o, g.$$

这样, 原方程可以写成带余项的形式:

$$\Delta(\delta T_l)\Delta\Phi_l^k + \Delta T_l^k\Delta(\delta\Phi_l) + \delta q_l + \omega\left[\Delta\delta(T_oR_s)\Delta\Phi_o^k + \Delta(T_oR_s)^k\Delta(\delta\Phi_o) + \delta(q_oR_s)\right]$$

$$= \frac{V_b}{\Delta t} \delta \left\{ \phi b_l S_l + \omega(\phi b_o B_s S_o) \right\} - R_l^k. \tag{6.2.3}$$

当迭代达到收敛时, $R_l^k \to 0$, 这里 $l = w, o, g, k = 1, 2, \cdots$.

写成通式有

$$\mathrm{RHS}_l = C_{l1}\delta p_o + C_{l2}\delta S_w + C_{l3}\delta S_g - R_l^k, \quad l = w, o, g. \tag{6.2.4}$$

为了求解上面这一方程, 还需要对其作线性展开, 选择 $\delta p_o, \delta S_w, \delta S_g$ 作为求解变量, 给出方程右端项展开如下.

注意到, $\delta(ab) = a^{k+1}\delta b + b^k \delta a$, 对水相方程右端, 有

$$\mathrm{RHS}_w = \frac{V_b}{\Delta t} \delta(\phi b_w S_w) - R_w^k = C_{w1}\delta p_o + C_{w2}\delta S_w + C_{w3}\delta S_g - R_w^k,$$

这里

$$C_{w1} = \frac{V_b}{\Delta t} S_w^k (\phi^{k+1} b_w' + b_w^k \phi'),$$

$$C_{w2} = \frac{V_b}{\Delta t} \phi^{k+1} (b_w^{k+1} - S^k b_w' p_{cwo}'),$$

$$C_{w3} = 0,$$

$$R_w^k = \Delta T_w^k \Delta \Phi_w^k + q_w^k - \frac{V_b}{\Delta t} \left[(\phi b_w S_w)^k - (\phi b_w S_w)^n \right]. \tag{6.2.5}$$

对油相方程右端, 有

$$\mathrm{RHS}_o = \frac{V_b}{\Delta t} \delta(\phi b_o S_o) - R_o^k = C_{o1}\delta p_o + C_{o2}\delta S_w + C_{o3}\delta S_g - R_o^k,$$

这里

$$C_{w1} = \frac{V_b}{\Delta t} S_o^k (\phi^{k+1} b_o' + b_o^k \phi'),$$

$$C_{w2} = \frac{V_b}{\Delta t} \phi^{k+1} (\phi b_o)^{k+1},$$

$$C_{w3} = -\frac{V_b}{\Delta t} \phi^{k+1} (\phi b_o)^{k+1},$$

$$R_o^k = \Delta T_o^k \Delta \Phi_o^k + q_o^k - \frac{V_b}{\Delta t} \left[(\phi b_o S_o)^k - (\phi b_o S_o)^n \right]. \tag{6.2.6}$$

对气相方程右端, 有

$$\mathrm{RHS}_g = \frac{V_b}{\Delta t} \delta \left[(\phi b_g S_g) + (\phi b_o R_s S_o) \right] - R_g^k = C_{g1}\delta p_o + C_{g2}\delta S_w + C_{g3}\delta S_g - R_g^k,$$

这里

$$C_{g1} = \frac{V_b}{\Delta t} \left\{ (b_g S_g + b_o R_s S_o)^k \phi_r C_r + \phi^{k+1} \left[S_g^k b_g' + S_o^n (R_s^{k+1} b_o' + b_o^k R_s') \right] \right\},$$

$$C_{g2} = -\frac{V_b}{\Delta t}\left(\phi b_o R_s\right)^{k+1},$$

$$C_{g3} = -\frac{V_b}{\Delta t}\phi^{k+1}(b_g^{k+1} + S_g^k b_g' p_{cgo}') + C_{g2},$$

$$R_g^k = \Delta T_g^k \Delta \Phi_g^k + q_g^k + \left[\Delta(T_o R_o)^k \Delta \Phi_o^k + (q_o R_S)^k\right]$$

$$- \frac{V_b}{\Delta t}\left\{[\varphi(b_g S_g + b_o R_s S_o)]^k - [\phi(b_g S_g + b_o R_s S_o)]^n\right\}. \tag{6.2.7}$$

在表达式 (6.2.7) 中 b_l' 和 ϕ' 是体积因子和孔隙度对压力的导数, p_{cwo}' 是 p_c 对 S_w 的导数, p_{cgo}' 是 p_c 对 S_g 的导数.

左端项的展开, 为方便引进两个算子

$$M_l = \Delta T_l^k \Delta(\delta \Phi_l)^k + \omega \left[\Delta(T_o R_s)^k \Delta(\delta \Phi_o)\right],$$

$$N_l = \Delta(\delta T_l)\Delta \Phi_l^k + \omega \left[\Delta \delta(T_o R_s)\Delta \Phi_o^k\right].$$

这样, 原差分方程可表示成如下形式:

$$M_l + N_l + \delta q_l + \omega \delta(q_o R_s) = \text{RHS}_l, \quad l = w, o, g. \tag{6.2.8}$$

在此仅给出 M_l 的展开, 对水相,

$$M_w = \Delta T_w^k \Delta(\delta \Phi_w) \approx \Delta T_w^k \Delta(\delta p) - \Delta T_w^k \Delta(p_{cwo}' \delta S_w);$$

对油相,

$$M_o = \Delta T_o^k \Delta(\delta \Phi_o) = \Delta T_o^k \Delta\left[\delta(p - \gamma_o D)\right] \approx \Delta T_o^k \Delta(\delta p);$$

对气相,

$$M_g = \Delta T_g^k \Delta(\delta \Phi_g) + \Delta\left(T_o R_s\right)^k \Delta(\delta \Phi_o) \approx \Delta(T_g + T_o R_s)^k \Delta(\delta p) + \Delta T_g^k \Delta(p_{cgo}' \delta S_g).$$

二阶差分算子展开时, 传导系数按上游原则取值, i_+ 表示节点 i 和节点 $i+1$ 之中的上游节点, i_- 表示节点 i 和节点 $i-1$ 之中的上游节点, 即

$$\Delta T_l \Delta(\delta f)_i = T_{li+}(\delta f_{i+1} - \delta f_i) - T_{li-}(\delta f_i - \delta f_{i-1}), \quad l = w, o, g.$$

将左端和右端的所有展开式代入原差分方程, 即得到所需代数方程组.

6.2.2　隐式压力–显示饱和度解法

隐–显方法的基本思路是合并流体流动方程得到一个只含压力的方程. 某一时间步的压力求出来后, 饱和度采用显式更新.

将方程 (6.1.2) 进行离散得到有限差分方程可以写为 p_o 及饱和度的形式:

$$\Delta\left[T_w(\Delta p_o - \Delta p_{cow} - \gamma_w \Delta z)\right] = C_{1p}\Delta_t p_w + \sum_t C_{1l}\Delta_t S_l + q_w,$$

$$\Delta\left[T_o(\Delta p_o - \gamma_o \Delta z)\right] = C_{2p}\Delta_t p_o + \sum_t C_{2l}\Delta_t S_l + q_o,$$

$$\Delta\left[T_g(\Delta p_o - \Delta p_{cog} - \gamma_g \Delta z)\right] + \Delta\left[R_s T_o(\Delta p_o - \gamma_o \Delta z)\right]$$
$$= C_{3p}\Delta_t p_g + \sum_t C_{3l}\Delta_t S_l + R_s q_o + q_g.$$

隐-显方法的基本假设是: 方程左端的流动项中毛细管压力在一个时间步长内不发生变化. 则含 Δp_{cow} 和 Δp_{cog} 的项在前一个时间步长上 (t^n 步) 的值可以用显式计算出来, 并且 $\Delta_t p_w = \Delta_t p_o = \Delta_t p_g$. 因此, 可以用 p 来表示 p_o, 写为

$$\Delta\left[T_w(\Delta p^{n+1} - \Delta p_{cow}^n - \gamma_w \Delta z)\right] = C_{1p}\Delta_t p + C_{1w}\Delta_t S_w + q_w,$$

$$\Delta\left[T_o(\Delta p^{n+1} - \gamma_o \Delta z)\right] = C_{2p}\Delta_t p + C_{2w}\Delta_t S_o + q_o,$$

$$\Delta\left[T_g(\Delta p^{n+1} - \Delta p_{cog}^n - \gamma_g \Delta z)\right] + \Delta\left[R_s T_o(p^{n+1} - \gamma_o \Delta z)\right]$$
$$= C_{3p}\Delta_t p + C_{3o}\Delta_t S_o + C_{3g}\Delta_t S_g + R_s q_o + q_g. \tag{6.2.9}$$

式中, 系数 C 由下式来确定:

$$C_{1p} = \frac{V_b}{\Delta t}\left[(S_w\phi)^n b_w' + S_w^n b_w^{n+1}\phi'\right],$$

$$C_{1w} = \frac{V_b}{\Delta t}(\phi b_w)^{n+1},$$

$$C_{2p} = \frac{V_b}{\Delta t}\left[(S_o\phi)^n b_o' + S_o^n b_o^{n+1}\phi'\right],$$

$$C_{2o} = \frac{V_b}{\Delta t}(\phi b_o)^{n+1},$$

$$C_{3p} = \frac{V_b}{\Delta t}\left[R_s^n(S_o^n\phi^n b_o' + S_o^n b_o^{n+1}\phi') + S_g^n\phi^n b_g' + S_g^n b_g^{n+1}\phi' + (\phi S_o b_o)^{n+1}R_s'\right],$$

$$C_{3o} = \frac{V_b}{\Delta t}\left[R_s^n(\phi b_o)^{n+1}\right],$$

$$C_{3g} = \frac{V_b}{\Delta t}(\phi b_g)^{n+1}. \tag{6.2.10}$$

以适当的方式将式 (6.2.9) 的三个方程合并, 消去所有 $\Delta_t S_l$ 项. 将水相方程乘以系数 A, 气相方程乘以 B, 然后将三个方程相加来实现这一点. 所得右端项为

$$(AC_{1P} + C_{2p} + BC_{3P})\Delta_t p + (-AC_{1w} + C_{2o} + BC_{3o})\Delta_t S_o + (-AC_{1w} + BC_{3g})\Delta_t S_g.$$

于是, A 和 B 可以通过下式求解:

$$-AC_{1w} + C_{2o} + BC_{3o} = 0;$$
$$-AC_{1w} + BC_{3g} = 0.$$

解为

$$B = C_{2o}/(C_{3g} - C_{3o});$$
$$A = BC_{3g}/C_{1w}. \tag{6.2.11}$$

因此, 压力方程变为

$$
\begin{aligned}
&\Delta\left[T_o(\Delta p^{n+1} - \gamma_o\Delta z)\right] + A\Delta\left[T_w(\Delta p^{n+1} - \gamma_w\Delta z)\right] \\
&+ B\Delta\left[T_oR_s(\Delta p^{n+1} - \gamma_o\Delta z)\right] + T_g\left[(\Delta p^{n+1} - \gamma_g\Delta z)\right] \\
=&(C_{2p} + AC_{1p} + BC_{3p})\Delta_t p + A\Delta(T_w\Delta p^n_{cow}) \\
&- B\Delta(T_w\Delta p^n_{cog}) + q_o + Aq_w + B(R_s q_o + q_g).
\end{aligned} \tag{6.2.12}
$$

这是从抛物型方程得到的典型有限差分方程, 可以写为矩阵形式

$$Tp^{n+1} = D(p^{n+1} - p^n) + G + Q,$$

式中, T 为一三对角矩阵, 而 D 为一个对角矩阵, 在这种情况下, 向量 G 包括重力和毛细管压力项.

求得压力解后, 将压力代入方程 (6.2.9) 的前两个方程, 显式计算饱和度, S_l^{n+1} 求出后, 计算新的毛细管压力 p_{cow}^{n+1} 和 p_{cog}^{n+1}, 毛细管压力将以显式用于下一个时间步.

6.2.3　组分浓度方程数值方法

组分是指阴离子、阳离子、聚合物分子等, 存在于水相中, 其质量守恒用对流扩散方程来描述, 而且是对流占优问题, 为保证计算精度、提高模拟效率, 我们采用算子分裂技术将方程分解为含对流项的双曲方程以及含扩散项的抛物方程, 前者采用隐式迎风格式求解, 通过上游排序策略, 实际上具有显格式的优点, 可按序逐点求解; 后者采用交替方向有限差分格式, 可以大大提高计算速度, 为表达清晰, 将组分浓度方程简写为

$$\frac{\partial}{\partial t}(\phi S_w C) + \mathrm{div}(Cu_w - \phi S_w K\nabla C) = Q. \tag{6.2.13}$$

这是一个典型的对流扩散方程, 弥散张量取为对角形式, 已知饱和度 S_w 和水相流速场 u_w 在时间步 t^{n+1} 的值, 欲求解 C^{n+1}. 为简洁. 已略去组分下标 k, 用 C 泛指某个组分的浓度, 但因涉及交替方向隐格式, 我们必须考虑三个方向, 先解一个对流问题, 采用隐式迎风格式:

$$\frac{\phi_{ijk}^{n+1} S_w^{n+1} C_{ijk}^{n+1,0} - \phi_{ijk}^n S_w^n C_{ijk}^n}{\Delta t} + \frac{C_{i+jk}^{n+1,0} u_{w,ijk}^{n+1} - C_{i-jk}^{n+1,o} u_{w,i-1,jk}^{n+1}}{\Delta x}$$

$$+ \frac{C_{ij+k}^{n+1,0} u_{w,ijk}^{n+1} - C_{ij-k}^{n+1,0} u_{w,i,j-1,k}^{n+1}}{\Delta y} + \frac{C_{ijk+}^{n+1,0} u_{w,ijk}^{n+1} - C_{ijk-}^{n+1,0} u_{w,ij,k-1}^{n+1}}{\Delta z}$$

$$= Q_{ijk}^{n+1}, \tag{6.2.14}$$

得到 $C^{n+1,0}$ 后, 分三个方向交替求解扩散问题, 先是 x 方向扩散,

$$\frac{\phi_{ijk}^{n+1} S_w^{n+1} C_{ijk}^{n+1,1} - \phi_{ijk}^n S_w^n C_{ijk}^{n+1,0}}{\Delta t}$$

$$- \frac{1}{(\Delta x)^2} \left\{ \phi_{i+1/2,jk} S_{w,i+jk}^{n+1} K_{xx,i+1/2,jk} (C_{i+1,jk}^{n+1,1} - C_{ijk}^{n+1,1}) \right.$$

$$\left. - \phi_{i-1/2,jk} S_{w,i-jk}^{n+1} K_{xx,i-1/2,jk} (C_{ijk}^{n+1,1} - C_{i-1}^{n+1,1}) \right\} = 0, \tag{6.2.15}$$

然后是 y 方向扩散,

$$\frac{\phi_{ijk}^{n+1} S_w^{n+1} C_{ijk}^{n+1,2} - \phi_{ijk}^n S_w^n C_{ijk}^{n+1,1}}{\Delta t}$$

$$- \frac{1}{(\Delta y)^2} \left\{ \phi_{i+1/2,jk} S_{w,ij+k}^{n+1} K_{xx,i,j+1/2,k} (C_{i,j+1,jk}^{n+1,2} - C_{ijk}^{n+1,2}) \right.$$

$$\left. - \phi_{i,j-1/2,k} S_{w,ij-k}^{n+1} K_{yy,i,j-1/2,jk} (C_{ijk}^{n+1,2} - C_{ij-1,k}^{n+1,2}) \right\} = 0, \tag{6.2.16}$$

最后是 z 方向扩散, 解得 C^{n+1}

$$\frac{\phi_{ijk}^{n+1} S_w^{n+1} C_{ijk}^{n+1} - \phi_{ijk}^n S_w^n C_{ijk}^{n+1,2}}{\Delta t}$$

$$- \frac{1}{(\Delta z)^2} \left\{ \phi_{ij,k+1/2} S_{w,ijk+}^{n+1} K_{zz,ij,k+1/2} (C_{ij,k+1,}^{n+1} - C_{ijk}^{n+1}) \right.$$

$$\left. - \phi_{ij,k-1/2,k} S_{w,ijk-}^{n+1} K_{zz,ij,k-1/2} (C_{ijk}^{n+1} - C_{ij,k-1}^{n+1}) \right\} = 0, \tag{6.2.17}$$

本时间步计算结束, 已经得到 $p_o^{n+1}, S_w^{n+1}, S_g^{n+1}, C^{n+1}$, 进入下一个时间步.

6.3 黑油–聚合物驱模块结构图与计算流程图

本节包含下述框图[3,7,10,12,13].

(1) 黑油–聚合物驱模块结构图: 压力、饱和度求解模块结构图, 组分方程隐式解法模块结构图, 组分 (对流扩散方程) 求解模块结构图.

(2) 黑油–聚合物驱计算流程图: 考虑断层连接的上游排序算法数据流程图, 黑油–聚合物驱中组分浓度方程隐格式算法计算流程图, 黑油–聚合物驱中组分浓度方程显格式算法计算流程图 (图 6.3.1—图 6.3.8).

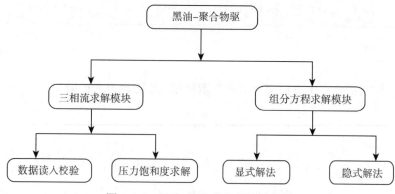

图 6.3.1   黑油–聚合物驱模块结构图

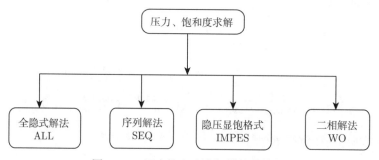

图 6.3.2   压力饱和度求解模块结构图

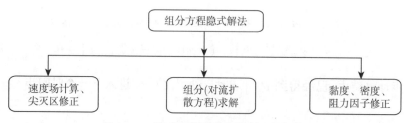

图 6.3.3   组分方程隐式解法模块结构图

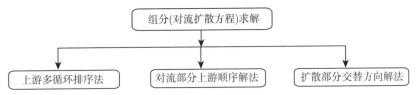

图 6.3.4 组分 (对流扩散方程) 求解模块结构图

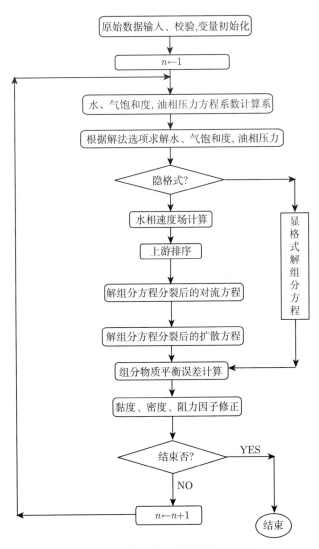

图 6.3.5 黑油–聚合物驱计算流程图

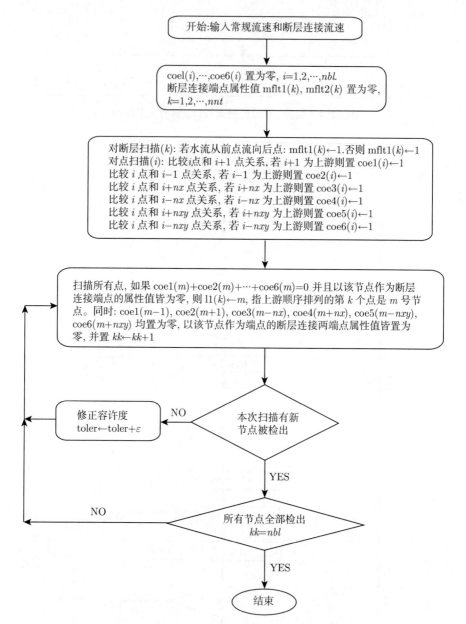

图 6.3.6　考虑断层连接的上游排序算法数据流程图

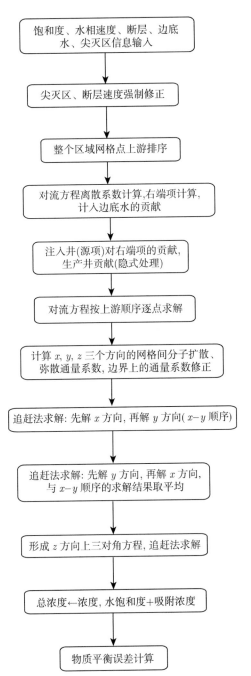

图 6.3.7 黑油–聚合物驱中组分浓度方程隐格式算法计算流程图

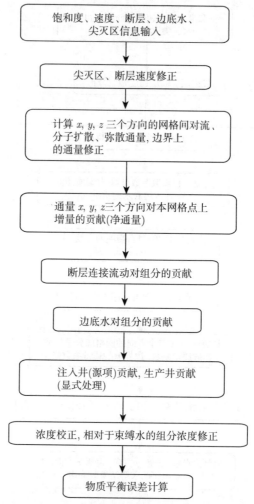

图 6.3.8　黑油–聚合物驱中组分浓度方程显格式算法计算流程图

6.4　实际矿场检验、总结和讨论

6.4.1　黑油–聚合物驱模型算例检验

下面用于算法检验的模型网格为 $9 \times 9 \times 3$. 网格尺度 $DX = DY = 44.5\text{m}$, $DZ = 2.0\text{m}$. 从 2000 年 1 月 1 日起开始模拟, 至 2015 年 1 月 1 日止. 自 2004 年 1 月 1 日至 2008 年 1 月 1 日注聚合物. 有两个开采注聚方案. 方案 1 注入聚合物浓度为 1000mg/L; 方案2注入聚合物浓度为 2000mg/L. 给出的图形有以下形式.

方案 1: 2008 年 1 月 1 日注聚合物结束时, 分层 (共 3 层) 给出聚合物浓度等值线图、水饱和度等值线图、水相黏度等值线图, 共 9 个图. 含水率达到 98% 时 (2009 年 10 月 1 日), 分层 (共 3 层) 给出聚合物浓度等值线图、水饱和度等值线图、水相黏度等值线图, 共 9 个图. 注采全过程的生产井含水率曲线、产水量曲线和产油量曲线, 共 3 个图. 方案 1 合计 21 个图.

方案 2: 2008 年 1 月 1 日注聚合物结束时, 分层 (共 3 层) 给出聚合物浓度等值线图、水饱和度等值线图、水相黏度等值线图, 共 9 个图. 含水率达到 98% 时 (2011 年 8 月 20 日), 分层 (共 3 层) 给出聚合物浓度等值线图、水饱和度等值线图、水相黏度等值线图, 共 9 个图. 注采全过程的生产井含水率曲线、产水量曲线和产油量曲线, 共 3 个图. 方案 2 合计 21 个图.

方案 1 和方案 2 合计 42 个图, 从图 6.4.1—图 6.4.42.

模拟结果表明, 黑油–聚合物驱能够正确反映聚合物驱的物理过程和机理, 主要的物理量, 如饱和度、组分浓度、水相黏度等分布合理, 计算精度满足要求; 未发现聚合物堆积、陷入死循环等现象.

方案 1 模拟结果关于水、油、气、聚合物、阴离子以及阳离子的物质平衡误差分别为: 1.01×10^{-6}, 1.10×10^{-7}, 1.10×10^{-7}, 1.92×10^{-15}, 8.01×10^{-16}, 2.41×10^{-15}.

方案 2 模拟结果关于水、油、气、聚合物、阴离子以及阳离子的物质平衡误差分别为: 2.71×10^{-6}, 2.70×10^{-7}, 2.70×10^{-7}, 1.58×10^{-15}, 7.84×10^{-16}, 2.00×10^{-15}.

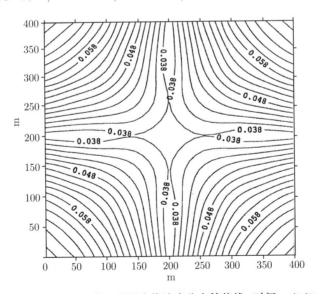

图 6.4.1 方案 1, 第一层聚合物浓度分布等值线, 时间: 1/1/2008

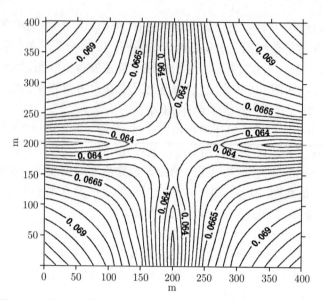

图 6.4.2　方案 1, 第二层聚合物浓度分布等值线, 时间: 1/1/2008

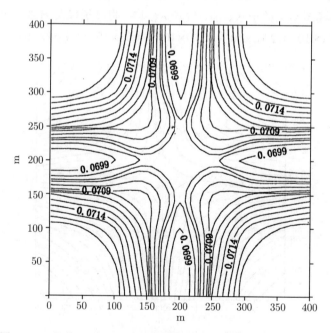

图 6.4.3　方案 1, 第三层聚合物浓度分布等值线, 时间: 1/1/2008

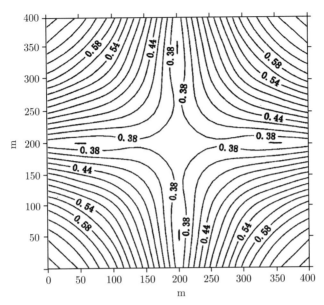

图 6.4.4 方案 1, 第一层水相饱和度分布等值线, 时间: 1/1/2008

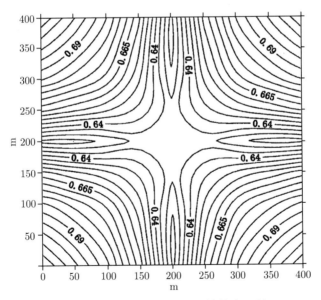

图 6.4.5 方案 1, 第二层水相饱和度分布等值线, 时间: 1/1/2008

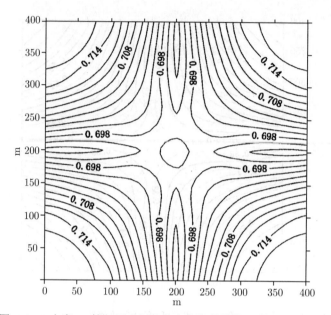

图 6.4.6 方案 1, 第三层水相饱和度分布等值线, 时间: 1/1/2008

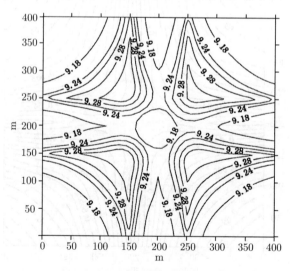

图 6.4.7 方案 1, 第一层水黏度等值线, 时间: 1/1/2008

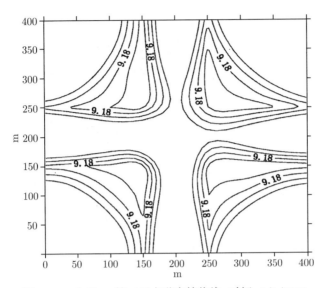

图 6.4.8 方案 1, 第二层水黏度等值线, 时间: 1/1/2008

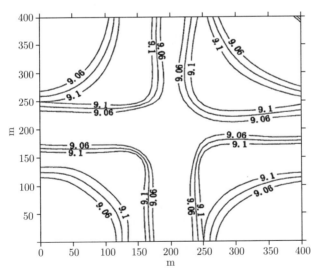

图 6.4.9 方案 1, 第三层水黏度等值线图, 时间: 1/1/2008

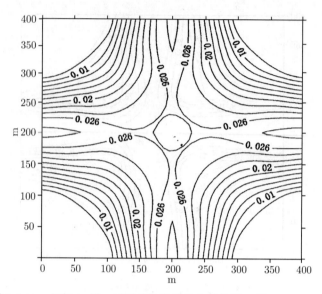

图 6.4.10　方案 1, 第一层聚合物浓度分布等值线, 时间: 1/10/2009

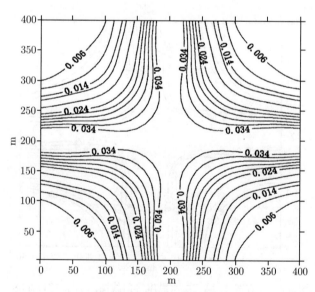

图 6.4.11　方案 1, 第二层聚合物浓度分布等值线, 时间: 1/10/2009

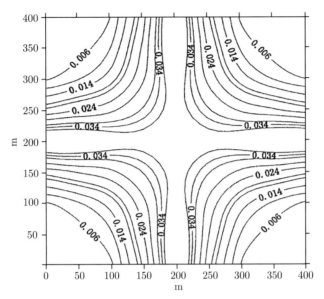

图 6.4.12 方案 1, 第三层聚合物浓度分布等值线, 时间: 1/10/2009

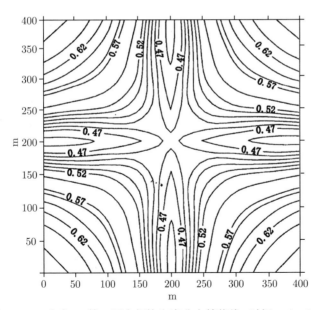

图 6.4.13 方案 1, 第一层水相饱和度分布等值线, 时间: 1/10/2009

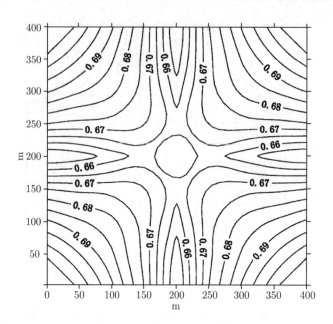

图 6.4.14　方案 1, 第二层水相饱和度分布等值线, 时间: 1/10/2009

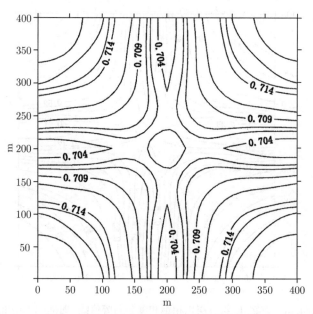

图 6.4.15　方案 1, 第三层水相饱和度分布等值线, 时间: 1/10/2009

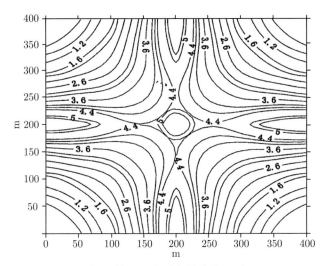

图 6.4.16 方案 1, 第一层水黏度等值线, 时间: 1/10/2009

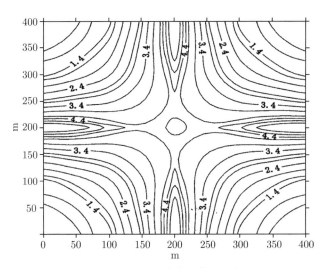

图 6.4.17 方案 1, 第二层水黏度等值线, 时间: 1/10/2009

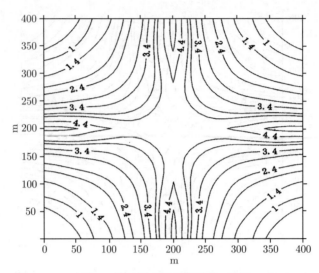

图 6.4.18　方案 1, 第三层水黏度等值线, 时间: 1/10/2009

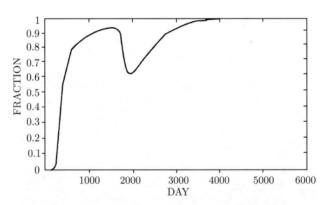

图 6.4.19　方案 1, 含水率曲线, 注入聚合物浓度 1000mg/L

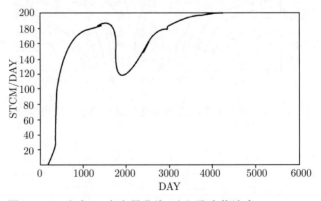

图 6.4.20　方案 1, 产水量曲线, 注入聚合物浓度 1000mg/L

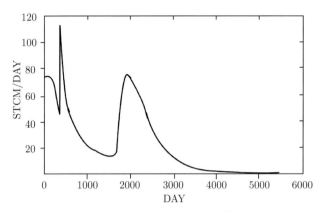

图 6.4.21   方案 1, 产油量曲线, 注入聚合物浓度 1000mg/L

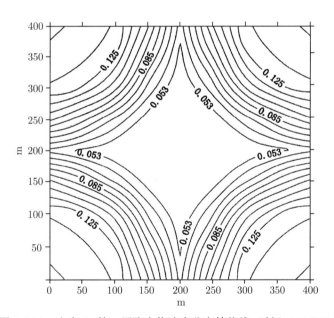

图 6.4.22   方案 2, 第一层聚合物浓度分布等值线, 时间: 1/1/2008

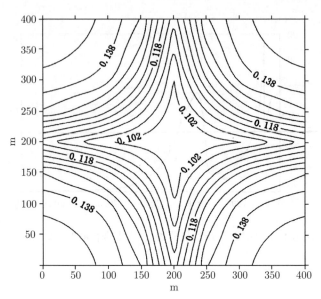

图 6.4.23　方案 2, 第二层聚合物浓度分布等值线, 时间: 1/1/2008

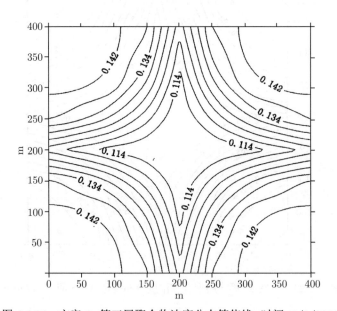

图 6.4.24　方案 2, 第三层聚合物浓度分布等值线, 时间: 1/1/2008

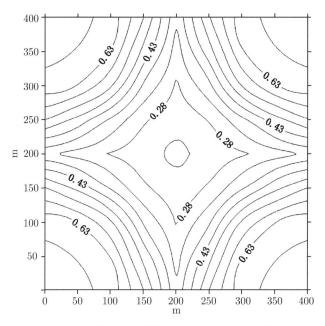

图 6.4.25　方案 2, 第一层水相饱和度分布等值线, 时间: 1/1/2008

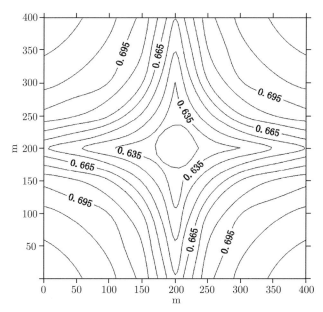

图 6.4.26　方案 2, 第二层水相饱和度分布等值线, 时间: 1/1/2008

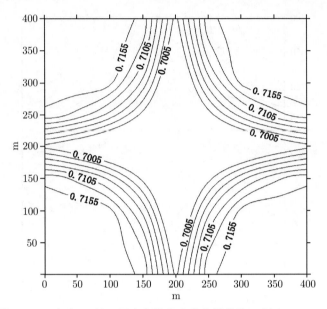

图 6.4.27   方案 2, 第三层水相饱和度分布等值线, 时间: 1/1/2008

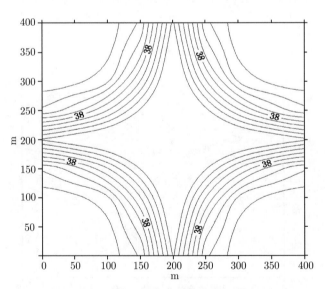

图 6.4.28   方案 2, 第一层水黏度等值线, 时间: 1/1/2008

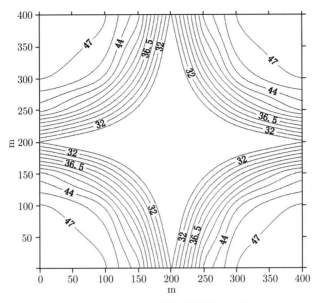

图 6.4.29　方案 2, 第二层水黏度等值线, 时间: 1/1/2008

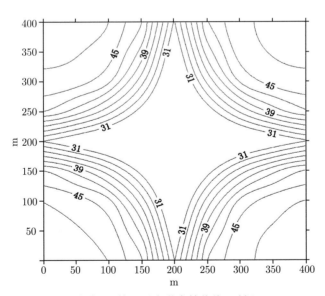

图 6.4.30　方案 2, 第三层水黏度等值线, 时间: 1/1/2008

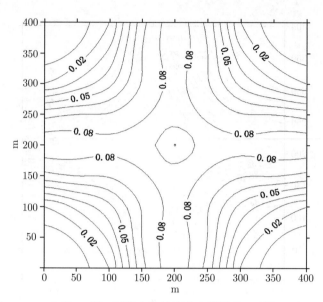

图 6.4.31　方案 2, 第一层聚合物浓度分布等值线, 时间: 20/8/2011

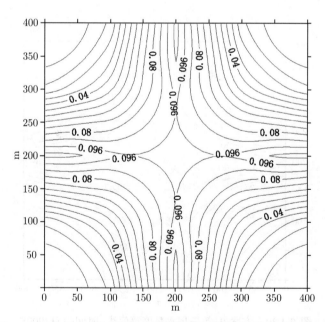

图 6.4.32　方案 2, 第二层聚合物浓度分布等值线, 时间: 20/8/2011

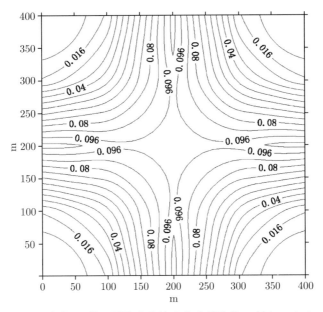

图 6.4.33　方案 2, 第三层聚合物浓度分布等值线, 时间: 20/8/2011

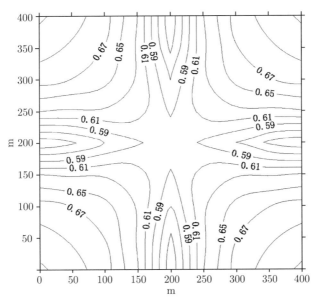

图 6.4.34　方案 2, 第一层水相饱和度分布等值线, 时间: 20/8/2011

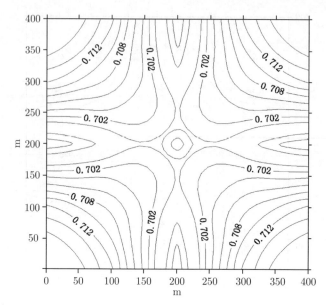

图 6.4.35　方案 2, 第二层水相饱和度分布等值线, 时间: 20/8/2011

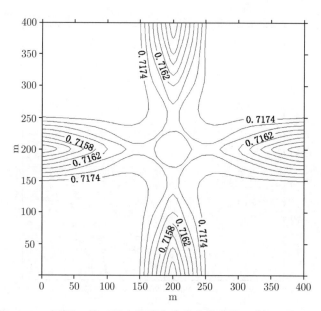

图 6.4.36　方案 2, 第三层水相饱和度分布等值线, 时间: 20/8/2011

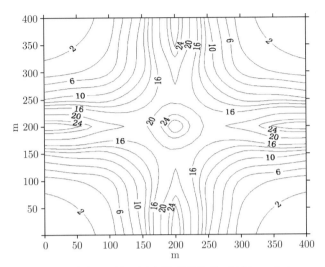

图 6.4.37 方案 2, 第一层水黏度等值线, 时间: 20/8/2011

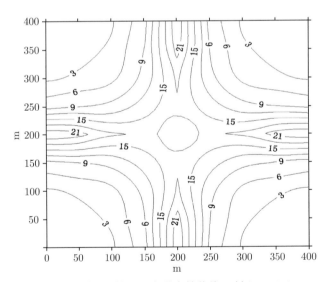

图 6.4.38 方案 2, 第二层水黏度等值线, 时间: 20/8/2011

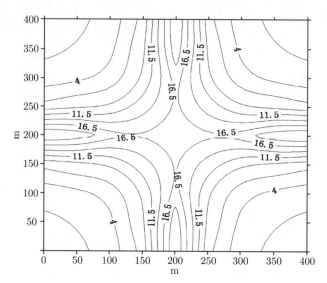

图 6.4.39　方案 2, 第三层水黏度等值线, 时间: 20/8/2011

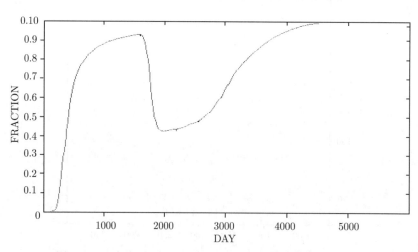

图 6.4.40　方案 2, 含水率曲线, 注入聚合物浓度 2000mg/L

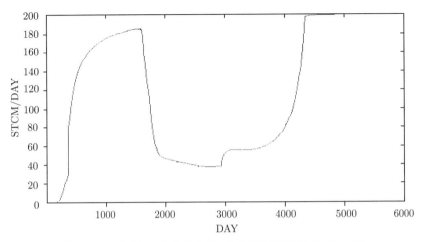

图 6.4.41 方案 2, 出水量曲线, 注入聚合物浓度 2000mg/L

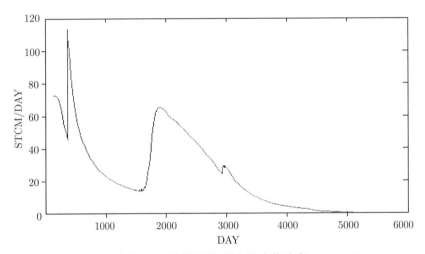

图 6.4.42 方案 2, 出油量曲线, 注入聚合物浓度 2000mg/L

6.4.2 黑油–聚合物驱断层问题检验

本节考察一个有断层并且带断层连接的模型. 模型网格为 9×9×3, 网格尺度 $DX = DY = 44.5$m, $DZ=2.0$m. 从 2000 年 1 月 1 日起开始模拟, 至 2015 年 7 月 1 日止. 自 2005 年 1 月 1 日至 2005 年 7 月 1 日注聚合物. 其断层结构如图 6.4.43 所示.

井位分布俯视如图 6.4.44 所示, 黑粗线表示断层位置, 设计井 3 和井 4 只在第一层开射孔. 断层将整个区域分成两部分, 称为左部和右部. 为观察聚合物流动状况, 我们设定层间不流通 ($KZ = 0$), 并将组分弥散系数、扩散系数均置为零.

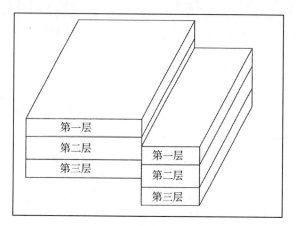

图 6.4.43   断层结构示意图

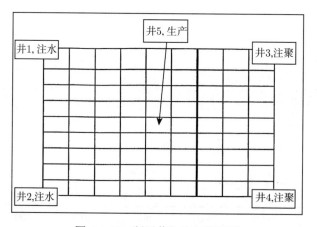

图 6.4.44   断层井位分布俯视图

物理上, 因为断层阻断了流动, 流体不能直接在同一层左右两部分之间流动. 又因为不同层之间不流通, 垂向并无流动. 但流体却可以通过断层连接在不同层之间流动 (聚合物随水相流动). 本例中, 聚合物从第一层右部注入, 模拟结果发现聚合物流到了第二层、第三层. 证明对断层情形的模拟是有效的.

模拟结果关于水、油、气、聚合物、阴离子以及阳离子的物质平衡误差分别为: 1.98×10^{-5}, 4.80×10^{-6}, 6.00×10^{-6}, 3.27×10^{-16}, 2.87×10^{-15}, 1.97×10^{-3}.

在注入聚合物刚刚结束时, 聚合物在各层的分布情况如图 6.4.45—图 6.4.47 所示.

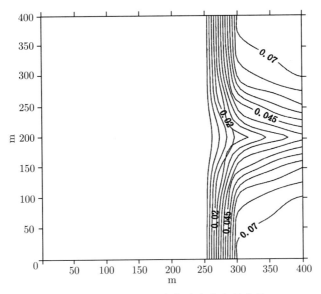

图 6.4.45　第一层聚合物浓度分布等值线

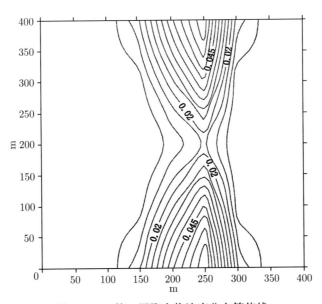

图 6.4.46　第二层聚合物浓度分布等值线

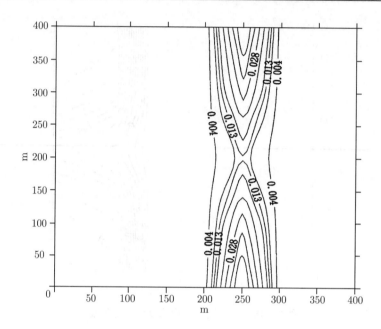

图 6.4.47　第三层聚合物浓度分布等值线

6.4.3　大港油田枣北断块数值模拟研究

选取大港油田枣北断块作为实例测算的原因有: 第一, 该断块内断层纵横交错, 可以检验已完成软件对断层的描述功能; 第二, 该断块内油藏尖灭区较多, 可以考察已完成软件对尖灭区的处理能力. 枣北断块油藏构造图如图 6.4.48 所示, 地质模型平面网格剖分为 99×39, 纵向上 15 个目的层, 数值模拟总网格节点数为 57915. 图 6.4.49 显示了所建立地质模型的网格剖分和井位分布情况. 图 6.4.50 显示了所建立地质模型的尖灭区分布情况.

利用新研制的软件对枣北断块从 1978—2005 年的天然能量开发、注水开发和井网加密生产历史进行了跟踪拟合, 在此基础上设计了一个聚合物驱油方案, 对聚合物驱开发效果进行了预测. 拟合及预测结果如图 6.4.51—图 6.4.53 所示.

模拟结果关于水、油、气、聚合物、阴离子以及阳离子的物质平衡误差分别为 5.40×10^{-4}, 4.5×10^{-5}, 4.5×10^{-5}, 2.18×10^{-3}, 1.46×10^{-10}, 7.35×10^{-5}.

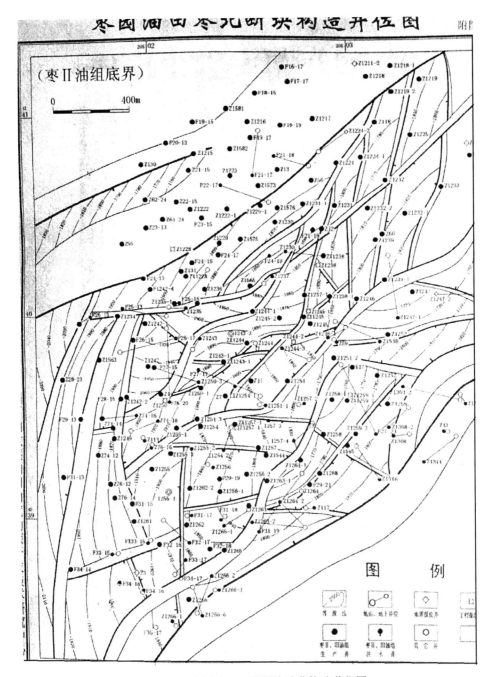

图 6.4.48 枣园油田枣北断块油藏构造井位图

图 6.4.49　数值模拟地质模型网格系统

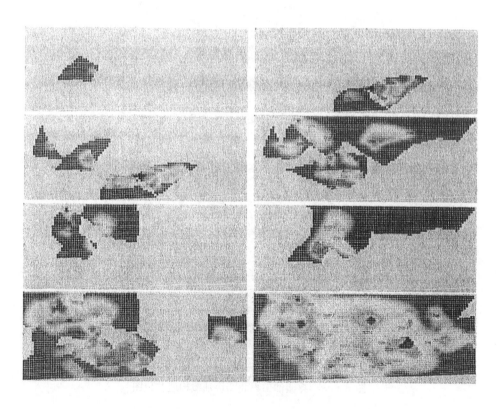

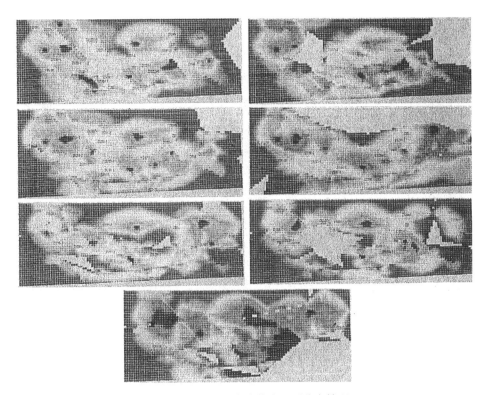

图 6.4.50 枣北断块油藏尖灭区分布情况

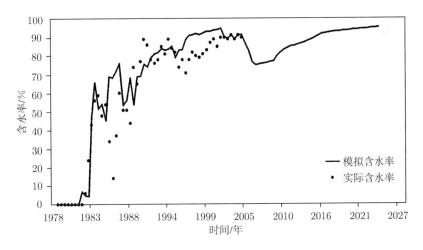

图 6.4.51 模拟计算含水率与实际含水率对比及聚合物驱含水率变化曲线

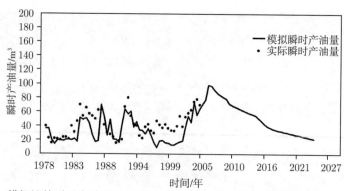

图 6.4.52　模拟计算瞬时产油量与实际瞬时产油量对比及聚合物驱瞬时产油量预测曲线

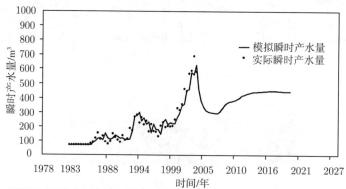

图 6.4.53　模拟计算瞬时产水量与实际瞬时产水量对比及聚合物驱瞬时产水量预测曲线

6.4.4　黑油–聚合物驱边底水问题算例检验

构造如下模型以检验黑油–聚合物驱能否正常计算边底水问题. 模型网格为 $9\times9\times3$, 网格尺度 $DX = DY = 44.5\text{m}$, $DZ = 2.0\text{m}$. 在一侧有两口注入井, 在另一侧是水体, 中间位置上有一口生产井 (图 6.5.54).

数值模拟从 2000 年 1 月 1 日至 2010 年 1 月 1 日. 2001 年 1 月 1 日至 2001 年 7 月 1 日注聚合物.

模拟结束时, 关于水、油、气、聚合物、阴离子以及阳离子的物质平衡误差分别为: 1.96×10^{-5}, 1.40×10^{-6}, 1.20×10^{-5}, 7.40×10^{-16}, 2.27×10^{-14}, 4.52×10^{-15}.

$$原水量 = 853525.450547709;$$
$$注入水 = 1748638.87836766;$$
$$边底水贡献 = 60493.2331368754;$$
$$当前油藏含水 = 1038894.28795948;$$
$$产出水 = 1623746.58040493;$$

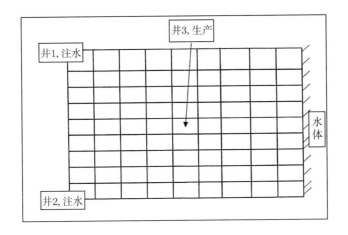

图 6.4.54 边底水模型示意图

水物质平衡误差 = (原水 + 注入水 + 边底水 − 当前水 − 产出水) / 原水
$$= 1.96 \times 10^{-5}.$$

下面给出注聚合物刚结束时 (2001 年 7 月 1 日), 聚合物浓度分布等值线图 (图 6.4.55—图 6.4.57). 水相饱和度分布等值线图 (图 6.4.58—图 6.4.60)、水相黏度等值线图 (图 6.4.61—图 6.4.63), 垂向分三层给出.

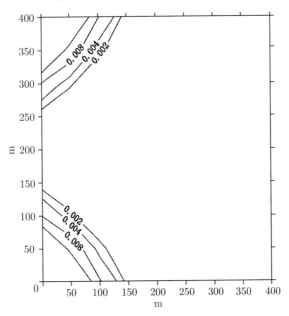

图 6.4.55 第一层聚合物浓度分布等值线

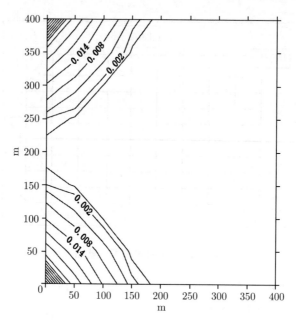

图 6.4.56   第二层聚合物浓度分布等值线

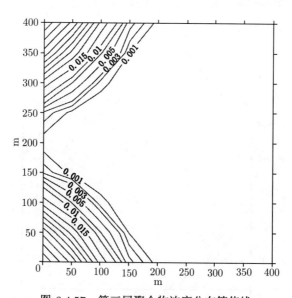

图 6.4.57   第三层聚合物浓度分布等值线

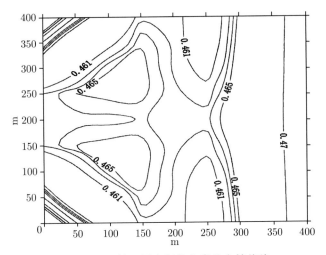

图 6.4.58 第一层水相饱和度分布等值线

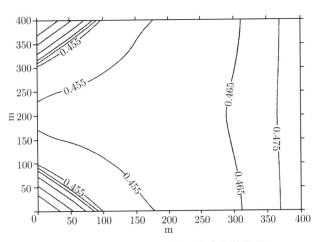

图 6.4.59 第二层水相饱和度分布等值线

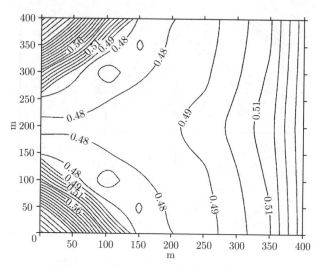

图 6.4.60　第三层水相饱和度分布等值线

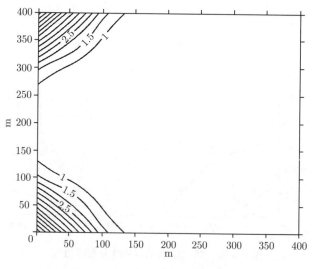

图 6.4.61　第一层水黏度等值线

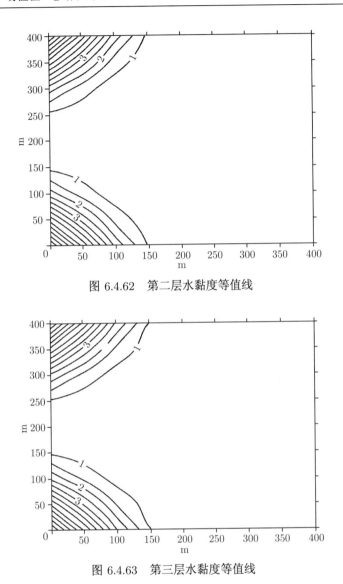

图 6.4.62　第二层水黏度等值线

图 6.4.63　第三层水黏度等值线

6.4.5　总结和讨论

本章研究在多孔介质中三维三相 (水、油、气) 聚合物驱的渗流力学数值模拟的理论、方法和应用. 引言首先叙述本章的概况. 6.1 节黑油–聚合物驱数学模型. 6.2 节数值计算方法, 提出了全隐式解法和隐式压力–显式饱和度解法, 构造了上游排序、隐式迎风分数步迭代格式. 6.3 节模块结构图和计算流程图, 编制了大型工业应用软件, 成功实现了网格步长拾米级、10 万网点和模拟时间长达数十年的高精度数值模拟. 6.4 节实际矿场算例检验, 本系统已成功应用到大庆、胜利、大港等国家主力油田. 模型问题的数值分析, 将在第 9 章讨论和分析, 得到严谨的理论分析结果, 使软件系统建立在坚实的数学和力学基础上[14−19].

参 考 文 献

[1] Ewing R E, Yuan Y R, Li G. Finite element method for ehemical-flooding simulation. Proceeding of the 7th International conference finite element method in flow problems. The University of Alabama in Huntsville, Huntsville. Alabama: Uahdress, 1989: 1264–1271.

[2] 袁益让. 能源数值模拟的理论和应用, 第 3 章化学驱油 (三次采油) 的数值模拟基础. 北京: 科学出版社, 2013: 257–304.

[3] 山东大学数学研究所, 大庆石油管理局勘探开发研究院. 聚合物驱应用软件研究及应用 ("八五" 国家重点科技攻关项目专题技术总结报告: 85-203-01-08), 1995.

[4] Yuan Y R. The characteristic finite difference method for enhanced oil recovery simulation and L^2 estimates. Science in China (Series A), 1993, 11: 1296–1307.

[5] 袁益让. 注化学溶液油藏模拟的特征混合元方法. 应用数学学报, 1994, 1: 118–131.

[6] Yuan Y R. The characteristic-mixed finite element method for enhanced oil recovery simulation and optimal order L^2 error estimate. Chinese Science Bulletin, 1993, 21: 1761–1766.

[7] 中国石油天然气总公司科技局. "八五" 国家重点科技项目 (攻关) 计划项目执行情况验收评价报告 (85-203-01-08), 1995.

[8] 袁益让, 羊丹平, 戚连庆, 等. 聚合物驱应用软件算法研究. 刚秦麟, 编. 化学驱油论文集. 北京: 石油工业出版社, 1998: 246–253.

[9] Yuan Y R. Finite element method and analysis for chemical-flooding simulation. Systems Science and Mathematical Sciences, 2000, 3: 302–308.

[10] 山东大学数学研究所, 大庆油田有限责任公司勘探开发研究院. 聚合物驱数学模型解法改进及油藏描述功完善 (DQYT-1201002-2006-JS-9565), 2006.

[11] 山东大学数学研究所, 中国石化公司胜利油田分公司. 高温高盐化学驱油藏模拟关键技术 (20082X05011-004), 第 4 章 4.1 数值解法. 2011: 83–106.

[12] 袁益让, 程爱杰, 羊丹平, 李长峰. 黑油–聚合物驱渗流力学数值模拟的理论和应用, 山东大学数学研究所科研报告, 2013.
　　Yuan Y R, Cheng A J, Yang D P, Li C F. Theory and applicafions of nurnercal simulation of permeation flaid mechanic of the polymer-blackoil. Journal of Geography and Geology, 2014, 6(4): 12–28.

[13] 袁益让, 程爱杰, 羊丹平, 李长峰. 二阶强化采油数值模拟计算方法的理论和应用. 山东大学数学研究所科研报告, 2013.
　　Yuan Y R, Cheng A J, Yang D P, Li C F. Theory and applicafions of nurnercal simulation of numerical simudion method ofsecond order enhanced 0:1 production, 山

东大学数学研究所科研报告, 2013.

[14] Yuan Y R. The characteristic finite difference fractional steps method for compressible two-phase displacement problem. Science in China (SeriesA), 1999, 1: 48–57.[袁益让. 可压缩二相驱动问题的分数步特征差分格式. 中国科学 (A 辑), 1998, 10: 893–902]

[15] Yuan Y R. The upwind finite difference fractional steps methods for two-phase compressible flow in porous media. Numer Methods of Partial differential Eq., 2003, 19: 67–88.

[16] 袁益让. 三维多组分可压缩驱动问题的分数步特征差分方法. 应用数学学报, 2001, 2: 242–249.

[17] Jr Douglas J. Finite difference methods for two-phase incompressible flow in porous media. SIAM. J. Numer. Anal., 1983, 20(4): 681–696.

[18] Peaceman D W. Fundamantal of Numerical Reservoir Simulation. Amsterdam: Elsevier, 1980.

[19] Marchuk G I. Splitting and Alternating Direction Methods//Ciarlet P G, Lions J L, ed. Handbook of Numerical Analysis. Paris: Elservier Science Publishers BV, 1990: 197–400.

第7章　黑油-三元复合驱数值模拟算法及应用软件

本章研究在多孔介质中黑油 (水、油、气)-三元 (聚合物、表面活性剂、碱) 复合驱的渗流力学数值模拟, 基于石油地质、地球化学、计算渗流力学和计算机技术, 首先建立三相 (油、水、气)-三元 (聚合物、表面活性剂、碱) 复合驱渗流力学模型, 提出全隐式解法和隐式压力-显式饱和度解法, 构造上游排序. 隐式迎风分数步差分迭代格式, 分别求解压力方程、饱和度方程、化学物质组分浓度方程和石油酸浓度方程. 编制大型工业应用软件, 成功实现网格步长拾米级、10 万节点和模拟时间长达数十年的高精度数值模拟, 并已应用到大庆、胜利、大港等国家主力油田的矿场采油的实际数值模拟和分析, 产生巨大的经济效益和社会效益, 并对简化的模型问题得到严谨的理论分析结果.

7.1　引　　言

目前国内外行之有效的保持油藏压力的方法是注水开发, 其采收率比靠天然能量的开采方式要高. 我国大庆油田在注水开发上取得了巨大的成绩, 使油田达到高产、稳产. 如何进一步提高注水油藏的原油采收率, 仍然是一个具有战略性的重大课题.

油田经注水开采后, 油藏中仍残留大量的原油, 这些油或者被毛细管力束缚住不能流动, 或者由于驱替相和被驱替相之间的不利流度比, 使得注入流波及体积小, 而无法驱动原油. 在注入液中加入某些化学添加剂, 则可大大改善注入液的驱洗油能力. 常用的化学添加剂大都为聚合物、表面活性剂和碱. 聚合物被用来优化驱替相的流速, 以调整与被驱替相之间的流度比, 均匀驱动前缘, 减弱高渗层指进, 提高驱替液的波及效率, 同时增加压力梯度等. 表面活性剂和碱主要用于降低地下各相间的界面张力, 从而将被束缚的油启动.

问题的数学模型基于下述的假定: 流体的等温流动、各相间的平衡状态、各组分间没有化学反应以及推广的达西定理等. 据此, 可以建立关于压力函数 $p(x,t)$ 的流动方程和关于饱和度函数组 $c_i(x,t)$ 的对流扩散方程组, 以及相应的边界和初始条件.

多相 (油、水、气)、多组分、微可压缩混合体的质量平衡方程是一组非线性耦合偏微分方程组, 它的求解是十分复杂和困难的, 涉及许多现代数值方法 (混合元、有限元、有限差分法、数值代数) 的技巧. 一般用隐式求解压力方程,用显式或隐式求解饱和度方程组. 通过上述求解过程, 能求出诸未知函数, 并给予物理解释. 分析和研究计算机模拟所提供的数值和信息是十分重要的, 它可完善地描述注化学剂驱油的完整过程, 帮助更好地理解各种驱油机制和过程. 预测原油采收率, 计算产出液中含油的百分比以及注入的聚合物、表面活性剂的百分比数,由此可看出液体中组分变化的情况, 有助于决定何时终止注入. 测出各种参数对原油采收率的影响, 可用于现场试验特性的预测, 优化各种注采开发方案. 化学驱油渗流力学模型的建立、计算机应用软件的研制、数值模拟的实现, 是近年来化学驱油新技术的重要组成部分, 受到了各国石油工程师、数学家的高度重视.

作者 1985–1988 年访美期间和 Ewing 教授合作, 从事这一领域的理论和实际数值模拟研究[1;2], 回国后 1991–1995 年带领课题组承担了 "八五" 国家重点科技项目 (攻关)(85-203-01-087)——聚合物驱软件研究和应用[3−6]. 研制的聚合物驱软件已在大庆油田聚合物驱油工业性生产区的方案设计和研究中应用. 通过聚合物驱矿场模拟得到聚合物驱一系列重要认识: 聚合物段塞作用、清水保护段塞设置、聚合物用量扩大等, 都在生产中得到应用, 产生巨大的经济和社会效益[7−9]. 随后又继续承担大庆油田石油管理局攻关项目 (DQYJ-1201002-2006-JS-9565)—— 聚合物驱数学模型解法改进及油藏描述功能完善[10]. 该软件系统还应用于大港油田枣北断块地区的聚合物驱数值模拟, 胜利油田孤东小井驱试验区三元复合驱、孤岛中一区试验区聚合物驱、孤岛西区复合驱扩大试验区实施方案优化及孤东八区注活性水试验的可行性研究等多个项目, 均取得很好的效果[11]. 近年又承担大庆石油管理局攻关项目 (DQYJ-1201002-2009-JS-1077)—— 化学驱模拟器碱驱机理模型和水平井模型研制及求解方法研究[12], 均取得重要成果.

本章是上述研究工作的总结和深化分析, 主要包含在多孔介质中黑油–三元复合驱的数值模拟的渗流力学数学模型、数值方法、应用软件研制、实际矿场应用和理论分析.

7.2 化学驱采油机理

7.2.1 基本假设

本章研究的化学驱采油模型,基于如下基本假设:系统含油、气、水三相,化学组分除石油酸外, 均含于水相中. 石油酸含于水相和油相中. 油藏中局部热力学平衡、固相不流动、Fick 弥散、理想混合、流体渗流满足达西定律. 化学剂组分,包括聚合物、表面活性剂、石油酸等, 均不占体积.

7.2.2　运动方程

在基本假设下, 各相运动由达西定律描述:

$$\vec{u}_l = -\frac{K k_{rl}(S_w, S_g)}{\mu_l}(\nabla p_l - \gamma_l \nabla D), \quad l = w, o, g. \tag{7.2.1}$$

图 7.2.1 和图 7.2.2 分别给出了油水系统和油气系统的相对渗透率曲线示意图. 三相系统的相对渗透率关系由上述两个系统生成, 如 Stone II 公式.

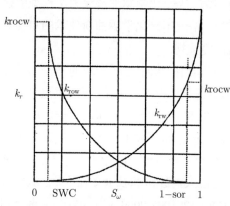
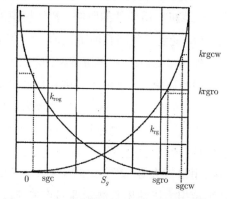

图 7.2.1　水–油系统相对渗透率示意图　　　图 7.2.2　气–油系统相对渗透率示意图

另外, 定义 $\lambda_{rw} = \dfrac{K_{rw}(S_w)}{\mu_w(S_w, C_{1w}, \cdots, C_{Lw})}$, $\lambda_{rw} = \dfrac{K_{ro}(S_w)}{\mu_o(S_w)}$ 分别为水相和油相的流度. K 和 K_{rw}, K_{ro} 分别为绝对渗透率张量、水相相对渗透率和油相相对渗透率, 相对渗透率由具体油藏 (或实验室) 试验数据拟合得到. K 为介质绝对渗透率, μ_w, μ_o 为水相、油相黏性系数, 依赖于相饱和度, 水相黏度还依赖于聚合物、阴、阳离子的浓度. γ_1, γ_2 分别为水相、油相的密度, D 为深度函数,

$$D = D(x, y, z) = z. \tag{7.2.2}$$

7.2.3　质量守恒方程

水组分、油组分、气组分的质量守恒方程分别为

$$-\text{div}\left(\frac{1}{B_o}\vec{u}_o\right) = \frac{\partial}{\partial t}\left(\frac{1}{B_o}\phi S_o\right) - q_o,$$

$$-\text{div}\left(\frac{1}{B_w}\vec{u}_w\right) = \frac{\partial}{\partial t}\left(\frac{1}{B_w}\phi S_w\right) - q_w,$$

$$-\text{div}\left(\frac{R_s}{B_o}\vec{u}_o + \frac{1}{B_g}\vec{u}_g\right) = \frac{\partial}{\partial t}\left[\phi\left(\frac{R_s}{B_o}S_o + \frac{1}{B_g}S_g\right)\right] - q_g - R_s q_o, \tag{7.2.3}$$

其中 R_s 为溶解汽油比, B_w 和 B_o 分别为水和油的体积因子.

7.2.4 状态方程和约束方程

约束条件:

$$S_w + S_o + S_g = 1;$$
$$\sum_{i=1}^{n_{cv}} C_{il} = 1, \tag{7.2.4}$$

其中 S_w, S_o 和 S_g 分别是水相、油相和气相的饱和度, 下标 w 和 o 分别表示水相和油相, C_{il} 为组分 i 在 l 相中的浓度 (相浓度). 状态方程为 $\rho_l = \rho_l(p_l)$, 反映了 l 相在给定压力下的密度. 软件中用体积因子表示.

可压缩条件下, 组分 i 的密度 ρ_i 是压力的函数:

$$\rho_i = \rho_i^o \left[1 + C_i^o (p - p_r) \right], \tag{7.2.5}$$

式中, ρ_i^0 是参考压力下组分 i 的密度, p 是压力, p_r 是参考压力, C_i^0 是组分 i 的压缩系数.

假定岩石可压缩, 介质孔隙度 ϕ 与压力的函数关系为

$$\phi = \phi_0 \left[1 + C_r(p - p_r) \right], \tag{7.2.6}$$

式中, C_r 是岩石的压缩系数.

7.2.5 化学物质组分浓度方程

记 C_{il} 是 i 种物质组分在 l 相中的浓度, n_p 是相数, n_c 是组分数, 下标 l 是第 l 相, $\tilde{C}_i$ 是第 i 种物质组分的总浓度, 表示为 i 种物质组分在所有相 (包括吸附相) 中的浓度之和:

$$\tilde{C}_i = \left(1 - \sum_{k=1}^{n_{cv}} \hat{C}_k \right) \sum_{l=1}^{n_p} S_l C_{il} + \hat{C}_i, \quad i = 1, \cdots, n_c, \tag{7.2.7}$$

式中, n_{cv} 是占有体积的物质组分总数, $\hat{C}_i$ 是组分 i 的吸附浓度. 组分运动方程为

$$\frac{\partial}{\partial t} \left(\phi \tilde{C}_k \rho_k \right) + \text{div} \left[\sum_{l=1}^{n_p} \rho_k \left(C_{k,l} u_l - \tilde{D}_{k,l} \right) \right] = R_k, \tag{7.2.8}$$

由于除石油酸外, 所有化学剂组分全部存在于水相中, 相间不发生物质传递, 则有

$$C_{il} = \begin{cases} C_{i,w}, & l = w, \\ 0, & l \neq w. \end{cases} \tag{7.2.9}$$

将式 (7.2.9) 代入方程 (7.2.8) 得到水相中组分浓度方程:

$$\frac{\partial}{\partial t} \left(\phi \tilde{C}_i \rho_i \right) + \text{div} \left[\rho_i \left(C_{i,w} u_w - \tilde{D}_{i,w} \right) \right] = R_i, \tag{7.2.10}$$

具体地, 水相中 i 组分浓度方程是对流扩散型方程:

$$\frac{\partial}{\partial t}\left[\phi\left(\left(1-\sum_{k=1}^{n_{cv}}\hat{C}_k\right)S_wC_{iw}+\hat{C}_i\right)(1+c_i^0\Delta P_w)\right]$$

$$+\frac{\partial}{\partial x}\left[(1+c_i^0\Delta P_w)\left(C_{iw}u_{xw}-\phi S_w\left(F_{xx,iw}\frac{\partial C_{iw}}{\partial x}+F_{xy,iw}\frac{\partial C_{iw}}{\partial y}+F_{xz,iw}\frac{\partial C_{iw}}{\partial z}\right)\right)\right]$$

$$+\frac{\partial}{\partial y}\left[(1+c_i^0\Delta P_w)\left(C_{iw}u_{yw}-\phi S_w\left(F_{yx,iw}\frac{\partial C_{iw}}{\partial x}+F_{yy,iw}\frac{\partial C_{iw}}{\partial y}+F_{yz,iw}\frac{\partial C_{iw}}{\partial z}\right)\right)\right]$$

$$+\frac{\partial}{\partial z}\left[(1+c_i^0\Delta P_w)\left(C_{iw}u_{zw}-\phi S_w\left(F_{zx,iw}\frac{\partial C_{iw}}{\partial x}+F_{zy,iw}\frac{\partial C_{iw}}{\partial y}+F_{zz,iw}\frac{\partial C_{iw}}{\partial z}\right)\right)\right]$$

$$=R_i,$$

$$(7.2.11)$$

其中 c_i^0 为压缩因子, ΔP_w 为水相压力与参考压力之差, 速度用分量表示为

$$u_w=(u_{xw},u_{yw},u_{zw})^{\mathrm{T}}.$$

7.2.6　聚合物驱油机理数学描述

聚合物溶液的高黏度能够改善油相水相间的流度比, 抑制注入液的突进, 达到扩大波及体积, 提高采收率的目的. 模型对聚合物的驱油机理分以下几个方面进行描述: 聚合物溶液黏度、聚合物溶液流变特征、渗透率下降系数和残余阻力系数、不可及孔隙体积.

1. 聚合物溶液黏度

在参考剪切速率下, 聚合物溶液的黏度 μ_p^0 是聚合物浓度和含盐量的函数, 表示为

$$\mu_p^0=\mu_w(1+(A_{p1}C_p+A_{p2}C_p^2+A_{p3}C_p^3)C_{\mathrm{sep}}^{S_p}),\qquad(7.2.12)$$

式中, C_p 是溶解中聚合物的浓度, A_{p1},A_{p2},A_{p3} 是由实验资料确定的常数, C_{sep} 是含盐量浓度, S_p 是由实验室确定的参数.

2. 聚合物溶液流变特征

一般来说, 高分子聚合物溶解都具有某种流变特征, 即认为黏度依赖于剪切速率, 利用 Meter 方程表达这种依赖关系, 聚合物溶解的黏度 μ_p 与剪切率的函数关系为

$$\mu_p=\mu_w+\frac{\mu_p^0-\mu_w}{1+(\gamma/\gamma_{\mathrm{ref}})^{p_\alpha-1}},\qquad(7.2.13)$$

式中, μ_w 是水的黏度, γ_{ref} 是参考剪切速率, p_α 是经验系数, μ_p 是聚合物溶解在多孔介质中流动的视黏度 (表观黏度), γ 是多孔介质中流体的等效剪切速率. 多孔介

质中水相的等效剪切速率 γ 利用 Blake-Kozeny 方程表示:

$$\gamma = \frac{\gamma_c \left| u_w \right|}{\sqrt{\overline{K} K_{rw} \phi S_w}},\qquad(7.2.14)$$

式中, $\gamma_c = 3.97 C \mathrm{s}^{-1}$, C 是剪切速率系数, 它与非理想影响有关 (例如, 孔介质中毛细管壁的滑移现象), K_{rw} 是水相相对渗透率. 平均渗透率 $\overline{K}$ 计算公式为

$$\overline{K} = \left[\frac{1}{K_x} \left(\frac{u_{xw}}{u_w} \right)^2 + \frac{1}{K_y} \left(\frac{u_{yw}}{u_w} \right)^2 + \frac{1}{K_z} \left(\frac{u_{zw}}{u_w} \right)^2 \right]^{-1},\qquad(7.2.15)$$

式中, u_w. 是水相流速, u_{xw}, u_{yw} 和 u_{zw} 分别是水相的 x, y 和 z 方向的流速, K_x, K_y 和 K_z 分别是油层 x, y 和 z 方向的渗透率.

3. 渗透率下降系数和残余阻力系数

聚合物溶液在多孔介质中渗流时, 由于聚合物在岩石表面的吸附必引起流度下降和流动阻力增加. 利用渗透率下降系数 R_k 描写这一现象:

$$R_k = 1 + \frac{(R_{\mathrm{KMAX}} - 1) b_{rk} C_p}{1 + b_{rk} C_p},\qquad(7.2.16)$$

式中, R_{KMAX} 表达式为

$$R_{\mathrm{KMAX}} = 1 - \left(c_{rk} \bar{\mu}^{\frac{1}{3}} \left/ \left(\frac{\sqrt{K_x K_y}}{\phi} \right)^{\frac{1}{2}} \right. \right).\qquad(7.2.17)$$

式中, $\tilde{\mu}$ 是聚合物溶液本征黏度 $\tilde{\mu} = \lim\limits_{C_p \to 0} \dfrac{\mu_o - \mu_w}{\mu_w C_p} = A_{p1} C_{\mathrm{sep}}^{\mathrm{Sp}}$, b_{rk} 和 c_{rk} 是输入参数.

4. 不可及孔隙体积

实验发现, 流经孔隙介质时聚合物比溶解中的示踪剂要快, 这可解释为聚合物能够流经的孔隙体积小, 这是由聚合物的高分子结构决定的. 聚合物不能进入的这部分孔隙体积称为不可及孔隙体积. 在模型中表示为

$$\mathrm{IPV} = \frac{\phi - \phi_p}{\phi}.\qquad(7.2.18)$$

式中, IPV 为聚合物溶解的不可及孔隙体积分数, ϕ 为盐水测得孔隙度, ϕ_p 为聚合物溶液测得孔隙度.

5. 聚合物吸附

利用 Langmuir 模型模拟聚合物的吸附:

$$\hat{C}_p = \frac{aC_p}{1 + bC_p},$$

$$(7.2.19)$$

式中, $\hat{C}_p$ 是聚合物的吸附浓度, a 和 b 是常数.

主要描述的物理现象为油、水二相的运动 (水驱油), 阴离子、阳离子以及聚合物分子在水相中的对流和扩散现象. 从聚合物驱机理角度, 还包括物质吸附损耗、聚合物流变特性、渗流率下降以及重力作用.

7.2.7　表面活性剂驱油机理数学描述

表面活性剂可以影响界面张力, 从而增加毛细管数, 降低残余油残余饱和度. 新的相渗曲线由低毛细管数情形的相对渗流率曲线与高毛细管数情形的相对渗透率曲线插值生成.

界面张力是表面活性剂浓度的函数, 有两种途径计算界面张力.

(1) 如果采用表面活性剂浓度、碱浓度插值计算界面张力, 不需要计算化学反应平衡.

利用表面活性剂、碱的浓度, 采用双线性插值计算界面张力如下 (表 7.2.1).

表 7.2.1　界面张力插值表

C_A^{T} ＼ C_S^{T}	0.0	0.05	0.1	0.2	0.3
0.0	20	0.1	0.1	0.1	0.1
0.6	20	0.00203	0.00759	0.016	0.0199
0.8	20	0.0027	0.00411	0.00316	0.00188
1.0	20	0.00448	0.00146	0.00252	0.00448
1.2	20	0.0152	0.00887	0.00357	0.0086

界面张力关于表面活性剂浓度和碱浓度的表已经读入, 根据二者每个时间步的浓度和表来插值计算界面张力, 插值采用双线性插值. 对于区域外部 1, 3, 7, 9 对应的是四个角点的值. 2, 4, 6, 8 是在对应的边上作一维线性插值. 区域内部 5 是作二维双线性插值. 在程序中表现为两个嵌套的选择语句. 比如, $C_S^{\mathrm{T}}(I) \leqslant C_S \leqslant C_S^{\mathrm{T}}(I+1), C_A^{\mathrm{T}}(J) \leqslant C_A \leqslant C_A^{\mathrm{T}}(J+1)$, 双线性插值公式为

$$\begin{aligned}
\mathrm{IFT} &= \frac{(C_S - C_S^{\mathrm{T}}(I))(C_A - C_A^{\mathrm{T}}(J))}{(C_S^{\mathrm{T}}(I+1) - C_S^{\mathrm{T}}(I))(C_A^{\mathrm{T}}(J+1) - C_A^{\mathrm{T}}(J))} \mathrm{IFT}^{\mathrm{T}}(I+1, J+1) \\
&+ \frac{(C_S - C_S^{\mathrm{T}}(I))(C_A^{\mathrm{T}}(J+1) - C_A)}{(C_S^{\mathrm{T}}(I+1) - C_S^{\mathrm{T}}(I))(C_A^{\mathrm{T}}(J+1) - C_A^{\mathrm{T}}(J))} \mathrm{IFT}^{\mathrm{T}}(I+1, J)
\end{aligned}$$

$$+\frac{(C_S^{\mathrm{T}}(I+1)-C_S)(C_A-C_A^{\mathrm{T}}(J))}{(C_S^{\mathrm{T}}(I+1)-C_S^{\mathrm{T}}(I))(C_A^{\mathrm{T}}(J+1)-C_A^{\mathrm{T}}(J))}\mathrm{IFT}^{\mathrm{T}}(I,J+1)$$

$$+\frac{(C_S^{\mathrm{T}}(I+1)-C_S)(C_A^{\mathrm{T}}(J+1)-C_A)}{(C_S^{\mathrm{T}}(I+1)-C_S^{\mathrm{T}}(I))(C_A^{\mathrm{T}}(J+1)-C_A^{\mathrm{T}}(J))}\mathrm{IFT}^{\mathrm{T}}(I,J)$$

$$=\mathrm{IFT}^{\mathrm{T}}(I,J)+\frac{C_S-C_S^{\mathrm{T}}(I)}{C_S^{\mathrm{T}}(I+1)-C_S^{\mathrm{T}}(I)}(\mathrm{IFT}^{\mathrm{T}}(I+1,J)-\mathrm{IFT}^{\mathrm{T}}(I,J))$$

$$+\frac{C_A-C_A^{\mathrm{T}}(J)}{C_A^{\mathrm{T}}(J+1)-C_A^{\mathrm{T}}(J)}(\mathrm{IFT}^{\mathrm{T}}(I,J+1)-\mathrm{IFT}^{\mathrm{T}}(I,J))$$

$$+\mathrm{IFT}^{\mathrm{T}}(I,J)+\mathrm{IFT}^{\mathrm{T}}(I+1,J+1)-\mathrm{IFT}^{\mathrm{T}}(I+1,J)-\mathrm{IFT}^{\mathrm{T}}(I,J+1)$$

$$\cdot\frac{(C_S-C_S^{\mathrm{T}}(I))(C_A-C_A^{\mathrm{T}}(J))}{(C_S^{\mathrm{T}}(I+1)-C_S^{\mathrm{T}}(I))(C_A^{\mathrm{T}}(J+1)-C_A^{\mathrm{T}}(J))}.$$

1		2			3
	20	0.1	0.1	0.1	0.1
	20	0.00203	0.00759	0.0016	0.00199
4	20	0.0027	0.00411 5	0.00316	0.00188	6
	20	0.00448	0.00146	0.00252	0.00448
	20	0.0152	0.00887	0.00357	0.0086
7		8			9

(2) 常规计算流程是: 计算化学反应平衡, 得到表面活性剂浓度 (注入表面活性剂与生成表面活性剂), 通过表面活性剂–界面张力表插值得到界面张力. 盐度影响到表面活性剂以及聚合物的吸附, 不直接影响界面张力.

利用计算得到的界面张力计算毛细管数, 利用毛细管数计算残余油和束缚水.

利用界面张力 σ_{wo} 和势梯度计算毛细管数公式如下

$$Nc_l=\frac{\left|\overrightarrow{K}\cdot\nabla\varPhi_l\right|}{\sigma_{wo}},\quad l=w,o,$$

其中 $\nabla\varPhi_l=\nabla P_l-\rho_l g\nabla h,\ l=w,o$ 为势梯度.

再利用毛管数计算束缚水和残余油

$$S_{wr} = S_{wr}^H + \frac{S_{wr}^L - S_{wr}^H}{1 - T_w \cdot Nc_w},$$

$$S_{or} = S_{or}^H + \frac{S_{or}^L - S_{or}^H}{1 - T_o \cdot Nc_o}.$$

7.2.8　碱驱机理数学描述

碱驱的基本原理是通过注入碱, 与石油中含有的石油酸反应生成表面活性剂, 起到降低界面张力, 减小残余油的驱油方法. 石油酸组分既存在于水相又存在于油相中, 存在相间质量转移, 假定油相石油酸与水相石油酸瞬间达到平衡.

石油酸总浓度方程 (流动方程) 如下

$$\frac{\partial(C_{\text{totHA}})}{\partial t} + \nabla \cdot (u_w C_{\text{HA}_w} - \phi S_w \overline{K}_{\text{HA}_w} \nabla C_{\text{HA}_w}) + \nabla \cdot (u_o C_{\text{HA}_o} - \phi S_o \overline{K}_{\text{HA}_o} \nabla C_{\text{HA}_o})$$
$$= q_w C_{\text{HA}_w} + q_o C_{\text{HA}_o},$$

其中 $\overline{K}_{HA_w}$ 和 $\overline{K}_{HA_o}$ 分别表示石油酸在水相和油相中的弥散张量 (含分子扩散). 石油酸总浓度 C_{totHA} 定义为

$$C_{\text{totHA}} = \frac{S_w C_{\text{HA}_w}}{B_w} + \frac{S_o C_{\text{HA}_o}}{B_o}.$$

此处有三个未知量: 一个总浓度, 两个相浓度. 有三个方程: 流动方程、总浓度定义 (上式), 还有后面列出的水相、油相中石油酸的平衡方程. 未知量个数与方程个数相等, 问题是适定的. 采用显格式求解流动方程是方便的.

在这里考虑了地面条件和油藏条件, 石油酸的流动既存在于水相中又存在于油相中, 化学反应的计算和流动方程合理匹配才能保证物质平衡误差.

水相反应包括

$$\text{HA}_o \overset{K_{\text{D}}}{\rightleftharpoons} \text{HA}_w,$$

$$\text{H}_2\text{O} \overset{K_1^{\text{eq}}}{\rightleftharpoons} \text{H}^+ + \text{OH}^-,$$

$$\text{HA}_w + \text{OH}^- \overset{K_2^{\text{eq}}}{\rightleftharpoons} \text{A}_+^- \text{H}_2\text{O},$$

$$\text{H}^+ + \text{CO}_3^{2-} \overset{K_3^{\text{eq}}}{\rightleftharpoons} \text{HCO}_3^-,$$

$$\text{Ca}^{2+} + \text{H}_2\text{O} \overset{K_4^{\text{eq}}}{\rightleftharpoons} \text{Ca(OH)}^+ + \text{H}^+,$$

$$\text{Mg}^{2+} + \text{H}_2\text{O} \overset{K_5^{\text{eq}}}{\rightleftharpoons} \text{Mg(OH)}^+ + \text{H}^+,$$

$$\text{Ca}^{2+} + \text{H}^+ + \text{CO}_3^{2-} \overset{K_6^{\text{eq}}}{\rightleftharpoons} \text{Ca(HCO}_3)^+,$$

$$\text{Mg}^{2+} + \text{H}^+ + \text{CO}_3^{2-} \xrightleftharpoons{K_7^{\text{eq}}} \text{Mg(HCO}_3)^+,$$

$$2\text{H}^+ + \text{CO}_3^{2-} \xrightleftharpoons{K_8^{\text{eq}}} \text{H}_2\text{CO}_3,$$

$$\text{Ca}^{2+} + \text{CO}_3^{2-} \xrightleftharpoons{K_9^{\text{eq}}} \text{CaCO}_3,$$

$$\text{Mg}^{2+} + \text{CO}_3^{2-} \xrightleftharpoons{K_{10}^{\text{eq}}} \text{MgCO}_3.$$

沉淀反应包括

$$\text{CaCO}_3 \xrightleftharpoons{K_1^{\text{sp}}} \text{Ca}^{2+} + \text{CO}_3^{2-},$$

$$\text{MgCO}_3 \xrightleftharpoons{K_2^{\text{sp}}} \text{Mg}^{2+} + \text{CO}_3^{2-},$$

$$\text{Ca(OH)}_2 \xrightleftharpoons{K_3^{\text{sp}}} \text{Ca}^{2+} + 2\text{OH}^-,$$

$$\text{Mg(OH)}_2 \xrightleftharpoons{K_4^{\text{sp}}} \text{Mg}^{2+} + 2\text{OH}^-.$$

吸附反应包括

$$2\overline{\text{Na}}^+ + \text{Ca}^{2+} \xrightleftharpoons{K_1^{\text{ex}}} 2\text{Na}^+ + \overline{\text{Ca}}^{2+},$$

$$2\overline{\text{Na}}^+ + \text{Mg}^{2+} \xrightleftharpoons{K_2^{\text{ex}}} 2\text{Na}^+ + \overline{\text{Mg}}^{2+},$$

$$\overline{\text{H}}^+ + \text{Na}^+ + \text{OH}^- \xrightleftharpoons{K_3^{\text{ex}}} \overline{\text{Na}}^+ + \text{H}_2\text{O},$$

上面的化学反应可得如下方程:

$$K_{\text{D}} = \frac{\dfrac{[\text{HA}_w]}{B_w}}{\dfrac{[\text{HA}_o]}{B_o}},$$

$$K_1^{\text{eq}} = [\text{H}^+][\text{OH}^-],$$

$$K_2^{\text{eq}} = \frac{[\text{A}^-][\text{H}^+]}{[\text{HA}_w]},$$

$$K_3^{\text{eq}} = \frac{[\text{HCO}_3^-]}{[\text{H}^+][\text{CO}_3^{2-}]},$$

$$K_4^{\text{eq}} = \frac{[\text{Ca(OH)}^+][\text{H}^+]}{[\text{Ca}^{2+}]},$$

$$K_5^{\text{eq}} = \frac{[\text{Mg(OH)}^+][\text{H}^+]}{[\text{Mg}^{2+}]},$$

$$K_6^{\text{eq}} = \frac{[\text{Ca(HCO}_3)^+]}{[\text{Ca}^{2+}][\text{CO}_3^{2-}][\text{H}^+]},$$

$$K_7^{\text{eq}} = \frac{[\text{Mg}(\text{HCO}_3)^+]}{[\text{Mg}^{2+}][\text{CO}_3^{2-}][\text{H}^+]},$$

$$K_8^{\text{eq}} = \frac{[\text{H}_2\text{CO}_3]}{[\text{CO}_3^{2-}][\text{H}^+]^2},$$

$$K_9^{\text{eq}} = \frac{[\text{CaCO}_3^0]}{[\text{Ca}^{2+}][\text{CO}_3^{2-}]},$$

$$K_{10}^{\text{eq}} = \frac{[\text{MgCO}_3^0]}{[\text{Mg}^{2+}][\text{CO}_3^{2-}]},$$

以及

$$K_1^{\text{sp}} \geqslant [\text{Ca}^{2+}][\text{CO}_3^{2-}],$$

$$K_{21}^{\text{sp}} \geqslant [\text{Mg}^{2+}][\text{CO}_3^{2-}],$$

$$K_3^{\text{sp}} \geqslant [\text{Ca}^{2+}][\text{H}^+]^{-2},$$

$$K_4^{\text{sp}} \geqslant [\text{Mg}^{2+}][\text{H}^+]^{-2},$$

$$K_1^{\text{ex}} = \frac{[\bar{\text{C}}a^{2+}][\text{Na}^+]^2}{[\text{Ca}^{2+}][\bar{\text{N}}a^+]^2},$$

$$K_2^{\text{ex}} = \frac{[\overline{\text{M}}g^{2+}][\text{Na}^+]^2}{[\text{Mg}^{2+}][\bar{\text{N}}a^+]^2},$$

$$K_3^{\text{ex}} = \frac{[\text{Na}^+][\overline{\text{H}}^+]}{[\bar{\text{N}}a^+][\text{H}^+]}.$$

然后再加上元素守恒方程、电荷电中性方程、黏土吸附能力方程:

$$[\text{Ca}] = [\text{Ca}^{2+}] + [\text{Ca}(\text{OH})^+] + [\text{Ca}(\text{HCO}_3)^+] + [\text{CaCO}_3^0]$$
$$+ [\text{CaCO}_3] + [\text{Ca}(\text{OH})_2] + [\bar{\text{C}}a^{2+}],$$

$$[\text{Mg}] = [\text{Mg}^{2+}] + [\text{Mg}(\text{OH})^+] + [\text{Mg}(\text{HCO}_3)^+] + [\text{MgCO}_3^0]$$
$$+ [\text{MgCO}_3] + [\text{Mg}(\text{OH})_2] + [\overline{\text{M}}g^{2+}],$$

$$[\text{CO}_3] = [\text{CO}_3^{2-}] + [\text{Ca}(\text{HCO}_3)^+] + [\text{Mg}(\text{HCO}_3)^+] + [\text{HCO}_3^-]$$
$$+ [\text{H}_2\text{CO}_3] + [\text{CaCO}_3^0] + [\text{MgCO}_3^0] + [\text{CaCO}_3] + [\text{MgCO}_3],$$

$$[\overline{\text{Na}}] = [\text{Na}^+] + [\overline{\text{Na}}^+],$$

$$[\text{H}] = [\text{H}^+] + \frac{[\text{HA}_o]}{\text{B}_o} + 2[\text{H}_2\text{O}] + [\text{Ca}(\text{OH})^+] + [\text{Mg}(\text{OH})^+]$$
$$+ [\text{Ca}(\text{HCO}_3)^+] + [\text{Mg}(\text{HCO}_3)^+]$$

$$+ [OH^-] + [HCO_3^-] + 2[H_2CO_3] + \frac{[HA_w]}{B_w}$$

$$+ [Ca(OH)_2] + [Mg(OH)_2] + \left[\overline{H}^+\right],$$

$$[A] = \frac{[HA_o]}{B_o} + \frac{[A^-] + [HA_w]}{B_w},$$

$$0 = [H^+] + [Na^+] + 2[Ca^{2+}] + 2\left[Mg^{2+}\right] - 2\left[CO_3^{2-}\right] + [Ca(OH)^+]$$

$$+ [Mg(OH)^+] + [Ca(HCO_3)^+] + [Mg(HCO_3)^+] - \frac{[A^-]}{B_w} - \left[OH^-\right]$$

$$- [HCO_3^-] + \left[\overline{H}^+\right] + [\overline{Na}^+] + 2\left[\overline{Ca}^{2+}\right] + 2\left[\overline{Mg}^{2+}\right] - [Cl^-],$$

$$Qv = [H^+] + [Na^+] + 2\left[Ca^{2+}\right] + 2\left[Mg^{2+}\right].$$

以上只是给出了数据文件的一个例子, 方程中的系数都由数据文件给出.

7.2.9 化学反应平衡方程组的 Newton-Raphson 迭代

(1) 首先, 因为沉淀反应模型为不等式, 要把不等式转化为等式. 具体做法是, 先对沉淀是否出现作假设. 如果出现, 则该沉淀及所对应的沉淀反应变为等式予以保留, 如果不出现, 该沉淀浓度为 0, 并且该沉淀对应的沉淀方程不出现.

(2) 对于出现的沉淀, 通过消元法从质量守恒方程组中消去.

(3) 对于水相中的化学反应方程, 选取独立的变量, 其他的变量都可以由独立变量来表示, 化学反应方程都是乘积的形式, 利用取对数的技巧, 变为加和的形式. 利用 Newton-Raphson 迭代, 求解出水中离子和吸附离子的浓度.

(4) 将求解出的水中离子和吸附离子的浓度代入元素守恒方程, 求解出沉淀的量, 如果沉淀的量小于 0, 不符合物理意义, 证明作的假设是不对的, 回到 1, 重新作假设, 开始新的迭代.

这是计算出水中由石油酸生成的表面活性剂的全过程. [A⁻] 作为表面活性剂发挥作用.

7.3 黑油–三元复合驱数学模型

黑油模型的油藏数值模拟的出发点是: 油藏含油、气、水三相, 油相含油组分和溶解气组分, 水相含水组分, 气相含气组分, 气组分随压力环境变化可在油相和气相之间交换. 为了改进黑油模型使之能够模拟三元 (聚合物、表面活性剂、碱) 复合驱过程, 以黑油模块和化学反应平衡方程为基础, 经过改造并增加了三元复合驱模块, 研制成新的黑油–三元复合驱模拟系统.

本系统含油、气、水三相, 油相含油组分和溶解气组分, 水相含水组分, 化学剂组分包括聚合物、表面活性剂、石油酸等, 化学组分除石油酸外, 均含于水相中, 石油酸含于水相和油相中. 气相只含气组分, 气组分随压力环境变化可在油相和气相之间交换. 系统包含三个基本模块: 三相流求解模块、组分方程求解模块、化学反应平衡求解模块.

三相流求解模块继承了黑油模型的部分算法, 但在黑油模型中水相的黏度是常数, 而在三元复合驱中, 由于化学剂组分的出现改变了水的黏性, 水相黏度成为变量. 另外, 增加的组分方程和化学反应平衡方程求解模块的结构和算法必须要在功能上与黑油模型兼容, 组分方程和平衡方程的求解需增加相应处理, 以满足尖灭区、断层、边底水以及断层等工程实际的需求.

在上述工作基础上, 提出两类计算方法.

(i) 全隐式解法: 所有变量 (压力、水饱和度、气饱和度或溶解气油比) 同时隐式求解. 这是最可靠的有限差分公式. 每步外迭代需要的机时最多. 但由于全隐式比隐压–显饱格式更稳定, 所以能够选取更大的时间步长从而降低总模拟时间. 进一步考虑到, 稳定性限制有时会使隐压–显饱格式无法进行.

(ii) 隐压–显饱格式: 隐压–显饱格式 (隐式压力、显式饱和度) 公式基于如下假设: 一个时间步内, 饱和度变化不会明显影响到油藏流体流动. 这一假设允许从离散流动方程中消去饱和度未知量. 只有迭代步上的压力变化保持隐式耦合. 一旦压力变化确定了, 饱和度可以逐点显式更新. 如果饱和度在时间步上的变化偏大, 隐压–显饱格式就不稳定了. 当时间步长足够小使得饱和度变化足够小 (一般设为 5%) 时, 隐压–显饱格式是非常有效的.

求解油、水二相流时, 用 w 和 o 分别表示水相和油相, 渗流力学数学模型为[1,2,6,7]

$$\frac{\partial}{\partial x}\left[\lambda_l\left(\frac{\partial p_l}{\partial x}-\gamma_l\frac{\partial z}{\partial x}\right)\right]=\frac{\partial}{\partial t}\left(\phi\frac{\partial S_l}{\partial B_l}\right)-q_l,\quad l=w,o; \tag{7.3.1a}$$

$$p_c=p_o-p_w,\quad S_w=S_o=1.0. \tag{7.3.1b}$$

用 w,o 和 g 分别表示水相、油相和气相, 三相流渗流力学数学模型为[3−8]

$$\begin{cases}\dfrac{\partial}{\partial x}\left[\lambda_w\left(\dfrac{\partial p_w}{\partial x}-\gamma_w\dfrac{\partial z}{\partial x}\right)\right]=\dfrac{\partial}{\partial t}\left(\phi\dfrac{\partial S_w}{\partial B_w}\right)-q_w,\\[2mm]\dfrac{\partial}{\partial x}\left[\lambda_o\left(\dfrac{\partial p_o}{\partial x}-\gamma_o\dfrac{\partial z}{\partial x}\right)\right]=\dfrac{\partial}{\partial t}\left(\phi\dfrac{\partial S_o}{\partial B_o}\right)-q_o,\\[2mm]\dfrac{\partial}{\partial x}\left[R_s\lambda_o\left(\dfrac{\partial p_o}{\partial x}-\gamma_o\dfrac{\partial z}{\partial x}\right)\right]+\dfrac{\partial}{\partial x}\left[\lambda_g\left(\dfrac{\partial p_g}{\partial x}-\gamma_g\dfrac{\partial z}{\partial x}\right)\right]\\[2mm]=\dfrac{\partial}{\partial t}\left(\phi R_s\dfrac{1-S_w-S_g}{B_o}+\phi\dfrac{S_g}{B_g}\right)-R_sq_o-q_g;\end{cases} \tag{7.3.2a}$$

$$p_o-p_w=p_{cow},\quad p_g-p_o=p_{cog}, \tag{7.3.2b}$$

$$\lambda_l = \frac{KK_{rl}}{\mu_l B_l}, \quad l = w, o, g, \quad \gamma_l = \rho_l g, \tag{7.3.2c}$$

$$u_l = \lambda_l(\nabla p_l - \gamma_l \nabla z), \quad l = w, o, g, \tag{7.3.2d}$$

其中 ϕ 为孔隙度, p_l 为 l 相压力, S_l 为 l 相的饱和度, K 为绝对渗透率, B_l 为 l 相的体积因子, K_{rl} 为 l 相的相对渗透率, μ_l 为 l 相的黏度, ρ_l 为 l 相的密度; R_s 为溶解汽油比, q_l 为 l 相的源汇项 (地面条件).

需要说明的是, 在黑油模型中水相黏度 μ_w 是常数, 在黑油–三元复合驱模型中, 水相黏度 μ_w 是聚合物浓度的函数, 即 $\mu_w = \mu_w(C_{pw})$, C_{pw} 是水中三元复合驱浓度 (相对于水). 复合驱组分在水中运动, 其浓度场反过来影响水相黏度场, 从而影响三相流体流动, 流体流动过程与复合驱组分的运动是同时发生的. 因此, 上述黑油数学模型, 与描述聚合物运动的对流扩散方程是非线性耦合系统. 从解法角度考虑, 把三相流运动方程和三元复合驱对流扩散方程的解耦合计算, 即解一步三相流动, 得到流场, 再利用该流场解对流扩散方程, 得到新的三元复合驱浓度场, 更新水相黏度场, 转入下一个时间步.

现在, 给出描述聚合物、阴离子、阳离子组分运动的对流扩散方程, 为了便于说明, 不区别组分, 只用以表示某一组分在水中的浓度.

$$\frac{\partial}{\partial t}(\phi S_w C) + \text{div}(C u_w - \phi S_w K \nabla C) = Q, \tag{7.3.2e}$$

$$\mu_w = \mu_w(C). \tag{7.3.2f}$$

表面活性剂可以影响界面张力, 从而增加毛细管数, 降低残余油残余饱和度. 新的相渗曲线由低毛细管数情况的相对渗透率曲线与高毛细管数情况的相对渗透率曲线插值生成.

碱驱的基本原理是通过注入碱, 与石油中含有的石油酸反应生成表面活性剂, 达到降低界面张力, 减小残余油的驱油方法. 石油酸组分既存在于水相又存在于油相中, 存在相间质量转移, 我们假定油相石油酸与水相石油酸瞬间达到平衡. 石油酸总浓度方程 (流动方程) 如下

$$\frac{\partial(C_{\text{totHA}})}{\partial t} + \nabla \cdot (u_w C_{\text{HA}w} - \phi S_w \bar{K}_{\text{HA}w} \nabla C_{\text{HA}w})$$
$$\nabla \cdot (u_o C_{\text{HA}o} - \phi S_o \bar{K}_{\text{HA}o} \nabla C_{\text{HA}o})$$
$$= q_w C_{\text{HA}w} + q_o C_{\text{HA}o}, \tag{7.3.2g}$$

其中 $\bar{K}_{\text{HA}w}$ 和 $\bar{K}_{\text{HA}o}$ 分别表示石油酸在水相和油相中的弥散张量 (含分子扩散和弥散). 石油酸总浓度 C_{totHA} 定义为

$$C_{\text{totHA}} = \frac{S_w C_{\text{HA}w}}{B_w} + \frac{S_o C_{\text{HA}o}}{B_o}. \tag{7.3.2h}$$

方程组 (7.3.1a)—(7.3.2h) 是完整的油水二相三元复合驱数学模型. 方程组 (7.3.2a) —(7.3.2h) 是完整的油、气、水三相三元复合驱数学模型.

黑油–三元复合驱模型计算步骤如下:

t^1 时间步压力、饱和度求解, t^1 时间步化学组分浓度求解;

依组分浓度修正水相黏度;

t^2 时间步压力、饱和度求解, t^2 时间步化学组分浓度求解;

依组分浓度修正水相黏度;

······

t^{n+1} 时间步压力、饱和度求解, t^{n+1} 时间步化学组分浓度求解;

依组分浓度修正水相黏度;

······

模拟完成.

7.4　数值计算方法

我们提出两类数值计算方法.

7.4.1　三相流的全隐式解法

全隐式解法是消去多余的未知数, 保留三个未知数, 通常保留油相压力、水相饱和度, 以及气相饱和度. 采用隐式差分格式, 即左端所有值, 包括压力、饱和度、产量和其他系数 (如相对渗透率、毛细管力等, 全部用新时刻的值). 这种全隐式差分方程是非线性的代数方程组, 必须用迭代法求解, 每迭代一次 (外迭代) 所用工作量是隐-显方法的七倍. 但它是无条件稳定的, 适用于处理一些难度比较大的黑油模拟问题. 为了使一个时间步的变化与一次迭代后的变化有所区别, 用算子 $\bar{\delta}$ 表示前者, 用 δ 表示从第 k 次迭代到 $k+1$ 次迭代的变化, 即

$$\bar{\delta}f = f^{n+1} - f^n, \quad \delta f = f^{k+1} - f^k,$$
$$\bar{\delta}f \approx f^{k+1} - f^n = f^k + \delta f - f^n.$$

对方程 (7.3.2) 的欧拉向后有限差分格式可写为

$$\left\{(\Delta T_l\Delta(p_l - \gamma_l z))^{n+1} + \omega\left[\Delta(T_o R_s\Delta(p_o - \gamma_o z))^{n+1} + (q_o R_s)^{n+1}\right]\right\}_i$$
$$= \frac{V_b}{\Delta t}\left\{\left(\phi\frac{S_l}{B_l}\right) + \omega\left(\frac{1}{B_o}R_s S_o\right)\right\}_i^{n+1} - q_{li}^{n+1}, \quad l = w, o, g, \tag{7.4.1}$$

此处 $\omega = 1$, 当 $l = g$; $\omega = 0$, 当 $l = w, o, V_b = \Delta x\Delta y\Delta z$, 则可导出黑油模型全隐式求解差分格式如下

$$\Delta T_l^{n+1}\Delta\Phi_l^{n+1} + q_l^{n+1} = \omega\left[\Delta(T_o R_s\Delta\Phi_o)^{n+1} + (q_o R_s)^{n+1}\right]$$

$$= \frac{V_b}{\Delta t} \bar{\delta} \left[\phi b_l S_l + \omega (b_o R_s S_o) \right], \quad l = w, o, g, \qquad (7.4.2)$$

其中 $b_l = 1/B_l, \Phi_l = p_l - \gamma_l D$. 利用算子 δ 可将式 (7.4.2) 写成

$$\Delta (T_l^k + \delta T_l) \Delta (\Phi_l^k + \delta \Phi_l) + q_l^k + \delta q_l$$

$$+ \omega \left\{ \left[\Delta (T_o R_s)^k + \delta (T_o R_s) \right] \Delta (\Phi_o^k + \delta \Phi_o) + (q_o R_s)^k + \delta (q_o R_s) \right\}$$

$$= \frac{V_b}{\Delta t} \left\{ \left[\phi b_l S_l + \omega (b_o R_o S_o) \right]^k + \delta \left[\phi b_l S_l + \omega (\phi b_o R_s S_o) \right] \right.$$

$$\left. - \left[\phi b_l S_l + \omega (\phi b_o R_s S_o) \right]^n \right\}, \quad l = w, o, g.$$

将上式展开, 略去二次项, 第 k 次迭代后的余项可以写为

$$R_l^k \equiv \Delta T_l^k \Delta \Phi_l^k + q_l^k + \omega \left[\Delta (T_o R_s)^k \Delta \Phi_o^k + (q_o R_s)^k \right]$$

$$- \frac{V_b}{\Delta t} \left\{ \left[b_l S_l + \omega (b_o R_o S_o) \right]^k - \left[\phi b_l S_l + \omega (b_o R_o S_o) \right]^n \right\}, \quad l = w, o, g.$$

这样, 原方程可以写成带余项的形式:

$$\Delta (\delta T_l) \Delta \Phi_l^k + \Delta T_l^k \Delta (\delta \Phi_l) + \delta q_l$$

$$+ \omega \left[\Delta \delta (T_o R_s) \Delta \Phi_o^k + \Delta (T_o R_s)^k \Delta (\delta \Phi_o) + \delta (q_o R_s) \right]$$

$$= \frac{V_b}{\Delta t} \delta \left\{ \phi b_l S_l + \omega (\phi b_o R_s S_o) \right\} - R_l^k. \qquad (7.4.3)$$

当迭代达到收敛时, $R_l^k \to 0$, 这里 $l = w, o, g, k = 1, 2, \cdots$.

写成通式有

$$\text{RHS}_l = C_{l1} \delta p_o + C_{l2} \delta S_\omega + C_{l3} \delta S_g - R_l^k, \quad l = w, o, g. \qquad (7.4.4)$$

为了求解方程 (7.4.4), 还需要对其线性展开. 选择 $\delta p_o, \delta S_\omega, \delta S_g$ 作为求解变量, 给出方程右端项展开如下.

注意到 $\delta(ab) = a^{k+1} \delta b + b^k \delta a$, 对水相方程右端, 有

$$\text{RHS}_w = \frac{V_b}{\Delta t} \delta (\phi b_w S_w) - R_w^k = C_{w1} \delta p_o + C_{w2} \delta p_w + C_{w3} \delta p_g - R_w^k,$$

这里

$$C_{w1} = \frac{V_b}{\Delta t} S_w^k (\phi^{k+1} b_w' + b_w^k \phi'),$$

$$C_{w2} = \frac{V_b}{\Delta t} \phi^{k+1} (b_w^{k+1} - S^k b_w' p_{cwo}'),$$

$$C_{w3} = 0,$$

$$R_w^k = \Delta T_w^k \Delta \Phi_w^k + q_w^k - \frac{V_b}{\Delta t} \left[(\phi b_w S_w)^k - (\phi b_w S_w)^n \right]. \tag{7.4.5}$$

对油相方程右端, 有

$$\text{RHS}_o = \frac{V_b}{\Delta t} \delta(\phi b_o S_o) - R_o^k = C_{o1} \delta p_o + C_{o2} \delta p_w + C_{o3} \delta p_g - R_o^k,$$

这里

$$C_{o1} = \frac{V_b}{\Delta t} S_o^k (\phi^{k+1} b_o' + b_o^k \phi'),$$

$$C_{o2} = \frac{V_b}{\Delta t} \phi^{k+1} (\phi b_o)^{k+1},$$

$$C_{o3} = -\frac{V_b}{\Delta t} \phi^{k+1} (\phi b_o)^{k+1},$$

$$R_o^k = \Delta T_o^k \Delta \Phi_o^k + q_o^k - \frac{V_b}{\Delta t} \left[(\phi b_o S_o)^k - (\phi b_o S_o)^n \right]. \tag{7.4.6}$$

对气相方程右端, 有

$$\text{RHS}_g = \frac{V_b}{\Delta t} \delta \left[(\phi b_g S_g) + (\phi b_o R_s S_o) \right] - R_g^k = C_{g1} \delta p_o + C_{g2} \delta S_\omega + C_{g3} \delta S_g - R_g^k,$$

这里

$$C_{g1} = \frac{V_b}{\Delta t} \left\{ (b_g S_g + b_o R_s S_o)^k \phi_r C_r + \phi^{k+1} \left[S_g^k b_g' + S_o^n (R_s^{k+1} b_o' + b_o^k R_s') \right] \right\},$$

$$C_{g2} = -\frac{V_b}{\Delta t} (\phi b_o R_s)^{k+1},$$

$$C_{g3} = -\frac{V_b}{\Delta t} \phi^{k+1} (b_g^{k+1} + S_g^k b_g' p_{\text{cgo}}') + C_{g2},$$

$$R_g^k = \Delta T_g^k \Delta \Phi_g^k + q_g^k + \left[\Delta (T_o R_s)^k \Delta \Phi_o^k + (q_o R_s)^k \right]$$

$$- \frac{V_b}{\Delta t} \left\{ \left[(\phi b_g S_g + b_o R_s S_o) \right]^k - \left[\phi (b_g S_g + b_o R_s S_o) \right]^n \right\}. \tag{7.4.7}$$

在表达式 (7.4.7) 中 b_l' 和 ϕ' 是体积因子和孔隙度对压力的导数, p_{cwo}' 是 p_c 对 S_w 的导数, p_{cgo}' 是 p_c 对 S_g 的导数. 左端项的展开, 为方便引进两个算子,

$$M_l = \Delta T_l^k \Delta (\delta \Phi_l)^k + \omega \left[\Delta (T_o R_s)^k \Delta (\delta \Phi_o) \right],$$

$$N_l = \Delta (\delta T_l) \Delta \Phi_l^k + \omega \left[\Delta \delta (T_o R_s) \Delta \Phi_o^k \right].$$

这样, 原差分方程可表示成如下形式:

$$M_l + N_l + \delta q_l + \omega \delta (q_o R_s) = \text{RHS}_l, \quad l = w, o, g. \tag{7.4.8}$$

在此仅给出 M_l 的展开. 对水相,

$$M_w = \Delta T_w^k \Delta(\delta\Phi_w)$$
$$\approx \Delta T_w^k \Delta(\delta p) - \Delta T_w^k \Delta(p'_{cwo}\delta S_w),$$

对油相,

$$M_o = \Delta T_o^k \Delta(\delta\Phi_o) = \Delta T_o^k \Delta[\delta(p - \gamma_o D)] \approx \Delta T_o^k \Delta(\delta p),$$

对气相,

$$M_g = \Delta T_g^k \Delta(\delta\Phi_g) + \Delta(T_o R_s)^k \Delta(\delta\Phi_o) \approx \Delta(T_g + T_o R_s)^k \Delta(\delta p) + \Delta T_g^k \Delta(p'_{cgo}\delta S_g).$$

二阶差分算子展开时, 传导系数按上游原则取值, i_+ 表示节点 i 和节点 $i+1$ 之中的上游节点, i_- 表示节点 i 和节点 $i-1$ 之中的上游节点, 即

$$\Delta T_l \Delta(\delta f)_i = T_{li_+}(\delta f_{i+1} - \delta f_i) - T_{li_-}(\delta f_i - \delta f_{i-1}), \quad l = w, o, g.$$

将左端和右端的所有展开式代入原差分方程即得到所需代数方程组.

7.4.2 隐式压力–显式饱和度解法

隐式压力–显式饱和度解法的基本思想路是合并流体流动方程得到一个只含压力的方程. 某一时间步的压力求出来后, 饱和度采用显式更新.

将方程 (7.3.2) 进行离散得到的有限差分方程可以写为 p_o 及饱和度的形式:

$$\Delta[T_w(\Delta p_o - \Delta p_{cow} - \gamma_w \Delta z)] = C_{1p}\Delta_t p_w + \sum_t C_{1l}\Delta_t S_l + q_w,$$
$$\Delta[T_o(\Delta p_o - \gamma_o \Delta z)] = C_{2p}\Delta_t p_o + \sum_t C_{2l}\Delta_t S_l + q_o,$$
$$\Delta[T_g(\Delta p_o - \Delta p_{cog} - \gamma_g \Delta z)] + \Delta[R_s T_o(\Delta p_o - \gamma_o \Delta z)]$$
$$= C_{3P}\Delta_t p_g + \sum_t C_{3l}\Delta_t S_l + R_s q_o + q_g.$$

隐式压力–显式饱和度解法的基本假设是: 方程左端的流动项中毛细管压力在一个时间步长内不发生变化, 则含 Δp_{cow} 和 Δp_{cog} 的项在前一个时间步上 (t^n 步) 的值可以用显式计算出来, 并且 $\Delta_t p_w = \Delta_t p_o = \Delta_t p_g$. 因此, 可以用 p 来表示 p_o, 写为

$$\Delta[T_w(\Delta p^{n+1} - \Delta p_{cow}^n - \gamma_w \Delta z)] = C_{1p}\Delta_t p + C_{1w}\Delta_t S_w + q_w,$$
$$\Delta[T_o(\Delta p^{n+1} - \gamma_o \Delta z)] = C_{2p}\Delta_t p + C_{2o}\Delta_t S_o + q_o,$$
$$\Delta[T_g(\Delta p^{n+1} - \Delta p_{cog}^n - \gamma_g \Delta z)] + \Delta[R_s T_o(\Delta p^{n+1} - \gamma_o \Delta z)]$$

$$=C_{3p}\Delta_t p + C_{3o}\Delta_t S_o + C_{3g}\Delta_t S_g + R_s q_o + q_g, \tag{7.4.9}$$

式中, 系数 C 由下式来确定:

$$C_{1p} = \frac{V_b}{\Delta t}\left[(S_w\phi)^n b'_w + S_w^n b_w^{n+1}\phi'\right],$$

$$C_{1w} = \frac{V_b}{\Delta t}(\phi b_w)^{n+1},$$

$$C_{2p} = \frac{V_b}{\Delta t}\left[(S_o\phi)^n b'_o + S_o^n b_o^{n+1}\phi'\right],$$

$$C_{2o} = \frac{V_b}{\Delta t}(\phi b_o)^{n+1},$$

$$C_{3p} = \frac{V_b}{\Delta t}\left[R_s^n\left(S_o\phi^n b'_o + S_o^n b_o^{n+1}\phi'\right) + S_g^n\phi^n b'_g\right] + S_g^n b_g^{n+1}\phi' + (\phi S_o b_o)^{n+1}R'_s,$$

$$C_{3o} = \frac{V_b}{\Delta t}\left[R_s^n(\phi b_o)^{n+1}\right],$$

$$C_{3g} = \frac{V_b}{\Delta t}(\phi b_g)^{n+1}. \tag{7.4.10}$$

以适当的方式将式 (7.4.9) 的三个方程合并, 消去所有 $\Delta_t S_l$ 项. 将水相方程乘以系数 A, 气相方程乘以 B, 然后将三个方程相加来实现这一点. 所得右端项为

$$(AC_{1p}+C_{2p} + BC_{3p})\,\Delta_t p+ (-AC_{1w} + C_{2o} + BC_{3o})\,\Delta_t S_o + (-AC_{1w} + BC_{3g})\,\Delta_t S_g.$$

于是, A 和 B 可以通过下式求解:

$$-AC_{1w} + C_{2o} + BC_{3o} = 0;$$

$$-AC_{1w} + BC_{3g} = 0,$$

解为

$$B = C_{2o}/(C_{3g} - C_{3o});$$

$$A = BC_{3g}/C_{1w}. \tag{7.4.11}$$

因此, 压力方程变为

$$\Delta\left[T_o\left(\Delta p^{n+1} - \gamma_o\Delta z\right)\right] + A\Delta\left[T_w\left(\Delta p^{n+1} - \gamma_w\Delta z\right)\right]$$

$$+ B\Delta\left[T_o R_s\left(\Delta p^{n+1} - \gamma_o\Delta z\right) + T_g\left(\Delta p^{n+1} - \gamma_g\Delta z\right)\right]$$

$$=(C_{2p} + AC_{1p} + BC_{3p})\Delta_t p + A\Delta(T_w\Delta P_{cow}^n)$$

$$- B\Delta(T_w\Delta p_{cog}^n) + q_o + Aq_w + B(R_s q_o + q_g). \tag{7.4.12}$$

这是从抛物方程得到的典型有限差分方程, 可以写为矩阵形式:

$$Tp^{n+1} = D(p^{n+1} - p^n) + G + Q,$$

式中, T 为一三对角矩阵, 而 D 为一个对角矩阵. 在这种情况下, 向量 G 包括重力和毛细管压力项.

求得压力解后, 将压力代入方程 (7.4.9) 的前两个方程, 显式计算饱和度. S_l^{n+1} 求出后, 计算新的毛细管压力 p_{cow}^{n+1} 和 p_{cog}^{n+1}, 毛细管压力将以显式用于下一个时间步.

7.4.3 全隐式解法的离散形式

以水相饱和度 S_w、气相饱和度 S_g、油相压力 P 为主未知量的全隐式离散格式, 对应一个非线性方程组:

$$Fw_i(Sw_1^{T+1}, Sg_1^{T+1}, P_1^{T+1}, Sw_2^{T+1}, Sg_2^{T+1}, P_2^{T+1}, \cdots, Sw_{NB}^{T+1}, Sg_{NB}^{T+1}, P_{NB}^{T+1}) = 0,$$

$$Fo_i(Sw_1^{T+1}, Sg_1^{T+1}, P_1^{T+1}, Sw_2^{T+1}, Sg_2^{T+1}, P_2^{T+1}, \cdots, Sw_{NB}^{T+1}, Sg_{NB}^{T+1}, P_{NB}^{T+1}) = 0,$$

$$Fg_i(Sw_1^{T+1}, Sg_1^{T+1}, P_1^{T+1}, Sw_2^{T+1}, Sg_2^{T+1}, P_2^{T+1}, \cdots, Sw_{NB}^{T+1}, Sg_{NB}^{T+1}, P_{NB}^{T+1}) = 0,$$

$$i = 1, \cdots, NB. \tag{7.4.13}$$

对于非线性方程组使用牛顿迭代法:

$$
\begin{pmatrix}
Sw_1^{T+1,L+1} \\
Sg_1^{T+1,L+1} \\
P_1^{T+1,L+1} \\
Sw_2^{T+1,L+1} \\
Sg_2^{T+1,L+1} \\
P_2^{T+1,L+1} \\
\vdots \\
Sw_{NB}^{T+1,L+1} \\
Sg_{NB}^{T+1,L+1} \\
P_{NB}^{T+1,L+1}
\end{pmatrix}
=
\begin{pmatrix}
Sw_1^{T+1,L} \\
Sg_1^{T+1,L} \\
P_1^{T+1,L} \\
Sw_2^{T+1,L} \\
Sg_2^{T+1,L} \\
P_2^{T+1,L} \\
\vdots \\
Sw_{NB}^{T+1,L} \\
Sg_{NB}^{T+1,L} \\
P_{NB}^{T+1,L}
\end{pmatrix}
+
\begin{pmatrix}
\delta Sw_1^{T+1,L+1} \\
\delta Sg_1^{T+1,L+1} \\
\delta P_1^{T+1,L+1} \\
\delta Sw_2^{T+1,L+1} \\
\delta Sg_2^{T+1,L+1} \\
\delta P_2^{T+1,L+1} \\
\vdots \\
\delta Sw_{NB}^{T+1,L+1} \\
\delta Sg_{NB}^{T+1,L+1} \\
\delta P_{NB}^{T+1,L+1}
\end{pmatrix},
\tag{7.4.14}
$$

其中

$$
\begin{bmatrix}
\delta Sw_1^{T+1,L+1} \\
\delta Sg_1^{T+1,L+1} \\
\delta P_1^{T+1,L+1} \\
\delta Sw_2^{T+1,L+1} \\
\delta Sg_2^{T+1,L+1} \\
\delta P_2^{T+1,L+1} \\
\vdots \\
\delta Sw_{NB}^{T+1,L+1} \\
\delta Sg_{NB}^{T+1,L+1} \\
\delta P_{NB}^{T+1,L+1}
\end{bmatrix}
$$

$$
\begin{bmatrix}
\dfrac{\partial Fw_1}{\partial Sw_1^{T+1,L}} & \dfrac{\partial Fw_1}{\partial Sg_1^{T+1,L}} & \dfrac{\partial Fw_1}{\partial P_1^{T+1,L}} & \dfrac{\partial Fw_1}{\partial Sw_2^{T+1,L}} & \dfrac{\partial Fw_1}{\partial Sg_2^{T+1,L}} & \dfrac{\partial Fw_1}{\partial P_2^{T+1,L}} & \cdots & \dfrac{\partial Fw_1}{\partial Sw_{NB}^{T+1,L}} & \dfrac{\partial Fw_1}{\partial Sg_{NB}^{T+1,L}} & \dfrac{\partial Fw_1}{\partial P_{NB}^{T+1,L}} \\[10pt]
\dfrac{\partial Fo_1}{\partial Sw_1^{T+1,L}} & \dfrac{\partial Fo_1}{\partial Sg_1^{T+1,L}} & \dfrac{\partial Fo_1}{\partial P_1^{T+1,L}} & \dfrac{\partial Fo_1}{\partial Sw_2^{T+1,L}} & \dfrac{\partial Fo_1}{\partial Sg_2^{T+1,L}} & \dfrac{\partial Fo_1}{\partial P_2^{T+1,L}} & \cdots & \dfrac{\partial Fo_1}{\partial Sw_{NB}^{T+1,L}} & \dfrac{\partial Fo_1}{\partial Sg_{NB}^{T+1,L}} & \dfrac{\partial Fo_1}{\partial P_{NB}^{T+1,L}} \\[10pt]
\dfrac{\partial Fg_1}{\partial Sw_1^{T+1,L}} & \dfrac{\partial Fg_1}{\partial Sg_1^{T+1,L}} & \dfrac{\partial Fg_1}{\partial P_1^{T+1,L}} & \dfrac{\partial Fg_1}{\partial Sw_2^{T+1,L}} & \dfrac{\partial Fg_1}{\partial Sg_2^{T+1,L}} & \dfrac{\partial Fg_1}{\partial P_2^{T+1,L}} & \cdots & \dfrac{\partial Fg_1}{\partial Sw_{NB}^{T+1,L}} & \dfrac{\partial Fg_1}{\partial Sg_{NB}^{T+1,L}} & \dfrac{\partial Fg_1}{\partial P_{NB}^{T+1,L}} \\[10pt]
\dfrac{\partial Fw_2}{\partial Sw_1^{T+1,L}} & \dfrac{\partial Fw_2}{\partial Sg_1^{T+1,L}} & \dfrac{\partial Fw_2}{\partial P_1^{T+1,L}} & \dfrac{\partial Fw_2}{\partial Sw_2^{T+1,L}} & \dfrac{\partial Fw_2}{\partial Sg_2^{T+1,L}} & \dfrac{\partial Fw_2}{\partial P_2^{T+1,L}} & \cdots & \dfrac{\partial Fw_2}{\partial Sw_{NB}^{T+1,L}} & \dfrac{\partial Fw_2}{\partial Sg_{NB}^{T+1,L}} & \dfrac{\partial Fw_2}{\partial P_{NB}^{T+1,L}} \\[10pt]
\dfrac{\partial Fo_2}{\partial Sw_1^{T+1,L}} & \dfrac{\partial Fo_2}{\partial Sg_1^{T+1,L}} & \dfrac{\partial Fo_2}{\partial P_1^{T+1,L}} & \dfrac{\partial Fo_2}{\partial Sw_2^{T+1,L}} & \dfrac{\partial Fo_2}{\partial Sg_2^{T+1,L}} & \dfrac{\partial Fo_2}{\partial P_2^{T+1,L}} & \cdots & \dfrac{\partial Fo_2}{\partial Sw_{NB}^{T+1,L}} & \dfrac{\partial Fo_2}{\partial Sg_{NB}^{T+1,L}} & \dfrac{\partial Fo_2}{\partial P_{NB}^{T+1,L}} \\[10pt]
\dfrac{\partial Fg_2}{\partial Sw_1^{T+1,L}} & \dfrac{\partial Fg_2}{\partial Sg_1^{T+1,L}} & \dfrac{\partial Fg_2}{\partial P_1^{T+1,L}} & \dfrac{\partial Fg_2}{\partial Sw_2^{T+1,L}} & \dfrac{\partial Fg_2}{\partial Sg_2^{T+1,L}} & \dfrac{\partial Fg_2}{\partial P_2^{T+1,L}} & \cdots & \dfrac{\partial Fg_2}{\partial Sw_{NB}^{T+1,L}} & \dfrac{\partial Fg_2}{\partial Sg_{NB}^{T+1,L}} & \dfrac{\partial Fg_2}{\partial P_{NB}^{T+1,L}} \\[10pt]
\vdots & \vdots & \vdots & \vdots & \vdots & \vdots & & \vdots & \vdots & \vdots \\[6pt]
\dfrac{\partial Fw_{NB}}{\partial Sw_1^{T+1,L}} & \dfrac{\partial Fw_{NB}}{\partial Sg_1^{T+1,L}} & \dfrac{\partial Fw_{NB}}{\partial P_1^{T+1,L}} & \dfrac{\partial Fw_{NB}}{\partial Sw_2^{T+1,L}} & \dfrac{\partial Fw_{NB}}{\partial Sg_2^{T+1,L}} & \dfrac{\partial Fw_{NB}}{\partial P_2^{T+1,L}} & \cdots & \dfrac{\partial Fw_{NB}}{\partial Sw_{NB}^{T+1,L}} & \dfrac{\partial Fw_{NB}}{\partial Sg_{NB}^{T+1,L}} & \dfrac{\partial Fw_{NB}}{\partial P_{NB}^{T+1,L}} \\[10pt]
\dfrac{\partial Fo_{NB}}{\partial Sw_1^{T+1,L}} & \dfrac{\partial Fo_{NB}}{\partial Sg_1^{T+1,L}} & \dfrac{\partial Fo_{NB}}{\partial P_1^{T+1,L}} & \dfrac{\partial Fo_{NB}}{\partial Sw_2^{T+1,L}} & \dfrac{\partial Fo_{NB}}{\partial Sg_2^{T+1,L}} & \dfrac{\partial Fo_{NB}}{\partial P_2^{T+1,L}} & \cdots & \dfrac{\partial Fo_{NB}}{\partial Sw_{NB}^{T+1,L}} & \dfrac{\partial Fo_{NB}}{\partial Sg_{NB}^{T+1,L}} & \dfrac{\partial Fo_{NB}}{\partial P_{NB}^{T+1,L}} \\[10pt]
\dfrac{\partial Fg_{NB}}{\partial Sw_1^{T+1,L}} & \dfrac{\partial Fg_{NB}}{\partial Sg_1^{T+1,L}} & \dfrac{\partial Fg_{NB}}{\partial P_1^{T+1,L}} & \dfrac{\partial Fg_{NB}}{\partial Sw_2^{T+1,L}} & \dfrac{\partial Fg_{NB}}{\partial Sg_2^{T+1,L}} & \dfrac{\partial Fg_{NB}}{\partial P_2^{T+1,L}} & \cdots & \dfrac{\partial Fg_{NB}}{\partial Sw_{NB}^{T+1,L}} & \dfrac{\partial Fg_{NB}}{\partial Sg_{NB}^{T+1,L}} & \dfrac{\partial Fg_{NB}}{\partial P_{NB}^{T+1,L}}
\end{bmatrix}
$$

$$
=
\begin{pmatrix}
Fw_1(Sw_1^{T+1,L}, & Sg_1^{T+1,L}, & P_1^{T+1,L}, & Sw_2^{T+1,L}, & Sg_2^{T+1,L}, & P_2^{T+1,L}, & \cdots, & Sw_{NB}^{T+1,L}, & Sg_{NB}^{T+1,L}, & P_{NB}^{T+1,L}) \\
Fo_1(Sw_1^{T+1,L}, & Sg_1^{T+1,L}, & P_1^{T+1,L}, & Sw_2^{T+1,L}, & Sg_2^{T+1,L}, & P_2^{T+1,L}, & \cdots, & Sw_{NB}^{T+1,L}, & Sg_{NB}^{T+1,L}, & P_{NB}^{T+1,L}) \\
Fg_1(Sw_1^{T+1,L}, & Sg_1^{T+1,L}, & P_1^{T+1,L}, & Sw_2^{T+1,L}, & Sg_2^{T+1,L}, & P_2^{T+1,L}, & \cdots, & Sw_{NB}^{T+1,L}, & Sg_{NB}^{T+1,L}, & P_{NB}^{T+1,L}) \\
Fw_2(Sw_1^{T+1,L}, & Sg_1^{T+1,L}, & P_1^{T+1,L}, & Sw_2^{T+1,L}, & Sg_2^{T+1,L}, & P_2^{T+1,L}, & \cdots, & Sw_{NB}^{T+1,L}, & Sg_{NB}^{T+1,L}, & P_{NB}^{T+1,L}) \\
Fo_2(Sw_1^{T+1,L}, & Sg_1^{T+1,L}, & P_1^{T+1,L}, & Sw_2^{T+1,L}, & Sg_2^{T+1,L}, & P_2^{T+1,L}, & \cdots, & Sw_{NB}^{T+1,L}, & Sg_{NB}^{T+1,L}, & P_{NB}^{T+1,L}) \\
Fg_2(Sw_1^{T+1,L}, & Sg_1^{T+1,L}, & P_1^{T+1,L}, & Sw_2^{T+1,L}, & Sg_2^{T+1,L}, & P_2^{T+1,L}, & \cdots, & Sw_{NB}^{T+1,L}, & Sg_{NB}^{T+1,L}, & P_{NB}^{T+1,L}) \\
\cdots & \cdots & \cdots & \cdots & \cdots & \cdots & \cdots & \cdots & \cdots & \cdots \\
Fw_{NB}(Sw_1^{T+1}, & Sg_1^{T+1,L}, & P_1^{T+1,L}, & Sw_2^{T+1,L}, & Sg_2^{T+1,L}, & P_2^{T+1,L}, & \cdots, & Sw_{NB}^{T+1,L}, & Sg_{NB}^{T+1,L}, & P_{NB}^{T+1,L}) \\
Fo_{NB}(Sw_1^{T+1,L}, & Sg_1^{T+1,L}, & P_1^{T+1,L}, & Sw_2^{T+1,L}, & Sg_2^{T+1,L}, & P_2^{T+1,L}, & \cdots, & Sw_{NB}^{T+1,L}, & Sg_{NB}^{T+1,L}, & P_{NB}^{T+1,L}) \\
Fg_{NB}(Sw_1^{T+1,L}, & Sg_1^{T+1,L}, & P_1^{T+1,L}, & Sw_2^{T+1,L}, & Sg_2^{T+1,L}, & P_2^{T+1,L}, & \cdots, & Sw_{NB}^{T+1,L}, & Sg_{NB}^{T+1,L}, & P_{NB}^{T+1,L})
\end{pmatrix},
\tag{7.4.15}
$$

并且

$$\left(S_{w1}^{T+1,0}S_{g1}^{T+1,0}P_1^{T+1,0}S_{w2}^{T+1,0}S_{g2}^{T+1,0}P_2^{T+1,0}\cdots S_{wNB}^{T+1,0}S_{gNB}^{T+1,0}P_{NB}^{T+1,0}\right)^{\mathrm{T}}$$

$$=\left(S_{w1}^T S_{g1}^T P_1^T S_{w2}^T S_{g2}^T P_2^T \cdots S_{wNB}^T S_{gNB}^T P_{NB}^T\right)^{\mathrm{T}}. \tag{7.4.16}$$

收敛准则可由

$$\max_{1<I<NB}(\delta Sw_l^{T+1,L+1}) < \mathrm{TOL}_{s_w},$$

$$\max_{1<I<NB}(\delta Sg_l^{T+1,L+1}) < \mathrm{TOL}_{s_g}, \tag{7.4.17}$$

$$\max_{1<I<NB}(\delta P_l^{T+1,L+1}) < \mathrm{TOL}_{P},$$

或者

$$\max_{1<I<NB}\left\{ F_{w_l}(Sw_1^{T+1,L+1}, Sg_1^{T+1,L+1}, P_1^{T+1,L+1}, Sw_2^{T+1,L+1}, Sg_2^{T+1,L+1}, \right.$$

$$\left. P_2^{T+1,L+1}, \cdots, Sw_{NB}^{T+1,L+1}, Sg_{NB}^{T+1,L+1}, P_{NB}^{T+1,L+1})\right\} < \mathrm{TOL}_{Fw},$$

$$\max_{1<I<NB}\left[F_{g_l}(Sw_1^{T+1,L+1}, Sg_1^{T+1,L+1}, P_1^{T+1,L+1}, Sw_2^{T+1,L+1}, Sg_2^{T+1,L+1}, \right.$$

$$\left. P_2^{T+1,L+1}, \cdots, Sw_{NB}^{T+1,L+1}, Sg_{NB}^{T+1,L+1}, P_{NB}^{T+1,L+1})\right] < \mathrm{TOL}_{Fg},$$

$$\max_{1<I<NB}\left[F_{p_l}(Sw_1^{T+1,L+1}, Sg_1^{T+1,L+1}, P_1^{T+1,L+1}, Sw_2^{T+1,L+1}, Sg_2^{T+1,L+1}, \right.$$

$$\left. P_2^{T+1,L+1}, \cdots, Sw_{NB}^{T+1,L+1}, Sg_{NB}^{T+1,L+1}, P_{NB}^{T+1,L+1})\right] < \mathrm{TOL}_{Fp} \tag{7.4.18}$$

来控制.

解法选项包括 ILUC 利用不完全 LU 分解作预条件子的共轭残量法、SOR 逐次超松弛迭代法、Sparse 稀疏矩阵解法、RSVP、Gauss 高斯消去法、SORC 逐次超松弛校正法.

7.4.4　组分浓度方程数值方法

组分是指各种化学剂 (表面活性剂、聚合物、碱及各种离子等), 存在于水相中, 其质量守恒用对流扩散方程来描述, 而且是对流占优问题. 为保证计算精度、提高模拟效率, 采用算子分裂技术将方程分解为含对流项的双曲方程以及含扩散弥散项的抛物方程. 前者采用隐式迎风格式求解, 通过上游排序策略, 实际上具有显格式的优点, 可按序逐点求解; 后者采用交替方向有限差分格式, 可以大大提高计算速度. 为表达清晰, 将组分浓度方程简写为

$$\frac{\partial}{\partial t}(\phi S_\omega C) + \text{div}(Cu_\omega - \phi S_\omega K \nabla C) = Q, \tag{7.4.19}$$

这是一个典型的对流扩散方程. 弥散张量取为对角形式. 已知饱和度 S_w 和水相流速场 u_w 在时间步 t^{n+1} 的值, 欲求解 C^{n+1}. 为简洁, 已略去组分下标 k, 用 C 泛指某个组分的浓度, 但因涉及交替方向隐格式, 必须考虑三个方向. 先解一个对流问题, 采用隐式迎风格式:

$$\frac{\phi_{ijk}^{n+1} S_w^{n+1} C_{ijk}^{n+1,0} - \phi_{ijk}^n S_w^n C_{ijk}^n}{\Delta t}$$

$$+ \frac{C_{i+jk}^{n+1,0} u_{w,ijk}^{n+1} - C_{i-jk}^{n+1,0} u_{w,i-1,jk}^{n+1}}{\Delta x}$$

$$+ \frac{C_{ij+k}^{n+1,0} u_{w,ijk}^{n+1} - C_{ij-k}^{n+1,0} u_{w,i,j-1,k}^{n+1}}{\Delta y}$$

$$+ \frac{C_{ijk+}^{n+1,0} u_{w,ijk}^{n+1} - C_{ijk-}^{n+1,0} u_{w,ij,k-1}^{n+1}}{\Delta z} = Q_{ijk}^{n+1}, \tag{7.4.20}$$

其中 $u_w = (u_{wx}, u_{wy}, u_{wz})T$ 为速度向量, 得到 $C^{n+1,0}$ 后, 分三个方向交替求解扩散问题. 先是 x 方向扩散,

$$\frac{\phi_{ijk}^{n+1} S_w^{n+1} C_{ijk}^{n+1,1} - \phi_{ijk}^n S_w^n C_{ijk}^{n+1,0}}{\Delta t}$$

$$- \frac{1}{(\Delta x)^2} \left\{ \phi_{i+1/2,jk} S_{w,i+jk}^{n+1} K_{xx,i+1/2,jk}(C_{i+1,jk}^{n+1,1} - C_{ijk}^{n+1,1}) \right.$$

$$\left. - \phi_{i-1/2,jk} S_{w,i-jk}^{n+1} K_{xx,i-1/2,jk}(C_{ijk}^{n+1,1} - C_{i-1,jk}^{n+1,1}) \right\} = 0, \tag{7.4.21a}$$

然后是 y 方向扩散,

$$\frac{\phi_{ijk}^{n+1} S_w^{n+1} C_{ijk}^{n+1,2} - \phi_{ijk}^n S_w^n C_{ijk}^{n+1,1}}{\Delta t}$$

$$- \frac{1}{(\Delta y)^2} \left\{ \phi_{i,j+1/2,jk} S_{w,ij+k}^{n+1} K_{yy,i,j+1/2,k}(C_{i,j+1,k}^{n+1,2} - C_{ijk}^{n+1,2}) \right.$$

$$\left. - \phi_{i,j-1/2,jk} S_{w,ij-k}^{n+1} K_{yy,i,j-1/2,jk}(C_{ijk}^{n+1,2} - C_{i,j-1,k}^{n+1,2}) \right\} = 0, \tag{7.4.21b}$$

最后是 z 方向扩散, 解得 C^{n+1}

$$\frac{\phi_{ijk}^{n+1} S_w^{n+1} C_{ijk}^{n+1} - \phi_{ijk}^n S_w^n C_{ijk}^{n+1,2}}{\Delta t}$$

$$- \frac{1}{(\Delta z)^2} \left\{ \phi_{ij,k+1/2} S_{w,ijk+}^{n+1} K_{zz,ij,k+1/2}(C_{ij,k+1}^{n+1} - C_{ijk}^{n+1}) \right.$$

$$\left. - \phi_{ij,k-1/2} S_{w,ijk-}^{n+1} K_{zz,ij,k-1/2}(C_{ijk}^{n+1} - C_{ij,k-1}^{n+1}) \right\} = 0, \tag{7.4.21c}$$

本时间步计算结束, 已经得到 $P_o^{n+1}, S_w^{n+1}, S_g^{n+1}, C^{n+1}$, 进入下一个时间步. 实际计算中, 为了克服网格定向的影响 (例如, 为了对称性物理问题保持计算结果仍对称), 可以先作 x-方向, 再作 y-方向, 然后作 y-方向, x-方向, 两者平均后再作 z-方向. 目前软件就采用了这种算法.

7.4.5　化学反应平衡方程组 Newton-Raphson 迭代解法

对化学平衡系统中的液体化学剂、固体化学剂及吸附于岩石的离子所构成的非线性方程组, 用 Newton-Raphson 迭代方法求解. 考虑非线性方程组 $F(X) = 0$ 的求解, 也就是

$$F_1(x_1, x_2, \cdots, x_{N-1}, x_N) = 0,$$
$$F_2(x_1, x_2, \cdots, x_{N-1}, x_N) = 0,$$
$$\cdots \cdots$$
$$F_{N-1}(x_1, x_2, \cdots, x_{N-1}, x_N) = 0,$$
$$F_N(x_1, x_2, \cdots, x_{N-1}, x_N) = 0,$$

其中 $F = (F_1, F_2, \cdots, F_N)^T, X = (x_1, x_2, \cdots, x_N)^T, 0 = (0, 0, \cdots, 0)^T$. 它的牛顿迭代表示为

$$X^{k+1} = X^k - \frac{F(X^k)}{DF(X^k)}, \quad k = 0, 1, \cdots, \tag{7.4.22}$$

k 表示迭代次数, $F(X^k) = (F_1^k, F_2^k, \cdots, F_{N-1}^k, F_N^k)^T$, 其中 $F_i^k = F_i(x_1^k, x_2^k, \cdots, x_{N-1}^k, x_N^k)$, 收敛准则为 $||F(X^k)|| < \varepsilon$ 或者是 $||X^{k+1} - X^k|| < \varepsilon$. 同样初值 X^0 的选择也会影响到牛顿迭代序列的收敛与否. $DF(X^k)$ 称为 Jacobian 矩阵, 定义为

$$DF(X^k) = \begin{pmatrix} \frac{\partial F_1^k}{\partial x_1} & \frac{\partial F_1^k}{\partial x_2} & \cdots & \frac{\partial F_1^k}{\partial x_N} \\ \frac{\partial F_2^k}{\partial x_1} & \frac{\partial F_2^k}{\partial x_2} & \cdots & \frac{\partial F_2^k}{\partial x_N} \\ \vdots & \vdots & & \vdots \\ \frac{\partial F_N^k}{\partial x_1} & \frac{\partial F_N^k}{\partial x_2} & \cdots & \frac{\partial F_N^k}{\partial x_N} \end{pmatrix}, \tag{7.4.23}$$

其中 $\frac{\partial F_i^k}{\partial x_j} = \frac{\partial F_i}{\partial x_j}(x_1^k, x_2^k, \cdots, x_{N-1}^k, x_N^k)$, 表示 $F_i(x_1, x_2, \cdots, x_{N-1}, x_N)$ 对 x_j 求偏导数在 $(x_1^k, x_2^k, \cdots, x_{N-1}^k, x_N^k)$ 的值.

7.5　黑油–三元复合驱模块结构图与计算流程图

本节包含下述框图[7,8,10,12−15].

(1) 整体模块结构图 (图 7.5.1)：三相渗流计算模块结构图 (图 7.5.2)、水相组分方程隐式解法模块结构图 (图 7.5.3)、石油酸组分显式解法模块结构图 (图 7.5.4)、相渗计算模块结构图 (图 7.5.5).

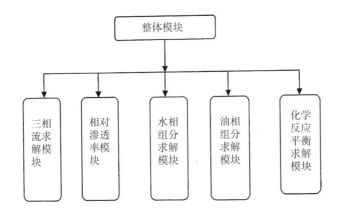

图 7.5.1　整体模块结构图

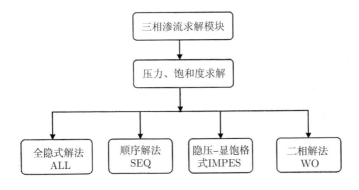

图 7.5.2　三相渗流计算模块结构图

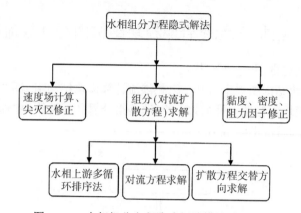

图 7.5.3 水相组分方程隐式解法模块结构图

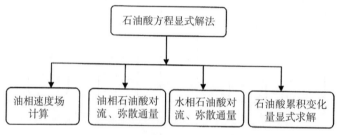

图 7.5.4 石油酸组分显式解法模块结构图

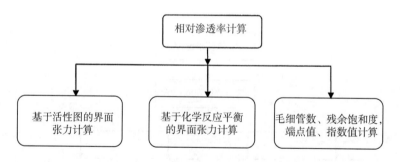

图 7.5.5 相渗计算模块结构图

(2) 黑油–三元复合驱计算流程图 (图 7.5.6)：考虑断层连接的上游排序算法数据流程图 (图 7.5.7)、水相组分浓度方程隐格式算法计算流程图 (图 7.5.8)、黑油–三元复合驱中石油酸组分 (总) 浓度方程显格式算法计算流程图 (图 7.5.9)、相对渗透率计算流程图 (图 7.5.10)、化学反应平衡计算流程图 (图 7.5.11).

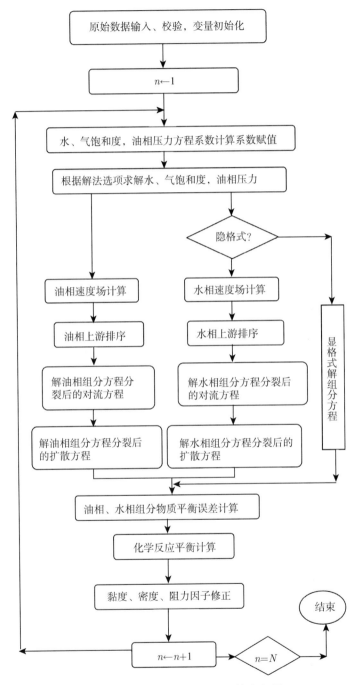

图 7.5.6 黑油-三元复合驱计算流程图

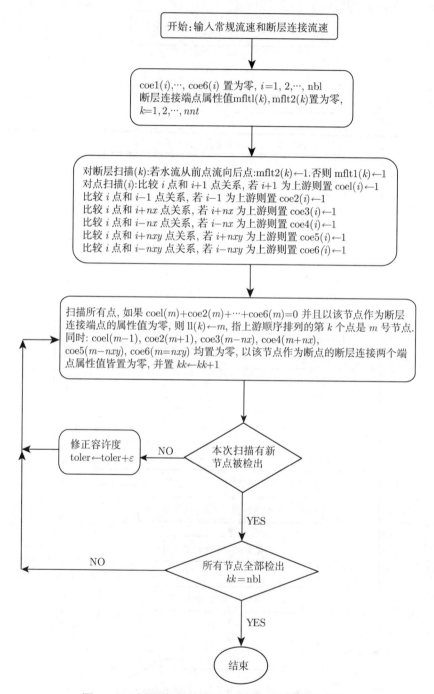

图 7.5.7　考虑断层连接的上游排序算法数据流程图

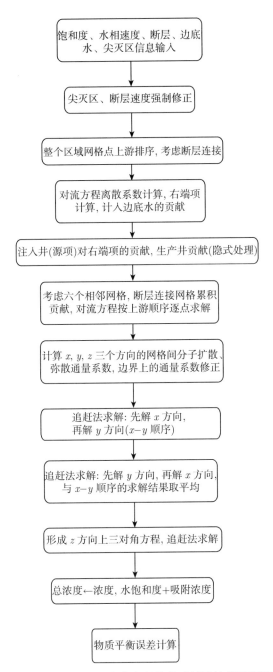

图 7.5.8 水相组分浓度方程隐格式算法计算流程图

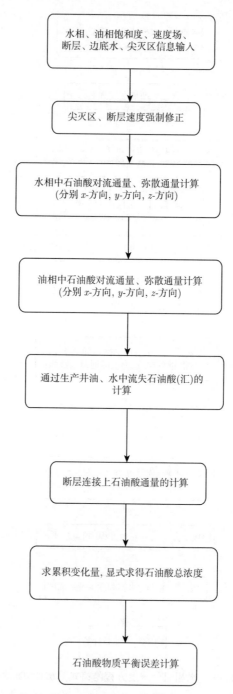

图 7.5.9　黑油–三元复合驱中石油酸组分 (总) 浓度方程显格式算法计算流程图

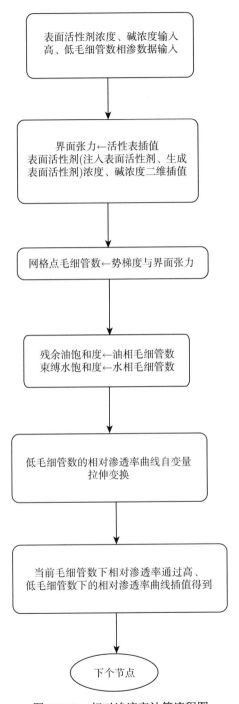

图 7.5.10 相对渗流率计算流程图

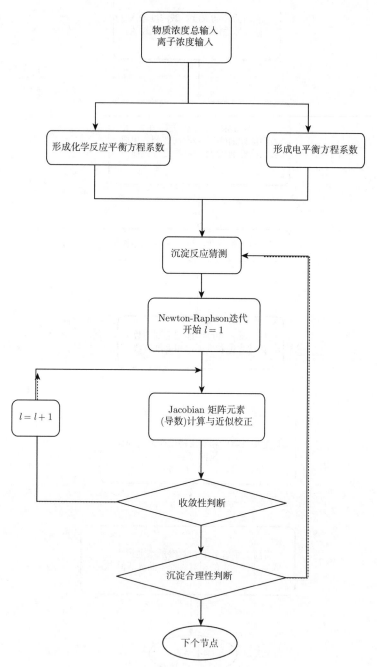

图 7.5.11　化学反应平衡计算流程图

7.6 黑油–三元复合驱水平井算例测试

水平井功能测试: 网格 9×9×1 模拟聚合物驱, 模拟时间 5500 天, 1460 天时注入聚合物, 分三种方案. 方案一: 四注一采, 全是垂直井; 方案二: 四注一采, 生产井是水平井; 方案三: 两注一采, 全是水平井.

从计算结果可见, 软件具有水平井油藏描述功能, 具有较高的计算精度, 数值模拟正确反映了水平井的作用和机理. 主要物理量分布合理, 计算精度满足要求; 未发现聚合物堆积、陷入死循环等现象.

下面给出了不同时刻三个方案的流线等值线图、饱和度场分布、聚合物相浓度分布和黏度分布图 (图 7.6.1—图 7.6.10).

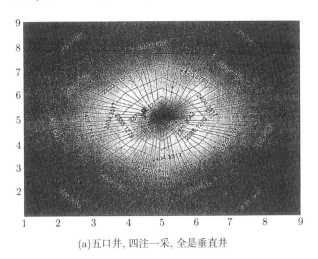

(a)五口井, 四注一采, 全是垂直井

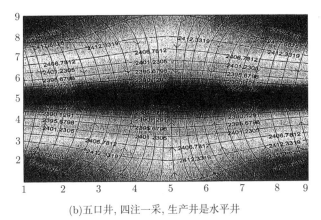

(b)五口井, 四注一采, 生产井是水平井

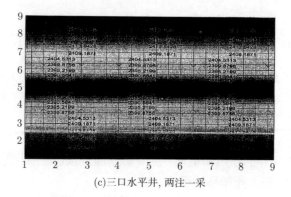

(c)三口水平井, 两注一采

图 7.6.1　为 400 天流线等值线图对比

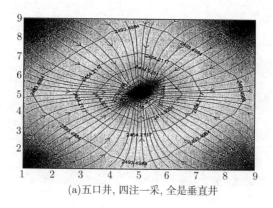

(a)五口井, 四注一采, 全是垂直井

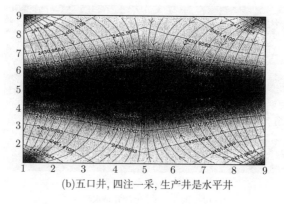

(b)五口井, 四注一采, 生产井是水平井

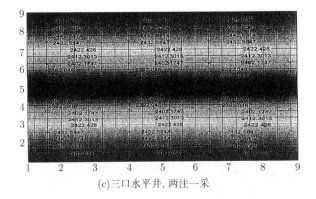

(c)三口水平井, 两注一采

图 7.6.2 为 2400 天流线等值线图对比

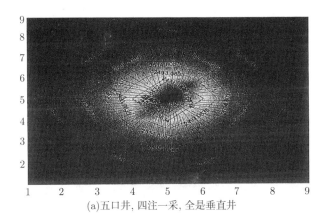

(a)五口井, 四注一采, 全是垂直井

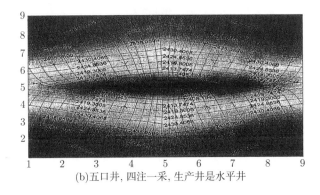

(b)五口井, 四注一采, 生产井是水平井

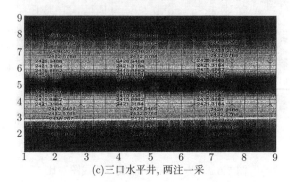

(c)三口水平井, 两注一采

图 7.6.3　为 3400 天流线等值线图对比

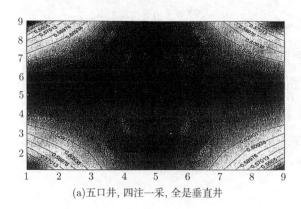

(a)五口井, 四注一采, 全是垂直井

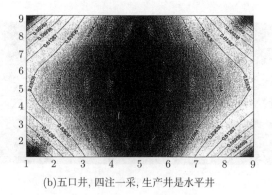

(b)五口井, 四注一采, 生产井是水平井

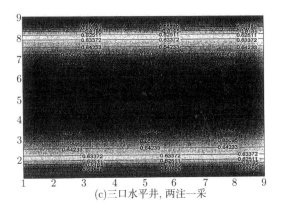

(c)三口水平井, 两注一采

图 7.6.4　为 400 天饱和度场分布图

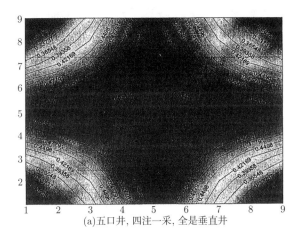

(a)五口井, 四注一采, 全是垂直井

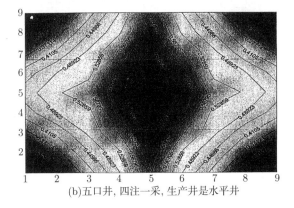

(b)五口井, 四注一采, 生产井是水平井

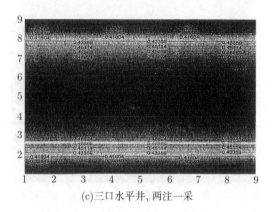

(c)三口水平井, 两注一采

图 7.6.5　 为 2400 天饱和度场分布图

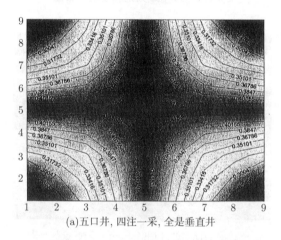

(a)五口井, 四注一采, 全是垂直井

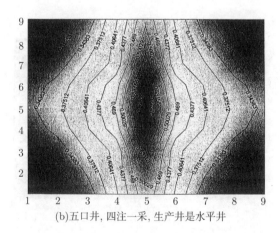

(b)五口井, 四注一采, 生产井是水平井

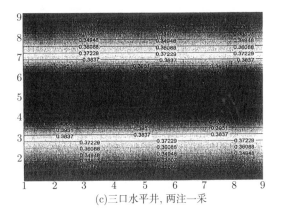

(c)三口水平井, 两注一采

图 7.6.6 为 3400 天饱和度场分布图

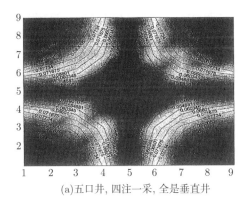

(a)五口井, 四注一采, 全是垂直井

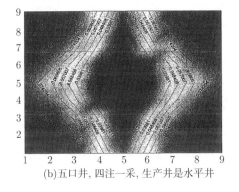

(b)五口井, 四注一采, 生产井是水平井

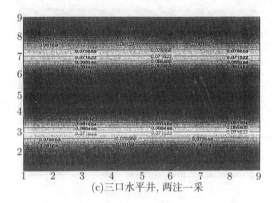

(c)三口水平井, 两注一采

图 7.6.7　为 2400 天聚合物相浓度分布图

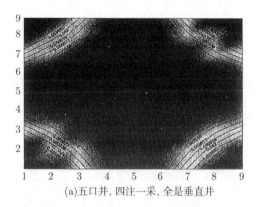

(a)五口井, 四注一采, 全是垂直井

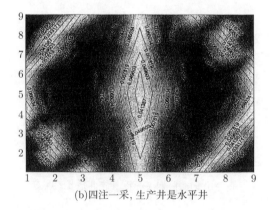

(b)四注一采, 生产井是水平井

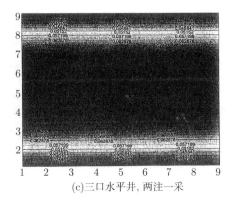

(c)三口水平井, 两注一采

图 7.6.8 为 3400 天聚合物相浓度分布图

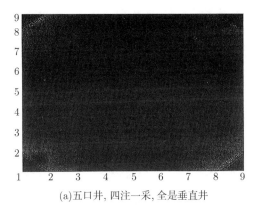

(a)五口井, 四注一采, 全是垂直井

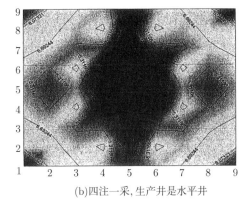

(b)四注一采, 生产井是水平井

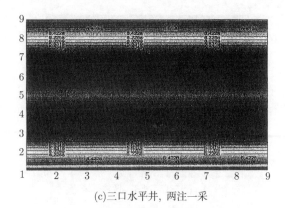

(c)三口水平井, 两注一采

图 7.6.9　为 2400 天黏度分布图

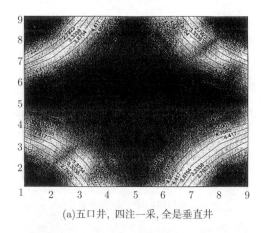

(a)五口井, 四注一采, 全是垂直井

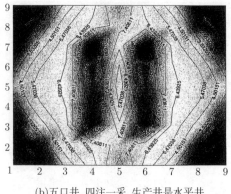

(b)五口井, 四注一采, 生产井是水平井

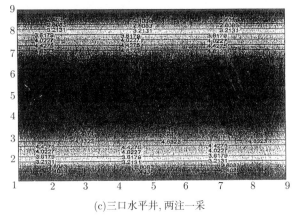

(c)三口水平井,两注一采

图 7.6.10 为 3400 天黏度分布图

7.7 黑油-三元复合驱矿场碱驱测试、总结和讨论

7.7.1 测试 I

网格 $46 \times 83 \times 7$ (26726). 检验不同石油酸酸值环境和注入碱的浓度对驱油效果的影响. 设置三个 SLUG, 模拟时间从 1970.1.1—1994.1.1, 1970.1.1—1982.1.1 是水驱, 1982.1.1—1988.1.1 注入聚合物或者聚合物加碱复合驱, 1988.1.1—1994.1.1 再注入水. 其中 X45 ASP1 是聚合物驱, X45ASP2 为聚合物加碱复合驱, 其中酸值为 0.0006, 注入 Na^+, CO_3^{2-} 的浓度分别为 0.3351, 0.3929. X45ASP3 为聚合物加碱复合驱, 其中酸值为 0.006, 注入 Na^+, CO_3^{2-} 的浓度分别为 0.3351, 0.3929. X45ASP4 为聚合物加碱复合驱, 其中酸值为 0.0006, 注入 Na^+, CO_3^{2-} 的浓度分别为 0.3351, 0.3929. X45ASP5 为聚合物加碱复合驱, 其中酸值为 0.006, 注入 Na^+, CO_3^{2-} 的浓度分别为 0.3351, 0.3929. 下面是这五种方案的含水率、瞬时产油量、累计产油量的比较 (图 7.7.1(a)—(c)).

7.7.2 测试 II

网格 $119 \times 79 \times 9$(84609). 检验不同石油酸的酸值环境和注入碱的浓度对驱油效果的影响. 分为三个 SLUG, 模拟时间共 4000 天, 1—730 天是水驱, 730—2100 天注入聚合物或者聚合物加碱复合驱, 2100—4000 天再注入水. 其中 BLDDASP1 是聚合物驱, BLDDASP2 为聚合物加碱复合驱, 其中酸值为 0.0006, 注入 Na^+, CO_3^{2-} 的浓度分别为 0.3351, 0.3929. BLDDASP3 为聚合物加碱复合驱, 其中酸值为 0.006, 注入 Na^+, CO_3^{2-} 的浓度分别为 0.3351, 0.3929. BLDDASP4 为聚合物加碱复合驱, 其中酸值为 0.0006, 注入 Na^+, CO_3^{2-} 的浓度分别为 3.3351, 3.3929. BLDDASP5 为聚合物加碱复合驱, 其中酸值为 0.006, 注入 Na^+, CO_3^{2-} 的浓度分别为 3.3351, 3.3929. 下面是这五种方案的含水率、瞬时产油量、累计产油量的比较 (图 7.7.2(a)—(c)).

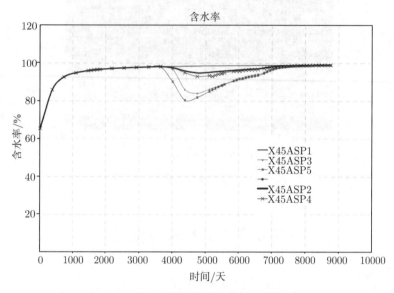

(a) 矿场碱驱测试 I 含水率曲线

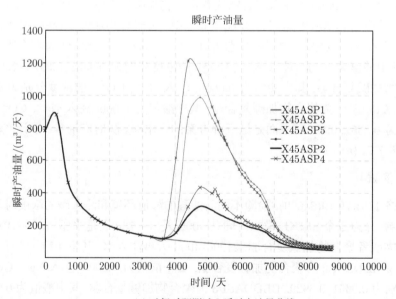

(b) 矿场碱驱测试 I 瞬时产油量曲线

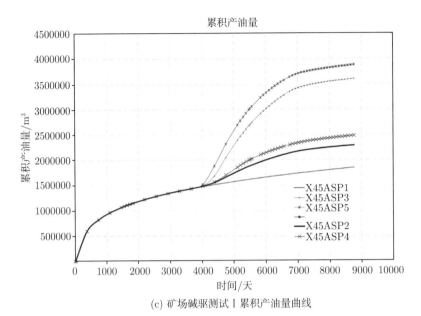

(c) 矿场碱驱测试 I 累积产油量曲线

图 7.7.1 矿物碱驱测试 I 含水率、瞬时产油量和累积产油量曲线

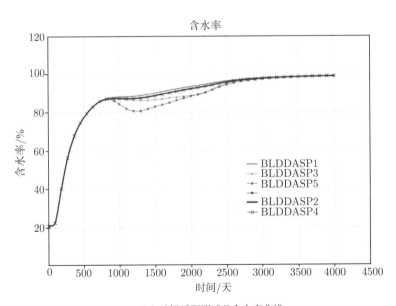

(a) 矿场碱驱测试 II 含水率曲线

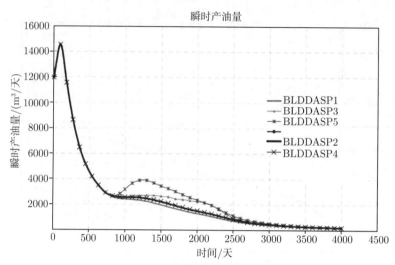

(b) 矿场碱驱测试Ⅱ瞬时产油量曲线

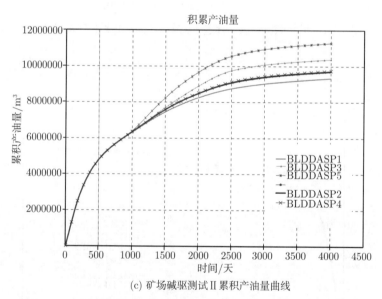

(c) 矿场碱驱测试Ⅱ累积产油量曲线

图 7.7.2　矿场碱驱测试Ⅱ含水率、瞬时产油量和累积产油量曲线

7.7.3　测试Ⅲ

网格 149×149×7(155407). 检验不同石油酸的酸值环境和注入碱的浓度对驱油效果的影响. 分为三个 SLUG, 模拟时间从 2010.9.1—2015.11.1, 2010.9.1—2012.11.1 是水驱, 2012.11.1—2014.11.1 注入聚合物或者聚合物加碱复合驱, 2014.11.1—

2015.11.1 再注入水. 记号其中 P 是聚合物驱, 1 为聚合物加碱复合驱, 其中酸值为 0.0006, 注入 Na^+, CO_3^{2-} 的浓度分别为 0.3351, 0.3929. 3 为聚合物加碱复合驱, 其中酸值为 0.006, 注入 Na^+, CO_3^{2-} 的浓度分别为 0.3351, 0.3929. 4 为聚合物加碱复合驱, 其中酸值为 0.0006, 注入 Na^+, CO_3^{2-} 的浓度分别为 3.3351, 3.3929. 5 为聚合物加碱复合驱, 其中酸值为 0.006, 注入 Na^+, CO_3^{2-} 的浓度分别为 3.3351, 3.3929. 下面是这五种方案的含水率、瞬时产油量、累计产油量的比较 (图 7.7.3(a)—(c)).

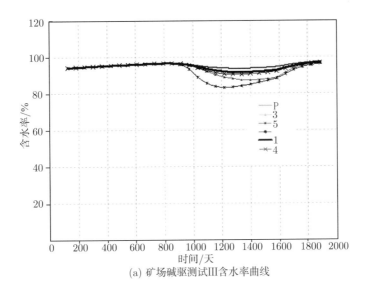

(a) 矿场碱驱测试III含水率曲线

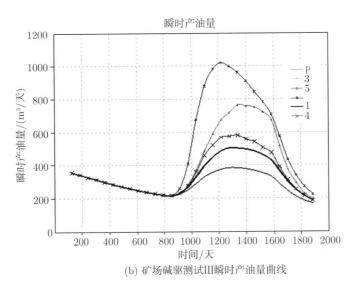

(b) 矿场碱驱测试III瞬时产油量曲线

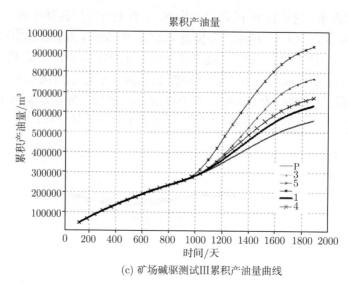

(c) 矿场碱驱测试III累积产油量曲线

图 7.7.3　矿场碱驱测试III含水率、瞬时产油量和累积产油量曲线

模拟结果表明, 地层中含有的石油酸酸值越高, 注入的碱的浓度越大, 驱油效果就越好. 下面列出物质平衡误差表 7.7.1.

表 7.7.1　物质平衡误差

	水	油	聚合物	Mg^{2+}	CO_3^{2-}	Na^+	H	HA
P	5×10^{-5}	4×10^{-5}	3×10^{-13}	3×10^{-10}	9×10^{-11}	4×10^{-11}	3×10^{-11}	3×10^{-10}
1	8×10^{-5}	3×10^{-4}	5×10^{-13}	2×10^{-10}	5×10^{-11}	1×10^{-11}	3×10^{-11}	1×10^{-9}
3	9×10^{-6}	3×10^{-5}	5×10^{-13}	2×10^{-10}	5×10^{-11}	2×10^{-11}	3×10^{-11}	7×10^{-10}
4	1×10^{-5}	4×10^{-5}	5×10^{-13}	6×10^{-11}	2×10^{-11}	2×10^{-13}	3×10^{-11}	2×10^{-9}
5	2×10^{-4}	1×10^{-3}	4×10^{-13}	6×10^{-11}	2×10^{-11}	9×10^{-13}	3×10^{-11}	9×10^{-10}

7.7.4　总结和讨论

本章研究在多孔介质中三维、三相 (水、油、气)-三元复合驱 (聚合物、表面活性剂、碱) 的渗流力学数值模拟的理论、方法和应用. 7.1节引言, 叙述本章的概况. 7.2节化学驱采油机理. 7.3节黑油–三元复合驱数学模型. 7.4节数值计算方法, 提出了全隐式解法和隐式压力–显式饱和度解法, 构造了上游排序、隐式迎风分数步迭代格式. 7.5节黑油–三元复合驱模块结构图与计算流程图, 编制了大型工业应用软件, 成功实现了网格步长拾米级、10 万网点和模拟时间长达数十年的高精度数值模拟. 7.6节黑油–三元复合驱水平井算例测试. 7.7节黑油–三元复合驱矿场碱驱测试、总结和讨论, 本系统已成功应用到大庆、胜利、大港等国家主力油田. 模型问题的数值分析, 将在第 9 章讨论和分析, 得到了严谨的理论分析结果, 使软件系统建立在坚实的数学和力学基础上 [16-20].

参 考 文 献

[1] Ewing R E, Yuan Y R, Li G. Finite element method for chemical-flooding simulation. Proceeding of the 7th International conference finite element method in flow problems. The University of Alabama in Huntsville, Huntsville. Alabama: Uahdress, 1989: 1264–1271.

[2] 袁益让. 能源数值模拟的理论和应用, 第 3 章化学驱油 (三次采油) 的数值模拟基础. 北京: 科学出版社, 2013: 257–304.

[3] 山东大学数学研究所, 大庆石油管理局勘探开发研究院. 聚合物驱应用软件研究及应用 (“八五” 国家重点科技攻关项目专题技术总结报告: 85-203-01-8), 1995.

[4] Yuan Y R. The characteristic finite difference method for enhanced oil recovery simulation and L^2 estimates. Science in China (Series A), 1993, 36(11): 1296–1307.
袁益让. 强化采油数值模拟的特征差分方法和 L^2 估计. 中国科学 (A 辑), 1993, 8: 801–810.

[5] 袁益让. 注化学溶液油藏模拟的特征混合元方法. 应用数学学报, 1994, 17(1): 118–131.

[6] Yuan Y R. The characteristic-mixed finite element method for enhanced oil recovery simulation and optimal order L^2 error estimate. Chinese Science Bulletin, 1993, 39(21): 1761–1766.
袁益让. 强化采油驱动问题的特征混合元及最佳阶 L^2 误差估计. 科学通报, 1992, 12: 1066–1070.

[7] 中国石油天然气总公司科技局. “八五” 国家重点科技项目 (攻关) 计划项目执行情况验收评价报告 (85-203-01-08), 1995.

[8] 袁益让, 羊丹平, 戚连庆, 等. 聚合物驱应用软件算法研究// 刚秦麟, 主编. 化学驱油论文集. 北京: 石油工业出版社, 1998: 246–253.

[9] Yuan Y R. Finite element method and analysis for chemical-flooding simulation. Systems Science and Mathematical Sciences, 2000, 13(3): 302–308.

[10] 山东大学数学研究所, 大庆油田有限责任公司勘探开发研究院. 聚合物驱数学模型解法改进及油藏描述功能完善, 2008.

[11] 山东大学数学研究所, 中国石化公司胜利油田分公司. 高温高盐化学驱油藏模拟关键技术. 第 4 章 §4.1 数值解法, 2011: 83–106.

[12] 山东大学数学研究所, 大庆油田有限责任公司勘探开发研究院. 化学驱模拟器碱驱机理模型和水平井模型研制及求解方法研究. 2011.

[13] 袁益让, 程爱杰, 羊丹平, 李长峰. 黑油–三元复合驱数值模拟、山东大学数学研究所科研报告, 2014.
Yuan Y R, Cheng A J, Yang D P, Li C F. Namerical simulation of black oil-there compound combination flooding. International Journal of Chemistry, 2014, 6(4): 38–54.

[14] 袁益让, 程爱杰, 羊丹平, 李长峰. 化学驱数值模拟及其水平中的应用. 山东大学数学研究所科研报告, 2014, 2.

Yuan Y R, Cheng A J, Yang D P, Li C F. Namerical simulation of Chemical flooding and its application for horigontal wells. Intrnational Journal of Chemistry, 2015, 7(1): 81–103.

[15] 袁益让, 程爱杰, 羊丹平, 李长峰. 二阶强化采油数值模拟特征差分方法的理论和应用. 山东大学数学研究所科研报告, 2014.

Yuan Y R, Cheng A J, Yang D P, Li C F. Theory and application of fractional steps characteristic finite difference method in numericul simulation of second order enhanced oil preduction. Acta Mathematica Scientia (Series B), 2015, 35(6): 1547–1565.

[16] Ewing R E. The Mathematics of Reservior Simulation. Philadelphia: SIAM, 1983.

[17] Yuan Y R. The characteristic finite difference fractional steps method for compressible two-phase. displacement problem. Science in China (Series A), 1999, 29(1): 48–57.

袁益让. 可压缩二相驱动问题的分数步特征差分格式. 中国科学 (A 辑), 1998, 10: 893–902.

[18] Yuan Y R. The upwind finite difference fractional steps methods for two-phase compressible flow in porous media. Numer Methods of Partial Differential Eq., 2003, 19(1): 67–88.

[19] Jr Douglas J. Finite difference methods for two-phase incompressible flow in porous media. SIAM. J. Numer. Anal., 1983, 20(4): 681–696.

[20] Peaceman D W. Fundamantal of Numerical Reservoir Simulation. Amsterdam: Elsevier, 1980.

第8章 高温、高盐化学驱油藏数值模拟的方法和应用

本章研究在多孔介质中高温、高盐地质复杂大规模油藏以及复杂化学驱油机理的渗流力学数值模拟的理论、方法和应用. 基于石油地质、地球化学、计算渗流力学和计算机技术, 首先建立数学模型, 构造上游排序隐式迎风精细分数步差分迭代格式, 分别求解压力方程、饱和度方程和化学物质组分浓度方程, 编制大型工业应用软件, 成功实现网格步长拾米级、10 万节点和模拟时间长达数十年的高精度数值模拟, 并已应用到胜利等主力油田的矿场采油的实际数值模拟和分析, 产生巨大的经济效益和社会效益, 并对简化模型问题得到严谨的理论分析结果.

8.1 引 言

油田经注水开采后, 油藏中仍残留大量的原油, 这些油或者被毛细管力束缚住不能流动, 或者由于驱替相和被驱替相之间的不利流度比, 使得注入流波及体积小, 而无法驱动原油. 在注入液中加入某些化学添加剂, 则可大大改善注入液的驱洗油能力. 常用的化学添加剂大都为聚合物、表面活性剂和碱, 聚合物被用来优化驱替相的流度, 以调整与被驱替相之间的流度比, 均匀驱动前缘, 减弱高渗层指进, 提高驱替液的波及效率, 同时增加压力梯度等. 表面活性剂和碱主要用于降低地下各相间的界面张力, 从而将被束缚的油启动.

作者 1985—1988 年访美期间和 Ewing 教授合作, 从事这一领域的理论和实际数值模拟研究[1,2]. 回国后带领课题组 1991—1995 年承担了 "八五" 国家重点科技项目 (攻关)(85-203-01-087)—— 聚合物驱软件研究和应用[3-6]. 研制的聚合物驱软件已在大庆油田聚合物驱油工业性生产区的方案设计和研究中应用. 通过聚合物驱矿场模拟得到聚合物驱一系列重要认识: 聚合物段塞作用、清水保护段塞设置、聚合物用量扩大等, 都在生产中得到应用, 产生巨大的经济效益和社会效益[7-9]. 随后又继续承担大庆油田石油管理局攻关项目 (DQYJ-1201002-2006-JS-9565)—— 聚合物驱数学模型解法改进及油藏描述功能完善[10]. 该软件系统还应用于胜利油田孤东八区注活性水试验的可行性研究等多个项目, 均取得好的效果[11].

本章是上述研究高温、高盐、地质复杂大规模油藏以及复杂化学驱油机理的数值模拟的理论、方法和应用, 是在上述科研工作基础上课题组承担国家科技重大专

项 (2008ZX05011-004)—— 高温、高盐化学驱油藏数值模拟关键技术研究 (数值模拟部分) 的总结和深化分析[11]. 主要包括高温、高盐聚合物驱、复合驱的数值模拟渗流力学模型、数值计算方法、应用软件研制、实际矿场算例检验、总结和讨论.

8.2　聚合物驱、复合驱数学模型

本节包含 8.2.1 节基本假设, 8.2.2 节物质守恒方程, 8.2.3 节压力方程, 8.2.4 节饱和度方程, 8.2.5 节化学物质组分浓度方程.

8.2.1　基本假设

聚合物驱、复合驱的数学模型, 基于如下基本假设: 油藏中局部热力学平衡、固相不流动、岩石和流体微可压缩、Fick 弥散、理想混合、流体渗流满足达西定律[1-3,7-10].

8.2.2　物质守恒方程

在基本假设下, 利用相达西速度给出以第 i 种物质组分总浓度 $\tilde{C}_i$ 形式表达的第 i 种物质组分的物质守恒方程为

$$\frac{\partial}{\partial t}(\phi \tilde{C}_i \rho_i) + \mathrm{div}\left[\sum_{l=1}^{n_p} \rho_i(C_{il} u_l - \tilde{D}_{il})\right] = Q_i, \tag{8.2.1}$$

式中, C_{il} 是第 i 种物质组分在 l 相中的浓度, Q_i 是源汇项, n_p 是相数, 下标 l 是第 l 相, $\tilde{C}_i$ 是第 i 种物质组分的总浓度, 表示第 i 种物质组分在所有相 (包括吸附相) 中的浓度之和:

$$\tilde{C}_i = \left(1 - \sum_{k=1}^{n_{cv}} \hat{C}_k\right)\sum_{l=1}^{n_p} S_l C_{il} + \hat{C}_i, \quad i = 1, \cdots, n_c, \tag{8.2.2}$$

式中, n_{cv} 是占有体积的物质组分总数, $\hat{C}_k$ 是组分 k 的吸附浓度.

微可压缩条件下, 组分 i 的密度 ρ_i 是压力的函数:

$$\rho_i = \rho_i^0[1 + C_i^0(p - p_r)], \tag{8.2.3}$$

式中, ρ_i^0 是参考压力下组分 i 的密度, p 是压力, p_r 是参考压力, C_i^0 是组分 i 的压缩系数.

假定岩石可压缩, 介质孔隙度 ϕ 与压力的函数关系为

$$\phi = \phi_0[1 + C_r(p - p_r)], \tag{8.2.4}$$

式中, C_r 是岩石的压缩系数.

相的达西速度 u_l 用达西定律来描述, 即

$$u_l = \frac{KK_{rl}}{\mu_l}(\nabla p_l - \gamma_l \nabla D), \tag{8.2.5}$$

式中, p_l 是相压力, K 是渗透率张量, D 是油藏深度, K_{rl} 是相对渗透率, μ_l 是相黏度, γ_l 是相比重.

弥散通量具有下面的 Fick 形式:

$$\tilde{D}_{il} = \phi S_l \begin{pmatrix} F_{xx,il} & F_{xy,il} & F_{xz,il} \\ F_{yx,il} & F_{yy,il} & F_{yz,il} \\ F_{zx,il} & F_{zy,il} & F_{zz,il} \end{pmatrix} \begin{pmatrix} \dfrac{\partial C_{il}}{\partial x} \\ \dfrac{\partial C_{il}}{\partial y} \\ \dfrac{\partial C_{il}}{\partial z} \end{pmatrix}. \tag{8.2.6}$$

包含分子扩散 (D_{kl}) 的弥散张量 F_{il} 表达形式为

$$F_{mn,il} = \frac{D_{il}}{\tau}\delta_{mn} + \frac{\alpha_{T_l}}{\phi S_l}|u_l|\delta_{mn} + \frac{(\alpha_{L_l} - \alpha_{T_l})}{\phi S_l}\frac{u_{lm}u_{ln}}{u_l}, \tag{8.2.7}$$

式中, α_{L_l} 和 α_{T_l} 是 l 相的横向和纵向弥散系数, τ 是迂曲度, u_{lm} 和 u_{ln} 是 l 相空间方向分量, δ_{mn} 是 Kronecher-Delta 函数. 每相净流量表达式为

$$|u_l| = \sqrt{(u_{xl}^2) + (u_{yl}^2) + (u_{zl}^2)}. \tag{8.2.8}$$

8.2.3 压力方程

将占有体积组分的物质守恒方程相加, 并将相流量利用达西定律表示, 应用毛细管压力公式表示相压力之间的关系, 再利用下面的约束条件:

$$\sum_{i=1}^{n_{cv}} C_{il} = 1 \tag{8.2.9}$$

得到以参考相 (水相) 压力表达的压力方程:

$$\phi C_t \frac{\partial p_w}{\partial t} + \mathrm{div}(K\lambda_T \nabla p_w)$$
$$= -\mathrm{div}\left(\sum_{l=1}^{n_p} K\lambda_l \nabla h\right) + \mathrm{div}\left(\sum_{l=1}^{n_p} K\lambda_l \nabla p_{clw}\right) + \sum_{l=1}^{n_{cv}} Q_l, \tag{8.2.10}$$

式中,

$$\lambda_l = \frac{K_{rl}}{\mu_l}\sum_{i=1}^{n_{cv}} \rho_i C_{il}, \tag{8.2.11}$$

总相对流度 λ_T 是

$$\lambda_T = \sum_{l=1}^{n_p} \lambda_l. \tag{8.2.12}$$

总压缩系数 C_t 是岩石压缩系数 C_r 和每种物质组分压缩系数 C_i^0 的函数:

$$C_t = C_r + \sum_{i=1}^{n_{cv}} C_i^0 \tilde{C}_i. $$

8.2.4　饱和度方程

设 S_w 和 S_o 分别是水相和油相的饱和度, 其中, 下标 w 和 o 分别是水相和油相. 满足 $S_w + S_o = 1$, 则由物质守恒方程 (8.2.1) 可直接得到油相, 水相饱和度方程为

$$\frac{\partial}{\partial t}(\phi S_o \rho_o) + \mathrm{div}(\rho_o u_o) = Q_o, \tag{8.2.13}$$

$$\frac{\partial}{\partial t}(\phi S_w \rho_w) + \mathrm{div}(\rho_w u_w) = Q_w. \tag{8.2.14}$$

达西速度用达西定律表出, 具体到水相、油相速度有

$$u_w = -K\lambda_{rw}(\nabla P_1 - \gamma_1 \nabla D), \tag{8.2.15}$$

$$u_o = -K\lambda_{ro}(\nabla P_2 - \gamma_2 \nabla D) = -K\lambda_{ro}(\nabla P_1 + \nabla P_c - \gamma_2 \nabla D), \tag{8.2.16}$$

其中 $\lambda_{rw} = \dfrac{K_{rw}(S_w)}{\mu_w(S_w, C_{1w}, \cdots, C_{Lw})}, \lambda_{ro} = \dfrac{K_{ro}(S_w)}{\mu_o(S_w)}$ 分别为水相和油相的流度, K 和 K_{rw}, K_{ro} 分别为绝对渗透率张量、水相相对渗透率和油相相对渗透率, 相对渗透率由具体油藏试验数据拟合得到, K 为介质绝对渗透率, μ_w, μ_o 为水相、油相黏性系数, 依赖于相饱和度, 水相黏度还依赖聚合物、阴离子、阳离子的浓度. P_1, P_2 分别为水相、油相压力, γ_1, γ_2 分别为水相、油相的密度, D 为深度函数.

$$D = D(x, y, z) = z.$$

8.2.5　化学物质组分浓度方程

由于所有化学组分 (聚合物、各种离子) 全部存在于水相中, 相间不发生物质传递, 则有

$$C_{il} = \begin{cases} C_{i,w}, & l = w, \\ 0, & l \neq w. \end{cases} \tag{8.2.17}$$

将式 (8.2.17) 代入方程 (8.2.1) 得到组分浓度方程:

$$\frac{\partial}{\partial t}(\phi \rho_i \lambda_i C_{i,w}) + \mathrm{div}\left[\rho_i(C_{i,w} u_w - \tilde{D}_{i,w})\right] = Q_i, \tag{8.2.18}$$

式中, $\lambda_i = S_w + A(C_{i,w})$, $A(C_{i,w})$ 是与吸附有关的函数.

8.3 数值计算方法

本节包含下述三部分: 8.3.1 节求解压力方程; 8.3.2 节求解饱和度方程; 8.3.3 节组分浓度方程的数值格式.

8.3.1 求解压力方程

用下标 w, o 分别代表水相和油相, 例如, S_w, S_o 分别表示水相和油相饱和度, 用 P_w, P_o 分别表示水相和油相压力. 注意到聚合物驱、复合驱模型油藏对象只含油水二相流体的事实, 为表达简洁, 把压力方程简写为如下形式:

$$\phi c_t \frac{\partial P}{\partial t} + \operatorname{div}(u_w + u_o) = Q_w + Q_o. \tag{8.3.1}$$

利用达西定律及毛细管力公式, 方程 (8.3.1) 可再改写为未知量 P(即 P_w) 的方程:

$$\phi c_t \frac{\partial P}{\partial t} - \operatorname{div}[(\lambda_{rw} + \lambda_{ro})\nabla P] = Q_w + Q_o + \operatorname{div}[\lambda_{ro}\nabla P_c - (\gamma_w + \gamma_o)\nabla D]. \tag{8.3.2}$$

在模拟开始前, 饱和度初始值是已知的, 但压力需要初始化. 一般顺序是: 已知了第 n 个时间步 t^n 时刻的饱和度值, 先解压力方程求第 n 个时间步 t^n 时刻压力值 P^n, 然后利用所得压力分布获得流速场, 再解饱和度方程来求解第 $n+1$ 个时间步 t^{n+1} 时刻的饱和度值以及各组分浓度值.

压力方程是抛物型方程, 可按一般的七点中心差分格式离散. 在这里, 需要注意的是, 考虑到二相流的物理特性, 左端第二项系数 $\lambda_{rw}, \lambda_{ro}$ 赋值应遵循上游原则. 对定量注入井点和定量生产井点, 右端源汇项可以直接赋值, 而对定压注入井点和定压生产井点, 汇量在点的值取决于局部压力与井底流压之差异, 而各相产量是按油、水二相之相对流度分配的. 另外需注意到, 在流体不可压缩假定下 (压缩系数为 0), 压力方程退化为椭圆型方程, 代数方程不再是严格对角占优了. 对待尖灭区的处理, 可以配置一个对角元为 1, 非对角元为零, 右端项为零的方程, 从而使尖灭区方程与正常油藏方程相容. 为了避开尖区灭的数据更替, 解完方程后, 不需更新尖灭区的变量值, 即总的原则是, 尖灭区物理量数据保持不变. 需要参与到整个系统 (程序设计需要) 时, 使用的是虚拟数据.

若已知 P^n 的值, 求 P^{n+1} 的值, 采用如下偏上游七点中心差分格式.

$$\phi_{ijk} c_{t,ijk} \frac{P_{ijk}^{n+1} - P_{ijk}^n}{\Delta t}$$

$$- \frac{(\lambda_{rw,i+jk} + \lambda_{ro,i+jk})(P_{i+1,jk}^{n+1} - P_{ijk}^{n+1}) - (\lambda_{rw,i-jk} + \lambda_{ro,i-jk})(P_{ijk}^{n+1} - P_{i-1,jk}^{n+1})}{(\Delta x)^2}$$

$$-\frac{(\lambda_{rw,ij_+k}+\lambda_{ro,ij_+k})(P^{n+1}_{i,j+1,k}-P^{n+1}_{ijk})-(\lambda_{rw,ij_-k}+\lambda_{ro,ij_-k})(P^{n+1}_{ijk}-P^{n+1}_{i,j-1,k})}{(\Delta y)^2}$$

$$-\frac{(\lambda_{rw,ijk_+}+\lambda_{ro,ijk_+})(P^{n+1}_{i,j,k+1,}-P^{n+1}_{ijk})-(\lambda_{rw,ijk_-}+\lambda_{ro,ijk_-})(P^{n+1}_{ijk}-P^{n+1}_{i,j,k-1})}{(\Delta y)^2}$$

$$=Q^{n+1}_{w,ijk}+Q^{n+1}_{o,ijk}-\frac{\lambda_{ro,i_+jk}(P^{n+1}_{ci+1,jk}-P^{n+1}_{c,ijk})-\lambda_{ro,i_-jk}(P^{n+1}_{c,ijk}-P^{n+1}_{c,i-1,jk})}{(\Delta x)^2}$$

$$-\frac{\lambda_{ro,ijk_+}(P^{n+1}_{c,i,j+1,k}-P^{n+1}_{c,ijk})-\lambda_{ro,ijk_-}(P^{n+1}_{c,ijk}-P^{n+1}_{c,i,j-1,k})}{(\Delta y)^2}$$

$$+\frac{(\gamma_{w,ij,k+1}+\gamma_{w,ijk})(D^{n+1}_{ij,k+1,}-D^{n+1}_{ijk})-(\gamma_{w,ijk}+\gamma_{w,ij,k-1})(D^{n+1}_{ijk}-D^{n+1}_{ij,k-1})}{2(\Delta z)^2},\quad (8.3.3)$$

其中下标 i_+ 表示第一个方向上 i 和 $i+1$ 两点之间的上游点位值. 对边界的处理采用封闭边界条件, 即齐次 Neumann 边界条件. 对源汇项, 注入井处, $Q^{n+1}_o=0$, Q^{n+1}_w 为已知给定值. 采出井处, $Q^{n+1}_o=Q^{n+1}_o(P_f,P_o,S_o),Q^{n+1}_w=Q^{n+1}_w(P_f,P_w,S_w)$, 根据井底流压 P_f、相压力、二相相对流度比以隐式形式赋值.

　　获得压力当前值后, 由产量分配程序计算产量分配, 这样源汇项得以赋值, 以便数值求解饱和度方程.

8.3.2 求解饱和度方程

　　采用上游排序、隐式迎风 Newton 迭代求解方法. 求解水饱和度方程以后, 油饱和度方程可按 $S_o=1.0-S_w$ 获得. 为便于说明计算格式, 将水饱和度方程简写为如下形式

$$\phi\frac{\partial S_w}{\partial t}+\mathrm{div}u_w=Q_w,$$

或将达西定律代入

$$\phi\frac{\partial S_w}{\partial t}-\mathrm{div}\cdot[\lambda_w(S_w)(\nabla P_w-\gamma_w\nabla D)]=Q_w,\qquad (8.3.4)$$

其中, 水相压力 P_w 在 t^{n+1} 层值以及源汇项 Q_w 已知, 欲求水饱和度 S_w 在 t^{n+1} 层的值. 采用如下离散方式:

$$\phi_{ijk}\frac{S^{n+1}_{w,ijk}-S^n_{w,ijk}}{\Delta t}-\frac{\lambda_w(S_{w,i_+})(P^{n+1}_{i+1,jk}-P^{n+1}_{ijk})-\lambda_w(S^{n+1}_{w,i_-})(P^{n+1}_{ijk}-P^{n+1}_{i-1,jk})}{(\Delta x)^2}$$

$$-\frac{\lambda_w(S_{w,j_+})(P^{n+1}_{i,j+1,k}-P^{n+1}_{ijk})-\lambda_w(S^{n+1}_{w,j_-})(P^{n+1}_{ijk}-P^{n+1}_{i,j-1,k})}{(\Delta y)^2}$$

$$-\frac{\lambda_w(S^{n+1}_{w,k_+})(P^{n+1}_{i,j,k+1,}-P^{n+1}_{ijk})-\lambda_w(S^{n+1}_{w,k_-})(P^{n+1}_{ijk}-P^{n+1}_{i,j-1,k})}{(\Delta z)^2}$$

$$=Q_{w,ijk}^{n+1} + \frac{\lambda_w(S_{w,k_+}^{n+1})(D_{ij,k+1}^{n+1} - D_{ijk}^{n+1}) - \lambda_w(S_{w,k_-}^{n+1})(D_{ijk}^{n+1} - D_{ij,k-1}^{n+1})}{(\Delta z)^2}, \tag{8.3.5}$$

其中, 下标 i_+ 表示在 x_i 和 x_{i+1} 两点之中依据流动方向获取的上游位置 (要么 i, 要么 $i+1$). 很显然, 方程 (8.3.5) 是非线性方程, 不可能直接求解. 我们采用 Newton 迭代法求解, 记 $S_w^{n+1,l}$ 为第 l 步迭代值, $S_w^{n+1,l+1}$ 为第 $l+1$ 步迭代值, 迭代初始值选为上一个时间步的值, 即

$$S_w^{n+1,0} = S_w^n,$$

注意到如下 Taylor 展开式,

$$\lambda_w(S_{w,i_+jk}^{n+1,l+1}) = \lambda_w(S_{w,i_+jk}^{n+1,l}) + \lambda_w'(S_{w,i_+jk}^{n+1,l})(S_{w,i_+jk}^{n+1,l+1} - S_{w,i_+jk}^{n+1,l})$$
$$+ O((S_{w,i_+jk}^{n+1,l+1} - S_{w,i_+jk}^{n+1,l})^2),$$

$$\lambda_w(S_{w,i_-jk}^{n+1,l+1}) = \lambda_w(S_{w,i_-jk}^{n+1,l}) + \lambda_w'(S_{w,i_-jk}^{n+1,l})(S_{w,i_-jk}^{n+1,l+1} - S_{w,i_-jk}^{n+1,l})$$
$$+ O((S_{w,i_-jk}^{n+1,l+1} - S_{w,i_-jk}^{n+1,l})^2),$$

$$\lambda_w(S_{w,ij_+k}^{n+1,l+1}) = \lambda_w(S_{w,ij_+k}^{n+1,l}) + \lambda_w'(S_{w,ij_+k}^{n+1,l})(S_{w,ij_+k}^{n+1,l+1} - S_{w,ij_+k}^{n+1,l})$$
$$+ O((S_{w,ij_+k}^{n+1,l+1} - S_{w,ij_+k}^{n+1,l})^2),$$

$$\lambda_w(S_{w,ij_-k}^{n+1,l+1}) = \lambda_w(S_{w,ij_-k}^{n+1,l}) + \lambda_w'(S_{w,ij_-k}^{n+1,l})(S_{w,ij_-k}^{n+1,l+1} - S_{w,ij_-k}^{n+1,l})$$
$$+ O((S_{w,ij_-k}^{n+1,l+1} - S_{w,ij_-k}^{n+1,l})^2),$$

$$\lambda_w(S_{w,ijk_+}^{n+1,l+1}) = \lambda_w(S_{w,ijk_+}^{n+1,l}) + \lambda_w'(S_{w,ijk_+}^{n+1,l})(S_{w,ijk_+}^{n+1,l+1} - S_{w,ijk_+}^{n+1,l})$$
$$+ O((S_{w,ijk_+}^{n+1,l+1} - S_{w,ijk_+}^{n+1,l})^2),$$

$$\lambda_w(S_{w,ijk_-}^{n+1,l+1}) = \lambda_w(S_{w,ijk_-}^{n+1,l}) + \lambda_w'(S_{w,ijk_-}^{n+1,l})(S_{w,ijk_-}^{n+1,l+1} - S_{w,ijk_-}^{n+1,l})$$
$$+ O((S_{w,ijk_-}^{n+1,l+1} - S_{w,ijk_-}^{n+1,l})^2),$$

将展开式余项舍去, 并代入差分格式, 迭代初值为 $S_{w,ijk}^{n+1,0} = S_{w,ijk}^n$, 第 $l+1$ 步迭代值 $S_{w,ijk}^{n+1,l+1}$ 定义为如下线性方程组的 (迭代) 解:

$$\phi_{ijk} \frac{S_{w,ijk}^{n+1} - S_{w,ijk}^n}{\Delta t}$$
$$- \Big\{ [\lambda_w(S_{w,i_+jk}^{n+1,l}) + \lambda_w'(S_{w,i_+jk}^{n+1,l})(S_{w,i_+jk}^{n+1,l+1} - S_{w,i_+jk}^{n+1,l})](P_{i+1,jk}^{n+1} - P_{ijk}^{n+1})$$
$$- [\lambda_w(S_{w,i_-jk}^{n+1,l}) + \lambda_w'(S_{w,i_-jk}^{n+1,l})(S_{w,i_-jk}^{n+1,l+1} - S_{w,i_-jk}^{n+1,l})](P_{ijk}^{n+1} - P_{i-1,jk}^{n+1}) \Big\} / (\Delta x)^2$$

$$
-\Big\{[\lambda_w(S_{w,ij_+k}^{n+1,l}) + \lambda_w'(S_{w,ij_+k}^{n+1,l})(S_{w,ij_+k}^{n+1,l+1} - S_{w,ij_+k}^{n+1,l})]\,(P_{i,j+1,k}^{n+1} - P_{ijk}^{n+1})
$$

$$
-[\lambda_w(S_{w,ij_-k}^{n+1,l}) + \lambda_w'(S_{w,ij_-k}^{n+1,l})(S_{w,ij_-k}^{n+1,l+1} - S_{w,ij_-k}^{n+1,l})](P_{ijk}^{n+1} - P_{i,j-1,k}^{n+1})\Big\}\,/(\Delta y)^2
$$

$$
-\Big\{[\lambda_w(S_{w,ijk_+}^{n+1,l}) + \lambda_w'(S_{w,ijk_+}^{n+1,l})(S_{w,ijk_+}^{n+1,l+1} - S_{w,ijk_+}^{n+1,l})]\,(P_{ij,k+1}^{n+1} - P_{ijk}^{n+1})
$$

$$
-[\lambda_w(S_{w,ijk_-}^{n+1,l}) + \lambda_w'(S_{w,ijk_-}^{n+1,l})(S_{w,ijk_-}^{n+1,l+1} - S_{w,ijk_-}^{n+1,l})](P_{ijk}^{n+1} - P_{i,j,k-1}^{n+1})\Big\}\,/(\Delta z)^2
$$

$$
=Q_{w,ijk}^{n+1,l} + \Big\{[\lambda_w(S_{w,ijk_+}^{n+1,l}) + \lambda_w'(S_{w,ijk_+}^{n+1,l})(S_{w,ijk_+}^{n+1,l+1} - S_{w,ijk_+}^{n+1,l})](D_{ij,k+1}^{n+1} - D_{ijk}^{n+1})
$$

$$
-[\lambda_w(S_{w,ijk_-}^{n+1,l}) + \lambda_w'(S_{w,ijk_-}^{n+1,l})(S_{w,ijk_-}^{n+1,l+1} - S_{w,ikj_-}^{n+1,l})](D_{ijk}^{n+1} - D_{ij,k-1}^{n+1})\Big\}\,/(\Delta z)^2,
$$

$$
l = 0, 1, \cdots, L. \tag{8.3.6}
$$

基于依据上游排序原则获得的计算顺序, 计算第 $l+1$ 迭代步时, 当前点的所有上游值是已知的, 从而可以显式求得当前迭代步下当前点的值. 相对误差满足要求或达到规定迭代步数则迭代停止, 最后迭代结果赋予 S_w^{n+1}.

8.3.3　组分浓度方程的数值格式

组分是指阴离子、阳离了、聚合物分子等, 存在于水相中. 其质量守恒用对流扩散方程来描述, 而且是对流占优问题. 为保证计算精度、提高模拟效率, 采用算子分裂技术将方程分解为含对流项的双曲方程以及含扩散项的扩散方程. 前者采用隐式迎风格式求解, 通过上游排序策略, 实际上具有显格式的优点; 后者采用交替方向有限差分格式, 可以大大提高计算速度, 为表达清晰, 将 k-组分浓度方程简写为

$$
\phi\frac{\partial}{\partial t}(S_w C_k) + \mathrm{div}(C_k u_w - \phi S_w K\nabla C_k) = Q_k. \tag{8.3.7}
$$

这是一个典型的对流扩散方程. 弥散张量取为对角形式. 已知饱和度 S_w 和流场 u_w 在时间步 t^{n+1} 的值, 欲求解 C_k^{n+1}. 为表达方便, 略去组分下标 k, 用 C 泛指某个组分的浓度, 先解一个对流问题, 采用隐式迎风格式:

$$
\phi_{ijk}\frac{S_w^{n+1}C_{ijk}^{n+1,0} - S_w^n C_{ijk}^n}{\Delta t} + (C_{i+jk}^{n+1,0}u_{w,ijk}^{n+1} - C_{i-jk}^{n+1,0}u_{w,i-1,jk}^{n+1})/\Delta x
$$

$$
+(C_{ij_+k}^{n+1,0}u_{w,ijk}^{n+1} - C_{ij_-k}^{n+1,0}u_{w,i,j-1,k}^{n+1})/\Delta y
$$

$$
+(C_{ijk_+}^{n+1,0}u_{w,ijk}^{n+1} - C_{ijk_-}^{n+1,0}u_{w,ij,k-1}^{n+1})/\Delta z = Q_{ijk}^{n+1}. \tag{8.3.8}
$$

得到 $C^{n+1,0}$ 后, 分三个方向交替求解扩散问题, 先是 x 方向.

$$
\phi_{ijk}\frac{S_w^{n+1}C_{ijk}^{n+1,2} - S_w^n C_{ijk}^{n+1,0}}{\Delta t}
$$

$$
+[\phi_{i,i+1/2,jk}S_{w,i+jk}^{n+1}K_{xx,i+1/2,jk}(C_{i+1,jk}^{n+1,1} - C_{ijk}^{n+1,1})
$$

$$- \phi_{i-1/2,jk}S_{w,i_-jk}^{n+1}K_{xx,i-1/2,jk}(C_{ijk}^{n+1,1} - C_{i-1,jk}^{n+1,1})]/(\Delta x)^2 = 0, \qquad (8.3.9a)$$

然后是 y 方向

$$\phi_{ijk}\frac{S_w^{n+1}C_{ijk}^{n+1,2} - S_w^n C_{ijk}^{n+1,1}}{\Delta t}$$
$$+ [\phi_{i,j+1/2,k}S_{w,ij_+k}^{n+1}K_{yy,i,j+1/2,k}(C_{i,j+1,k}^{n+1,2} - C_{ijk}^{n+1,2})$$
$$- \phi_{i,j-1/2,k}S_{w,ij_-k}^{n+1}K_{yy,i,j-1/2,k}(C_{ijk}^{n+1,2} - C_{i,j-1,k}^{n+1,2})]/(\Delta y)^2 = 0. \qquad (8.3.9b)$$

最后是 z 方向, 解得 C^{n+1}:

$$\phi_{ijk}\frac{S_w^{n+1}C_{ijk}^{n+1} - S_w^n C_{ijk}^{n+1,2}}{\Delta t}$$
$$+ [\phi_{i,j,k+1/2}S_{w,ijk_+}^{n+1}K_{zz,ij,k+1/2}(C_{ij,k+1}^{n+1} - C_{ijk}^{n+1})$$
$$- \phi_{ij,k-1/2}S_{w,ijk_-}^{n+1}K_{zz,ij,k-1/2}(C_{ijk}^{n+1} - C_{ij,k-1}^{n+1})]/(\Delta z)^2 = 0. \qquad (8.3.9c)$$

时间步计算结束, 得到 $P_w^{n+1}, P_o^{n+1}, S_w^{n+1}, C_k^{n+1}$, 进入下一个时间步.

8.3.4 高温、高盐油藏黏度曲线的计算

对于高温、高盐油藏, 聚合物水解会降低黏度, 对于不同的聚合物黏度也是不相同的, 这里给出黏度的计算公式:

$$\mu_{ap} = \mu_w + (\mu_o - \mu_w)\left[1 + \left(\frac{\gamma}{\gamma_{1/2}}\right)^{n(p)-1}\right]^{-1}, \qquad (8.3.10)$$

其中,

$$\gamma_{1/2} = 375.6\mu_o^{-1.378} + 0.0356, \quad n(p) = 1.163\mu_o^{0.0311},$$
$$\mu_0 = \mu_w + 0.634C_p[\mu] + 0.193(C_p[\mu])^2 + 0.921(C_p[\mu])^3,$$
$$[\mu] = 4.665 \times 10^{-3}\overline{M}^{0.7969} + 4.219 \times 10^{-2}(1 - h_p^{1/2})h_p\overline{M}^{0.76}/\sqrt{C_s};$$

$\overline{M}$ 为聚合物的平均分子量, h_p 为聚合物溶液的水解度, 单位是小数, C_s 为矿化度, 单位是 mol/L, C_p 为聚合物溶液的浓度, 单位是 mg/L.

8.4 计算流程图和系统模块关系图

软件编制流程图如图 8.4.1 所示, 系统模块关系图如图 8.4.2[11−13] 所示.

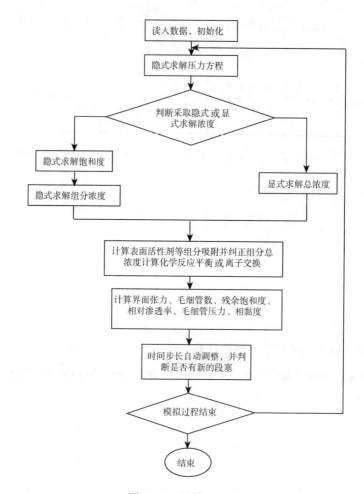

图 8.4.1　计算流程图

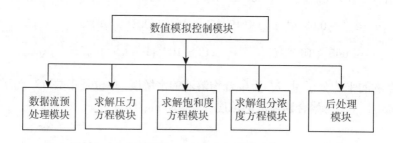

图 8.4.2　系统模块关系图

8.5 实际矿场算例检验、总结和讨论

从三个方面测试软件对矿场适应性测试, 即可靠性、普适性和大规模适用性, 首先通过将 SLCHEM 软件运算结果和实际情况比较, 以验证软件计算结果的可靠性; 通过测试胜利油田多个不同矿场模型, 以验证软件普适性; 通过对大规模矿场模型模拟运算验证软件大规模矿场的适用性.

8.5.1 小规模矿场聚合物驱应用实例

该区块 (坨 28 区) 束缚水饱和度 0.175, 残余油饱和度 0.25, 地层储量为 $9.9843 \times 10^7 \mathrm{m}^3$, 井 54 口, 采用矩形等距网格, X 方向和 Y 方向的网格步长分别为 45.61m 和 47.35m, 网格规模 22×24×6, 该区块从 1966 年 11 月开始投产, 1967 年 3 月开始注水, 于 2008 年 6 月–2015 年 4 月 1 日注入浓度为 1500ppm 的聚合物, 从 2015.4.2—2030.1.1 后续注水, 总计模拟时间 22402 天, 最大时间步长为 5 天. 新算法的计算结果如表 8.5.1 所示.

表 8.5.1 小规模矿场聚合物驱

算法	计算占时	计算步数	压力占时	水油平衡误差	组分平衡误差
新算法	1600.578	8516	517.156	10^{-6}	10^{-13}

SLCHEM 新算法模拟结果和实际数据采出液含水比较如图 8.5.1 所示.

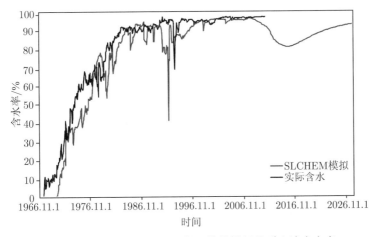

图 8.5.1 小规模矿场聚合物驱数值模拟的采出液含水率

对于该模型 SLCHEM 计算时间大约为 0.44 h, 物质平衡误差满足要求, 在注入聚合物之前实际含水计算整体误差为 7.8%, 这说明 SLCHEM 计算速度快, 计算

结果可靠, 能满足当前矿场生产需求.

8.5.2　中等规模矿场油藏二元复合驱应用实例

该区块 (胜利 2 区)63 口井, 地层储量为 $3.4938 \times 10^8 \mathrm{m}^3$. 采用矩形等距网格, X 方向和 Y 方向的网格步长分别为 33.60m 和 29.29m, 网格规模 $82 \times 74 \times 7$, 该区块从 1966 年 4 月 1 日投产, 1974 年 1 月 1 日开始注水, 预计于 2010 年 8 月 1 日—2016 年 9 月 1 日注入聚合物, 注入浓度为 1600ppm, 预计于 2011 年 8 月 1 日—2011 年 10 月 1 日注入表面活性剂, 注入浓度为 0.4%, 总计模拟时间 23620 天, 最大时间步长为 5 天, SLCHEM 新算法模拟结果如表 8.5.2 所示.

表 8.5.2　中等规模油藏二元复合驱模拟结果

算法	计算占时	计算步数	压力占时	水油平衡误差	组分平衡误差
新算法	15213.343	5520	12929.656	10^{-6}	10^{-12}

SLCHEM 计算采出液含水率和实际统计数据计算结果比较如图 8.5.2 所示.

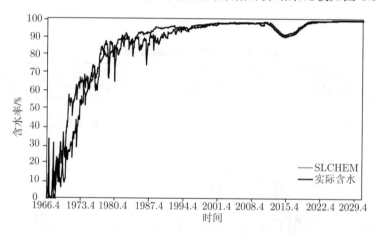

图 8.5.2　中等规模油藏二元复合驱数值模拟的采出液含水率

对于该模型 SLCHEM 计算时间大约为 4.2 小时, 物质平衡误差满足要求, SLCHEM 模拟结果同实际含水相比整体相对误差为 7.10%, 计算结果接近实际统计数据, 说明计算速度较快, 软件模拟结果可靠, 能够满足实际的生产需要.

8.5.3　大规模矿场油藏应用实例

该区块 (孤岛馆 3)191 口井, 地层储量为 $22708200.0 \mathrm{m}^3$, 残余油饱和度为 0.2, 束缚水饱和度为 0.33. 采用矩形等距网格, X 方向和 Y 方向的网格步长均为 25m, 网格规模 $72 \times 62 \times 26$, 该区块从 1971 年 9 月 1 日投产, 1974 年 9 月 1 日开始注水, 总计模拟时间 12965, 最大时间步长为 10 天, 为了和实际数据比较, 首先进行聚合物驱油模拟；于 1944.3.1—2003.11.30 注入聚合物, 注入浓度为 1000ppm, 2003.12.1—2007.3.1 后续注水 (表 8.5.3).

表 8.5.3 大规模油藏模拟结果

算法	计算占时	计算步数	压力占时	水油平衡误差	组分平衡误差
新算法	30426.28	6106	20214.90	10^{-6}	10^{-14}

SLCHEM 模拟结果与实际统计数据比较如图 8.5.3 所示.

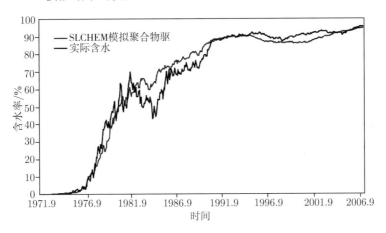

图 8.5.3 大规模油藏数值模拟的采出液含水率

对于该模型 SLCHME 计算时间为 8.45 h, 平衡误差为 10^{-6}, 满足要求, 整体相对误差 7.0%, 模拟计算采出液含水率与实际含水率相近, 说明软件计算速度较快, 适应大型矿场聚合物驱模拟运算, 能够满足矿场油藏的生产需要.

8.5.4 表面活性剂–聚合物驱模拟

于 1994.3.1—2003.11.30 注入聚合物, 注入浓度为 1000ppm, 于 1996.5.1—2003.12.1 注入表面活性剂, 注入浓度为 0.5%, 2003.12.1—2007.3.1 后续注水 (表 8.5.4).

表 8.5.4 表面活性剂-聚合物驱模拟结果

算法	计算占时	计算步数	压力占时	水油平衡误差	组分平衡误差
新算法	48877.72	6894	33276.23	10^{-6}	10^{-14}

SLCHEM 模拟该模型水驱、聚合物驱、二元复合驱油方式含水率比较如图 8.5.4 所示.

对该模型 SLCHEM 计算用时 13.5 h, 平衡误差满足要求, 软件三种驱油功能完备, 说明软件中物化参数处理模块有效, 软件适应大型矿场聚合物驱模拟运算. 通过对三个不同规模的实际矿场油藏的模拟, 验证了软件对实际矿场的可靠性和普适性, 模拟规模达到 10 万节点以上.

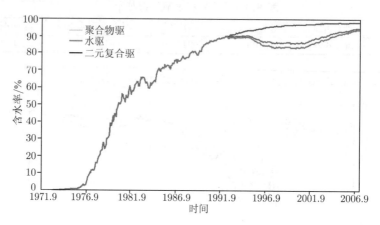

图 8.5.4　表面活性剂–复合物驱数值模拟的采出液含水率

8.5.5　总结和讨论

　　本章研究在多孔介质中高温、高盐、地质复杂大规模油藏以及复杂化学驱油机理的渗流力学数值模拟的理论、方法和应用. 8.5.1 节引言, 叙述本章的基本概况. 8.5.2 节聚合物、复合驱模型, 基于石油地质、地球化学、计算渗流力学提出渗流力学数学模型. 8.5.3 节数值计算方法, 构造了上游排序、隐式迎风精细分数步迭代格式. 8.5.4 节计算流程图和系统模块关系图, 编制了大型工业应用软件, 成功实现了网格步长拾米给、10 万网点和模拟时间长达数十年的高精度数值模拟. 8.5.5 节实际矿场算例检验, 本系统已成功应用到胜利等主力油田. 模型问题的数值分析, 将在第 9 章讨论和分析, 得到严谨的理论分析结果, 使软件系统建立在坚实的数学和力学基础上[12−14].

参 考 文 献

[1] Ewing R E, Yuan Y R, Li G. Finite element for ehemical-flooding simulation. Proceeding of the 7th International conference finite element method in flow problems, The University of Alabama in Huntsville, Huntsville. Alabama: Uahdress, 1989: 1264–1271.

[2] 袁益让. 能源数值模拟的理论和应用, 第 3 章化学驱油 (三次采油) 的数值模拟基础. 北京: 科学出版社, 2013: 257–304.

[3] 山东大学数学研究所, 大庆石油管理局勘探开发研究院. 聚合物驱应用软件研究及应用

("八五" 国家重点科技攻关项目专题技术总结报告: 85-203-01-08). 1995.

[4] 袁益让. 强化采油数值模拟的特征差分方法和 L^2 估计. 中国科学 (A 辑), 1993, 8: 801–810.

Yuan Y R. The characteristic finite element method for enhanced oil recovery simulation and optimal order L^2 error estimate. Science in China(Series A), 1993, 11:1296–1307.

[5] 袁益让. 注化学溶液油藏模拟的特征混合元方法. 应用数学学报, 1994, 1: 118–131.

[6] 袁益让. 强化采油驱动问题的特征混合元及最佳阶 L^2 误差估计. 科学通报, 1992, 12: 1066–1070.

Yuan Y R. The characteristic-mixed finite element method for enhanced oil recovery simulation and optimal order L^2 error estimate. Chinese Science Science Bulletin, 1993, 21: 1761–1766.

[7] 中国石油天然气总公司科技局. "八五" 国家重点科技项目 (攻关) 计划项目执行情况驱收评价报告 (85-203-01-08). 1995.

[8] 袁益让, 羊丹平, 戚连庆, 等. 聚合物驱应用软件算法研究//刚秦麟, 主编. 化学驱油论文集. 北京: 石油工业出版社, 1998: 246–253.

[9] Yuan Y R. Finite element method and analysis for chemical-flow simulation. Systems Science and Mathematical Sciences, 2000, 3: 302–308.

[10] 山东大学数学研究所, 大庆油田有限责任公司勘探开发研究院. 聚合物驱数学模型解法改进及油藏描述功能完善 (DQYT-1201002-2006-JS-9765). 2006.

[11] 山东大学数学研究所, 中国石化公司胜利油田公司. 高温高盐化学驱油藏模拟关键技术研究 (2008ZX05011-004). 第 4 章 4.1 数值解法, 2011: 83–106.

[12] 袁益让, 程爱杰, 羊丹平, 李长峰. 高温高盐化学驱油藏数值模拟的理论和应用. 山东大学数学研究所科研报告, 2014.

Yuan Y R, Chen A J, Yang D P, Li C F. Theory and application of numerical simulation of chemical flooding in high temperature and high salt reservoirs. International Journal of Geosciences, 2014, 5(9): 956–970.

[13] 袁益让, 程爱杰, 羊丹平, 等. 考虑毛细管力强化采油数值模拟计算方法的理论和应用, 山东大学数学研究所科研报告, 2014.

Yuan Y R, Chen A J, Yang D P, Li C F. Liu Y X. Theory and application of numerical simmlation method of capillary force enhanced oil production. Applied Mathematics and Mechanics (Eiglish Edition), 2015, 36(3): 379–400.

[14] Yuan Y R, Chen A J, Yang D P, Li C F. Ren Y Q. Progress of numerical simulation method, theory and application of chemical–agent oil recovery. Integrated Journal of Engineering Research and Technology, 2015, 2(2): 122–159.

第9章 化学驱采油数值模拟差分方法的数值分析

油田经水开采后, 油藏中仍残留大量的原油, 这些油或者被毛细管束缚住不能流动, 或者由于驱替相和被驱替相之间的不利流度比, 使得注入流波及体积小, 而无法驱动原油. 在注入液中加入某些化学添加剂, 则可大大改善注入液的驱洗油能力. 常用的化学添加剂大都为聚合物、表面活性剂和碱. 聚合物被用来优化驱替相的流速, 以调整与被驱相之间的流度比, 均匀驱动前缘, 减弱高渗层指进, 提高驱替相的波及效率, 同时增加压力梯度等. 表面活性剂和碱主要用于降低各相间的界面张力, 从而将被束缚的油启动[1−6].

在第 5 章至第 8 章实际数值模拟的基础上, 本章讨论化学驱采油数值模拟差分方法的理论分析[7−11]. 本章共五节, 9.1 节强化采油迎风分数步差分方法. 9.2 节强化采油特征分数步差分方法. 9.3 节考虑毛细管力强化采油的迎风分数步差分方法. 9.4 节考虑毛细管力强化采油的特征分数步差分方法. 9.5 节强化采油区域分解特征混合元方法.

9.1 强化采油迎风分数步差分方法

9.1.1 引言

本节讨论在强化 (化学) 采油渗流力学数值模拟中提出的一类二阶迎风分数步差分方法, 并讨论方法的收敛性分析, 使得我们的软件系统建立在坚实的数学和力学基础上.

问题的数学模型是一类非线性耦合系统的初边值问题:

$$d(c)\frac{\partial p}{\partial t} + \nabla \cdot u = q(X,t), \quad X = (x_1, x_2, x_3)^{\mathrm{T}} \in \Omega, \quad t \in J = (0,T], \qquad (9.1.1a)$$

$$u = -a(c)\nabla p, \quad X \in \Omega, t \in J, \qquad (9.1.1b)$$

$$\phi(X)\frac{\partial c}{\partial t} + b(c)\frac{\partial p}{\partial t} + u \cdot \nabla c - \nabla \cdot (D\nabla c) = g(X,t,c), \quad X \in \Omega, t \in J, \qquad (9.1.2)$$

$$\phi(X)\frac{\partial}{\partial t}(cs_\alpha) + \nabla \cdot (s_\alpha u - \phi c K_\alpha \nabla s_\alpha) = Q_\alpha(X,t,c,s_\alpha),$$

$$X \in \Omega, t \in J, \alpha = 1, 2, \cdots, n_c, \qquad (9.1.3)$$

此处 Ω 是有界区域, $a(c) = a(X,c) = k(X)\mu(c)^{-1}$, $d(c) = d(X,c)$, $\phi(X)$ 是岩石的孔隙度, $k(X)$ 是地层的渗透率, $\mu(c)$ 是流体的黏度, $D = D(X), K_\alpha = K_\alpha(X)(\alpha =$

$1, 2, \cdots, n_c)$ 均是相应的扩散系数. u 是达西速度, $p = p(X, t)$ 是压力函数, $c = c(X, t)$ 是水相饱和度函数, $s_\alpha = s_\alpha(X, t)$ 是组分浓度函数, 组分是指各种化学剂 (聚合物、表面活性剂、碱及各种离子等), n_c 是组分数.

提两类边界条件.

(i) 定压边界条件:

$$p = e(X, t), \quad X \in \partial\Omega, t \in J, \tag{9.1.4a}$$

$$c = h(X, t), \quad X \in \partial\Omega, t \in J, \tag{9.1.4b}$$

$$s_\alpha = h_\alpha(X, t), \quad X \in \partial\Omega, t \in J, \alpha = 1, 2, \cdots, n_c, \tag{9.1.4c}$$

此处 $\partial\Omega$ 为区域 Ω 的外边界面.

(ii) 不渗透边界条件:

$$u \cdot \gamma = 0, \quad X \in \partial\Omega, t \in J, \tag{9.1.5a}$$

$$D\nabla c \cdot \gamma = 0, \quad X \in \partial\Omega, t \in J, \tag{9.1.5b}$$

$$K_\alpha \nabla s_\alpha \cdot \gamma = 0, \quad X \in \partial\Omega, t \in J, \alpha = 1, 2, \cdots, n_c. \tag{9.1.5c}$$

此处 γ 为边界面的单位外法向量.

初始条件:

$$p(X, 0) = p_0(X), \quad X \in \Omega, \tag{9.1.6a}$$

$$c(X, 0) = c_0(X), \quad X \in \Omega, \tag{9.1.6b}$$

$$s_\alpha(X, 0) = s_{\alpha,0}(X), \quad X \in \Omega, \alpha = 1, 2, \cdots, n_c, \tag{9.1.6c}$$

为了便于计算, 将方程 (9.1.3) 写为下述形式

$$\phi c \frac{\partial s_\alpha}{\partial t} + u \cdot \nabla s_\alpha - \nabla \cdot (\phi c K_\alpha \nabla s_\alpha)$$
$$= Q_\alpha - s_\alpha \left(q - d(c) \frac{\partial p}{\partial t} + \phi \frac{\partial c}{\partial t} \right), \quad X \in \Omega, t \in J, \alpha = 1, 2, \cdots, n_c, \tag{9.1.7}$$

对平面不可压缩二相渗流驱动问题, 在问题的周期性假定下, Jr Douglas, Ewing, Wheeler, Russell 等提出特征差分方法和特征有限元法, 并给出误差估计[12−15]. 他们将特征线法和标准的有限差分方法或有限元方法相结合, 真实地反映出对流-扩散方程的一阶双曲特性, 减少截断误差. 克服数值振荡和弥散, 大大提高计算的稳定性和精确度. 对可压缩渗流驱动问题, Jr Douglas 等学者同样在周期性假定下提出二维可压缩渗流驱动问题的 "微小压缩" 数学模型、数值方法和分析, 开创了现代数值模拟这一新领域[16−19]. 作者去掉周期性的假定, 给出新的修正特征差分格

式和有限元格式, 并得到最佳的 L^2 模误差估计[20−22]. 由于特征线法需要进行插值计算, 并且特征线在求解区域边界附近可能穿出边界, 需要作特殊处理. 特征线与网格边界交点及其相应的函数值需要计算, 这样在算法设计时, 对靠近边界的网格点需要判断其特征线是否越过边界, 从而确定是否需要改变时间步长, 因此实际计算还是比较复杂的[21,22].

对抛物型问题 Axelsson, Ewing, Lazarov 等提出迎风差分格式[23−25], 来克服数值解的振荡, 同时避免特征差分方法在对靠近边界网点的计算复杂性. 虽然 Jr Douglas, Peaceman 曾用此方法于不可压缩油水二相渗流驱动问题, 并取得了成功[26]. 但在理论分析时出现实质性困难, 他们用 Fourier 分析方法仅能对常系数的情形证明稳定性和收敛性的结果, 此方法不能推广到变系数的情况[27−29]. 本节从生产实际出发, 对三维可压缩二相渗流驱动强化采油渗流驱动耦合问题, 为克服计算复杂性, 提出一类二阶隐式迎风分数步差分格式. 该格式既可克服数值振荡和弥散, 同时将三维问题化为连续解三个一维问题, 大大减少计算工作量, 使工程实际计算成为可能, 且将空间的计算精度提高到二阶. 应用变分形式、能量方法、差分算子乘积交替性理论、高阶差分算子的分解、微分方程先验估计和特殊的技巧, 得到了 l^2 模误差估计, 成功地解决这一重要问题.

通常问题是正定的, 即满足

(C) $0 < a_* \leqslant a(c) \leqslant a^*, 0 < d_* \leqslant d(c) \leqslant d^*, 0 < \phi_* \leqslant \phi(X) \leqslant \phi^*,$

$\quad\quad 0 < D_* \leqslant D(X, t) \leqslant D^*,$

$\quad\quad 0 < K_* \leqslant K_\alpha(X) \leqslant K^*, \quad \alpha = 1, 2, \cdots, n_c,$ 　　　　　　 (9.1.8a)

$$\left| \frac{\partial a}{\partial c}(X, c) \right| \leqslant A^* \tag{9.1.8b}$$

此处 $a_*, a^*, d_*, d^*, \phi_*, \phi^*, D_*, D^*, K_*, K^*$ 和 A^* 均为正常数. $d(c), b(c), g(c)$ 和 $Q_\alpha(c, s_\alpha)$ 在解约的 ε_0 邻域是 Lipschitz 连续的.

假定问题 (9.1.1)—(9.1.6) 的精确解具有一定的光滑性, 即满足

(R) $\quad p, c, s_\alpha \in L^\infty(W^{4,\infty}) \cap W^{1,\infty}(W^{1,\infty}),$

$\quad\quad \dfrac{\partial^2 p}{\partial t^2}, \dfrac{\partial^2 c}{\partial t^2}, \dfrac{\partial^2 s_\alpha}{\partial t^2} \in L^\infty(L^\infty), \quad \alpha = 1, 2, \cdots, n_c.$

本节中记号 M 和 ε 分别表示普通正常数和普通小正数, 在不同处可具有不同的含义.

9.1.2　二阶隐式迎风分数步差分格式

为了用差分方法求解, 用网格区域 Ω_h 代替 Ω(图 9.1.1). 在空间 (x_1, x_2, x_3) 上 x_1 方向步长为 h_1, x_2 方法步长为 h_2, x_3 方向步长为 $h_3. x_{1i} = ih_1, x_{2i} = jh_2, x_{3i} = kh_3.$

$\Omega_h = \left\{ (x_{1i}, x_{2j}, x_{3k}) \,\middle|\, i_1(j, k) < i < i_2(j, k), j_1(u, k) < j < j_2(i, k), k_1(i, j) < k < k_2(i, j) \right\}.$

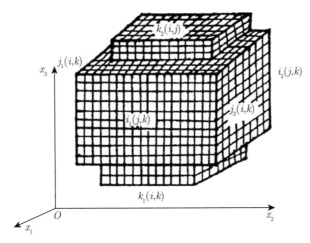

图 9.1.1 网格区域 Ω_h 的示意图

用 $\partial\Omega_h$ 表示 Ω_h 的边界. 为了记号简便, 以后记 $X = (x_1, x_2, x_3)^{\mathrm{T}}$, $X_{ijk} = (ih_1,$ $jh_2, kh_3)^{\mathrm{T}}$, $t^n = n\Delta t$, $W(X_{ijk}, t^n) = W_{ijk}^n$,

$$A_{i+1/2,jk}^n = [a(X_{ijk}, C_{ijk}^n) + a(X_{i+1,jk}, C_{i+1,jk}^n)]/2,$$
$$a_{i+1/2,jk}^n = [a(X_{ijk}, c_{ijk}^n) + a(X_{i+1,jk}, c_{i+1,jk}^n)]/2,$$

记号 $A_{i+1/2,jk}^n, a_{i,j+1/2,k}^n, A_{ij,k+1/2}^n, a_{ij,k+1/2}^n$ 的定义是类似的. 设

$$\delta_{\bar{x}_1}(A^n \delta_{x_1} P^{n+1})_{ijk}$$
$$= h_1^{-2}[A_{i+1/2,jk}^n(P_{i+1,jk}^{n+1} - P_{ijk}^{n+1}) - A_{i-1/2,jk}^n(P_{ijk}^{n+1} - P_{i-1,jk}^{n+1})], \qquad (9.1.9a)$$

$$\delta_{\bar{x}_2}(A^n \delta_{x_2} P^{n+1})_{ijk}$$
$$= h_2^{-2}[A_{i,j+1/2,k}^n(P_{i,j+1,k}^{n+1} - P_{ijk}^{n+1}) - A_{i,j-1/2,k}^n(P_{ijk}^{n+1} - P_{i,j-1,k}^{n+1})], \qquad (9.1.9b)$$

$$\delta_{\bar{x}_3}(A^n \delta_{x_3} P^{n+1})_{ijk}$$
$$= h_3^{-2}[A_{ij,k+1/2}^n(P_{ij,k+1}^{n+1} - P_{ijk}^{n+1}) - A_{ij,k-1/2}^n(P_{ijk}^{n+1} - P_{ij,k-1}^{n+1})], \qquad (9.1.9c)$$

$$\nabla_h(A^n \nabla_h P^{n+1})_{ijk}$$
$$= \delta_{\bar{x}_1}(A^n \delta_{x_1} P^{n+1})_{ijk} + \delta_{\bar{x}_2}(A^n \delta_{x_2} P^{n+1})_{ijk} + \delta_{\bar{x}_3}(A^n \delta_{x_3} P^{n+1})_{ijk}. \qquad (9.1.10)$$

流动方程 (9.1.1) 的分数步差分格式:

$$d(C_{ijk}^n)\frac{P_{ijk}^{n+1/3} - P_{ijk}^n}{\Delta t}$$
$$= \delta_{\bar{x}_1}(A^n \delta_{x_1} P^{n+1/3})_{ijk} + \delta_{\bar{x}_2}(A^n \delta_{x_2} P^n)_{ijk} + \delta_{\bar{x}_3}(A^n \delta_{x_3} P^n)_{ijk}$$

$$+ q(X_{ijk}, t^{n+1}), \quad i_1(j,k) < i < i_2(j,k), \tag{9.1.11a}$$

$$P_{ijk}^{n+1/3} = e_{ijk}^{n+1}, \quad X_{ijk} \in \partial\Omega_h, \tag{9.1.11b}$$

$$d(C_{ijk}^n)\frac{P_{ijk}^{n+2/3} - P_{ijk}^{n+1/3}}{\Delta t}$$
$$=\delta_{\bar{x}_2}(A^n\delta_{x_2}(P^{n+2/3} - P^n))_{ijk}, \quad j_1(i,k) < j < j_2(i,k), \tag{9.1.11c}$$

$$P_{ijk}^{n+2/3} = e_{ijk}^{n+1}, \quad X_{ijk} \in \partial\Omega_h, \tag{9.1.11d}$$

$$d(C_{ijk}^n)\frac{P_{ijk}^{n+1} - P_{ijk}^{n+2/3}}{\Delta t}$$
$$=\delta_{\bar{x}_3}(A^n\delta_{x_3}(P^{n+1} - P^n))_{ijk}, \quad k_1(i,j) < k < k_2(i,j), \tag{9.1.11e}$$

$$P_{ijk}^{n+1} = e_{ijk}^{n+1}, \quad X_{ijk} \in \partial\Omega_h, \tag{9.1.11f}$$

近似达西速度 $U^{n+1} = (U_1^{n+1}, U_2^{n+1}, U_3^{n+1})^\mathrm{T}$ 按下述公式计算:

$$U_{1,ijk}^{n+1} = -\frac{1}{2}\left[A_{i+1/2,jk}^n\frac{P_{i+1,jk}^{n+1} - P_{ijk}^{n+1}}{h_1} + A_{i-1/2,jk}^n\frac{P_{ijk}^{n+1} - P_{i-1,jk}^{n+1}}{h_1}\right], \tag{9.1.12}$$

对应于另外两个方向的速度 $U_{2,ijk}^{n+1}$, $U_{3,ijk}^{n+1}$ 可类似计算.

下面考虑饱和度方程 (9.1.2) 的隐式迎风分数步计算格式.

$$\phi_{ijk}\frac{C_{ijk}^{n+1/3} - C_{ijk}^n}{\Delta t}$$
$$=\left(1 + \frac{h_1}{2}|U_1^{n+1}|D^{-1}\right)_{ijk}^{-1}\delta_{\bar{x}_1}\left(D\delta_{x_1}C^{n+1/3}\right)_{ijk}$$
$$+\left(1 + \frac{h_2}{2}|U_2^{n+1}|D^{-1}\right)_{ijk}^{-1}\delta_{\bar{x}_2}(D\delta_{x_2}C^n)_{ijk}$$
$$+\left(1 + \frac{h_3}{2}|U_3^{n+1}|D^{-1}\right)_{ijk}^{-1}\delta_{\bar{x}_3}(D\delta_{x_3}C^n)_{ijk} - b(C_{ijk}^n)\frac{P_{ijk}^{n+1} - P_{ijk}^n}{\Delta t}$$
$$+ f(X_{ijk}, t^n, C_{ijk}^n), \quad i_1(j,k) < i < i_2(j,k), \tag{9.1.13a}$$

$$C_{ijk}^{n+1/3} = h_{ijk}^{n+1}, \quad X_{ijk} \in \partial\Omega_h, \tag{9.1.13b}$$

$$\phi_{ijk}\frac{C_{ijk}^{n+2/3} - C_{ijk}^{n+1/3}}{\Delta t} = \left(1 + \frac{h_2}{2}|U_2^{n+1}|D^{-1}\right)_{ijk}^{-1}\delta_{\bar{x}_2}(D\delta_{x_2}(C^{n+2/3} - C^n))_{ijk},$$
$$j_1(i,k) < j < j_2(i,k), \tag{9.1.13c}$$

$$C_{ijk}^{n+2/3} = h_{ijk}^{n+1}, \quad X_{ijk} \in \partial\Omega_h, \tag{9.1.13d}$$

$$\phi_{ijk}\frac{C_{ijk}^{n+1} - C_{ijk}^{n+2/3}}{\Delta t} = \left(1 + \frac{h_3}{2}|U_3^{n+1}|D^{-1}\right)_{ijk}^{-1} \delta_{\bar{x}_3}(D\delta_{x_3}(C^{n+1} - C^n))_{ijk}$$

$$- \sum_{\beta=1}^{3} \delta_{U_\beta^{n+1}, x_\beta} C_{ijk}^{n+1}, \quad k_1(i,j) < k < k_2(i,j), \tag{9.1.13e}$$

$$C_{ijk}^{n+1} = h_{ijk}^{n+1}, \quad X_{ijk} \in \partial\Omega_h, \tag{9.1.13f}$$

此处

$$\delta_{U_1^{n+1}, x_1} C_{ijk}^{n+1}$$
$$= U_{1,ijk}^{n+1}\{H(U_{1,ijk}^{n+1})D_{ijk}^{-1}D_{i-1/2,jk}\delta_{\bar{x}_1} + (1 - H(U_{1,ijk}^{n+1}))D_{ijk}^{-1}D_{i+1/2,jk}\delta_{x_1}\}C_{ijk}^{n+1},$$

$$\delta_{U_2^{n+1}, x_2} C_{ijk}^{n+1}$$
$$= U_{2,ijk}^{n+1}\{H(U_{2,ijk}^{n+1})D_{ijk}^{-1}D_{i,j-1/2,k}\delta_{\bar{x}_2} + (1 - H(U_{2,ijk}^{n+1}))D_{ijk}^{-1}D_{i,j+1/2,k}\delta_{x_2}\}C_{ijk}^{n+1},$$

$$\delta_{U_3^{n+1}, x_3} C_{ijk}^{n+1} = U_{3,ijk}^{n+1}\{H(U_{3,ijk}^{n+1})D_{ijk}^{-1}D_{ij,k-1/2}\delta_{\bar{x}_3}$$
$$+ (1 - H(U_{3,ijk}^{n+1}))D_{ijk}^{-1}D_{ij,k+1/2}\delta_{x_3}\}C_{ijk}^{n+1},$$

以及 $H(z) = \begin{cases} 1, & z \geqslant 0, \\ 0, & z < 0. \end{cases}$

对组分浓度方程 (9.1.7) 也采用隐式迎风分数步差分并行计算

$$\phi_{ijk}C_{ijk}^{n+1}\frac{S_{\alpha,ijk}^{n+1/3} - S_{\alpha,ijk}^{n+1/3}}{\Delta t}$$
$$= \delta_{\bar{x}_1}(C^{n+1}\phi K_\alpha \delta_{x_1} S_\alpha^{n+1/3})_{ijk} + \delta_{\bar{x}_2}(C^{n+1}\phi K_\alpha \delta_{x_2} S_\alpha^n)_{ijk}$$
$$+ \delta_{\bar{x}_3}(C^{n+1}\phi K_\alpha \delta_{x_3} S_\alpha^n)_{ijk} + Q_\alpha(C_{ijk}^{n+1}, S_{\alpha,ijk}^n)$$
$$- S_{\alpha,ijk}^n\left(q(C_{ijk}^{n+1}) - d(C_{ijk}^{n+1})\frac{P_{ijk}^{n+1} - P_{ijk}^n}{\Delta t} + \phi_{ijk}\frac{C_{ijk}^{n+1} - C_{ijk}^n}{\Delta t}\right),$$

$$i_1(j,k) < i < i_2(j,k), \quad \alpha = 1, 2, \cdots, n_c, \tag{9.1.14a}$$

$$S_{\alpha,ijk}^{n+1/3} = h_{\alpha,ijk}^{n+1}, \quad X_{ijk} \in \partial\Omega_h, \quad \alpha = 1, 2, \cdots, n_c, \tag{9.1.14b}$$

$$\phi_{ijk}C_{ijk}^{n+1}\frac{S_{\alpha,ijk}^{n+2/3} - S_{\alpha,ijk}^{n+1/3}}{\Delta t} = \delta_{\bar{x}_2}(C^{n+1}\phi K_\alpha \delta_{x_2}(S_\alpha^{n+1/3} - S_\alpha^n))_{ijk},$$

$$j_1(i,k) < j < j_2(i,k), \quad \alpha = 1,2,\cdots,n_c, \tag{9.1.14c}$$

$$S_{\alpha,ijk}^{n+2/3} = h_{\alpha,ijk}^{n+1}, \quad X_{ijk} \in \partial\Omega_h, \quad \alpha = 1,2,\cdots,n_c, \tag{9.1.14d}$$

$$\phi_{ijk}C_{ijk}^{n+1}\frac{S_{\alpha,ijk}^{n+1} - S_{\alpha,ijk}^{n+2/3}}{\Delta t} = \delta_{\bar{x}_3}(C^{n+1}\phi K_\alpha \delta_{x_3}(S_\alpha^{n+1} - S_\alpha^n))_{ijk} - \sum_{\beta=1}^{3}\delta_{\overline{U}_\beta^{n+1},x_\beta}S_{\alpha,ijk}^{n+1},$$

$$k_1(i,j) < k < k_2(i,j), \quad \alpha = 1,2,\cdots,n_c, \tag{9.1.14e}$$

$$S_{\alpha,ijk}^{n+1} = h_{\alpha,ijk}^{n+1}, \quad X_{ijk} \in \partial\Omega_h, \quad \alpha = 1,2,\cdots,n_c, \tag{9.1.14f}$$

此处 $\delta_{\overline{U}_\beta^{n+1},x_\beta}S_{\alpha,ijk}^{n+1} = \overline{U}_{\beta,ijk}^{n+1}\{H(\overline{U}_{\beta,ijk}^{n+1})\delta_{\bar{x}_\beta} + (1 - H(\overline{U}_{\beta,ijk}^{n+1}))\delta_{x_\beta}\}S_{\alpha,ijk}^{n+1}, \beta = 1,2,3;$

$\overline{U}_{1,ijk}^{n+1} = \dfrac{1}{2}\left[A_{i+1/2,jk}^{n+1}\cdot\dfrac{P_{i+1,jk}^{n+1} - P_{ijk}^{n+1}}{h_1} + A_{i-1/2,jk}^{n+1}\dfrac{P_{ijk}^{n+1} - P_{i-1,jk}^{n+1}}{h_1}\right], \overline{U}_{2,ijk}^{n+1}, \overline{U}_{3,ijk}^{n+1}$ 是

类似的.

初始条件:

$$P_{ijk}^0 = p_0(X_{ijk}), \quad C_{ijk}^0 = c_0(X_{ijk}),$$

$$S_{\alpha,ijk}^0 = s_{\alpha,0}(X_{ijk}), \quad X_{ijk} \in \Omega_h, \quad \alpha = 1,2,\cdots,n_c. \tag{9.1.15}$$

隐式迎风分数差分格式的计算程序是: 当 $\{P_{ijk}^n, C_{ijk}^n, S_{\alpha,ijk}^n, \alpha = 1,2,\cdots,n_c\}$ 已知, 首先由式 (9.1.11a), 式 (9.1.11b) 沿 x_1 方向用追赶法求出 $\{P_{ijk}^{n+1/3}\}$, 再由式 (9.1.11c), (9.1.11d) 沿 x_2 方向用追赶法求出 $\{P_{ijk}^{n+2/3}\}$, 最后由式 (9.1.11e), (9.1.11f) 沿 x_3 方向用追赶法求出解 $\{P_{ijk}^{n+1}\}$. 应用式 (9.1.12) 计算出 $\{U_{ijk}^{n+1}\}$. 其次由式 (9.1.13a), 式 (9.1.13b) 沿 x_1 方向用追赶法求出过渡层的解 $\{C_{ijk}^{n+1/3}\}$, 再由式 (9.1.13c), (9.1.13d) 沿 x_2 方向用追赶法求出 $\{C_{ijk}^{n+2/3}\}$, 最后再由式 (9.1.13e), 式 (9.1.13f) 沿 x_3 方向用追赶法求出解 $\{C_{ijk}^{n+1}\}$. 在此基础并行的由式 (9.1.14a), 式 (9.1.14b) 沿 x_1 方向用追赶法求出过渡层的解 $\{S_{\alpha,ijk}^{n+1/3}\}$, 再由式 (9.1.14c), 式 (9.1.14d) 沿 x_2 方向用追赶法求出 $\{S_{\alpha,ijk}^{n+1/3}\}$, 最后由式 (9.1.14e), (9.1.14f) 沿 x_3 方向用追赶法求出解 $\{S_{\alpha,ijk}^{n+1}\}$. 对 $\alpha = 1,2,\cdots,n_c$, 可并行的同时求解. 由问题的正定性, 格式 (9.1.11), (9.1.13) 和 (9.1.14) 的解存在且唯一.

9.1.3　收敛性分析

为了分析方便, 设区域 $\Omega = \{[0,1]\}^3, h = 1/N, X_{ijk} = (x_1, x_2, x_3)^{\mathrm{T}} = (ih, jh, kh)^{\mathrm{T}}$, $t^n = n\Delta t, W(X_{ijk}, t^n) = W_{ijk}^n$. 设 $\pi = p - P, \xi = c - C, \zeta_\alpha = s_\alpha - S_\alpha$, 此处 p, c 和 s_α 为问题 (9.1.1)—问题 (9.1.6) 的精确解, P, C 和 S_α 为格式 (9.1.11)-(9.1.14) 的

差分解. 为了进行误差分析, 引入对应于 $L^2(\Omega)$ 和 $H^1(\Omega)$ 的内积和范数[30,31]

$$\langle v^n, w^n \rangle = \sum_{i,j,k=1}^{N} v_{ijk}^n w_{ijk}^n h^3, \quad \|v^n\|_0^2 = \langle v^n, v^n \rangle, \quad [v^n, w^n)_1 = \sum_{i=0}^{N-1} \sum_{j,k=1}^{N} v_{ijk}^n w_{ijk}^n h^3,$$

$$[v^n, w^n)_2 = \sum_{j=0}^{N-1} \sum_{k=1}^{N} v_{ijk}^n w_{ijk}^n h^3, \quad [v^n, w^n)_3 = \sum_{k=0}^{N-1} \sum_{i,j=1}^{N} v_{ijk}^n w_{ijk}^n h^3,$$

$$\|[\delta_{x_1} v^n\|^2 = [\delta_{x_1} v^n, \delta_{x_1} v^n)_1, \quad \|[\delta_{x_2} v^n\|^2 = [\delta_{x_2} v^n, \delta_{x_2} v^n)_2,$$

$$\|[\delta_{x_3} v^n\|^2 = [\delta_{x_3} v^n, \delta_{x_3} v^n)_3.$$

定理 9.1.1　假定问题 (9.1.1)—(9.1.6) 的精确解满足光滑性条件: $p, c \in W^{1,\infty}(W^{1,\infty}) \cap L^{\infty}(W^{4,\infty}), s_\alpha \in W^{1,\infty}(W^{1,\infty}) \cap L^{\infty}(W^{3,\infty}), \dfrac{\partial p}{\partial t}, \dfrac{\partial c}{\partial t} \in L^{\infty}(W^{3,\infty}),$ $\dfrac{\partial^2 p}{\partial t^2}, \dfrac{\partial^2 c}{\partial t^2}, \dfrac{\partial^2 s_\alpha}{\partial t^2} \in L^{\infty}(L^{\infty}), \alpha = 1, 2, \cdots, n_c$. 采用修正迎风分数步差分格式 (9.1.11)—(9.1.14) 逐层计算, 若剖分参数满足限制性条件:

$$\Delta t = O(h^2), \tag{9.1.16}$$

则下述误差估计式成立:

$$\|p - P\|_{\bar{L}^{\infty}((0,T];h^1)} + \|c - C\|_{\bar{L}^{\infty}((0,T];h^1)} + \|d_t(p - P)\|_{\bar{L}^2((0,T];l^2)}$$
$$+ \|d_t(c - C)\|_{\bar{L}^2((0,T];l^2)} \leqslant M_1^*\{\Delta t + h^2\}, \tag{9.1.17a}$$

$$\|s_\alpha - S_\alpha\|_{\bar{L}^{\infty}((0,T];h^1)} + \|d_t(s_\alpha - S_\alpha)\|_{\bar{L}^2((0,T];l^2)} \leqslant M_2^*\{\Delta t + h\}, \quad \alpha = 1, 2, \cdots, n_c, \tag{9.1.17b}$$

此处 $\|g\|_{\bar{L}^{\infty}(J;M)} = \sup\limits_{n\Delta t \leqslant T} \|g^n\|_M$, 常数

$$M_1^* = M_1^* \left\{ \|p\|_{W^{1,\infty}(W^{4,\infty})}, \|p\|_{L^{\infty}(W^{4,\infty})}, \left\|\frac{\partial p}{\partial t}\right\|_{L^{\infty}(W^{4,\infty})}, \left\|\frac{\partial^2 p}{\partial t^2}\right\|_{L^{\infty}(L^{\infty})}, \right.$$

$$\left. \|c\|_{W^{1,\infty}(W^{4,\infty})}, \left\|\frac{\partial c}{\partial t}\right\|_{L^{\infty}(W^{4,\infty})}, \left\|\frac{\partial^2 c}{\partial t^2}\right\|_{L^{\infty}(L^{\infty})} \right\},$$

$$M_2^* = M_2^* \left\{ \|s_\alpha\|_{W^{1,\infty}(W^{4,\infty})}, \left\|\frac{\partial s_\alpha}{\partial t}\right\|_{L^{\infty}(W^{4,\infty})}, \left\|\frac{\partial^2 s_\alpha}{\partial t^2}\right\|_{L^{\infty}(L^{\infty})} \right\}.$$

证明　首先研究流动方程, 由式 (9.1.11a), (9.1.11c) 和式 (9.1.11e) 消去 $P^{n+1/3}$, $P^{n+2/3}$, 可得到下述等价的差分方程:

$$d(C_{ijk}^n) \frac{P_{ijk}^{n+1} - P_{ijk}^n}{\Delta t} - \nabla_h(A^n \nabla_h P^{n+1})_{ijk}$$
$$= q(X_{ijk}, t^{n+1}) - (\Delta t)^2 \{\delta_{\bar{x}_1}(A^n \delta_{x_1}(d^{-1}(C^n)\delta_{\bar{x}_2}(A^n \delta_{x_2} d_t P^n)))\}_{ijk}$$

$$+ \delta_{\bar{x}_1}(A^n \delta_{x_1}(d^{-1}(C^n)\delta_{\bar{x}_3}(A^n \delta_{x_3} d_t P^n)))_{ijk}$$

$$+ \delta_{\bar{x}_2}(A^n \delta_{x_2}(d^{-1}(C^n)\delta_{\bar{x}_3}(A^n \delta_{x_3} d_t P^n)))_{ijk}\}$$

$$+ (\Delta t)^3 \delta_{\bar{x}_1}(A^n \delta_{x_1}(d^{-1}(C^n)\delta_{\bar{x}_2}(A^n \delta_{x_2}(d^{-1}(C^n)\delta_{\bar{x}_3}(A^n \delta_{x_3} d_t P^n)))))_{ijk},$$

$$1 \leqslant i, j, k \leqslant N - 1, \tag{9.1.18a}$$

$$P_{ijk}^{n+1} = e_{ijk}^{n+1}, \quad X_{ijk} \in \partial \Omega_h, \tag{9.1.18b}$$

此处 $d_t P_{ijk}^n = (P_{ijk}^{n+1} - P_{ijk}^n)/\Delta t$.

由流动方程 (9.1.1)($t = t^{n+1}$) 和差分方程 (9.1.18) 相减可得压力函数的误差方程为

$$d(C_{ijk}^n)\frac{\pi_{ijk}^{n+1} - \pi_{ijk}^n}{\Delta t} - \nabla_h(A^n \nabla_h \pi^{n+1})_{ijk}$$

$$= - [d(c_{ijk}^{n+1}) - d(C_{ijk}^{n+1})]\frac{p_{ijk}^{n+1} - p_{ijk}^n}{\Delta t}$$

$$+ \nabla_h([a(c^{n+1}) - a(C^n)]\nabla_h p^{n+1})_{ijk}$$

$$- (\Delta t)^2 \{[\delta_{\bar{x}_1}(a^{n+1}\delta_{x_1}(d^{-1}(c^{n+1})\delta_{\bar{x}_2}(a^{n+1}\delta_{x_2} d_t p^n)))_{ijk}$$

$$- \delta_{\bar{x}_1}(A^n \delta_{x_1}(d^{-1}(C^n)\delta_{\bar{x}_2}(A^n \delta_{x_2} d_t P^n)))_{ijk}]$$

$$+ [\delta_{\bar{x}_1}(a^{n+1}\delta_{x_1}(d^{-1}(c^{n+1})\delta_{\bar{x}_3}(a^{n+1}\delta_{x_3} d_t p^n)))_{ijk}$$

$$- \delta_{\bar{x}_1}(A^n \delta_{x_1}(d^{-1}(C^n)\delta_{\bar{x}_3}(A^n \delta_{x_3} d_t P^n)))_{ijk}]$$

$$+ [\delta_{\bar{x}_2}(a^{n+1}\delta_{x_3}(d^{-1}(c^{n+1})\delta_{\bar{x}_3}(a^{n+1}\delta_{x_3} d_t p^n)))_{ijk}$$

$$- \delta_{\bar{x}_2}(A^n \delta_{x_2}(d^{-1}(C^n)\delta_{\bar{x}_3}(A^n \delta_{x_3} d_t P^n)))_{ijk}]\}$$

$$+ (\Delta t)^3 \{[\delta_{\bar{x}_1}(a^{n+1}\delta_{x_1}(d^{-1}(c^{n+1})\delta_{\bar{x}_2}(a^{n+1}\delta_{x_2}(d^{-1}(c^{n+1})\delta_{\bar{x}_3}(a^{n+1}\delta_{x_3} d_t p^n)))))_{ijk}$$

$$- \delta_{\bar{x}_1}(A^n \delta_{x_1}(d^{-1}(C^n)\delta_{\bar{x}_2}(A^n \delta_{x_2}(d^{-1}(C^n)\delta_{\bar{x}_3}(A^n \delta_{x_3} d_t P^n)))))_{ijk} + \sigma_{ijk}^{n+1},$$

$$1 \leqslant i, j, k \leqslant N - 1, \tag{9.1.19a}$$

$$\pi_{ijk}^{n+1} = 0, \quad X_{ijk} \in \partial \Omega_h, \tag{9.1.19b}$$

此处 $\left|\sigma_{ijk}^{n+1}\right| \leqslant M \left(\left\|\frac{\partial^2 p}{\partial t^2}\right\|_{L^\infty(L^\infty)}, \left\|\frac{\partial p}{\partial t}\right\|_{L^\infty(W^{4,\infty})}, \|p\|_{L^\infty(W^{4,\infty})}, \|c\|_{L^\infty(W^{3,\infty})}\right)\{\Delta t + h^2\}$.

引入归纳法假定

$$\sup_{1 \leqslant n \leqslant L} \max\{\|\pi^n\|_{1,\infty}, \|\xi^n\|_{1,\infty}\} \to 0, \quad (h, \Delta t) \to 0, \tag{9.1.20}$$

此处 $\|\pi^n\|_{1,\infty}^2 + \|\pi\|_{0,\infty}^2 + |\nabla_h \pi^n|_{0,\infty}^2$.

对误差方程 (9.1.19) 利用变分形式, 乘以 $\delta_t \pi_{ijk}^n = d_t \pi_{ijk}^n \Delta t = \pi_{ijk}^{n+1} - \pi_{ijk}^n$ 作内积, 并应用分部求和公式可得

$$\langle d(C^n) d_t \pi^n, d_t \pi^n \rangle \Delta t + \frac{1}{2} \left\{ \langle A^n \nabla_h \pi^{n+1}, \nabla_h \pi^{n+1} \rangle - \langle A^n \nabla_h \pi^n, \nabla_h \pi^n \rangle \right\}$$

$$\leqslant - \langle [d(c^{n+1}) - d(C^n)] d_t p^n, d_t \pi^n \rangle \Delta t + \langle \nabla_h [a(c^{n+1}) - a(C^n)] \nabla_h p^{n+1}, d_t \pi^n \rangle \Delta t$$

$$- (\Delta t)^3 \{ \langle \delta_{\bar{x}_1} (a^{n+1} \delta_{x_1} (d^{-1}(c^{n+1}) \delta_{\bar{x}_2} (a^{n+1} \delta_{x_2} (d_t p^n)))) $$

$$- \delta_{\bar{x}_1} (A^n \delta_{x_1} (d^{-1}(C^n) \delta_{\bar{x}_2} (A^n \delta_{x_2} (d_t P^n)))), d_t \pi^n \rangle + \cdots$$

$$+ \langle \delta_{\bar{x}_1} (a^{n+1} \delta_{x_1} (d^{-1}(c^{n+1}) \delta_{\bar{x}_3} (a^{n+1} \delta_{x_3} d_t p^n)))$$

$$- \delta_{\bar{x}_2} (A^n \delta_{x_2} (d^{-1}(C^n) \delta_{\bar{x}_3} (A^n \delta_{x_3} d_t P^n))), d_t \pi^n \rangle \}$$

$$+ (\Delta t)^4 \{ \langle \delta_{\bar{x}_1} (a^{n+1} \delta_{x_1} (d^{-1}(c^{n+1}) \delta_{\bar{x}_2} (a^{n+1} \delta_{x_2} (d^{-1}(c^{n+1}) \delta_{\bar{x}_3} (a^{n+1} \delta_{x_3} d_t p^n)))))$$

$$- \delta_{\bar{x}_1} (A^n \delta_{x_1} (d^{-1}(C^n) \delta_{\bar{x}_2} (A^n \delta_{x_2} (d^{-1}(C^n) \delta_{\bar{x}_3} (A^n \delta_{x_3} d_t P^n))))), d_t \pi^n \rangle \}$$

$$+ \langle \sigma^{n+1}, d_t \pi^n \rangle \Delta t. \tag{9.1.21}$$

依次估计式 (9.1.21) 右端诸项:

$$- \langle [d(c^{n+1}) - d(C^n)] d_t p^n, d_t \pi^n \rangle \Delta t \leqslant M \{ \| \xi^n \|^2 + (\Delta t)^2 \} \Delta t + \varepsilon \| d_t \pi^n \|^2 \Delta t, \tag{9.1.22a}$$

$$\langle \nabla_h ([a(c^{n+1}) - a(C^n)] \nabla_h p^{n+1}), d_t \pi^n \rangle \Delta t$$

$$\leqslant M \{ \| \nabla_h \xi^n \|^2 + \| \xi^n \|^2 + (\Delta t)^2 \} \Delta t + \varepsilon \| d_t \pi^n \|^2 \Delta t. \tag{9.1.22b}$$

下面讨论式 (9.1.21) 右端第三项, 首先分析其第一部分.

$$- (\Delta t)^3 \langle \delta_{\bar{x}_1} (a^{n+1} \delta_{x_1} (d^{-1}(c^{n+1}) \delta_{\bar{x}_2} (a^{n+1} \delta_{x_2} (d_t p^n)))) $$

$$- \delta_{\bar{x}_1} (A^n \delta_{x_1} (d^{-1}(C^n) \delta_{\bar{x}_2} (A^n \delta_{x_2} (d_t P^n)))), d_t \pi^n \rangle$$

$$= - (\Delta t)^3 \{ \langle \delta_{\bar{x}_1} (A^n \delta_{x_1} (d^{-1}(C^n) \delta_{\bar{x}_2} (A^n \delta_{x_2} (d_t \pi^n)))), d_t \pi^n \rangle$$

$$+ \langle \delta_{\bar{x}_1} (A^n \delta_{x_1} (d^{-1}(C^n) \delta_{\bar{x}_2} ([a^{n+1} - A^n] \delta_{x_2} d_t p^n))), d_t \pi^n \rangle$$

$$+ \langle \delta_{\bar{x}_1} (A^n \delta_{x_1} ([d^{-1}(C^{n+1}) - d^{-1}(C^n)] \delta_{\bar{x}_2} (a^{n+1} \delta_{x_2} d_t p^n))), d_t \pi^n \rangle$$

$$+ \delta_{\bar{x}_1} ([a^{n+1} - A^n] \delta_{x_1} (d^{-1}(c^{n+1}) \delta_{\bar{x}_2} (a^{n+1} \delta_{x_2} d_t p^n))), d_t \pi^n \rangle \}. \tag{9.1.22c}$$

现重点讨论式 (9.1.22c) 右端式的第一项, 尽管 $-\delta_{\bar{x}_1} (A^n \delta_{x_1}), -\delta_{\bar{x}_2} (A^n \delta_{x_2}), \cdots$ 是自共轭、正定、有界算子, 且空间区域为单位正立体, 但它们的乘积一般是不可交替的, 利用差分算子乘积交换性 $\delta_{x_1} \delta_{x_2} = \delta_{x_2} \delta_{x_1}, \delta_{\bar{x}_1} \delta_{x_2} = \delta_{x_2} \delta_{\bar{x}_1}, \delta_{x_1} \delta_{\bar{x}_2} = \delta_{\bar{x}_2} \delta_{x_1}, \delta_{\bar{x}_1} \delta_{\bar{x}_2} = \delta_{\bar{x}_2} \delta_{\bar{x}_1}$, 有

$$- (\Delta t)^3 \{ \langle \delta_{\bar{x}_1} (A^n \delta_{x_1} (d^{-1}(C^n) \delta_{\bar{x}_2} (A^n \delta_{x_2} (d_t \pi^n)))), d_t \pi^n \rangle$$

$$=(\Delta t)^3\{\langle A^n\delta_{x_1}(d^{-1}(C^n)\delta_{\bar{x}_2}(A^n\delta_{x_2}d_t\pi^n)),\delta_{x_1}d_t\pi^n\rangle$$

$$=(\Delta t)^3\langle d^{-1}(C^n)\delta_{x_1}\delta_{\bar{x}_2}(A^n\delta_{x_2}(d_t\pi^n)$$

$$+\delta_{x_1}(d^{-1}(C^n)\cdot\delta_{\bar{x}_2}(A^n\delta_{x_2}d_t\pi^n))),A^n\delta_{x_1}d_t\pi^n\rangle$$

$$=(\Delta t)^3\{\langle\delta_{\bar{x}_2}\delta_{x_1}(A^n\delta_{x_2}d_t\pi^n),d^{-1}(C^n)A^n\delta_{x_1}d_t\pi^n\rangle$$

$$+\langle\delta_{\bar{x}_2}(A^n\delta_{x_2}d_t\pi^n),\delta_{x_2}d^{-1}(C^n)\cdot A^n\delta_{x_1}d_t\pi^n\rangle\}$$

$$=-(\Delta t)^3\{\langle\delta_{x_1}(A^n\delta_{x_2}d_t\pi^n),\delta_{x_2}(d^{-1}(C^n)A^n\delta_{x_1}d_t\pi^n)\rangle$$

$$+\langle A^n\delta_{x_2}d_t\pi^n,\delta_{x_2}(\delta_{x_1}d^{-1}(C^n)\cdot A^n\delta_{x_1}d_t\pi^n)\rangle\}$$

$$=-(\Delta t)^3\{\langle A^n\delta_{x_1}\delta_{x_2}d_t\pi^n+\delta_{x_2}A^n\cdot\delta_{x_2}d_t\pi^n,d^{-1}(C^n)A^n\delta_{x_1}\delta_{x_2}d_t\pi^n$$

$$+\delta_{x_2}(d^{-1}(C^n)A^n)\cdot\delta_{x_1}d_t\pi^n\rangle$$

$$+\langle A^n\delta_{x_2}d_t\pi^n,\delta_{x_2}\delta_{x_1}d^{-1}(C^n)\cdot A^n\delta_{x_1}d_t\pi^n$$

$$+\delta_{x_1}d^{-1}(C^n)\delta_{x_2}A^n\cdot\delta_{x_1}d_t\pi^n+\delta_{x_1}d^{-1}(C^n)A^n\delta_{x_1}\delta_{x_2}d_t\pi^n\rangle\}$$

$$=-(\Delta t)^3\sum_{i,j,k=1}^N\{A^n_{i,j+1/2,k}A^n_{i+1/2,jk}d^{-1}(C^n_{ijk})[\delta_{x_1}\delta_{x_2}d_t\pi^n_{ijk}]^2$$

$$+[A^n_{i,j+1/2,k}\delta_{x_2}(A^n_{i+1/2,jk}d^{-1}(C^n_{ijk}))\cdot\delta_{x_1}d_t\pi^n_{ijk}$$

$$+A^n_{i+1/2,jk}d^{-1}(C^n_{ijk})\delta_{x_1}A^n_{i,j+1/2,k}\cdot\delta_{x_2}d_t\pi^n_{ijk}$$

$$+A^n_{i,j+1/2,k}A^n_{i+1/2,jk}\delta_{x_1}d^{-1}(C^n_{ijk})\delta_{x_2}d_t\pi^n_{ijk}]\delta_{x_1}\delta_{x_2}d_t\pi^n_{ijk}$$

$$+[\delta_{x_1}A^n_{i,j+1/2,k}\cdot\delta_{x_2}(d^{-1}(C^n_{ijk})A^n_{i+1/2,jk})$$

$$+A^n_{i,j+1/2,k}\delta_{x_2}A^n_{i+1/2,jk}\delta_{x_1}d^{-1}(C^n_{ijk})$$

$$+A^n_{i,j+1/2,k}\cdot A^n_{i+1/2,jk}\delta_{x_1}\delta_{x_2}d^{-1}(C^n_{ijk})]\cdot\delta_{x_2}d_t\pi^n_{ijk}\delta_{x_1}d_t\pi^n_{ijk}\}h^3.\quad(9.1.23)$$

由归纳法假定式 (9.1.20) 可以推出

$$A^n_{i+1/2,jk},\quad A^n_{i,j+1/2,k},\quad d^{-1}(C^n_{ijk}),\quad \delta_{x_2}(A^n_{i+1/2,jk}d^{-1}(C^n_{ijk})),\quad \delta_{x_1}A^n_{i,j+1/2,k}$$

是有界的. 对上述表达式的前两项, 应用 A,d^{-1} 的正定性和高阶差分算子的分解, 可分离出高阶差商项 $\delta_{x_1}\delta_{x_2}d_t\pi^n$, 即利用 Cauchy 不等式消去与此有关的项可得

$$-(\Delta t)^3\sum_{i,j,k=1}^N\{A^n_{i,j+1/2,k}A^n_{i+1/2,jk}d^{-1}(C^n_{ijk})[\delta_{x_1}\delta_{x_2}d_t\pi^n_{ijk}]^2$$

$$+[A^n_{i,j+1/2,k}\delta_{x_2}(A^n_{i+1/2,jk}d^{-1}(C^n_{ijk}))\cdot\delta_{x_1}d_t\pi^n_{ijk}$$

$$+A^n_{i+1/2,jk}d^{-1}(C^n_{ijk})\delta_{x_1}A^n_{i,j+1/2,k}\cdot\delta_{x_2}d_t\pi^n_{ijk}+\cdots]\delta_{x_1}\delta_{x_2}d_t\pi^n_{ijk}\}h^3$$

$$\leqslant-(\Delta t)^3\sum_{i,j,k=1}^N\{a_*^2(d^*)^{-1}[\delta_{x_1}\delta_{x_2}d_t\pi^n_{ijk}]^2$$

$$+ [A^n_{i,j+1/2,k} A^n_{i+1/2,jk} d^{-1}(C^n_{ijk})) \cdot \delta_{x_1} d_t \pi^n_{ijk} + \cdots] \delta_{x_1} \delta_{x_2} d_t \pi^n_{ijk}\} h^3$$

$$\leqslant M\{\|[\delta_{x_1} d_t \pi^n]\|^2 + \|[\delta_{x_2} d_t \pi^n]\|^2\} (\Delta t)^3$$

$$\leqslant M \Delta t \{\|\nabla_h \pi^{n+1}\|^2 + \|\nabla_h \pi^n\|^2\}. \tag{9.1.24a}$$

对式 (9.1.23) 中第三项有

$$- (\Delta t)^3 \sum_{i,j,k=1}^{N} \{[\delta_{x_1} A^n_{i,j+1/2,k} \cdot \delta_{x_2}(d^{-1}(C^n_{ijk}) A^n_{i+1/2,jk})$$

$$+ A^n_{i,j+1/2,k} \delta_{x_2} A^n_{i+1/2,jk} \delta_{x_1} d^{-1}(C^n_{ijk})] \delta_{x_1} d_t \pi^n_{ijk} \delta_{x_2} d_t \pi^n_{ijk}\} h^3$$

$$\leqslant M \Delta t \left\{\|\nabla_h \pi^{n+1}\|^2 + \|\nabla_h \pi^n\|^2\right\} \Delta t, \tag{9.1.24b}$$

$$- (\Delta t)^3 \sum_{i,j,k=1}^{N} A^n_{i,j+1/2,k} A^n_{i+1/2,jk} \delta_{x_1} \delta_{x_2} d^{-1}(C^n_{ijk}) \delta_{x_1} d_t \pi^n_{ijk} \delta_{x_2} d_t \pi^n_{ijk} h^3$$

$$\leqslant M(\Delta t)^{1/2} \|d_t \pi^n\|^2 \Delta t \leqslant \varepsilon \|d_t \pi^n\|^2 \Delta t, \tag{9.1.24c}$$

于是得到

$$- (\Delta t)^3 \{\langle \delta_{\bar{x}_1}(A^n \delta_{x_1}(d^{-1}(C^n) \delta_{\bar{x}_2}(A^n \delta_{x_2} d_t \pi^n))), d_t \pi^n \rangle$$

$$\leqslant M \left\{\|\nabla_h \pi^{n+1}\|^2 + \|\nabla_h \pi^n\|^2\right\} \Delta t + \varepsilon \|d_t \pi^n\|^2 \Delta t. \tag{9.1.25}$$

对式 (9.1.22c) 的其余项可类似地讨论得到

$$- (\Delta t)^3 \langle \delta_{\bar{x}_1}(a^{n+1} \delta_{x_1}(d^{-1}(c^{n+1}) \delta_{\bar{x}_2}(a^{n+1} \delta_{x_2} d_t p^n)))$$

$$- \delta_{\bar{x}_2}(A^n \delta_{x_1}(d^{-1}(C^n) \delta_{\bar{x}_2}(A^n \delta_{x_2} d_t P^n))), d_t \pi^n \rangle$$

$$\leqslant M \left\{\|\nabla_h \pi^{n+1}\|^2 + \|\nabla_h \pi^{n+1}\|^2 + \|\xi^n\|^2 + (\Delta t)^2\right\} \Delta t + \varepsilon \|d_t \pi^n\|^2 \Delta t. \tag{9.1.26}$$

类似地, 对式 (9.1.21) 中右端第三项的其余两项也有相同的估计 (9.1.26).

对式 (9.1.21) 中右端第四项经类似的分析和计算可得

$$(\Delta t)^4 \{\langle \delta_{\bar{x}_1}(A^n \delta_{x_1}(d^{-1}(c^n) \delta_{\bar{x}_2}(A^n \delta_{x_2}(d^{-1}(C^n) \delta_{\bar{x}_3}(A^n \delta_{x_3} d_t \pi^n))))), d_t \pi^n \rangle + \cdots\}$$

$$\leqslant - \frac{1}{2} a^3_* (d^*)^{-2} (\Delta t)^4 \sum_{i,j,k=1}^{N} [\delta_{x_1} \delta_{x_2} \delta_{x_3} d_t \pi^n_{ijk}]^2 h^3$$

$$+ M \left\{\|\nabla_h \pi^{n+1}\|^2 + \|\nabla_h \pi^n\|^2 + \|\xi^n\|^2 + (\Delta t)^2\right\} \Delta t + \varepsilon \|d_t \pi^n\|^2 \Delta t. \tag{9.1.27}$$

当 Δt 适当小时, ε 可适当小. 对误差方程 (9.1.21), 应用方程 (9.1.22)—(9.1.27) 经计算可得

$$\|d_t \pi^n\|^2 \Delta t + \frac{1}{2} \{\langle A^n \nabla_h \pi^{n+1}, \nabla_h \pi^{n+1} \rangle - \langle A^n \nabla_h \pi^n, \nabla_h \pi^n \rangle\}$$

$$\leqslant M \left\{ \left\| \nabla_h \pi^{n+1} \right\|^2 + \left\| \nabla_h \pi^n \right\|^2 + h^4 + (\Delta t)^2 \right\} \Delta t. \tag{9.1.28}$$

下面讨论饱和度方程的误差估计. 由式 (9.1.13a), (9.1.13c) 和 (9.1.13e) 消去 $C_{ijk}^{n+1/3}, C_{ijk}^{n+2/3}$ 可得下述等价的差分方程:

$$\phi_{ijk} \frac{C_{ijk}^{n+1} - C_{ijk}^n}{\Delta t} - \left\{ \left(1 + \frac{h}{2} |U_1^{n+1}| D^{-1} \right)_{ijk}^{-1} \delta_{\bar{x}_1} (D \delta_{x_1} C^{n+1})_{ijk} \right.$$

$$+ \left(1 + \frac{h}{2} |U_2^{n+1}| D^{-1} \right)_{ijk}^{-1} \delta_{\bar{x}_2} (D \delta_{x_2} C^{n+1})_{ijk}$$

$$\left. + \left(1 + \frac{h}{2} |U_3^{n+1}| D^{-1} \right)_{ijk}^{-1} \delta_{\bar{x}_3} (D \delta_{x_3} C^{n+1})_{ijk} \right\}$$

$$= - \sum_{\beta=1}^{3} \delta_{U_\beta^{n+1}, x_\beta} C_{ijk}^{n+1} - b(C_{ijk}^n) \frac{P_{ijk}^{n+1} - P_{ijk}^n}{\Delta t}$$

$$+ g(X_{ijk}, t^n, C_{ijk}^n) - (\Delta t)^2 \left\{ \left(1 + \frac{h}{2} |U_1^{n+1}| D^{-1} \right)_{ijk}^{-1} \delta_{\bar{x}_1} \right.$$

$$\cdot \left(D \delta_{x_1} \left[\phi^{-1} \left(1 + \frac{h}{2} |U_2^{n+1}| D^{-1} \right)^{-1} \delta_{\bar{x}_2} (D \delta_{x_2} d_t C^n) \right] \right)_{ijk}$$

$$+ \left(1 + \frac{h}{2} |U_1^{n+1}| D^{-1} \right)_{ijk}^{-1} \delta_{\bar{x}_1} \left(D \delta_{x_1} \left[\phi^{-1} \left(1 + \frac{h}{2} |U_3^{n+1}| D^{-1} \right)^{-1} \right. \right.$$

$$\left. \left. \cdot \delta_{\bar{x}_3} (D \delta_{x_3} d_t C^n) \right] \right)_{ijk}$$

$$\left. + \left(1 + \frac{h}{2} |U_2^{n+1}| D^{-1} \right)_{ijk}^{-1} \delta_{\bar{x}_2} \left(D \delta_{x_2} \left[\phi^{-1} \left(1 + \frac{h}{2} |U_3^{n+1}| D^{-1} \right)^{-1} \delta_{\bar{x}_3} (D \delta_{x_3} d_t C^n) \right] \right)_{ijk} \right\}$$

$$+ (\Delta t)^3 \left\{ \left(1 + \frac{h}{2} |U_1^{n+1}| D^{-1} \right)_{ijk}^{-1} \delta_{\bar{x}_1} \left(D \delta_{x_1} \left[\phi^{-1} \left(1 + \frac{h}{2} |U_2^{n+1}| D^{-1} \right)^{-1} \right. \right. \right.$$

$$\left. \left. \cdot \delta_{\bar{x}_2} \left(D \delta_{x_2} \left[\phi^{-1} \left(1 + \frac{h}{2} |U_3^{n+1}| D^{-1} \right)^{-1} \cdot \delta_{\bar{x}_3} (D \delta_{x_3} d_t C^n) \right] \right) \right] \right)_{ijk}$$

$$+ \Delta t \left\{ \left(1 + \frac{h}{2} |U_1^{n+1}| D^{-1} \right)_{ijk}^{-1} \delta_{\bar{x}_1} \left(D \delta_{x_1} \left(\phi^{-1} \sum_{\beta=1}^{3} \delta_{U_\beta^{n+1}, x_\beta} C^{n+1} \right) \right)_{ijk} \right.$$

$$\left. + \left(1 + \frac{h}{2} |U_2^{n+1}| D^{-1} \right)_{ijk}^{-1} \delta_{\bar{x}_2} \left(D \delta_{x_2} \left(\phi^{-1} \sum_{\beta=1}^{3} \delta_{U_\beta^{n+1}, x_\beta} C^{n+1} \right) \right) \right)_{ijk} \right\}$$

$$- (\Delta t)^2 \left(1 + \frac{h}{2}|U_1^{n+1}|D^{-1}\right)_{ijk}^{-1} \cdot \delta_{\bar{x}_1}\left(D\delta_{x_3}\left(\phi^{-1}\left(1 + \frac{h}{2}|U_2^{n+1}|D^{-1}\right)_{ijk}^{-1}\right.\right.$$

$$\left.\left.\cdot \delta_{\bar{x}_2}\left(D\delta_{x_2}\left(\phi^{-1}\sum_{\beta=1}^{3}\delta_{U_\beta^{n+1},x_\beta}C^{n+1}\right)\right)\right)\right)_{ijk}, \quad 1 \leqslant i,j,k \leqslant N-1, \quad (9.1.29a)$$

$$C_{ijk}^{n+1} = h_{ijk}^{n+1}, \quad X_{ijk} \in \partial\Omega_h, \quad (9.1.29b)$$

由方程 $(9.1.2)(t = t^{n+1})$ 和方程 $(9.1.29)$ 可导出饱和度函数的误差方程:

$$\phi_{ijk}\frac{\xi_{ijk}^{n+1} - \xi_{ijk}^n}{\Delta t} - \left\{\left(1 + \frac{h}{2}|U_1^{n+1}|D^{-1}\right)_{ijk}^{-1}\delta_{\bar{x}_1}(D\delta_{x_1}\xi^{n+1})_{ijk}\right.$$

$$+ \left(1 + \frac{h}{2}|U_2^{n+1}|D^{-1}\right)_{ijk}^{-1}\delta_{\bar{x}_2}(D\delta_{x_2}\xi^{n+1})_{ijk}$$

$$\left.+ \left(1 + \frac{h}{2}|U_3^{n+1}|D^{-1}\right)_{ijk}^{-1}\delta_{\bar{x}_3}(D\delta_{x_3}\xi^{n+1})_{ijk}\right\}$$

$$= \sum_{\beta=1}^{3}\left\{\delta_{U_\beta^{n+1},x_\beta}C_{ijk}^{n+1} - \delta_{u_\beta^{n+1},x_\beta}c_{ijk}^{n+1}\right\} + \sum_{\beta=1}^{3}\left[\left(1 + \frac{h}{2}|u_1^{n+1}|D^{-1}\right)_{ijk}^{-1}\right.$$

$$\left.- \left(1 + \frac{h}{2}|U_1^{n+1}|D^{-1}\right)_{ijk}^{-1}\right]\delta_{\bar{x}_\beta}(D\delta_{x_\beta}C^{n+1})_{ijk}$$

$$+ g(X_{ijk},t^n,c_{ijk}^n) - g(X_{ijk},t^n,C_{ijk}^n) - b(C_{ijk}^n)\frac{\pi_{ijk}^{n+1} - \pi_{ijk}^n}{\Delta t}$$

$$- [b(c_{ijk}^{n+1}) - b(C_{ijk}^n)]\frac{p_{ijk}^{n+1} - p_{ijk}^n}{\Delta t} - (\Delta t)^2\left\{\left[\left(1 + \frac{h}{2}|u_1^{n+1}|D^{-1}\right)_{ijk}^{-1}\right.\right.$$

$$\left.\cdot \delta_{\bar{x}_1}\left(D\delta_{x_1}\left[\phi^{-1}\left(1 + \frac{h}{2}|u_2^{n+1}|D^{-1}\right)^{-1}\delta_{\bar{x}_2}(D\delta_{x_2}d_t c^n)\right]\right)_{ijk}\right.$$

$$- \left(1 + \frac{h}{2}|U_1^{n+1}|D^{-1}\right)_{ijk}^{-1}\delta_{\bar{x}_1}\left(D\delta_{x_1}\left[\phi^{-1}\left(1 + \frac{h}{2}|U_2^{n+1}|D^{-1}\right)^{-1}\right.\right.$$

$$\left.\left.\left.\cdot \delta_{\bar{x}_2}(D\delta_{x_2}d_t C^n)\right]\right)_{ijk}\right] + \cdots + \left[\left(1 + \frac{h}{2}|u_2^{n+1}|D^{-1}\right)_{ijk}^{-1}\right.$$

$$\cdot \delta_{\bar{x}_2}\left(D\delta_{x_1}\left[\phi^{-1}\left(1 + \frac{h}{2}|u_3^{n+1}|D^{-1}\right)^{-1}\right.\right.$$

$$\left.\left.\cdot \delta_{\bar{x}_3}(D\delta_{x_3}d_t c^n)\right]\right)_{ijk} - \left(1 + \frac{h}{2}|U_2^{n+1}|D^{-1}\right)_{ijk}^{-1}$$

$$\cdot \delta_{\bar{x}_2}\left(D\delta_{x_2}\left[\phi^{-1}\left(1+\frac{h}{2}|U_3^{n+1}|D^{-1}\right)^{-1}\delta_{\bar{x}_3}(D\delta_{x_3}d_tC^n)\right]\right)_{ijk}\Bigg]\Bigg\}$$

$$+(\Delta t)^3\Bigg\{\left(1+\frac{h}{2}|u_1^{n+1}|D^{-1}\right)_{ijk}^{-1}\delta_{\bar{x}_1}\left(D\delta_{x_1}\left[\phi^{-1}\left(1+\frac{h}{2}|u_2^{n+1}|D^{-1}\right)^{-1}\right.\right.$$

$$\cdot\delta_{\bar{x}_2}\left(D\delta_{x_2}\left[\phi^{-1}\left(1+\frac{h}{2}|u_3^{n+1}|D^{-1}\right)^{-1}\cdot\delta_{\bar{x}_3}(D\delta_{x_3}d_tc^n)\right]\right)\Bigg]\Bigg)_{ijk}$$

$$-\left(1+\frac{h}{2}|U_1^{n+1}|D^{-1}\right)^{-1}\delta_{\bar{x}_1}\left(D\delta_{x_1}\left[\phi^{-1}\left(1+\frac{h}{2}|U_2^{n+1}|D^{-1}\right)^{-1}\right.\right.$$

$$\cdot\delta_{\bar{x}_2}\left(D\delta_{x_2}\left[\phi^{-1}\left(1+\frac{h}{2}|U_3^{n+1}|D^{-1}\right)^{-1}\delta_{\bar{x}_3}(D\delta_{x_3}d_tC^n)\right]\right)\Bigg]\Bigg)_{ijk}\Bigg\}$$

$$+\Delta t\Bigg\{\left(1+\frac{h}{2}|u_1^{n+1}|D^{-1}\right)_{ijk}^{-1}\delta_{\bar{x}_1}\left(D\delta_{x_1}\left(\phi^{-1}\sum_{\beta=1}^{3}\delta_{u_\beta^{n+1},\,x_\beta}c^{n+1}\right)\right)_{ijk}$$

$$-\left(1+\frac{h}{2}|U_1^{n+1}|D^{-1}\right)_{ijk}^{-1}\delta_{\bar{x}_1}\left(D\delta_{x_1}\left(\phi^{-1}\sum_{\beta=1}^{3}\delta_{U_\beta^{n+1},x_\beta}C^{n+1}\right)\right)_{ijk}+\cdots\Bigg\}$$

$$-(\Delta t)^2\Bigg\{\left(1+\frac{h}{2}|u_1^{n+1}|D^{-1}\right)_{ijk}^{-1}\delta_{\bar{x}_1}\left(D\delta_{x_1}\left[\phi^{-1}\left(1+\frac{h}{2}|u_2^{n+1}|D^{-1}\right)_{ijk}^{-1}\right.\right.$$

$$\cdot\delta_{\bar{x}_2}\left(D\delta_{x_2}\left(\phi^{-1}\sum_{\beta=1}^{3}\delta_{u_\beta^{n+1},x_\beta}c^{n+1}\right)\right)\Bigg]\Bigg)_{ijk}$$

$$-\left(1+\frac{h}{2}|U_1^{n+1}|D^{-1}\right)_{ijk}^{-1}\delta_{\bar{x}_1}\left(D\delta_{x_1}\left[\phi^{-1}\left(1+\frac{h}{2}|U_2^{n+1}|D^{-1}\right)_{ijk}^{-1}\right.\right.$$

$$\cdot\delta_{\bar{x}_2}\left(D\delta_{x_2}\left(\phi^{-1}\sum_{\beta=1}^{3}\delta_{U_\beta^{n+1},x_\beta}C^{n+1}\right)\right)\Bigg]\Bigg)_{ijk}\Bigg\}+\varepsilon_{ijk}^{n+1},$$

$$1\leqslant i,j,k\leqslant N-1, \tag{9.1.30a}$$

$$\varepsilon_{ijk}^{n+1}=0,\quad X_{ijk}\in\partial\Omega_h, \tag{9.1.30b}$$

在这里由于

$$\frac{\partial}{\partial x_\beta}\left(D\frac{\partial c^{n+1}}{\partial x_\beta}\right)_{ijk}-\left(1+\frac{h}{2}|u_{\beta,ijk}^{n+1}|D_{ijk}^{-1}\right)^{-1}\delta_{\bar{x}_\beta}(D\delta_{x_\beta}c^{n+1})_{ijk}$$

$$=\frac{h}{2}|u_{\beta,ijk}^{n+1}|D_{ijk}^{-1}\delta_{\bar{x}_\beta}(D\delta_{x_\beta}c^{n+1})_{ijk}+O(h^2),\quad \beta=1,2,3.$$

由此推得

$$|\varepsilon_{ijk}^{n+1}| \leqslant M\left(\left\|\frac{\partial^2 c}{\partial t^2}\right\|_{L^\infty(L^\infty)}, \left\|\frac{\partial c}{\partial t}\right\|_{L^\infty(W^{4,\infty})}, \|c\|_{L^\infty(W^{4,\infty})}, \left\|\frac{\partial p}{\partial t}\right\|_{L^\infty(W^{4,\infty})}\right)\{h^2 + \Delta t\}.$$

对饱和度误差方程 (9.1.30) 乘以 $\delta_t \xi_{ijk}^n = \xi_{ijk}^{n+1} - \xi_{ijk}^n = d_t \xi_{ijk}^n \Delta t$ 作内积, 并分部求和得到

$$\langle \phi d_t \xi^n, d_t \xi^n \rangle \Delta t + \sum_{\beta=1}^{3} \left\langle D\delta_{x_\beta} \xi^{n+1}, \delta_{x_\beta} \left[\left(1 + \frac{h}{2}|u_\beta^{n+1}|D^{-1}\right)^{-1} (\xi^{n+1} - \xi^n)\right] \right\rangle$$

$$= \sum_{\beta=1}^{3} \langle \delta_{U_\beta^{n+1}, x_\beta} C^{n+1} - \delta_{u_\beta^{n+1}, x_\beta} c^{n+1}, d_t \xi^n \rangle \Delta t + \sum_{\beta=1}^{3} \left\langle \left[\left(1 + \frac{h}{2}|u_\beta^{n+1}|D^{-1}\right)^{-1}\right.\right.$$

$$\left.\left. - \left(1 + \frac{h}{2}|U_\beta^{n+1}|D^{-1}\right)^{-1}\right] \delta_{\bar{x}_\beta}(D\delta_{\bar{x}_\beta} C^{n+1}), d_t \xi^n \right\rangle \Delta t + \langle g(c^{n+1}) - g(C^n), d_t \xi^n \rangle \Delta t$$

$$- \left\langle b(C^n)\frac{\pi^{n+1} - \pi^n}{\Delta t}, d_t \xi^n \right\rangle \Delta t - \left\langle [b(c^{n+1}) - b(c^n)]\frac{p^{n+1} - p^n}{\Delta t}, d_t \xi^n \right\rangle \Delta t$$

$$- (\Delta t)^3 \left\{\left\langle \left(1 + \frac{h}{2}|U_1^{n+1}|D^{-1}\right)^{-1}\delta_{\bar{x}_1}\left(D\delta_{x_1}\left[\phi^{-1}\left(1 + \frac{h}{2}|U_2^{n+1}|D^{-1}\right)^{-1}\right.\right.\right.\right.$$

$$\left.\left.\left.\left.\cdot \delta_{\bar{x}_2}(D\delta_{x_2} d_t \xi^n)\right]\right), d_t \xi^n \right\rangle\right.$$

$$+ \left\langle \left(1 + \frac{h}{2}|U_1^{n+1}|D^{-1}\right)^{-1}\delta_{\bar{x}_1}\left(D\delta_{x_1}\left[\phi^{-1}\left(1 + \frac{h}{2}|U_3^{n+1}|D^{-1}\right)^{-1}\delta_{\bar{x}_3}(D\delta_{x_3} d_t \xi^n)\right]\right), d_t \xi^n \right\rangle$$

$$+ \left\langle \left(1 + \frac{h}{2}|U_2^{n+1}|D^{-1}\right)^{-1}\delta_{\bar{x}_2}\left(D\delta_{x_2}\left[\phi^{-1}\left(1 + \frac{h}{2}|U_3^{n+1}|D^{-1}\right)^{-1}\right.\right.\right.$$

$$\left.\left.\left.\cdot \delta_{\bar{x}_3}(D\delta_{x_3} d_t \xi^n)\right]\right), d_t \xi^n \right\rangle + \cdots\right\}$$

$$+ (\Delta t)^4 \left\{\left(1 + \frac{h}{2}|U_1^{n+1}|D^{-1}\right)^{-1}\delta_{\bar{x}_1}\left(D\delta_{x_1}\left[\phi^{-1}\left(1 + \frac{h}{2}|U_2^{n+1}|D^{-1}\right)^{-1}\right.\right.\right.$$

$$\left.\left.\left.\cdot \delta_{\bar{x}_2}\left(D\delta_{x_2}\left[\phi^{-1}\left(1 + \frac{h}{2}|U_3^{n+1}|D^{-1}\right)^{-1} \cdot \delta_{\bar{x}_3}(D\delta_{x_3} d_t \xi^n)\right]\right)\right]\right), d_t \xi^n \right\rangle + \cdots\right\}$$

$$+ (\Delta t)^2 \left\{\left\langle \left(1 + \frac{h}{2}|u_1^{n+1}|D^{-1}\right)^{-1}\delta_{\bar{x}_1}\left(D\delta_{x_1}\left(\phi^{-1}\sum_{\beta=1}^{3}\delta_{u_\beta^{n+1}, x_\beta} c^{n+1}\right)\right)\right.\right.$$

$$\left.\left. - \left(1 + \frac{h}{2}|U_1^{n+1}|D^{-1}\right)^{-1}\delta_{\bar{x}_1}\left(D\delta_{x_1}\left(\phi^{-1}\sum_{\beta=1}^{3}\delta_{U_\beta^{n+1}, x_\beta} C^{n+1}\right)\right), d_t \xi^n \right\rangle + \cdots\right\}$$

$$- (\Delta t)^3 \left\langle \left(1 + \frac{h}{2}|u_1^{n+1}|D^{-1}\right)^{-1} \delta_{\bar{x}_1} \left(D\delta_{x_1}\left[\phi^{-1}\left(1 + \frac{h}{2}|u_2^{n+1}|D^{-1}\right)^{-1}\right.\right.\right.$$

$$\left.\left.\left.\cdot \delta_{\bar{x}_2}\left(D\delta_{x_2}\left(\phi^{-1}\sum_{\beta=1}^{3}\delta_{u_\beta^{n+1},x_\beta}c^{n+1}\right)\right)\right]\right),\right.$$

$$- \left(1 + \frac{h}{2}|U_1^{n+1}|D^{-1}\right)^{-1}\delta_{\bar{x}_1}\left(D\delta_{x_1}\left[\phi^{-1}\left(1 + \frac{h}{2}|U_2^{n+1}|D^{-1}\right)^{-1}\right.\right.$$

$$\left.\left.\left.\cdot \delta_{\bar{x}_2}\left(D\delta_{x_2}\left(\phi^{-1}\sum_{\beta=1}^{3}\delta_{U_\beta^{n+1},x_\beta}C^{n+1}\right)\right)\right]\right)\right), d_t\xi^n\right\rangle + \langle\varepsilon^{n+1}, d_t\xi^n\rangle\Delta t. \qquad (9.1.31)$$

首先估计式 (9.1.31) 左端第二项,

$$\left\langle D\delta_{x_\beta}\xi^{n+1}, \delta_{x_\beta}\left[\left(1 + \frac{h}{2}|u_\beta^{n+1}|D^{-1}\right)^{-1}(\xi^{n+1} - \xi^n)\right]\right\rangle$$

$$= \left\langle D\delta_{x_\beta}\xi^{n+1}, \left(1 + \frac{h}{2}|u_\beta^{n+1}|D^{-1}\right)^{-1}\delta_{x_\beta}(\xi^{n+1} - \xi^n)\right\rangle$$

$$+ \left\langle D\delta_{x_\beta}\xi^{n+1}, \delta_{x_\beta}\left(1 + \frac{h}{2}|u_\beta^{n+1}|D^{-1}\right)^{-1}\cdot(\xi^{n+1} - \xi^n)\right\rangle, \quad \beta = 1,2,3.$$

于是有

$$\left\langle D\delta_{x_\beta}\xi^{n+1}, \delta_{x_\beta}\left[\left(1 + \frac{h}{2}|u_\beta^{n+1}|D^{-1}\right)^{-1}(\xi^{n+1} - \xi^n)\right]\right\rangle$$

$$\geqslant \frac{1}{2}\left\{\left\langle D\delta_{x_\beta}\xi^{n+1}, \left(1 + \frac{h}{2}|u_\beta^{n+1}|D^{-1}\right)^{-1}\delta_{x_\beta}\xi^{n+1}\right\rangle\right.$$

$$\left. - \left\langle D\delta_{x_\beta}\xi^{n+1}, \left(1 + \frac{h}{2}|u_\beta^{n+1}|D^{-1}\right)^{-1}\delta_{x_\beta}\xi^n\right\rangle\right\}$$

$$- M|[\delta_{x_\beta}\xi^{n+1}]|^2\Delta t - \varepsilon\|d_t\xi^n\|^2\Delta t, \quad \beta = 1,2,3. \qquad (9.1.32)$$

现估计式 (9.1.31) 右端诸项. 由归纳法假定式 (9.1.20) 可以推出 U^{n+1} 是有界的, 故有

$$\sum_{\beta=1}^{3}\langle\delta_{U_\beta^{n+1},x_\beta}C^{n+1} - \delta_{u_\beta^{n+1},x_\beta}c^{n+1}, d_t\xi^n\rangle\Delta t$$

$$\leqslant M\{\|u^{n+1} - U^{n+1}\|^2 + \|\nabla_h\xi^{n+1}\|^2 + (\Delta t)^2\}\Delta t + \varepsilon\|d_t\xi^n\|^2\Delta t \qquad (9.1.33)$$

现估计式 (9.1.31) 右端第二项, 注意到

$$\left(1+\frac{h}{2}|u_{\beta,ijk}^{n+1}|D_{ijk}^{-1}\right)^{-1} - \left(1+\frac{h}{2}|U_{\beta,ijk}^{n+1}|D_{ijk}^{-1}\right)^{-1}$$

$$=\frac{\frac{h}{2}(|U_{\beta,ijk}^{n+1}|-|u_{\beta,ijk}^{n+1}|)D_{ijk}^{-1}}{\left(1+\frac{h}{2}|u_{\beta,ijk}^{n+1}|D_{ijk}^{-1}\right)\left(1+\frac{h}{2}|U_{\beta,ijk}^{n+1}|D_{ijk}^{-1}\right)}, \quad \beta=1,2,3$$

和归纳法假定式 (9.1.20) 有

$$\sum_{\beta=1}^{3}\left\langle\left[\left(1+\frac{h}{2}|u_\beta^{n+1}|D^{-1}\right)^{-1}-\left(1+\frac{h}{2}|U_\beta^{n+1}|D^{-1}\right)^{-1}\right]\delta_{\bar{x}_\beta}(D\delta_{x_\beta}C^{n+1}),d_t\xi^n\right\rangle\Delta t$$

$$\leqslant M\{||u^{n+1}-U^{n+1}||^2+(\Delta t)^2\}\Delta t+\varepsilon||d_t\xi^n||^2\Delta t. \tag{9.1.34}$$

对估计式 (9.1.31) 右端第三、四、五及最后一项, 由 ε_0-Lipschitz 条件和归纳法假定 (9.1.20) 可以推得

$$\langle g(c^{n+1})-g(C^n),d_t\xi^n\rangle\Delta t\leqslant M\{||\xi^n||^2+(\Delta t)^2\}\Delta t+\varepsilon||d_t\xi^n||^2\Delta t, \tag{9.1.35a}$$

$$-\left\langle b(C^n)\frac{\pi^{n+1}-\pi^n}{\Delta t},d_t\xi^n\right\rangle\Delta t\leqslant M||d_t\pi^n||^2\Delta t+\varepsilon||d_t\varepsilon^n||^2\Delta t, \tag{9.1.35b}$$

$$-\left\langle[b(c^{n+1})-b(C^n)]\frac{p^{n+1}-p^n}{\Delta t},d_t\xi^n\right\rangle\Delta t\leqslant M\{||\xi^n||^2\}\Delta t+(\Delta t)^2\}\Delta t+\varepsilon||d_t\varepsilon^n||^2\Delta t, \tag{9.1.35c}$$

$$\langle\varepsilon^{n+1},d_t\xi^n\rangle\Delta t\leqslant M\{h^4+(\Delta t)^2\}\Delta t+\varepsilon||d_t\xi^n||^2\Delta t. \tag{9.1.35d}$$

现在对估计式 (9.1.31) 右端第六项进行估计.

$$-(\Delta t)^3\left\langle\left(1+\frac{h}{2}|U_1^{n+1}|D^{-1}\right)^{-1}\delta_{\bar{x}_1}\left(D\delta_{x_1}\left[\phi^{-1}\left(1+\frac{h}{2}|U_2^{n+1}|D^{-1}\right)^{-1}\right.\right.\right.$$

$$\left.\left.\left.\cdot\delta_{\bar{x}_2}(D\delta_{x_2}d_t\xi^n)\right]\right),d_t\xi^n\right\rangle$$

$$=(\Delta t)^3\left\langle D\delta_{x_1}\left[\phi^{-1}\left(1+\frac{h}{2}|U_2^{n+1}|D^{-1}\right)^{-1}\delta_{\bar{x}_2}(D\delta_{x_2}d_t\xi^n)\right],\right.$$

$$\left.\delta_{x_1}\left[\left(1+\frac{h}{2}|U_2^{n+1}|D^{-1}\right)^{-1}d_t\xi^n\right]\right\rangle$$

$$=(\Delta t)^3\left\langle D\delta_{x_1}\left(\phi^{-1}\left(1+\frac{h}{2}|U_2^{n+1}|D^{-1}\right)^{-1}\right)\right.$$

$$\cdot \delta_{\bar{x}_2}(D\delta_{x_2}d_t\xi^n) + \phi^{-1}\left(1 + \frac{h}{2}|U_2^{n+1}|D^{-1}\right)^{-1}$$

$$\cdot \delta_{x_1}\delta_{\bar{x}_2}(D\delta_{x_2}d_t\xi^n), \delta_{x_1}\left(1 + \frac{h}{2}|U_1^{n+1}|D^{-1}\right)^{-1}$$

$$\cdot d_t\xi^n + \left(1 + \frac{h}{2}|U_1^{n+1}|D^{-1}\right)^{-1}\cdot \delta_{x_1}d_t\xi^n\bigg\rangle$$

$$= -(\Delta t)^3\bigg\{\bigg\langle D\delta_{x_1}\delta_{x_2}d_t\xi^n + \delta_{x_1}D\cdot\delta_{x_2}d_t\xi^n,$$

$$D\phi^{-1}\left(1 + \frac{h}{2}|U_2^{n+1}|D^{-1}\right)^{-1}\left(1 + \frac{h}{2}|U_1^{n+1}|D^{-1}\right)^{-1}$$

$$\cdot \delta_{x_1}\delta_{x_2}d_t\xi^n + \bigg\{\delta_{x_2}\bigg[D\phi^{-1}\left(1 + \frac{h}{2}|U_2^{n+1}|D^{-1}\right)^{-1}\left(1 + \frac{h}{2}|U_1^{n+1}|D^{-1}\right)^{-1}\bigg]\cdot\delta_{x_2}d_t\xi^n,$$

$$D\phi^{-1}\left(1 + \frac{h}{2}|U_2^{n+1}|D^{-1}\right)^{-1}\cdot\delta_{x_1}\left(1 + \frac{h}{2}|U_1^{n+1}|D^{-1}\right)^{-1}$$

$$\cdot \delta_{x_2}d_t\xi^n + \delta_{x_2}\bigg[D\phi^{-1}\left(1 + \frac{h}{2}|U_2^{n+1}|D^{-1}\right)^{-1}$$

$$\cdot\delta_{x_1}\left(1 + \frac{h}{2}|U_1^{n+1}|D^{-1}\right)^{-1}\bigg]\cdot d_t\xi^n\bigg\}\bigg\rangle + \bigg\langle D\delta_{x_2}\xi^n, D\delta_{x_1}\left(\phi^{-1}\left(1 + \frac{h}{2}|U_2^{n+1}|D^{-1}\right)^{-1}\right.$$

$$\cdot \left(1 + \frac{h}{2}|U_1^{n+1}|D^{-1}\right)^{-1}\bigg)\cdot\delta_{x_1}\delta_{x_2}d_t\xi^n$$

$$+ \bigg\{\delta_{x_2}\bigg[D\delta_{x_1}\left(\phi^{-1}\left(1 + \frac{h}{2}|U_2^{n+1}|D^{-1}\right)^{-1}\right)\cdot\left(1 + \frac{h}{2}|U_1^{n+1}|D^{-1}\right)^{-1}\bigg]$$

$$\cdot \delta_{x_1}d_t\xi^n + D\delta_{x_1}\left(\phi^{-1}\left(1 + \frac{h}{2}|U_2^{n+1}|D^{-1}\right)^{-1}\right)\delta_{x_1}\left(1 + \frac{h}{2}|U_1^{n+1}|D^{-1}\right)^{-1}\delta_{x_2}d_t\xi^n$$

$$+ \delta_{x_2}\bigg[D\delta_{x_1}\left(\phi^{-1}\left(1 + \frac{h}{2}|U_2^{n+1}|D^{-1}\right)^{-1}\right)$$

$$\cdot\delta_{x_1}\left(1 + \frac{h}{2}|U_2^{n+1}|D^{-1}\right)^{-1}\bigg]\cdot d_t\xi^n\bigg\}\bigg\rangle\bigg\}. \tag{9.1.36}$$

对式 (9.1.36) 依次讨论下述诸项:

$$-(\Delta t)^3\bigg\{\bigg\langle D\delta_{x_1}\delta_{x_2}d_t\xi^n, D\phi^{-1}\left(1 + \frac{h}{2}|U_2^{n+1}|D^{-1}\right)^{-1}$$

$$\cdot \left(1 + \frac{h}{2}|U_1^{n+1}|D^{-1}\right)^{-1}\cdot\delta_{x_1}\delta_{x_2}d_t\xi^n\bigg\rangle$$

$$= -(\Delta t)^3 \sum_{i,j,k=1}^{N} D_{i,j-1/2,k} D_{i-1/2jk} \phi_{ijk}^{-1}$$

$$\cdot \left(\left(1 + \frac{h}{2}|U_2^{n+1}|D^{-1}\right)_{ijk}^{-1} \left(1 + \frac{h}{2}|U_1^{n+1}|D^{-1}\right)_{ijk}^{-1} \cdot \delta_{x_1} \delta_{x_2} d_t \xi_{ijk}^n \right)^2 h^3,$$

由于 $0 < D_* \leqslant D(X) \leqslant D^*$, $0 < \phi_* \leqslant \phi(X) \leqslant \phi^*$, 由归纳法假定推出 U^{n+1} 是有界的, 由此可以推出

$$0 < b_1 \leqslant \left(1 + \frac{h}{2}|U_2^{n+1}|D^{-1}\right)_{ijk}^{-1}, \quad 0 < b_2 \leqslant \left(1 + \frac{h}{2}|U_1^{n+1}|D^{-1}\right)_{ijk}^{-1},$$

于是有

$$-(\Delta t)^3 \left\langle D\delta_{x_1}\delta_{x_2} d_t \xi^n, D\phi^{-1} \left(1 + \frac{h}{2}|U_2^{n+1}|D^{-1}\right)^{-1} \right.$$

$$\cdot \left. \left(1 + \frac{h}{2}|U_1^{n+1}|D^{-1}\right)^{-1} \cdot \delta_{x_1}\delta_{x_2} d_t \xi^n \right\rangle$$

$$\leqslant -(\Delta t)^3 D_*^2 (\phi^*)^{-1} b_1 b_2 \sum_{ij,k=1}^{N} (\delta_{x_1}\delta_{x_2} d_t \xi^n)^2 h^3. \tag{9.1.37a}$$

对于含有 $\delta_{x_1}\delta_{x_2} d_t \xi^n$ 的其余诸项, 它们是

$$-(\Delta t)^3 \left\{ \left\langle D\delta_{x_1}\delta_{x_2} d_t \xi^n, \delta_{x_2} \left[D\phi^{-1} \left(1 + \frac{h}{2}|U_2^{n+1}|D^{-1}\right)^{-1} \right. \right. \right.$$

$$\cdot \left. \left. \left(1 + \frac{h}{2}|U_1^{n+1}|D^{-1}\right)^{-1} \right] \cdot \delta_{x_1} d_t \xi^n \right.$$

$$+ D\phi^{-1} \left(1 + \frac{h}{2}|U_2^{n+1}|D^{-1}\right)^{-1} \delta_{x_1} \left(1 + \frac{h}{2}|U_1^{n+1}|D^{-1}\right)^{-1} \cdot \delta_{x_2} d_t \xi^n \right\rangle$$

$$+ \left\langle \delta_{x_1} D \cdot \delta_{x_2} d_t \xi^n, D\phi^{-1} \left(1 + \frac{h}{2}|U_2^{n+1}|D^{-1}\right)^{-1} \right.$$

$$\cdot \left. \left(1 + \frac{h}{2}|U_1^{n+1}|D^{-1}\right)^{-1} \cdot \delta_{x_1}\delta_{x_2} d_t \xi^n \right\rangle$$

$$+ \left\langle D\delta_{x_2} d_t \xi^n, D\delta_{x_1} \left(\phi^{-1} \left(1 + \frac{h}{2}|U_2^{n+1}|D^{-1}\right)^{-1} \right. \right.$$

$$\cdot \left. \left. \left(1 + \frac{h}{2}|U_1^{n+1}|D^{-1}\right)^{-1} \cdot \delta_{x_1}\delta_{x_2} d_t \xi^n \right) \right\rangle \right\}. \tag{9.1.37b}$$

首先讨论第一项

$$-(\Delta t)^3 \left\langle D\delta_{x_1}\delta_{x_2}d_t\xi^n, \delta_{x_2}\left[D\phi^{-1}\left(1+\frac{h}{2}|U_2^{n+1}|D^{-1}\right)^{-1}\right.\right.$$

$$\left.\left.\cdot\left(1+\frac{h}{2}|U_1^{n+1}|D^{-1}\right)^{-1}\right]\cdot\delta_{x_1}d_t\xi^n\right\rangle$$

$$=-(\Delta t)^3\sum_{i,j,k=1}^N D_{i,j-1/2k}\delta_{x_2}\left[D_{i-1/2,jk}\phi_{ijk}^{-1}\left(1+\frac{h}{2}|U_2^{n+1}|D^{-1}\right)^{-1}_{ijk}\right.$$

$$\left.\cdot\left(1+\frac{h}{2}|U_1^{n+1}|D^{-1}\right)^{-1}_{ijk}\right]\delta_{x_1}\delta_{x_2}d_t\xi_{ijk}^n\cdot\delta_{x_1}d_t\xi_{ijk}^n h^3.$$

由归纳法假定和逆定理, 可以推出 $h\|U^{n+1}\|_{1,\infty}$ 是有界, 于是可推出

$$\delta_{x_2}\left(1+\frac{h}{2}|U_2^{n+1}|D^{-1}\right)^{-1}_{ijk}, \quad \delta_{x_2}\left(1+\frac{h}{2}|U_1^{n+1}|D^{-1}\right)^{-1}_{ijk}$$

是有界的. 应用 ε-Cauchy 不等公式可以推出

$$-(\Delta t)^3\left\langle D\delta_{x_1}\delta_{x_2}d_t\xi^n, \delta_{x_2}\left[D\phi^{-1}\left(1+\frac{h}{2}|U_2^{n+1}|D^{-1}\right)^{-1}\right.\right.$$

$$\left.\left.\cdot\left(1+\frac{h}{2}|U_1^{n+1}|D^{-1}\right)^{-1}\right]\cdot\delta_{x_1}d_t\xi^n\right\rangle$$

$$\leqslant\varepsilon(\Delta t)^3\sum_{i,j,k=1}^N\left(\delta_{x_1}\delta_{x_2}d_t\xi_{ijk}^n\right)^2 h^3+M(\Delta t)^3\sum_{i,j,k=1}^N(\delta_{x_1}d_t\xi^n)^2 h^3. \quad (9.1.37c)$$

对式 (9.1.37b) 中其余诸项可进行类似的估算.

$$-(\Delta t)^3\left\{\left\langle\left(1+\frac{h}{2}|U_1^{n+1}|D^{-1}\right)^{-1}\delta_{\bar{x}_1}\left(D\delta_{x_1}\left[\phi^{-1}\left(1+\frac{h}{2}|U_2^{n+1}|D^{-1}\right)^{-1}\right.\right.\right.\right.$$

$$\left.\left.\left.\left.\cdot\delta_{\bar{x}_2}(D\delta_{x_2}d_t\xi^n)\right]\right)\right), d_t\xi^n\right\rangle + \cdots\right\}$$

$$\leqslant M\{\|\nabla_h\xi^{n+1}\|^2+\|\nabla_h\xi^n\|^2+\|\xi^{n+1}\|^2+\|\xi^n\|^2\}\Delta t. \quad (9.1.38)$$

同理对式 (9.1.31) 第六项其他部分, 也可得估计式 (9.1.38).

对于第七—九项, 由限制性条件式 (9.1.16) 和归纳法假定 (9.1.20) 和逆估计可得

$$(\Delta t)^4\left\{\left\langle\left(1+\frac{h}{2}|U_1^{n+1}|D^{-1}\right)^{-1}\delta_{\bar{x}_1}\left(D\delta_{x_1}\left[\phi^{-1}\left(1+\frac{h}{2}|U_2^{n+1}|D^{-1}\right)^{-1}\right.\right.\right.\right.$$

$$\cdot \delta_{\bar{x}_2}\left(D\delta_{x_2}\left[\phi^{-1}\left(1+\frac{h}{2}|U_3^{n+1}|D^{-1}\right)^{-1}\cdot \delta_{\bar{x}_3}(D\delta_{x_3}d_t\xi^n)\right]\right)\right)\right), d_t\xi^n\Big\rangle + \cdots\Big\}$$

$$\leqslant \varepsilon||d_t\xi^n||^2\Delta t + M\{||\nabla_h\xi^{n+1}||^2 + ||\nabla_h\xi^n||^2 + ||\xi^n||^2 + (\Delta t)^2\}\Delta t. \tag{9.1.39}$$

$$(\Delta t)^2\left\{\left\langle\left(1+\frac{h}{2}|u_1^{n+1}|D^{-1}\right)^{-1}\delta_{\bar{x}_1}\left(D\delta_{x_1}\left(\phi^{-1}\sum_{\beta=1}^3\delta_{u_\beta^{n+1},x_\beta}c^{n+1}\right)\right)\right.\right.$$

$$\left.-\left(1+\frac{h}{2}|U_1^{n+1}|D^{-1}\right)^{-1}\delta_{\bar{x}_1}\left(D\delta_{x_1}\left(\phi^{-1}\sum_{\beta=1}^3\delta_{U_\beta^{n+1},x_\beta}C^{n+1}\right)\right), d_t\xi^n\right\rangle + \cdots\right\}$$

$$-(\Delta t)^3\left\langle\left(1+\frac{h}{2}|u_1^{n+1}|D^{-1}\right)^{-1}\delta_{\bar{x}_1}\left(D\delta_{x_1}\left(\phi^{-1}\left(1+\frac{h}{2}|u_2^{n+1}|D^{-1}\right)^{-1}\right.\right.\right.$$

$$\cdot \delta_{\bar{x}_2}\left(D\delta_{x_2}\left(\phi^{-1}\sum_{\beta=1}^3\delta_{u_\beta^{n+1},x_\beta}c^{n+1}\right)\right)\right)\right)\right), \tag{9.1.40}$$

$$-\left(1+\frac{h}{2}|U_1^{n+1}|D^{-1}\right)^{-1}\delta_{\bar{x}_1}\left(D\delta_{x_1}\left(\phi^{-1}\left(1+\frac{h}{2}|U_2^{n+1}|D^{-1}\right)^{-1}\right.\right.$$

$$\cdot \delta_{\bar{x}_2}\left(D\delta_{x_2}\left(\phi^{-1}\sum_{\beta=1}^3\delta_{U_\beta^{n+1},x_\beta}C^{n+1}\right)\right)\right)\right)\right), d_t\xi^n\Big\rangle$$

$$\leqslant \varepsilon||d_t\xi^n||^2\Delta t + M\{||u^{n+1} - U^{n+1}||^2 + ||\nabla_h\xi^{n+1}||^2$$

$$+ ||\nabla_h\xi^n||^2 + ||\xi^{n+1}||^2 + ||\xi^n||^2 + (\Delta t)^2\}\Delta t.$$

对误差估计式 (9.1.31), 应用式 (9.1.38)—式 (9.1.40), 经计算可得

$$||d_t\xi^n||^2\Delta t + 1/2\sum_\beta^3\left[\left\langle D\delta_{x_\beta}\xi^{n+1}, \left(1+\frac{h}{2}|u_\beta^{n+1}|D^{-1}\right)^{-1}\delta_{x_\beta}\xi^{n+1}\right\rangle\right.$$

$$\left.-\left\langle D\delta_{x_\beta}\xi^n, \left(1+\frac{h}{2}|u_\beta^{n+1}|D^{-1}\right)^{-1}\delta_{x_\beta}\xi^n\right\rangle\right]$$

$$\leqslant \varepsilon||d_t\xi^n||^2\Delta t + M\{||u^{n+1} - U^{n+1}||^2 + ||d_t\pi^n||^2 + ||\nabla_h\xi^{n+1}||^2$$

$$+ ||\nabla_h\xi^n||^2 + ||\xi^{n+1}||^2 + ||\xi^n||^2 + (\Delta t)^2\}\Delta t. \tag{9.1.41}$$

对压力函数误差估计式 (9.1.28) 关于 t 求和 $0 \leqslant n \leqslant L$, 注意到 $\pi^0 = 0$, 可得

$$\sum_{n=0}^L||d_t\pi^n||^2\Delta t + \langle A^L\nabla_h\pi^{L+1}, \nabla_h\pi^{L+1}\rangle - \langle A^0\nabla_h\pi^0\nabla_h\pi^0\rangle$$

$$\leqslant \sum_{n=1}^{L}\langle [A^n - A^{n-1}]\nabla_h \pi^n, \nabla_h \pi^n\rangle + M\sum_{n=1}^{L}\{||\xi^n||_1^2 + h^4 + (\Delta t)^2\}\Delta t, \quad (9.1.42)$$

则对式 (9.1.42) 右端第一项有下述估计

$$\sum_{n=0}^{L}\langle [A^n - A^{n-1}]\nabla_h \pi^n, \nabla_h \pi^n\rangle \leqslant \varepsilon \sum_{n=1}^{L}||d_t \xi^{n-1}||^2\Delta t + M||\nabla_h \pi^n||^2\Delta t. \quad (9.1.43)$$

对估计式 (9.1.42) 应用 (9.1.43) 可得

$$\sum_{n=0}^{L}||d_t \pi^n||^2\Delta t + \langle A^L\nabla_h\pi^{L+1}, \nabla_h\pi^{L+1}\rangle$$

$$\leqslant \varepsilon \sum_{n=1}^{L}||d_t\xi^{n-1}||^2\Delta t + M\sum_{n=1}^{L}\{||\xi^n||_1^2 + ||\nabla_h\pi^n||^2 + h^4 + (\Delta t)^2\}\Delta t. \quad (9.1.44)$$

其次对饱和度函数误差估计式 (9.1.41) 对于 t 求和 $0 \leqslant n \leqslant L$, 注意到 $\xi^0 = 0$, 并利用估度式 $||u^{n+1} - U^{n+1}||^2 \leqslant M\{||\xi^n||^2 + ||\nabla_h\pi^{n+1}||^2 + h^4\}$ 可得

$$\sum_{n=0}^{L}||d_t\xi^n||^2\Delta t + \frac{1}{2}\sum_{\beta=1}^{3}\left[\left\langle D\delta_{x_\beta}\xi^{L+1}, \left(1 + \frac{h}{2}|u_\beta^{L+1}|D^{-1}\right)^{-1}\delta_{x_\beta}\xi^{L+1}\right\rangle\right.$$

$$\left. - \left\langle D\delta_{x_\beta}\xi^0, \left(1 + \frac{h}{2}|u_\beta^0|D^{-1}\right)^{-1}\delta_{x_\beta}\xi^0\right\rangle\right]$$

$$\leqslant \sum_{n=1}^{L}\left\{\sum_{\beta=1}^{3}\left\langle D\delta_{x_\beta}\xi^n, \left[\left(1 + \frac{h}{2}|u_\beta^{n+1}|D^{-1}\right)^{-1} - \left(1 + \frac{h}{2}|u_\beta^n|D^{-1}\right)^{-1}\right]\delta_{x_\beta}\xi^n\right\rangle\right\}$$

$$+ \varepsilon||d_t\xi^n||^2\Delta t + M\{||d_t\pi^n||^2 + ||\nabla_h\xi^{n+1}||^2 + ||\nabla_h\xi^n||^2$$

$$+ ||\xi^{n+1}||^2 + ||\xi^n||^2 + (\Delta t)^2\}\Delta t. \quad (9.1.45)$$

注意到

$$\left|\left(1 + \frac{h}{2}|u_{\beta,ijk}^{n+1}|D_{ijk}^{-1}\right)^{-1} - \left(1 + \frac{h}{2}|u_{\beta,ijk}^n|D_{ijk}^{-1}\right)^{-1}\right|$$

$$= \frac{\left|\frac{h}{2}(|u_{\beta,ijk}^n| - |u_{\beta,ijk}^{n+1}|)D_{ijk}^{-1}\right|}{\left(1 + \frac{h}{2}|u_{\beta,ijk}^{n+1}|D_{ijk}^{-1}\right) - \left(1 + \frac{h}{2}|u_{\beta,ijk}^n|D_{ijk}^{-1}\right)}$$

$$\leqslant \frac{\frac{h}{2}D_{ijk}^{-1}|d_tu_{\beta,ijk}^n|\Delta t}{\left(1 + \frac{h}{2}|u_{\beta,ijk}^{n+1}|D_{ijk}^{-1}\right)\left(1 + \frac{h}{2}|u_{\beta,ijk}^n|D_{ijk}^{-1}\right)} \leqslant Mh\Delta t, \quad \beta = 1, 2, 3, \quad (9.1.46)$$

对误差方程 (9.1.45), 应用式 (9.1.46) 有

$$\sum_{n=0}^{L} ||d_t \xi^n||^2 \Delta t + \frac{1}{2} \sum_{\beta=1}^{3} \left\langle D\delta_{x_\beta} \xi^{L+1}, \left(1 + \frac{h}{2}|u_\beta^{L+1}|D^{-1}\right)^{-1} \delta_{x_\beta}\xi^{L+1} \right\rangle$$

$$\leqslant M\sum_{n=0}^{L}||d_t\xi^n||^2 \Delta t$$

$$+ M\sum_{n=0}^{L}\{||\nabla_h \pi^{n+1}||^2 + ||\nabla_h \xi^{n+1}||_1^2 + h^4 + (\Delta t)^2\}\Delta t. \qquad (9.1.47)$$

注意到当 $\pi^0 = \xi^0 = 0$ 时有

$$||\pi^{L+1}||^2 \leqslant \varepsilon \sum_{n=0}^{L}||d_t\pi^n||^2 \Delta t + M \sum_{n=0}^{L} ||\pi^n||^2 \Delta t,$$

$$||\xi^{L+1}||^2 \leqslant \varepsilon \sum_{n=0}^{L}||d_t\xi^n||^2 \Delta t + M \sum_{n=0}^{L} ||\xi^n||^2 \Delta t.$$

组合式 (9.1.44) 和式 (9.1.47) 可得

$$\sum_{n=0}^{L}[||d_t\pi^n||^2 + ||d_t\xi^n||^2]\Delta t + ||\pi^{L+1}||_1^2 + ||\xi^{L+1}||_1^2$$

$$\leqslant M\sum_{n=0}^{L}\{||\pi^{n+1}||_1^2 + ||\xi^{n+1}||_1^2 + h^4 + (\Delta t)^2\}\Delta t. \qquad (9.1.48)$$

应用 Gronwall 引理可得

$$\sum_{n=0}^{L}[||d_t\pi^n||^2 + ||d_t\xi^n||^2]\Delta t + ||\pi^{L+1}||_1^2 + ||\xi^{L+1}||_1^2 \leqslant M\{h^4 + (\Delta t)^2\}. \quad (9.1.49)$$

下面需要检验归纳法假定式 (9.1.20). 对于 $n=0$, 由于 $\pi^0 = \xi^0 = 0$, 故式 (9.1.20) 是正确的. 若对任意的正整数 $l, 1 \leqslant n \leqslant l$ 时式 (9.1.20) 成立, 由式 (9.1.49) 可得 $||\pi^{l+1}||_1 + ||\xi^{l+1}||_1 \leqslant M\{h^2 + \Delta t\}$, 由限制性条件 (9.1.6) 和逆估计有 $||\pi^{l+1}||_{1,\infty} + ||\xi^{l+1}||_{1,\infty} \leqslant Mh^{1/2}$, 归纳法假定式 (9.1.20) 成立.

在此基础上, 讨论组分浓度方程的误差估计. 为此将式 (9.1.14a), (9.1.14c) 和 (9.1.14e) 消去 $S_\alpha^{n+1/3}, S_\alpha^{n+2/3}$ 可得

$$\phi_{ijk}C_{ijk}^{n+1}\frac{S_{\alpha,ijk}^{n+1} - S_{\alpha,ijk}^n}{\Delta t} - \sum_{\beta=1}^{3}(C^{n+1}\phi K_\alpha \delta_{x_\beta}S_\alpha^{n+1})_{ijk}$$

$$= -\sum_{\beta=1}^{3}\delta_{U_\beta^{n+1},x_\beta}S_{\alpha,ijk}^{n+1} + Q_\alpha(S_{\alpha,ijk}^n)$$

$$- S_{\alpha,ijk}^n \left(q(C_{ijk}^{n+1}) - d(C_{ijk}^{n+1}) \frac{P_{ijk}^{n+1} - P_{ijk}^n}{\Delta t} + \phi_{ijk} \frac{C_{ijk}^{n+1} - C_{ijk}^n}{\Delta t} \right)$$

$$- (\Delta t)^2 \{ \delta_{\bar{x}_1}(C^{n+1}\phi K_\alpha \delta_{x_1}((C^{n+1}\phi)^{-1}\delta_{\bar{x}_2}(C^{n+1}\phi K_\alpha \delta_{x_2} d_t S_\alpha^n)))_{ijk}$$

$$+ \delta_{\bar{x}_1}(C^{n+1}\phi K_\alpha \delta_{x_1}((C^{n+1}\phi)^{-1} \cdot \delta_{\bar{x}_3}(C^{n+1}\phi K_\alpha \delta_{x_3} d_t S_\alpha^n)))_{ijk}$$

$$+ \delta_{\bar{x}_2}(C^{n+1}\phi K_\alpha \delta_{x_2}((C^{n+1}\phi)^{-1}\delta_{\bar{x}_3}(C^{n+1}\phi K_\alpha \delta_{x_3} d_t S_\alpha^n)))_{ijk} \}$$

$$+ (\Delta t)^3 \delta_{\bar{x}_1}(C^{n+1}\phi K_\alpha \delta_{x_1}((C^{n+1}\phi)^{-1}\delta_{\bar{x}_2}(C^{n+1}\phi K_\alpha \delta_{x_1}((C^{n+1}\phi)^{-1}\delta_{\bar{x}_3}$$

$$\cdot (C^{n+1}\phi K_\alpha \delta_{x_3} d_t S_\alpha^n)))))_{ijk}$$

$$- \Delta t \left\{ \delta_{\bar{x}_1} \left(C^{n+1}\phi K_\alpha \delta_{x_1} \left((C^{n+1}\phi)^{-1} \sum_{\beta=1}^3 \delta_{\bar{U}_\beta^{n+1},x_\beta} S_{\alpha,ijk}^{n+1} \right) \right)_{ijk} \right.$$

$$\left. + \delta_{\bar{x}_2} \left(C^{n+1}\phi K_\alpha \delta_{x_2} \left((C^{n+1}\phi)^{-1} \sum_{\beta=1}^3 \delta_{\bar{U}_\beta^{n+1},x_\beta} S_\alpha^{n+1} \right) \right)_{ijk} \right\}$$

$$+ (\Delta t)^2 \delta_{\bar{x}_1} \left(C^{n+1}\phi K_\alpha \delta_{x_1} \left((C^{n+1}\phi)^{-1} \right. \right.$$

$$\left. \left. \cdot \delta_{\bar{x}_2} \left(C^{n+1}\phi K_\alpha \delta_{x_2} \left((C^{n+1}\phi)^{-1} \sum_{\beta=1}^3 \delta_{\bar{U}_\beta^{n+1},x_\beta} S_\alpha^{n+1} \right) \right) \right) \right)_{ijk},$$

$$1 \leqslant i,j,k \leqslant N-1, \quad \alpha = 1,2,\cdots,n_c, \tag{9.1.50a}$$

$$S_{\alpha,ijk}^{n+1} = h_{\alpha,ijk}^{n+1}, \quad X_{ijk} \in \partial\Omega_h, \quad \alpha = 1,2,\cdots,n_c. \tag{9.1.50b}$$

由方程式 (9.1.7)$(t = t^{n+1})$ 和式 (9.1.50) 可导出组分浓度函数的误差方程:

$$\phi_{ijk} C_{ijk}^{n+1} \frac{\zeta_{\alpha,ijk}^{n+1} - \zeta_{\alpha,ijk}^n}{\Delta t} - \sum_{\beta=1}^3 \delta_{\bar{x}_\beta}(C^{n+1}\phi K_\alpha \delta_{x_\beta} \zeta_\alpha^{n+1})_{ijk}$$

$$= \left\{ \phi(C^{n+1} - c^{n+1}) \frac{\partial s_\alpha}{\partial t} \right\}_{ijk} + \sum_{\beta=1}^3 \delta_{\bar{x}_\beta}((c^{n+1} - C^{n+1})\phi K_\alpha \delta_{x_\beta} s_\alpha^{n+1})_{ijk}$$

$$+ \sum_{\beta=1}^3 \{ \delta_{\bar{U}_\beta^{n+1},x_\beta} S_\alpha^{n+1} - \delta_{u_\beta^{n+1},x_\beta} s_\alpha^{n+1} \}_{ijk} + Q_\alpha(c_{ijk}^{n+1}, s_{\alpha,ijk}^{n+1})$$

$$- Q_\alpha(C_{ijk}^{n+1}, S_{\alpha,ijk}^{n+1}) + \left\{ (S_\alpha^n q(C^{n+1}) - S_\alpha^n q(c^{n+1}))_{ijk} \right.$$

$$+ \left(s_\alpha^{n+1} d(c^{n+1}) \frac{\partial p^{n+1}}{\partial t} - S_\alpha^n d(C^{n+1}) \frac{P^{n+1} - P^n}{\Delta t} \right)_{ijk}$$

$$\left. + \left(S_\alpha^n \phi \frac{C^{n+1} - C^n}{\Delta t} - s_\alpha^{n+1} \phi \frac{\partial c^{n+1}}{\partial t} \right)_{ijk} \right\}$$

$$- (\Delta t)\{[\delta_{\bar{x}_1}(c^{n+1}\phi K_\alpha \delta_{x_1}((c^{n+1}\phi)^{-1}\delta_{\bar{x}_2}(c^{n+1}\phi K_\alpha \delta_{x_2}d_t s_\alpha^n)))_{ijk}$$

$$- \delta_{\bar{x}_1}(C^{n+1}\phi K_\alpha \delta_{x_1}((C^{n+1}\phi)^{-1}\delta_{\bar{x}_2}(C^{n+1}\phi K_\alpha \delta_{x_2}d_t S_\alpha^n)))_{ijk}] + \cdots$$

$$+ [\delta_{\bar{x}_2}(c^{n+1}\phi K_\alpha \delta_{x_1}((c^{n+1}\phi)^{-1}\delta_{\bar{x}_3}(c^{n+1}\phi K_\alpha \delta_{x_3}d_t s_\alpha^n)))_{ijk}$$

$$- \delta_{\bar{x}_2}(C^{n+1}\phi K_\alpha \delta_{x_1}((C^{n+1}\phi)^{-1}\delta_{\bar{x}_3}(C^{n+1}\phi K_\alpha \delta_{x_3}d_t S_\alpha^n)))_{ijk}]\}$$

$$+ (\Delta t)^3\{\delta_{\bar{x}_1}(c^{n+1}\phi K_\alpha \delta_{x_1}((c^{n+1}\phi)^{-1}\delta_{\bar{x}_2}$$

$$\cdot (c^{n+1}\phi K_\alpha \delta_{x_2}((c^{n+1}\phi)^{-1}\delta_{\bar{x}_3}(c^{n+1}\phi K_\alpha \delta_{x_3}d_t s_\alpha^n)))))_{ijk}$$

$$- \delta_{\bar{x}_1}(C^{n+1}\phi K_\alpha \delta_{x_1}((C^{n+1}\phi)^{-1}\delta_{\bar{x}_2}(C^{n+1}\phi K_\alpha \delta_{x_2}((C^{n+1}\phi)^{-1}\delta_{\bar{x}_3}$$

$$\cdot (C^{n+1}\phi K_\alpha \delta_{x_3}d_t S_\alpha^n)))))_{ijk}\} - \Delta t\Bigg\{\Big[\delta_{\bar{x}_1}(c^{n+1}\phi K_\alpha \delta_{x_1}(c^{n+1}\phi)^{-1})$$

$$+ \delta_{\bar{x}_2}(c^{n+1}\phi K_\alpha \delta_{x_2}(c^{n+1}\phi)^{-1})\Big]\sum_{\beta=1}^{3}\delta_{u_\beta^{n+1},x_\beta}s_{\alpha,ijk}^{n+1}$$

$$- \Big[\delta_{\bar{x}_1}(C^{n+1}\phi K_\alpha \delta_{x_1}(C^{n+1}\phi)^{-1})+$$

$$\cdot \delta_{\bar{x}_2}(C^{n+1}\phi K_\alpha \delta_{x_2}\left(C^{n+1}\phi\right)^{-1})\Big]\sum_{\beta=1}^{3}\delta_{\bar{U}_\beta^{n+1},x_\beta}S_{\alpha,ijk}^{n+1}\Bigg\}$$

$$+ (\Delta t)^2\Bigg\{\delta_{\bar{x}_1}\left(c^{n+1}\phi K_\alpha \delta_{x_1}\left((c^{n+1}\phi)^{-1}\delta_{\bar{x}_2}\left(c^{n+1}\phi K_\alpha \delta_{x_2}\right.\right.\right.$$

$$\left.\left.\left.\cdot ((c^{n+1}\phi)^{-1})\sum_{\beta=1}^{3}\delta_{u_\beta^{n+1},x_\beta}s_\alpha^{n+1}\right)\right)\right)_{ijk}$$

$$- \delta_{\bar{x}_1}\left(C^{n+1}\phi K_\alpha \delta_{x_1}\left((C^{n+1}\phi)^{-1}\delta_{\bar{x}_2}\left(C^{n+1}\phi K_\alpha \delta_{x_2}\right.\right.\right.$$

$$\left.\left.\left.\cdot((C^{n+1}\phi)^{-1})\sum_{\beta=1}^{3}\delta_{\bar{U}_\beta^{n+1},x_\beta}S_\alpha^{n+1}\right)\right)\right)_{ijk}\Bigg\} + \varepsilon_{\alpha,ijk},$$

$$1 \leqslant i,j,k \leqslant N-1, \quad \alpha = 1,2,\cdots,n_c, \tag{9.1.51a}$$

$$\zeta_{\alpha,ijk}^{n+1} = 0, \quad X_{ijk} \in \partial\Omega_h, \quad \alpha = 1,2,\cdots,n_c, \tag{9.1.51b}$$

此处 $|\varepsilon_{\alpha,ijk}| \leqslant M\{h+\Delta t\}, \alpha = 1,2,\cdots,n_c.$

在数值分析中, 注意到油藏区域中处处存在束缚水的特性, 即有 $c(X,t) \geqslant c_* > 0$, 此处 c_* 是正常数. 由于我们已证明关于水相饱和度函数 $c(X,t)$ 的收敛性分析式 (9.1.49), 得知对适当小的 h 和 Δt 有

$$C(X,t) \geqslant \frac{c_*}{2}. \tag{9.1.52}$$

对组分浓度误差方程 (9.1.51) 乘以 $\delta_t\zeta_{\alpha,ijk}^n = d_t\zeta_{\alpha,ijk}^n\Delta t = \zeta_{\alpha,ijk}^{n+1} - \zeta_{\alpha,ijk}^n$ 作内积可得

$$\left\langle \phi C^{n+1} \frac{\zeta_\alpha^{n+1} - \zeta_\alpha^n}{\Delta t}, d_t \zeta_\alpha^n \right\rangle \Delta t + \sum_{\beta=1}^{3} \langle C^{n+1} \phi K_\alpha \delta_{x_\beta} \zeta_\alpha^{n+1}, \delta_{x_\beta}(\zeta_\alpha^{n+1} - \zeta_\alpha^n) \rangle$$

$$= \left\langle \phi(C^{n+1} - c^{n+1}) \frac{\partial s_\alpha}{\partial t}, d_t \zeta_\alpha^n \right\rangle \Delta t + \sum_{\beta=1}^{3} \langle \delta_{\bar{x}_\beta}((c^{n+1} - C^{n+1}) \phi K_\alpha \delta_{x_\beta} s_\alpha^{n+1}), d_t \zeta_\alpha^n \rangle \Delta t$$

$$+ \sum_{\beta=1}^{3} \langle \delta_{\bar{U}_\beta^{n+1}, x_\beta} S_\alpha^{n+1} - \delta_{u_\beta^{n+1}, x_\beta} s_\alpha^{n+1}, d_t \zeta_\alpha^n \rangle \Delta t$$

$$+ \langle Q_\alpha(c^{n+1}, s_\alpha^{n+1}) - Q_\alpha(C^{n+1}, S_\alpha^{n+1}), d_t \zeta_\alpha^n \rangle \Delta t$$

$$+ \langle S_\alpha^{n+1} q(C^{n+1}) - s_\alpha^{n+1} q(c^{n+1}), d_t \zeta_\alpha^n \rangle \Delta t$$

$$+ \left\langle s_\alpha^{n+1} d(c^{n+1}) \frac{\partial p^{n+1}}{\partial t} - S_\alpha^n d(C^{n+1}) \frac{P^{n+1} - P^n}{\Delta t}, d_t \zeta_\alpha^n \right\rangle \Delta t$$

$$+ \left\langle S_\alpha^n \phi \frac{C^{n+1} - C^n}{\Delta t} - s_\alpha^{n+1} \phi \frac{\partial c^{n+1}}{\partial t} d_t \zeta_\alpha^n \right\rangle \Delta t$$

$$- (\Delta t)^3 \{ \langle \delta_{\bar{x}_1}(c^{n+1} \phi K_\alpha \delta_{x_1}((c^{n+1} \phi)^{-1} \delta_{\bar{x}_2}(c^{n+1} \phi K_\alpha \delta_{x_2} d_t s_\alpha^n)))$$

$$- \delta_{\bar{x}_1}(C^{n+1} \phi K_\alpha \delta_{x_1}((C^{n+1} \phi)^{-1} \delta_{\bar{x}_2}(C^{n+1} \phi K_\alpha \delta_{x_2} d_t S_\alpha^n))), d_t \zeta_\alpha^n \rangle + \cdots \}$$

$$+ (\Delta t)^4 \langle \delta_{\bar{x}_1}(c^{n+1} \phi K_\alpha \delta_{x_1}((c^{n+1} \phi)^{-1} \delta_{\bar{x}_2}$$

$$\cdot (c^{n+1} \phi K_\alpha \delta_{x_2}((c^{n+1} \phi)^{-1} \delta_{\bar{x}_3}(c^{n+1} \phi K_\alpha \delta_{x_3} d_t s_\alpha^n)))))$$

$$- \delta_{\bar{x}_1}(C^{n+1} \phi K_\alpha \delta_{x_1}((C^{n+1} \phi)^{-1} \delta_{\bar{x}_2}$$

$$\cdot (C^{n+1} \phi K_\alpha \delta_{x_2}((C^{n+1} \phi)^{-1} \delta_{\bar{x}_3}(C^{n+1} \phi K_\alpha \delta_{x_3} d_t S_\alpha^n)))))_{ijk}, d_t \zeta_\alpha^n \rangle$$

$$- (\Delta t)^2 \left\langle [\delta_{\bar{x}}(c^{n+1} \phi K_\alpha \delta_{x_1}) \right.$$

$$+ \delta_{\bar{x}_2}(c^{n+1} p K_\alpha \delta_{x_2})] \sum_{\beta=1}^{3} ((c^{n+1} p)^{-1} \delta_{u_\beta^{n+1}, x_\beta} s_\alpha^{n+1}))$$

$$- [\delta_{\bar{x}_1}(C^{n+1} \phi K_\alpha \delta_{x_1}) + \delta_{\bar{x}_2}(C^{n+1} \phi K_\alpha \delta_{x_2})] \sum_{\beta=1}^{3} ((C^{n+1} \phi)^{-1} \delta_{\bar{U}_\beta^{n+1}, x_\beta} S_\alpha^{n+1}), d_t \zeta_\alpha^n \right\rangle$$

$$+ (\Delta t)^3 \left\langle \delta_{\bar{x}_1} \left(c^{n+1} \phi K_\alpha \delta_{x_1} \left((c^{n+1} \phi)^{-1} \delta_{\bar{x}_2} \right. \right. \right.$$

$$\cdot \left(c^{n+1} \phi K_\alpha \delta_{x_2} \left((c^{n+1} \phi)^{-1} \sum_{\beta=1}^{3} \delta_{u_\beta^{n+1}, x_\beta} s_\alpha^{n+1} \right) \right) \right)$$

$$- \delta_{\bar{x}_1} \left(C^{n+1} \phi K_\alpha \delta_{x_1} \left((C^{n+1} \phi)^{-1} \delta_{\bar{x}_2} \left(C^{n+1} \phi K_\alpha \delta_{x_2} \right. \right. \right.$$

$$\cdot \left. \left. \left((C^{n+1} \phi)^{-1} \sum_{\beta=1}^{3} \delta_{\bar{U}_\beta^{n+1}, x_\beta} S_\alpha^{n+1} \right) \right) \right), d_t \zeta_\alpha^n \right\rangle + \langle \varepsilon_\alpha, d_t \zeta_\alpha^n \rangle \Delta t. \tag{9.1.53}$$

首先估计式 (9.1.53) 左端诸项.

$$\langle \phi C^{n+1} d_t \zeta_\alpha^n, d_t \zeta_\alpha^n \rangle \Delta t \geqslant 1/2 \phi_* c_* ||d_t \zeta_\alpha^n||^2 \Delta t, \tag{9.1.54a}$$

$$\sum_{\beta=1}^{3} \langle C^{n+1} \phi K_\alpha \delta_{x_\beta} \zeta_\alpha^{n+1}, \delta_{x_\beta} (\zeta_\alpha^{n+1} - \zeta_\alpha^n) \rangle$$

$$\geqslant \frac{1}{2} \sum_{\beta=1}^{3} \{ \langle C^{n+1} \phi K_\alpha \delta_{x_\beta} \zeta_\alpha^{n+1}, \delta_{x_\beta} \zeta_\alpha^{n+1} \rangle - \langle C^{n+1} \phi K_\alpha \delta_{x_\beta} \zeta_\alpha^n, \delta_{x_\beta} \zeta_\alpha^n \rangle \}. \tag{9.1.54b}$$

再估计式 (9.1.53) 右端诸项.

$$\left\langle \phi (C^{n+1} - c^{n+1}) \frac{\partial s_\alpha}{\partial t}, d_t \zeta_\alpha^n \right\rangle \Delta t \leqslant \varepsilon ||d_t \zeta_\alpha^n||^2 \Delta t + M\{h^4 + (\Delta t)^2\} \Delta t, \tag{9.1.55a}$$

$$\sum_{\beta=1}^{3} \langle \delta_{\bar{x}_\beta} ((c^{n+1} - C^{n+1}) \phi K_\alpha \delta_{x_\beta} s_\alpha^{n+1}), d_t \zeta_\alpha^n \rangle \Delta t$$

$$\leqslant \varepsilon ||d_t \zeta_\alpha^n||^2 \Delta t + M \sum_{\beta=1}^{3} ||\delta_{x_\beta} \xi^{n+1}||^2 \Delta t$$

$$\leqslant \varepsilon ||d_t \zeta_\alpha^n||^2 \Delta t + M\{h^4 + (\Delta t)^2\} \Delta t, \tag{9.1.55b}$$

$$\sum_{\beta=1}^{3} \langle \delta_{\bar{U}_\beta^{n+1}, x_\beta} S_\alpha^{n+1} - \delta_{u_\beta^{n+1}, x_\beta} s_\alpha^{n+1}, d_t \zeta_\alpha^n \rangle \Delta t$$

$$\leqslant \varepsilon ||d_t \zeta_\alpha^n||^2 \Delta t + M\{||u^{n+1} - U^{n+1}||^2 + ||\nabla_h \zeta_\alpha^{n+1}||^2\} \Delta t$$

$$\leqslant \varepsilon ||d_t \zeta_\alpha^n||^2 \Delta t + M\{||\nabla_h \zeta_\alpha^{n+1}||^2 + h^2 + (\Delta t)^2\} \Delta t, \tag{9.1.55c}$$

$$\langle Q_\alpha(c^{n+1}, s_\alpha^{n+1}) - Q_\alpha(C^{n+1}, S_\alpha^{n+1}), d_t \zeta_\alpha^n \rangle \Delta t$$

$$\leqslant \varepsilon ||d_t \zeta_\alpha^n||^2 \Delta t + M\{||\xi^{n+1}||^2 + ||\xi_\alpha^{n+1}||^2\} \Delta t$$

$$\leqslant \varepsilon ||d_t \zeta_\alpha^n||^2 \Delta t + M\{||\zeta_\alpha^{n+1}||^2 + h^4 + (\Delta t)^2\} \Delta t, \tag{9.1.55d}$$

$$\langle S_\alpha^{n+1} q(C^{n+1}) - s_\alpha^{n+1} q(c^{n+1}), d_t \zeta_\alpha^n \rangle \Delta t$$

$$\leqslant \varepsilon ||d_t \zeta_\alpha^n||^2 \Delta t + M\{||\zeta_\alpha^{n+1}||^2 + h^4 + (\Delta t)^2\} \Delta t, \tag{9.1.55e}$$

$$\left\langle s_\alpha^{n+1} d(c^{n+1}) \frac{\partial p^{n+1}}{\partial t} - S_\alpha^{n+1} d(C^{n+1}) \frac{P^{n+1} - P^n}{\Delta t}, \ d_t \zeta_\alpha^n \right\rangle \Delta t$$

$$\leqslant \varepsilon ||d_t \zeta_\alpha^n||^2 \Delta t + M\{||\zeta_\alpha^n||^2 + h^4 + (\Delta t)^2\} \Delta t, \tag{9.1.55f}$$

$$\left\langle S_\alpha^n \phi \frac{C^{n+1} - C^n}{\Delta t} - s_\alpha^{n+1} \phi \frac{\partial c^{n+1}}{\partial t}, d_t \zeta_\alpha^n \right\rangle \Delta t$$

$$\leqslant \varepsilon ||d_t \zeta_\alpha^n||^2 \Delta t + M\{||\zeta_\alpha^n||^2 + h^4 + (\Delta t)^2\}\Delta t, \tag{9.1.55g}$$

对于估计式 (9.1.53) 右端第八—十二项进行估计可得

$$- (\Delta t)^3 \{\langle \delta_{\bar{x}_1}(c^{n+1}\phi K_\alpha \delta_{x_1}((c^{n+1}\phi)^{-1}\delta_{\bar{x}_2}(c^{n+1}\phi K_\alpha \delta_{x_2} d_t s_\alpha^n)))$$

$$- \delta_{\bar{x}_1}(C^{n+1}\phi K_\alpha \delta_{x_1}((C^{n+1}\phi)^{-1}\delta_{\bar{x}_2}(C^{n+1}\phi K_\alpha \delta_{x_2} d_t S_\alpha^n))), d_t \zeta_\alpha^n \rangle + \cdots\} + \cdots$$

$$+ \langle \varepsilon_\alpha, d_t \zeta_\alpha^n \rangle \Delta t \leqslant \varepsilon ||d_t \zeta_\alpha^n||^2 \Delta t + M\{||\nabla_h \zeta_\alpha^{n+1}||^2 + h^2 + (\Delta t)^2\}\Delta t. \tag{9.1.56}$$

对估计式 (9.1.53) 的左、右两端分别应用式 (9.1.54)—式 (9.1.56), 可得

$$\frac{1}{2}\phi_* c_* ||d_t \zeta_\alpha^n||^2 \Delta t$$

$$+ \frac{1}{2}\sum_{\beta=1}^{3} \{\langle C^{n+1}\phi K_\alpha \delta_{x_\beta}\zeta_\alpha^{n+1}, \delta_{x_\beta}\zeta_\alpha^{n+1}\rangle - \langle C^{n+1}\phi K_\alpha \delta_{x_\beta}\zeta_\alpha^n, \delta_{x_\beta}\zeta_\alpha^n\rangle\}$$

$$\leqslant \varepsilon ||d_t \zeta_\alpha^n||^2 \Delta t + M\{||\nabla_h \zeta_\alpha^{n+1}||^2 + ||\zeta_\alpha^{n+1}||^2 + h^2 + (\Delta t)^2\}\Delta t. \tag{9.1.57}$$

对组分浓度函数误差估计式 (9.1.57) 对 t 求和 $0 \leqslant n \leqslant L$, 注意到 $\zeta_\alpha^0 = 0$ 可得

$$\sum_{n=0}^{L}||d_t \zeta_\alpha^n||^2 \Delta t + \sum_{\beta=1}^{3}\{\langle C^{L+1}\phi K\alpha\delta_{x_\beta}\zeta_\alpha^{L+1}, \delta_{x_\beta}\zeta_\alpha^{L+1}\rangle - \langle C^1\phi K\alpha\delta_{x_\beta}\zeta_\alpha^0, \delta_{x_\beta}\zeta_\alpha^0\rangle\}$$

$$\leqslant \sum_{n=0}^{L}\left\{\sum_{\beta=1}^{3}\{\langle [C^{n+1} - C^n]\phi K_\alpha \delta_{x_\beta}\zeta_\alpha^n, \delta_{x_\beta}\zeta_\alpha^n\rangle\}\right\}$$

$$+ M\sum_{n=0}^{L}\{||\nabla_h \zeta_\alpha^{n+1}||^2 + ||\zeta_\alpha^{n+1}||^2 + h^2 + (\Delta t)^2\}\Delta t. \tag{9.1.58}$$

对于式 (9.1.58) 右端第一项有下述估计

$$\sum_{n=0}^{L}\left\{\sum_{\beta=1}^{3}\langle [C^{n+1} - C^n]\phi K_\alpha \delta_{x_\beta}\zeta_\alpha^n, \delta_{x_\beta}\zeta_\alpha^n\rangle\right\}$$

$$\leqslant \varepsilon \sum_{n=0}^{L}||d_t \zeta_\alpha^n||^2 \Delta t + M\sum_{n=0}^{L}||\nabla_h \zeta_\alpha^n||^2 \Delta t. \tag{9.1.59}$$

于是可得

$$\sum_{n=0}^{L}||d_t \zeta_\alpha^n||^2 \Delta t + \sum_{\beta=0}^{3}||\delta_{x_\beta}\zeta_\alpha^{n+1}||^2$$

$$\leqslant M \sum_{n=0}^{L}\{||\nabla_h\zeta_\alpha^{n+1}||^2 + ||\zeta_\alpha^{n+1}||^2 + h^2 + (\Delta t)^2\} + \Delta t. \qquad (9.1.60)$$

注意到当 $\zeta_\alpha^n = 0$ 时有

$$||\zeta_\alpha^{L+1}||^2 = \varepsilon \sum_{n=0}^{L}||d_t\zeta_\alpha^n||^2\Delta t + M \sum_{n=0}^{L}||\zeta_\alpha^n||^2\Delta t,$$

于是有

$$\sum_{n=0}^{L}||d_t\zeta_\alpha^n||^2\Delta t + ||\zeta_\alpha^{L+1}||_1^2 \leqslant M \sum_{n=0}^{L}\{||\zeta_\alpha^{n+1}||_1^2 + h^2 + (\Delta t)^2\}\Delta t. \qquad (9.1.61)$$

应用 Gronwall 引理可得

$$\sum_{n=0}^{L}||d_t\zeta_\alpha^n||^2\Delta t + ||\zeta_\alpha^{L+1}||_1^2 \leqslant M\{h^2 + (\Delta t)^2\}. \qquad (9.1.62)$$

定理证毕.

讨论 实际上, 对组分浓度方程组 (9.1.7), 类似于饱和度方程 (9.1.2) 所采用的二阶隐式迎风格式, 经类似但十分复杂的计算和分析, 同样可得二阶 L^2 模估计:

$$||s_\alpha - S_\alpha||_{\bar{L}^\infty((0,T];h^1)} + ||d_t(s_\alpha - S_\alpha)||_{\bar{L}^2((0,T];l^2)} \leqslant M_2^{**}\{\Delta t + h^2\},$$

$$\alpha = 1, 2, \cdots, n_c. \qquad (9.1.63)$$

9.2 强化采油特征分数步差分方法

9.2.1 引言

本节讨论在强化 (化学) 采油渗流力学数值模拟中提出的一类二阶分数步特征差分方法, 并讨论方法的收敛性分析, 使得软件系统建立在坚实的数学和力学基础上.

问题的数学模型是一类非线性耦合系统的初边值问题:

$$d(c)\frac{\partial p}{\partial t} + \nabla \cdot u = q(X,t), \quad X = (x_1, x_2, x_3)^{\mathrm{T}} \in \Omega, \quad t \in J = (0,T], \qquad (9.2.1\mathrm{a})$$

$$u = -a(c)\nabla p, \quad X \in \Omega, t \in J, \qquad (9.2.1\mathrm{b})$$

$$\phi(X)\frac{\partial c}{\partial t} + b(c)\frac{\partial p}{\partial t} + u \cdot \nabla c - \nabla \cdot (D\nabla c) = g(X,t,c), \quad X \in \Omega, t \in J, \qquad (9.2.2)$$

$$\phi(X)\frac{\partial}{\partial t}(cs_\alpha) + \nabla \cdot (s_\alpha u - \phi c K_\alpha \nabla s_\alpha)$$

$$=Q_\alpha(X,t,c,s_\alpha), \quad X \in \Omega, t \in J, \alpha = 1, 2, \cdots, n_c, \tag{9.2.3}$$

此处 Ω 是有界区域, $a(c) = a(X,c) = k(X)\mu(c)^{-1}, d(c) = d(X,c), \phi(X)$ 是岩石的孔隙度, $k(X)$ 是地层的渗透率, $\mu(c)$ 是流体的黏度, $D = D(X), K_\alpha = K_\alpha(X)(\alpha = 1, 2, \cdots, n_c)$ 均是相应的扩散系数, u 是达西速度, $p = p(X,t)$ 是压力函数, $c = c(X,t)$ 是水相饱和度函数, $s_\alpha = s_\alpha(X,t)$ 是组分浓度函数, 组分是指各种化学剂 (聚合物、表面活性剂、碱及各种离子等), n_c 是组分数.

不渗透边界条件:

$$u \cdot \gamma = 0, \quad X \in \partial\Omega, t \in J, \tag{9.2.4a}$$

$$D\nabla c \cdot \gamma = 0, \quad X \in \partial\Omega, t \in J, \tag{9.2.4b}$$

$$K_\alpha \nabla s_\alpha \cdot \gamma = 0, \quad X \in \partial\Omega, t \in J, \alpha = 1, 2, \cdots, n_c, \tag{9.2.4c}$$

此处 γ 为边界面的单位外法向量.

初始条件:

$$p(X,0) = p_0(X), \quad X \in \Omega, \tag{9.2.5a}$$

$$c(X,0) = c_0(X), \quad X \in \Omega, \tag{9.2.5b}$$

$$s_\alpha(X,0) = s_{\alpha,0}(X), \quad X \in \Omega, \alpha = 1, 2, \cdots, n_c. \tag{9.2.5c}$$

为了便于计算, 将方程 (9.2.3) 写为下述形式

$$\phi c \frac{\partial s_\alpha}{\partial t} + u \cdot \nabla s_\alpha - \nabla \cdot (\phi c K_\alpha \nabla s_\alpha) = Q_\alpha - s_\alpha \left(q - d(c)\frac{\partial p}{\partial t} + \phi\frac{\partial c}{\partial t} \right),$$
$$X \in \Omega, t \in J, \alpha = 1, 2, \cdots, n_c. \tag{9.2.6}$$

对平面不可压缩二相渗流驱动问题, 在问题的周期性假定下, Jr Douglas, Ewing, Wheeler, Russell 等提出特征差分方法和特征有限元法, 并给出误差估计[12-15].他们将特征线法和标准的有限差分方法或有限元方法相结合, 真实地反映出对流-扩散方程的一阶双曲特性, 减少截断误差. 克服数值振荡和弥散, 大大提高计算的稳定性和精确度. 对可压缩渗流驱动问题, Jr Douglas 等学者同样在周期性假定下提出二维可压缩渗流驱动问题的 "微小压缩" 数学模型、数值方法和分析, 开创了现代数值模型这一新领域[16-19]. 作者去掉周期性的假定, 给出新的修正特征差分格式和有限元格式, 并得到最佳的 L^2 模误差估计[20-25]. 由于现代油田勘探和开发的数值模拟计算中, 它是超大规模、三维大范围, 甚至是超长时间的, 节点个数多达数万乃至数十万个, 用一般方法不能解决这样的问题, 需要应用分数步技术. 虽然 Douglas, Peaceman 曾用此方法于不可压缩油水二相渗流驱动数值模拟的生产实际问题, 并取得了成功[26]. 但在理论分析时出现实质性困难, 他们用 Fourier 分析方

法仅能对常系数的情形证明稳定性和收敛性的结果, 此方法不能推广到变系数的情况[27−29]. 本节从生产实际出发, 对三维可压缩二相渗流驱动强化采油渗流驱动耦合问题, 为克服计算复杂性, 提出一类二阶隐式分数步特征差分格式, 该格式既可克服数值振荡和弥散, 同时将三维问题化为连续解三个一维问题, 大大减少计算工作量, 使工程实际计算成为可能, 且将空间的计算精度提高到二阶. 应用变分形式、能量方法、差分算子乘积交替性理论、高阶差分算子的分解、微分方程先验估计和特殊的技巧, 得到了 l^2 模误差估计.

通常问题是正定的, 即满足

(C)　$0 < a_* \leqslant a(c) \leqslant a_*, \quad 0 < d_* \leqslant d(c) \leqslant d_*, \quad 0 < \phi_* \leqslant \phi(X) \leqslant \phi_*,$

$$0 < D_* \leqslant D(X,t) \leqslant D_*, \quad 0 < K_* \leqslant K_\alpha(X) \leqslant K_*, \quad \alpha = 1, 2, \cdots, n_c, \quad (9.2.7a)$$

$$\left| \frac{\partial a}{\partial c}(X,c) \right| \leqslant A^*, \quad (9.2.7b)$$

此处 $a_*, a^*, d_*, d^*, \phi_*, \phi^*, D_*, D^*, K_*, K^*$ 和 A^* 均为正常数. $d(c), b(c), g(c)$ 和 Q_α (c, s_α) 在解的 ε_0 邻域是 Lipschitz 连续的.

假定问题 (9.2.1)—(9.2.5) 的精确解具有一定的光滑性, 即满足

(R)　$p, c, s_\alpha \in L^\infty(W^{4,\infty}) \cap W^{4,\infty}(W^{1,\infty}),$

$$\frac{\partial^2 p}{\partial t^2}, \frac{\partial^2 c}{\partial \tau^2}, \frac{\partial^2 s_\alpha}{\partial \tau^2} \in L^\infty(L^\infty), \quad \alpha = 1, 2, \cdots, n_c. \quad (9.2.8)$$

本节中记号 M 和 ε 分别表示普通正常数和普通小正数, 在不同处可具有不同的含义.

9.2.2　二阶隐式分数步特征差分格式

为分析方便, 假设区域 $\Omega = \{[0,1]\}^3$, 且问题是 Ω–周期的, 此时不渗透边界条件将舍去[13−16]. 用网格区域 Ω_h 代替 Ω, $\partial \Omega_h$ 表示 Ω_h 的边界. 其中网格步长为 $h = 1/N$, 并记 $X = (x_1, x_2, x_3)^\mathrm{T}$, $X_{ijk} = (ih, jh, kh)^\mathrm{T}$, $t^n = n\Delta t$, $W(X_{ijk}, t^n) = W_{ijk}^n$,

$$A_{i+1/2,jk}^n = [a(X_{ijk}, C_{ijk}^n) + a(X_{i+1,jk}, C_{i+1,jk}^n)]/2,$$

$$a_{i+1/2,jk}^n = [a(X_{ijk}, c_{ijk}^n) + a(X_{i+1,jk}, c_{i+1,jk}^n)]/2,$$

记号 $A_{i,j+1/2,k}^n, a_{i,j+1/2,k}^n, A_{ij,k+1/2}^n, a_{ij,k+1/2}^n$ 的定义是类似的. 设

$$\delta_{\bar{x}_1}(A^n \delta_{x_1} P^{n+1})_{ijk}$$
$$= h_1^{-2}[A_{i+1/2,jk}^n(P_{i+1,jk}^{n+1} - P_{ijk}^{n+1}) - A_{i-1/2,jk}^n(P_{ijk}^{n+1} - P_{i-1,jk}^{n+1})], \quad (9.2.9a)$$

$$\delta_{\bar{x}_2}(A^n \delta_{x_2} P^{n+1})_{ijk}$$
$$=h_2^{-2}[A_{i,j+1/2,k}^n(P_{i,j+1,k}^{n+1} - P_{ijk}^{n+1}) - A_{i,j-1/2,k}^n(P_{ijk}^{n+1} - P_{i,j-1,k}^{n+1})], \quad (9.2.9\text{b})$$

$$\delta_{\bar{x}_3}(A^n \delta_{x_3} P^{n+1})_{ijk}$$
$$=h_3^{-2}[A_{ij,k+1}^n(P_{ij,k+1}^{n+1} - P_{ijk}^{n+1}) - A_{ij,k-1/2}^n(P_{ijk}^{n+1} - P_{ij,k-1}^{n+1})], \quad (9.2.9\text{c})$$

$$\nabla_h(A^n \nabla_h P^{n+1})_{ijk}$$
$$=\delta_{\bar{x}_1}(A^n \delta_{x_1} P^{n+1})_{ijk} + \delta_{\bar{x}_2}(A^n \delta_{x_2} P^{n+1})_{ijk} + \delta_{\bar{x}_3}(A^n \delta_{x_3} P^{n+1})_{ijk}. \quad (9.2.10)$$

流动方程 (9.2.1) 的分数步差分格式:

$$d(C_{ijk}^n)\frac{P_{ijk}^{n+1/3} - P_{ijk}^n}{\Delta t}$$
$$=\delta_{\bar{x}_1}(A^n \delta_{x_1} P^{n+1/3})_{ijk} + \delta_{\bar{x}_2}(A^n \delta_{x_2} P^n)_{ijk}$$
$$+ \delta_{\bar{x}_3}(A^n \delta_{x_3} P^n)_{ijk} + q(X_{ijk}, t^{n+1}), \quad 1 \leqslant i \leqslant N, \quad (9.2.11\text{a})$$

$$d(C_{ijk}^n)\frac{P_{ijk}^{n+2/3} - P_{ijk}^{n+1/3}}{\Delta t} = \delta_{\bar{x}_2}(A^n \delta_{x_2}(P^{n+2/3} - P^n))_{ijk}, \quad 1 \leqslant i \leqslant N, \quad (9.2.11\text{b})$$

$$d(C_{ijk}^n)\frac{P_{ijk}^{n+1} - P_{ijk}^{n+2/3}}{\Delta t} = \delta_{\bar{x}_3}(A^n \delta_{x_3}(P^{n+1} - P^n))_{ijk}, \quad 1 \leqslant i \leqslant N, \quad (9.2.11\text{c})$$

近似达西速度 $U^{n+1} = (U_1^{n+1}, U_2^{n+1}, U_3^{n+1})^{\mathrm{T}}$ 按下述公式计算:

$$U_{1,ijk}^{n+1} = -\frac{1}{2}\left[A_{i+1/2,jk}^n \frac{P_{i+1,jk}^{n+1} - P_{ijk}^{n+1}}{h_1} + A_{i-1/2,jk}^n \frac{P_{i+1,jk}^{n+1} - P_{i-1,jk}^{n+1}}{h_1}\right], \quad (9.2.12)$$

对应于另外两个方向的速度 $U_{2,ijk}^{n+1}, U_{3,ijk}^{n+1}$ 可类似计算.

　　这流动实际上沿着迁移的特征方向, 对饱和度方程 (9.2.2) 采用特征线法处理一阶双曲部分, 它具有很高的精确度和稳定性. 对时间 t 可用大步长度算[12-14]. 记 $\psi(X, u) = (\phi^2(X) + |u|^2)^{\frac{1}{2}}, \partial/\partial \tau = \psi^{-1}(\phi \partial/\partial t + u \cdot \nabla)$, 利用向后差分逼近特征方向导数:

$$\frac{\partial c^{n+1}}{\partial \tau} \approx \frac{c^{n+1} - c^n(X - \phi^{-1}(X)u^{n+1}(X)\Delta t)}{\Delta t(1 + \phi^{-2}(X)|u^{n+1}(X)|^2)^{1/2}}.$$

对饱和度方程 (9.2.2) 采用二阶隐式分数步特征差分计算格式.

$$\phi_{ijk}\frac{C_{ijk}^{n+1/3} - \hat{C}_{ijk}^n}{\Delta t}$$
$$=\delta_{\bar{x}_1}(D\delta_{x_1} C^{n+1/3})_{ijk} + \delta_{\bar{x}_2}(D\delta_{x_2} C^n)_{ijk} + \delta_{\bar{x}_3}(D\delta_{x_3} C^n)_{ijk}$$

$$- b(\hat{C}_{ijk}^n)\frac{P_{ijk}^{n+1} - P_{ijk}^n}{\Delta t} + f(X_{ijk}, t^n, \hat{C}_{ijk}^n), \quad 1 \leqslant i \leqslant N, \qquad (9.2.13a)$$

$$\phi_{ijk}\frac{C_{ijk}^{n+2/3} - C_{ijk}^{n+1/3}}{\Delta t} = \delta_{\bar{x}_2}(D\delta_{x_2}(C^{n+2/3} - C^n))_{ijk}, \quad 1 \leqslant j \leqslant N, \qquad (9.2.13b)$$

$$\phi_{ijk}\frac{C_{ijk}^{n+1} - C_{ijk}^{n+2/3}}{\Delta t} = \delta_{\bar{x}_3}(D\delta_{x_3}(C^{n+1} - C^n))_{ijk}, \quad 1 \leqslant k \leqslant N, \qquad (9.2.13c)$$

此处 $C^n(X)$ 是按节点值 $\{C_{ijk}^n\}$ 分片叁二次插值函数, $\hat{C}_{ijk}^n = C^n(\hat{X}_{ijk}^n)$, $\hat{X}_{ijk}^n = X_{ijk}^n - \phi_{ijk}^{-1}U_{ijk}^{n+1}\Delta t$.

对组分浓度方程 (9.2.6) 也采用二阶隐式分数步特征差分并行计算:

$$\phi_{ijk}C_{ijk}^{n+1}\frac{S_{\alpha,ijk}^{n+1/3} - \breve{S}_{\alpha,ijk}^n}{\Delta t}$$
$$=\delta_{\bar{x}_1}(C^{n+1}\phi K_\alpha\delta_{x_1}S_\alpha^{n+1/3})_{ijk} + \delta_{\bar{x}_2}(C^{n+1}\phi K_\alpha\delta_{x_2}S_\alpha^n)_{ijk}$$
$$+ \delta_{\bar{x}_3}(C^{n+1}\phi K_\alpha\delta_{x_3}S_\alpha^n)_{ijk} + Q_\alpha(C_{ijk}^{n+1}, S_{\alpha,ijk}^n)$$
$$- S_{\alpha,ijk}^n\left(q(C_{ijk}^{n+1}) - d(C_{ijk}^{n+1})\frac{(P_{ijk}^{n+1} - P_{ijk}^n)}{\Delta t} + \phi_{ijk}\frac{C_{ijk}^{n+1} - C_{ijk}^n}{\Delta t}\right),$$
$$1 \leqslant i \leqslant N, \quad \alpha = 1, 2, \cdots, n_c, \qquad (9.2.14a)$$

$$\phi_{ijk}C_{ijk}^{n+1}\frac{S_{\alpha,ijk}^{n+2/3} - S_{\alpha,ijk}^{n+1/3}}{\Delta t} = \delta_{\bar{x}_2}(C^{n+1}\phi K_\alpha\delta_{x_2}(S_{\alpha,ijk}^{n+1/3} - S_\alpha^n))_{ijk},$$
$$1 \leqslant j \leqslant N, \quad \alpha = 1, 2, \cdots, n_c, \qquad (9.2.14b)$$

$$\phi_{ijk}C_{ijk}^{n+1}\frac{S_{\alpha,ijk}^{n+1} - S_{\alpha,ijk}^{n+2/3}}{\Delta t}$$
$$=\delta_{\bar{x}_3}(C^{n+1}\phi K_\alpha\delta_{x_3}(S_\alpha^{n+1} - S_\alpha^n))_{ijk} - \sum_{\beta=1}^3 \delta_{\bar{U}_\beta^{n+1}, x_\beta}S_{\alpha,ijk}^{n+1},$$
$$1 \leqslant j \leqslant N, \quad \alpha = 1, 2, \cdots, n_c, \qquad (9.2.14c)$$

此处 $S_\alpha^n(X)(\alpha = 1, 2, \cdots, n_c)$ 分别是按节点值 $\{S_{\alpha,ijk}^n\}$ 分片叁二次插值, $\breve{S}_{\alpha,ijk}^n = S_\alpha^n(\breve{X}_{ijk}^n)$, $\breve{X}_{ijk}^n = X_{ijk} - (\phi C^{n+1})_{ijk}^{-1}U_{ijk}^{n+1}\Delta t$.

初始条件:

$$P_{ijk}^0 = p_0(X_{ijk}), \quad C_{ijk}^0 = c_0(X_{ijk}),$$
$$S_{\alpha,ijk}^0 = s_{\alpha,0}(X_{ijk})X_{ijk} \in \Omega_h, \quad \alpha = 1, 2, \cdots, n_c. \qquad (9.2.15)$$

隐式迎风分数步差分格式的计算程序是: 当 $\{P_{ijk}^n, C_{ijk}^n, S_{\alpha,ijk}^n, \alpha = 1, 2, \cdots, n_c\}$ 已知, 首先由式 (9.2.11a) 沿 x_1 方向用追赶法求出过渡层的解 $\{P_{ijk}^{n+1/3}\}$, 再由式 (9.2.11b) 沿 x_2 方向用追赶法求出 $\{P_{ijk}^{n+2/3}\}$, 最后由式 (9.2.11c) 沿 x_3 方向用追赶法求出解 $\{P_{ijk}^{n+1}\}$. 应用式 (9.2.12) 计算出 $\{U_{ijk}^{n+1}\}$. 其次由式 (9.2.13a) 沿 x_1 方向用追赶法求出过渡层的解 $\{C_{ijk}^{n+1/3}\}$, 再由式 (9.2.13b) 沿 x_2 方向用追赶法求出 $\{C_{ijk}^{n+2/3}\}$, 最后再由式 (9.2.13c) 沿 x_3 方向用追赶法求出解 $\{C_{ijk}^{n+1}\}$. 在此基础并行的由式 (9.2.14a) 沿 x_1 方向用追赶法求出过渡层的解 $\{S_{\alpha,ijk}^{n+1/3}\}$, 再由式 (9.2.14b) 沿 x_2 方向用追赶法求出 $\{S_{\alpha,ijk}^{n+2/3}\}$, 最后由式 (9.2.14c) 沿 x_3 方向用追赶法求出解 $\{S_{\alpha,ijk}^{n+1}\}$. 对 $\alpha = 1, 2, \cdots, n_c$ 可并行的同时求解. 由问题的正定性, 格式 (9.2.11),(9.2.13) 和 (9.2.14) 的解存在且唯一.

9.2.3　收敛性分析

设 $\pi = p - P$, $\xi = c - C$, $\zeta_\alpha = s_\alpha - S_\alpha$, 此处 p, c 和 s_α 为问题 (9.2.1)—(9.2.6) 的精确解, P, C 和 S_α 为格式 (9.2.11)—(9.2.14) 的差分解. 为了进行误差分析, 定义离散空间 $l^2(\Omega)$ 的内积和范数[30,31].

$$\langle f, g \rangle = \sum_{i,j,k=1}^{N} f_{ijk} g_{ijk} h^3, \quad \|f\|_0^2 = \langle f, f \rangle.$$

$\langle D\nabla_h f, \nabla_h f \rangle$ 表示离散空间 $h^1(\Omega)$ 的加权半模平方, 此处 $D(X)$ 表示正定函数, 对应于 $H^1(\Omega) = W^{1,2}(\Omega)$.

定理 9.2.1　假定问题 (9.2.1)—(9.2.5) 的精确解满足光滑性条件: $p, c \in W^{1,\infty}(W^{1,\infty}) \cap L^{\infty}(W^{4,\infty})$, $s_\alpha \in W^{1,\infty}(W^{1,\infty}) \cap L^{\infty}(W^{3,\infty})$, $\dfrac{\partial p}{\partial t}, \dfrac{\partial c}{\partial t} \in L^{\infty}(W^{4,\infty})$, $\dfrac{\partial s_\alpha}{\partial t} \in L^{\infty}(W^{3,\infty})$, $\dfrac{\partial^2 p}{\partial t^2}, \dfrac{\partial^2 c}{\partial \tau^2}, \dfrac{\partial^2 s_\alpha}{\partial \tau_\alpha^2} \in L^{\infty}(L^{\infty})$, $\alpha = 1, 2, \cdots, n_c$. 采用修正隐式分数步特征差分格式 (9.2.11)—(9.2.14) 逐层计算, 若剖分参数满足限制性条件:

$$\Delta t = O(h^2), \tag{9.2.16}$$

则下述误差估计式成立:

$$\|p - P\|_{\bar{L}^{\infty}((0,T];h^1)} + \|c - C\|_{\bar{L}^{\infty}((0,T];h^1)} + \|d_t(p - P)\|_{\bar{L}^2((0,T];l^2)}$$
$$+ \|d_t(c - C)\|_{\bar{L}^2((0,T];l^2)} \leqslant M_1^*\{\Delta t + h^2\}, \tag{9.2.17a}$$

$$\|s_\alpha - S_\alpha\|_{\bar{L}^{\infty}((0,T];h^1)} + \|d_t(s_\alpha - S_\alpha)\|_{\bar{L}^2((0,T];l^2)} \leqslant M_2^*\{\Delta t + h^2\},$$
$$\alpha = 1, 2, \cdots, n_c, \tag{9.2.17b}$$

此处 $||g||_{\bar{L}^\infty(J;M)} = \sup\limits_{n\Delta t < T} ||g^n||_M$,常用 $M_1^* = M_1^*\Big\{||p||_{W^{4,\infty}(W^{4,\infty})}, ||p||_{L^\infty(W^{4,\infty})},$

$\left\|\left|\dfrac{\partial p}{\partial t}\right|\right\|_{L^\infty(W^{4,\infty})}, \left\|\left|\dfrac{\partial^2 p}{\partial t^2}\right|\right\|_{L^\infty(L^\infty)}, ||c||_{W^{1,\infty}(W^{4,\infty})}, \left\|\left|\dfrac{\partial c}{\partial \tau}\right|\right\|_{L^\infty(W^{4,\infty})}, \left\|\left|\dfrac{\partial^2 c}{\partial \tau^2}\right|\right\|_{L^\infty(L^\infty)}\Big\},$

$M_2^* = M_1^*\Big\{||s_\alpha||_{W^{4,\infty}(W^{4,\infty})}, \left\|\left|\dfrac{\partial s_\alpha}{\partial \tau_\alpha}\right|\right\|_{L^\infty(W^{4,\infty})}, \left\|\left|\dfrac{\partial^2 s_\alpha}{\partial \tau_\alpha^2}\right|\right\|_{L^\infty(L^\infty)}\Big\}.$

证明 首先研究流动方程, 由式 (9.2.11a)—式 (9.2.11c) 消去 $P^{n+\frac{1}{3}}, P^{n+\frac{2}{3}}$ 可得到下述等价的差分方程:

$$d(C_{ijk}^n)\frac{P_{ijk}^{n+1} - P_{ijk}^n}{\Delta t} - \nabla_h(A^n \nabla_h P^{n+1})_{ijk}$$

$$= q(X_{ijk}, t^{n+1}) - (\Delta t)^2\{\delta_{\bar{x}_1}(A^n \delta_{x_1}(d^{-1}(C^n)\delta_{\bar{x}_2}(A^n \delta_{x_2} d_t P^n)))_{ijk}$$

$$+ \delta_{\bar{x}_1}(A^n \delta_{x_1}(d^{-1}(C^n)\delta_{\bar{x}_3}(A^n \delta_{x_3} d_t P^n)))_{ijk}$$

$$+ \delta_{\bar{x}_2}(A^n \delta_{x_2}(d^{-1}(C^n)\delta_{\bar{x}_3}(A^n \delta_{x_3} d_t P^n)))_{ijk}\}$$

$$+ (\Delta t)^3 \delta_{\bar{x}_1}(A^n \delta_{x_1}(d^{-1}(C^n)\delta_{\bar{x}_2}(A^n \delta_{x_2}(d^{-1}(C^n)\delta_{\bar{x}_3}(A^n \delta_{x_3} d_t P^n)))))_{ijk},$$

$$1 \leqslant i, j, k \leqslant N, \tag{9.2.18}$$

此处 $d_t P_{ijk}^n = (P_{ijk}^{n+1} - P_{ijk}^n)/\Delta t.$

由流动方程 $(9.2.1)(t = t^{n+1})$ 和差分方程 $(9.2.18)$ 相减可得压力函数的误差方程:

$$d(C_{ijk}^n)\frac{\pi_{ijk}^{n+1} - \pi_{ijk}^n}{\Delta t} - \nabla_h(A^n \nabla_h \pi^{n+1})_{ijk}$$

$$= -[d(c_{ijk}^{n+1}) - d(C_{ijk}^n)]\frac{p_{ijk}^{n+1} - p_{ijk}^n}{\Delta t}$$

$$+ \nabla_h([a(c^{n+1}) - a(C^n)]\nabla_h p^{n+1})_{ijk}$$

$$- (\Delta t)^2\{[\delta_{\bar{x}_1}(a^{n+1}\delta_{x_1}(d^{-1}(c^{n+1})\delta_{\bar{x}_2}(a^{n+1}\delta_{x_2} d_t p^n)))_{ijk}$$

$$- \delta_{\bar{x}_1}(A^n \delta_{x_1}(d^{-1}(c^n)\delta_{\bar{x}_2}(A^n \delta_{x_2} d_t P^n)))_{ijk}]$$

$$+ [\delta_{\bar{x}_1}(a^{n+1}\delta_{x_1}(d^{-1}(c^{n+1})\delta_{\bar{x}_3}(a^{n+1}\delta_{x_3} d_t p^n)))_{ijk}$$

$$- \delta_{\bar{x}_1}(A^n \delta_{x_1}(d^{-1}(c^n)\delta_{\bar{x}_3}(A^n \delta_{x_3} d_t P^n)))_{ijk}]$$

$$+ [\delta_{\bar{x}_2}(a^{n+1}\delta_{x_2}(d^{-1}(c^{n+1})\delta_{\bar{x}_3}(a^{n+1}\delta_{x_3} d_t p^n)))_{ijk}$$

$$- \delta_{\bar{x}_2}(A^n \delta_{x_2}(d^{-1}(C^n)\delta_{\bar{x}_3}(A^n \delta_{x_3} d_t P^n)))_{ijk}]\}$$

$$+ (\Delta t)^3\{[\delta_{\bar{x}_1}(a^{n+1}\delta_{x_1}(d^{-1}(c^{n+1})\delta_{\bar{x}_2}(a^{n+1}\delta_{x_2}(d^{-1}(c^{n+1})\delta_{\bar{x}_3}(a^{n+1}\delta_{x_3} d_t p^n)))))_{ijk}$$

$$- \delta_{\bar{x}_1}(A^n \delta_{x_1}(d^{-1}(C^n)\delta_{\bar{x}_2}(A^n \delta_{x_2}(d^{-1}(C^n)\delta_{\bar{x}_3}(A^n \delta_{x_3} d_t P^n)))))_{ijk} + \sigma_{ijk}^{n+1},$$

$$1 \leqslant i, j, k \leqslant N, \tag{9.2.19}$$

此处 $|\sigma_{ijk}^{n+1}| \leqslant M\left(\left\|\dfrac{\partial^2 p}{\partial t^2}\right\|_{L^\infty(L^\infty)}, \left\|\dfrac{\partial p}{\partial t}\right\|_{L^\infty(W^{4,\infty})}, \|p\|_{L^\infty(W^{4,\infty})}, \|c\|_{L^\infty(W^{3,\infty})}\right)\{\Delta t + h^2\}.$

引入归纳法假定

$$\sup_{1\leqslant n\leqslant L} \max\{\|\pi^n\|_{1,\infty}, \|\xi^n\|_{1,\infty}\} \to 0, \quad (h, \Delta t) \to 0, \tag{9.2.20}$$

此处 $\|\pi^n\|_{1,\infty}^2 = |\pi^n|_{0,\infty}^2 + |\nabla_h \pi^n|_{0,\infty}^2.$

对误差方程 (9.2.19) 利用变分形式, 乘以 $\delta_t \pi_{ijk}^n = d_t \pi_{ijk}^n \Delta t = \pi_{ijk}^{n+1} - \pi_{ijk}^n$ 作内积, 应用分部求和公式得

$$\langle d(C^n)d_t\pi^n, d_t\pi^n\rangle \Delta t + \frac{1}{2}\{\langle A^n\nabla_h\pi^{n+1}, \nabla_h\pi^{n+1}\rangle - \langle A^n\nabla_h\pi^n, \nabla_h\pi^n\rangle\}$$

$$\leqslant -\langle[d(c^{n+1})-d(C^n)]d_tp^n, d_t\pi^n\rangle\Delta t + \langle\nabla_h([a(c^{n+1})-a(C^n)]\nabla_hp^{n+1}), d_t\pi^n\rangle\Delta t$$

$$-(\Delta t)^3\{\langle\delta_{\bar{x}_1}(a^{n+1}\delta_{x_2}(d^{-1}(c^{n+1})\delta_{\bar{x}_2}(a^{n+1}\delta_{x_2}d_tp^n)))$$

$$-\delta_{\bar{x}_1}(A^n\delta_{x_1}(d^{-1}(C^n)\delta_{\bar{x}_2}(A^n\delta_{x_2}d_tP^n))), d_t\pi^n\rangle + \cdots$$

$$+\langle\delta_{\bar{x}_2}(a^{n+1}\delta_{x_2}(d^{-1}(c^{n+1})\delta_{\bar{x}_3}(a^{n+1}\delta_{x_3}d_tp^n)))$$

$$-\delta_{\bar{x}_2}(A^n\delta_{x_2}(d^{-1}(C^n)\delta_{\bar{x}_3}(A^n\delta_{x_3}d_tP^n))), d_t\pi^n\rangle\}$$

$$+(\Delta t)^4\{\langle\delta_{\bar{x}_1}(a^{n+1}\delta_{x_1}(d^{-1}(c^{n+1})\delta_{\bar{x}_2}(a^{n+1}\delta_{x_2}(d^{-1}(c^{n+1})\delta_{\bar{x}_3}(a^{n+1}\delta_{x_3}d_tp^n)))))$$

$$-\delta_{\bar{x}_1}(A^n\delta_{x_1}(d^{-1}(C^n)\delta_{\bar{x}_2}(A^n\delta_{x_2}(d^{-1}(C^n)\delta_{\bar{x}_3}(A^n\delta_{x_3}d_tP^n))))), d_t\pi^n\rangle\}$$

$$+\langle\sigma^{n+1}, d_t\pi^n\rangle\Delta t. \tag{9.2.21}$$

依次估计式 (9.2.21) 右端诸项:

$$-\langle[d(c^{n+1})-d(C^n)]d_tp^n, d_t\pi^n\rangle\Delta t \leqslant M\{\|\xi^n\|^2+(\Delta t)^2\}+\Delta t+\varepsilon\|d_t\pi^n\|^2\Delta t, \tag{9.2.22a}$$

$$\langle\nabla_h([a(c^{n+1})-a(C^n)]\nabla_hp^{n+1}), d_t\pi^n\rangle\Delta t$$

$$\leqslant M\{\|\nabla_h\xi^n\|^2 + \|\xi^n\|^2 + (\Delta t)^2\}\Delta t + \varepsilon\|d_t\pi^n\|^2\Delta t. \tag{9.2.22b}$$

下面讨论式 (9.2.21) 右端第三项, 首先分析其第一部分.

$$-(\Delta t)^3\langle\delta_{\bar{x}_1}(a^{n+1}\delta_{x_1}(d^{-1}(c^{n+1})\delta_{\bar{x}_2}(a^{n+1}\delta_{x_2}d_tp^n)))$$

$$-\delta_{\bar{x}_1}(A^n\delta_{x_1}(d^{-1}(C^n)\delta_{\bar{x}_2}(A^n\delta_{x_2}d_tP^n))), d_t\pi^n\rangle$$

$$=-(\Delta t)^3\{\langle\delta_{\bar{x}_1}(A^n\delta_{x_1}(d^{-1}(C^n)\delta_{\bar{x}_2}(A^n\delta_{x_2}d_t\pi^n))), d_t\pi^n\rangle$$

$$+\langle\delta_{\bar{x}_1}(A^n\delta_{x_1}(d^{-1}(C^n)\delta_{\bar{x}_2}([a^{n+1}-A^n]\delta_{x_2}d_tp^n))), d_t\pi^n\rangle$$

$$+\langle\delta_{\bar{x}_1}(A^n\delta_{x_1}([d^{-1}(c^{n+1})-d^{-1}(C^n)]\delta_{\bar{x}_2}(a^{n+1}\delta_{x_2}d_tp^n))), d_t\pi^n\rangle$$

$$+ \langle \delta_{\bar{x}_1}([a^{n+1} - A^n]\delta_{x_1}(d^{-1}(c^{n+1}))\delta_{\bar{x}_2}(a^{n+1}\delta_{x_2}d_t P^n))), d_t\pi^n \rangle \}. \quad (9.2.22c)$$

现重点讨论式 (9.2.22c) 右端式的第一项, 尽管 $-\delta_{\bar{x}_1}(A^n\delta_{x_1}), -\delta_{\bar{x}_2}(A^n\delta_{x_2}), \cdots$ 是自共轭、正定、有界算子, 且空间区域为单位正立方体, 但它们的乘积一般是不可交替的, 利用差分算乘积交换性 $\delta_{x_1}\delta_{x_2} = \delta_{x_2}\delta_{x_1}, \delta_{\bar{x}_1}\delta_{x_2} = \delta_{x_2}\delta_{\bar{x}_1}, \delta_{x_1}\delta_{\bar{x}_2} = \delta_{\bar{x}_2}\delta_{x_1}, \delta_{\bar{x}_1}\delta_{\bar{x}_2} = \delta_{\bar{x}_2}\delta_{\bar{x}_1}$, 有

$$-(\Delta t)^3 \langle \delta_{\bar{x}_1}(A^n\delta_{x_1}(d^{-1}(C^n)\delta_{\bar{x}_2}(A^n\delta_{x_2}d_t\pi^n))), d_t\pi^n \rangle$$

$$= (\Delta t)^3 \langle A^n\delta_{x_1}(d^{-1}(C^n)\delta_{\bar{x}_2}(A^n\delta_{x_2}d_t\pi^n)), \delta_{x_1}d_t\pi^n \rangle$$

$$= -(\Delta t)^3 \langle d^{-1}(C^n)\delta_{x_1}\delta_{\bar{x}_2}(A^n\delta_{x_2}d_t\pi^n)$$

$$+ \delta_{x_1}d^{-1}(C^n) \cdot \delta_{\bar{x}_2}(A^n\delta_{x_2}d_t\pi^n), A^n\delta_{x_1}d_t\pi^n \rangle$$

$$= (\Delta t)^3 \{ \langle \delta_{\bar{x}_2}\delta_{x_1}(A^n\delta_{x_2}d_t\pi^n), d^{-1}(C^n)A^n\delta_{x_1}d_t\pi^n \rangle$$

$$+ \langle \delta_{\bar{x}_2}(A^n\delta_{x_2}d_t\pi^n), \delta_{x_1}d^{-1}(C^n) \cdot A^n\delta_{x_1}d_t\pi^n \rangle \}$$

$$= -(\Delta t)^3 \{ \langle \delta_{x_1}(A^n\delta_{x_2}d_t\pi^n), \delta_{x_2}(d^{-1}(C^n)A^n\delta_{x_1}d_t\pi^n) \rangle$$

$$+ \langle A^n\delta_{x_2}d_t\pi^n, \delta_{x_2}d^{-1}(C^n) \cdot A^n\delta_{x_1}d_t\pi^n \rangle \} \}$$

$$= -(\Delta t)^3 \{ \langle A^n\delta_{x_1}\delta_{x_2}d_t\pi^n + \delta_{x_1}A^n \cdot \delta_{x_2}d_t\pi^n,$$

$$d^{-1}(C^n)A^n\delta_{x_1}\delta_{x_2}d_t\pi^n + \delta_{x_2}(d^{-1}(C^n)A^n) \cdot \delta_{x_1}d_t\pi^n \rangle$$

$$+ \langle A^n\delta_{x_2}d_t\pi^n, \delta_{x_2}\delta_{x_1}d^{-1}(C^n) \cdot A^n\delta_{x_1}d_t\pi^n$$

$$+ \delta_{x_1}d^{-1}(C^n)\delta_{x_2}A^n \cdot \delta_{x_1}d_t\pi^n + \delta_{x_1}d^{-1}(C^n)A^n\delta_{x_1}\delta_{x_2}d_t\pi^n \rangle \}$$

$$= -(\Delta t)^3 \sum_{i,j,k=1}^{N} \{ A^n_{i,j+1/2,k}A^n_{i+1/2,j,k}d^{-1}(C^n_{ijk})[\delta_{x_1}\delta_{x_2}d_t\pi^n_{ijk}]^2$$

$$+ [A^n_{i,j+1/2,k}\delta_{x_2}(A^n_{i+1/2,j,k}d^{-1}(C^n_{ijk})) \cdot \delta_{x_1}d_t\pi^n_{ijk}$$

$$+ A^n_{i+1/2,j,k}d^{-1}(C^n_{ijk})\delta_{x_1}A^n_{i,j+1/2,k} \cdot \delta_{x_2}d_t\pi^n_{ijk}$$

$$+ A^n_{i,j+1/2,k}A^n_{i+1/2,j,k}\delta_{x_1}d^{-1}(C^n_{ijk})\delta_{x_2}d_t\pi^n_{ijk}]\delta_{x_1}\delta_{x_2}d_t\pi^n_{ijk}$$

$$+ [\delta_{x_1}A^n_{i,j+1/2,k} \cdot \delta_{x_1}(d^{-1}(C^n_{ijk})A^n_{i+1/2,jk})$$

$$+ A^n_{i,j+1/2,k}\delta_{x_2}A^n_{i+1/2,jk}\delta_{x_1}d^{-1}(C^n_{ijk})$$

$$+ A^n_{i,j+1/2,k} \cdot A^n_{i+1/2,jk}\delta_{x_1}\delta_{x_2}d^{-1}(C^n_{ijk})]$$

$$\cdot \delta_{x_2}d_t\pi^n_{ijk}\delta_{x_1}d_t\pi^n_{ijk} \}h^3. \quad (9.2.23)$$

由归纳法假定式 (9.2.20) 可以推出

$$A^n_{i+1/2,jk}, \quad A^n_{i,j+1/2,k}, \quad d^{-1}(C^n_{ijk}), \quad \delta_{x_2}(A^n_{i+1/2,jk}d^{-1}(C^n_{ijk})), \quad \delta_{x_1}A^n_{i,j+1/2,k}$$

是有界的. 对上述表达式的前两项, 应用 A, d^{-1} 的正定性和高阶差分算子的分解,

可分离出高阶差商项 $\delta_{x_1}\delta_{x_2}d_t\pi^n$, 即利用 Cauchy 不等式消去与此有关的项可得

$$
\begin{aligned}
&-(\Delta t)^3\sum_{i,j,k=1}^N\{A_{i,j+1/2,k}^n d^{-1}(C_{ijk}^n)[\delta_{x_1}\delta_{x_2}d_t\pi_{ijk}^n]^2\\
&+[A_{i,j+1/2,k}^n\delta_{x_2}(A_{i,j+1/2,k}^n d^{-1}(C_{ijk}^n))\cdot\delta_{x_1}d_t\pi_{ijk}^n\\
&+A_{i+1/2,jk}^n d^{-1}(C_{ijk}^n)\delta_{x_1}A_{i,j+1/2,k}^n\cdot\delta_{x_2}d_t\pi_{ijk}^n+\cdots]\delta_{x_1}\delta_{x_2}d_t\pi_{ijk}^n\}h^3\\
\leqslant&-(\Delta t)^3\sum_{i,j,k=1}^N\{a_*^2(d^*)^{-1}[\delta_{x_1}\delta_{x_2}d_t\pi_{ijk}^n]^2\\
&+[A_{i,j+1/2,k}^n\delta_{x_2}(A_{i+1/2,jk}^n d^{-1}(C_{ijk}^n))\cdot\delta_{x_1}d_t\pi_{ijk}^n+\cdots]\delta_{x_1}\delta_{x_2}d_t\pi_{ijk}^n\}h^3\\
\leqslant& M\{||[\delta_{x_1}d_t\pi^n||^2+||[\delta_{x_2}d_t\pi^n||^2\}(\Delta t)^3\\
\leqslant& M\Delta t\{||\nabla_h\pi^{n+1}||^2+||\nabla_h\pi^n||^2\}.
\end{aligned}
\tag{9.2.24a}
$$

对式 (9.2.23) 中第三项有

$$
\begin{aligned}
&-(\Delta t)^3\sum_{i,j,k=1}^N\{\delta_{x_1}A_{i,j+1/2,k}^n\cdot\delta_{x_2}(d^{-1}(C_{ijk}^n)A_{i+1/2,jk}^n)\\
&+A_{i,j+1/2,k}^n\delta_{x_2}A_{i+1/2,jk}^n\delta_{x_1}d^{-1}(C_{ijk}^n)\}\delta_{x_1}d_t\pi_{ijk}^n\delta_{x_2}d_t\pi_{ijk}^n h^3\\
\leqslant& M\{||\nabla_h\pi^{n+1}||^2+||\nabla_h\pi^n||^2\}\Delta t,
\end{aligned}
\tag{9.2.24b}
$$

$$
\begin{aligned}
&-(\Delta t)^3\sum_{i,j,k=1}^N A_{i,j+1/2,k}^n A_{i+1/2,jk}^n\delta_{x_1}\delta_{x_2}d^{-1}(C_{ijk}^n)\delta_{x_1}d_t\pi_{ijk}^n\delta_{x_2}d_t\pi_{ijk}^n h^3\\
\leqslant& M(\Delta t)^{1/2}||d_t\pi^n||^2\Delta t\leqslant\varepsilon||d_t\pi^n||^2\Delta t,
\end{aligned}
\tag{9.2.24c}
$$

于是得到

$$
\begin{aligned}
&-(\Delta t)^3\langle\delta_{\bar x_1}(A^n\delta_{x_1}(d^{-1}(C^n)\delta_{\bar x_2}(A^n\delta_{x_2}d_t\pi^n))),d_t\pi^n\rangle\\
\leqslant& M\{||\nabla_h\pi^{n+1}||^2+||\nabla_h\pi^n||^2\}\Delta t+\varepsilon||d_t\pi^n||^2\Delta t.
\end{aligned}
\tag{9.2.25}
$$

对 (9.2.22c) 的其余项可类似地讨论得到

$$
\begin{aligned}
&-(\Delta t)^3\langle\delta_{\bar x_1}(a^{n+1}\delta_{x_1}(d^{-1}(c^{n+1})\delta_{\bar x_2}(a^{n+1}\delta_{x_2}d_t p^n)))\\
&-\delta_{\bar x_1}(A^n\delta_{x_1}(d^{-1}(C^n)\delta_{\bar x_2}(A^n\delta_{x_2}d_t P^n))),d_t\pi^n\rangle\\
\leqslant& M\{||\nabla_h\pi^{n+1}||^2+||\nabla_h\pi^n||^2+||\xi^n||^2+(\Delta t)^2\}\Delta t+\varepsilon||d_t\pi^n||^2\Delta t.
\end{aligned}
\tag{9.2.26}
$$

类似地对式 (9.2.21) 中右端第三项的其余两项也有相同的估计 (9.2.26).

对式 (9.2.21) 中右端第四项经类似的分析和计算可得

$$(\Delta t)^4\{\langle\delta_{\bar{x}_1}(A^n\delta_{x_1}(d^{-1}(C^n)\delta_{\bar{x}_2}(A^n\delta_{x_2}(d^{-1}(C^n)\delta_{\bar{x}_3}(A^n\delta_{x_3}d_t\pi^n))))),d_t\pi^n\rangle+\cdots\}$$

$$\leqslant-\frac{1}{2}a_*^3(d^*)^{-2}(\Delta t)^4\sum_{i,j,k=1}^{N}[\delta_{x_1}\delta_{x_2}\delta_{x_3}d_t\pi_{ijk}^n]^2h^3$$

$$+M\{||\nabla_h\pi^{n+1}||^2+||\nabla_h\pi^n||^2+||\xi^n||^2+(\Delta t)^2\}\Delta t+\varepsilon||d_t\pi^n||^2\Delta t. \tag{9.2.27}$$

当 Δt 适当小时, ε 可适当小. 对误差方程 (9.2.21), 应用方程 (9.2.22)—方程 (9.2.27) 经计算可得

$$||d_t\pi^n||^2\Delta t+\frac{1}{2}\{\langle A^n\nabla_h\pi^{n+1},\nabla_h\pi^{n+1}\rangle-\langle A^n\nabla_h\pi^n,\nabla_h\pi^n\rangle\}$$

$$\leqslant M\{||\nabla_h\pi^{n+1}||^2+||\nabla_h\pi^n||^2+h^4+(\Delta t)^2\}\Delta t. \tag{9.2.28}$$

下面讨论饱和度方程的误差估计. 由式 (9.2.13a)—式 (9.2.13c) 消去 $C_{ijk}^{n+1/3}$, $C_{ijk}^{n+2/3}$ 可得下述等价的差分方程:

$$\phi_{ijk}\frac{C_{ijk}^{n+1}-\hat{C}_{ijk}^n}{\Delta t}-\nabla_h(D\nabla_hC^{n+1})_{ijk}$$

$$=-b(C_{ijk}^n)\frac{P_{ijk}^{n+1}-P_{ijk}^n}{\Delta t}+g(X_{ijk},t^n,C_{ijk}^n)$$

$$-(\Delta t)^2\{\delta_{\bar{x}_1}(D\delta_{x_1}(\phi^{-1}\delta_{\bar{x}_2}(D\delta_{x_2}d_tC^n)))_{ijk}$$

$$+\delta_{\bar{x}_1}(D\delta_{x_1}(\phi^{-1}\delta_{\bar{x}_3}(D\delta_{x_3}d_tC^n)))_{ijk}+\delta_{\bar{x}_2}(D\delta_{x_2}(\phi^{-1}\delta_{\bar{x}_3}(D\delta_{x_3}d_tC^n)))_{ijk}\}$$

$$+(\Delta t)^3\delta_{\bar{x}_1}(D\delta_{x_1}(\phi^{-1}\delta_{\bar{x}_2}(D\delta_{x_2}(\phi^{-1}\delta_{\bar{x}_3}(D\delta_{x_3}d_tC^n)))))_{ijk},$$

$$1\leqslant i,j,k\leqslant N, \tag{9.2.29}$$

由方程 (9.2.2)$(t=t^{n+1})$ 和式 (9.2.29) 可导出饱和度函数的误差方程:

$$\phi_{ijk}\frac{\xi_{ijk}^{n+1}-(c(\bar{X}_{ijk}^n)-\hat{C}_{ijk}^n)}{\Delta t}-\nabla_h(D\nabla_h\xi^{n+1})_{ijk}$$

$$=g(X_{ijk},t^{n+1},C_{ijk}^{n+1})-g(X_{ijk},t^n,\hat{C}_{ijk}^{n+1})-b(C_{ijk}^{n+1})\frac{\pi_{ijk}^{n+1}-\pi_{ijk}^n}{\Delta t}$$

$$-[b(c_{ijk}^{n+1})-b(C_{ijk}^n)]\frac{p_{ijk}^{n+1}-p_{ijk}^n}{\Delta t}$$

$$-(\Delta t)^2\{\delta_{\bar{x}_1}(D\delta_{x_1}(\phi^{-1}\delta_{\bar{x}_2}(D\delta_{x_2}(D\delta_{x_2}d_t\xi^n))))_{ijk}$$

$$+\delta_{\bar{x}_1}(D\delta_{x_1}(\phi^{-1}\delta_{\bar{x}_3}(D\delta_{x_3}d_t\xi^n)))_{ijk}+\delta_{\bar{x}_2}(D\delta_{x_2}(\phi^{-1}\delta_{\bar{x}_3}(D\delta_{x_3}d_t\xi^n)))_{ijk}\}$$

$$+(\Delta t)^3\delta_{\bar{x}_1}(D\delta_{x_1}(\phi^{-1}\delta_{\bar{x}_2}(D\delta_{x_2}(\phi^{-1}\delta_{\bar{x}_3}(D\delta_{x_3}d_t\xi^n)))))_{ijk}+\varepsilon_{ijk}^{n+1},$$

$$1\leqslant i,j,k\leqslant N, \tag{9.2.30}$$

此处 $\overline{X}_{ijk}^n = X_{ijk}^n - \phi_{ijk}^{-1} u_{ijk}^{n+1}\Delta t,\ |\varepsilon_{ijk}^{n+1}| \leqslant M\{\Delta t + h^2\}$.

对误差方程 (9.2.30), 由限制性条件 (9.2.16) 和归纳法假定 (9.2.20) 可得

$$\phi_{ijk}\frac{\xi_{ijk}^{n+1} - \hat{\xi}_{ijk}^n}{\Delta t} - \nabla_h(D\nabla_h\xi^{n+1})_{ijk}$$

$$\leqslant M\{|\xi_{ijk}^n| + |\xi_{ijk}^{n+1}| + |\nabla_h\pi_{ijk}^{n+1}| + h^4 + \Delta t\} - b(C_{ijk}^n)\frac{\pi_{ijk}^{n+1} - \pi_{ijk}^n}{\Delta t}$$

$$- (\Delta t)^2\{\delta_{\bar{x}_1}(D\delta_{x_1}(\phi^{-1}\delta_{\bar{x}_2}(D\delta_{x_2}d_t\xi^n)))_{ijk} + \delta_{\bar{x}_1}(D\delta_{x_1}(\phi^{-1}\delta_{\bar{x}_3}(D\delta_{x_3}d_t\xi^n)))_{ijk}$$

$$+ \delta_{\bar{x}_2}(D\delta_{x_2}(\phi^{-1}\delta_{\bar{x}_3}(D\delta_{x_3}d_t\xi^n)))_{ijk}\}$$

$$+ (\Delta t)^3\delta_{\bar{x}_1}(D\delta_{x_1}(\phi^{-1}\delta_{\bar{x}_2}(D\delta_{x_2}(\phi^{-1}\delta_{\bar{x}_3}(D\delta_{x_3}d_t\xi^n)))))_{ijk},$$

$$1 \leqslant i,j,k \leqslant N. \tag{9.2.31}$$

对饱和度误差方程 (9.2.31) 乘以 $\delta_t\xi_{ijk}^n = \xi_{ijk}^{n+1} - \xi_{ijk}^n = d_t\xi_{ijk}^n\Delta t$ 作内积, 并分部求和得到

$$\left\langle\phi\frac{\xi^{n+1}-\hat{\xi}^n}{\Delta t}, d_t\xi^n\right\rangle\Delta t + \frac{1}{2}\{\langle D\nabla_h\xi^{n+1}, \nabla_h\xi^{n+1}\rangle - \langle D\nabla_h\xi^n, \nabla_h\xi^n\rangle\}$$

$$\leqslant \varepsilon\|d_t\xi^n\|^2\Delta t + M\{\|\xi^n\|^2 + \|\xi^{n+1}\|^2 + \|\nabla_h\pi^n\|^2$$

$$+ h^2 + (\Delta t)^2\}\Delta t - \langle b(C_{ijk}^n)d_t\pi^n, d_t\xi^n\rangle\Delta t$$

$$- (\Delta t)^3\{\delta_{\bar{x}_1}(D\delta_{x_1}(\phi^{-1}\delta_{\bar{x}_2}(D\delta_{x_2}d_t\xi^n))) + \delta_{\bar{x}_1}(D\delta_{x_1}(\phi^{-1}\delta_{\bar{x}_3}(D\delta_{x_3}d_t\xi^n)))$$

$$+ \delta_{\bar{x}_2}(D\delta_{x_2}(\phi^{-1}\delta_{\bar{x}_3}(D\delta_{x_3}d_t\xi^n))), d_t\xi^n\}$$

$$+ (\Delta t)^4\langle\delta_{\bar{x}_1}(D\delta_{x_1}(\phi^{-1}\delta_{\bar{x}_2}(D\delta_{x_2}(\phi^{-1}\delta_{\bar{x}_3}(D\delta_{x_3}d_t\xi^n))))), d_t\xi^n\rangle. \tag{9.2.32}$$

可将式 (9.2.32) 改写为

$$\left\langle\phi\frac{\xi^{n+1}-\xi^n}{\Delta t}, d_t\xi^n\right\rangle\Delta t + \frac{1}{2}\{\langle D\nabla_h\xi^{n+1}, \nabla_h\xi^{n+1}\rangle - \langle D\nabla_h\xi^n, \nabla_h\xi^n\rangle\}$$

$$\leqslant \left\langle\phi\frac{\hat{\xi}^n-\xi^n}{\Delta t}, d_t\xi^n\right\rangle\Delta t + \varepsilon\|d_t\xi^n\|^2\Delta t + M\{\|\xi^n\|^2 + \|\xi^{n+1}\|^2$$

$$+ \|\nabla_h\pi^n\|^2 + \|d_t\pi^n\|^2 + h^4 + (\Delta t)^2\}\Delta t$$

$$- (\Delta t)^3\{\langle\delta_{\bar{x}_1}(D\delta_{x_1}(\phi^{-1}\delta_{\bar{x}_2}(D\delta_{x_2}d_t\xi^n))), d_t\xi^n\rangle + \cdots$$

$$+ \langle\delta_{\bar{x}_2}(D\delta_{x_2}(\phi^{-1}\delta_{\bar{x}_3}(D\delta_{x_3}d_t\xi^n))), d_t\xi^n\rangle\}$$

$$+ (\Delta t)^4\langle\delta_{\bar{x}_1}(D\delta_{x_1}(\phi^{-1}\delta_{\bar{x}_2}(D\delta_{x_2}(\phi^{-1}\delta_{\bar{x}_3}(D\delta_{x_3}d_t\xi^n))))), d_t\xi^n\rangle. \tag{9.2.33}$$

现在估计式 (9.2.33) 右端第一项 $\left\langle\phi\frac{\hat{\xi}^n-\xi^n}{\Delta t}, d_t\xi^n\right\rangle\Delta t$, 应用表达式

$$\hat{\xi}_{ijk}^n - \xi_{ijk}^n = \int_{X_{ijk}}^{\hat{X}_{ijk}} \nabla \xi^n \cdot U_{ijk}^n / |U_{ijk}^n| \mathrm{d}\sigma, \quad 1 \leqslant i, j, k \leqslant N. \tag{9.2.34}$$

由于 $|U^n|_\infty \leqslant M\{1 + |\nabla_h \pi|_\infty\}$, 由归纳法假定 (9.2.20) 可以推出 U^n 有界, 再利用限制性条件 (9.2.16) 可以推得

$$\left| \sum_{i,j,k=1}^N \phi_{ijk} \frac{\hat{\xi}_{ijk}^n - \xi_{ijk}^n}{\Delta t} d_t \xi_{ijk}^n h^3 \right| \leqslant \varepsilon ||d_t \xi^n||^2 + M||\nabla_h \xi^n||^2. \tag{9.2.35}$$

现在估计式 (9.2.33) 右端第四项

$$- (\Delta t)^3 \langle \delta_{\bar{x}_1}(D\delta_{x_1}(\phi^{-1}\delta_{\bar{x}_2}(D\delta_{x_2}d_t\xi^n))), d_t\xi^n \rangle$$

$$= - (\Delta t)^3 \{\langle \delta_{x_1}(D\delta_{x_2}d_t\xi^n), \delta_{x_2}(\phi^{-1}D\delta_{x_1}d_t\xi^n) \rangle$$

$$+ \langle D\delta_{x_2}d_t\xi^n, \delta_{x_2}[\delta_{x_1}\phi^{-1} \cdot D\delta_{x_1}d_t\xi^n] \rangle \}$$

$$= - (\Delta t)^3 \sum_{i,j,k=1}^N \{D_{i,j+1,k}D_{i+1,jk}\phi_{ijk}^{-1}[\delta_{x_1}\delta_{x_2}d_t\xi_{ijk}^n]^2$$

$$+ [D_{i,j+1/2,k}\delta_{x_2}(D_{i+1,jk}\phi_{ijk}^{-1}) \cdot \delta_{x_1}d_t\xi_{ijk}^n$$

$$+ D_{i+1/2,jk}\phi_{ijk}^{-1}\delta_{x_1}D_{i,j+1/2,k} \cdot \delta_{x_2}d_t\xi_{ijk}^n$$

$$+ D_{i,j+1/2,k}D_{i+1/2,jk}\delta_{x_2}d_t\xi_{ijk}^n]\delta_{x_1}\delta_{x_2}d_t\xi_{ijk}^n$$

$$+ [D_{i,j+1/2,k}D_{i+1/2,jk}\delta_{x_1}\delta_{x_2}\phi_{ijk}^{-1}$$

$$+ D_{i,j+1/2,k}\delta_{x_2}D_{i+1/2,jk}\delta_{x_1}\phi_{ijk}^{-1}]\delta_{x_1}d_t\xi_{ijk}^n \cdot \delta_{x_2}d_t\xi_{ijk}^n\}h^3, \tag{9.2.36}$$

由于 D 的正定性, 对上述表达式的前二项, 应用 Cauchy 不等式消去高阶差商项 $\delta_{x_1}\delta_{x_2}d_t\xi_{ijk}^n$, 最后可得

$$- (\Delta t)^3 \sum_{i,j,k=1}^N \{D_{i,j+1/2,k}D_{i+1/2,jk}\phi_{ijk}^{-1}[\delta_{x_1}\delta_{x_2}d_t\xi_{ijk}^n]^2 + [\cdots]\delta_{x_1}\delta_{x_2}d_t\xi_{ijk}^n\}h^3$$

$$\leqslant M\{||\nabla_h \xi^{n+1}||^2 + ||\nabla_h \xi^n||^2\}\Delta t. \tag{9.2.37a}$$

对式 (9.2.36) 最后一项, 由于 ϕ, D 的光滑性有

$$- (\Delta t)^3 \sum_{i,j,k=1}^N [D_{i,j+1/2,k}D_{i+1/2,jk}\delta_{x_1}\delta_{x_2}\phi_{ijk}^{-1} + D_{i,j+1/2,k}D_{i+1/2,jk}\delta_{x_1}\phi_{ijk}^{-1}]$$

$$\cdot \delta_{x_1}d_t\xi_{ijk}^n \cdot \delta_{x_2}d_t\xi_{ijk}^n h^3 \leqslant M\{||\nabla_h \xi^{n+1}||^2 + ||\nabla_h \xi^n||^2\}\Delta t. \tag{9.2.37b}$$

对于式 (9.2.33) 右端第四项中, 其余两项, 其估计是类似的. 对于式 (9.2.33) 右端第五项, 经类似的分析和复杂的估算, 同样可得下述估计:

$$(\Delta t)^4 \langle \delta_{\bar{x}_1}(D\delta_{x_1}(\phi^{-1}\delta_{\bar{x}_2}(D\delta_{x_2}(\phi^{-1}\delta_{\bar{x}_3}(D\delta_{x_3}d_t\xi^n)))))), d_t\xi^n \rangle$$

$$\leqslant M\{||\nabla_h\xi^{n+1}||^2 + ||\nabla_h\xi^n||^2\}\Delta t. \tag{9.2.38}$$

对饱和度函数误差估计式 (9.2.33) 应用式 (9.2.35)—(9.2.38) 的结果可得

$$||d_t\xi^n||^2\Delta t + \langle D\nabla_h\xi^{n+1}, \nabla_h\xi^{n+1}\rangle - \langle D\nabla_h\xi^n, \nabla_h\xi^n\rangle$$
$$\leqslant M\{||\xi^{n+1}||_1^2 + ||\xi^n||_1^2 + ||\nabla_h\xi^n||^2 + ||d_t\pi^n||^2 + h^4 + (\Delta t)^2\}\Delta t, \tag{9.2.39}$$

此处 $||\xi^n||_1^2 = ||\xi^n||^2 + ||\nabla_h\xi^n||^2$.

对压力函数误差估计式 (9.2.28) 关于 t 求和 $0 \leqslant n \leqslant L$, 注意到 $\pi^0 = 0$, 可得

$$\sum_{n=0}^{L}||d_t\pi^n||^2\Delta t + \langle A^L\nabla_h\pi^{L+1}, \nabla_h\pi^{L+1}\rangle - \langle A^0\nabla_h\pi^0, \nabla_h\pi^0\rangle$$
$$\leqslant \sum_{n=1}^{L}\langle [A^n - A^{n-1}]\nabla_h\pi^n, \nabla_h\pi^n\rangle + M\sum_{n=1}^{L}\{||\xi^n||_1^2 + h^4 + (\Delta t)^2\}\Delta t, \tag{9.2.40}$$

则对式 (9.2.40) 右端第一项有下述估计

$$\sum_{n=1}^{L}\langle [A^n - A^{n-1}]\nabla_h\pi^n, \nabla_h\pi^n\rangle \leqslant \varepsilon\sum_{n=1}^{L}||d_t\xi^{n-1}||^2\Delta t + M\sum_{n=1}^{L}||\nabla_h\pi^n||^2\Delta t. \tag{9.2.41}$$

对估计式 (9.2.40) 应用 (9.2.41) 可得

$$\sum_{n=0}^{L}||d_t\pi^n||^2\Delta t + \langle A^L\nabla_h\pi^{L+1}, \nabla_h\pi^{L+1}\rangle$$
$$\leqslant \varepsilon\sum_{n=1}^{L}||d_t\xi^{n-1}||^2\Delta t + M\sum_{n=1}^{L}\{||\xi^n||_1^2 + ||\nabla_h\pi^n||^2 + h^4 + (\Delta t)^2\}\Delta t. \tag{9.2.42}$$

其次对饱和度函数误差方程对于 t 求和 $0 \leqslant n \leqslant L$, 注意到 $\xi^0 = 0$, 并利用估计式 (9.2.42) 可得

$$\sum_{n=1}^{L}||d_t\xi^{n-1}||^2\Delta t + \langle D\nabla_h\xi^{L+1}, \nabla_h\xi^{L+1}\rangle$$
$$\leqslant M\sum_{n=1}^{L}\{||\xi^{n+1}||^2 + ||\nabla_h\pi^n||^2 + h^4 + (\Delta t)^2\}\Delta t. \tag{9.2.43}$$

注意到当 $\pi^0 = \xi^0 = 0$ 时, 有

$$||\pi^{L+1}||^2 \leqslant \sum_{n=0}^{L}||d_t\pi^n||^2\Delta t + M\sum_{n=1}^{L}||\pi^n||^2\Delta t,$$

$$\|\xi^{L+1}\|^2 \leqslant \varepsilon \sum_{n=0}^{L} \|d_t \xi^n\|^2 \Delta t + M \sum_{n=0}^{L} \|\xi^n\|^2 \Delta t.$$

组合式 (9.2.42) 和式 (9.2.43) 可得

$$\sum_{n=0}^{L} [\|d_t \pi^n\|^2 + \|d_t \xi^n\|^2] \Delta t + \|\pi^{L+1}\|_1^2 + \|\xi^{L+1}\|_1^2$$

$$\leqslant M \sum_{n=0}^{L} \{\|\pi^{n+1}\|_1^2 + \|\xi^{n+1}\|_1^2 + h^4 + (\Delta t)^2\}(\Delta t). \tag{9.2.44}$$

应用 Gronwall 引理可得

$$\sum_{n=0}^{L} [\|d_t \pi^n\|^2 + \|d_t \xi^n\|^2] \Delta t + \|\pi^{L+1}\|_1^2 + \|\xi^{L+1}\|_1^2 \leqslant M\{h^4 + (\Delta t)^2\}. \tag{9.2.45}$$

下面需要检验归纳法假定 (9.2.20). 对于 $n = 0$, 由于 $\pi^0 = \xi^0 = 0$, 故式 (9.2.20) 是正确的. 若对任意的正整数 $l, 1 \leqslant n \leqslant l$ 时式 (9.2.20) 成立, 由式 (9.2.45) 可得 $\|\pi^{l+1}\|_1 + \|\xi^{l+1}\|_1 \leqslant M\{h^2 + \Delta t\}$, 由限制性条件 (9.2.16) 和逆估计有 $\|\pi^{l+1}\|_{1,\infty} + \|\xi^{l+1}\|_{1,\infty} \leqslant Mh^{1/2}$, 归纳法假定 (9.2.20) 成立.

在此基础上, 讨论组分浓度方程的误差估计. 为此将式 (9.2.14a), 式 (9.2.14b) 和式 (9.2.14c) 消去 $S_\alpha^{n+1/3}, S_\alpha^{n+2/3}$ 可得

$$\phi_{ijk} C_{ijk}^{n+1} \frac{S_{\alpha,ijk}^{n+1} - \hat{S}_{ijk}^n}{\Delta t} - \sum_{\beta=1}^{3} (C^{n+1} \phi K_\alpha \delta_{x_\beta} S_\alpha^{n+1})_{ijk}$$

$$= Q_\alpha(S_{\alpha,ijk}^n) - S_{\alpha,ijk}^n \left(q(C_{ijk}^{n+1}) - d(C_{ijk}^{n+1}) \frac{P_{ijk}^{n+1} - P_{ijk}^n}{\Delta t} + \phi_{ijk} \frac{C_{ijk}^{n+1} - C_{ijk}^n}{\Delta t} \right)$$

$$- (\Delta t)^2 \{\delta_{\bar{x}_1}(C^{n+1} \phi K_\alpha \delta_{x_1}((C^{n+1}\phi)^{-1} \delta_{\bar{x}_2}(C^{n+1} \phi K_\alpha \delta_{x_2} d_t S_\alpha^n)))_{ijk}$$

$$+ \delta_{\bar{x}_1}(C^{n+1} \phi K_\alpha \delta_{x_1}((C^{n+1}\phi)^{-1} \cdot \delta_{\bar{x}_3}(C^{n+1} \phi K_\alpha \delta_{x_3} d_t S_\alpha^n)))_{ijk}$$

$$+ \delta_{\bar{x}_2}(C^{n+1} \phi K_\alpha \delta_{x_2}((C^{n+1}\phi)^{-1} \delta_{\bar{x}_3}(C^{n+1} \phi K_\alpha \delta_{x_3} d_t S_\alpha^n)))_{ijk}\}$$

$$+ (\Delta t)^3 \delta_{\bar{x}_1}(C^{n+1} \phi K_\alpha \delta_{x_1}((C^{n+1}\phi)^{-1} \delta_{\bar{x}_2}(C^{n+1} \phi K_\alpha \delta_{x_2}$$

$$\cdot ((C^{n+1}\phi)^{-1} \delta_{\bar{x}_3}(C^{n+1} \phi K_\alpha \delta_{x_3} d_t S_\alpha^n)))))_{ijk},$$

$$1 \leqslant i, j, k \leqslant N, \quad \alpha = 1, 2, \cdots, n_c. \tag{9.2.46}$$

由方程 (9.2.6)($t = t^{n+1}$) 和方程 (9.2.46) 可导出组分浓度函数的误差方程:

$$\phi_{ijk} C_{ijk}^{n+1} \frac{\zeta_{\alpha,ijk}^{n+1} - (s_\alpha^n(\bar{\bar{X}}_{ijk}^n) - \hat{S}_{\alpha,ijk}^n)}{\Delta t} - \sum_{\beta=1}^{3} \delta_{\bar{x}_\beta}(C^{n+1} \phi K_\alpha \delta_{x_\beta} \zeta_\alpha^{n+1})_{ijk}$$

$$= \left\{ \phi(C^{n+1} - c^{n+1})\frac{\partial s_\alpha}{\partial t} \right\}_{ijk} + \sum_{\beta=1}^{3} \delta_{\bar{x}_\beta}((c^{n+1} - C^{n+1})\phi K_\alpha \delta_{x_\beta} s_\alpha^{n+1})_{ijk}$$

$$+ Q_\alpha(c_{\alpha,ijk}^{n+1}, s_{\alpha,ijk}^{n+1}) - Q_\alpha(C_{\alpha,ijk}^{n+1}, s_{\alpha,ijk}^{n+1})$$

$$+ \left\{ (S_\alpha^n q(C^{n+1}) - s_\alpha^n q(c^{n+1}))_{ijk} + \left(s_\alpha^n d(c^{n+1})\frac{\partial p^{n+1}}{\partial t} - s_\alpha^n d(C^{n+1})\frac{P^{n+1} - P^n}{\Delta t} \right)_{ijk} \right.$$

$$+ \left. \left(s_\alpha^n \phi\frac{C^{n+1} - C^n}{\Delta t} - s_\alpha^{n+1} \phi\frac{\partial c^{n+1}}{\partial t} \right)_{ijk} \right\}$$

$$- (\Delta t)^2 \{ [\delta_{\bar{x}_1}(c^{n+1}\phi K_\alpha \delta_{x_1}((c^{n+1}\phi)^{-1}\delta_{\bar{x}_2}(c^{n+1}\phi K_\alpha \delta_{x_2} d_t s_\alpha^n)))_{ijk}$$

$$- \delta_{\bar{x}_1}(C^{n+1}\phi K_\alpha \delta_{x_1}((C^{n+1}\phi)^{-1}\delta_{\bar{x}_2}(C^{n+1}\phi K_\alpha \delta_{x_2} d_t S_\alpha^n)))_{ijk}] + \cdots$$

$$+ [\delta_{\bar{x}_2}(c^{n+1}\phi K_\alpha \delta_{x_2}((c^{n+1}\phi)^{-1}\delta_{\bar{x}_3}(c^{n+1}\phi K_\alpha \delta_{x_3} d_t s_\alpha^n)))_{ijk}$$

$$- \delta_{\bar{x}_2}(C^{n+1}\phi K_\alpha \delta_{x_2}((C^{n+1}\phi)^{-1}\delta_{\bar{x}_3}(C^{n+1}\phi K_\alpha \delta_{x_3} d_t S_\alpha^n)))_{ijk}] \}$$

$$+ (\Delta t)^3 \{ \delta_{\bar{x}_1}(c^{n+1}\phi K_\alpha \delta_{x_1}((c^{n+1}\phi)^{-1}\delta_{\bar{x}_2}(c^{n+1}\phi K_\alpha \delta_{x_2}$$

$$\cdot ((c^{n+1}\phi)^{-1}\delta_{\bar{x}_3}(c^{n+1}\phi K_\alpha \delta_{x_3} d_t s_\alpha^n)))))_{ijk}$$

$$- \delta_{\bar{x}_1}(C^{n+1}\phi K_\alpha \delta_{x_1}((C^{n+1}\phi)^{-1}\delta_{\bar{x}_2}(C^{n+1}\phi K_\alpha \delta_{x_2}$$

$$\cdot ((C^{n+1}\phi)^{-1}\delta_{\bar{x}_3}(C^{n+1}\phi K_\alpha \delta_{x_3} d_t S_\alpha^n)))))_{ijk} \} + \varepsilon_{\alpha,ijk},$$

$$1 \leqslant i, j, k \leqslant N, \quad \alpha = 1, 2, \cdots, n_c, \tag{9.2.47}$$

此处 $\bar{\bar{X}}_{ijk}^n = X_{ijk} - (\phi c)_{ijk}^{-1} u_{ijk}^{n+1}\Delta t, |\varepsilon_{\alpha,ijk}| \leqslant M\{h^2 + \Delta t\}, \alpha = 1, 2, \cdots, n_c.$

　　在数值分析中, 注意到油藏区域中处处存在束缚水的特性, 即有 $c(X,t) \geqslant c_* > 0$, 此处 c_* 是正常数. 由于已证明关于水相饱和度函数 $c(X,t)$ 的收敛性分析式 (9.2.45), 得知对适当小的 h 和 Δt 有

$$C(X,t) \geqslant \frac{c_*}{2}. \tag{9.2.48}$$

　　对组分浓度误差方程 (9.2.47) 乘以 $\delta_t\zeta_{\alpha,ijk}^n = d_t\zeta_{\alpha,ijk}^n\Delta t = \zeta_{\alpha,ijk}^n - \zeta_{\alpha,ijk}^n$ 作内积可得

$$\left\langle \phi C^{n+1}\frac{\zeta_{\alpha,ijk}^{n+1} - \zeta_\alpha^n}{\Delta t}, d_t\zeta_\alpha^n \right\rangle \Delta t + \sum_{\beta=1}^{3} \langle C^{n+1}\phi K_\alpha \delta_{x_\beta}\zeta_\alpha^{n+1}, \delta_{x_\beta}(\zeta_\alpha^{n+1} - \zeta_\alpha^n) \rangle$$

$$\leqslant \left\langle \phi C^{n+1}\frac{\hat{\zeta}_\alpha^n - \zeta_\alpha^n}{\Delta t}, d_t\zeta_\alpha^n \right\rangle \Delta t + \left\langle \phi(C^{n+1} - c^{n+1})\frac{\partial s_\alpha}{\partial t}, d_t\zeta_\alpha^n \right\rangle \Delta t$$

$$+ \sum_{\beta=1}^{3} \langle \delta_{\bar{x}_\beta}((c^{n+1} - C^{n+1})\phi K_\alpha \delta_{x_\beta} s_\alpha^{n+1}), d_t\zeta_\alpha^n \rangle \Delta t$$

$$+ \langle Q_\alpha(c^{n+1}, s_\alpha^{n+1}) - Q_\alpha(C^{n+1}, S_\alpha^{n+1}), d_t\zeta_\alpha^n \rangle \Delta t + \langle S_\alpha^n q(C^{n+1}) - s_\alpha^n q(c^{n+1}),$$

$$d_t\zeta_\alpha^n\rangle\Delta t + \left\langle s_\alpha^n d(c^{n+1})\frac{\partial p^{n+1}}{\partial t} - S_\alpha^n d(C^{n+1})\frac{P^{n+1}-P^n}{\Delta t}, d_t\zeta_\alpha^n\right\rangle\Delta t$$

$$+ \left(S_\alpha^n\phi\frac{C^{n+1}-C^n}{\Delta t} - s_\alpha^{n+1}\phi\frac{\partial c^{n+1}}{\partial t}, d_t\zeta_\alpha^n\right)\Delta t$$

$$- (\Delta t)^3\{\langle\delta_{\bar{x}_1}(c^{n+1}\phi K_\alpha\delta_{x_1}((c^{n+1}\phi)^{-1}\delta_{\bar{x}_2}(c^{n+1}\phi K_\alpha\delta_{x_2}d_t s_\alpha^n)))$$

$$- \delta_{\bar{x}_1}(C^{n+1}\phi K_\alpha\delta_{x_1}((C^{n+1}\phi)^{-1}\delta_{\bar{x}_2}(C^{n+1}\phi K_\alpha\delta_{x_2}d_t S_\alpha^n))), d_t\zeta_\alpha^n\rangle + \cdots\}$$

$$+ (\Delta t)^4\{\delta_{\bar{x}_1}(c^{n+1}\phi K_\alpha\delta_{x_1}((c^{n+1}\phi)^{-1}\delta_{\bar{x}_2}(c^{n+1}\phi K_\alpha\delta_{x_2}$$

$$\cdot((c^{n+1}\phi)^{-1}\delta_{\bar{x}_3}(c^{n+1}\phi K_\alpha\delta_{x_3}d_t s_\alpha^n)))))$$

$$- \delta_{\bar{x}_1}(C^{n+1}\phi K_\alpha\delta_{x_1}((C^{n+1}\phi)^{-1}\delta_{\bar{x}_2}(C^{n+1}\phi K_\alpha\delta_{x_2}$$

$$\cdot((C^{n+1}\phi)^{-1}\delta_{\bar{x}_3}(C^{n+1}\phi K_\alpha\delta_{x_3}d_t S_\alpha^n))))), d_t\zeta_\alpha^n\rangle$$

$$+ M\{||\xi_\alpha^n||^2 + h^4 + (\Delta t)^2\}\Delta t + \varepsilon||d_t\xi_\alpha^n||^2\Delta t. \tag{9.2.49}$$

首先估计式 (9.2.49) 左端诸项.

$$\langle\phi C^{n+1}d_t\zeta_\alpha^n, d_t\zeta_\alpha^n\rangle\Delta t \geqslant \frac{1}{2}\phi_* c_*||d_t\zeta_\alpha^n||^2\Delta t, \tag{9.2.50a}$$

$$\sum_{\beta=1}^3\langle C^{n+1}\phi K_\alpha\delta_{x_\beta}\zeta_\alpha^{n+1}, \delta_{x_\beta}(\zeta_\alpha^{n+1}-\zeta_\alpha^n)\rangle$$

$$\geqslant \frac{1}{2}\sum_{\beta=1}^3\{\langle C^{n+1}\phi K_\alpha\delta_{x_\beta}\zeta_\alpha^{n+1}, \delta_{x_\beta}\zeta_\alpha^{n+1}\rangle - \langle C^{n+1}\phi K_\alpha\delta_{x_\beta}\zeta_\alpha^n, \delta_{x_\beta}\zeta_\alpha^n\rangle\}. \tag{9.2.50b}$$

再估计式 (9.2.49) 右端诸项. 利用误差估计 (9.2.45) 可得

$$\left\langle\phi C^{n+1}\frac{\hat{\zeta}_{\alpha,ijk}^n-\zeta_\alpha^n}{\Delta t}, d_t\zeta_\alpha^n\right\rangle\Delta t \leqslant \varepsilon||d_t\zeta_\alpha^n||^2\Delta t + M||\nabla_h\zeta_\alpha^n||^2\Delta t, \tag{9.2.51a}$$

$$\left\langle\phi(C^{n+1}-c^{n+1})\frac{\partial s_\alpha}{\partial t}, d_t\zeta_\alpha^n\right\rangle\Delta t \leqslant \varepsilon||d_t\zeta_\alpha^n||^2\Delta t + M\{h^4+(\Delta t)^2\}\Delta t, \tag{9.2.51b}$$

$$\sum_{\beta=1}^3\langle\delta_{\bar{x}_\beta}((c^{n+1}-C^{n+1})\phi K_\alpha\delta_{x_\beta}s_\alpha^{n+1}), d_t\zeta_\alpha^n\rangle\Delta t$$

$$\leqslant\varepsilon||d_t\zeta_\alpha^n||^2\Delta t + M\sum_{\beta=1}^3||\delta_{x_\beta}\xi^{n+1}||^2\Delta t$$

$$\leqslant\varepsilon||d_t\zeta_\alpha^n||^2\Delta t + M\{h^4+(\Delta t)^2\}\Delta t, \tag{9.2.51c}$$

$$\langle Q_\alpha(c^{n+1}, s_\alpha^{n+1}) - Q_\alpha(C^{n+1}, S_\alpha^{n+1}), d_t\zeta_\alpha^n\rangle\Delta t$$

$$\leqslant \varepsilon||d_t\zeta_\alpha^n||^2\Delta t + M\{||\xi^{n+1}||^2 + ||\zeta_\alpha^{n+1}||^2\}\Delta t$$

$$\leqslant \varepsilon||d_t\zeta_\alpha^n||^2\Delta t + M\{||\zeta_\alpha^{n+1}||^2 + h^4 + (\Delta t)^2\}\Delta t, \tag{9.2.51d}$$

$$\langle S_\alpha^n q(C^{n+1}) - s_\alpha^n q(c^{n+1}), d_t\zeta_\alpha^n\rangle\Delta t$$

$$\leqslant \varepsilon||d_t\zeta_\alpha^n||^2\Delta t + M\{||\zeta_\alpha^n||^2 + h^4 + (\Delta t)^2\}\Delta t, \tag{9.2.51e}$$

$$\left\langle s_\alpha^n d(c^{n+1})\frac{\partial p^{n+1}}{\partial t} - S_\alpha^n d(C^{n+1})\frac{P^{n+1}-P^n}{\Delta t}, d_t\zeta_\alpha^n\right\rangle\Delta t$$

$$\leqslant \varepsilon||d_t\zeta_\alpha^n||^2\Delta t + M\{||\zeta_\alpha^n||^2 + h^4 + (\Delta t)^2\}\Delta t, \tag{9.2.51f}$$

$$\left\langle S_\alpha^n\phi\frac{C^{n+1}-C^n}{\Delta t} - s_\alpha^{n+1}\phi\frac{\partial c^{n+1}}{\partial t}, d_t\zeta_\alpha^n\right\rangle\Delta t$$

$$\leqslant \varepsilon||d_t\zeta_\alpha^n||^2\Delta t + M\{||\zeta_\alpha^n||^2 + h^4 + (\Delta t)^2\}\Delta t. \tag{9.2.51g}$$

对于估计式 (9.2.49) 右端第八—十项进行估计可得

$$- (\Delta t)^3\{\langle\delta_{\bar{x}_1}(c^{n+1}\phi K_\alpha\delta_{x_1}((c^{n+1}\phi)^{-1}\delta_{\bar{x}_2}(c^{n+1}\phi K_\alpha\delta_{x_2}d_t s_\alpha^n)))$$
$$- \delta_{\bar{x}_1}(C^{n+1}\phi K_\alpha\delta_{x_1}((C^{n+1}\phi)^{-1}\delta_{\bar{x}_2}(C^{n+1}\phi K_\alpha\delta_{x_2}d_t S_\alpha^n))), d_t\zeta_\alpha^n\rangle + \cdots\} + \cdots$$
$$+ M\{||\xi_\alpha^n||^2 + h^4 + (\Delta t)^2\}$$
$$\leqslant\varepsilon||d_t\zeta_\alpha^n||^2\Delta t + M\{||\nabla_h\zeta_\alpha^n||^2 + ||\zeta_\alpha^n||^2 + h^4 + (\Delta t)^2\}\Delta t. \tag{9.2.52}$$

对估计式 (9.2.49) 的左、右两端分别应用式 (9.2.50)—式 (9.2.52), 可得

$$\frac{1}{2}\phi_*c_*||d_t\zeta_\alpha^n||^2\Delta t + \frac{1}{2}\sum_{\beta=1}^3\{\langle C^{n+1}\phi K_\alpha\delta_{x_\beta}\zeta_\alpha^{n+1}, \delta_{x_\beta}\zeta_\alpha^{n+1}\rangle$$
$$- \langle C^{n+1}\phi K_\alpha\delta_{x_\beta}\zeta_\alpha^n, \delta_{x_\beta}\zeta_\alpha^n\rangle\}$$
$$\leqslant\varepsilon||d_t\zeta_\alpha^n||^2\Delta t + M\{||\nabla_h\zeta_\alpha^{n+1}||^2 + ||\zeta_\alpha^{n+1}||^2 + ||\zeta_\alpha^n||^2 + h^4 + (\Delta t)^2\}\Delta t. \tag{9.2.53}$$

对组分浓度函数误差估计式 (9.2.53) 对 t 求和 $0\leqslant n\leqslant L$, 注意到 $\zeta_\alpha^0 = 0$ 可得

$$\sum_{n=0}^L||d_t\zeta_\alpha^n||^2\Delta t + \sum_{\beta=1}^3\{\langle C^{L+1}\phi K_\alpha\delta_{x_\beta}\zeta_\alpha^{L+1}, \delta_{x_\beta}\zeta_\alpha^{L+1}\rangle - \langle C^1\phi K_\alpha\delta_{x_\beta}\zeta_\alpha^0, \delta_{x_\beta}\zeta_\alpha^0\rangle\}$$

$$\leqslant\sum_{n=0}^L\left\{\sum_{\beta=1}^3\langle[C^{n+1}-C^n]\phi K_\alpha\delta_{x_\beta}\zeta_\alpha^n, \delta_{x_\beta}\zeta_\alpha^n\rangle\right\}$$

$$+ M\sum_{n=0}^L\{||\nabla_h\zeta_\alpha^{n+1}||^2 + ||\zeta_\alpha^{n+1}||^2 + h^4 + (\Delta t)^2\}\Delta t. \tag{9.2.54}$$

对于式 (9.2.54) 右端第一项有下述估计

$$\sum_{n=0}^{L}\left\{\sum_{\beta=1}^{3}\langle[C^{n+1}-C^n]\phi K_\alpha\delta_{x_\beta}\zeta_\alpha^n,\delta_{x_\beta}\zeta_\alpha^n\rangle\right\}$$
$$\leqslant\varepsilon\sum_{n=0}^{L}||d_t\zeta_\alpha^n||^2\Delta t+M\sum_{n=0}^{L}||\zeta_\alpha^{n+1}||^2\Delta t. \tag{9.2.55}$$

于是可得

$$\sum_{n=0}^{L}||d_t\zeta_\alpha^n||^2\Delta t+\sum_{\beta=1}^{3}||\delta_{x_\beta}\zeta_\alpha^{n+1}||^2$$
$$\leqslant M\{||\nabla_h\zeta_\alpha^{n+1}||^2+||\zeta_\alpha^{n+1}||^2+h^4+(\Delta t)^2\}\Delta t. \tag{9.2.56}$$

注意到, 当 $\zeta_\alpha^0=0$ 时, 有

$$||\zeta_\alpha^{L+1}||^2=\varepsilon\sum_{n=0}^{L}||d_t\zeta_\alpha^n||^2\Delta t+M\sum_{n=0}^{L}||\zeta_\alpha^n||^2\Delta t,$$

于是有

$$\sum_{n=0}^{L}||d_t\zeta_\alpha^n||^2\Delta t+||\zeta_\alpha^{L+1}||_1^2\leqslant M\sum_{n=0}^{L}\{||\zeta_\alpha^{n+1}||^2+h^4+(\Delta t)^2\}\Delta t. \tag{9.2.57}$$

应用 Gronwall 引理可得

$$\sum_{n=0}^{L}||d_t\zeta_\alpha^n||^2\Delta t+||\zeta_\alpha^{L+1}||_1^2\leqslant M\sum_{n=0}^{L}\{h^4+(\Delta t)^2\}. \tag{9.2.58}$$

定理证毕.

9.3 考虑毛细管力强化采油的迎风分数步差分方法

9.3.1 引言

本节讨论在强化 (化学) 采油考虑毛细管力、不混溶、不可压缩渗流力学数值模拟中提出的一类二阶迎风分数步差分方法, 并讨论方法的收敛性分析, 使得我们的软件系统建立在坚实的数学和力学基础上.

问题的数学模型是一类非线性耦合系统的初边值问题[1−6]:

$$\frac{\partial}{\partial t}(\phi c_o)-\nabla\cdot\left(\kappa(X)\frac{\kappa_{\gamma o}(c_o)}{\mu_o}\nabla p_o\right)=q_o,$$

$$X = (x_1, x_2, x_3)^{\mathrm{T}} \in \Omega, \quad t \in J = (0, T], \tag{9.3.1}$$

$$\frac{\partial}{\partial t}(\phi c_w) - \nabla \cdot \left(\kappa(X) \frac{\kappa_{\gamma w}(c_w)}{\mu_w} \nabla p_w \right) = q_w, \quad X \in \Omega, t \in J = (0, T], \tag{9.3.2}$$

$$\phi \frac{\partial}{\partial t}(c_w s_\alpha) + \nabla \cdot (s_\alpha u - \phi c_w K_\alpha \nabla s_\alpha) = Q_\alpha(X, t, c_w, s_\alpha),$$
$$X \in \Omega, t \in J, \alpha - 1, 2, \cdots, n_c, \tag{9.3.3}$$

此处 Ω 是有界区域. 这里下标 o 和 w 分别是油相和水相, c_l 是浓度, p_l 是压力, $\kappa_{\gamma l}(c_l)$ 是相对渗透率, μ_l 是黏度, q_l 是产量项, 对应于 l 相, ϕ 是岩石的孔隙度, $\kappa(X)$ 是绝对渗透率, $s_\alpha = s_\alpha(X, t)$ 是组分浓度函数, 组分是指各种化学剂 (聚合物、表面活性剂、碱及各种离子等), n_c 是组分数, u 是达西速度, $K_\alpha = K_\alpha(X)$ 是相应的扩散系数, Q_α 是与产量相关的源汇项. 假如水和油充满了岩石的空隙空间, 也就是 $c_o + c_w = 1$. 因此取 $c = c_w = 1 - c_o$, 则毛细管压力函数有下述关系: $p_c(c) = p_o - p_w$, 此处 p_c 依赖于浓度 c.

为了将方程(9.3.1)和方程(9.3.2)化为标准形式[1,2]. 记 $\lambda(c) = \dfrac{\kappa_{\gamma o}(c_o)}{\mu_o} + \dfrac{\kappa_{\gamma w}(c_w)}{\mu_w}$ 表示二相流体的总迁移率, $\lambda_l(c) = \dfrac{\kappa_{\gamma l}(c)}{\mu_l \lambda(c)}, l = o, w$ 分别表示相对迁移率, 应用 Chavent 变换[1,2,14]:

$$p = \frac{p_o + p_w}{2} + \frac{1}{2} \int_o^{p_c} \left\{ \lambda_o(p_c^{-1}(\xi)) \right\} \mathrm{d}\xi, \tag{9.3.4}$$

将方程 (9.3.1) 和方程 (9.3.2) 相加, 可以导出流动方程:

$$-\nabla \cdot (\kappa(X) \lambda(c) \nabla p) = q, \quad X \in \Omega, t \in J = (0, T], \tag{9.3.5}$$

此处 $q = q_o + q_w$. 将方程 (9.3.1) 和方程 (9.3.2) 相减, 可以导出浓度方程:

$$\phi \frac{\partial c}{\partial t} + \nabla \cdot (\kappa \lambda \lambda_o \lambda_w p_c' \nabla c) - \lambda_o' u \cdot \nabla c = \frac{1}{2} \left\{ (q_w - \lambda_w q) - (q_o - \lambda_o q) \right\},$$

此处

$$q_w = q \text{和} q_o = 0, \qquad \text{如果} q \geqslant 0 (\text{注水井}),$$
$$q_w = \lambda_w q \text{和} q_o = \lambda_o q, \quad \text{如果} q < 0 (\text{采油井}),$$

则方程 (9.3.1) 和方程 (9.3.2) 可写为下述形式:

$$\nabla \cdot u = q(X, t), \quad X \in \Omega, t \in J = (0, T], \tag{9.3.6a}$$

$$u = -\kappa(X) \lambda(c) \nabla p, \quad X \in \Omega, t \in J, \tag{9.3.6b}$$

$$\phi\frac{\partial c}{\partial t} - \lambda'(c)u\nabla c + \nabla \cdot (\kappa(X)\lambda\lambda_o\lambda_w p'_c\nabla_c) = \begin{cases} \lambda_o q, & q \geqslant 0, \\ 0, & q < 0. \end{cases} \quad (9.3.7)$$

为清晰可见, 将方程 (9.3.6), 方程 (9.3.7) 写为下述标准形式:

$$-\nabla \cdot (a(X,c)\nabla p) = q(X,t), \quad X \in \Omega, t \in J = (0,T], \quad (9.3.8a)$$

$$u = -a(X,c)\nabla p, \quad X \in \Omega, t \in J, \quad (9.3.8b)$$

$$\phi\frac{\partial c}{\partial t} + b(c)u \cdot \nabla c - \nabla \cdot (D(X,c)\nabla c) = g(X,t,c), \quad X \in \Omega, t \in J, \quad (9.3.9)$$

此处 $a(X,c) = \kappa(X)\lambda(c)$, $b(c) = -\lambda'(c)$, $D(X,c) = -\kappa(X)\lambda\lambda_o\lambda_w p'_c(c)$, 当 $q \geqslant 0$ 时, $g(X,t,c) = \lambda_o q$, 当 $q < 0$ 时, $g(X,t,c) = 0$. 利用式 (9.3.8), 将方程 (9.3.3) 写为下述便于计算的形式

$$\phi c\frac{\partial s_\alpha}{\partial t} + u \cdot \nabla s_\alpha - \nabla \cdot (\phi c K_\alpha \nabla_\alpha)$$
$$= Q_\alpha - s_\alpha\left(q + \phi\frac{\partial c}{\partial t}\right), \quad X \in \Omega, t \in J, \alpha = 1, 2, \cdots, n_c. \quad (9.3.10)$$

提出两类边界条件.

(i) 定压边界条件:

$$p = e(X,t), \quad X \in \partial\Omega, t \in J, \quad (9.3.11a)$$

$$c = r(X,t), \quad X \in \partial\Omega, t \in J, \quad (9.3.11b)$$

$$s_\alpha = r_\alpha(X,t), \quad X \in \partial\Omega, t \in J, \alpha = 1, 2, \cdots, n_c, \quad (9.3.11c)$$

此外 $\partial\Omega$ 为区域 Ω 的外边界面.

(ii) 不渗透边界条件:

$$u \cdot \gamma = 0, \quad X \in \partial\Omega, t \in J, \quad (9.3.12a)$$

$$D\nabla c \cdot \gamma = 0, \quad X \in \partial\Omega, t \in J, \quad (9.3.12b)$$

$$K_\alpha\nabla s_\alpha \cdot \gamma = 0, \quad X \in \partial\Omega, \quad t \in J, \quad \alpha = 1, 2, \cdots, n_c, \quad (9.3.12c)$$

此处 γ 为边界面的单位外法向量. 对于不渗透边界条件压力函数 p 确定到可以相差一个常数. 因此条件

$$\int_\Omega p\mathrm{d}X = 0, \quad t \in J$$

能够用来确定不定性. 相容性条件是

$$\int_\Omega q\mathrm{d}X = 0, \quad t \in J,$$

初始条件:

$$c(X,0) = c_o(X), \quad X \in \Omega, \tag{9.3.13a}$$

$$s_\alpha(X,0) = s_{\alpha,0}(X), \quad X \in \Omega, \alpha = 1, 2, \cdots, n_c. \tag{9.3.13b}$$

　　对平面不可压缩二相渗流驱动问题, 在问题的周期性假定下, Jr Douglas, Ewing, Wheeler, Russell 等提出特征差分方法和特征有限元法, 并给出误差估计[12−15]. 他们将特征线方法和标准的有限差分方法或有限元方法相结合, 真实地反映出对流--扩散方程的一阶双曲特性, 减少截断误差. 克服数值振荡和弥散, 大大提高计算的稳定性和精确度. 对可压缩渗流驱动问题, Jr Douglas 等学者同样在周期性定义下提出二维可压缩渗流驱动问题的 "微小压缩" 数学模型、数值方法和分析, 开创了现代数值模型这一新领域[16−19]. 作者去掉周期性的假定, 给出新的修正特征差分格式和有限元格式, 并得出最佳的 L^2 模误差估计[20−22]. 由于特征线法需要进行插值计算, 并且特征线在求解区域边界附近可能穿出边界, 需要作特殊处理. 特征线与网络边界交点及其相应的函数值需要计算, 这样在算法设计时, 对靠近边界的网格点需要判断其特征线是否越过边界, 从而确定是否需要改变时间步长, 因此实际计算还是比较复杂的[21,22].

　　对抛物型问题 Axelsson, Ewing, Lazarov 等提出迎风差分格式[23−25], 来克服数值解的振荡, 同时避免特征差分方法在对靠近边界网点的计算复杂性. 虽然 Jr Douglas, Peaceman 曾用此方法于不可压缩油、水二相渗流驱动问题, 并取得了成功[26]. 但在理论分析时出现实质性困难, 他们用 Fourier 分析方法仅能对常系数的情形证明稳定性和收敛性的结果, 此方法不能推广到变系数的情况[27−29]. 本节从生产实际出发, 对三维考虑毛细管力 (不混溶) 不可压缩二相渗流驱动强化采油渗流驱动耦合问题, 为克服计算复杂性, 提出一类二阶隐式迎风分数步差分格式. 该格式既可克服数值振荡和弥散, 同时将三维问题化为连续解三个一维问题, 大大减少计算工作量, 使工程实际计算成为可能, 且将空间的计算精度提高到二阶. 应用变分形式、能量方法、差分算子乘积交替性理论、高阶差分算子的分解、微分方程先验估计和特殊的技巧, 得到了 l^2 模误差估计.

　　通常问题是正定的, 即满足

(C) $0 < a_* \leqslant a(c) \leqslant a^*, \quad 0 < \phi_* \leqslant \phi(X) \leqslant \phi^*,$

$\quad 0 < D_* \leqslant D(X,c) \leqslant D^*, \quad 0 < K_* \leqslant K_\alpha(X) \leqslant K^*,$

$\quad \alpha = 1, 2, \cdots, n_c, \tag{9.3.14a}$

$$\left| \frac{\partial a}{\partial c}(X,c) \right| \leqslant A^*, \tag{9.3.14b}$$

此处 $a_*, a^*, \phi_*, \phi^*, D_*, D^*, K_*, K^*$ 和 A^* 均为正常数. $b(c), g(c)$ 和 $Q_\alpha(c, s_\alpha)$ 在解的 ε_0 邻域是 Lipschitz 连续的.

假定问题 (9.3.8)—(9.3.14) 的精确解具有一定的光滑性, 即满足

(R) $p, c, s_\alpha \in L^\infty(W^{4,\infty}) \cap W^{1,\infty}(W^{1,\infty})$,

$$\frac{\partial^2 c}{\partial t^2}, \frac{\partial^2 s_\alpha}{\partial t^2} \in L^\infty(L^\infty), \quad \alpha = 1, 2, \cdots, n_c.$$

本节中记号 M 和 ε 分别表示普通正常数和普通小正数, 在不同处可具有不同的含义.

9.3.2 二阶隐式迎风分数步差分格式

为了用差分方法求解, 我们用网格区域 Ω_h 代替 Ω(图 9.3.1). 本节仅讨论定压边值问题, 对不渗透边值问题, 适当修改, 可以进行类似的讨论和分析. 在空间 (x_1, x_2, x_3) 上 x_1 方向步长为 h_1, x_2 方向步长为 h_2, x_3 方向步长为 $h_3 \cdot x_{1i} = ih_1$, $x_{2j} = jh_2$, $x_{3k} = kh_3$,

$$\Omega_h = \{(x_{1i}, x_{2i}, x_{3k}) | i_1(j,k) < i < i_2(j,k), j_1(u,k) < j < j_2(i,k), k_1(i,j) < k < k_2(i,j)\}.$$

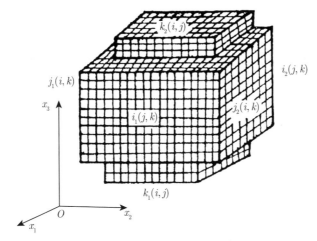

图 9.3.1 网格区域 Ω_h 的示意图

用 $\partial\Omega_h$ 表示 Ω_h 的边界. 为了记号简便, 以后记 $X = (x_1, x_2, x_3)^{\mathrm{T}}$, $X_{ijk} = (ih_1, jh_2, kh_3)^{\mathrm{T}}, t^n = n\Delta t, W(X_{ijk}, t^n) = W_{ijk}^n$,

$$A_{i+1/2,jk}^n = [a(X_{ijk}, C_{ijk}^n) + a(X_{i+1,jk}, C_{i+1,jk}^n)]/2,$$
$$a_{i+1/2,jk}^n = [a(X_{ijk}, c_{ijk}^n) + a(X_{i+1,jk}, c_{i+1,jk}^n)]/2,$$

记号 $A_{i,j+1/2,k}^n, a_{i,j+1/2,k}^n, A_{ij,k+1/2}^n, a_{ij,k+1/2}^n$ 的定义是类似的. 设

$$\delta_{\bar{x}_1}(A^n \delta_{x_1} P^{n+1})_{ijk}$$

$$=h_1^{-2}[A_{i+1/2,jk}^n(P_{i+1,jk}^{n+1}-P_{ijk}^{n+1})-A_{i-1/2,jk}^n(P_{ijk}^{n+1}-P_{i-1,jk}^{n+1})], \qquad (9.3.15\text{a})$$

$$\delta_{\bar{x}_2}(A^n\delta_{x_2}P^{n+1})_{ijk}$$

$$=h_2^{-2}[A_{i,j+1/2,k}^n(P_{i,j+1,k}^{n+1}-P_{ijk}^{n+1})-A_{i,j-1/2,k}^n(P_{ijk}^{n+1}-P_{i,j-1,k}^{n+1})], \qquad (9.3.15\text{b})$$

$$\delta_{\bar{x}_3}(A^n\delta_{x_3}P^{n+1})_{ijk}$$

$$=h_3^{-2}[A_{ij,k+1/2}^n(P_{ij,k+1}^{n+1}-P_{ijk}^{n+1})-A_{ij,k-1/2}^n(P_{ijk}^{n+1}-P_{ij,k-1}^{n+1})], \qquad (9.3.15\text{c})$$

$$\nabla_h(A^n\nabla_hP^{n+1})_{ijk}$$

$$=\delta_{\bar{x}_1}(A^n\delta_{x_1}P^{n+1})_{ijk}+\delta_{\bar{x}_2}(A^n\delta_{x_2}P^{n+1})_{ijk}+\delta_{\bar{x}_3}(A^n\delta_{x_3}P^{n+1})_{ijk}. \qquad (9.3.16)$$

流动方程 (9.3.8) 的差分格式:

$$\nabla_h(A^n\nabla_hP^{n+1})_{ijk}=G_{ijk}=(h_1h_2h_3)^{-1}\iint\limits_{X_{ijk}+Q_h}q(X,t^{n+1})\mathrm{d}x_1\mathrm{d}x_2\mathrm{d}x_3,$$

$$i_1(j,k)+1\leqslant i\leqslant i_2(j,k)-1,$$

$$j_1(i,k)+1\leqslant j\leqslant j_2(i,k)-1,\quad k_1(i,j)+1\leqslant k\leqslant k_2(i,j)-1, \qquad (9.3.17\text{a})$$

$$P_{ijk}^{n+1}=e_{ijk}^{n+1},\quad X_{ijk}\in\partial\Omega_h. \qquad (9.3.17\text{b})$$

此处 Q_h 是以原点为中心, 边长分别是 h_1,h_2,h_3 的立方体. 近似达西速度 $U^{n+1}=(U_1^{n+1},U_2^{n+1},U_3^{n+1})^{\mathrm{T}}$ 按下述公式计算:

$$U_{1,ijk}^{n+1}=-\frac{1}{2}\left[A_{i+1/2,jk}^n\frac{P_{i+1,jk}^{n+1}-P_{ijk}^{n+1}}{h_1}+A_{i-1/2,jk}^n\frac{P_{ijk}^{n+1}-P_{i-1,jk}^{n+1}}{h_1}\right], \qquad (9.3.18)$$

对应于另外两个方向的速度 $U_{2,ijk}^{n+1},U_{3,ijk}^{n+1}$, 可类似计算.

下面考虑饱和度方程 (9.3.9) 的隐式迎风分数步计算格式. 为些设 n 层时刻的 c^n 已知, 求第 $n+1$ 层的 c^{n+1}. 用差商代替微商, $\partial c/\partial t\approx(c^{n+1}-c^n)/\Delta t$, 将饱和度方程 (9.3.9) 分裂为下述形式:

$$\left(1-\frac{\Delta t}{\phi}\frac{\partial}{\partial x_1}\left(D\frac{\partial}{\partial x_1}\right)+\frac{\Delta t}{\phi}bu_1\frac{\partial}{\partial x_1}\right)\left(1-\frac{\Delta t}{\phi}\frac{\partial}{\partial x_2}\left(D\frac{\partial}{\partial x_2}\right)+\frac{\Delta t}{\phi}bu_2\frac{\partial}{\partial x_2}\right)$$

$$\cdot\left(1-\frac{\Delta t}{\phi}\frac{\partial}{\partial x_3}\left(D\frac{\partial}{\partial x_3}\right)+\frac{\Delta t}{\phi}bu_3\frac{\partial}{\partial x_3}\right)c^{n+1}$$

$$=c^n+\frac{\Delta t}{\phi}f(X,t,c^{n+1})+O((\Delta t)^2), \qquad (9.3.19)$$

此处达西速度 $u=(u_1,u_2,u_3)^{\mathrm{T}}$. 其对应的二阶隐式迎风分数步差分格式为

$$\left(\phi-\Delta t\left(1+\frac{h_1}{2}\left|b(C^n)U_1^{n+1}\right|D^{-1}(C^n)\right)^{-1}\delta_{\bar{x}_1}(D(C^n)\delta_{x_1})+\Delta t\delta_{b^nU_1^{n+1},x_1}\right)_{ijk}C_{ijk}^{n+1/3}$$

$$= \phi_{ijk} C_{ijk}^n + \Delta t f(X, t^n, C^n)_{ijk}, \quad i_1(j,k) + 1 \leqslant i \leqslant i_2(j,k) - 1, \tag{9.3.20a}$$

$$C_{ijk}^{n+1/3} = r_{ijk}^{n+1}, \quad X_{ijk} \in \partial \Omega_h, \tag{9.3.20b}$$

$$\left(\phi - \Delta t \left(1 + \frac{h_2}{2} \left| b(C^n) U_2^{n+1} \right| D^{-1}(C^n) \right)^{-1} \delta_{\bar{x}_2}(D(C^n) \delta_{x_2}) + \Delta t \delta_{b^n U_2^{n+1}, x_2} \right)_{ijk} C_{ijk}^{n+2/3}$$
$$= \phi_{ijk} C_{ijk}^{n+1/3}, \quad j_1(j,k) + 1 \leqslant i \leqslant i_2(j,k) - 1, \tag{9.3.21a}$$

$$C_{ijk}^{n+2/3} = r_{ijk}^{n+1}, \quad X_{ijk} \in \partial \Omega_h, \tag{9.3.21b}$$

$$\left(\phi - \Delta t \left(1 + \frac{h_3}{2} \left| b(C^n) U_3^{n+1} \right| D^{-1}(C^n) \right)^{-1} \delta_{\bar{x}_3}(D(C^n) \delta_{x3}) + \Delta t \delta_{b^n U_3^{n+1}, x_3} \right)_{ijk} C_{ijk}^{n+1}$$
$$= \phi_{ijk} C_{ijk}^{n+2/3}, \quad k_1(j,k) + 1 \leqslant k \leqslant k_2(j,k) - 1, \tag{9.3.22a}$$

$$C_{ijk}^{n+1} = r_{ijk}^{n+1}, \quad X_{ijk} \in \partial \Omega_h, \tag{9.3.22b}$$

此处

$$\delta_{b^n U_1^{n+1}, x_1} = b(C^n)_{ijk} U_{1,ijk}^{n+1} \left\{ H(b(C^n)_{ijk} U_{1,ijk}^{n+1}) D^{-1}(C^n)_{ijk} D(C^n)_{i-1/2,jk} \delta \bar{X}_1 \right.$$
$$\left. + (1 - H(b(C^n)_{ijk} U_{1,ijk}^{n+1})) \cdot D^{-1}(C^n)_{ijk} D(C^n)_{i+1/2,jk} \delta_{x_1} \right\},$$

$\delta_{b^n U_2^{n+1}, x_2}, \delta_{b^n U_3^{n+1}, x_3}$ 的定义类是类似的, $H(z) = \begin{cases} 1, & z \geqslant 0, \\ 0, & z < 0. \end{cases}$

对组分浓度方程 (9.3.10), 记 $\hat{\phi}^{n+1} = \phi C^{n+1}, \hat{D}_\alpha^{n+1} = \phi C^{n+1} K_\alpha, \hat{D}_\alpha^{n+1,-1} = (\hat{D}_\alpha^{n+1})^{-1}$, 也采用隐式迎风分数步差分格式并行计算.

$$\left(\hat{\phi}^{n+1} - \Delta t \left(1 + \frac{h_1}{2} \left| U_1^{n+1} \right| \hat{D}_\alpha^{n+1,-1} \right)^{-1} \delta_{\bar{x}_1}(\hat{D}_\alpha^{n+1} \delta_{x_1}) + \Delta t \delta_{U_1^{n+1}, x_1} \right)_{ijk} S_{\alpha, ijk}^{n+1/3}$$
$$= \hat{\phi}_{ijk}^{n+1} S_{\alpha, ijk}^n + \Delta t \left\{ Q_\alpha(C_{ijk}^{n+1}, S_{\alpha, ijk}^n) - S_{\alpha, ijk}^n \left(q(C_{ijk}^{n+1}) + \phi_{ijk} \frac{C_{ijk}^{n+1} - C_{ijk}^n}{\Delta t} \right) \right\},$$

$$i_1(j,k) + 1 \leqslant i \leqslant i_2(j,k) - 1, \quad \alpha = 1, 2, \cdots, n_c, \tag{9.3.23a}$$

$$S_{\alpha, ijk}^{n+1/3} = r_{\alpha, ijk}^{n+1}, \quad X_{ijk} \in \partial \Omega_h, \quad \alpha = 1, 2, \cdots, n_c, \tag{9.3.23b}$$

$$\left(\hat{\phi}^{n+1} - \Delta t \left(1 + \frac{h_2}{2} \left| U_2^{n+1} \right| \hat{D}_\alpha^{n+1,-1} \right)^{-1} \delta_{\bar{x}_2}(\hat{D}_\alpha^{n+1} \delta_{x_2}) + \Delta t \delta_{U_2^{n+1}, x_1} \right)_{ijk} S_{\alpha, ijk}^{n+2/3}$$
$$= \hat{\phi}_{ijk}^{n+1} S_{\alpha, ijk}^{n+1/3}, \quad j_1(i,k) + 1 \leqslant j \leqslant j_2(i,k) - 1, \quad \alpha = 1, 2, \cdots, n_c, \tag{9.3.24a}$$

$$S_{\alpha,ijk}^{n+2/3} = r_{\alpha,ijk}^{n+1}, \quad X_{ijk} \in \partial\Omega_h, \quad \alpha = 1, 2, \cdots, n_c, \tag{9.3.24b}$$

$$\left(\hat{\phi}^{n+1} - \Delta t \left(1 + \frac{h_3}{2}\left|U_3^{n+1}\right|\hat{D}_\alpha^{n+1,-1}\right)^{-1}\delta_{\bar{x}_3}(\hat{D}_\alpha^{n+1}\delta_{x3}) + \Delta t\delta_{U_3^{n+1},x_3}\right)_{ijk} S_{\alpha,ijk}^{n+1}$$

$$=\hat{\phi}_{ijk}^{n+1} S_{\alpha,ijk}^{n+2/3}, \quad k_1(i,j)+1 \leqslant k \leqslant k_2(i,j)-1, \quad \alpha = 1, 2, \cdots, n_c, \tag{9.3.25a}$$

$$S_{\alpha,ijk}^{n+1} = r_{\alpha,ijk}^{n+1}, \quad X_{ijk} \in \partial\Omega_h, \quad \alpha = 1, 2, \cdots, n_c, \tag{9.3.25b}$$

此处 $\delta_{U_1^{n+1},x_1} S_{\alpha,ijk}^{n+1} = U_{1,ijk}^{n+1}\{H(U_{1,ijk}^{n+1})\hat{D}_{\alpha,ijk}^{n+1,-1}\hat{D}_{\alpha,i-1/2,jk}^{n+1}\delta_{\bar{x}_1}+(1-H(U_{1,ijk}^{n+1}))\hat{D}_{\alpha,ijk}^{n+1,-1}$ $\hat{D}_{\alpha,i+1/2,jk}^{n+1}\delta_{x_1}\}S_{\alpha,ijk}^{n+1}, S_{U_2^{n+1},x_2}S_{\alpha,ijk}^{n+1}, S_{U_3^{n+1},x_3}S_{\alpha,ijk}^{n+1}$ 的定义是类似的.

初始条件:

$$P_{ijk}^0 = p_0(X_{ijk}), \quad C_{ijk}^0 = c_0(X_{ijk}),$$

$$S_{\alpha,ijk}^0 = s_{\alpha,0}(X_{ijk}), \quad X_{ijk} \in \Omega_h, \quad \alpha = 1, 2, \cdots, n_c. \tag{9.3.26}$$

隐式迎风分数步差分格式的计算程序是: 当 $\left\{P_{ijk}^n, C_{ijk}^n, S_{\alpha,ijk}^n, \alpha = 1, 2, \cdots, n_c\right\}$ 已知, 首先由差分方程 (9.3.17) 用消去法或共轭梯度法求出解 $\left\{P_{ijk}^{n+1}\right\}$. 应用式 (9.3.18) 计算出 $\{U_{ijk}^{n+1}\}$. 其次由式 (9.3.20a), 式 (9.3.20b) 沿 x_1 方向用追赶法求出过渡层的解 $\{C_{ijk}^{n+1/3}\}$, 再由式 (9.3.21a), 式 (9.3.21b) 沿 x_2 方向用追赶法求出 $\{C_{ijk}^{n+2/3}\}$, 最后再由式 (9.3.22a), 式 (9.3.22b) 沿 x_3 方向用追赶法求出解 $\{C_{ijk}^{n+1}\}$. 在此基础并行的由式 (9.3.23a), 式 (9.3.23b) 沿 x_1 方向用追赶法求出过渡层的解 $\{S_{\alpha,ijk}^{n+1/3}\}$, 再由式 (9.3.24a), 式 (9.3.24b) 沿 x_2 方向用追赶法求出 $\{S_{\alpha,ijk}^{n+2/3}\}$, 最后由式 (9.3.25a), 式 (9.3.25b) 沿 x_3 方向用追赶法求出解 $\{S_{\alpha,ijk}^{n+1}\}$. 对 $\alpha = 1, 2, \cdots, n_c$ 可并行的同时求解. 由问题的正定性, 格式 (9.3.17),(9.3.20)—(9.3.22),(9.3.23)—(9.3.25) 和式 (9.3.26) 的解存在且唯一.

9.3.3　收敛性分析

为了理论分析方便, 设区域 $\Omega = \{[0,1]\}^3, h = 1/N, X_{ijk} = (x_1, x_2, x_3)^{\mathrm{T}} = (ih, jh, kh)^{\mathrm{T}}, t^n = n\Delta t, W(X_{ijk}, t^n) = W_{ijk}^n$, 设 $\pi = p - P, \xi = c - C, \varsigma_\alpha = s_\alpha - S_\alpha$, 此处 p, c 和 s_α 为问题 (9.3.8)–(9.3.13) 的精确解, P, C 和 S_α 为格式 (9.3.17)–(9.3.26) 的差分解. 为了进行误差分析, 引入对应于 $L^2(\Omega)$ 和 $H^1(\Omega)$ 的内积和范数[30,31].

$$\langle v^n, w^n \rangle = \sum_{i,j,k=1}^{N} v_{ijk}^n w_{ijk}^n h^3, \quad \|v^n\|_0^2 = \langle v^n, n^v \rangle, \quad [v^n, w^n)_1 = \sum_{i=0}^{N-1}\sum_{i,j=1}^{N} v_{ijk}^n w_{ijk}^n h^3,$$

$$[v^n, w^n)_2 = \sum_{j=0}^{N-1}\sum_{i,k=1}^{N} v_{ijk}^n w_{ijk}^n h^3, \quad [v^n, w^n)_3 = \sum_{k=0}^{N-1}\sum_{i,j=1}^{N} v_{ijk}^n w_{ijk}^n h^3,$$

$$\|\delta_{x_1}v^n\|^2 = [\delta_{x_1}v^n, \delta_{x_1}v^n)_1, \quad \|\delta_{x_2}v^n\|^2 = [\delta_{x_2}v^n, \delta_{x_2}v^n)_2, \quad \|\delta_{x_3}v^n\|^2 = [\delta_{x_3}v^n, \delta_{x_3}v^n)_3.$$

定理 9.3.1 假定问题 (9.3.8)—(9.3.13) 的精确解满足光滑性条件: $p, c \in W^{1,\infty}(W^{1,\infty}) \cap L^\infty(W^{4,\infty}), s_\alpha \in W^{1,\infty}(W^{1,\infty}) \cap L^\infty(W^{4,\infty}), \dfrac{\partial c}{\partial t} \in L^\infty(W^{4,\infty}), \dfrac{\partial s_\alpha}{\partial t} \in L^\infty(W^{4,\infty}), \dfrac{\partial^2 c}{\partial t^2}, \dfrac{\partial^2 s_\alpha}{\partial t^2} \in L^\infty(L^\infty), \alpha = 1, 2, \cdots, n_c$. 采用修正迎风分数步差分格式 (9.3.17)—(9.3.25) 逐层计算, 若剖分参数满足限制性条件:

$$\Delta t = O(h^2), \tag{9.3.27}$$

则下述误差估计式成立:

$$\|p - P\|_{\bar{L}^\infty((0,T];h^1)} + \|c - C\|_{\bar{L}^\infty((0,T];l^2)} + \|c - C\|_{\bar{L}^2((0,T];h^1)} \leqslant M_1^* \{\Delta t + h^2\}, \tag{9.3.28a}$$

$$\|s_\alpha - S_\alpha\|_{\bar{L}^\infty((0,T];l^2)} + \|s_\alpha - S_\alpha\|_{\bar{L}^2((0,T];h^1)} \leqslant M_2^* \{\Delta t + h^2\}, \quad \alpha = 1, 2, \cdots, n_c, \tag{9.3.28b}$$

此处 $\|g\|_{\bar{L}^\infty(J;M)} = \sup\limits_{n\Delta t \leqslant T} \|g^n\|_M$, 常数

$$M_1^* = M_1^* \bigg(\|p\|_{W^{1,\infty}(W^{4,\infty})}, \|p\|_{L^\infty(W^{4,\infty})}, \|c\|_{W^{1,\infty}(W^{4,\infty})},$$
$$\bigg\|\frac{\partial c}{\partial t}\bigg\|_{L^\infty(W^{4,\infty})}, \bigg\|\frac{\partial^2 c}{\partial t^2}\bigg\|_{L^\infty(L^\infty)} \bigg),$$
$$M_2^* = M_2^* \bigg(\|s_\alpha\|_{W^{1,\infty}(W^{4,\infty})}, \bigg\|\frac{\partial s_\alpha}{\partial t}\bigg\|_{L^\infty(W^{4,\infty})}, \bigg\|\frac{\partial^2 s_\alpha}{\partial t^2}\bigg\|_{L^\infty(L^\infty)} \bigg).$$

证明 由流动方程 (9.3.8)$(t = t^{n+1})$ 和差分方程 (9.3.17) 相减可得压力函数的误差方程:

$$-\nabla_h(A^n \nabla_h \pi^{n+1})_{ijk}$$
$$= \nabla_h([a(c^{n+1}) - a(c^n)] \nabla_h p^{n+1})_{ijk} + \sigma_{ijk}^{n+1}, \quad 1 \leqslant i, j, k \leqslant N - 1, \tag{9.3.29a}$$

$$\pi_{ijk}^{n+1} = 0, \quad X_{ijk} \in \partial\Omega_h, \tag{9.3.29b}$$

此处 $\left|\sigma_{ijk}^{n+1}\right| \leqslant M(\|p\|_{L^\infty(W^{4,\infty})}, \|c\|_{L^\infty(W^{3,\infty})})\{\Delta t + h^2\}$.

对误差方程 (9.3.29) 乘以检验函数 π^{n+1}, 并分部求和有

$$\langle A^n \nabla_h \pi^{n+1}, \nabla_h \pi^{n+1} \rangle = \langle \sigma^{n+1}, \pi^{n+1} \rangle - \langle [a(c^{n+1}) - a(c^n)] \nabla_h p^{n+1}, \nabla_h \pi^{n+1} \rangle. \tag{9.3.30}$$

由此可以推得

$$\|\nabla_h \pi^{n+1}\| \leqslant M(\|p^{n+1}\|_{4,\infty}, \|c^{n+1}\|_{3,\infty})\{\|\xi^n\| + h^2 + \Delta t\}. \tag{9.3.31}$$

下面讨论饱和度方程的误差估计. 由式(9.3.20)—式(9.3.22)消去 $C_{ijk}^{n+1/3}$, $C_{ijk}^{n+2/3}$, 并记 $\overline{U}^{n+1} = b(C^n)U^{n+1}$, 为了书写简便, 这里认为 $D(C^n) \approx D(X)$, 在数值分析时, 实质上是类似的, 可得下述等价的差分方程:

$$\phi_{ijk}\frac{C_{ijk}^{n+1} - C_{ijk}^n}{\Delta t} - \left\{ \left(1 + \frac{h}{2}\left|\overline{U}_1^{n+1}\right|D^{-1}\right)_{ijk}^{-1} \delta_{\bar{x}_1}(D\delta_{x_1}C^{n+1})_{ijk} \right.$$

$$+ \left(1 + \frac{h}{2}\left|\overline{U}_2^{n+1}\right|D^{-1}\right)_{ijk}^{-1} \delta_{\bar{x}_2}(D\delta_{x_2}C^{n+1})_{ijk}$$

$$+ \left. \left(1 + \frac{h}{2}\left|\overline{U}_3^{n+1}\right|D^{-1}\right)_{ijk}^{-1} \delta_{\bar{x}_3}(D\delta_{x_3}C^{n+1})_{ijk} \right\}$$

$$= -\sum_{\beta=1}^{3} \delta_{\overline{U}_\beta^{n+1}, x_\beta} C_{ijk}^{n+1} + g(X_{ijk}, t^n, C_{ijk}^n)$$

$$- \Delta t \left\{ \left(1 + \frac{h}{2}\left|\overline{U}_1^{n+1}\right|D^{-1}\right)_{ijk}^{-1} \delta_{\bar{x}_1}\left(D\delta_{x_1}\left[\phi^{-1}\left(1 + \frac{h}{2}\left|\overline{U}_2^{n+1}\right|D^{-1}\right)^{-1}\right.\right.\right.$$

$$\left.\left.\left.\cdot\delta_{\bar{x}_2}(D\delta_{x_2}C^{n+1})\right]\right)_{ijk} + \left(1 + \frac{h}{2}\left|\overline{U}_1^{n+1}\right|D^{-1}\right)_{ijk}^{-1}\right.$$

$$\left.\cdot\delta_{\bar{x}_1}\left(D\delta_{x_1}\left[\phi^{-1}\left(1 + \frac{h}{2}\left|\overline{U}_3^{n+1}\right|D^{-1}\right)^{-1}\delta_{\bar{x}_3}(D\delta_{x_3}C^{n+1})\right]\right)_{ijk}\right.$$

$$\left.+ \left(1 + \frac{h}{2}\left|\overline{U}_2^{n+1}\right|D^{-1}\right)_{ijk}^{-1}\right.$$

$$\left.\cdot\delta_{\bar{x}_2}\left(D\delta_{x_2}\left[\phi^{-1}\left(1 + \frac{h}{2}\left|\overline{U}_3^{n+1}\right|D^{-1}\right)^{-1}\delta_{\bar{x}_3}(D\delta_{x_3}C^{n+1})\right]\right)_{ijk}\right\}$$

$$+ (\Delta t)^2 \left(1 + \frac{h}{2}\left|\overline{U}_1^{n+1}\right|D^{-1}\right)_{ijk}^{-1}\delta_{\bar{x}_1}\left(D\delta_{x_1}\left[\phi^{-1}\left(1 + \frac{h}{2}\left|\overline{U}_2^{n+1}\right|D^{-1}\right)^{-1}\right.\right.$$

$$\left.\left.\cdot\delta_{\bar{x}_2}\left(D\delta_{x_2}\left[\phi^{-1}\left(1 + \frac{h}{2}\left|\overline{U}_3^{n+1}\right|D^{-1}\right)^{-1}\cdot\delta_{\bar{x}_3}(D\delta_{x_3}C^{n+1})\right]\right)\right]\right)_{ijk}$$

$$+ \Delta t \left\{ \left(1 + \frac{h}{2}\left|\overline{U}_1^{n+1}\right|D^{-1}\right)_{ijk}^{-1}\delta_{\bar{x}_1}\left(D\delta_{x_1}\left(\phi^{-1}\sum_{\beta=2}^{3}\delta_{\overline{U}_\beta^{n+1}, x_\beta}C^{n+1}\right)\right)_{ijk}\right.$$

$$\left.+ \left(1 + \frac{h}{2}\left|\overline{U}_2^{n+1}\right|D^{-1}\right)_{ijk}^{-1}\delta_{\bar{x}_2}\left(D\delta_{x_2}\left(\phi^{-1}\delta_{\overline{U}_3^{n+1}, x_3}C^{n+1}\right)\right)_{ijk} + \cdots\right\}$$

$$- (\Delta t)^2 \left\{ \left(1 + \frac{h}{2}\left|\overline{U}_1^{n+1}\right|D^{-1}\right)_{ijk}^{-1}\cdot\delta_{\bar{x}_1}\left(D\delta_{x_1}\left(\phi^{-1}\left(+\frac{h}{2}\left|\overline{U}_2^{n+1}\right|D^{-1}\right)_{ijk}^{-1}\right.\right.\right.$$

$$\delta_{\bar{x}_2}\left(D\delta_{x_2}(\phi^{-1}\delta_{U_3^{n+1},x_3}C^{n+1})\right)\Big)\Big)\Big)\bigg\}_{ijk} + \cdots\bigg\}, \quad 1 \leqslant i,j,k \leqslant N-1, \tag{9.3.32a}$$

$$C_{ijk}^{n+1} = r_{ijk}^{n+1}, \quad X_{ijk} \in \partial\Omega_h, \tag{9.3.32b}$$

由方程 $(9.3.9)(t \in t^{n+1})$ 和方程 $(9.3.32)$, 并记 $\tilde{u}^{n+1} = b(c^{n+1})u^{n+1}$, 可导出饱和度函数的误差方程:

$$\phi_{ijk}\frac{\xi_{ijk}^{n+1} - \xi_{ijk}^n}{\Delta t} - \bigg\{\left(1 + \frac{h}{2}\left|\tilde{u}_1^{n+1}\right|D^{-1}\right)_{ijk}^{-1}\delta_{\bar{x}_1}(D\delta_{x_1}\xi^{n+1})_{ijk}$$

$$+ \left(1 + \frac{h}{2}\left|\tilde{u}_2^{n+1}\right|D^{-1}\right)_{ijk}^{-1}\delta_{\bar{x}_2}(D\delta_{x_2}\xi^{n+1})_{ijk}$$

$$+ \left(1 + \frac{h}{2}\left|\tilde{u}_3^{n+1}\right|D^{-1}\right)_{ijk}^{-1}\delta_{\bar{x}_3}(D\delta_{x_3}\xi^{n+1})_{ijk}\bigg\}$$

$$= \sum_{\beta=1}^{3}\{\delta_{\overline{U}_\beta^{n+1},x_\beta}C_{ijk}^{n+1} - \delta_{\tilde{u}_\beta^{n+1},x_\beta}c_{ijk}^{n+1}\}$$

$$+ \sum_{\beta=1}^{3}\left[\left(1 + \frac{h}{2}\left|\tilde{u}_\beta^{n+1}\right|D^{-1}\right)_{ijk}^{-1} - \left(1 + \frac{h}{2}\left|\overline{U}_\beta^{n+1}\right|D^{-1}\right)_{ijk}^{-1}\right]\delta_{\bar{x}_\beta}(D\delta_{x_\beta}C^{n+1})_{ijk}$$

$$+ g(X_{ijk}, t^{n+1}, c_{ijk}^{n+1}) - g(X_{ijk}, t^n, C_{ijk}^n)$$

$$- \Delta t\bigg\{\left[\left(1 + \frac{h}{2}\left|\tilde{u}_1^{n+1}\right|D^{-1}\right)_{ijk}^{-1}\delta_{\bar{x}_1}\left(D\delta_{x_1}\phi^{-1}\right.\right.$$

$$\left.\cdot\left(1 + \frac{h}{2}\left|\tilde{u}_2^{n+1}\right|D^{-1}\right)^{-1}\delta_{\bar{x}_2}(D\delta_{x_2}c^{n+1})\right)\bigg]_{ijk} - \left(1 + \frac{h}{2}\left|\overline{U}_1^{n+1}\right|D^{-1}\right)_{ijk}^{-1}$$

$$\cdot\delta_{\bar{x}_1}\left(D\delta_{x_1}\left[\phi^{-1}\left(1 + \frac{h}{2}\left|\overline{U}_2^{n+1}\right|D^{-1}\right)^{-1}\delta_{\bar{x}_2}(D\delta_{x_2}C^{n+1})\right]\right)_{ijk} + \cdots$$

$$+ \left[\left(1 + \frac{h}{2}\left|\tilde{u}_2^{n+1}\right|D^{-1}\right)_{ijk}^{-1}\right.$$

$$\cdot\delta_{\bar{x}_2}\left(D\delta_{x_2}\left[\phi^{-1}\left(1 + \frac{h}{2}\left|\tilde{u}_3^{n+1}\right|D^{-1}\right)^{-1}\delta_{\bar{x}_3}(D\delta_{x_3}c^{n+1})\right]\right)_{ijk}$$

$$- \left(1 + \frac{h}{2}\left|\overline{U}_2^{n+1}\right|D^{-1}\right)_{ijk}^{-1}$$

$$\cdot\delta_{\bar{x}_2}\left(D\delta_{x_2}\left[\phi^{-1}\left(1 + \frac{h}{2}\left|\overline{U}_3^{n+1}\right|D^{-1}\right)^{-1}\delta_{\bar{x}_3}(D\delta_{x_3}C^{n+1})\right]\right)\bigg\}$$

$$+ (\Delta t)^2 \left\{ \left(1 + \frac{h}{2} \left| \tilde{u}_1^{n+1} \right| D^{-1} \right)_{ijk}^{-1} \delta_{\bar{x}_1} \left(D\delta_{x_1} \left[\phi^{-1} \left(1 + \frac{h}{2} \left| \tilde{u}_2^{n+1} \right| D^{-1} \right)^{-1} \right. \right. \right.$$

$$\left. \left. \left. \cdot \delta_{\bar{x}_2} \left(D\delta_{x_2} \left[\phi^{-1} \left(1 + \frac{h}{2} \left| \tilde{u}_3^{n+1} \right| D^{-1} \right)^{-1} \cdot \delta_{\bar{x}_3} (D\delta_{x_3} c^{n+1}) \right] \right) \right] \right) \right)_{ijk}$$

$$- \left(1 + \frac{h}{2} \left| \bar{U}_1^{n+1} \right| D^{-1} \right)_{ijk}^{-1} \delta_{\bar{x}_1} \left(D\delta_{x_1} \left[\phi^{-1} \left(1 + \frac{h}{2} \left| \bar{U}_2^{n+1} \right| D^{-1} \right)^{-1} \right. \right.$$

$$\left. \left. \cdot \delta_{\bar{x}_2} \left(D\delta_{x_2} \left[\phi^{-1} \left(1 + \frac{h}{2} \left| \bar{U}_3^{n+1} \right| D^{-1} \right)^{-1} \delta_{\bar{x}_3} (D\delta_{x_3} C^{n+1}) \right] \right) \right] \right)_{ijk} \right\}$$

$$+ \Delta t \left\{ \left(1 + \frac{h}{2} \left| \tilde{u}_1^{n+1} \right| D^{-1} \right)_{ijk}^{-1} \delta_{\bar{x}_1} \left(D\delta_{x_1} \left(\phi^{-1} \sum_{\beta=2}^{3} \delta_{\tilde{u}_\beta^{n+1}, x_\beta} c^{n+1} \right) \right)_{ijk} \right.$$

$$\left. - \left(1 + \frac{h}{2} \left| \bar{U}_1^{n+1} \right| D^{-1} \right)_{ijk}^{-1} \delta_{\bar{x}_1} \left(D\delta_{x_1} \left(\phi^{-1} \sum_{\beta=2}^{3} \delta_{\bar{U}_\beta^{n+1}, x_\beta} C^{n+1} \right) \right)_{ijk} + \cdots \right\}$$

$$- (\Delta t)^2 \left\{ \left(1 + \frac{h}{2} \left| \tilde{u}_1^{n+1} \right| D^{-1} \right)_{ijk}^{-1} \delta_{\bar{x}_1} \left(D\delta_{x_1} \left(\phi^{-1} \left(1 + \frac{h}{2} \left| \tilde{u}_2^n \right| D^{-1} \right)_{ijk}^{-1} \right. \right. \right.$$

$$\left. \left. \left. \cdot \delta_{\bar{x}_2} \left(D\delta_{x_2} (\phi^{-1} \delta_{\tilde{u}_3^{n+1}, x_3} c^{n+1}) \right) \right) \right)_{ijk} - \left(1 + \frac{h}{2} \left| \bar{U}_1^{n+1} \right| D^{-1} \right)_{ijk}^{-1} \right.$$

$$\left. \cdot \delta_{\bar{x}_1} \left(D\delta_{x_1} \left(\phi^{-1} \left(1 + \frac{h}{2} \left| \bar{U}_2^{n+1} \right| D^{-1} \right)_{ijk}^{-1} \delta_{\bar{x}_2} (D\delta_{x_2} (\phi^{-1} \delta_{\bar{U}_3^{n+1}, x_3} C^{n+1})) \right) \right)_{ijk} + \cdots \right\}$$

$$+ \varepsilon_{ijk}^{n+1}, \quad 1 \leqslant i, j, k \leqslant N - 1, \tag{9.3.33a}$$

$$\xi_{ijk}^{n+1} = 0, \quad X_{ijk} \in \partial \Omega_h, \tag{9.3.33b}$$

此处

$$\left| \varepsilon_{ijk}^{n+1} \right| \leqslant M \left(\left\| \frac{\partial^2 c}{\partial t^2} \right\|_{L^\infty(L^\infty)}, \left\| \frac{\partial c}{\partial t} \right\|_{L^\infty(W^{4,\infty})}, \|c\|_{L^\infty(W^{4,\infty})} \right) \{h^2 + \Delta t\}.$$

对饱和度误差方程 (9.3.33) 乘以 $\xi_{ijk}^{n+1} \Delta t$ 作内积, 并分部求和得到

$$\frac{1}{2} \{ \|\phi \xi^{n+1}\|^2 - \|\phi \xi^n\|^2 \} + \sum_{\beta=1}^{3} \left\langle D\delta_{x_\beta} \left[\left(1 + \frac{h}{2} \left| \tilde{u}_\beta^{n+1} \right| D^{-1} \right)^{-1} \cdot \xi^{n+1} \right] \right\rangle \Delta t$$

$$\leqslant \sum_{\beta=1}^{3} \langle \delta_{\bar{U}_\beta^{n+1}, x_\beta} C^{n+1} - \delta_{\tilde{u}_\beta^{n+1}, x_\beta} c^{n+1}, \xi^{n+1} \rangle \Delta t + \sum_{\beta=1}^{3} \left\langle \left[\left(1 + \frac{h}{2} \left| \tilde{u}_\beta^{n+1} \right| D^{-1} \right)^{-1} \right. \right.$$

$$- \left(1 + \frac{h}{2}\left|\bar{U}_\beta^{n+1}\right|D^{-1}\right)^{-1}\right] \delta_{\bar{x}_\beta}(D\delta_{x_\beta}C^{n+1}), \xi^{n+1}\bigg\rangle \Delta t$$

$$+ \langle g(c^{n+1}) - g(C^n), \xi^{n+1}\rangle \Delta t - (\Delta t)^2 \Bigg\{ \bigg\langle \left(1 + \frac{h}{2}\left|\bar{U}_1^{n+1}\right|D^{-1}\right)^{-1}$$

$$\cdot \delta_{\bar{x}_1}\left(D\delta_{x_1}\left[\phi^{-1}\left(1 + \frac{h}{2}\left|\bar{U}_2^{n+1}\right|D^{-1}\right)^{-1}\delta_{\bar{x}_2}(D\delta_{x_2}\xi^{n+1})\right]\right), \xi^{n+1}\bigg\rangle$$

$$+ \bigg\langle \left(1 + \frac{h}{2}\left|\bar{U}_1^{n+1}\right|D^{-1}\right)^{-1}\delta_{\bar{x}_1}\left(D\delta_{x_1}\left[\phi^{-1}\left(1 + \frac{h}{2}\left|\bar{U}_3^{n+1}\right|D^{-1}\right)^{-1}\right.\right.$$

$$\left.\left.\cdot \delta_{\bar{x}_3}(D\delta_{x_3}\xi^{n+1})\right]\right), \xi^{n+1}\bigg\rangle$$

$$+ \bigg\langle \left(1 + \frac{h}{2}\left|\bar{U}_2^{n+1}\right|D^{-1}\right)^{-1}\delta_{\bar{x}_2}\left(D\delta_{x_2}\left[\phi^{-1}\left(1 + \frac{h}{2}\left|\bar{U}_3^{n+1}\right|D^{-1}\right)^{-1}\right.\right.$$

$$\left.\left.\cdot \delta_{\bar{x}_3}(D\delta_{x_3}\xi^{n+1})\right], \xi^{n+1}\bigg\rangle\right) + \cdots \Bigg\} + (\Delta t)^3 \Bigg\{ \bigg\langle \left(1 + \frac{h}{2}\left|\bar{U}_1^{n+1}\right|D^{-1}\right)^{-1}$$

$$\cdot \delta_{\bar{x}_1}\left(D\delta_{x_1}\left[\phi^{-1}\left(1 + \frac{h}{2}\left|\bar{U}_2^{n+1}\right|D^{-1}\right)^{-1}\delta_{\bar{x}_2}\left[\phi^{-1}\left(1 + \frac{h}{2}\left|\bar{U}_3^{n+1}\right|D^{-1}\right)^{-1}\right.\right.\right.$$

$$\left.\left.\left.\cdot \delta_{\bar{x}_3}(D\delta_{x_3}\xi^{n+1})\right]\right]\right), \xi^{n+1}\bigg\rangle + \cdots \Bigg\}$$

$$+ (\Delta t)^2 \Bigg\{ \bigg\langle \left(1 + \frac{h}{2}\left|\tilde{u}_1^{n+1}\right|D^{-1}\right)^{-1}\delta_{\bar{x}_1}\left(D\delta_{x_1}\left(\phi^{-1}\sum_{\beta=2}^{3}\delta_{\tilde{u}_\beta^{n+1},x_\beta}c^{n+1}\right)\right)$$

$$- \left(1 + \frac{h}{2}\left|\bar{U}_1^{n+1}\right|D^{-1}\right)^{-1}\delta_{\bar{x}_1}\left(D\delta_{x_1}\left(\phi^{-1}\sum_{\beta=2}^{3}\delta_{\bar{U}_\beta^{n+1},x_\beta}C^{n+1}\right)\right), \xi^{n+1}\bigg\rangle + \cdots \Bigg\}$$

$$- (\Delta t)^3 \Bigg\{ \bigg\langle \left(1 + \frac{h}{2}\left|\tilde{u}_1^{n+1}\right|D^{-1}\right)^{-1}\delta_{\bar{x}_1}\left(D\delta_{x_1}\left(\phi^{-1}\left(1 + \frac{h}{2}\left|\tilde{u}_2^{n+1}\right|D^{-1}\right)^{-1}\right.\right.$$

$$\left.\left.\cdot \delta_{\bar{x}_2}\left(D\delta_{x_2}\left(\phi^{-1}\delta_{\tilde{u}_3^{n+1},x_3}c^{n+1}\right)\right)\right)\right), - \left(1 + \frac{h}{2}\left|\bar{U}_1^{n+1}\right|D^{-1}\right)^{-1}$$

$$\cdot \delta_{\bar{x}_1}\left(D\delta_{x_1}\left(\phi^{-1}\left(1 + \frac{h}{2}\left|\bar{U}_2^{n+1}\right|D^{-1}\right)^{-1}\delta_{\bar{x}_2}\left(D\delta_{x_2}\left(\phi^{-1}\delta_{\bar{U}_3^{n+1},x_3}C^{n+1}\right)\right)\right)\right),$$

$$\xi^{n+1}\bigg\rangle + \cdots \Bigg\} + \langle \varepsilon^{n+1}, \xi^{n+1}\rangle \Delta t. \tag{9.3.34}$$

引入归纳法假定

$$\sup_{1 \leqslant n \leqslant L} \max\{\|\pi^n\|_{0,\infty}, \|\xi^n\|_{0,\infty}\} \to 0, \quad (h, \Delta t) \to 0. \tag{9.3.35}$$

首先估计式 (9.3.35) 左端第二项,

$$\left\langle D\delta_{x_\beta}\xi^{n+1}, \delta_{x_\beta}\left[\left(1+\frac{h}{2}\left|\tilde{u}_\beta^{n+1}\right|D^{-1}\right)^{-1}\xi^{n+1}\right]\right\rangle$$

$$=\left\langle D\delta_{x_\beta}\xi^{n+1}, \left(1+\frac{h}{2}\left|\tilde{u}_\beta^{n+1}\right|D^{-1}\right)^{-1}\delta_{x_\beta}\xi^{n+1}\right\rangle$$

$$+\left\langle D\delta_{x_\beta}\xi^{n+1}, \delta_{x_\beta}\left(1+\frac{h}{2}\left|\tilde{u}_\beta^{n+1}\right|D^{-1}\right)^{-1}\cdot\xi^{n+1}\right\rangle, \quad \beta=1,2,3.$$

于是有

$$\sum_{\beta=1}^{3}\left\langle D\delta_{x_\beta}\xi^{n+1}, \delta_{x_\beta}\left[\left(1+\frac{h}{2}\left|\tilde{u}_\beta^{n+1}\right|D^{-1}\right)^{-1}\xi^{n+1}\right]\right\rangle\Delta t$$

$$\geqslant\sum_{\beta=1}^{3}\left\langle D\delta_{x_\beta}\xi^{n+1}, \left(1+\frac{h}{2}\left|\tilde{u}_\beta^{n+1}\right|D^{-1}\right)^{-1}\delta_{x_\beta}\xi^{n+1}\right\rangle$$

$$-M\left\|\xi^{n+1}\right\|^2\Delta t-\varepsilon\left\|\nabla_h\xi^{n+1}\right\|^2\Delta t, \tag{9.3.36}$$

此处 $\left\|\nabla_h\xi^{n+1}\right\|^2=\sum\limits_{\beta=1}^{3}\left\|\delta_{x_\beta}\xi^{n+1}\right\|^2$.

现估计式 (9.3.34) 右端诸项. 由归纳法假定式 (9.3.35) 和 (9.3.31) 可得

$$\sum_{\beta=1}^{3}\left\langle \delta_{\bar{U}_\beta^{n+1},x_\beta}C^{n+1}-\delta_{\tilde{u}_\beta^{n+1},x_\beta}c^{n+1}, \xi^{n+1}\right\rangle\Delta t$$

$$\leqslant\varepsilon\left\|\nabla_h\xi^{n+1}\right\|^2+M\{\left\|\xi^{n+1}\right\|^2+\left\|\xi^n\right\|^2+h^4+(\Delta t)^2\}\Delta t. \tag{9.3.37a}$$

对式 (9.3.34) 右端第二项有

$$\sum_{\beta=1}^{3}\left\langle\left[\left(1+\frac{h}{2}\left|\tilde{u}_\beta^{n+1}\right|D^{-1}\right)^{-1}-\left(1+\frac{h}{2}\left|\overline{U}_\beta^{n+1}\right|D^{-1}\right)^{-1}\right]\delta_{\bar{x}_\beta}(D\delta_{x_\beta}C^{n+1}), \xi^{n+1}\right\rangle\Delta t$$

$$\leqslant\varepsilon\left\|\nabla_h\xi^{n+1}\right\|^2+M\{\left\|\xi^{n+1}\right\|^2+\left\|\xi^n\right\|^2+h^4+(\Delta t)^2\}\Delta t. \tag{9.3.37b}$$

对估计式(9.3.34)右端第三项及最后一项, 由 ε_0- Lipschitz 条件和归纳法假定(9.3.35)可以推得

$$\left\langle g(c^{n+1})-g(C^n), \xi^{n+1}\right\rangle\Delta t\leqslant M\{\left\|\xi^{n+1}\right\|^2+\left\|\xi^n\right\|^2+(\Delta t)^2\}\Delta t, \tag{9.3.37c}$$

$$\left\langle\varepsilon^{n+1}, \xi^{n+1}\right\rangle\Delta t\leqslant M\{\left\|\xi^{n+1}\right\|^2+h^4+(\Delta t)^2\}. \tag{9.3.37d}$$

现在对估计式 (9.3.34) 右端第四项进行估计.

$$
-(\Delta t)^2 \left\langle \left(1 + \frac{h}{2}\left|\overline{U}_1^{n+1}\right|D^{-1}\right)^{-1} \delta_{\bar{x}_1}\left(D\delta_{x_1}\left[\phi^{-1}\left(1 + \frac{h}{2}\left|\overline{U}_2^{n+1}\right|D^{-1}\right)^{-1}\right.\right.\right.
$$

$$
\left.\left.\left.\cdot \delta_{\bar{x}_2}(D\delta_{x_2}\xi^{n+1})\right]\right), \xi^{n+1}\right\rangle
$$

$$
=(\Delta t)^2 \left\langle D\delta_{x_1}\left[\phi^{-1}\left(1 + \frac{h}{2}\left|\overline{U}_2^{n+1}\right|D^{-1}\right)^{-1}\delta_{\bar{x}_2}(D\delta_{x_2}\xi^{n+1})\right],\right.
$$

$$
\left. \delta_{x_1}\left[\left(1 + \frac{h}{2}\left|\overline{U}_1^{n+1}\right|D^{-1}\right)^{-1}\xi^{n+1}\right]\right\rangle
$$

$$
=(\Delta t)^2 \left\langle D\delta_{x_1}\left(\phi^{-1}\left(1 + \frac{h}{2}\left|\overline{U}_2^{n+1}\right|D^{-1}\right)^{-1}\right) \cdot \delta_{\bar{x}_2}(D\delta_{x_2}\xi^{n+1})\right.
$$

$$
\left. + \phi^{-1}\left(1 + \frac{n}{2}\left|\overline{U}_2^{n+1}\right|D^{-1}\right)^{-1} \cdot \delta_{x_1}\delta_{\bar{x}_2}(D\delta_{x_2}\xi^{n+1}),\right.
$$

$$
\left. \delta_{x_1}\left(1 + \frac{h}{2}\left|\overline{U}_1^{n+1}\right|D^{-1}\right)^{-1} \cdot \xi^{n+1} + \left(1 + \frac{h}{2}\left|\overline{U}_1^{n+1}\right|D^{-1}\right)^{-1} \cdot \delta_{x_1}\xi^{n+1}\right\rangle
$$

$$
= -(\Delta t)^2 \left\{\left\langle D\delta_{x_1}\delta_{x_2}\xi^{n+1} + \delta_{x_1}D \cdot \delta_{x_2}\xi^{n+1},\right.\right.
$$

$$
D\phi^{-1}\left(1 + \frac{h}{2}\left|\overline{U}_2^{n+1}\right|D^{-1}\right)^{-1}\left(1 + \frac{h}{2}\left|\overline{U}_2^{n+1}\right|D^{-1}\right)^{-1} \cdot \delta_{x_1}\delta_{x_2}\xi^{n+1}
$$

$$
+ \left\{\delta_{x_2}\left[D\phi^{-1}\left(1 + \frac{h}{2}\left|\overline{U}_2^{n+1}\right|D^{-1}\right)^{-1}\left(1 + \frac{h}{2}\left|\overline{U}_2^{n+1}\right|D^{-1}\right)^{-1}\right] \cdot \delta_{x_1}\xi^{n+1}\right.
$$

$$
+ D\phi^{-1}\left(1 + \frac{h}{2}\left|\overline{U}_2^{n+1}\right|D^{-1}\right)^{-1} \cdot \delta_{x_1}\left(1 + \frac{h}{2}\left|\overline{U}_2^{n+1}\right|D^{-1}\right)^{-1} \cdot \delta_{x_2}\xi^{n+1}
$$

$$
\left.\left. + \delta_{x_2}\left[D\phi^{-1}\left(1 + \frac{h}{2}\left|\overline{U}_2^{n+1}\right|D^{-1}\right)^{-1} \cdot \delta_{x_1}\left(1 + \frac{h}{2}\left|\overline{U}_2^{n+1}\right|D^{-1}\right)^{-1}\right] \cdot \xi^{n+1}\right\}\right\rangle
$$

$$
+ \left\langle D\delta_{x_2}d_t\xi^n, D\delta_{x_1}\left(\phi^{-1}\left(1 + \frac{h}{2}\left|\overline{U}_2^{n+1}\right|D^{-1}\right)^{-1} \cdot \left(1 + \frac{h}{2}\left|\overline{U}_2^{n+1}\right|D^{-1}\right)^{-1}\right)\right.
$$

$$
\cdot \delta_{x_1}\delta_{x_2}\xi^{n+1} + \left\{\delta_{x_2}\left[D\delta_{x_1}\left(\phi^{-1}\left(1 + \frac{h}{2}\left|\overline{U}_2^{n+1}\right|D^{-1}\right)^{-1}\right) \cdot \left(1 + \frac{h}{2}\left|\overline{U}_2^{n+1}\right|D^{-1}\right)^{-1}\right]\right.
$$

$$
\cdot \delta_{x_1}\xi^{n+1} + D\delta_{x_1}\left(\phi^{-1}\left(1 + \frac{h}{2}\left|\overline{U}_2^{n+1}\right|D^{-1}\right)^{-1}\right)\delta_{x_1}\left(1 + \frac{h}{2}\left|\overline{U}_2^{n+1}\right|D^{-1}\right)^{-1}\delta_{x_2}\xi^{n+1}
$$

$$
+ \delta_{x_2}\left[D\delta_{x_1}\left(\phi^{-1}\left(1 + \frac{h}{2}\left|\overline{U}_2^{n+1}\right|D^{-1}\right)^{-1}\right)\right.
$$

$$
\left.\left.\left.\cdot \delta_{x_1}\left(1 + \frac{h}{2}\left|\overline{U}_2^{n+1}\right|D^{-1}\right)^{-1}\right] \cdot \xi^{n+1}\right\}\right\rangle \right\}. \tag{9.3.38}
$$

对式 (9.3.38) 依次讨论下述诸项:

$$-(\Delta t)^2 \left\langle D\delta_{x_1}\delta_{x_2}\xi^{n+1}, D\phi^{-1}\left(1+\frac{h}{2}\left|\overline{U}_2^{n+1}\right|D^{-1}\right)^{-1}\right.$$

$$\left.\cdot\left(1+\frac{h}{2}\left|\overline{U}_2^{n+1}\right|D^{-1}\right)^{-1}\cdot\delta_{x_1}\delta_{x_2}\xi^{n+1}\right\rangle$$

$$=-(\Delta t)^2\sum_{i,j,k=1}^N D_{i,j-1/2,k}D_{i-1/2,jk}\phi_{ijk}^{-1}\left(1+\frac{h}{2}\left|\overline{U}_2^{n+1}\right|D^{-1}\right)^{-1}_{ijk}$$

$$\cdot\left(1+\frac{h}{2}\left|\overline{U}_1^{n+1}\right|D^{-1}\right)^{-1}_{ijk}\cdot(\delta_{x_1}\delta_{x_2}\xi_{ijk}^{n+1})^2 h^3.$$

由于 $0<D_*\leqslant D(X)\leqslant D^*, 0<\phi_*\leqslant\phi(X)\leqslant\phi^*$, 由归纳法假定 (9.3.35) 和估计式 (9.3.31) 可以推出 $0<b_1<\left(1+\frac{h}{2}\left|\overline{U}_2^{n+1}\right|D^{-1}\right)^{-1}_{ijk}$, $0<b_2<\left(1+\frac{h}{2}\left|\overline{U}_1^{n+1}\right|D^{-1}\right)^{-1}_{ijk}$, 于是有

$$-(\Delta t)^2\left\langle D\delta_{x_1}\delta_{x_2}\xi^{n+1}, D\phi^{-1}\left(1+\frac{h}{2}\left|\bar{U}_2^{n+1}\right|D^{-1}\right)^{-1}\right.$$

$$\left.\cdot\left(1+\frac{h}{2}\left|\bar{U}_1^{n+1}\right|D^{-1}\right)^{-1}\cdot\delta_{x1}\delta_{x2}\xi^{n+1}\right\rangle$$

$$\leqslant-(\Delta t)^2 D_*^2(\phi^*)^{-1}b_1b_2\sum_{i,j,k=1}^N(\delta_{x_1}\delta_{x_2}\xi_{ijk}^{n+1})^2 h^3. \qquad (9.3.39a)$$

对于含有 $\delta_{x_1}\delta_{x_2}\xi^{n+1}$ 的其余诸项, 它们是

$$-(\Delta t)^2\left\{\left\langle D\delta_{x_1}\delta_{x_2}\xi^{n+1}, \delta_{x_2}\left[D\phi^{-1}\left(1+\frac{h}{2}\left|\overline{U}_2^{n+1}\right|D^{-1}\right)^{-1}\right.\right.\right.$$

$$\left.\left(1+\frac{h}{2}\left|\overline{U}_1^{n+1}\right|D^{-1}\right)^{-1}\right]\cdot\delta_{x_1}\xi^{n+1}$$

$$\left.+D\phi^{-1}\left(1+\frac{h}{2}\left|\overline{U}_2^{n+1}\right|D^{-1}\right)^{-1}\delta_{x_1}\left(1+\frac{h}{2}\left|\overline{U}_1^{n+1}\right|D^{-1}\right)^{-1}\cdot\delta_{x_2}\xi^{n+1}\right\rangle$$

$$+\left\langle\delta_{x_1}D\cdot\delta_{x_2}\xi^{n+1}, D\phi^{-1}\left(1+\frac{h}{2}\left|\overline{U}_2^{n+1}\right|D^{-1}\right)^{-1}\right.$$

$$\left.\cdot\left(1+\frac{h}{2}\left|\overline{U}_1^{n+1}\right|D^{-1}\right)^{-1}\cdot\delta_{x_1}\delta_{x_2}\xi^{n+1}\right\rangle$$

$$+\left\langle D\delta_{x_2}\xi^{n+1}, D\delta_{x_1}\left(\phi^{-1}\left(1+\frac{h}{2}\left|\overline{U}_2^{n+1}\right|D^{-1}\right)^{-1}\right.\right.$$

$$\cdot \left(1+\frac{h}{2}\left|\overline{U}_1^{n+1}\right|D^{-1}\right)^{-1}\cdot \delta_{x_1}\delta_{x_2}\xi^{n+1}\Bigg\rangle\Bigg\}. \tag{9.3.39b}$$

首先讨论第一项

$$-(\Delta t)^2 \left\langle D\delta_{x_1}\delta_{x_2}\xi^{n+1}, \delta_{x_2}\left[D\phi^{-1}\left(1+\frac{h}{2}\left|\overline{U}_2^{n+1}\right|D^{-1}\right)^{-1}\right.\right.$$

$$\left.\left.\cdot\left(1+\frac{h}{2}\left|\overline{U}_2^{n+1}\right|D^{-1}\right)^{-1}\right]\cdot\delta_{x_1}\xi^{n+1}\right\rangle$$

$$=-(\Delta t)^2\sum_{i,j,k=1}^{N}D_{i,j-1/2,k}\delta_{x_2}\left[D_{i-1/2,jk}\phi_{ijk}^{-1}\left(1+\frac{h}{2}\left|\overline{U}_2^{n+1}\right|D^{-1}\right)_{ijk}^{-1}\right.$$

$$\left.\cdot\left(1+\frac{h}{2}\left|\overline{U}_2^{n+1}\right|D^{-1}\right)_{ijk}^{-1}\right]\delta_{x_1}\delta_{x_2}\xi_{ijk}^{n+1}\cdot\delta_{x_1}\xi_{ijk}^{n+1}h^3.$$

由归纳法假定和逆定理, 可以推出

$$\delta_{x_2}\left(1+\frac{h}{2}\left|\overline{U}_2^{n+1}\right|D^{-1}\right)_{ijk}^{-1},\quad \delta_{x_2}\left(1+\frac{h}{2}\left|\overline{U}_1^{n+1}\right|D^{-1}\right)_{ijk}^{-1}$$

是有界的. 应用 Cauchy 不等式可以推出

$$-(\Delta t)^2\left\langle D\delta_{x_1}\delta_{x_2}\xi^{n+1}, \delta_{x_2}\left[D\phi^{-1}\left(1+\frac{h}{2}\left|\overline{U}_2^{n+1}\right|D^{-1}\right)^{-1}\right.\right.$$

$$\left.\left.\cdot\left(1+\frac{h}{2}\left|\overline{U}_2^{n+1}\right|D^{-1}\right)^{-1}\right]\cdot\delta_{x_1}\xi^{n+1}\right\rangle$$

$$\leqslant \varepsilon(\Delta t)^2\sum_{i,j,k=1}^{N}(\delta_{x_1}\delta_{x_2}\xi_{ijk}^{n+1})^2h^3+M(\Delta t)^2\sum_{i,j,k=1}^{N}(\delta_{x_1}\xi^{n+1})^2h^3. \tag{9.3.39c}$$

对式 (9.3.39b) 中其余诸项可进行类似的估算.

$$-(\Delta t)^2\left\{\left\langle\left(1+\frac{h}{2}\left|\overline{U}_1^{n+1}\right|D^{-1}\right)^{-1}\delta_{\bar{x}_1}\left(D\delta_{x_1}\left[\phi^{-1}\left(1+\frac{h}{2}\left|\overline{U}_2^{n+1}\right|D^{-1}\right)^{-1}\right.\right.\right.\right.$$

$$\left.\left.\left.\left.\cdot\delta_{x_2}(D\delta_{x_2}\xi^{n+1})\right]\right), \xi^{n+1}\right\rangle+\cdots\right\}$$

$$\leqslant \varepsilon\left\|\nabla_h\xi^{n+1}\right\|^2\Delta t+M\{\|\xi^{n+1}\|^2+\|\xi^n\|^2+h^4+(\Delta t)^2\}\Delta t. \tag{9.3.40}$$

同理对式 (9.3.34) 第四项其他部分, 也可得估计式 (9.3.40).

对于第五—七项, 由限制性条件式 (9.3.27) 和归纳法假定 (9.3.35) 和逆估计可得

$$(\Delta t)^3\left\{\left\langle\left(1+\frac{h}{2}\left|\overline{U}_1^{n+1}\right|D^{-1}\right)^{-1}\delta_{\bar{x}_1}\left(D\delta_{x_1}\left[\phi^{-1}\left(1+\frac{h}{2}\left|\overline{U}_2^{n+1}\right|D^{-1}\right)^{-1}\right.\right.\right.\right.$$

$$
\cdot \delta_{\bar{x}_2}\left(D\delta_{x_2}\left[\phi^{-1}\left(1+\frac{h}{2}\left|\overline{U}_3^{n+1}\right|D^{-1}\right)^{-1}\delta_{\bar{x}_3}(D\delta_{x_3}\xi^{n+1})\right]\right)\right),\xi^{n+1}\right\rangle+\cdots\right\}
$$

$$
\leqslant \varepsilon\left\|\nabla_h\xi^{n+1}\right\|^2\Delta t+M\{\|\xi^{n+1}\|^2+\|\xi^n\|^2+h^4+(\Delta t)^2\}\Delta t, \tag{9.3.41a}
$$

$$
(\Delta t)^2\left\{\left\langle\left(1+\frac{h}{2}\left|\tilde{u}_1^{n+1}\right|D^{-1}\right)^{-1}\delta_{\bar{x}_1}\left(D\delta_{x_1}\left(\phi^{-1}\sum_{\beta=2}^3\delta_{\tilde{u}_\beta^{n+1},x_\beta}c^{n+1}\right)\right)\right.\right.
$$

$$
\left.-\left(1+\frac{h}{2}\left|\overline{U}_1^{n+1}\right|D^{-1}\right)^{-1}\delta_{\bar{x}_1}\left(D\delta_{x_1}\left(\phi^{-1}\sum_{\beta=2}^3\delta_{\overline{U}_\beta^{n+1},x_\beta}C^{n+1}\right)\right),\xi^{n+1}\right\rangle+\cdots\right\}
$$

$$
-(\Delta t)^3\left\{\left\langle\left(1+\frac{h}{2}\left|\tilde{u}_1^{n+1}\right|D^{-1}\right)^{-1}\delta_{\bar{x}_1}\left(D\delta_{x_1}\left(\phi^{-1}\left(1+\frac{h}{2}\left|\tilde{u}_1^{n+1}\right|D^{-1}\right)^{-1}\right.\right.\right.\right.
$$

$$
\cdot\delta_{\bar{x}_2}\left(D\delta_{x_2}\left(\phi^{-1}\delta_{\tilde{u}_1^{n+1},x_3}c^{n+1}\right)\right)\right)\right)-\left(1+\frac{h}{2}\left|\overline{U}_1^{n+1}\right|D^{-1}\right)^{-1}
$$

$$
\cdot\delta_{\bar{x}_1}\left(D\delta_{x_1}\left(\phi^{-1}\left(1+\frac{h}{2}\left|\overline{U}_2^{n+1}\right|D^{-1}\right)^{-1}\right.\right.
$$

$$
\cdot\delta_{\bar{x}_2}\left(D\delta_{x_2}\left(\phi^{-1}\delta_{\overline{U}_3^{n+1},x_3}C^{n+1}\right)\right)\right)\right),\xi^{n+1}\right\rangle+\cdots\right\}
$$

$$
\leqslant\varepsilon\left\|\nabla_h\xi^{n+1}\right\|^2\Delta t+M\{\|\xi^{n+1}\|^2+\|\xi^n\|^2+h^4+(\Delta t)^2\}\Delta t. \tag{9.3.41b}
$$

对误差估计式 (9.3.34), 应用式 (9.3.36)—式 (9.3.41), 经计算可得

$$
\frac{1}{2}\left\{\left\|\phi^{1/2}\xi^{n+1}\right\|^2-\left\|\phi^{1/2}\xi^n\right\|^2\right\}
$$

$$
+\frac{1}{2}\sum_{\beta=1}^3\left\langle D\delta_{x_\beta}\xi^{n+1},\left(1+\frac{h}{2}\left|\tilde{u}_\beta^{n+1}\right|D^{-1}\right)^{-1}\delta_{x_\beta}\xi^{n+1}\right\rangle\Delta t
$$

$$
\leqslant M\{\|\xi^{n+1}\|^2+\|\xi^n\|^2+h^4+(\Delta t)^2\}\Delta t. \tag{9.3.42}
$$

对饱和度函数误差估计式 (9.3.42) 对于 t 求和 $0\leqslant n\leqslant L$, 注意到 $\xi^0=0$, 可得

$$
\left\|\phi^{1/2}\xi^{L+1}\right\|^2+\sum_{n=0}^L\sum_{\beta=1}^3\left\langle D\delta_{x_\beta}\xi^{n+1},\left(1+\frac{h}{2}\left|\tilde{u}_\beta^{n+1}\right|D^{-1}\right)^{-1}\delta_{x_\beta}\xi^{n+1}\right\rangle\Delta t
$$

$$
\leqslant M\sum_{n=0}^L\{\|\xi^{n+1}\|^2\Delta t+h^4+(\Delta t)^2\}\Delta t. \tag{9.3.43}
$$

应用 Gronwall 引理可得

$$
\left\|\xi^{L+1}\right\|^2+\sum_{n=0}^L\left\|\xi^{n+1}\right\|_1^2\Delta t\leqslant M\{h^4+(\Delta t)^2\}, \tag{9.3.44}
$$

此处 $\left\|\xi^{n+1}\right\|_1^2 = \left\|\nabla_h \xi^{n+1}\right\|^2 + \left\|\xi^{n+1}\right\|^2$.

下面需要检验归纳法假定 (9.3.35). 对于 $\xi^0 = 0$, 故式 (9.3.35) 显然是正确的. 若对任意的正整数 l, $1 \leqslant n \leqslant l$ 时式 (9.3.35) 成立, 由式 (9.3.44) 和式 (9.3.31) 可得 $\left\|\pi^{l+1}\right\|_0 + \left\|\xi^{l+1}\right\|_0 \leqslant M\{h^2 + \Delta t\}$. 由限制性条件 (9.3.13) 和最大模估计有 $\left\|\pi^{l+1}\right\|_{0,\infty} + \left\|\xi^{l+1}\right\|_{0,\infty} \leqslant M h^{1/2}$, 归纳法假定 (9.3.35) 成立.

在此基础上, 讨论组分浓度方程的误差估计. 为此将式 (9.3.23)—式 (9.3.25) 消去 $S_\alpha^{n+1/3}, S_\alpha^{n+2/3}$, 并记 $\hat{\phi}^{n+1,-1} = (\hat{\phi}^{n+1})^{-1}$ 可得下述等价的差分方程:

$$
\hat{\phi}_{ijk}^{n+1} \frac{S_{\alpha,ijk}^{n+1} - S_{\alpha,ijk}^n}{\Delta t} - \sum_{\beta=1}^3 \left(1 + \frac{h}{2}\left|U_\beta^{n+1}\right| \hat{D}_\alpha^{n+1,-1}\right)^{-1} \delta_{\bar{x}_\beta}(\hat{D}_\alpha^{n+1} \delta_{x_\beta} S_\alpha^{n+1})_{ijk}
$$

$$
= -\sum_{\beta=1}^3 \delta_{\bar{U}_\beta^{n+1}, x_\beta} S_{\alpha,ijk}^{n+1} + Q_\alpha(S_{\alpha,ijk}^n) - S_{\alpha,ijk}^n \left(q(C_{ijk}^{n+1}) - \phi_{ijk} \frac{C_{ijk}^{n+1} - C_{ijk}^n}{\Delta t}\right)
$$

$$
- \Delta t \left\{ \left(1 + \frac{h}{2}\left|U_1^{n+1}\right| \hat{D}_\alpha^{n+1,-1}\right)^{-1} \right.
$$

$$
\cdot \delta_{\bar{x}_1} \left(\hat{D}_\alpha^{n+1} \delta_{\bar{x}_1} \left(\hat{\phi}^{n+1,-1} \left(1 + \frac{h}{2}\left|U_2^{n+1}\right| \hat{D}_\alpha^{n+1,-1}\right)^{-1}\right.\right.
$$

$$
\left.\left.\cdot \delta_{\bar{x}_2} \left(\hat{D}_\alpha^{n+1} \delta_{x_2} S_\alpha^{n+1}\right)\right)\right)_{ijk} + \cdots + \left(1 + \frac{h}{2}\left|U_2^{n+1}\right| \hat{D}_\alpha^{n+1,-1}\right)^{-1}
$$

$$
\cdot \delta_{\bar{x}_2} \left(\hat{D}_\alpha^{n+1} \delta_{x_2} \left(\hat{\phi}^{n+1,-1} \left(1 + \frac{h}{2}\left|U_3^{n+1}\right| \hat{D}_\alpha^{n+1,-1}\right)^{-1}\right.\right.
$$

$$
\left.\left.\cdot \delta_{\bar{x}_3}(\hat{D}_\alpha^{n+1} \delta_{x_3} S_\alpha^{n+1})\right)\right)_{ijk} \right\} + (\Delta t)^2 \left(1 + \frac{h}{2}\left|U_1^{n+1}\right| \hat{D}_\alpha^{n+1,-1}\right)^{-1}
$$

$$
\cdot \delta_{\bar{x}_1} \left(\hat{D}_\alpha^{n+1} \delta_{x_1} \left(\hat{\phi}^{n+1,-1} \left(1 + \frac{h}{2}\left|U_2^{n+1}\right| \hat{D}_\alpha^{n+1,-1}\right)^{-1}\right.\right.
$$

$$
\cdot \delta_{\bar{x}_2} \left(\hat{D}_\alpha^{n+1} \delta_{x_2} \left(\hat{\phi}^{n+1,-1} \cdot \left(1 + \frac{h}{2}\left|U_3^{n+1}\right| \hat{D}_\alpha^{n+1,-1}\right)^{-1}\right.\right.
$$

$$
\left.\left.\left.\left.\cdot \delta_{\bar{x}_3}(\hat{D}_\alpha^{n+1} \delta_{x_3} S_\alpha^{n+1})\right)\right)\right)\right)_{ijk} + \Delta t \left\{ \left(1 + \frac{h}{2}\left|U_1^{n+1}\right| \hat{D}_\alpha^{n+1,-1}\right)^{-1} \delta_{\bar{x}_1} \left(\hat{D}_\alpha^{n+1}\right.\right.
$$

$$
\left.\left.\cdot \delta_{x_1} \left(\hat{\phi}^{n+1,-1} \sum_{\beta=2}^3 \delta_{\bar{U}_\beta^{n+1}, x_\beta} S_\alpha^{n+1}\right)\right)\right)_{ijk}
$$

$$
+ \left(1 + \frac{h}{2}\left|U_2^{n+1}\right| \hat{D}_\alpha^{n+1,-1}\right)^{-1} \delta_{\bar{x}_2}(\hat{D}_\alpha^{n+1} \delta_{x_2}(\hat{\phi}^{n+1,-1} \delta_{\bar{U}_3^{n+1}, x_3} S_\alpha^{n+1}))_{ijk} + \cdots \right\}
$$

$$- (\Delta t)^2 \left\{ \left(1 + \frac{h}{2} \left| U_1^{n+1} \right| \hat{D}_\alpha^{n+1,-1} \right)^{-1} \right.$$

$$\cdot \delta_{\bar{x}_1} \left(\hat{D}_\alpha^{n+1} \delta_{x_1} \left(\hat{\phi}^{n+1,-1} \left(1 + \frac{h}{2} \left| U_2^{n+1} \right| \hat{D}_\alpha^{n+1,-1} \right)^{-1} \delta_{x_2} \left(\hat{D}_\alpha^{n+1} \delta_{x_1} (\hat{\phi}^{n+1,-1} \right. \right. \right. \right.$$

$$\left. \left. \left. \left. \cdot \delta_{\bar{U}_3^{n+1}, x_3} S_\alpha^{n+1}) \right) \right) \right) \right)_{ijk} + \cdots \right\}, \quad 1 \leqslant i, j, k \leqslant N-1, \alpha = 1, 2, \cdots, n_c, \quad (9.3.45\text{a})$$

$$S_{\alpha,ijk}^{n+1} = r_{\alpha,ijk}^{n+1}, \quad X_{ijk} \in \partial \Omega_h, \quad \alpha = 1, 2, \cdots, n_c. \quad (9.3.45\text{b})$$

由方程(9.3.10)$(t = t^{n+1})$ 和式(9.3.45), 并记 $\tilde{\phi}_{ijk}^{n+1} = (\phi c^{n+1})_{ijk}$, $\tilde{D}_{\alpha,ijk}^{n+1} = (c^{n+1} \phi K_\alpha)_{ijk}$, 可导出下述组分浓度的误差方程:

$$\hat{\phi}_{ijk}^{n+1} \frac{\varsigma_{\alpha,ijk}^{n+1} - \varsigma_{\alpha,ijk}^n}{\Delta t} - \sum_{\beta=1}^{3} \left(1 + \frac{h}{2} \left| u_\beta^{n+1} \right| \tilde{D}_\alpha^{n+1,-1} \right)^{-1} \delta_{\bar{x}_\beta} (\tilde{D}_\alpha^{n+1} \delta_{x_\beta} \varsigma_\alpha^{n+1})_{ijk}$$

$$= \left\{ (\hat{\phi}^{n+1} - \tilde{\phi}^{n+1}) \frac{\partial s_\alpha}{\partial t} \right\}_{ijk} + \sum_{\beta=1}^{3} \{ \delta_{U_\beta^{n+1}, x_\beta} S_\alpha^{n+1} - \delta_{u_\beta^{n+1}, x_\beta} s_\alpha^{n+1} \}_{ijk}$$

$$+ Q_\alpha(C_{ijk}^{n+1}, S_{\alpha,ijk}^{n+1}) - Q_\alpha(c_{ijk}^{n+1}, s_{\alpha,ijk}^{n+1}) + \left\{ (S_\alpha^n q(C^{n+1}) - s_\alpha^n q(c^{n+1}))_{ijk} \right.$$

$$\left. + \left(S_\alpha^n \phi \frac{C^{n+1} - C^n}{\Delta t} - s_\alpha^{n+1} \phi \frac{\partial c^{n+1}}{\partial t} \right)_{ijk} \right\} - \Delta t \left\{ \left(1 + \frac{h}{2} \left| u_1^{n+1} \right| \tilde{D}_\alpha^{n+1,-1} \right)^{-1} \right.$$

$$\cdot \delta_{\bar{x}_1} \left(\tilde{D}_\alpha^{n+1} \delta_{x_1} \left(\tilde{\phi}^{n+1,-1} \left(1 + \frac{h}{2} \left| u_2^{n+1} \right| \tilde{D}_\alpha^{n+1,-1} \right)^{-1} \delta_{\bar{x}_2} (\tilde{D}_\alpha^{n+1} \delta_{x_2} s_\alpha^{n+1}) \right) \right)_{ijk}$$

$$- \left(1 + \frac{h}{2} \left| U_1^{n+1} \right| \hat{D}_\alpha^{n+1,-1} \right)^{-1}$$

$$\cdot \delta_{\bar{x}_1} \left(\hat{D}_\alpha^{n+1} \delta_{x_1} \left(\hat{\phi}^{n+1,-1} \left(1 + \frac{h}{2} \left| U_2^{n+1} \right| \hat{D}_\alpha^{n+1,-1} \right)^{-1} \right. \right.$$

$$\left. \left. \cdot \delta_{\bar{x}_2} (\hat{D}_\alpha^{n+1} \delta_{x_2} S_\alpha^{n+1}) \right) \right)_{ijk} + \cdots \right\} + (\Delta t)^2 \left\{ \left(1 + \frac{h}{2} \left| u_1^{n+1} \right| \tilde{D}_\alpha^{n+1,-1} \right)^{-1} \right.$$

$$\cdot \delta_{\bar{x}_1} \left(\tilde{D}_\alpha^{n+1} \delta_{x_1} \left(\tilde{\phi}^{n+1,-1} \left(1 + \frac{h}{2} \left| u_2^{n+1} \right| \tilde{D}_\alpha^{n+1,-1} \right)^{-1} \right. \right.$$

$$\cdot \delta_{\bar{x}_2} \left(\tilde{D}_\alpha^{n+1} \delta_{x_2} \left(\tilde{\phi}^{n+1,-1} \cdot \left(1 + \frac{h}{2} \left| u_3^{n+1} \right| \tilde{D}_\alpha^{n+1,-1} \right)^{-1} \right. \right.$$

$$\left. \left. \left. \left. \cdot \delta_{\bar{x}_3} (\tilde{D}_\alpha^{n+1} \delta_{x_3} s_\alpha^{n+1}) \right) \right) \right) \right)_{ijk}$$

$$
-\left(1+\frac{h}{2}\left|U_1^{n+1}\right|\hat{D}_\alpha^{n+1,-1}\right)^{-1}\delta_{\bar{x}_1}\left(\hat{D}_\alpha^{n+1}\delta_{x_1}\left(\hat{\phi}^{n+1,-1}\left(1+\frac{h}{2}\left|U_2^{n+1}\right|\hat{D}_\alpha^{n+1,-1}\right)^{-1}\right.\right.
$$

$$
\left.\left.\left.\left.\cdot\delta_{\bar{x}_2}\left(\tilde{D}_\alpha^{n+1}\delta_{x_2}\left(\hat{\phi}^{n+1,-1}\left(1+\frac{h}{2}\left|U_3^{n+1}\right|\hat{D}_\alpha^{n+1,-1}\right)^{-1}\delta_{\bar{x}_3}(\hat{D}_\alpha^{n+1}\delta_{x_3}S_\alpha^{n+1})\right)\right)\right)\right)\right)_{ijk}\right\}
$$

$$
+\Delta t\left\{\left(1+\frac{h}{2}\left|u_1^{n+1}\right|\tilde{D}_\alpha^{n+1,-1}\right)^{-1}\delta_{\bar{x}_1}\left(\tilde{D}_\alpha^{n+1}\delta_{x_1}\left(\tilde{\phi}^{n+1,-1}\sum_{\beta=2}^{3}\delta_{\tilde{u}_\beta^{n+1},x_\beta}s_\alpha^{n+1}\right)\right)_{ijk}\right.
$$

$$
-\left(1+\frac{h}{2}\left|U_1^{n+1}\right|\hat{D}_\alpha^{n+1,-1}\right)^{-1}\delta_{\bar{x}_1}\left(\hat{D}_\alpha^{n+1}\right.
$$

$$
\left.\left.\cdot\delta_{x_1}\left(\hat{\phi}^{n+1,-1}\sum_{\beta=2}^{3}\delta_{\bar{U}_\beta^{n+1},x_\beta}S_\alpha^{n+1}\right)\right)_{ijk}+\cdots\right\}
$$

$$
-(\Delta t)^2\left\{\left(1+\frac{h}{2}\left|u_1^{n+1}\right|\tilde{D}_\alpha^{n+1,-1}\right)^{-1}\delta_{\bar{x}_1}\left(\tilde{D}_\alpha^{n+1}\right.\right.
$$

$$
\cdot\delta_{x_1}\left(\hat{\phi}^{n+1,-1}\left(1+\frac{h}{2}\left|u_2^{n+1}\right|\tilde{D}_\alpha^{n+1,-1}\right)^{-1}\right.
$$

$$
\left.\left.\cdot\delta_{\bar{x}_2}\left(\tilde{D}_\alpha^{n+1}\delta_{x_2}(\tilde{\phi}^{n+1,-1}\cdot\delta_{\bar{u}_3^{n+1},x_3}s_\alpha^{n+1})\right)\right)\right)_{ijk}-\left(1+\frac{h}{2}\left|U_1^{n+1}\right|\hat{D}_\alpha^{n+1,-1}\right)^{-1}
$$

$$
\cdot\delta_{\bar{x}_1}\left(\hat{D}_\alpha^{n+1}\delta_{x_1}\left(\hat{\phi}^{n+1,-1}\left(1+\frac{h}{2}\left|U_2^{n+1}\right|\hat{D}_\alpha^{n+1,-1}\right)^{-1}\right.\right.
$$

$$
\left.\left.\left.\cdot\delta_{\bar{x}_2}\left(\hat{D}_\alpha^{n+1}\delta_{x_2}\left(\hat{\phi}^{n+1,-1}\delta_{\bar{U}_3^{n+1},x_3}S_\alpha^{n+1}\right)\right)\right)\right)_{ijk}+\cdots\right\}+\varepsilon_{\alpha,ijk},
$$

$$
1\leqslant i,j,k\leqslant N-1,\quad \alpha=1,2,\cdots,n_c, \tag{9.3.46a}
$$

$$
\varsigma_{\alpha,ijk}^{n+1}=0,\quad X_{ijk}\in\partial\Omega_h,\quad \alpha=1,2,\cdots,n_c, \tag{9.3.46b}
$$

此处 $|\varepsilon_{\alpha,ijk}|\leqslant M\{h^2+\Delta t\}$, $\alpha=1,2,\cdots,n_c$.

在数值分析中, 注意到油藏区域中处处存在束缚水的特性, 即有 $c(X,t)\geqslant c_*>0$, 此处 c_* 是正常数. 由于已证明关于水相饱和度函数 $c(X,t)$ 的收敛性分析式 (9.3.44), 得知对适当小的 h 和 Δt 有

$$
C(x,t)\geqslant\frac{c_*}{2}. \tag{9.3.47}
$$

对组分浓度误差方程式 (9.3.46) 乘以 $\varsigma_{\alpha,ijk}^{n+1}\Delta t$ 作内积, 经类似的分格和复杂的估算可得

$$\left\|\varsigma_\alpha^{L+1}\right\|^2 + \sum_{n=0}^{L}\left\|\varsigma_\alpha^{n+1}\right\|_1^2 \Delta t \leqslant M\{h^4 + (\Delta t)^2\}, \quad \alpha = 1,2,\cdots,n_c. \tag{9.3.48}$$

定理证毕.

9.4 　考虑毛细管力强化采油的特征分数步差分方法

9.4.1 　引言

本节讨论在强化 (化学) 采油考虑毛细管力、不混溶、不可压缩渗流力学数值模拟中提出的一类二阶特征分数步差分方法, 并讨论方法的收敛性分析, 使得软件系统建立在坚实的数学和力学基础上.

问题的数学模型是一类非线性耦合系统的初边值问题[1-6]:

$$\frac{\partial}{\partial t}(\phi c_o) - \nabla \cdot \left(k(X)\frac{k_{\gamma_o}(c_o)}{\mu_o}\nabla p_o \right) = q_o,$$
$$X = (x_1,x_2,x_3)^{\mathrm{T}} \in \Omega, \quad t \in J = (0,T], \tag{9.4.1}$$

$$\frac{\partial}{\partial t}(\phi c_w) - \nabla \cdot \left(k(X)\frac{k_{\gamma_w}(c_w)}{\mu_w}\nabla p_w \right) = q_w, \quad X \in \Omega, \quad t \in J = (0,T], \tag{9.4.2}$$

$$\phi\frac{\partial}{\partial t}(c_w s_\alpha) + \nabla \cdot (s_\alpha u - \phi c_w K_\alpha \nabla s_\alpha) = Q_\alpha(X,t,c_w,s_\alpha),$$
$$X \in \Omega, \quad t \in J, \quad \alpha = 1,2,\cdots,n_c, \tag{9.4.3}$$

此处 Ω 是有界区域. 这里下标 o 和 w 分别是油相和水相, c_l 是浓度, p_l 是压力, $k_{\gamma l}(c_l)$ 是相对渗透率, μ_l 是黏度, q_l 是产量项, 对应于 l 相. ϕ 是岩石的孔隙度, $k(X)$ 是绝对渗透率, $s_\alpha = s_\alpha(X,t)$ 是组分浓度函数, 组分是指各种化学剂 (聚合物、表面活性剂、碱及各种离子等), n_c 是组分数, u 是达西速度, $K_\alpha = K_\alpha(X)$ 是相应的扩散系数, Q_α 是与产量相关的源汇项. 假定水和油充满了岩石的空隙空间, 也就是 $c_o + c_w = 1$. 因此取 $c = c_w = 1 - c_o$, 则毛细管压力函数有下述关系: $p_c(c) = p_o - p_w$, 此处 p_c 依赖于浓度 c.

为了将方程 (9.4.1) 和方程 (9.4.2) 化为标准形式[1,2]. 记 $\lambda(c) = \dfrac{k_{\gamma_o}(c_o)}{\mu_o} + \dfrac{k_{\gamma_w}(c_w)}{\mu_w}$ 表示二相流体的总迁移率, $\lambda_l(c) = \dfrac{k_{\gamma_l}(c)}{\mu_l\lambda(c)}, l = 0,w$ 分别表示相对迁移率, 应用 Chavent 变换[1,2]:

$$p = \frac{p_o + p_w}{2} + \frac{1}{2}\int_o^{p_c}\{\lambda_o(p_c^{-1}(\xi)) - \lambda_w(p_c^{-1}(\xi))\}\mathrm{d}\xi, \tag{9.4.4}$$

将式 (9.4.1) 和式 (9.4.2) 相加, 可以导出流动方程:

$$-\nabla \cdot (k(X)\lambda(c)\nabla p) = q, \quad X \in \Omega, t \in J = (0, T], \qquad (9.4.5)$$

此处 $q = q_o + q_w$. 将式 (9.4.1) 和式 (9.4.2) 相减, 可以导出浓度方程:

$$\phi\frac{\partial c}{\partial t} + \nabla \cdot (k\lambda\lambda_o\lambda_w p_c'\nabla c) - \lambda_o' u \cdot \nabla c = \frac{1}{2}\{(q_w - \lambda_w q) - (q_o - \lambda_o q)\},$$

此处

$$q_w = q \text{ 和 } q_o = 0, \quad \text{如果 } q \geqslant 0(\text{注水井}),$$

$$q_w = \lambda_w q \text{ 和 } q_o = \lambda_o q, \quad \text{如果 } q < 0(\text{采油井}),$$

则问题 (9.4.1) 和 (9.4.2) 可写为下述形式

$$\nabla \cdot u = q(X, t), \quad X \in \Omega, t \in J = (0, T], \qquad (9.4.6a)$$

$$u = -k(X)\lambda(c)\nabla p, \quad X \in \Omega, t \in J, \qquad (9.4.6b)$$

$$\phi\frac{\partial c}{\partial t} - \lambda'(c)u\nabla c + \nabla \cdot (k(X)\lambda\lambda_o\lambda_w p_c'\nabla c) = \begin{cases} \lambda_o q, & q \geqslant 0, \\ 0, & q < 0. \end{cases} \qquad (9.4.7)$$

为清晰起见, 将式 (9.4.6), 式 (9.4.7) 写为下述标准形式:

$$-\nabla \cdot (a(X, c)\nabla p) = q(X, t), \quad X \in \Omega, t \in J = (0, T], \qquad (9.4.8a)$$

$$u = -a(X, c)\nabla p, \quad X \in \Omega, t \in J, \qquad (9.4.8b)$$

$$\phi\frac{\partial c}{\partial t} + b(c)u \cdot \nabla c - \nabla \cdot (D(X, c)\nabla c) = g(X, t, c), \quad X \in \Omega, t \in J, \qquad (9.4.9)$$

此处 $a(X, c) = k(X)\lambda(c), b(c) = -\lambda'(c), D(X, c) = -k(X)\lambda\lambda_o\lambda_w p_c'(c)$, 当 $q \geqslant 0$ 时, $g(X, t, c) = \lambda_o q$; 当 $q < 0$ 时, $g(X, t, c) = 0$. 利用式 (9.4.8), 将方程 (9.4.3) 写为下述便于计算的形式

$$\phi c\frac{\partial s_\alpha}{\partial t} + u \cdot \nabla s_\alpha - \nabla \cdot (\phi c K_\alpha \nabla s_\alpha) = Q_\alpha - s_\alpha \left(q + \phi\frac{\partial c}{\partial t}\right),$$

$$X \in \Omega, \quad t \in J, \quad \alpha = 1, 2, \cdots, n_c, \qquad (9.4.10)$$

提两类边界条件.

(i) 定压边界条件:

$$p = e(X, t), \quad X \in \partial\Omega, t \in J, \qquad (9.4.11a)$$

$$c = r(X, t), \quad X \in \partial\Omega, t \in J, \qquad (9.4.11b)$$

$$s_\alpha = r_\alpha(X,t), \quad X \in \partial\Omega, \quad t \in J, \quad \alpha = 1, 2, \cdots, n_c, \tag{9.4.11c}$$

此处 $\partial\Omega$ 为区域 Ω 的外边界面.

(ii) 不渗透边界条件:

$$u \cdot \gamma = 0, \quad X \in \partial\Omega, t \in J, \tag{9.4.12a}$$

$$D\nabla c \cdot \gamma = 0, \quad X \in \partial\Omega, t \in J, \tag{9.4.12b}$$

$$K_\alpha \nabla s_\alpha \cdot \gamma = 0, \quad X \in \partial\Omega, t \in J, \alpha = 1, 2, \cdots, n_c, \tag{9.4.12c}$$

此处 γ 为边界面的单位外法向量. 对于不渗透边界条件压力函数 p 确定到可以相差一个常数. 因此条件

$$\int_\Omega p \mathrm{d}X = 0, \quad t \in J$$

能够用来确定不定性. 相容性条件是

$$\int_\Omega q \mathrm{d}X = 0, \quad t \in J.$$

初始条件:

$$c(X,0) = c_0(X), \quad X \in \Omega, \tag{9.4.13a}$$

$$s_\alpha(X,0) = s_{\alpha,0}(X), \quad X \in \Omega, \quad \alpha = 1, 2, \cdots, n_c. \tag{9.4.13b}$$

对平面不可压缩二相渗流驱动问题, 在问题的周期性假定下, Jr Douglas, Ewing, Wheeler, Russell 等提出特征差分方法和特征有限元法, 并给出误差估计[12-15]. 他们特征线法和标准的有限差分方法或有限元方法相结合, 真实地反映出对流–扩散方法的一阶双曲特性, 减少截断误差. 克服数值振荡和弥散, 大大提高计算的稳定性和精确度. 对可压缩流驱动问题, Jr Douglas 等学者同样在周期性假定下提出二维可压缩渗流驱动问题的 "微小压缩" 数学模型、数值方法和分析, 开创了现代数值模型这一新领域[16-19]. 作者去掉周期性的假定, 给出新的修正特征差分格式和有限元格式, 并得到最佳的 L^2 模误差估计[20-25]. 由于现代油田勘探和开发的数值模拟计算中, 它是超大规模、三维大范围, 甚至是超长时间的, 节点个数多达数万乃至数百万, 用一般方法不能解决这样的问题, 需要采用分数步技术[26-29]. 虽然 Jr Douglas, Peaceman 曾用此方法于油水二相渗流驱动问题, 并取得了成功[26]. 但在理论分析时出现实质性困难, 他们用 Fourier 分析方法仅能对常系数的情形证明稳定性和收敛性的结果, 此方法不能推广到变系数的情况[27-29]. 本节从生产实际出发, 对三维考虑毛细管力 (不混溶) 不可压缩二相渗流驱动强化采油渗流驱动耦合问题, 为克服计算复杂性, 提出一类二阶隐式特征分数步差分格式, 该格式既可克服数值振荡和弥散, 同时将三维问题化为连续解三个一维问题, 大大减少计算工作量, 使工程实际计算成为可能, 且将空间的计算精度提高到二阶. 应用变分形式、能量方法、差分算子乘积交替性理论、高阶差分算子的分解、微分方程先验估计和特殊的技巧, 得到了 l^2 模误差估计.

通常问题是正定的, 即满足

$$0 < a_* \leqslant a(c) \leqslant a^*, \quad 0 < \phi_* \leqslant \phi(X) \leqslant \phi^*,$$

$$\text{(C)} \ 0 < D_* \leqslant D(X,c) \leqslant D^*, \quad 0 < K_* \leqslant K_\alpha(X) \leqslant K^*, \quad \alpha = 1, 2, \cdots, n_c, \quad (9.4.14a)$$

$$\left| \frac{\partial a}{\partial c}(X,c) \right| \leqslant A^*, \quad (9.4.14b)$$

此处 $a_*, a^*, \phi_*, \phi^*, D_*, D^*, K_*, K^*$ 和 A^* 均为正常数. $b(c), g(c)$ 和 $Q_\alpha(c, s_\alpha)$ 在解的 ε_0 邻域是 Lipschitz 连续的.

假定问题 (9.4.8)—(9.4.14) 的精确解具有一定的光滑性, 即满足

$$\text{(R)} \ p, c, s_\alpha \in L^\infty(W^{4,\infty}) \cap W^{1,\infty}(W^{1,\infty}),$$

$$\frac{\partial^2 c}{\partial \tau^2}, \frac{\partial^2 s_\alpha}{\partial \tau_\alpha^2} \in L^\infty(L^\infty), \quad \alpha = 1, 2, \cdots, n_c.$$

本节中记号 M 和 ε 分别表示普通正常数和普通小正数, 在不同处可具有不同的含义.

9.4.2 二阶隐式分数步特征差分格式

为分析方便, 假设区域 $\Omega = \{[0,1]\}^3$, 且问题是 Ω—周期的, 此时不渗透边界条件将舍去[13-16]. 用网格区域 Ω_h 代替 $\Omega, \partial\Omega_h$ 表示 Ω_h 的边界. 其中网格步长为 $h = 1/N$, 并记 $X = (x_1, x_2, x_3)^{\mathrm{T}}, X_{ijk} = (ih, jh, kh)^{\mathrm{T}}, t^n = n\Delta t, W(X_{ijk}, t^n) = W_{ijk}^n$,

$$A_{i+1/2,jk}^n = [a(X_{ijk}, C_{ijk}^n) + a(X_{i+1,jk}, C_{i+1,jk}^n)]/2,$$

$$a_{i+1/2,jk}^n = [a(X_{ijk}, c_{ijk}^n) + a(X_{i+1,jk}, c_{i+1,jk}^n)]/2,$$

记号 $A_{i,j+1/2,k}^n, a_{i,j+1/2,k}^n, A_{i,j,k+1/2}^n, a_{i,j,k+1/2}^n$ 的定义是类似的. 设

$$\delta_{\bar{x}_1}(A^n \delta_{x_1} P^{n+1})_{ijk}$$
$$= h_1^{-2}[A_{i+1/2,jk}^n(P_{i+1,jk}^{n+1} - P_{ijk}^{n+1}) - A_{i-1/2,jk}^n(P_{ijk}^{n+1} - P_{i-1,jk}^{n+1})], \quad (9.4.15a)$$

$$\delta_{\bar{x}_2}(A^n \delta_{x_2} P^{n+1})_{ijk}$$
$$= h_2^{-2}[A_{i,j+1/2,k}^n(P_{i+1,jk}^{n+1} - P_{ijk}^{n+1}) - A_{i,j-1/2,k}^n(P_{ijk}^{n+1} - P_{i,j-1,k}^{n+1})], \quad (9.4.15b)$$

$$\delta_{\bar{x}_3}(A^n \delta_{x_3} P^{n+1})_{ijk}$$
$$=h_3^{-1}[A^n_{ij,k+1/2}(P^{n+1}_{ij,k+1} - P^{n+1}_{ijk}) - A^n_{ij,k-1/2}(P^{n+1}_{ijk} - P^{n+1}_{ij,k-1})], \quad (9.4.15\text{c})$$

$$\nabla_h(A^n \nabla_h P^{n+1})_{ijk}$$
$$=\delta_{\bar{x}_1}(A^n \delta_{x_1} P^{n+1})_{ijk} + \delta_{\bar{x}_2}(A^n \delta_{x_2} P^{n+1})_{ijk} + \delta_{\bar{x}_3}(A^n \delta_{x_3} P^{n+1})_{ijk}. \quad (9.4.16)$$

流动方程 (9.4.8) 的差分格式:

$$\nabla_h(A^n \nabla_h P^{n+1})_{ijk}$$
$$=G_{ijk} = h^{-3} \iint_{X_{ijk}+Q_h} q(X, t_{n+1}) \mathrm{d}x_1 \mathrm{d}x_2 \mathrm{d}x_3, \quad 1 \leqslant i, j, k \leqslant N, \quad (9.4.17)$$

此处 Q_h 是以原点为中心, 边长为 h 的立方体. 近似达西速度 $U^{n+1} = (U_1^{n+1}, U_2^{n+1}, U_3^{n+1})^{\mathrm{T}}$ 按下述公式计算:

$$U_{1,ijk}^{n+1} = -\frac{1}{2}\left[A^n_{i+1/2,jk}\frac{P^{n+1}_{i+1,jk} - P^{n+1}_{ijk}}{h} + A^n_{i-1/2,jk}\frac{P^{n+1}_{ijk} - P^{n+1}_{i-1,jk}}{h}\right], \quad (9.4.18)$$

对应于另外两个方向的速度 $U_{2,ijk}^{n+1}, U_{3,ijk}^{n+1}$ 可类似计算.

下面考虑饱和度方程 (9.4.9) 的隐式特征分数步计算格式. 这流动实际上沿着迁移的特征方向, 对饱和度方程 (9.4.9) 采用特征线法处理一阶双曲部分, 它具有很高的精确度和稳定性. 对时间 t 可用大步长计算[12−14]. 记 $\psi(X, u) = [\phi^2(X) + |u|^2]^{1/2}, \partial/\partial\tau = \psi^{-1}\{\phi\partial/\partial t + u \cdot \nabla\}$, 利用向后差分逼近特征方向导数:

$$\frac{\partial c^{n+1}}{\partial \tau} \approx \frac{c^{n+1} - c^n(X - \phi^{-1}(X)u^{n+1}(X)\Delta t)}{\Delta t(1 + \phi^{-2}(X)|u^{n+1}(X)|^2)^{1/2}}.$$

为此设 n 层时刻的 c^n 已知, 求第 $n+1$ 层的 c^{n+1}. 用差商代替微商, 将饱和度方程 (9.4.9) 分裂为下述形式:

$$\left(1 - \frac{\Delta t}{\phi}\frac{\partial}{\partial x_1}\left(D(c^{n+1})\frac{\partial}{\partial x_1}\right)\right)\left(1 - \frac{\Delta t}{\phi}\frac{\partial}{\partial x_2}\left(D(c^{n+1})\frac{\partial}{\partial x_2}\right)\right)$$
$$\cdot \left(1 - \frac{\Delta t}{\phi}\frac{\partial}{\partial x_3}\left(D(c^{n+1})\frac{\partial}{\partial x_3}\right)\right)c^{n+1}$$
$$=\bar{c}^n + \frac{\Delta t}{\phi}f(X, t, c^{n+1}) + O((\Delta t)^2), \quad (9.4.19)$$

此处达西速度 $u = (u_1, u_2, u_3)^{\mathrm{T}}$, $\bar{c}^n = c(X - \phi^{-1}(X)b(c^{n+1})u^{n+1}(X)\Delta t, t^n)$. 其对应的二阶隐式特征分数步差分格式为

$$(\phi - \Delta t\delta_{\bar{x}_1}(D(C^n)\delta_{x_1}))_{ijk}C_{ijk}^{n+1/3}$$

$$=\phi_{ijk}\hat{C}_{ijk}^n + \Delta t f(X, t^n, C^n)_{ijk}, \quad 1 \leqslant i \leqslant N, \tag{9.4.20}$$

$$(\phi - \Delta t \delta_{\bar{x}_2}(D(C^n)\delta_{x_2}))_{ijk} C_{ijk}^{n+2/3} = \phi_{ijk} C_{ijk}^{n+1/3}, \quad 1 \leqslant j \leqslant N, \tag{9.4.21}$$

$$(\phi - \Delta t \delta_{\bar{x}_3}(D(C^n)\delta_{x_3}))_{ijk} C_{ijk}^{n+1} = \phi_{ijk} C_{ijk}^{n+2/3}, \quad 1 \leqslant k \leqslant N. \tag{9.4.22}$$

此处 $C^n(X)$ 是按节点值 $\{C_{ijk}^n\}$ 分片叁二次插值, $\hat{C}_{ijk}^n = C^n(\hat{X}_{ijk}^n)$, $\hat{X}_{ijk}^n = X_{ijk} - \phi_{ijk}^{-1} b(C_{ijk}^n) U_{ijk}^{n+1} \Delta t$.

对组分浓度方程 (9.4.10), 记 $\hat{\phi}^{n+1} = \phi C^{n+1}, \hat{\phi}^{n+1,-1} = (\hat{\phi}^{n+1})^{-1}, \hat{D}_\alpha^{n+1} = \phi C^{n+1}$. K_α, 也采用隐式特征分数步差分格式并行计算.

$$(\hat{\phi}^{n+1} - \Delta t \delta_{\bar{x}_1}(\hat{D}_\alpha^{n+1}\delta_{x_1}))_{ijk} S_{\alpha,ijk}^{n+1/3}$$

$$=\hat{\phi}_{ijk}^{n+1}\hat{S}_{\alpha,ijk}^n + \Delta t \left\{ Q_\alpha(C_{ijk}^{n+1}, S_{\alpha,ijk}^n) - S_{\alpha,ijk}^n \left(q(C_{ijk}^{n+1}) + \phi_{ijk} \frac{C_{ijk}^{n+1} - C_{ijk}^n}{\Delta t} \right) \right\},$$

$$1 \leqslant i \leqslant N, \quad \alpha = 1, 2, \cdots, n_c, \tag{9.4.23}$$

$$(\hat{\phi}^{n+1} - \Delta t \delta_{\bar{x}_2}(\hat{D}_\alpha^{n+1}\delta_{x_2}))_{ijk} S_{\alpha,ijk}^{n+2/3} = \hat{\phi}_{ijk}^{n+1} S_{\alpha,ijk}^{n+1/3}, \quad 1 \leqslant j \leqslant N, \alpha = 1, 2, \cdots, n_c, \tag{9.4.24}$$

$$(\hat{\phi}^{n+1} - \Delta t \delta_{\bar{x}_3}(\hat{D}_\alpha^{n+1}\delta_{x_3}))_{ijk} S_{\alpha,ijk}^{n+1} = \hat{\phi}_{ijk}^{n+1} S_{\alpha,ijk}^{n+2/3}, \quad 1 \leqslant j \leqslant N, \alpha = 1, 2, \cdots, n_c, \tag{9.4.25}$$

此处 $\hat{S}_\alpha^n(X)(\alpha = 1, 2, \cdots, n_c - 1)$ 是按节点值 $\{S_{\alpha,ijk}^n\}$ 分片叁二次插值, $\hat{S}_{\alpha,ijk}^n = S_\alpha^n(\hat{X}_{ijk}^n)$, $\hat{X}_{ijk}^n = X_{ijk} - \hat{\phi}_{ijk}^{n+1,-1} U_{ijk}^{n+1} \Delta t$.

初始条件:

$$P_{ijk}^0 = p_0(X_{ijk}), \qquad C_{ijk}^0 = c_0(X_{ijk}),$$

$$S_{\alpha,ijk}^0 = s_{\alpha,0}(X_{ijk}), \quad X_{ijk} \in \Omega_h, \quad \alpha = 1, 2, \cdots, n_c. \tag{9.4.26}$$

隐式特征分数步差分格式的计算程序是: 当 $\{P_{ijk}^n, C_{ijk}^n, S_{\alpha,ijk}^n, \alpha = 1, 2, \cdots, n_c\}$ 已知, 首先由差分方程 (9.4.17) 用消去法或共轭梯度法求出解 $\{P_{ijk}^n\}$. 应用式 (9.4.18) 计算出 $\{U_{ijk}^{n+1}\}$. 其次由式 (9.4.20) 沿 x_1 方向用追赶法求出过渡层的解 $\{C_{ijk}^{n+1/3}\}$, 再由式 (9.4.21) 沿 x_2 方向用追赶法求出 $\{C_{ijk}^{n+2/3}\}$, 最后再由式 (9.4.22) 沿 x_3 方向用追赶法求出解 $\{C_{ijk}^{n+1}\}$. 在此基础并行的由式 (9.4.23) 沿 x_1 方向用追赶求出过渡层的解 $\{S_{\alpha,ijk}^{n+1/3}\}$, 再由式 (9.4.24) 沿 x_2 方向用追赶法求出 $\{S_{\alpha,ijk}^{n+2/3}\}$, 最后由式 (9.4.25) 沿 x_3 方向用追赶法求出解 $\{S_{\alpha,ijk}^{n+1}\}$. 对 $\alpha = 1, 2, \cdots, n_c$ 可并行的同时求解. 由问题的正定性, 格式 (9.4.17), (9.4.20)—(9.4.22), (9.4.23)—(9.4.25) 和 (9.4.26) 的解存在且唯一.

9.4.3　收敛性分析

设 $\pi = p - P$, $\xi = c - C$, $\varsigma_\alpha = s_\alpha - S_\alpha$, 此处 p, c 和 s_α 为问题 (9.4.8)—(9.4.13) 的精确解, P, C 和 S_α 为格式 (9.4.17)—(9.4.26) 的差分解. 为了进行误差分析, 定义离散空间 $l^2(\Omega)$ 的内积和范数[30,31].

$$\langle f, g \rangle = \sum_{i,j,k=1}^{N} f_{ijk} g_{ijk} h^3, \quad \|f\|_0^2 = \langle f, f \rangle.$$

$\langle D \nabla_h f, \nabla_h f \rangle$ 表示离散空间 $h^1(\Omega)$ 的加权半模平方, 此处 $D(X)$ 表示正定函数, 对应于 $H^1(\Omega) = W^{1,2}(\Omega)$.

定理 9.4.1　假定问题 (9.4.8)—(9.4.13) 的精确解满足光滑性条件: $p, c \in W^{1,\infty}(W^{1,\infty}) \cap L^{\infty}(W^{4,\infty})$, $s_\alpha \in W^{1,\infty}(W^{1,\infty}) \cap L^{\infty}(W^{4,\infty})$, $\dfrac{\partial c}{\partial \tau} \in L^{\infty}(W^{4,\infty})$, $\dfrac{\partial s_\alpha}{\partial \tau_\alpha} \in L^{\infty}(W^{4,\infty})$, $\dfrac{\partial^2 c}{\partial \tau^2}, \dfrac{\partial^2 s_\alpha}{\partial \tau_\alpha^2} \in L^{\infty}(L^{\infty})$, $\alpha = 1, 2, \cdots, n_c$. 采用修正特征分数步差分格式 (9.4.17)—(9.4.25) 逐层计算, 若剖分参数满足限制性条件:

$$\Delta t = O(h^2), \tag{9.4.27}$$

则下述误差估计式成立:

$$\|p - P\|_{\bar{L}^{\infty}((0,T];h^1)} + \|c - C\|_{\bar{L}^{\infty}((0,T];l^2)} + \|c - C\|_{\bar{L}^2((0,T];h^1)} \leqslant M_1^* \{\Delta t + h^2\}, \tag{9.4.28a}$$

$$\|s_\alpha - S_\alpha\|_{\bar{L}^{\infty}((0,T];l^2)} + \|s_\alpha - S_\alpha\|_{\bar{L}^2((0,T];h^1)} \leqslant M_2^* \{\Delta t + h^2\}, \quad \alpha = 1, 2, \cdots, n_\alpha. \tag{9.4.28b}$$

此处 $\|g\|_{\bar{L}^{\infty}(J,M)} = \sup\limits_{n \Delta t \leqslant T} \|g^n\|_M$, 常数

$$M_1^* = M_1^* \left(\|p\|_{W^{1,\infty}(W^{4,\infty})}, \|p\|_{L^{1,\infty}(W^{4,\infty})}, \|c\|_{L^{1,\infty}(W^{4,\infty})}, \right.$$
$$\left. \left\| \frac{\partial c}{\partial \tau} \right\|_{W^{\infty}(W^{4,\infty})}, \left\| \frac{\partial^2 c}{\partial \tau^2} \right\|_{L^{\infty}(L^{\infty})} \right),$$
$$M_2^* = M_2^* \left(\|s_\alpha\|_{W^{1,\infty}(W^{4,\infty})}, \left\| \frac{\partial s_\alpha}{\partial \tau_\alpha} \right\|_{L^{\infty}(W^{4,\infty})}, \left\| \frac{\partial^2 s_\alpha}{\partial \tau_\alpha^2} \right\|_{L^{\infty}(L^{\infty})} \right).$$

证明　由流动方程 (9.4.8)$(t = t^{n+1})$ 和差分方程 (9.4.17) 相减可得压力函数的误差方程:

$$- \nabla_h (A^n \nabla_h \pi^{n+1})_{ijk}$$

$$=\nabla_h([a(c^{n+1}) - a(C^n)]\nabla_h p^{n+1})_{ijk} + \sigma_{ijk}^{n+1}, \quad 1 \leqslant i,j,k \leqslant N, \qquad (9.4.29)$$

此处 $\left|\sigma_{ijk}^{n+1}\right| \leqslant M(\|p\|_{L^\infty(W^{4,\infty})}, \|c\|_{L^\infty(W^{3,\infty})})\{\Delta t + h^2\}$.

对误差方程式 (9.4.29) 乘以检验函数 π^{n+1}, 并分部求和有

$$\langle A^n \nabla_h \pi^{n+1}, \nabla_h \pi^{n+1}\rangle = \langle \sigma^{n+1}, \pi^{n+1}\rangle - \langle [a(c^{n+1}) - a(C^n)]\nabla_h p^{n+1}, \nabla_h \pi^{n+1}\rangle.$$
$$(9.4.30)$$

由此可以推得

$$\left\|\nabla_h \pi^{n+1}\right\| \leqslant M(\left\|p^{n+1}\right\|_{4,\infty}, \left\|c^{n+1}\right\|_{3,\infty})\{\|\xi^n\| + h^2 + \Delta t\}. \qquad (9.4.31)$$

下面讨论饱和度方程的误差估计. 由式(9.4.20)—式(9.4.22)消去 $C_{ijk}^{n+1/3}$, $C_{ijk}^{n+2/3}$, 并记 $\overline{U}^{n+1} = b(C^n)U^{n+1}$. 为了书写简便, 这里认为 $D(C^n) \approx D(X)$, 在数值分析时, 实质上是类似的. 可得下述等价的差分方程:

$$\phi_{ijk} \frac{C_{ijk}^{n+1} - \hat{C}_{ijk}^n}{\Delta t} - \sum_{\beta=1}^3 \delta_{\bar{x}_\beta}(D\delta_{x_\beta}C^{n+1})_{ijk}$$
$$=g(X_{ijk}, t^n, C_{ijk}^n) - \Delta t\{\delta_{\bar{x}_1}(D\delta_{x_1}(\phi^{-1}\delta_{\bar{x}_2}(D\delta_{x_2}C^{n+1})))_{ijk}$$
$$+ \delta_{\bar{x}_1}(D\delta_{x_1}(\phi^{-1}\delta_{\bar{x}_3}(D\delta_{x_3}C^{n+1})))_{ijk} + \delta_{\bar{x}_2}(D\delta_{x_2}(\phi^{-1}\delta_{\bar{x}_3}(D\delta_{x_3}C^{n+1})))_{ijk}\}$$
$$+ (\Delta t)^2 \delta_{\bar{x}_1}(D\delta_{x_1}(\phi^{-1}\delta_{\bar{x}_1}(D\delta_{x_2}(\phi^{-1}\delta_{\bar{x}_3}(D\delta_{x_3}C^{n+1})))))_{ijk},$$

$$1 \leqslant i,j,k \leqslant N. \qquad (9.4.32)$$

由方程 (9.4.9)($t = t^{n+1}$) 和方程 (9.4.32), 并记 $\tilde{u}^{n+1} = b(c^{n+1})u^{n+1}$, 可导出饱和度函数差方程:

$$\phi_{ijk} \frac{\xi_{ijk}^{n+1} - (c(\overline{X}_{ijk}^n) - \hat{C}_{ijk}^n)}{\Delta t} - \sum_{\beta=1}^3 \delta_{\bar{x}_\beta}(D\delta_{x_\beta}C^{n+1})_{ijk}$$
$$=g(X_{ijk}, t^{n+1}, c_{ijk}^{n+1}) - g(X_{ijk}, t^n, C_{ijk}^n) - \Delta t\{\delta_{\bar{x}_1}(D\delta_{x_1}(\phi^{-1}\delta_{\bar{x}_2}(D\delta_{x_2}\xi^{n+1})))_{ijk}$$
$$+\delta_{\bar{x}_1}(D\delta_{x_1}(\phi^{-1}\delta_{\bar{x}_2}(D\delta_{x_2}\xi^{n+1})))_{ijk} + \delta_{\bar{x}_2}(D\delta_{x_2}(\phi^{-1}\delta_{\bar{x}_3}(D\delta_{x_3}\xi^{n+1})))_{ijk}\}$$
$$+ (\Delta t)^2 \delta_{\bar{x}_1}(D\delta_{x_1}(\phi^{-1}\delta_{\bar{x}_2}(D\delta_{x_2}(\phi^{-1}\delta_{\bar{x}_3}(D\delta_{x_3}\xi^{n+1})))))_{ijk} + \varepsilon_{ijk}^{n+1},$$
$$1 \leqslant i,j,k \leqslant N, \qquad (9.4.33)$$

此处

$$\overline{X}_{ijk}^n = X_{ijk} - \phi_{ijk}^{-1} u_{ijk}^{n+1} \Delta t,$$
$$\left|\varepsilon_{ijk}^{n+1}\right| \leqslant M\left(\left\|\frac{\partial^2 c}{\partial \tau^2}\right\|_{L^\infty(L^\infty)}, \left\|\frac{\partial c}{\partial \tau}\right\|_{L^\infty(W^{4,\infty})}, \|c\|_{L^\infty(W^{4,\infty})}\right)\{h^2 + \Delta t\}.$$

对饱和度误差方程 (9.4.33) 乘以 $\xi_{ijk}^{n+1}\Delta t$ 作内积, 并分部求和得到

$$\left\langle \phi\frac{\xi^{n+1}-\hat{\xi}^n}{\Delta t}, \xi^{n+1}\right\rangle \Delta t + \sum_{\beta=1}^{3}\langle D\delta_{x_\beta}\xi^{n+1}, \delta_{x_\beta}\xi^{n+1}\rangle\Delta t$$

$$\leqslant M\{\|\xi^n\|^2 + \|\xi^{n+1}\|^2 + \|\nabla_h\pi^{n+1}\|^2 + h^4 + (\Delta t)^2\}\Delta t$$

$$- (\Delta t)^2\Big\{ \langle\delta_{\bar{x}_1}(D\delta_{x_1}(\phi^{-1}\delta_{\bar{x}_2}(D\delta_{x_2}\xi^{n+1}))), \xi^{n+1}\rangle + \cdots$$

$$+ \langle\delta_{\bar{x}_2}(D\delta_{x_2}(\phi^{-1}D\delta_{\bar{x}_3}(D\delta_{x_3}\xi^{n+1}))), \xi^{n+1}\rangle \Big\}$$

$$+ (\Delta t)^3\langle\delta_{\bar{x}_1}(D\delta_{x_1}(\phi^{-1}\delta_{\bar{x}_2}(D\delta_{x_2}(\phi^{-1}\delta_{\bar{x}_3}(D\delta_{x_3}\xi^{n+1}))))), \xi^{n+1}\rangle. \quad (9.4.34)$$

引入归纳法假定

$$\sup_{1\leqslant n\leqslant L}\max\{\|\pi^n\|_{0,\infty}, \|\xi^n\|_{0,\infty}\} \to 0, \quad (h, \Delta t)\to 0. \quad (9.4.35)$$

对估计式 (9.4.34), 应用归纳法假定 (9.4.35) 和估计式 (9.4.31) 可进一步可得下述估计式:

$$\left\|\phi^{1/2}\xi^{n+1}\right\|^2 - \left\|\phi^{1/2}\xi^n\right\|^2 + \sum_{\beta=1}^{3}\langle D\delta_{x_\beta}\xi^{n+1}, \delta_{x_\beta}\xi^{n+1}\Delta t\rangle$$

$$\leqslant \varepsilon\left\|\nabla_h\xi^{n+1}\right\|^2\Delta t + M\{\|\xi^n\|^2 + \|\xi^{n+1}\|^2 + h^4 + (\Delta t)^2\}\Delta t$$

$$- (\Delta t)^2\{\langle\delta_{\bar{x}_1}(D\delta_{x_1}(\phi^{-1}\delta_{\bar{x}_2}(D\delta_{x_2}\xi^{n+1}))), \xi^{n+1}\rangle + \cdots$$

$$+ \langle\delta_{\bar{x}_2}(D\delta_{x_2}(\phi^{-1}\delta_{\bar{x}_3}(D\delta_{x_3}\xi^{n+1}))), \xi^{n+1}\rangle\}$$

$$+ (\Delta t)^3\langle\delta_{\bar{x}_1}(D\delta_{x_1}(\phi^{-1}\delta_{\bar{x}_2}(D\delta_{x_2}(\phi^{-1}\delta_{\bar{x}_3}(D\delta_{x_3}\xi^{n+1}))))), \xi^{n+1}\rangle, \quad (9.4.36)$$

此处 $\|\nabla_h\xi^{n+1}\|^2 = \sum_{\beta=1}^{3}\|\delta_{x_\beta}\xi^{n+1}\|^2$.

下面依次估计式 (9.4.36) 右端第三项和第四项. 对第三项的第一部分, 这里尽管 $-\delta_{\bar{x}_1}(D\delta_{x_1}), -\delta_{\bar{x}_2}(D\delta_{x_2}), \cdots$ 是自共轭、正定、有界算子, 且空间区域为单位正立方体, 但它们的乘积一般是不可交换的, 利用差分算子乘积交换性 $\delta_{x_1}\delta_{x_2} = \delta_{x_2}\delta_{x_1}, \delta_{\bar{x}_1}\delta_{x_2} = \delta_{x_2}\delta_{\bar{x}_1}, \delta_{x_1}\delta_{\bar{x}_2} = \delta_{\bar{x}_2}\delta_{x_1}, \delta_{\bar{x}_1}\delta_{\bar{x}_2} = \delta_{\bar{x}_2}\delta_{\bar{x}_1}$, 有

$$- (\Delta t)^2\langle\delta_{\bar{x}_1}(D\delta_{x_1}(\phi^{-1}\delta_{\bar{x}_2}(D\delta_{x_2}\xi^{n+1}))), \xi^{n+1}\rangle$$

$$= (\Delta t)^2\langle\delta_{x_1}(\phi^{-1}\delta_{\bar{x}_2}(D\delta_{x_1}\xi^{n+1})), D\delta_{x_1}\xi^{n+1}\rangle$$

$$= (\Delta t)^2\langle\delta_{\bar{x}_1}\phi^{-1}\cdot\delta_{\bar{x}_2}(D\delta_{x_2}\xi^{n+1}) + \phi^{-1}\delta_{\bar{x}_2}\delta_{x_1}(D\delta_{x_2}\xi^{n+1}), D\delta_{x_1}\xi^{n+1}\rangle$$

$$= (\Delta t)^2\{\langle\delta_{\bar{x}_2}(D\delta_{x_2}\xi^{n+1}), \delta_{x_1}\phi^{-1}D\delta_{x_1}\xi^{n+1}\rangle$$

$$+ \left\langle \delta_{\bar{x}_2} \delta_{x_1} (D \delta_{x_2} \xi^{n+1}), \phi^{-1} D \delta_{x_1} \xi^{n+1} \right\rangle \}$$

$$= - (\Delta t)^2 \{ \left\langle D \delta_{x_2} \xi^{n+1}, \delta_{x_2} (\delta_{x_1} \phi^{-1} D \delta_{x_1} \xi^{n+1} \right\rangle$$

$$+ \left\langle \delta_{x_1} (D \delta_{x_2} \xi^{n+1}), \delta_{x_2} (\phi^{-1} D \delta_{x_1} \xi^{n+1}) \right\rangle \}$$

$$= - (\Delta t)^2 \{ \left\langle D \delta_{x_2} \xi^{n+1}, \delta_{x_2} (\delta_{x_1} \phi^{-1} D) \delta_{x_1} \xi^{n+1} + \delta_{x_1} \phi^{-1} D \delta_{x_1} \delta_{x_2} \xi^{n+1} \right\rangle$$

$$+ \left\langle D \delta_{x_1} \delta_{x_2} \xi^{n+1} + \delta_{x_1} D \cdot \delta_{x_2} \xi^{n+1}, \phi^{-1} D \delta_{x_1} \delta_{x_2} \xi^{n+1} + \delta_{x_2} (\phi^{-1} D) \delta_{x_1} \xi^{n+1} \right\rangle \}$$

$$= - (\Delta t)^2 \{ \left\langle D \delta_{x_1} \delta_{x_2} \xi^{n+1}, \phi^{-1} D \delta_{x_1} \delta_{x_2} \xi^{n+1} \right\rangle$$

$$+ \left\langle D \delta_{x_1} \delta_{x_2} \xi^{n+1}, \delta_{x_2} (\phi^{-1} D) \delta_{x_1} \xi^{n+1} + \delta_{x_1} \phi^{-1} \cdot D \delta_{x_2} \xi^{n+1} \right\rangle$$

$$+ \left\langle D \delta_{x_2} \xi^{n+1}, \delta_{x_2} (\delta_{x_1} \phi^{-1} D) \cdot \delta_{x_1} \xi^{n+1} \right\rangle$$

$$+ \left\langle \delta_{x_1} D \cdot \delta_{x_2} \xi^{n+1}, \delta_{x_2} (\phi^{-1} D) \cdot \delta_{x_1} \xi^{n+1} \right\rangle \}. \tag{9.4.37}$$

依次对式 (9.4.37) 右端诸项进行估计, 首先对第一项有

$$- (\Delta t)^2 \left\langle D \delta_{x_1} \delta_{x_2} \xi^{n+1}, \phi^{-1} D \delta_{x_1} \delta_{x_2} \xi^{n+1} \right\rangle$$

$$\leqslant - (\Delta t)^2 D_*^2 (\phi^*)^{-1} \left\| \delta_{x_1} \delta_{x_2} \xi^{n+1} \right\|^2. \tag{9.4.38a}$$

对其余含 $\delta_{x_1} \delta_{x_2} \xi^{n+1}$ 的项, 可用 ε-Cauchy 公式分离并消去此项, 为此有

$$- (\Delta t)^2 \{ \left\langle D \delta_{x_1} \delta_{x_2} \xi^{n+1}, \delta_{x_2} (\phi^{-1} D) \delta_{x_1} \xi^{n+1} + \delta_{x_1} \phi^{-1} D \delta_{x_2} \xi^{n+1} \right\rangle + \cdots \}$$

$$\leqslant - \frac{(\Delta t)^2}{2} D_*^2 (\phi^*)^{-1} \left\| \delta_{x_1} \delta_{x_2} \xi^{n+1} \right\|^2$$

$$+ M (\Delta t)^2 \{ \left\| \delta_{x_1} \xi^{n+1} \right\|^2 + \left\| \delta_{x_2} \xi^{n+1} \right\|^2 \}. \tag{9.4.38b}$$

对估计式 (9.4.37), 应用式 (9.4.38)、限制性条件 (9.4.27) 及逆估计可得

$$- (\Delta t)^2 \left\langle \delta_{\bar{x}_1} (D \delta_{x_1} (\phi^{-1} \delta_{\bar{x}_2} (D \delta_{x_2} \xi^{n+1}))), \xi^{n+1} \right\rangle$$

$$\leqslant M (\Delta t)^2 \{ \left\| \delta_{x_1} \xi^{n+1} \right\|^2 + \left\| \delta_{x_2} \xi^{n+1} \right\|^2 \}$$

$$\leqslant M \Delta t \cdot h^2 \{ \left\| \delta_{x_1} \xi^{n+1} \right\|^2 + \left\| \delta_{x_2} \xi^{n+1} \right\|^2 \} \leqslant M \left\| \xi^{n+1} \right\|^2 \Delta t. \tag{9.4.39}$$

对估计式 (9.4.36) 第三项其余诸式是一样的.

对估计式 (9.4.36) 第四项, 可连续三次分部求和, 同样可分离出高阶项 $\delta_{x_1} \delta_{x_2} \delta_{x_3}$ ξ^{n+1}, 再用 ε-Cauchy 公式分离并消去此项. 再利用限制性条件 (9.4.27) 和逆估计同样可得

$$(\Delta t)^3 \left\langle \delta_{\bar{x}_1} (D \delta_{x_1} (\phi^{-1} \delta_{\bar{x}_2} (D \delta_{x_2} (\phi^{-1} \delta_{\bar{x}_3} (D \delta_{x_3} \xi^{n+1}))))), \xi^{n+1} \right\rangle$$

$$\leqslant M \left\| \xi^{n+1} \right\|^2 \Delta t. \tag{9.4.40}$$

对误差估计式 (9.4.34), 应用条件 (C) 和估计式 (9.4.39), 式 (9.4.40) 可得

$$\left\|\phi^{1/2}\xi^{n+1}\right\|^2 - \left\|\phi^{1/2}\xi^n\right\|^2 + \left\|\nabla_h\xi^{n+1}\right\|^2 \Delta t$$

$$\leqslant M\{\left\|\xi^{n+1}\right\|^2 + \left\|\xi^n\right\|^2 + h^4 + (\Delta t)^2\}\Delta t. \tag{9.4.41}$$

对饱和度函数误差估计式 (9.4.41) 对于 t 求和 $0 \leqslant n \leqslant L$, 注意到 $\xi^0 = 0$, 可得

$$\left\|\phi^{1/2}\xi^{L+1}\right\|^2 + \sum_{n=0}^{L}\left\|\nabla_h\xi^{n+1}\right\|^2 \Delta t$$

$$\leqslant M\sum_{n=0}^{L}\{\left\|\xi^{n+1}\right\|^2 \Delta t + h^4 + (\Delta t)^2\}\Delta t. \tag{9.4.42}$$

应用 Gronwall 引理可得

$$\left\|\xi^{L+1}\right\|^2 \sum_{n=0}^{L}\left\|\xi^{n+1}\right\|_1^2 \Delta t \leqslant M\{h^4 + (\Delta t)^2\}, \tag{9.4.43}$$

此处 $\left\|\xi^{n+1}\right\|_1^2 = \left\|\nabla_h\xi^{n+1}\right\|^2 + \left\|\xi^{n+1}\right\|^2$.

下面需要检验归纳法假定 (9.4.35). 对于 $\xi^0 = 0$, 故式 (9.4.35) 显然是正确的. 若对任意的正整数 l, $1 \leqslant n \leqslant l$ 时式 (9.4.35) 成立, 由式 (9.4.43) 和式 (9.4.31) 可得 $\left\|\pi^{l+1}\right\|_0 + \left\|\xi^{n+1}\right\|_0 \leqslant M\{h^2 + \Delta t\}$. 由限制性条件 (9.4.27) 和最大模估计有 $\left\|\pi^{l+1}\right\|_{0,\infty} + \left\|\xi^{l+1}\right\|_{0,\infty} \leqslant Mh^{1/2}$, 归纳法假定 (9.4.35) 成立.

在此基础上, 讨论组分浓度方程的误差估计. 为此将式 (9.4.23)—式 (9.4.25) 消去 $S_\alpha^{n+1/3}, S_\alpha^{n+2/3}$, 并记 $\hat{\phi}^{n+1,-1} = (\hat{\phi}^{n+1})^{-1}$ 可得下述等价的差分方程:

$$\hat{\phi}_{ijk}^{n+1}\frac{S_{\alpha,ijk}^{n+1} - \hat{S}_{\alpha,ijk}^{n+1}}{\Delta t} - \sum_{\beta=1}^{3}\delta_{\bar{x}_\beta}(\hat{D}_\alpha^{n+1}\delta_{x_\beta}S_\alpha^{n+1})_{ijk}$$

$$= Q_\alpha(S_{\alpha,ijk}^n) - S_{\alpha,ijk}^n\left(q(C_{ijk}^{n+1}) - \phi_{ijk}\frac{C_{ijk}^{n+1} - C_{ijk}^n}{\Delta t}\right)$$

$$- \Delta t\left\{\delta_{\bar{x}_1}(\hat{D}_\alpha^{n+1}\delta_{x_1}(\hat{\phi}^{n+1,-1}\delta_{\bar{x}_2}(\hat{D}_\alpha^{n+1}\delta_{x_2}S_\alpha^{n+1})))_{ijk} + \cdots\right.$$

$$+ \delta_{\bar{x}_2}(\hat{D}_\alpha^{n+1}\delta_{x_2}(\hat{\phi}^{n+1,-1}\delta_{\bar{x}_3}(\hat{D}_\alpha^{n+1}\delta_{x_3}S_\alpha^{n+1})))_{ijk}\Big\}$$

$$+ (\Delta t)^2\delta_{\bar{x}_1}(\hat{D}_\alpha^{n+1}\delta_{x_1}(\hat{\phi}^{n+1,-1}\delta_{\bar{x}_2}(\hat{D}_\alpha^{n+1}\delta_{x_2}(\hat{\phi}^{n+1,-1}\delta_{\bar{x}_3}(\hat{D}_\alpha^{n+1}\delta_{x_3}S_\alpha^{n+1})))))_{ijk}\Big\},$$

$$1 \leqslant i,j,k \leqslant N, \quad \alpha = 1,2,\cdots,n_c. \tag{9.4.44}$$

由方程 (9.4.10) $(t = t^{n+1})$ 和式 (9.4.44), 并记 $\tilde{\phi}_{ijk}^{n+1} = (\phi c^{n+1})_{ijk}$, $\tilde{D}_{ijk}^{n+1} = (c^{n+1}\phi K_\alpha)_{ijk}$, 可导出下述组分浓度的误差方程:

$$\hat{\phi}_{ijk}^{n+1}\frac{\varsigma_{\alpha,ijk}^{n+1} - (s_\alpha(\bar{X}_{ijk}^n) - \hat{S}_{\alpha,ijk}^n)}{\Delta t} - \sum_{\beta=1}^{3}\delta_{\bar{x}_\beta}(\tilde{D}_\alpha^{n+1}\delta_{x_\beta}\varsigma_\alpha^{n+1})_{ijk}$$

$$= \left\{ (\hat{\phi}^{n+1} - \tilde{\phi}^{n+1}) \frac{\partial s_\alpha}{\partial t} \right\}_{ijk} + Q_\alpha(C_{ijk}^{n+1}, S_{\alpha,ijk}^{n+1}) - Q_\alpha(c_{ijk}^{n+1}, s_{\alpha,ijk}^{n+1})$$

$$+ \left\{ (S_\alpha^n q(C^{n+1}) - s_\alpha^n q(c^{n+1}))_{ijk} + \left(S_\alpha^n \phi \frac{C^{n+1} - C^n}{\Delta t} - s_\alpha^{n+1} \phi \frac{\partial c^{n+1}}{\partial t} \right)_{ijk} \right\}$$

$$- \Delta t \left\{ \delta_{\bar{x}_1} (\tilde{D}_\alpha^{n+1} \delta_{x_1} (\tilde{\phi}^{n+1,-1} \delta_{\bar{x}_2} (\tilde{D}_\alpha^{n+1} \delta_{x_2} s_\alpha^{n+1}))) \right)_{ijk}$$

$$- \delta_{\bar{x}_1} (\hat{D}_\alpha^{n+1} \delta_{x_1} (\hat{\phi}^{n+1,-1} \delta_{\bar{x}_2} (\hat{D}_\alpha^{n+1} \delta_{x_2} S_\alpha^{n+1})))_{ijk} + \cdots \right\}$$

$$+ (\Delta t)^2 \left\{ \delta_{\bar{x}_1} (\tilde{D}_\alpha^{n+1} \delta_{x_1} (\tilde{\phi}^{n+1,-1} \delta_{\bar{x}_2} (\tilde{D}_\alpha^{n+1} \delta_{x_2} (\tilde{\phi}^{n+1,-1} \delta_{\bar{x}_3} (\tilde{D}_\alpha^{n+1} \delta_{x_3} s_\alpha^{n+1}))))))_{ijk}$$

$$- \delta_{\bar{x}_1} (\hat{D}_\alpha^{n+1} \delta_{x_1} (\hat{\phi}^{n+1,-1} \delta_{\bar{x}_2} (\hat{D}_\alpha^{n+1} \delta_{x_2} (\hat{\phi}^{n+1,-1} \delta_{\bar{x}_3} (\hat{D}_\alpha^{n+1} \delta_{x_3} S_\alpha^{n+1}))))))_{ijk} \right\}$$

$$+ \varepsilon_{\alpha,ijk}, \quad 1 \leqslant i,j,k \leqslant N-1, \quad \alpha = 1,2,\cdots,n_c, \tag{9.4.45}$$

此处 $\overline{X}_{ijk}^n = X_{ijk} - \tilde{\phi}_{ijk}^{n+1,-1} u_{ijk}^{n+1} \Delta t$, $|\varepsilon_{\alpha,ijk}| \leqslant M\{h^2 + \Delta t\}$, $\alpha = 1,2,\cdots,n_c$.

在数值分析中, 注意到油藏区域中处处存在束缚水的特性, 即有 $c(X,t) \geqslant c_* > 0$, 此处 c_* 是正常数. 由于已证明关于水相饱和度函数 $c(X,t)$ 的收敛性分析式 (9.4.43), 得知对适当小的 h 和 Δt 有

$$c(X,t) \geqslant \frac{c_*}{2}. \tag{9.4.46}$$

对组分浓度误差方程 (9.4.45) 乘以 $s_{\alpha,ijk}^{n+1} \Delta t$ 作内积, 经类似的分析和复杂的估算可得

$$\left\| s_\alpha^{L+1} \right\|^2 + \sum_{n=0}^{L} \left\| s_\alpha^{n+1} \right\|^2 \Delta t \leqslant M\{h^4 + (\Delta t)^2\}, \quad \alpha = 1,2,\cdots,n_c. \tag{9.4.47}$$

定理证毕.

9.5 强化采油区域分解特征混合元方法

9.5.1 引言

油田经水开采后, 油藏中仍残留大量的原油, 这些油或者被毛细管束缚住不能流动, 或者由于驱替相和被驱替相之间的不利流度比, 使得注入流波及体积小, 而无法驱动原油. 在注入液中加入某些化学添加剂, 则可大大改善注入液的驱洗油能力. 常用的化学添加剂大都为聚合物、表面活性剂和碱. 聚合物被用来优化驱替相的流速, 以调整与被驱相之间的流度比, 均匀驱动前缘, 减弱高渗层指进, 提高驱替相的波及效率, 同时增加压力梯度等. 表面活性剂和碱主要用于降低各相间的界面张力, 从而将被束缚的油启动[1−3].

本节讨论在强化 (化学) 采油考虑毛细管力、不混溶、不可压缩渗流力学数值模拟中提出的一类区域分解并行计算特征混合元方法, 并讨论方法的收敛性分析. 数值试验指明此方法在实际计算中是可行的、高效的.

问题的数学模型是一类非线性耦合系统的初边值问题[1-4,32]:

$$\frac{\partial}{\partial t}(\phi c_o) - \nabla \cdot \left(\kappa(X)\frac{\kappa_{\gamma_o}(c_o)}{\mu_o} \nabla p_o \right) = q_o,$$
$$X = (x_1, x_2, x_3)^{\mathrm{T}} \in \Omega, \quad t \in J = (0, T], \tag{9.5.1}$$

$$\frac{\partial}{\partial t}(\phi c_w) - \nabla \cdot \left(\kappa(X)\frac{\kappa_{\gamma_w}(c_w)}{\mu_w} \nabla p_w \right) = q_w, \quad X \in \Omega, t \in J = (0, T], \tag{9.5.2}$$

$$\phi\frac{\partial}{\partial t}(c_w s_\alpha) + \nabla \cdot (s_\alpha \underline{u} - \phi c_w K_\alpha \nabla s_\alpha) = Q_\alpha(X, t, c_w, s_\alpha),$$
$$X \in \Omega, t \in J, \alpha = 1, 2, \cdots, n_c, \tag{9.5.3}$$

此处 Ω 是有界区域. 这里下标 o 和 w 分别是油相和水相, c_l 是浓度, p_l 是压力, $\kappa_{\gamma_l}(c_l)$ 是相对渗透率, μ_l 是黏度, q_l 是产量项, 对应于 l 相, ϕ 是岩石的孔隙度, $\kappa(X)$ 是绝对渗透率, $s_\alpha = s_\alpha(X, t)$ 是组分浓度函数, 组分是指各种化学剂 (聚合物、表面活性剂、碱及各种离子等), n_c 是组分数, $\underline{u}$ 是达西速度, $\kappa_\alpha = \kappa_\alpha(X)$ 是相应的扩散系数, Q_α 是与产量相关的源汇项. 假定水和油充满了岩石的空隙空间, 也就是 $c_o + c_w = 1$. 因此取 $c = c_w = 1 - c_o$, 则毛细管压力函数有下述关系: $p_c(c) = p_o - p_w$, 此处 p_c 依赖于浓度 c.

为了将方程 (9.5.1),(9.5.2) 化为标准形式[1,2]. 记 $\lambda(c) = \frac{\kappa_{\gamma_o}(c_o)}{\mu_o} + \frac{\kappa_{\gamma_w}(c_w)}{\mu_w}$ 表示二相流体的总迁移率, $\lambda_l(c) = \frac{\kappa_{r_l}(c)}{\mu_l \lambda(c)}, l = o, w$ 分别表示相对迁移率, 应用 Chavent 变换[1,2]:

$$p = \frac{p_o + p_w}{2} + \frac{1}{2}\int_o^{p_c}\{\lambda_o(p_c^{-1}(\xi)) - \lambda_w(p_c^{-1}(\xi))\}\mathrm{d}\xi, \tag{9.5.4}$$

将式 (9.5.1) 和式 (9.5.2) 相加, 可以导出流动方程:

$$-\nabla \cdot (\kappa(X)\lambda(c)\nabla p) = q, \quad X \in \Omega, t \in J = (0, T], \tag{9.5.5}$$

此处 $q = q_o + q_w$. 将式 (9.5.1) 和式 (9.5.2) 相减, 可以导出浓度方程:

$$\phi\frac{\partial c}{\partial t} + \nabla \cdot (\kappa\lambda\lambda_o\lambda_w p_c'\nabla c) - \lambda_o'\underline{u} \cdot \nabla c = \frac{1}{2}\{(q_w - \lambda_w q) - (q_o - \lambda_o q)\},$$

此处

$$q_w = q \text{ 和 } q_o = 0, \qquad \text{如果 } q \geqslant 0(\text{注水井}),$$

$$q_w = \lambda_w q \text{ 和 } q_o = \lambda_o q, \quad \text{如果 } q < 0(\text{采油井}),$$

则问题 (9.5.1) 和 (9.5.2) 可写为下述形式

$$\nabla \cdot \underline{u} = q(X,t), \qquad X \in \Omega, t \in J = (0,T], \tag{9.5.6a}$$

$$\underline{u} = -\kappa(X)\lambda(c)\nabla p, \quad X \in \Omega, t \in J, \tag{9.5.6b}$$

$$\phi\frac{\partial c}{\partial t} - \lambda'(c)\underline{u}\cdot\nabla c + \nabla \cdot (\kappa(X)\lambda\lambda_o\lambda_w p_c'\nabla c) = \begin{cases} \lambda_o q, & q \geqslant 0, \\ 0, & q < 0. \end{cases} \tag{9.5.7}$$

为清晰起见, 将式 (9.5.6)、式 (9.5.7) 写为下述标准形式:

$$-\nabla \cdot (a(X,c)\nabla p) = q(X,t), \quad X \in \Omega, t \in J = (0,T], \tag{9.5.8a}$$

$$\underline{u} = -a(X,c)\nabla p, \quad X \in \Omega, t \in J, \tag{9.5.8b}$$

$$\phi\frac{\partial c}{\partial t} + b(c)\underline{u}\cdot\nabla c - \nabla \cdot (D(X,c)\nabla c) = g(X,t,c), \quad X \in \Omega, t \in J, \tag{9.5.9}$$

此处 $a(X,c) = \kappa(X)\lambda(c)$, $b(c) = -\lambda'(c)$, $D(X,c) = -\kappa(X)\lambda\lambda_o\lambda_w p_c'(c)$, $g(X,t,c) = \lambda_o q$, 当 $q \geqslant 0$ 时, $g(X,t,c) = 0$, 当 $q < 0$ 时. 利用式 (9.5.8), 将方程 (9.5.3) 写为下述便于计算的形式

$$\phi c\frac{\partial s_\alpha}{\partial t} + \underline{u} \cdot \nabla s_\alpha - \nabla \cdot (\phi c K_\alpha \nabla s_\alpha)$$
$$= Q_\alpha - s_\alpha\left(q + \phi\frac{\partial c}{\partial t}\right), \quad X \in \Omega, t \in J, \quad \alpha = 1,2,\cdots,n_c. \tag{9.5.10}$$

提出两类边界条件.

(i) 定压边界条件:

$$p = e(X,t), \quad X \in \partial\Omega, t \in J, \tag{9.5.11a}$$

$$c = r(X,t), \quad X \in \partial\Omega, t \in J, \tag{9.5.11b}$$

$$s_\alpha = r_\alpha(X,t), \quad X \in \partial\Omega, t \in J, \alpha = 1,2,\cdots,n_c, \tag{9.5.11c}$$

此处 $\partial\Omega$ 为区域 Ω 的外边界面.

(ii) 不渗透边界条件:

$$\underline{u} \cdot \underline{\gamma} = 0, \quad X \in \partial\Omega, t \in J, \tag{9.5.12a}$$

$$D\nabla c \cdot \underline{\gamma} = 0, \quad X \in \partial\Omega, t \in J, \tag{9.5.12b}$$

$$\kappa_\alpha \nabla s_\alpha \cdot \underline{\gamma} = 0, \quad X \in \partial\Omega, t \in J, \alpha = 1,2,\cdots,n_c, \tag{9.5.12c}$$

此处 $\underline{\gamma}$ 为边界面的单位外法向量. 对于不渗透边界条件压力函数 p 确定到可以相差一个常数. 因此条件

$$\int_\Omega p\mathrm{d}X = 0, \quad t \in J$$

能够用来确定不定性. 相容性条件是

$$\int_{\Omega} q \mathrm{d}X = 0, \quad t \in J.$$

初始条件:

$$c(X,0) = c_0(X), \quad X \in \Omega, \tag{9.5.13a}$$

$$s_\alpha(X,0) = s_{\alpha,0}(X), \quad X \in \Omega, \quad \alpha = 1, 2, \cdots, n_c. \tag{9.5.13b}$$

对平面不可压缩二相渗流驱动问题, 在问题的周期性假定下, Jr Douglas, Ewing, Wheeler, Russell 等提出特征差分方法和特征有限元法, 并给出误差估计[5,12−16]. 他们将特征线法和标准的有限差分方法或有限元方法相结合, 真实地反映出对流-扩散方程的一阶双曲特性, 减少截断误差. 克服数值振荡和弥散, 大大提高计算的稳定性和精确度. 对可压缩渗流驱动问题, Jr Douglas 等学者同样在周期性假定下提出二维可压缩渗流驱动问题的 "微小压缩" 数学模型、数值方法和分析, 开创了现代数值模型这一新领域[16−19]. 作者去掉周期性的假定, 给出新的修正特征差分格式和有限元格式, 并得到最佳的 L^2 模误差估计[17−22]. 由于现代油田开发的强化采油数值模拟计算中, 它是超大规模、三维大范围, 甚至是超长时间的, 节点个数多达数万乃至数百万, 用一般方法不能解决这样的问题, 需要采用现代并行计算技术才能完整解决问题[2,33]. 对最简单的抛物问题 Dawson, Dupont, Du 率先提出 Galerkin 区域分解程序和收敛性分析[34−37]. 在上述工作的基础上, 对二维强化采油的数值模拟, 提出特征修正混合元区域分裂方法, 应用变分形式、区域分裂、特征线方法、能量方法、负模估计、微分方程先验估计理论和数学归纳法技巧, 成功解决了这一著名问题, 得到了 L^2 模误差估计. 并作了数值试验支撑理论分析, 指明此方法在实际数值计算是可行的、高效的, 它对强化采油数值模拟这一重要领域的模型分析、数值方法、机理研究和工业应用软件的研制均有重要的理论和实用价值[33−37].

通常问题是正定的, 即满足

(C) $0 < a_* \leqslant a(c) \leqslant a^*, \quad 0 < \phi_* \leqslant \phi(X) \leqslant \phi^*, 0 < D_* \leqslant D(X,c) \leqslant D^*,$

$$0 < K_* \leqslant K_\alpha(X) \leqslant K^*, \quad \alpha = 1, 2, \cdots, n_c, \tag{9.5.14a}$$

$$\left| \frac{\partial a}{\partial c}(X,c) \right| \leqslant A^*, \quad \left| \frac{\partial D}{\partial c}(X,c) \right| \leqslant D^*, \tag{9.5.14b}$$

此处 $a_*, a^*, \phi_*, \phi^*, D_*, D^*, K_*, K^*$ 和 A^* 均为正常数. $b(c), g(c)$ 和 $Q_\alpha(c, s_\alpha)$ 在解的 ε_0 邻域是 Lipschitz 连续的.

假定问题 (9.5.8)—(9.5.14) 的精确解具有一定的光滑性, 即满足

(R) $p, c, s_\alpha \in L^\infty(W^{4,\infty}) \cap W^{1,\infty}(W^{1,\infty}), \dfrac{\partial^2 c}{\partial \tau^2}, \dfrac{\partial^2 s_\alpha}{\partial \tau_\alpha^2} \in L^\infty(L^\infty), \alpha = 1, 2, \cdots, n_c.$

本节中记号 M 和 ε 分别表示普通正常数和普通小正数, 在不同处可具有不同的含义.

本节的提纲如下: 5.5.1 节引言, 5.5.2 节讨论某些准备工作, 5.5.3 节提出特征修正混合元区域分裂程序, 5.5.4 节收敛性分析, 5.5.5 节数值模拟算例, 5.5.6 节三维问题的推广.

9.5.2　某些预备工作

为叙述简便, 设 $\Omega = \{(x_1, x_2) | 0 < x_1 < 1, 0 < x_2 < 1\}$, 记 $\Omega_1 = \{(x_1, x_2) | 0 < x_1 < 1/2, 0 < x_2 < 1\}$, $\Omega_2 = \{(x_1, x_2) | 1/2 < x_1 < 1, 0 < x_2 < 1\}$, $\Gamma = \{(x_1, x_2) | x_1 = 1/2, 0 < x_2 < 1\}$, 如图 9.5.1 所示. 为了逼近内边界的法向导数, 引入两个专门函数[34,35].

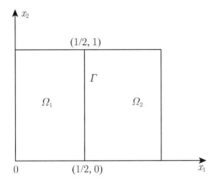

图 9.5.1　区域分裂 $\Omega_1, \Omega_2, \Gamma$ 示意图

$$\Phi_2(x_1) = \begin{cases} 1 - x_1, & 0 < x_1 \leqslant 1, \\ x_1 + 1, & -1 < x_1 \leqslant 0, \\ 0, & \text{其他}, \end{cases} \qquad (9.5.15a)$$

$$\Phi_4(x_1) = \begin{cases} (x_1 - 2)/12, & 1 < x_1 \leqslant 2, \\ -5x_1/4 + 7/6, & 0 < x_1 \leqslant 1, \\ 5x_1/4 + 7/6, & -1 < x_1 \leqslant 0, \\ -(x_1 + 2)/12, & -2 < x_1 \leqslant -1, \\ 0, & \text{其他}. \end{cases} \qquad (9.5.15b)$$

易知, 若 p 为不高于一次多项式, 有

$$\int_{-\infty}^{\infty} p(x_1)\Phi_2(x_1)\mathrm{d}x_1 = p(0) \qquad (9.5.16a)$$

和若 p 为不高于三次多项式, 有

$$\int_{-\infty}^{\infty} p(x_1)\Phi_4(x_1)\mathrm{d}x_1 = p(0). \tag{9.5.16b}$$

定义 9.5.1　对于 $H \in \left(0, \dfrac{1}{2}\right)$, 记

$$\Phi(x_1) = \Phi_m((x_1 - 1/2)/H)/H, \quad m = 2, 4. \tag{9.5.17}$$

设 $H_{h,j}$ 是 $H^1(\Omega_j)(j = 1, 2)$ 的有限维有限元子空间, $N_h(\Omega)$ 是 $L^2(\Omega)$ 的有限维空间, 且如果 $v \in N_h(\Omega)$, 则 $v|_{\Omega_j} \in N_{h,j}$. 注意函数 $v \in N_h(\Omega)$ 内边界 Γ 上的跳跃 $[v]$, 即

$$[v]_{\left(\frac{1}{2},\, x_2\right)} = v\left(\frac{1}{2} + 0, x_2\right) - v\left(\frac{1}{2} - 0, x_2\right). \tag{9.5.18}$$

定义 9.5.2　关于双线性形式 $\bar{D}(u, v)$:

$$\bar{D}(u, v) = \int_{\Omega_1 \cup \Omega_2} D(X)\nabla u \cdot \nabla v \mathrm{d}x_1\mathrm{d}x_2 + \lambda \int_{\Omega_1 \cup \Omega_2} uv\mathrm{d}x_1\mathrm{d}x_2, \tag{9.5.19}$$

此处函数 $u, v \in H^1(\Omega_j)$, $j = 1, 2$, $D(X)$ 是正定函数, λ 是正常数.

定义 9.5.3　逼近内边界法向导数的积分算子:

$$B(\psi)\left(\frac{1}{2}, x_2\right) = -\int_0^1 \Phi'(x_1)\psi(x_1, x_2)\mathrm{d}x_1, \tag{9.5.20}$$

其中 Φ 为式 (9.5.17) 所给出的函数.

设 $(\cdot, \cdot)$ 表示 $(\Omega_1 \cup \Omega_2)$ 内积, 在 $\Omega_1 \cup \Omega_2 = \Omega$ 省略时, $(\psi, \rho) = (\psi, \rho)_\Omega$. 对于限定在 $H^1(\Omega_1)$ 和 $H^1(\Omega_2)$ 的函数, 定义

$$\|\|\psi\|\|^2 = \bar{D}(\psi, \psi) + H^{-1}\|D[\psi]\|_{L^2(\Gamma)}^2. \tag{9.5.21}$$

注意到

$$(D(x_1, x_2)B(\psi), [\psi])_\Gamma = -\int_0^1 D\left(\frac{1}{2}, x_2\right)\int_0^1 \Phi'(x_1, x_2)\mathrm{d}x_1 [\psi]\left(\frac{1}{2}, x_2\right)\mathrm{d}x_2,$$

$$\int_0^1 \Phi'(x_1)\psi(x_1, x_2)\mathrm{d}x_1 = \psi(x_1, x_2)\Phi(x_1)\big|_0^1 - \int_0^1 \Phi(x_1)\psi_{x_1}(x_1, x_2)\mathrm{d}x_1$$

$$= -\frac{1}{H}[\psi]\left(\frac{1}{2}, x_2\right) - \int_0^1 \Phi(x_1)\psi_{x_1}(x_1, x_2)\mathrm{d}x_1.$$

因此有

$$(D(x_1, x_2)B(\psi), [\psi])_\Gamma$$

$$
\begin{aligned}
=& \frac{1}{H} \int_0^1 D\left(\frac{1}{2}, x_2\right) [\psi]^2 \left(\frac{1}{2}, x_2\right) \mathrm{d}x_2 \\
& + \int_0^1 D\left(\frac{1}{2}, x_2\right) \int_0^1 \Phi(x_1) \psi_{x_1}(x_1, x_2) \mathrm{d}x_1 [\psi]\left(\frac{1}{2}, x_2\right) \mathrm{d}x_2.
\end{aligned} \tag{9.5.22}
$$

对式 (9.5.22) 第二项可改写为

$$
\int_0^1 D^{\frac{1}{2}}\left(\frac{1}{2}, x_2\right) \int_{\frac{1}{2}-H}^{\frac{1}{2}+H} D^{\frac{1}{2}}\left(\frac{1}{2}, x_2\right) \Phi(x_1) \psi_{x_1}(x_1, x_2) \mathrm{d}x_1 [\psi]\left(\frac{1}{2}, x_2\right) \mathrm{d}x_2
$$

$$
\begin{aligned}
\leqslant & \int_0^1 D^{\frac{1}{2}}\left(\frac{1}{2}, x_2\right) \left(\int_0^1 \Phi^2(x_1) \mathrm{d}x_1\right)^{1/2} \\
& \cdot \left(\int_{\frac{1}{2}-H}^{\frac{1}{2}+H} D\left(\frac{1}{2}, x_2\right) \psi_{x_1}^2(x_1, x_2) \mathrm{d}x_1\right)^{1/2} [\psi]\left(\frac{1}{2}, x_2\right) \mathrm{d}x_2 \\
\leqslant & \left(\frac{2}{3H}\right)^{1/2} \left(\int_0^1 D\left(\frac{1}{2}, x_2\right) [\psi]^2\left(\frac{1}{2}, x_2\right) \mathrm{d}x_2\right)^{1/2} \\
& \cdot \left(\int_0^1 \int_{\frac{1}{2}-H}^{\frac{1}{2}+H} D\left(\frac{1}{2}, x_2\right) \psi_{x_1}^2(x_1, x_2) \mathrm{d}x_1 \mathrm{d}x_2\right)^{1/2}.
\end{aligned}
$$

对于 $D\left(\frac{1}{2}, x_2\right)$ 注意到

$$
D\left(\frac{1}{2}, x_2\right) = D(x_1, x_2) + \left(x_1 - \frac{1}{2}\right) \frac{\partial D}{\partial x_1}(\xi_1(x_1), x_2),
$$

于是有

$$
\begin{aligned}
& \int_0^1 \int_{\frac{1}{2}-H}^{\frac{1}{2}+H} D\left(\frac{1}{2}, x_2\right) \psi_{x_1}^2(x_1, x_2) \mathrm{d}x_1 \mathrm{d}x_2 \\
= & \int_0^1 \int_{\frac{1}{2}-H}^{\frac{1}{2}+H} \left[D(x_1, x_2) + \left(x_1 - \frac{1}{2}\right) \frac{\partial D}{\partial x_1}(\xi_1(x_1), x_2)\right] \psi_{x_1}^2(x_1, x_2) \mathrm{d}x_1 \mathrm{d}x_2 \\
\leqslant & (1 + M^* H) \int_0^1 \int_{\frac{1}{2}-H}^{\frac{1}{2}+H} D(x_1, x_2) \psi_{x_1}^2(x_1, x_2) \mathrm{d}x_1 \mathrm{d}x_2,
\end{aligned}
$$

此处 $M^* = \max\limits_{\substack{x_1 \in \left(\frac{1}{2}-H, \frac{1}{2}+H\right) \\ x_2 \in (0,1)}} \dfrac{\left|\dfrac{\partial D}{\partial x_1}(\xi(x_1), x_2)\right|}{D(x_1, x_2)}$. 从而可得

$$
\bar{D}(\psi, \psi) + (DB(\psi), [\psi])_\Gamma \geqslant \frac{1}{M_0} \|\|\psi\|\|^2, \tag{9.5.23}
$$

此处 M_0 为确定的正常数, 亦即有

$$\||\psi|\|^2 \leqslant M_0 \{ \bar{D}(\psi, \psi) + (DB(\psi), [\psi])_\Gamma \}. \tag{9.5.24}$$

类似地可推出下述估计式:

$$\|B(\psi)\|_{L^2(\Gamma)}^2 \leqslant \overline{M}_1 H^{-3} \|\psi\|_0^2, \tag{9.5.25a}$$

$$\|B(\psi)\|_{L^2(\Gamma)} \leqslant \overline{M}_2 H^{-1} \|\psi\|_{0,\infty}, \tag{9.5.25b}$$

$$\left\| \frac{\partial u(\cdot, t)}{\partial \gamma} - B(u)(\cdot, t) \right\|_{L^2(\Gamma)} \leqslant \overline{M}_3 H^m, \tag{9.5.25c}$$

此处 $\overline{M}_1, \overline{M}_2, \overline{M}_3$ 均为确定的正常数, $m = 2, 4$, $\dfrac{\partial u}{\partial \gamma}$ 是 $\underline{u}$ 在内边界的法向导数, 对于 $0 \leqslant t \leqslant T$ 成立.

9.5.3　特征修正混合元区域分裂程序

不失一般性, 考虑区域分为两个子区域的情形, 如图 5.5.1 所示, 且问题是 Ω-周期的, 此时不渗透边界条件将舍去[5–8].

由于流场 $(p, \underline{u})$ 关于时间 t 变化很慢, 采用大步长计算, 而对饱和度场 c 采用小步长计算. 为此引出下述记号: Δt_c —— 饱和度方程时间步长, Δt_p —— 流动方程的时间步长. $j = \Delta t_p / \Delta t_c, t^n = n \Delta t_c, t_m = m \Delta t_p, p^n = p(t^n), p_m = p(t_m)$. 对于压力函数 $p(X, t)$,

$$E p^n = \begin{cases} p_0, & t^n \leqslant t_1, \\ (1 + \gamma/j) p_m - \gamma/j p_{m-1}, & t_m < t^n < t_{m+1}, t^n = t_m + \gamma \Delta t_c. \end{cases} \tag{9.5.26}$$

下标表示流场时间层, 上标表示饱和度时间层, $E p^n$ 表示由后两个流场时间层构造在 t^n 处函数 p 的线性外推.

对流动方程 (9.5.8) 用混合元方法求解, 设 $V = \{\underline{v} \in H(\mathrm{div}; \Omega), \underline{v} \cdot \underline{\gamma} = 0$ 在 $\partial\Omega\}$, $W = L^2(\Omega) / \{p \equiv$ 在 Ω 上为常数$\}$, 则流动方程的鞍点弱形式:

$$(\alpha(c)\underline{u}, v) - (\nabla \cdot \underline{v}, p) = 0, \quad \underline{v} \in V, \tag{9.5.27a}$$

$$(\nabla \cdot \underline{u}, w) = (q, w), \quad w \in W, \tag{9.5.27b}$$

此处 $\alpha(c) = a^{-1}(c)$.

设 $V_h \times W_h$ 是 Raviart-Thomas 空间[2,38], 指数为 k, 剖分步长为 h_p, 其逼近性满足

$$\inf_{\underline{v}_h \in V_h} \|\underline{v} - \underline{v}_h\|_{L^2(\Omega)} \leqslant M \|\underline{v}\|_{k+1} h_p^{k+1}, \tag{9.5.28a}$$

$$\inf_{\underline{v}_h \in V_h} \|\nabla \cdot (\underline{v} - \underline{v}_h)\|_{L^2(\Omega)} \leqslant M\{\|\underline{v}\|_{k+2} + \|\underline{v}\|_{k+1}\}h_p^{k+1}, \tag{9.5.28b}$$

$$\inf_{w_h \in w_h} \|w - w_h\|_{L^2(\Omega)} \leqslant M \|w\|_{k+1} h_p^{k+1}. \tag{9.5.28c}$$

对流动方程 (9.5.8) 的混合元格式

$$(\alpha(C_{h,m})\underline{U}_{h,m}, v_h) - (\nabla \cdot \underline{v}_h, P_{h,m}) = 0, \quad \underline{v}_h \in V_h, \tag{9.5.29a}$$

$$(\nabla \cdot \underline{U}_{h,m}, w_h) = (q_m, w_h), \quad w_h \in W_h, \tag{9.5.29b}$$

此处 $\underline{U}_{h,m} = -a(C_{h,m})\nabla P_{h,m}$.

对饱和度方程 (9.5.9), 不失一般性, 此处假定 $D(X,c) \approx D(X,t)$, 为了得到其弱形式, 将方程 (9.5.9) 写为下述形式:

$$\left(\phi \frac{\partial c}{\partial t}, w\right)_\Omega + (b(c)\underline{u} \cdot \nabla c, w)_\Omega + (D\nabla c, \nabla w)_\Omega + \left(D\frac{\partial c}{\partial \gamma}, [w]\right)_\Gamma = (g(c), w)_\Omega,$$

$$w \in N_h(\Omega). \tag{9.5.30}$$

这流动实际上沿着特征方向的, 用特征线法处理方程 (9.5.9) 的一阶双曲部分可以克服数值弥散和振荡, 具有很好的稳定性和精确度, 对 t 可用大步长计算[12−18]. 记 $\tau = \tau(X,t)$ 是特征方向 $(b(c)u_1, b(c)u_2, 1)$ 的单位向量, $\psi = [\phi^2(X) + |b(c)\underline{u}|^2]^{1/2}$, $\frac{\partial}{\partial \tau} = \psi^{-1}\left\{\phi\frac{\partial}{\partial \tau} + b(c)\underline{u} \cdot \nabla\right\}$, 则方程 (9.5.30) 可写为下述形式:

$$\left(\psi\frac{\partial c}{\partial \tau}, w\right)_\Omega + (D\nabla c, \nabla w)_\Omega + \left(D\frac{\partial c}{\partial \gamma}, [w]\right)_\Gamma = (g(c), w)_\Omega, \quad w \in N_h(\Omega). \tag{9.5.31}$$

利用向后差分逼近特征方向导数 $\dfrac{\partial c^{n+1}}{\partial \tau} = \dfrac{\partial c}{\partial \tau}(X, t^{n+1})$:

$$\frac{\partial c^{n+1}}{\partial \tau} \approx \frac{c^{n+1} - c^n(X - \phi^{-1}b(c^{n+1})\underline{u}^{n+1}(X)\Delta t_c)}{\Delta t_c(1 + \phi^{-2}|b(c^{n+1})\underline{u}^{n+1}(X)|^2)^{1/2}}. \tag{9.5.32}$$

因此可导出饱和度方程 (9.5.9) 的特征有限元区域分裂计算格式.

$$\left(\phi\frac{C_h^{n+1} - \hat{C}_h^n}{\Delta t_c}, w_h\right)_\Omega + (D^{n+1}\nabla_h C_h^{n+1}, \nabla w_h)_\Omega + (D^{n+1}B(C_h^n), [w_h])_\Gamma$$

$$= (g(\hat{C}_h^n), w_h)_\Omega, \quad w_h \in N_h(\Omega), \tag{9.5.33}$$

此处 $\hat{C}_h^n = C^n(\hat{X}^n), \hat{X}^n = X - b(C_h^n)E\underline{U}_h^{n+1}\Delta t_c$.

对组分浓度方程 (9.5.10) 的特征有限元区域分裂计算格式是类似的.

$$\left(\phi C_h^{n+1}\frac{S_{\alpha,h}^{n+1} - \hat{S}_{\alpha,h}^n}{\Delta t_c}, w_h\right)_\Omega + (\phi C^{n+1}K_\alpha\nabla S_{\alpha,h}^{n+1}, \nabla w_h)_\Omega$$

$$+ (\phi C^{n+1} K_\alpha B(S^n_{\alpha,h}), [w_h])_\Gamma$$

$$= \left(Q_\alpha(C^{n+1}_h, \hat{S}^n_{\alpha,h}) - S^n_{\alpha,h}\left(q^{n+1} - \phi\frac{C^{n+1}_h - C^n_h}{\Delta t}\right), w_h\right)_\Omega, \quad w_h \in N_h(\Omega), \quad (9.5.34)$$

此处 $\hat{S}^n_{\alpha,h} = S^n_{\alpha,h}(\hat{X}^n_\alpha)$, $\hat{X}^n_\alpha = X - (\phi C^{n+1}_h)^{-1}\underline{U}^{n+1}_h \Delta t_c$.

具体计算步骤如下: 首先应用椭圆投影或 L^2 投影或插值, 决定 $\{C^0_h, S^0_{\alpha,h}(\alpha = 1, 2, \cdots, n_c)\}$. 从方程组 (9.5.29) 求得混合元解 $\{\underline{U}_{h,0}, P_{h,0}\}$. 其次从特征修正有限元区域分裂格式 (9.5.33) 并行计算求得 $\{C^1_h, C^2_h, \cdots, C^j_h\}$, 再从 $\{C^j_h = C_{h,1}\}$ 由方程组 (9.5.29) 求得混合元解 $\{\underline{U}_{h,1}, P_{h,1}\}$. 与此同时可以从组分方程组的特征有限元区域分裂格式 (9.5.34) 求得有限元解 $\{S^\beta_{\alpha,h}, \alpha = 1, 2, \cdots, n_c; \beta = 1, 2, \cdots, j\}$. 从格式 (9.5.33) 并行计算求得 $\{C^{j+1}_h, C^{j+2}_h, \cdots, C^{2j}_h\}$, 再从 $\{C^{2j}_h = C_{h,2}\}$ 由方程组 (9.5.29) 求得混合元解 $\{\underline{U}_{h,2}, P_{h,2}\}$, 以及从格式 (9.5.34) 并行计算求得 $\{S^{j+1}_{\alpha,h}, \cdots, S^{2j}_{\alpha,h}, \alpha = 1, 2, \cdots, n_c\}$. 这样依次逐层求解, 由正定性条件 (C) 可知问题的解存在且唯一.

9.5.4　收敛性分析

在理论分析时, 引入几个辅助性椭圆投影, 对 $t \in J = (0, T]$, 令 $\{\underline{\tilde{u}}, \tilde{p}\}: J \to V_h \times W_h$ 满足:

$$(\alpha(c)\underline{\tilde{u}}, \underline{v}_h) - (\nabla \cdot \underline{v}_h, \tilde{p}) = 0, \quad \underline{v}_h \in V_h, \quad (9.5.35a)$$

$$(\nabla \cdot \underline{\tilde{u}}, w_h) = (q, w_h), \quad w_h \in W_h. \quad (9.5.35b)$$

由 Brezzi 定理可得下述估计式[39-41]:

$$\|\underline{u} - \underline{\tilde{u}}\|_v + \|p - \tilde{p}_h\|_w \leqslant M \|p\|_{L^\infty(J;H^{k+3}(\Omega))} h^{k+1}_p. \quad (9.5.36)$$

令椭圆投影函数 $\{\tilde{c}\}: J \to N_h$ 满足下述方程:

$$(D\nabla(\tilde{c} - c), \nabla w_h) + \lambda_c(\tilde{c} - c, w_h) = 0, \quad w_h \in N_h, \quad (9.5.37)$$

此处 λ_c 取得适当大, 使对应的椭圆算子在 $H^1(\Omega)$ 上是强制的.

初始逼近取为

$$C^0_h = \tilde{c}(0). \quad (9.5.38)$$

引入误差函数 $\xi = c - \tilde{c}$, $\varsigma = C_h - \tilde{c}$, $\eta = p - \tilde{p}$, $\pi = P_h - \tilde{p}$, $\underline{\rho} = \underline{u} - \underline{\tilde{u}}$, $\underline{\sigma} = \underline{U}_h - \underline{\tilde{u}}$. 由 Galerkin 方法对椭圆问题的结果[41,42], 有

$$\|\xi\|_0 + h_c \|\xi\|_1 \leqslant M \|c\|_{l+1} h^{l+1}_c, \quad (9.5.39a)$$

$$\left\|\frac{\partial \xi}{\partial t}\right\|_0 + h_c \left\|\frac{\partial \xi}{\partial t}\right\|_1 \leqslant m \left\{\|c\|_{l+1} + \left\|\frac{\partial c}{\partial t}\right\|_{l+1}\right\} h^{l+1}_c, \quad (9.5.39b)$$

此处 $\Omega = \Omega_1 \cup \Omega_2, h_c$ 为 $N_h(\Omega)$ 有限元空间步长.

定理 9.5.1 假定问题 (9.5.8)—(9.5.13) 的精确解有一定的正则性, $p \in L^\infty(J; W^{k+3}(\Omega))$, $c, s_\alpha \in L^\infty(J; W^{l+1}(\Omega))(\alpha = 1, 2, \cdots, n_c)$, $\dfrac{\partial^2 c}{\partial \tau^2}, \dfrac{\partial^2 s_\alpha}{\partial \tau_\alpha^2} \in L^\infty(J; L^\infty(\Omega))$ $(\alpha = 1, 2, \cdots, n_c)$. 采用特征修正混合元区域分裂程序 (9.5.29), (9.5.33),(9.5.34) 在 Ω_1, Ω_2 上并行逐层计算, 若剖分参数满足下述限制性条件:

$$\frac{1}{2}\phi_* M_1^{-1} H^2 \geqslant \Delta t_c, \quad h_c^{l+1} = o(H), \tag{9.5.40}$$

此处 M_1 为某一确定的正常数, 且有限元空间指数 $k \geqslant 1, l \geqslant 1$, 则下述误差估计式成立:

$$\|p - P_h\|_{\bar{L}^\infty(J;W)} + \|\underline{u} - \underline{U}_h\|_{\bar{L}^\infty(J;V)} + \|c - C_h\|_{\bar{L}^\infty(J;L^2(\Omega))}$$
$$\leqslant M^* \{\Delta t_c + h_p^{k+1} + H^{-1} h_c^{l+1} + H^{m+1/2}\}, \tag{9.5.41a}$$

$$\sum_{\alpha=1}^{n_c} \|s_\alpha - S_{\alpha,h}\|_{\bar{L}^\infty(J;L^2(\Omega))} \leqslant M \{\Delta t_c + h_p^{k+1} + H^{-1} h_c^{l+1} + H^{m+1/2}\}, \tag{9.5.41b}$$

此处 $\|g\|_{\bar{L}^\infty(J;X)} = \sup\limits_{n\Delta t \leqslant T} \|g^n\|_X$, 常数 M^* 依赖于 $p, c, s_\alpha(\alpha = 1, 2, \cdots, n_c)$ 及其导函数.

证明 首先研究流动方程, 现估计 $\underline{U}_h - \tilde{\underline{u}}$ 及 $P_h - \tilde{p}$, 将方程 (9.5.29) 减去方程 (9.5.35)$(t = t_m)$ 可得

$$(\alpha(C_{h,m})(\underline{U}_{h,m} - \tilde{\underline{u}}_m), \underline{v}_h) - (\nabla \cdot \underline{v}_h, P_{h,m} - \tilde{p}_m)$$
$$= ((\alpha(c_m) - \alpha(C_{h,m}))\tilde{\underline{u}}_m, \underline{v}_h), \quad \underline{v}_h \in V_h, \tag{9.5.42a}$$
$$\nabla \cdot (\underline{U}_{h,m} - \tilde{\underline{u}}_m, w_h) = 0, \quad w_h \in W_h. \tag{9.5.42b}$$

应用 Brezzi 稳定性理论[39,40] 可得

$$\|\underline{U}_{h,m} - \tilde{\underline{u}}_m\|_v + \|P_{h,m} - \tilde{p}_m\|_w \leqslant \|c_m - C_{h,m}\|. \tag{9.5.43}$$

下面讨论饱和度方程, 从方程 (9.5.30) $(t = t^{n+1})$ 减去方程 (9.5.33) 可得

$$\left(\phi \frac{\partial c^{n+1}}{\partial t} + b(c^{n+1})\underline{u}^{n+1} \cdot \nabla c^{n+1}, w_h\right)$$
$$- \left(\phi \frac{C_h^{n+1} - \hat{C}_h^n}{\Delta t_c}, w_h\right) + (D^{n+1}\nabla c^{n+1}, \nabla w_h)$$
$$- (D^{n+1}\nabla C_h^{n+1}, \nabla w_h) + \left(D^{n+1}\frac{\partial c^{n+1}}{\partial \gamma}, [w_h]\right)_\Gamma - (D^{n+1}B(C_h^n), [w_h])_\Gamma$$

$$= (g(c^{n+1}) - g(\hat{C}_h^n), w_h), \quad w_h \in N_h. \tag{9.5.44}$$

取检验函数 $w_h = \varsigma^{n+1}$, 并利用椭圆投影 (9.5.37)$(t = t^{n+1})$ 可得

$$
\left(\phi \frac{\varsigma^{n+1} - \varsigma^n}{\Delta t_c}, \varsigma^{n+1} \right) + (D^{n+1} \nabla \varsigma^{n+1}, \nabla \varsigma^{n+1})
$$
$$
+ \lambda_c (\varsigma^{n+1}, \varsigma^{n+1}) + (D^{n+1} B(\varsigma^{n+1}), [\varsigma^{n+1}])_\Gamma
$$
$$
= \left(\phi \frac{\partial c^{n+1}}{\partial t} + b(c^{n+1}) \underline{u}^{n+1} \cdot \nabla c^{n+1}, \varsigma^{n+1} \right) - \left(\phi \frac{c^{n+1} - \hat{c}^n}{\Delta t_c}, \varsigma^{n+1} \right)
$$
$$
+ \left(\phi \frac{\xi^{n+1} - \hat{\xi}^n}{\Delta t_c}, \varsigma^{n+1} \right) - \left(\phi \frac{\varsigma^{n+1} - \hat{\varsigma}^n}{\Delta t_c}, \varsigma^{n+1} \right)
$$
$$
- \left(D^{n+1} \left[\frac{\partial c^{n+1}}{\partial \gamma} - \frac{\partial c^n}{\partial \gamma} \right], [\varsigma^{n+1}] \right)_\Gamma - \left(D^{n+1} \left[\frac{\partial c^n}{\partial \gamma} - B(c^n) \right], [\varsigma^{n+1}] \right)_\Gamma
$$
$$
- (D^{n+1} B(\xi^n), [\varsigma^{n+1}])_\Gamma + (D^{n+1} B(\xi^{n+1} - \xi^n), [\varsigma^{n+1}])_\Gamma
$$
$$
+ (g(c^{n+1}) - g(\hat{C}_h^n), \varsigma^{n+1})
$$
$$
= \left(\left[\phi \frac{\partial c^{n+1}}{\partial t} + b(C_h^n) E \underline{U}_h^n \cdot \nabla c^{n+1} \right] - \phi \frac{c^{n+1} - \hat{c}^n}{\Delta t_c}, \varsigma^{n+1} \right)
$$
$$
+ \left(\phi \frac{\xi^{n+1} - \xi^n}{\Delta t_c}, \varsigma^{n+1} \right) + \left(\phi \frac{\xi^n - \hat{\xi}^n}{\Delta t}, \varsigma^{n+1} \right) - \left(\phi \frac{\varsigma^n - \hat{\varsigma}^n}{\Delta t}, \varsigma^{n+1} \right)
$$
$$
+ ([b(c^{n+1}) \underline{u}^{n+1} - b(C_h^n) E \underline{U}_h^n] \cdot \nabla c^{n+1}, \nabla \varsigma^{n+1})
$$
$$
- \left(D^{n+1} \left[\frac{\partial c^{n+1}}{\partial \gamma} - \frac{\partial c^n}{\partial \gamma} \right], [\varsigma^{n+1}] \right)_\Gamma - \left(D^{n+1} \left[\frac{\partial c^n}{\partial \gamma} - B(c^n) \right], [\varsigma^{n+1}] \right)_\Gamma
$$
$$
- (D^{n+1} B(\xi^n), [\varsigma^{n+1}])_\Gamma + (D^{n+1} B(\xi^{n+1} - \xi^n), [\varsigma^{n+1}])_\Gamma
$$
$$
+ (g(c^{n+1}) - g(\hat{C}_h^n), \varsigma^{n+1}). \tag{9.5.45}
$$

对误差估计式 (9.5.45), 首先估计其左端诸项.

$$
\left(\phi \frac{\varsigma^{n+1} - \varsigma^n}{\Delta t}, \varsigma^{n+1} \right)
$$
$$
= \frac{1}{2\Delta t_c} \left\{ \left\| \phi^{1/2} \varsigma^{n+1} \right\|^2 - \left\| \phi^{1/2} \varsigma^n \right\|^2 \right\} + \frac{1}{2\Delta t_c} \left\{ \left\| \phi^{1/2} (\varsigma^{n+1} - \varsigma^n) \right\|^2 \right\}, \tag{9.5.46a}
$$
$$
(D^{n+1} \nabla \varsigma^{n+1}, \nabla \varsigma^{n+1}) + \lambda_c (\varsigma^{n+1}, \varsigma^{n+1}) \geqslant D_* \left\| \nabla \varsigma^{n+1} \right\|^2 + \lambda_c \left\| \varsigma^{n+1} \right\|^2, \tag{9.5.46b}
$$
$$
(D^{n+1} B(\varsigma^{n+1}), [\varsigma^{n+1}])_\Gamma + (D^{n+1} \nabla \varsigma^{n+1}, \nabla \varsigma^{n+1}) + \lambda_c (\varsigma^{n+1}, \varsigma^{n+1}) \geqslant M_0^{-1} \left\| \left| \varsigma^{n+1} \right| \right\|^2. \tag{9.5.46c}
$$

下面再估计式 (9.5.45) 右端诸项.

$$
(D^{n+1} B(\xi^{n+1} - \xi^n), [\varsigma^{n+1}])_\Gamma \leqslant M_1 \left\| B(\varsigma^{n+1} - \varsigma^n) \right\|_{L^2(\Gamma)} \left\| [\varsigma^{n+1}] \right\|_{L^2(\Gamma)}
$$

$$\leqslant M_1 H^{-3/2} \left\| \varsigma^{n+1} - \varsigma^n \right\| \cdot H^{1/2} \left\| \left| \varsigma^{n+1} \right| \right\|$$

$$\leqslant M_1 H^{-2} \left\| \varsigma^{n+1} - \varsigma^n \right\|^2 + \varepsilon \left\| \left| \varsigma^{n+1} \right| \right\|^2, \tag{9.5.47a}$$

$$- \left(D^{n+1} \left[\frac{\partial c^{n+1}}{\partial \gamma} - \frac{\partial c^n}{\partial \gamma} \right], [\varsigma^{n+1}] \right)_{\Gamma}$$

$$\leqslant M_2 \left\| \frac{\partial c^{n+1}}{\partial \gamma} - \frac{\partial c^n}{\partial \gamma} \right\|_{L^2(\Gamma)} \left\| [\varsigma^{n+1}] \right\|_{L^2(\Gamma)}$$

$$\leqslant M_2 \Delta t H^{1/2} \left\| \left| \varsigma^{n+1} \right| \right\| \leqslant M_2 (\Delta t_c)^2 H + \varepsilon \left\| \left| \varsigma^{n+1} \right| \right\|^2, \tag{9.5.47b}$$

$$- \left(D^{n+1} \left[\frac{\partial c^n}{\partial \gamma} - B(c^n) \right], [\varsigma^{n+1}] \right)_{\Gamma} \leqslant H_3 H^{2m+1} + \varepsilon \left\| \left| \varsigma^{n+1} \right| \right\|^2, \tag{9.5.47c}$$

$$- \left(D^{n+1} B(\xi^n), [\varsigma^{n+1}] \right)_{\Gamma} \leqslant M_3 H^{-2} \left\| \xi^n \right\|^2 + \varepsilon \left\| \left| \varsigma^{n+1} \right| \right\|^2$$

$$\leqslant M_3 H^{-2} h_c^{2(l+1)} + \varepsilon \left\| \left| \varsigma^{n+1} \right| \right\|^2, \tag{9.5.47d}$$

此处 $M_i(i=1,2,3)$ 均为确定的正常数, ε 为适当小的正常数.

取 Δt 适当小, 满足限制性条件 (9.5.40), 则下述关系式成立

$$\frac{1}{2\Delta t_c} \left\| \phi^{1/2}(\varsigma^{n+1} - \varsigma^n) \right\|^2 \geqslant M_1 H^{-2} \left\| \varsigma^{n+1} - \varsigma^n \right\|^2. \tag{9.5.48}$$

我们提出归纳法假定:

$$\sup_{0\leqslant m\leqslant[(L-1)/j]} \left\| \underline{U}_{h,m} - \underline{\tilde{u}}_m \right\|_{0,\infty} \to 0, \quad \sup_{0\leqslant n\leqslant L} \left\| \varsigma^n \right\|_{0,\infty} \to 0, \quad (h_p, h_c) \to 0. \tag{9.5.49}$$

现估计式 (9.5.45) 右端第一项,

$$\left(\left[\phi \frac{\partial c^{n+1}}{\partial t} + b(C_h^n) E \underline{U}_h^n \cdot \nabla c^{n+1} \right] - \phi \frac{c^{n+1} - \hat{c}^n}{\Delta t_c}, \varsigma^{n+1} \right)$$

$$\leqslant \left\{ \left\| \frac{\partial^2 c}{\partial \tau^2} \right\|_{L^2(J^n; L^2(\Omega))}^2 \Delta t_c + \left\| \varsigma^{n+1} \right\|^2 \right\}, \tag{9.5.50a}$$

$$\left(\phi \frac{\xi^{n+1} - \xi^n}{\Delta t_c}, \varsigma^{n+1} \right) \leqslant M_4 \left\{ (\Delta t_c)^{-1} \left\| \frac{\partial \xi}{\partial t} \right\|_{L^2(J^n; L^2(\Omega))}^2 + \left\| \xi^{n+1} \right\|^2 \right\}, \tag{9.5.50b}$$

此处 $J^n = (t^n, t^{n+1}]$.

利用负模估计、归纳假设 (9.5.49) 可得

$$\left(\phi \frac{\xi^n - \hat{\xi}^n}{\Delta t}, \varsigma^{n+1} \right) - \left(\phi \frac{\varsigma^n - \hat{\varsigma}^n}{\Delta t}, \varsigma^{n+1} \right)$$

$$\leqslant M_5 \{ h_p^{2(k+1)} + h_c^{2(l+1)} + \left\| \varsigma_{m-1} \right\|^2 + \left\| \varsigma_{m-2} \right\|^2 + \left\| \varsigma^n \right\|^2 \} + \varepsilon \left\| \nabla \varsigma^{n+1} \right\|^2, \tag{9.5.50c}$$

$$\left([b(c^{n+1}) \underline{u}^{n+1} - b(C_h^n) E \underline{U}_h^n] \cdot \nabla c^{n+1}, \nabla \varsigma^{n+1} \right)$$

$$\leqslant M_6\{h_p^{2(k+1)}+h_c^{2(l+1)}+(\Delta t)^2+\|\varsigma_{m-1}\|^2+\|\varsigma_{m-2}\|^2+\|\varsigma^n\|^2\}+\varepsilon\left\|\nabla\varsigma^{n+1}\right\|^2,\quad(9.5.50\text{d})$$

$$(g(c^{n+1})-g(\hat{C}_h^n),\varsigma^{n+1})$$
$$\leqslant M_7\left\{h_p^{2(k+1)}+h_c^{2(l+1)}+(\Delta t)^2+\|\varsigma^n\|^2+\|\varsigma^{n+1}\|^2\right\},\quad(9.5.50\text{e})$$

同样此处 $M_i(i=4,5,6,7)$ 均为确定的正常数, ε 为适当小的正常数.

对误差方程 (9.5.45), 应用估计式 (9.5.46)—(9.5.50), 经整理可得

$$\frac{1}{2\Delta t_c}\left\{\left\|\phi^{1/2}\varsigma^{n+1}\right\|^2-\left\|\phi^{1/2}\varsigma^n\right\|^2\right\}+\frac{1}{2M_0}\left\|\left\|\varsigma^{n+1}\right\|\right\|^2$$
$$\leqslant M\left\{(\Delta t_c)^{-1}\left\|\frac{\partial\xi}{\partial t}\right\|_{L^2(J^n;L^2(\Omega))}^2+\left\|\frac{\partial^2 c}{\partial\tau^2}\right\|_{L^2(J^n;L^2(\Omega))}^2\cdot\Delta t_c\right.$$
$$+h_p^{2(k+1)}+h_c^{2(l+1)}+(\Delta t)^2+(\Delta t)^2 H$$
$$\left.+H^{-2}h_c^{2(l+1)}+H^{2m+1}+\|\varsigma_{m-1}\|^2+\|\varsigma_{m-2}\|^2+\|\varsigma^n\|^2+\|\varsigma^{n+1}\|^2\right\}$$
$$\leqslant M\left\{(\Delta t_c)^{-1}\left\|\frac{\partial\xi}{\partial t}\right\|_{L^2(J^n;L^2(\Omega))}^2+\left\|\frac{\partial^2 c}{\partial\tau^2}\right\|_{L^2(J^n;L^2(\Omega))}^2\Delta t_c\right.$$
$$+(\Delta t)^2+h_p^{2(k+1)}+h_c^{2(l+1)}+H^{2m+1}$$
$$\left.+H^{-2}h_c^{2(l+1)}+\|\varsigma_{m-1}\|^2+\|\varsigma_{m-2}\|^2+\|\varsigma^n\|^2+\|\varsigma^{n+1}\|^2\right\}.\quad(9.5.51)$$

对式 (9.5.51) 乘以 $2\Delta t$, 并对 n 求和 $(0\leqslant n\leqslant L-1)$, 注意到 $\varsigma^0=0$, 可得

$$\left\|\phi^{1/2}\varsigma^L\right\|^2+\sum_{n=0}^{L-1}\left\|\left\|\varsigma^{n+1}\right\|\right\|^2\Delta t_c$$
$$\leqslant M\left\{\left\|\frac{\partial\xi}{\partial t}\right\|_{L^2(J;L^2(\Omega))}^2+\left\|\frac{\partial^2 c}{\partial\tau^2}\right\|_{L^2(J;L^2(\Omega))}^2\Delta t+(\Delta t)^2\right.$$
$$\left.+h_p^{2(k+1)}+h_c^{2(l+1)}+H^{2m+1}+H^{-2}h_c^{2(l+1)}+\sum_{n=0}^{L-1}\|\varsigma^{n+1}\|^2\Delta t\right\}.\quad(9.5.52)$$

应用 Gronwall 引理可得

$$\|\varsigma^L\|_0^2+\sum_{n=0}^{L-1}\left\|\left\|\varsigma^{n+1}\right\|\right\|^2\Delta t_c$$
$$\leqslant M\{(\Delta t_c)^2+h_p^{2(k+1)}+h_c^{2(l+1)}+H^{2m+1}+H^{-2}h_c^{2(l+1)}\}.\quad(9.5.53)$$

应用估计式 (9.5.45) 可得

$$\left\|\underline{U}_{h,m}-\underline{\tilde{u}}_m\right\|_V+\|P_{h,m}-\tilde{p}_m\|_W$$

$$\leqslant M\{\Delta t_c + h_p^{k+1} + h_c^{l+1} + H^{m+1/2} + H^{-1}h_c^{l+1}\}. \tag{9.5.54}$$

下面检验归纳法假定式 (9.5.49). 当 $n = 0$ 时 $\varsigma^0 = 0$, 归纳法假定式 (9.5.49) 显然是正确的. 若 $1 \leqslant n \leqslant L-1$ 时式 (9.5.49) 成立, 当 $n = L$ 时, 由式 (9.5.53) 和式 (9.5.54), 当剖分参数满足限制性条件 (9.5.40) 时, 归纳法假定 (9.5.49) 成立. 基于误差估计式 (9.5.53) 和 (9.5.54), 以及椭圆投影辅助性结果 (9.5.36) 和 (9.5.39), 式 (9.5.41a) 得证.

在此基础上, 下面简要地分析组分浓度函数组的误差估计. 为此引入下述投影函数组 $\{\tilde{s}_\alpha, \alpha = 1, 2, \cdots, n_c\}: J \to N_h$ 满足下述方程组

$$(\phi c K_\alpha \nabla(\tilde{s}_\alpha - s_\alpha), \nabla w_h) + \lambda_{s_\alpha}(\tilde{s}_\alpha - s_\alpha, w_h) = 0, \quad w_h \in N_h, \tag{9.5.55}$$

此处 λ_{s_α} 取得适当大, 使对应的椭圆算子在 $H^1(\Omega)$ 上是强制的.

初始逼近取为

$$S_\alpha^0 = \tilde{s}_\alpha(0). \tag{9.5.56}$$

引入误差函数组 $\varsigma_\alpha = S_{\alpha,h} - \tilde{s}_\alpha, \xi_\alpha = s_\alpha - \tilde{s}_\alpha$. 由 Galerkin 方法对椭圆问题的结果[41,42] 同样有

$$\|\xi_\alpha\|_0 + h_c \|\xi_\alpha\|_1 \leqslant M \|s_\alpha\|_{l+1} h_c^{l+1}, \quad \alpha = 1, 2, \cdots, n_c, \tag{9.5.57a}$$

$$\left\|\frac{\partial \xi_\alpha}{\partial t}\right\|_0 + h_c \left\|\frac{\partial \varsigma_\alpha}{\partial t}\right\|_1$$
$$\leqslant M \left\{\|s_\alpha\|_{l+1} + \left\|\frac{\partial s_\alpha}{\partial t}\right\|_{l+1}\right\} h_c^{l+1}, \quad \alpha = 1, 2, \cdots, n_c, \tag{9.5.57b}$$

此处同样 $\Omega = \Omega_1 \cup \Omega_2, h_c$ 为 $N_h(\Omega)$ 有限元空间步长.

由组分浓度方程组 (9.5.10)$(t = t^{n+1})$ 减去方程 (9.5.34) 可得下述误差方程:

$$\left(\phi c^{n+1}\frac{\partial s_\alpha^{n+1}}{\partial t} + \underline{u}^{n+1} \cdot \nabla s_\alpha^{n+1}, w_h\right) - \left(\phi C_h^{n+1}\frac{S_{\alpha,h}^{n+1} - \hat{S}_{\alpha,h}^n}{\Delta t_c}, w_h\right)$$
$$+ (\phi c^{n+1} K_\alpha \nabla s_\alpha^{n+1}, \nabla w_h) - (\phi C_h^{n+1} K_\alpha \nabla S_{\alpha,h}^{n+1}, \nabla w_h) - (\phi C_h^{n+1} K_\alpha B(S_\alpha^n), [w_h])_\Gamma$$
$$= \left(Q_\alpha(c^{n+1}, s_\alpha^{n+1}) - s_\alpha^{n+1}\left(q^{n+1} + \phi\frac{\partial c^{n+1}}{\partial t}\right) - Q_\alpha(C_h^{n+1}, \hat{S}_{\alpha,h}^n)\right.$$
$$\left. - S_{\alpha,h}^n\left(q^{n+1} + \phi\frac{C_h^{n+1} - C_h^n}{\Delta t_c}\right), w_h\right), \quad w_h \in N_h, \quad \alpha = 1, 2, \cdots, n_c. \tag{9.5.58}$$

取检验函数 $w_h = \varsigma_\alpha^{n+1}$, 并利用椭圆投影 (9.5.55)$(t = t^{n+1})$ 可得

$$\left(\phi C_h^{n+1}\frac{\varsigma_\alpha^{n+1} - \varsigma_\alpha^n}{\Delta t_c}, \varsigma_\alpha^{n+1}\right) + (\phi C_h^{n+1} K_\alpha \nabla \varsigma_\alpha^{n+1}, \nabla \varsigma_\alpha^{n+1})$$

$$+ \lambda_{s_\alpha}(\varsigma_\alpha^{n+1}, \varsigma_\alpha^{n+1}) + (\phi C_h^{n+1} K_\alpha B(\varsigma_\alpha^{n+1}), [\varsigma_\alpha^{n+1}])_\Gamma$$

$$= \left(\phi c^{n+1} \frac{\partial s_\alpha^{n+1}}{\partial t} + \underline{u}^{n+1} \cdot \nabla s_\alpha^{n+1} - \phi C_h^{n+1} \frac{S_{\alpha,h}^{n+1} - \hat{S}_{\alpha,h}^n}{\Delta t_c}, \varsigma_\alpha^{n+1} \right)$$

$$+ \left(\phi C_h^{n+1} \frac{\xi_\alpha^{n+1} - \xi_\alpha^n}{\Delta t_c}, \varsigma_\alpha^{n+1} \right) + \left(\phi C_h^{n+1} \frac{\varsigma_\alpha^{n+1} - \hat{\varsigma}_\alpha^n}{\Delta t_c}, \varsigma_\alpha^{n+1} \right)$$

$$+ ((\underline{u}^{n+1} - E\underline{U}_h^{n+1}) \cdot \nabla s_\alpha^{n+1}, \nabla \varsigma_\alpha^{n+1}) + \cdots - \left(\phi C_h^{n+1} K_\alpha \left[\frac{\partial s_\alpha^{n+1}}{\partial \gamma} \right. \right.$$

$$\left. \left. - \frac{\partial s_\alpha^n}{\partial \gamma} \right], [\varsigma_\alpha^{n+1}] \right)_\Gamma - \left(\phi C_h^{n+1} K_\alpha \left[\frac{\partial s_\alpha^n}{\partial \gamma} - B(s_\alpha^n) \right], [\varsigma_\alpha^{n+1}] \right)_\Gamma$$

$$- (\phi C_h^{n+1} K_\alpha B(\xi_\alpha^n), [\varsigma_\alpha^{n+1}])_\Gamma + (\phi C_h^{n+1} K_\alpha B(\xi_\alpha^{n+1} - \xi_\alpha^n), [\varsigma_\alpha^{n+1}])_\Gamma + \cdots$$

$$+ \left(Q_\alpha(c^{n+1}, s_\alpha^{n+1}) - s_\alpha^{n+1} \left(q^{n+1} + \phi \frac{\partial c^{n+1}}{\partial t} \right) - Q_\alpha(C_h^{n+1}, \hat{S}_{\alpha,h}^n) \right.$$

$$\left. - S_{\alpha,h}^n \left(q^{n+1} + \phi \frac{C_h^{n+1} - C_h^n}{\Delta t_c} \right), \varsigma_\alpha^{n+1} \right), \quad \alpha = 1, 2, \cdots, n_c. \tag{9.5.59}$$

在数值分析中, 注意到油藏区域中处处存在束缚水的特性, 即有 $c(X,t) \geqslant c_* > 0$, 此处 c_* 是正常数. 由于我们已证明关于水相饱和度函数 $c(X,t)$ 的收敛性分析式 (9.5.41a), 得知对适应小的 h_p, h_c 和 Δt_c 有

$$C_h(X,t) \geqslant \frac{c_*}{2}. \tag{9.5.60}$$

对组分浓度误差方程 (9.5.59), 充分利用关于流动函数 $(\underline{u}, p)$ 及饱和度函数 c 的估计式 (9.5.41a), 经类似的分析和繁杂的计算, 最后可得下述估计式

$$\left\| \varsigma_\alpha^L \right\|_0^2 + \sum_{n=0}^{L-1} \left\| \left\| \varsigma_\alpha^{n+1} \right\| \right\|^2 \Delta t \leqslant M \{ (\Delta t_c)^2 + h_p^{2(k+1)} + h_c^{2(l+1)}$$

$$+ H^{2m+1} + H^{-2} h_c^{2(l+1)} \}, \quad \alpha = 1, 2, \cdots, n_c. \tag{9.5.61}$$

定理证毕.

9.5.5   数值算例

在本节中将给出一个数值算例来验证上面的算法, 考虑模型问题:

$$\frac{\partial c}{\partial t} + u \frac{\partial c}{\partial x} - \frac{\partial}{\partial x} \left(D(x,t) \frac{\partial c}{\partial x} \right) = f(c, x, t), \quad 0 < x < 1, 0 < t < T, \tag{9.5.62a}$$

$$c(x,0) = \cos(2\pi x), \quad 0 \leqslant x \leqslant 1, \tag{9.5.62b}$$

$$\frac{\partial c}{\partial x}(0,t) = \frac{\partial c}{\partial x}(1,t) = 0, \quad 0 \leqslant t \leqslant T. \tag{9.5.62c}$$

取 $u = xe^t$, $D(x,t) = 0.01x^2e^{2t}$, $c = e^t\cos(2\pi x)$, $f = e^t\cos(2\pi x) - 2\pi e^{2t}x\sin(2\pi x) + 0.04\pi e^{3t}x \cdot \sin(2\pi x) + \pi x\cos(2\pi x)$, $H = 4h$, $\Delta t = \dfrac{1}{12}h^2$, $T = 0.25$.

将区域分解为 $[0,1]=[0,0.5]\cup[0.5,1]$, 内边界 $\Gamma = 0.5$, 表 9.5.1 中给出在不同节点处的绝对误差.

表 9.5.1 绝对误差

h	$x = 0.05$	$x = 0.25$	$x = 0.45$	$x = 0.55$	$x = 0.75$	$x = 0.95$
1/40	47.3915×10^{-3}	1.0554×10^{-3}	47.8851×10^{-3}	47.3915×10^{-3}	1.0054×10^{-3}	47.8851×10^{-3}
1/80	11.8245×10^{-3}	0.0638×10^{-3}	11.9163×10^{-3}	11.8245×10^{-3}	0.0638×10^{-3}	11.9163×10^{-3}
1/160	2.9634×10^{-3}	0.0037×10^{-3}	3.0045×10^{-3}	2.9634×10^{-3}	0.0037×10^{-3}	3.0045×10^{-3}

由表 9.5.1 可以看出, 数值结果很好地验证了理论分析. 其中对内边界法向导数 $\dfrac{\partial c}{\partial t}(0.5)=e^T\sin\pi = 0$ 的数值模拟见表 9.5.2.

表 9.5.2 内边界法向导数误差值

h	B
1/40	5.7863×10^{-14}
1/80	8.6742×10^{-13}
1/160	4.1961×10^{-12}

下面将问题进行区域分裂和不进行区域分裂的求解耗时进行对比, 时间单位为秒.

由表 9.5.3 可看出, 当区域剖分加细时, 由于待解方程组规模急剧变大, 区域分解算法显示了它的优越性, 当剖分越细时, 越能显示其优越性.

表 9.5.3 求解耗时对比(单位: 秒)

h	区域分解算法	非区域分解算法
1/40	0.6795	1.3830
1/80	1.5113	3.4020
1/160	6.1963	24.7251
1/320	137.3564	550.7108

9.5.6 三维问题的拓广

本节所提出的方法可以拓广到一般三维问题, 且可将区域 Ω 分裂到多个子区域, 如图 9.5.2 所示, 这对生产实际问题的数值模拟计算是十分重要的[1−4,33].

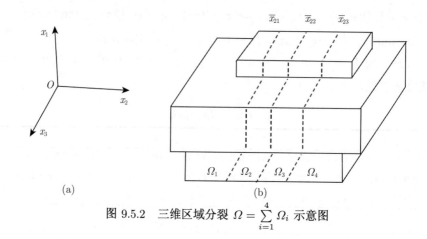

$$\text{图 } 9.5.2 \quad \text{三维区域分裂 } \varOmega = \sum_{i=1}^{4} \varOmega_i \text{ 示意图}$$

参 考 文 献

[1] Ewing R E, Yuan Y R, Li G. Finite element for chemical-flooding simulation. Proceeding of the 7th International conference finite element method in flow problems. The University of Alabama in Huntsville, Huntsville. Alabama: Uahdress, 1989: 1264–1271.

[2] 袁益让. 能源数值模拟的理论和应用, 第 3 章化学驱油 (三次采油) 的数值模拟基础. 北京: 科学出版社, 2013:257–304.

[3] 袁益让, 羊丹平, 戚连庆, 等. 聚合物驱应用软件算法研究//刚秦麟, 主编. 化学驱油论文集. 北京: 石油工业出版社, 1998: 246–253.

[4] 山东大学数学研究所, 大庆石油管理局勘探开发研究院. 聚合物驱应用软件研究及应用 ("八五" 国家重点科技攻关项目专题技术总结报告: 85-203-01-8). 1995.

[5] 山东大学数学研究所, 大庆油田有限责任公司勘探开发研究院. 聚合物驱数学模型解法改进及油藏描述功能完善 (DQYT-1201002-2006-JS-9765). 2008.

[6] 山东大学数学研究所, 中国石化公司胜利油田分公司. 高温高盐化学驱油藏模拟关键技术. 第 4 章 4.1 数值解法 (2008ZX05011-004), 2011: 83–106.

[7] 袁益让, 程爱杰, 羊丹平, 李长峰. 三维强化采油渗流耦合系统隐式迎风分数步差分方法的收敛性分析. 中国科学 (数学), 2014, 44(10): 1035–1058.

[8] 袁益让, 程爱杰, 羊丹平, 李长峰. 二阶强化采油数值模拟计算方法的理论和应用. 山东大学数学研究所科学报, 2013.
Yuan Y R, Chen A J, Yang D P, Li C F. Theory and appliveation of numerical simulation method of second order enhanced oil production. 山东大学数学研究所科学报告, 2013.

[9] 袁益让, 程爱杰, 羊丹平, 李长峰. 二阶强化采油数值模拟的分数步特征差分方法. 山东大学数学研究所科学报告, 2014.
Yuan Y R, Chen A J, Yang D P, Li C F. Theory and applieation of fractional steps characteristic finite difference method in numerical simulation of second order enhanced

oil production. Acta Mathematica Scientia (Series B), 2015, 35(6): 1547–1565.

[10] 袁益让, 程爱杰, 羊丹平, 等. 考虑毛细管力强化采油数值模拟计算方法的理论和应用. 山东大学数学研究所科学报告, 2014.

Yuan Y R, Chen A J, Yang D P, et al. Theory and application of numerical simulation method of eapillary force enhanced oil production. Applied Mathematics And Mechanics(English Edition), 2015, 36(3): 379–400.

[11] 袁益让, 程爱杰, 羊丹平, 等. 考虑毛细管力强化采油的特征分数步差分方法的理论和应用. 山东大学数学研究的科研报告, 2014.

Yuan Y R, Chen A J, Yang D P, et al. Theory and application of characteristic finite difference fractional step method of capillary force enhanced oil production. Journal of Mathematics Research, 2015, 7(2):150–162.

[12] Jr Douglas J, Russell T F. Numerical method for convection-dominated diffusion problems based on combining the method of characteristics whith finite element or finite difference procedures. SIAM, J. Numer. Anal., 1982, 19(5): 871–885.

[13] Jr Douglas J. Simulation of miscible displacement in porous media by a modified method of characteristic procedure. Lecture Notes in Mathematics 912, Numerical Analysis, Proceedings, Dundee, 1981.

[14] Jr Douglas J. Finite difference methods for two-phase incompressible flow in porous media. SIAM. J. Numer. Anal., 1983, 20(4): 681–696.

[15] Ewing R E, Russell T F, Wheeler M F. Convergence analysis of an approximation of miscible displacement in porous media by mixed finite elements and a modified method of characteristics. Comp. Meth. Appl. Mech. Eng., 1984, 47(1-2): 73–92.

[16] Jr Douglas J, Roberts J E. Numerical method for a model for compressible miscible displacement in porous media. Math. Comp., 1983, 4(164): 441–459.

[17] 袁益让. 多孔介质中可压缩、可混溶驱动问题的特征有限元方法. 计算数学, 1992, 14(4): 386–406.

[18] 袁益让. 在多孔介质中完全可压缩、可混溶驱动问题的差分方法. 计算数学, 1993, 15(1): 16–28.

[19] Ewing R E. The Mathematics of Reservior Simulation. Philadelphia: SIAM, 1983.

[20] 袁益让. 油藏数值模拟中动边值问题的特征差分方法. 中国科学, 1994, 24(A)(10): 1029–1036.

[21] 袁益让. 三维动边值问题的特征混合方法和分析. 中国科学 (A 辑), 1996, 26(1): 11–22.

[22] 袁益让. 三维热传导型半导体问题的差分方法和分析. 中国科学 (A 辑), 1996, 39(A)11: 973–983.

[23] Axelsson O, Gustafasson I. A modified upwind scheme for convective transport equations and the use of a conjugate gradient method for the solution of non-symmetric systems of equations. J. Inst. Maths. Applics, 1979, 23: 321–337.

[24] Ewing R E, Lazarov R D, Vassilevski A T. Finite difference shceme for parabolic problems on composite grids with refinement in thime and space. SIAM J. Numer. Anal., 1994, 31(6): 1605–1622.

[25] Lazarov R D, Mishev I D, Vassilevski P S. Finite volume method for convection-diffusion problems. SIAM J. Numer. Anal., 1996, 33(1): 33–55.

[26] Peaceman D W. Fundamantal of Numerical Reservoir Simulation. Amsterdam: Elsevier, 1980.

[27] Jr Douglas J, Gunn J E. Two order correct difference analogues for the equation of multdimensional heat flow. Math. Comp., 1963, 17(81): 71–80.

[28] Jr Douglas J, Gunn J E. A general formulation of alternating direction methods, Part 1. Parabolic and hyperbolic problems. Number. Math., 1964, 6(5): 428–453.

[29] Marchuk G I. Splitting and alternating direction method// Ciarlet P G, Lions J L, ed. Handbook of Numerical Analysis. Paris: Elsevior Science Publishers BV, 1990: 197–460.

[30] 袁益让. 三维渗流耦合系统动边值问题迎风差分方法的理论和应用. 中国科学 (A 辑), 2010, 40(2): 103–126.

[31] 袁益让. 非线性渗流耦合系统动边值问题二阶迎风分数步差分方法. 中国科学 (A 辑), 2012, 42(8): 845–864.

[32] 袁益让, 常洛, 李长峰, 孙同军. 强化采油数值模拟问题的区域分解并行特征混合元方法和分析. 山东大学数学研究所用科学报告, 2014.
Yuan Y R, Chang L, Li C T, Sun T G. The modified method of characteristics with mixed finite element domain decomposition procedure for the enhanced oil recovery simulution. Far East fournal of Applied Mathematics, 2015, 93(2): 123–152.

[33] 沈平平, 刘明新, 汤磊. 石油勘探开发中的数学问题 (下篇): 油气田开发中的数学问题. 北京: 科学出版社, 2002: 197–264.

[34] Dawson C N, Dupont T F. Explicit/Implicit conservative Galerkin domain decomposition procedures for parabolic problems. Math. Comp., 1992, 58(197): 21–34.

[35] Dawson C N, Du Q, Dupont T F. A finite difference domain decomposition algorithm for numerical solution of the heat equation. Math. Comp., 1991, 57(195): 63–71.

[36] Dawson C N, Du Q. A finite element domain decomposition method for parabolic equations. Rice Technical'report TR90-21, Dept. of Mathematical Sciences, Rice University, 1990.

[37] Dawson C N, Dupont T F. Explicit/Implicit, conserwative domain decomposition procedures for parabolic problems based on block-centered finite differences. SIAM J. Numer. Anal., 1994, 31: 1045–1061.

[38] Raviart P A, Thomas J M. A mixed finite method for second order elliptic problelms. In: Mathematical aspects of the finite element method. Rome 1975, Lecture Notes in Mathematics 606, Berlin, Springer, 1977.

[39] Brezzi F. On the existence, uniqueness and approximation of sadde-point problems arising from Lagrangian multipliers. RAIRO Anal. Numer., 1974, 2: 129–151.

[40] Jr Douglas J, Yuan Y R. Numerical simulation of immiscible flow in porous media based on combining the method of characteristics with mixed finite element procedure. The IMA Vol. in Math. And its Appl, V.11, 1986: 119–131.

[41] Ewing R E, Yuan Y R, Li G. Time stepping along characteristics of a mixed finite element approximation for compressible flow of contamination by nuclear waste diposal in porous media. SIAM J Numer. Anal., 1989, 26(6): 1513–1524.

[42] Ciarlet P G. The finite element method for elliptic problems. Amsterdam: North-Holland, 1978.

[43] Wheeler M F. A prior L^2-error estimates for Galerkin approximations to parabolic differential equations. SIAM J Numer. Anal., 1973, 10(4): 723–759.

索　引